越努力越幸运

你只是看起来很努力

高桂萍 编著

中国出版集团
中译出版社

图书在版编目（CIP）数据

越努力越幸运 . 你只是看起来很努力 / 高桂萍编著 .
-- 北京：中译出版社，2019.6（2021.8 重印）
ISBN 978-7-5001-5992-6

Ⅰ . ①越… Ⅱ . ①高… Ⅲ . ①成功心理—通俗读物
Ⅳ . ① B848.4-49

中国版本图书馆 CIP 数据核字（2019）第 119457 号

越努力越幸运

你只是看起来很努力

出版发行： 中译出版社
地　　址： 北京市西城区车公庄大街甲 4 号物华大厦 6 层
电　　话：（010）68359376　68359303　68359101
邮　　编： 100044
传　　真：（010）68357870
电子邮箱： book@ctph.com.cn
总 策 划： 张高里
责任编辑： 刘全银
封面设计： 青蓝工作室
印　　刷： 北京一鑫印务有限责任公司
经　　销： 新华书店
规　　格： 880 毫米 ×1230 毫米　1/32
印　　张： 30
字　　数： 550 千字
版　　次： 2019 年 6 月第 1 版
印　　次： 2021 年 8 月第 3 次

ISBN 978-7-5001-5992-6　　　**定价：** 149.00 元（全 5 册）

中　译　出　版　社

前言

随着互动社交软件的普及，我们发现，身边的朋友们越来越努力了：有的人坚持学习，每天都要读一本书；有的人坚持运动，每天都要跑上五公里；有的人努力工作，几乎每晚都在加班。无一例外的是，这些人都把自己的努力分享到了朋友圈或者微博里。

这些看起来很努力的人也获得了他们想要的东西——点赞。

而他们真正追求的东西似乎还很遥远。

为什么会这样？

有句话不知道大家听过没有——间歇性发奋图强，持续性混吃等死。说的就是这种看起来很努力的人。

看起来很努力的人都有一个共性，他们认为，只要足够努力，就一定能够获得回报。而他们不知道的是，这个世界上努力的人太多了，几乎绝大多数都只能平庸，甚至连最基本的回报都少得可怜。

原因也很简单，因为他们的努力更像是一种自我安慰，他们用忙碌和疲累来安慰自己：今天我努力了，今天我充实了。

殊不知，努力并不是那么容易就能变现的。

大家都听说过南辕北辙的故事吧。如果你要去南方，但是却朝着北方前进，再努力你也到达不了终点。

所以，努力也要有方向。

有的人努力却不知道变通，最后屡屡碰壁，这就是没有方向的努力；还有的人，只会努力，不会做人，最后也是一事无成，这同样是没有方向的努力。

真正的努力应当配合更多的改变。就如同一部手机一样，你在软件上下再多的功夫，没有配套的硬件，它也无法流畅地运转。

所以，你需要让自己变得更好，这样你的努力才能有的放矢，才不至于被浪费。

这本书就是告诉大家一套方法，让你不再是看起来很努力，而是让你的努力真正用到实处，为你的人生添砖加瓦。

目 录

第一章

要努力，也要学会变通

在工作或者生活中，我们总会遇到这样或者那样的困难，这是难以避免的。遇到困难不退缩、去努力解决，这是我们应有的态度。但我们也应当知道，除了努力之外，我们还需要掌握一点儿方法和技巧，让自己能够更加变通，这样才能解决一个又一个难题。

行走职场，你需要外圆内方

人无论处在何种地方都喜欢听赞扬之辞，渴望得到社会的承认，别人的认可。会为人处事者，自然会避开锋芒，把自己的意思通过委婉的方式表达出来。

同事之间，于公于私都不会有太大的原则性冲突，有争议也可用商量的方式去解决，完全没有必要争个脸红脖子粗。一个人如果过分方方正正、有棱有角，必将碰得头破血流；但要是八面玲珑，圆滑透顶，总是想着让别人吃亏，自己占便宜，也必将众叛亲离。外圆内方并不是要你违背人格去圆滑地做人，而是要你在坚持原则的前提下讲究说话的艺术和方式，这样既可以表明自己的见解，达到自己的目的，又不会伤害别人，让别人憎恨你，可谓一举两得。

凯瑟琳是一家纺纱厂的工业工程督导，她才华横溢、雷厉风行，深得上司器重，只是由于过于自信且脾气暴躁，经常与同事、下属发生争吵。吵过之后她自己忘了，别人心里却始终很不痛快，私下里送了她一个绰号——“怒吼的母狮子”。这令凯瑟琳很委屈，也很苦恼。

于是凯瑟琳开始学着控制自己的脾气，不再轻易与同事争吵，哪怕明知自己是正确的。

以下便是她推荐给另外一个从事管理工作的朋友的心得：“我的职责的一部分，你知道，是设计及保持各种激励员工的办法和标准，以使作业员能够生产出更多的纱线，而她们也能赚到更多的钱。最近我们正扩大产品项目和生产量，这样原来的办法便不能以作业员的工作量而给予她们合理的报酬，因此也就不能激励她们增加生产量。我设计出了一个新的办法，使我们能够根据每一个作业员在任意一段时间里所生产出来的纱线的等级，给予她适当的报酬。设计出这套新办法之后，我决心要向厂里的高级职员证明我的办法是正确的。我详细地说明他们过去用的办法是错误的，并指出他们不能给予作业员公平待遇的地方，以及我为他们所准备的解决办法。

“但是，我完全失败了。我太急于为我的新办法辩护，而没有留下余地，让他们能够不失面子地承认老办法上的错误，于是我的建议也就胎死腹中。

“经过一番痛定思痛后，我深深地了解了我所犯的错误。我请求召开了一次会议，而在这一次会议之中，我请他们说出他们认为最好的解决办法。在适当的时候，我以低调的建议引导他们按照我的意思把办法提出来。等到会议结束的时候，实际上也就等于是我把我的办法提出来，而他们也热烈地接受这个办法。

“我现在深信，如果你直率地指出一个人不对，不但得不到好的效果，而且会造成很大损害。你指责别人无异于剥夺了别人的自尊，并且使自己成了一个不受欢迎的人。”

凯瑟琳的新规则获得通过的过程便是她处世由方转圆的过程。在这个过程中，她并没有改变她的原则，相反地，她只是在表达上进行了相应调整，便获得了同事的认同。对办公室人员来说，获得好的人气，需要掌握一些与人相处的技巧。

外圆内方并不是要你违背人格去圆滑地做人，而是要你在坚持原则的前提下讲究说话的艺术和方式，这样既可以表明自己的见解，达到自己的目的，又不会伤害别人，让别人憎恨你——可谓一举两得。

放下固执，稍微变通一下

人的思维是跳跃的，不是一成不变的。因此办事时适时的变通是一种很明智的做法，放弃毫无意义的固执，这样才能更好地办成事情。虽然坚持是一种良好的品性，但在有些事情上，过度的坚持，就会变成一种盲目，那将会导致最大的浪费。

考虑事情要全面，不要抓住一点不放，除非你想和自己“较劲”。一朝君主一朝臣，做人要学会变通，不能把事做得太绝。你不只要迎合今日的权势者，还要留意明日的权势者，就像一个精于棋道的棋手一样，当你走出第一步棋之后，还要想到第二步、第三步该如何走。

商鞅在秦国实行变法之初，为了能取得百姓的信任与支持，便在国都咸阳的南门立了一根三丈长的木杆，声明说，谁能将这根木头搬到北门去，便赏他十金。事小而赏重，老百姓都觉得很奇怪，谁也没有干。商鞅又宣布：“能搬到北门去的，赏五十金。”重赏之下必有勇夫，有一中年汉子抱着试试看的心理给搬了过去，商鞅立即给了他五十金，以此表明他说话是算数的。接着便颁布了他变法的命令。

变法颁布了一年多，反对者数以千计，连太子也不以为然，一再犯法。商鞅说：“变法的法令之所以不能贯彻执行，是由于上层有人故意反抗。”于是他便想拿太子开刀，绳之以法。可是太子是国君的接班人，是不能施刑的，结果便拿太子的老师公子虔和公孙贾当替罪羊，一个被割掉了鼻子，一个在脸上刺了字。当时商鞅深得秦孝公的宠信，权势极盛，太子拿他也无可奈何。

商鞅的变法取得了巨大的成功，经过十几年的时间，秦国的国力得到极大的充实，武力得到极大的增强，由一个西部的边陲小国一跃成为七雄之首，秦国最后之所以能够统一中国，便是得益于商鞅奠定的基础。

然而，正当商鞅的权势如日中天之时，秦孝公死了，太子继位，为秦惠文王。他一上台，他的老师——那个被割掉了鼻子的公子虔便出面告发，说商鞅想要谋反，惠文王下了逮捕令，商鞅匆匆忙忙逃离咸阳，当他来到潼关附近想要投宿时，旅店的主人也不知道他就是商鞅，拒绝收留他，说道："根据商君的法令，留宿没有证件的客人是要进监狱的！"

商鞅这才是真正的作法自毙，他走投无路，被收捕，车裂（即五马分尸）于咸阳街头，家人也被灭族。

常言道，人无远虑，必有近忧。考虑事情要周全、有远见。秦国的商鞅作为一个改革家，在政治上是极具远见的，他的变法政策为秦孝公以后几代秦国的国君所信守，秦国因之而强大。但他善于谋国却拙于做人，他忘记了，宠信他的秦孝公不可能陪他一辈子，未来的天下毕竟还是太子的，这样的人是不可以得罪的。

凡是懂为官之道的人都明白，你不只要迎合今日的权势者，还要留意明日的权势者，这样你才能在瞬息万变的政治舞台上，始终立于不败之地。而商鞅却一步把棋走绝，没有给自己留下抽身退步之地。在改革大业上他是一个英雄，在如何做人上，他却是个失败者。

一个人的成功离不开他人的协助，欲在社会上立于不败之地，就要广交朋友，引以为援，但若只顾眼前利益，不及其余，他日靠山一倒，必遭众人攻击，使自己身陷险境。

做人其实是一个平衡的艺术，不可恃才傲物，目中无人。既要左顾右盼，照顾到方方面面的利益，又要瞻前顾后，考虑到事情的前因后果。不要只是直线思考，更不能一条道走到黑。

学会变通地与人相处

每个人的脾气性格各有不同，有些人虽然表面看起来死板傲慢，但只要你摸透了他们的秉性，区别对待，以后的交往便会顺利得多。

俗话说：人上一百，形形色色。在人际交往中总会遇到各种各样怪脾气的人，如何摸透每个人的秉性，采取恰当的方式与其相交相处，是一门高深的学问。因此了解与掌握如何与不同习性的人交际的技巧是非常重要的。

1. 与死板的人的相处之道

死板的人往往我行我素，对人冷若冰霜。尽管你客客气气地与他寒暄、打招呼，他也总是爱理不理，不会做出你所期待的反应。其实，尽管死板的人一般说来兴趣和爱好比较少，也不太爱和别人沟通，但他们还是有自己追求和关心的事。所以，我们在与这类人打交道时，不仅不能冷淡，还应该花些功夫仔细观察，注意他们的一举一动，从他们的言行中寻找出他们真正感兴趣的事来。一旦触及他们所热衷的话题，他们很可能马上一扫往常那种死板的表情，而表现出极大的热情。

2. 与傲慢无礼的人的相处之道

傲慢无礼的人往往自视清高、目中无人，表现出一副“唯我独尊”的样子。与他们打交道实在是一件令人无法忍受的事情。可是，为了自身利益的需要又不得不与这种人接触时，又该怎么对付呢？

最适合的方法有三种：

首先，尽可能地减少与其交往的时间。在能够充分表达自己的意见和态度或某些要求的情况下，尽量减少他能够表现自己傲慢无礼的机会。这样，对方往往也会由于缺乏这样的机会而不得不认真思考你所提出的问题。

其次，说话要简洁明了。尽可能用最少的话清楚地表达你的要求与问题。这样，让对方感到你是一个很干脆的人，是一个很少有讨价还价余地的人，因而约束自己的架子。

最后，你还可以邀请这种人去跳舞，聊聊家常，去KTV唱歌，等等。而当对方在你面前表现出其生活的本色之后，在以后的交往中，他往往不会再对你傲慢无礼了。

3. 与少言寡语的人的相处之道

我们通常会把少言寡语的人称为“闷葫芦”，和这种人在一起，总会感到沉闷和压抑。特别是对一些性格比较外向、活跃的人来说，更是觉得难受。因而在这种情况下，有些人为了活跃气氛，便故意找些话题来说。其实这是没有必要的。因为，对于沉默寡言的人来说，之所以这样，可能是他们有心事而不愿多言。在这种情况下，你应该尊重对方，不要去破坏对方的心境，让其保持一种内心选择的生存方式；相反，如果你故意地没话找话，并拼命地想方设法与对方交谈，只会适得其反，引起对方的反感。

4. 与自私自利的人的相处之道

自私自利的人尽管心目中只有自己，特别注重个人利益的得失，但是，他们也往往会因利而忘我地工作。你对他们不必有太高的期望，也没有必要期望他们能够像朋友那样以情为重。与这类人的交往关系可以仅仅是一种交换关系，按付出给回报，干得好坏不同，获得的利益也会不一样。

5. 与争强好胜的人的相处之道

争强好胜的人往往狂妄自大，自我炫耀，自我表现的欲望非常强烈。他们总是力求证明自己比别人强，比别人正确。当遇到竞争对手时，他们总是想方设法地挤对人，不择手段地打击人，力求在各方面占上风。对这样的人，你不能一味地迁就，有必要在适当的时候以适当的方式打击一下他的傲气，使他知道人外有人，天外有天。

6. 与狂妄自大的人的相处之道

狂妄的人实际上并没有多少学问，往往是自吹自擂，夸夸其谈，他们所表现的高傲、不屑一顾等神态，实际上是一种心灵空虚的补充剂，以维持其虚荣心。与这些人相处的方式实际上很简单。刚开始与他们交往似乎觉得他们视野开阔，天南地北，无所不知，好一副居高临下的样子，但只要就某一问题深入地与之探讨，他便会露出马脚。一旦露了马脚，他自然就威风扫地。另外，与这类人初次相处，可以用你的常识将之“震”住，如果做到了这一点，往后的交往便会顺利了。

我们所处的社会是个大舞台，每个人所扮演的角色都各不相同，复杂而又多变。你只有善于与不同性格的人交往，才能在人际关系中如鱼得水，在社会中占有一席之地。

学会欣赏你的上司

我们常会听人说:“就他那点儿水平也配领导我?”“我的那个上司简直比一头猪还笨!”说这些话的人实在不是一个聪明的职场人,他们大多都是在公司中不被领导器重的人,或者跟领导有嫌隙、有矛盾的人。

其实,你要明白一个道理:上司之所以成为上司,能坐到今天这个位置,一定有其过人之处。身为下属,应该学会欣赏上司身上的亮点,而不是去挑上司身上的刺,去揭领导的短。即使上司在某些方面是个菜鸟,你也要学会欣赏他。

蓝小莫在一家跨国咨询公司上班。她很喜欢这份工作,工作起来也很卖力。可是,自从一个“海归”上司来了以后,她决定辞职,因为她实在不敢恭维这个上司的能力。

每天,蓝小莫在下班之前,都会把第二天的工作计划和重要资料整理好后再走,可是第二天来的时候,所有整理好的文件总是被弄得一团糟。几次后,蓝小莫发现,原来是她的那个好大喜功的上司为了向总部领导显示自己的工作能力,每次在她走后,都拿着她的这些文件资料去老板那里大谈工作成果和工作方式。

上司汇报工作成绩时,对下属的表现总是三言两语带过,无形中剥夺了下属晋升的机会。蓝小莫很对此很恼火,但苦于他是上司,她又不好说什么,只好选择辞职。

当蓝小莫把辞职信放到总经理助理卡利斯莉面前的时候,卡利斯莉女士十分意外,因为她知道蓝小莫是一个工作十分出色的员工。当卡利斯莉了解了原因后,她并没有打算接受蓝小莫的辞职信,而是给她讲了自己的一个故事：

卡利斯莉年轻的时候和现在的蓝小莫一样，因为不满意上司的表现而换了工作，可是换了一份新工作后，不久，她又发现新的上司有这样那样的毛病，于是，她又辞职了。经历了几次换工作后，卡利斯莉发现自己这样的做法是很愚蠢的，因为几年下来，她没有给自己的简历上留下任何工作成果。因此，她来到了现在这家公司，决定从底层做起，面对一个未知的上司，于是她决定不再调换工作，而调换一下自己看待上司的视角，她尽量避开他们的弱点，寻找他们的优点。最后她发现，即使一个看上去很让人讨厌的领导，他的身上也有可爱的地方，所以她一直工作到现在，直到做到了助理的位置。

听了卡利斯莉的故事，蓝小莫收回了她的辞职信。

从那以后，她开始从欣赏的角度看自己的这个菜鸟上司。一段时间后，她发现那个原本惹人讨厌的上司不仅幽默感十足，而且见多识广。在一些商务社交场合上，他能从容应对各种场合。蓝小莫似乎明白了，这个能力不如自己的人为什么能成为自己的上司。

黑格尔说过：“无论什么时候，你都要相信‘存在的，即是合理的’。一个人即使一无是处，至少也有一两个优点。”所以说，当你看一个领导时，不要只盯住他的缺点和不足之处，而是换成一种欣赏的眼光。要知道金无足赤，人无完人，领导也有不足之处，上司工作的能力未必如你，但他一定会有很强的管理能力，所以这时你需要用欣赏的眼光看待领导，这样你才会真心服从你的领导。

在职场中，不论自己的能力有多强，都要放低自己的心态，欣赏你的老板，尊重你的同事。因为只有在欣赏一个人时，当别人差遣你的时候，你才会用心做对方安排你做的事。

寸有所长，尺有所短。拿己之长比人之短，这本身就是不公平的事。因此，你要虚心地学习上司的长处，认真地改正自己的短处，这样才能够更好地充实自己，不断进步。拿自己和周围的人进行横向比较，这样你就会改变原来看人眼光。

有一位著名企业家说过这样一句话：“一个人事业的成功，15%基于他的专业技能，85%则取决于他欣赏别人的态度。”因此，任何时候你都要明白这样一个道理：成功的事业和欣赏一个人是分不开的，能够放下自己的挑剔眼光，懂得去欣赏上司的优点的人，才有机会幸运地获得上司的青睐。

不可忽视小人物

一般人都认为，在公司里只要尽心尽力，取得业务实绩，赢得上司的赏识和老总的欢心，加薪提升就指日可待了。而对于那些一般的行政人员，则没有给予应有的尊重，认为得到他们的协助是理所应当的，所以平日就对他们指手画脚，急躁起来甚至会对他们颐指气使，拍桌瞪眼，甚至把这些微不足道的“小人物”当成“出气筒”“受气包”，把人际关系学的一套都抛到九霄云外去了。其实这是一个非常严重的交际误区。

事实上，有些人的职位虽然不高，权力也不怎么大，跟你也没有什么直接的关系，但是，他们所处的地位都非常重要，他们的影响无处不在。他们的资历比你高，风浪经历比你多，要在你身上找点儿毛病、失误，实在是易如反掌。

要知道，人是最复杂的动物，你应该尽力去了解身边潜藏着哪些人物，他们各有哪些才能、特长，有什么样的家庭背景、社会关系，他们的同学、朋友都是一些什么人，他们的同学、朋友又有一些什么样的家庭背景和社会关系。不要忽视“小人物”，在他们身上不经意地投入，有可能带来意想不到的连锁反应。

《战国策》中记载了这样一个故事：中山君宴请都城里的军士，有个大夫司马子期在座，只有他未分得羊羹。司马子期一怒之下跑到楚国，劝说楚王攻打中山国。中山君被迫逃走，他发现，逃亡时有两个人拿着戈跟在他后面，寸步不离地保护他。中山君回头问这两个人说：“你们是干什么的？”两人回答说：“我们的父亲有一次快要饿死了，你把一碗饭给他吃，救活了他，他临终时嘱咐我们，‘中山君如果有难，你们一定要尽死力报效他。’所以我们决心以死来保护你。”中山君感慨地仰天而叹：“给予，不在于多少，而在于正当别人困难时；怨恨，不在于深浅，而在于恰恰损害了别人的心。我因为一杯羊羹而逃亡国外，也因一碗饭而得到两个愿意为自己效力的勇士。”

《三国演义》里的曹操更是因为对待“小人物”态度的不同而影响大业。在官渡之战兵处劣势时，曹操听说袁绍的谋士许攸来访，竟顾不得穿衣服，赤着脚出来迎接，对许攸十分尊重。许攸感其诚，遂为曹操出谋划策，帮了他的大忙。礼贤下士的曹操借助这个“小人物”的力量成就了许多大事。

然而曹操也吃过忽略“小人物”的亏，当他正一帆风顺时，西川的张松前来献地图，他态度傲慢，以至于给张松留下了“轻贤慢士”的坏印象，于是张松改变了主意，把本来要献给曹操的西川地图，转而献给了刘备。这对曹操来说是事业上的一大损失。可以想象，曹操对张松如果像当年对许攸那样尊重，西蜀的地盘说不定早就成了曹操的了。

不经意间，“小人物”也可能扮演着“大角色”。也许这些人有很不一般的家庭关系，其中就有人可以直接参与对你的提拔任免，你的行为正处于人家的监控之中，“授人以柄”岂不因小失大？或许当你消息闭塞时，会有一个你意想不到的朋友给你送来一则起死回生的消息，帮你力挽狂澜；当你仕途低迷时，会有人扶你一把；或者在你的单位进行民主评议的时候，你这个群众关系好的人所得的票数会比别人多。

世界是不断变化的，没有一成不变的事情。也许身边这些“小人物”颇有才华，几年以后，其中会有人处于和你平级、甚至高于你的位置，怠慢他们等于给自己树立了未来的敌人，使你后悔莫及。早知如此，何必当初？多一个朋友总比多一个敌人强，与小人物的人际交往绝对不能忽视。

不做死脑筋的人

陈其是学经济的，大学毕业后，被分配在省城的一所中学里教书。陈其虽然已在省城安家立业，但每年都要回一次老家。每一次回家，他的心灵就被震撼一次。改革开放这么久了，家乡的山依旧荒芜，乡亲们的生活依旧贫困。

陈其决心为家乡闯出一条致富之路。他毅然辞去中学的教职，回到家乡承包了40亩荒地，开始建造他的示范农场。

可是，不到两个月，他就和村干部们发生了冲突。一次，因为干部吃吃喝喝，陈其当面提了意见，他坦诚地说："论辈分，你们都是我的叔叔大爷。可群众生活这么苦，干部不应该这样多吃多占。"干部们一愣，多少年了，还没有人敢当面说他们的不是呢。他们手捏酒盅，小声议论说："这小子，读了几年书，就翘尾巴！"

还有一次，因为乡里干部们按亲疏远近划分宅基地，陈其找干部评理，又一次得罪了乡里干部。

陈其动用自己的全部积蓄，在山上盖起了石屋，开始了农场的建造，可是，他遇到了一连串的麻烦：实施计划需要的炸药，要乡里干部开证明才能购买，他受到了无端的刁难；农场需要资金，他又遭到乡里干部的冷眼……

最终，陈其只能无奈地守着空屋、守着农场、守着他的人生梦想叹气……

陈其虽有雄心壮志，可惜因为做人太硬气，不懂得低头，始终无法处理好人际关系，没有人缘，结果落得个一事无成。人际关系是一门灵活变通的学问，如果太死板、太不"开窍"，那么人际关系一定无法处理好。

某机关大院聘了下岗工人柳某担任门卫，看守左侧的小门。这个工作虽然挣得不多，但柳某很是看重，工作起来兢兢业业，毫不含糊。不过他的尽责却引起了机关职员的厌烦：机关正常上班时间是9：00，规定侧门在8：55上锁，过了时间要出去的话，只能走大门。有一天，机关职员赵某遇上路上塞车，他赶到侧门时是8：56，侧门刚刚上锁。赵某发现从侧门进还来得及，如果走正门的话非迟到不可，因此就请门卫柳某打开门让自己进去，但柳某却认为这违反了规定，坚决不开。结果，赵某好话说了一箩筐，柳某就是不为所动，坚决不开门。赵某又气又急还是走了正门，因为迟到了五分钟，当月奖金没了。这样的事不止一次，还有几个人，因为忘了通行证，也被柳某拒之门外。时间长了，大家越来越讨厌柳某，见到他就冷着脸，跟见到仇人似的。年终考核时，大家都给柳某打了低分，“认真负责”的柳某又下岗了。

不是说遵守规定不好，只是柳某实在是太不开窍了：遇到职员晚来一两分钟的事，如果你能网开一面，开个绿灯，那别人会对你有多感激，这个顺水人情柳某竟然都不懂得做。做人在不违背大原则的前提下，能结缘就别结仇，这样才能点旺人气，有个好人缘，办起事来，人家才会支持你、帮助你。

陆某是学工科的，毕业后分配在县城工作。他嫌机关太冷清，主动要求到基层工作，以便实现他的抱负——开发山里的矿产资源，造福家乡父老。

陆某为改变家乡的面貌处心积虑，四处奔波，人们夸奖陆某脑子特别灵活。的确，通过几年的奔波建厂，陆某悟通不少“人情世故”。大事不违法，小事灵活处理。很自然地，陆某面前的红灯少，绿灯多。他主持的那个乡，乡镇企业产值和利润年年翻番，人均收入也大大提高，人们对他更是赞不绝口。由于他突出的“政绩”，三年以后，他被提拔为乡长、乡党委书记。又过了两年，他被提升为主管工业的副县长。

陆某为了不撞个头破血流，因此“软”了一下，一方面坚持着自己的原则和初衷，另一方面走了一条圆通的道路，获得了好人缘，办起事来一路绿灯，终于获得了成功。在现实生活中，陆某这种为成大事“软一软”的做人方法，只要严守法律的界限，不失为一种务实的、行得通的做法。

在为人处世中，一个人如果太过硬气就无法赢得好人缘，也就无法在社会上立足。因此，我们做人做事千万不要太死板，圆通机变才能走出一条成功之路。

多去考虑别人的感受

在孔子所处的年代，孔子能够做到“独乐乐不如众乐乐”，实属不易。与人同乐者，他能够将别人视为砝码，将自己视为“万物”，然后用别人来称量自己。称量别人，总是先揣度自己。因此，凡是持有“独乐乐不如众乐乐”思想观点的人，都能够将他人放在第一位，而将自己放在第二位。也就是说，无论做什么事情，都能先考虑到别人的感受。

我们考虑问题时常会海阔天空，但不幸的是，无论思路如何开阔，我们往往还是从自己出发的。

在古希腊，斯巴达统治雅典的第三年，有一支一万多人的希腊军队，出征去帮助波斯国王的次子普鲁士打仗。后来，普鲁士在和兄弟争夺王位的战争中死去，这支希腊军队就失去了打仗的意义，来到距离巴比伦不远的一个小镇。军中那些高级将领在与波斯人谈判的过程中，全部中计被害，整个部队陷入了没有统帅的局面。更为不幸的是，这时希腊军的四周还有敌军的包围。很多人都认为，希腊军处在这样一种不利的形势之下，肯定会自行瓦解。

在这支将要溃散的军队中有一个刚入伍的新兵塞若梵，他是个很有头脑的人。在这样的危急时刻，他把所有的下级军官都组织起来，召开了一次会议。在会议上，塞若梵充分发挥自己的演说才能，鼓起大家的士气和信心。全体下级军官都一致推举他为统帅，来统领部队。但塞若梵知道，希腊人是很难统领的，因为他们都有着很强的个性，自己决定自己的生活方式，自己选择自己的自由行动。虽然军队有严格的纪律，但希腊人所信服的是那些有才能和智慧的人。一个没有能力的统帅或指挥失误的将军，士兵们往往会向他投掷石子，以表达自己对他的鄙视。

塞若梵深知希腊人的这一个性，因此，他立即召集全体士兵召开大会，并做了更加慷慨激昂的演讲。在演讲中，最为激励人心的是，他极力突出每一位战士的作用，而不是突出他的主帅地位。他说："有人认为我们的指挥官死了，我们就会失败。但我们要让他们睁大眼睛看看，我们军中的每一个人都是将军。虽然受人尊敬的老将军克里亚库斯死了，但还会有千万个克里亚库斯和他们战斗。"

塞若梵用极为简短而有力的方式，将自己的鼓励注入了每一个战士的心中，使得那一万多名战士都产生了前所未有的责任和信心。他们仿佛一夜之间都脱胎换骨了，就像一个人一样，产生了巨大的凝聚力。而这股凝聚力的核心就是塞若梵。第二天清晨，他们就踏上了返回希腊的征途。

因为塞若梵能够站在群众的角度思考问题，所以他能以身作则，发扬民主，爱护士兵，从而通过采取各种机动灵活的战略战术，经过四个月的时间，转战两千多公里，终于胜利地回到了希腊。

塞若梵后来总结说："我们都知道，自觉自愿的服从最终都会战胜被迫的服从。我就是懂了如何才能让战士们自觉地服从我。同时，我还必须吃苦在前，以身作则。"

如果我们都像他这样思考，我们就会拥有一个美好的栖居地。要展现出自己的关心，谦恭与礼貌，因为周全的考虑是一种表示关心的态度。

做任何事情，都要考虑到别人。无论你身居多高的地位，你身边的人、你的下属都是你要关心的对象。因为他们是与你并肩作战的人，他们会给你很多帮助。

要智取不要蛮干

张先生在一个公司干了十多年，在部门副经理的位置上迟迟升不上去。两年前，原部门经理被调入总部，空下的位子完全有可能由他来顶替，但总部不知道出于什么原因，另从他处调来一个人来当经理。

张先生没有当上经理，本来也没有什么负面情绪，问题是：新来的经理和他合不来，经常会有一些小摩擦。

在一次冲突后，张先生决定不再在这个经理下面受气了，于是决定找猎头公司跳槽。他将这个决定告诉了妻子，妻子问他：“你是不是对现在的公司没有了兴趣？”

他回答说：“不是，我其实也舍不得走，只是跟新任经理不合调。”

“那么，你为什么不试着帮你的经理找个别的职位呢？”

这个主意不错，张先生想。但是要如何才能让经理挪位呢？出阴招、告黑状之类的下作方法显然不可取。他们夫妻俩商量来商量去，觉得最好的办法莫过于帮助经理升职去总部，这是一个积极的、双赢的方法。

有了这个策略后，张先生的工作更加努力了，不仅带领团队将业绩做得相当出色，还在很多重要场合突出经理的领导有方。他这样做的效果很快就出来了，首先经理与他的冲突减少了，不久之后，经理就因为能力强而上调总部担任更重要的职务。经理在临走时，大力向高层推荐张先生接任自己的职务。结果，张先生果然被马上扶正。

举上面这个例子的意思是：解决问题的方法有很多，一定要用脑子去智取，不要蛮干。方法得当方为强者。蛮干很容易，做得不开心，一走了之，这个人人都会做。西方流行着一句十分有名的谚语，叫作“Use your head（用用你的脑子）”，许多名人一生都谨记着这句话，为人类解决了很多难题。

在IBM公司各地分部管理人员的桌上，都会摆着一块金属板，上面写着“THINK”（想）。这一字箴言，就是IBM的创始人汤姆·华特森创造的。

1911年12月，那时的华特森还在NCR（国际收银机公司）担任销售部门的高级主管。

有一天，寒风刺骨，淫雨霏霏，气氛沉闷，无人发言，大家逐渐显得焦躁不安。

华特森突然在黑板上写了一个很大的“THINK”，然后对大家说：“我们共同的缺点是，对每一个问题没有充分思考，别忘了，我们都是靠动脑赚得薪水的。”

在场的NCR总裁约翰·巴达逊对“THINK”这一字大为赞赏，当天，这个字就成为NCR的座右铭。3年后，它随着华特森的离职，又变成了IBM的箴言。

其实，“THINK”是华特森从多年的推销经验中得出来的。

他在1895年进入NCR当推销员，他从公司的“推销手册”中学到许多推销的技巧，但理论与实际总有一段距离，所以他的业绩很不理想。

同事告诉他，推销不需要特别的才干，只要用脚去跑，用口去说就行了。华特森照做了，还是到处碰壁，业绩很差。

后来，他从困厄中慢慢体会出，推销除了用脚、用口之外，还得靠脑。想通了这一点后，他的业绩大增。3年后，他成为NCR业绩最好的推销员。这就是“THINK”的由来。

一个人的大脑是一块富饶的土地，你可以让它变成硕果累累的良田，也可以任它成为杂草丛生的荒地——一切取决于你是否有计划地播种与耕耘。

换个角度解决问题

没有最牛的人，只有善于妥协的人。

妥协是对双方都有利的方式，是一种智慧。不要只看到妥协中失去的那些，更要着眼于妥协后所得到的。妥协不是放弃努力，更不是失败，妥协是为了前进，出奇制胜，是退一步进两步。

凯特是化妆品公司的推销员，公司几次想与另一个化妆品公司合作都未能如愿。经过凯特的努力，该公司终于答应与凯特的公司合作，但有一个要求——要在其化妆品广告词中加上该公司的名字。

凯特的老总不同意，认为这是花钱替别人打广告。协商陷入僵局，合作公司要求凯特的公司两天内回话。凯特听到消息，直接找到老总，让他赶紧答应，不然会错失良机。

老总不乐意地说："我坚决不妥协，他们这是以强欺弱。"

凯特则认为把自己的产品和一个著名的品牌绑在一起是有利的。经她的劝说，老总终于同意了双方合作的条件。

事情正是像凯特预料的那样，生意蒸蒸日上，销售额直线上升，凯特因此被提升为业务总经理。

妥协是一种通往成功的道路，是对机会的把握，这样才能准确出击。妥协以退让开始，以胜利告终；表面看来是以对方利益为重，其真实的意义则是为自己的利益开道。

广森有一家三星级的宾馆，朋友给他介绍了一个名气很大的导演，导演准备在他的宾馆开一个新闻发布会。

广森很快就答应了，在租金上却不能与对方达成协议。广森要价 4 万元，导演答应出 2 万元，双方因此争执不下。朋友劝广森说：

“你怎么这么傻？只看到了2万元，2万元背后的钱可不止这个数啊。他们都是名人，平时想请都请不来。”

广森还是不妥协，坚持4万元，对朋友说：“你看你介绍的人，这么苛刻。”

朋友生气地说：“我没有你这个目光如豆的朋友。”说完，朋友把广森丢下，自己走了。

广森旁边另外一家四星级宾馆的总经理知道了这个消息后，及时找到导演，说非常愿意把宾馆大厅租给导演，要价不超过2万元。

于是，导演就租了这家四星级宾馆。开新闻发布会那几天，除了记者、演员外，还有很多慕名而来的影迷，十几层的大楼无一空室。因为明星的光临，这家四星级宾馆也名声大噪。

广森看到这一幕之后，真是后悔得不得了。然而，一切都已经晚了。他只能懊悔自己怎么这么短视，没有认识到妥协是退一步进两步的良方。

每个人都很希望自己做事情能从一个好的角度下手，把事情做得尽善尽美。可是，这种好的角度，又会从哪里来呢？当然要从思维而来。这是因为，不同的思维决定不同的出路。一个人在做事之前，一定要善于变换角度看问题，这样才可能增加成功的概率。

美国佛罗里达州的一位农夫花巨资买下一片农场后，突然发现上当了。因为在这个农场里，无论是栽培果树还是养猪都是不可能的，这里盛产的只是一些小橡木及响尾蛇。

他突然灵机一动，想到把这些看似没有什么价值的东西换成财富，就要善用这些响尾蛇。于是，他开始制造响尾蛇肉罐头。几年后，生意异常红火，每年到农场参观的有数万人。他把响尾蛇毒牙抽取的毒液卖给研究所做抗毒剂研究；而蛇皮是妇女鞋子或手提包的材料。

蛇肉罐头深获喜爱，连村名也改成“佛罗里达响尾蛇村”了。

一件失败的事情，要换一下思维角度，或许就会变为一件成功的事。

“如果有个柠檬，就做柠檬水。”一位聪明的教育家说。

有些人的做法正好相反。他发现生命给他的只是个柠檬，他就会沮丧，自暴自弃地说：“我完了，我的命运真悲惨，连一点儿发达的机会也没有，命中注定只有个柠檬。”

他开始诅咒这个世界，一辈子沉浸在自卑自怜当中，毫无作为。

聪明的人拿到一个柠檬时，他就会说：“从这件不幸的事情中，我学到什么了呢？我又该怎样改变我的命运，把这个柠檬做成一杯柠檬水？”

一个人在世间生存，想要生活得更好，就要善于变通。不知道变通，就会走进死胡同，等到那时候，再后悔也来不及了。

学会迂回前进

任何事情都不可能只有一种解决方法。做事不要一条道跑到黑，因为你想到的方法可能是最差的。

我们必须开动脑筋，试着多想几种方法，这样你就可能豁然开朗。有了“换条路”的思考方式，你就会发现很多好方法。聪明人总想着如何“偷懒”节约成本和时间：别人做一件事情需要300元钱，我能不能少花些；别人做这件事用两天，我能不能只用一天半，诸如此类。

办法是人们想出来的，即使是你比别人笨一些，只要你能够多花点儿时间去想，你就可能做得比其他人更好些，在别人眼里，你就是聪明人。

成功者是用与众不同的方法才做出惊人的成绩的，“船王”包玉刚能够从一条破船起家，从一个不懂航运业的门外汉成为一代船王，主要就是因为他时时处处都在寻找最佳的。

别人搞房地产时，甚至当他父亲也主张投资房地产时，他却决定投资航运业；别的船主用“散租”的方式获取暂时的高额租金时，他却用“长租”的方式获得稳定的收入，同时赢得了无数的固定顾客。

如果发现环境不利，就要试着换一个地方。发现手下人不称职时，就要坚决撤换。发现靠每天一封情书向人求爱不灵时，就要试着一个礼拜不给她写信。

发现“不行”就得变，而发现“行”得变得“更行”。

要想成功，就得时时刻刻想着：“是否可以换种方法？”

穷人说："就这样！永不改变！"

富人说："东方不亮西方亮，柳暗花明又一村。"

一个人成就一番事业，就要持之以恒，不管是在顺境还是逆境，都要坚持。成就一番事业，没有坚韧不拔的精神是不可能的。世界上凡事都要一分为二，所以，才更要辩证地看待"坚持"。

坚持是一种很好的品性，然而，在有些事上如果坚持得过度，则会导致更大的浪费。

一个人要在事业上成功，就要有个目标，这才是人生的起点。没有目标，也就没有动力。当然，这个目标必须是合理的，即合乎实际情况。不然的话，即使你再有本事，付出千百倍努力，也不会获得成功。

据报载，有一位文学青年，高考落榜后就夜以继日地搞起诗歌创作。他一篇篇投稿，一篇篇被退回。他一气之下跑到新疆去发掘灵感，跑遍了所有地方也没有人愿意收留他。

他万念俱灰，饿了五天五夜，步履艰难地回到家里，无脸见人，服了毒药。抢救过来之后，不但没有得到亲人的关爱，父母亲还发誓以后再也不认他。

他沉痛地说："一个不幸的人选择了文学，而文学又给了我更多的不幸。"

这位青年不能说没有远大的目标和理想，甚至他还有锲而不舍的毅力，然而，却为什么到了这般田地？

诺贝尔奖得主莱纳斯波林说："一个好的研究者知道应该发挥哪些构想，丢弃哪些构想，不然，会浪费很多时间在差劲的构想上。"

有些事情，你用了很大的努力，但迟早会发现自己处于一个进退两难的地位，走的路线也许只是一条死胡同。

而这时候，最明智的办法就是抽身退出，另外寻找成功的机会。

牛顿早年曾经是永动机的追随者。大量的实验失败之后，他很失望，于是很明智地退出了对永动机的研究，在科学研究中投入更大的精力。最后，许多永动机的研究者默默而终，牛顿却在其他方面脱颖而出，取得了辉煌的成就。

在人生的关键时刻，要审慎地运用智慧，做出正确的判断，选择正确的方向，同时不忘及时检视选择的方向，适时调整。放掉无谓的固执，冷静地做正确抉择。每一次正确无误的抉择将指引你走在通往成功的坦途上。拼搏奋斗的毅力固然重要，盲目用力则往往只是白搭。勇气也许不仅仅是坚持，人生更是一个试错的过程，可贵的勇气不是在错误上坚持，而是在发现自己错了之后赶快回头。

文学家歌德年轻时立下的志向是成为一个世界闻名的画家。为此他一直沉溺在变幻无穷的色彩世界中难以自拔。他付出了十年的艰辛努力去提高画技，最后收效甚微。

40 岁的那年，歌德游历了意大利，亲眼见到那些真正大师的杰出作品之后，终于被震醒了。他明白了即使自己穷尽毕生的精力恐怕也难在画界有所建树。在痛苦和彷徨中度过了一段时间之后，他毅然决定：放弃绘画，改攻文学。

歌德在回顾自己的成长过程时，告诫那些头脑发热的青年，不要盲目地相信自己的兴趣，跟着感觉走。歌德感慨地说："要发现自己多不容易，我差不多花了半生的光阴。"

俗话说，穷则变，变则通。沿一条看不见光明的道走到黑，往往以失败收场。如果能在绝望中改变思路，就会发现另一个生机。

富人不是用了什么特殊手段，只不过他们比穷人多想了一点点，比穷人懂得变通而已。

生活中，许多满怀雄心壮志的人毅力很坚强，但是因为不会进行新尝试无法成功。那么，请坚持你的目标，不要犹豫，也不能太固执，要会变通。

如果感到确实行不通的话，就尝试另一种方式。

富人的秘诀是随时检视自己的选择是否有偏差，合理地调整目标，放弃无谓的固执，轻松地走向成功。这才是聪明的选择！

有一个年薪已达到六位数的非常优秀的推销员，你难以想象他竟是历史系毕业的，并且在干推销员之前还教过书。

这位成功的推销员是这样回忆他的事业道路的：“事实上，我是个没有趣味的老师。我的课很沉闷，学生个个都坐不住，我讲任何东西他们都听不进去。我厌烦了教书生涯，对此毫无兴趣，这种厌烦感却在不知不觉地影响到学生的情绪。

“最后，校方解聘了我，理由是我和学生无法沟通。我非常气愤，痛下决心，走出校园去闯一番事业。这样，我才找到推销员这份自己胜任并感觉愉快的工作。

“塞翁失马，焉知非福。如果不被解聘，我也不会振作起来！基本上，我很懒散，整天病恹恹的。校方的解聘惊醒了我的懒散之梦，到现在为止，我还庆幸自己被人家解雇了。要是没有这番挫折，我也不可能奋发图强，闯出今天的局面。”

穷人不是没有本事，而是定错了目标。富人懂得检查自己的目标是否合乎实际，是否切实可行，是否符合主观及客观的条件，因而他们才更易成功。

努力让自己顺应潮流

有一个科学家拿出一堆毛毛虫，把这些毛毛虫的首尾相接，在花盆上围成一个圈，并在圈外放了一些食物。于是，毛毛虫就一只跟着一只向前爬动，始终保持着圈的形状，一直爬了两天，最后精疲力竭，相继饿死，竟然没有一只毛毛虫注意到圈外的食物。

嘲笑毛毛虫的同时，我们也应注意到，很多人的一天都是这样度过的。

他们每天会在同一个时间起床，在同样的地方吃早餐，赶同一班车，用同样的方法做同样的工作，甚至犯同样的错误……如此一天一天，一年一年，从父母的孩子，变成了孩子的父母，没有感到丝毫不妥。

在他们的意识中，按照惯例、经验、习惯生活和工作，才能感到安全。

正是这些条条框框禁锢了他们的思维，影响了他们的行动，使他们屡屡与财富失之交臂。

万事万物都在不断地变化，没有任何事物是一成不变的。如果总用同样的眼光看待同一事物，就跟不上时代的脚步，最后只能落在后面。

以前，ST 股票一直是股市中的宠儿，很多人都在它身上赚了大钱。

随着新退市制度的出台，炒作理念的变化，很多墨守成规、抱着 ST 不放手的股民，甚至在 ST 退市的前一天，仍有大批的买进，最后只能是血本无归。

还有的人，抱着“长线是金”的思想，以为还像以前一样那样，抱着一只股票几年不抛，最终也能变成“小庄家”，稳进十几倍的利润，还自诩“与庄共舞”。

随着2001年操作思路的改变，从长期持有坐庄，改为波段操作，那些没有调整自己炒作思路的股民，都受到了很大的损失。

人生如同炒股，懂得顺势而为和“该出手时就出手”，不断学习，勇于尝试，及时转换理念，才能进步，才能成功。

小镇上有两家酒家，一家是王记，一家是李记。

王记老板很有一套，他家的饭菜不贵，还好吃，服务员也热情，生意一天比一天红火。而李记却门可罗雀，刚开始还勉强撑着，时间一长，客人少，房租、人员工资等开销大，李记撑不住，倒闭了。李记的老板也因此离开了小镇。

后来，镇上虽然陆陆续续开了很多的酒店，但是，没有一家能战胜王记，走马灯似的一家家地败下阵来。

镇上最大的酒店，还是王记。

多年以后，镇上突然来了一个商人，实力雄厚，说要在小镇上投资办企业，连市里的领导都亲自作陪。这个商人就是以前与王记唱对台戏的李记的老板。

这些年，王记老板满足于王记带给他的“第一桶金”，没有尝试扩大店面，也没有开分店，更没想过开拓更大的发展空间。李记老板离开小镇后，改行从事其他生意收获了“第一桶金”。

他考察了多种致富项目，迅速地将有限的资本投到另一个新兴行业中，终于成了大富翁。

王记老板与李记老板原本处于同一起点上，王记老板的起点可能还更高一点儿。若能够拓展思路，顺应潮流，求新求变，他的财富完全可能超过李记老板。可是他因循守旧，墨守成规，没有扩大自己店面的经营规模，满足于固有的成绩，未能取得更大的发展。

不仅经商如此，其他事业也是如此。

○ 第二章 ○

打破穷人思维，让别人帮你一起努力

有的人之所以穷，是因为他们一直处于穷人思维的困局中。打破穷人思维，才能更上一层楼。怎样打破呢？最好的办法是，不要再单打独斗，让别人帮你一起来努力。

需要求助的时候就开口

穷人面子观念强，做生意怕亏，追女朋友怕被拒绝，有新想法怕遭人非议，做什么事都畏首畏尾。

为了赚钱，面子又算什么呢？何况，合法地赚钱，没有什么可耻的。没有胆量上情场的人，都有这种想法，他们不怕别人痛打一场，怕的是别人的嘲笑。别人的嘲笑，真的那么可怕吗？

他们怕的东西来自内心，想象自己开口求爱时，别人笑话，感觉丢脸不好意思。

未追女友之前害怕对方不理会自己，或者看不起自己。这样，你永远追不到女朋友。为了获得想要的东西，应该勇敢地、不怕一切地去碰碰看。

包玉刚初到香港时，干过进出口的买卖，然后，他又转行做船业生意，船业不景气时，转行做地产，地产不景气时又转做银行生意。

李嘉诚先生做过推销员，做过塑胶花的生意，做了地产之后，又做了股票和银行生意。

我们常碰到一些推销员在大街小巷推销商品，大部分人的家人反对他们做这一行。如果不能克服羞耻心，又怎么能赚大钱呢？

穷人信奉“万事不求人”的原则，平时很少留意交朋友。人单势孤是他们生存状态的写照，一旦有难事他们就会孤立无援。

人是有情的，亲戚之间本就有基于血缘或亲缘的亲情，维系、培养、发展这种亲情需要交往，需要感情投资，正所谓，不“走”不“亲”。建立好的亲戚关系是求人办事成功的关键，好关系的建立不是一朝一夕的，须从一点一滴入手，依靠平日的积累。只有不断地构建和巩固，亲戚关系才能牢固。有了“铁”关系垫底，何愁求助无门？

经常进行感情投资，常来常往，才会建立“铁”关系。俗话说得好，“平时多烧香，急时有人帮”“晴天留人情，雨天好借伞”。善于求人的人都有长远的战略眼光，早做准备，未雨绸缪，这样在急时就容易得到他人的帮助。

穷人求人时往往会犯这样的毛病：认为对方是亲戚，他们为自己做事、帮忙理所当然，不需刻意致谢。

这十分错误。“礼尚往来”是中国人为人处世的准则。“投桃报李”“滴水之恩当涌泉相报”等就体现了我们民族知恩图报的良好品德。

您挤车上班，别人主动让座；您上街购物钱款不足，熟人给您垫上……对这种交际中的回报，无须送礼，也无须宴请，一句感激的话，足以表达您的心意。

致谢必须是发自内心的，不管对方是陌生人还是亲朋好友，都要表示，许多人忽视了这一点。

事实上不论是一般关系的人还是亲朋好友，都愿意听感谢的话，他们的付出可能是微不足道的，受惠人一句滚烫贴切的话，对他们是一种最好的心理补偿。

对热情相助的人给以物质上的回报也是一种合适的方式。物质交际不是人际交往的主要方式。我们提倡淡化物质交往，不是要取消物质交往，而是要让这种交往多一分真情，少一分铜臭。

希腊一位哲人说：“感谢是最后会带来利益的德行。”善于求人的人备妥感谢之辞，成为人与人之间交往的润滑剂，在生意上的来往也因感谢而得以顺利进行。

事实上，没有人不喜欢常听感谢之辞。因此把“谢谢”二字随时摆在心中，需要时刻派上用场，没有比这个更简单而容易使用的了。所以，对亲戚也别忘了说感谢的话。

有些义气根本没有意义

穷人没有钱，但讲义气。铁哥们的诱惑在于"有福同享，有难同当"，为朋友"两肋插刀"。这么多诱人的东西摆在面前，仿佛只要有了铁哥们一切问题就都不是问题了。但是，铁哥们不是万能的。

"君子之交淡如水"，这句话很有道理。假如一开始两个人之间就充满了利益的矛盾，他们很难毫无芥蒂地走到一起，所以铁哥们只能是同学、战友、一起和泥长大的玩伴。

没有利害冲突，就可以肆无忌惮地说东道西、聊天喝酒，一个星期或者更久的时间见一回面，彼此牵挂，然后更多的时间是各忙各的。铁哥们适合的范围就在于此。

一旦走到一起去了，按现在的社会衡量标准能做什么呢?

最实际是赚钱了，来路正的钱当然很好，但这里面有一个谁领导谁的问题，哥们之间还可以有一个大哥，铁哥们之间就难分彼此了。

平时觉得意气相投，直来直去，但工作中就不能这样了，总得有人说话更有分量一些。但一个人一个想法，一个人一套思路，憋在心里，日久天长就会产生摩擦，产生隔阂，到最后好说好散还好，就怕钱没赚到，反倒丢了朋友。

"哥们义气"是一种纯主观感受，严重脱离客观事实，是人们互相依赖的产物。不良学生群体、社会闲散人员都以"哥们义气"作为口号，"哥们义气"会对群体成员形成"道德绑架"，迫使群体成员去进行非自愿的行动。

"哥们义气"导致了很多社会悲剧，让很多人犯下罪行，锒铛入狱，沾染恶行，伤害无辜。酗酒后斗殴多是“哥们义气”的产物。

讲“哥们义气”的人，做事缺乏理智，仅凭感情行事，在“哥们义气”的驱使下，男人会重视哥们，轻视他人，易对他人的合法权益造成侵害。

讲“哥们义气”的人缺乏独立精神，仅凭自己无法做出任何判断，几乎做任何事都会随波逐流，自己不会对问题分析思考，与家人也缺乏沟通。他们大都会成为“哥们义气”的奴隶，也容易被“哥们”利用，成为“替罪羊”，做无益的牺牲，有很多人因为“哥们义气”家庭破裂，利益高度受损，精神生活也渐渐空虚。

学会分享你的利益

穷人穷怕了，利益来临时，心中往往狂喜，面对大把大把的钞票，怎舍得分一杯羹给别人呢？殊不知，这种吃独食的情况发生过一次，就再也不会有第二次了。

成大事者都明白：一个人独享成果，会引起其他人反感，为下一次合作带来障碍。

美国罗伯德家庭用品公司，八年来生产迅速发展，利润以每年18%~20%的速度增长。因为公司建立了利润分享制度，把每年的利润按规定的比例分配给每一个员工，公司赚得越多，员工分的越多。

员工明白了“水涨船高”的道理，人人奋勇，个个争先，积极生产自不待说，还随时随地地挑剔产品的缺点与毛病，主动加以改进。

有福同享，有难同当。你在工作和事业上干出点儿名堂，小有成就，当然值得庆幸，你应当为自己高兴。但这一成绩的取得是集体的功劳，至少离不开他人的帮助，千万别独占功劳，否则他人会觉得你好大喜功，抢占了他人的功劳。

某项成绩的取得确实是你个人的努力，当然值得高兴，他人也会向你祝贺。但你千万别高兴得过了头，一方面可能伤害一些人的自尊心；另一方面，现实社会害“红眼病”的人也不少，过分狂喜，能不逼得人家眼红吗？

卡凡森先生是一家出版社的编辑，担任出版社下属的一个杂志的主编。平时在单位上下关系都不错，工作之余经常写点东西。

有一次，他主编的杂志在一次评选中获了大奖，他感到十分荣耀，逢人便提自己的努力与成就，同事们当然也向他祝贺。

过了个把月，他却失去了往日的笑容。因为他发现单位同事，包括他的上司和下属，都在有意无意地和他过意不去，并回避他。

卡凡森为什么会遇到这种结局？原因很简单，他犯了“独享荣耀”的错误。这份杂志能得奖，主编的贡献当然很大，但也离不了其他人的努力，他们当然也应分享这份荣誉。他们不会认为某个人才是唯一的功臣，总是认为自己“没有功劳也有苦劳”，这位主编“独享荣耀”，当然会引得别人不舒服，尤其是他的上司，更会因此而产生一种不安全感，害怕失去权力。

当你在工作上有特别表现而受到肯定时，千万要记住别独享荣耀，否则会给你的人际关系带来障碍。即使是口头上的感谢也是一种分享，而且你也可以扩大这种“分享”的范围，“礼多人不怪”！别人并不是非得要分你一杯羹，但你主动与人分享，这让旁人有受尊重的感觉，如果你的荣耀事实上是众人协力完成，那你更不应该忘记这一点。你可以采取多种方式与人分享，如请大家吃一顿。别人分享了你的荣耀，就不会和你作对了。

要感谢同仁的协助，不要认为都是自己的功劳。尤其要感谢上司，感谢他的提拔、指导、授权。如果实情也是如此，那你本该感谢；如果同仁的协助有限，上司也不值得恭维，你的感谢也有必要，虽然显得有点儿虚伪，却可以使你避免成为他人的箭靶。

很多人上台领奖时，他们首先要讲的话就是“我很高兴！但我要感谢……”，道理就是如此。这种“口惠而实不至”的感谢虽然缺乏“实质”意义，但听到的人心里也很愉快，也就不会妒忌你了。

有些人一旦获得荣耀，就忘了自己是谁，自我膨胀。这种心情是可以理解的，旁人就遭殃了，他们要忍受你的气焰，却又不敢出声，因为你正在风头上。慢慢地，他们会在工作上有意无意地抵制你，让你碰钉子。有了荣耀时，要更加谦卑。不卑不亢不容易，但“卑”绝对胜过“亢”，就算“卑”得过分也没关系，别人看到你如此谦卑，当然不会找你麻烦，不会和你作对了。

获得荣耀时，对他人要更加客气，荣耀越高，头要越低。另一方面，别老是提及你的荣耀，说得多了，就成了一种自我吹嘘，既然你的荣耀大家早已经知道，何必还总要提及呢?

别独享荣耀，说穿了就是不要去威胁别人的生存，你的荣耀会让别人变得黯淡，产生不安全感。当你获得荣誉时，你去感谢他人，与人分享，为人谦卑，等于让他人吃了一颗定心丸，人性就是这么奇妙，没什么话好说。当你获得荣耀时，一定要记住以上几点。如果习惯了独享荣耀，那么总有一天你会独吞苦果!

如何向外界借势

北宋薛居正在《势胜学》中云："缺者，人难改也。"意思是，天生的缺陷，仅靠自身的努力难以改变。

人无完人，一个人不管有多大的本事，也会有解决不了的问题，完全不借助他人是不可能的事。借势能使弱者变强，强者更强。其实，成功并不是纯粹的个人能力的比拼，而是借势水准高低的结果。借势是借助他人的力量为自己所用，补我不足，这就要求人们正视自己的不足，切莫刚愎自用、自高自大。

荀子在《劝学》中云："君子生非异也，善假于物也。"他说的"假"和"狐假虎威"中的"假"一样，是"借助，凭借"的意思；他所说的"物"，指的是外物。荀子认为：善于借助外界力量的人才是有智慧的人。

向谁借势?

强者当然是首选目标。与普通人相比，强者具有更加广泛的资源可用以调动。有时普通人跑断了腿也不得要领的事情，强者一个电话就可以帮你搞定。

向强者借势，你得先想清楚一个问题：别人凭什么借给你。你要借势，先要给借势者找一个借出的理由，要让对方觉得借势与你是一件值得的事。

借势的方法很多，有很多创新的手法值得我们学习。

有这样一则笑话。外国有一书商为了推销自己的新书，寄了一本给该国总统。该国总统看完后说："是一本好书。"书商便对外宣传说："总统说'是一本好书'。"结果该书非常畅销。第二次，书商又想故伎重演。情知“上当”的总统看完书后故意说：“是一本不好的书。”书商又对外宣传说：“总统说‘是一本不好的书’。”结果该书又是相当畅销。第三次，总统干脆说：“简直读不下去！”然而这句话还是令书商大赚一笔。第四次，聪明的总统干脆闭住嘴巴，一言不发。但书商这一次的广告是：“连总统都无法作出评判。”结果不言而喻。

这当然是一个笑话，却真实地反映了一个善于借势的聪明人是如何巧妙地借强者拥有的资源的。

英国一家珠宝店开张营业时，“女王陛下”突然驾临。她径直走向珠宝首饰柜台，并对周围惊喜交加的人们点头招手，风度翩翩，进退有度。“女王御驾”光临的消息不胫而走，之后前来参观、选购的人群骤然增加，该店铺一夜成名。

后来，人们才知道，那天“光临”的并不是“女王陛下”，而是一位面貌酷似女王的女士。然而，珠宝店扬名的目的却达到了。

当然，“女王”是珠宝店聘请来的，但因珠宝店及“女王”，自始至终都未声称她（我）是女王，因此，也不存在侵犯名誉这一法律问题。

间组建设公司老板神部在与客户打交道时发现，客户不把自己的公司看作一流的大公司，所以处处遭人冷眼，与人谈生意都会矮三分，本来十拿九稳的生意转眼就被别人抢走了。

神部心生一计，他向日本大报刊送去可观的广告费，请求把自己的公司和五大建设公司同等对待，不论是进行报道还是刊登广告，都一律并称“六大建设公司”。“六大建设公司”的广告刊登出来了，明白事情真相的业内人士对神部的做法明嘲暗讽，他一概置之不理。而铺天盖地的“六大建设公司”的宣传，又让更多不明真相的人们信以为真，以为间组建设公司真的是日本一流的大建设公司。

尽管神部的下属对此都深感不安，但神部自有他的打算：他要用这个办法让别人真的冲着他那“六大建设公司”之一的虚名慕名而来。

他的计策成功了，随着“六大建设公司”的宣传步步深入，慕名而来的客户也越来越多。当然，间组建设公司还是具有一定的规模及服务水准的，能够以周到的服务让顾客满意而去。公司业务不断发展，许多原先比间组建设公司强大的公司都被一一赶超。3 年后，间组建设公司终于与那五大建设公司并驾齐驱，成了日本真正的第六大建设公司，再也没有人对神部指手画脚、冷嘲热讽了。

如果没有神部借助其他五大建设公司之势抬高自己计策的成功运用，间组建设公司只怕至今还与二三流建设公司挤在同一战壕里，为一宗小生意而进行殊死搏杀。虽然神部此计有自欺欺人之嫌，而且还被一些知情人骂为“骗子”，但他和那些制假销假的公司还是有本质上的不同。他这样做的目的并不是为了以假冒伪劣产品来欺蒙消费者，而是凭借公司的实力，来为自己争取更高的声望和更好的收益。作为一种经商手段，这毕竟体现了不可多得的智慧光芒，还是应该予以肯定的。

日本的公司借助同行佼佼者的“势”，美国运通公司则把“势”借到了自由女神身上。这家经营信用卡的公司当然不是给自由女神办信用卡，而是发起一场为修复破损了的自由女神像筹资的运动。该运动是一项在全国范围内进行的带有慈善性质的销售活动。该公司大肆宣传，说该公司信用卡持有者每购买一次物品，它便捐助一美分给自由女神像修复工程；每增加一位申请该公司信用卡的新客户，它也捐助一美分。最后，该公司为自由女神像修复工程筹集了 170 万美元的免税费用，与此同时，使用和申请该公司信用卡的人数也随之猛增。前者比以前增长 28%，后者增长了 45%。

由该公司委托的对持有运通信用卡的人士进行的电话调查表明，受调查者全都了解这一广为宣传的推销活动，其中许多人说，之所以接受运通公司的宣传，是为了促进修复女神像和帮助运通公司成就这一“美好事业”。运通公司借助自由女神的名目，达到了利国利民利己——典型的“三赢”，可谓技高一筹。

我们在说“强者”与“弱者”时，戴的是世俗的眼镜。聪明的人都知道：尺有所短，寸有所长。“势”绝不是只有强者才拥有的，弱者也有他的优势，这同样是不容忽视的，谁都不可小看。

向弱者借势，如《势胜学》中告诫人们：“借于弱，予不可吝。”意思是，向弱者借势，虽给予却不可吝啬。给予对弱者来说，是雪中送炭，也是他们最需要的，对此若慷慨大度，回报便愈加显著。

北宋仁宗时，将军狄青屡建战功，威名远播。仁宗想要召见他，正赶上敌人侵犯渭州，仁宗于是取消了召见，下令狄青攻击敌人，传旨说：“朕欣赏将军，将军尽可立功杀敌，如有捷报，朕定有赏赐。”

狄青杀退了敌人，仁宗立刻任命狄青为真定路副都总管。有的大臣轻视狄青的出身，上奏说：“狄青出身行伍，因罪被充军，至今脸上仍保留着充军时所刺的字。如此卑贱之人只可利用，不可重用，否则，世人只会议论陛下用人不当了。”

仁宗气愤地答道：“只论出身，不论战功，有谁还会为朕卖命呢？朕的国家完全靠忠臣、功臣来保卫，朕当然不能冷落了他们。”

仁宗极力提拔狄青，狄青先后做过侍卫步军殿前都虞侯、眉州防御使、步军副都指挥使、保大安远两军节度观察留后、马军副都指挥使等官，十多年就位居显贵行列。

狄青深明仁宗的恩义，他常对部下告诫说：“皇上不介意我的出身，我之所以有今天，都是皇上所赐。皇上乃明君，我们都要誓死报效、英勇杀敌。”

就这样，仁宗毫不吝啬地封赏狄青，换得的则是狄青拼死以报知遇之恩。

给人好处不要声张

穷人帮别人忙，特别是帮别人大忙的时候，觉得是自己能力的体现，常到处宣扬。

这种态度是很危险的，常会引发负面的后果：帮了别人的忙，没有增加自己人情账户的收入，因为这种态度，把这笔账抵消了。

古代有位大侠郭解。有一次，洛阳某人因与他人结怨而心烦，多次央求地方上有名望的人士出来调停，对方就是不给面子。后来他找到郭解门下，请他来化解这段恩怨。

郭解接受了这个请求，亲自上门拜访委托人的对手，并且做了大量的说服工作，使这人同意了和解。

照常理，郭解此时不负人托，完成了化解恩怨的任务，可以走人了。但是，郭解还有高人一着的棋，有更巧妙的处理方法。

讲清楚后，他对那人说："这个事，听说过去有许多当地有名望的人调解过，但因不能得到双方的共同认可而没能达成协议。这次我很幸运，你也很给我面子，我了结了这件事。我在感谢你的同时，也为自己担心，我毕竟是外乡人，在本地人出面不能解决问题的情况下，由我这个外地人来完成和解，未免使本地那些有名望的人感到丢面子。"

他进一步说："这样吧，请你再帮我一次，表面上要做到让人以为我出面也解决不了这个问题。等我明天离开此地的时候，本地的几位绅士、侠客还会上门，你把面子给他们，算作他们完成此一美举吧，拜托了。"

人都爱面子，你给他面子是给他一份厚礼。

有朝一日你求他办事，他自然要“还回面子”，哪怕感到为难或感到不是很愿意。这便是操作人情账户的精义所在。

人们总是尽其全力来保持脸面，为了面子，可以做出常理之外的事。

帮忙时应该注意：不要让对方觉得接受你的帮助是一种负担；要做得自然，也就是说在当时对方或许未清楚地感受到，但是日子越久越体会出你对他的关心，能够做到这一步是最理想的；帮忙时要高高兴兴，不可以心不甘、情不愿的。

如果帮忙时觉得很勉强，意识里存在着“这是为对方而做”的观念，或者如果对方对你的帮助毫无反应，你一定大为生气，认为“我这样辛苦地帮你忙，你还不知感激，太不识好歹了”！这样的态度和想法，不要表现出来。

如果对方也是一个能为别人考虑的人，你为他帮忙的种种好处，绝不会像打出去的子弹一去不回，他一定会用别的方式来回报你。对这种知恩图报的人，应该经常给他些帮助。

人际往来，帮忙是互相的，不可像做生意一样赤裸裸地，一口一个“有事吗”“你帮了我的忙，下次我一定帮你”。

忽视了感情的交流，会让人兴味索然，彼此的交情也维持不了多长时间。

要讲究自然而然，不故意“打埋伏”，以免被别人认为：和他做朋友，如果没用处，肯定会被一脚踢开！

办事的时候应该将心比心。想要别人怎样对待自己，自己就要先那样对待别人。不少人办事时抱着“有事有人，无事无人”的态度，把对方看成受伤后的拐棍儿，身体康复后便随手扔掉。这种人大多数会被别人抛弃。他求人帮忙办事时，相信没有人愿意帮助他。

人与人之间没有互信互助，就没有互惠互利；没有较深的感情，就没有彼此的信任。

在与人交往中要重视感情投资，不断增加感情，就是积累信任，保持和加强亲密互惠的关系。

人是极富感情的动物。在感情的账户上储蓄，就会赢得对方的信任，当你遇到困难或求人办事，需要对方帮助时，就可以得到这种信任换来的鼎力相助。

生当陨首，死当结草；女为悦己者容，士为知己者死。这就是感情投资的结果。

真诚待人，广交朋友

乔·吉拉德是世界上卖掉汽车最多的超级销售员，15年里卖出13万辆汽车。最多的一年卖了1425辆，创造的纪录收入了《吉尼斯世界纪录大全》。

乔·吉拉德到底有着怎样的营销策略，从而创造了惊世的业绩呢？

广结客户，是他营销策略的核心。

乔·吉拉德自己总结了一个“250定律”。乔·吉拉德认为，每一位顾客身后大约都站着250个人，这些人是他比较亲近的同事、邻居、亲戚、朋友。如果您赢得了一位顾客的好感，意味着赢得了与这位顾客比较亲近的250个人的好感；如果你得罪了一名顾客，也就意味着得罪了250名顾客。

由于连锁影响，如果一个推销员从年初开始一个星期里见到50个人，有两个顾客对他的态度不满意，到了年底，就有26000个人不愿意和他打交道。

由此，他得出结论：在任何情况下，都不要得罪哪怕是一个顾客。

当一个陌生人逐渐地变成了自己认识的人之后，乔·吉拉德又是怎样对待的呢？

乔·吉拉德认为，所有自己认识的人都是可能的客户。对每个客户，他每年大约寄上十二张明信片，每张的色彩及形状都不同，并且在信封上尽力避免使用与他的行业有关的名称。

元月，他展现的是一幅精美的喜庆气氛图案，上书“恭贺新禧！”下面是一个简单的署名：“雪佛兰轿车，乔伊·吉拉德上。”此外再无多余的话。即使遇上年底大拍卖期，也绝口不提买卖。

二月份，写的是：“请您享受快乐的情人节。”下面仍是简短的签名。

三月份，信中写的是：“祝你圣巴特利库节快乐！”。

圣巴待利库节是爱尔兰人的节日。也许你是波兰人，或是捷克人，但这无关紧要，关键是他不忘向你表示祝愿。

然后四月，五月，六月……

不要小看这些明信片，它们起的作用可不小。

不少客户一到节日就会问夫人：“过节有没有人来信？”

“乔·吉拉德又寄来了一张明信片！”

这样，每年的十二个月中就有十二次机会，使吉拉德的名字在愉悦的气氛中来到每个家庭。

吉拉德只是向人们表达他的关心之情，从不说：“请你们买我的汽车吧！”

这种真诚的祝福、问候和不说之说，反而给人们留下了深刻而美好的印象。等到他们打算买汽车时，往往想到的第一个人就是吉拉德。

不认识的人，他也有办法让彼此认识，甚至成为他的客户，当然，这要通过认识的人介绍了。

他是怎样让人主动为他介绍的呢？

连锁介绍法是他使用的方法之一。任何人介绍客户向他买车成交后，他都会付给介绍人25美元。25美元虽不多，但也足够吸引一些人，毕竟只随口说说，就有可能赚到25美元。

哪些人能当介绍人呢？

当然每一个人都能当介绍人，可是有些人的职位，更容易介绍大量的客户，乔·吉拉德指出银行的贷款员、汽车厂的修理人员、处理汽车赔损的保险公司职员，这些人几乎天天都能接触到有意购买新车的客户。

当然，那些做介绍人的，又怎样才能相信乔·吉拉德呢？这就是乔·吉拉德严格讲究诚信的结果。乔·吉拉德说："首先，我一定要严格约束自己'一定要守信''一定要迅速付钱'。

"例如当买车的客人忘了提到介绍人时，只要有人提及曾介绍约翰向我买了部新车还没收到介绍费，我一定告诉他：'很抱歉，约翰没有告诉我，我立刻把钱送给您，您还有我的名片吗？麻烦您记住介绍客户时，把您的名字写在我的名片上，这样我可立刻把钱寄给您。'

"有些介绍人，并不一定要赚取这25美元，坚决不收下这笔钱，因为他们认为收了钱心里会觉得不舒服，此时，我会送他们一份礼物或在好的饭店安排一顿免费的大餐。"

乔·吉拉德自己总结出的"250定律"告诉我们：

一定要善待身边的每一个人，这是因为每一个人的身后，都有一个相对稳定的、数量不小的群体。你善待一个人，就像是点亮了一盏灯，照亮的可就是一大片了。

另一方面"250定律"告诉我们：任何情况下，都不要得罪哪怕是一个顾客。

其实，要和人相识，不像想象的那么困难，就是结交地位较高的人也是如此。

尤其是穷人，更可以无所顾虑地和地位较高的人亲近。

美国有一位名叫阿瑟·华卡的少年，在杂志上读了某些大实业家的故事，很想知道得更详细些，并希望能得到他们对后来者的忠告。

有一天，他跑到纽约，也不管几点开始办公，早上 7 点就到了威廉·亚斯达的事务所。第二间房子里，华卡立刻认出了面前那体格结实、长着一对浓眉的人是谁。高个子的亚斯达觉得这少年有点儿讨厌，然而一听少年问他："我很想知道，我怎样才能赚得百万美元？"他的表情变柔和并微笑起来，俩人谈了一个钟头。随后亚斯达还告诉他该去访问的其他实业界的名人。

华卡照着亚斯达的指示，遍访了一流的商人、总编辑及银行家。在赚钱这方面，他所得到的忠告并不见得对他有所帮助，但是能得到成功者的知遇，却给了他自信。他开始仿效他们成功的做法。

过了两年，这个 20 岁的青年成为他当学徒的那家工厂的所有者。

24 岁时，他成为一家农业机械厂的总经理，为时不到 5 年，他就如愿以偿地拥有百万美元的财富了。这个来自乡村粗陋木屋的少年，终于成为银行董事会的一员。

华卡活跃于实业界的 67 年中，实践着他年轻时来纽约学到的基本信条，即多与有益的人相结交。会见成功立业的前辈，能转换一个人的机遇。

怀特是美国印第安纳州小乡镇上的铁道电信事务所的新雇员。16 岁时他就决心独树一帜。27 岁他当了管理所所长。后来，先是西部合同电信公司，接着他成为俄亥俄州铁路局局长。当他的儿子上学就读时，他给儿子的忠告是："在学校要和一流人物结交，有能力的人不管做什么都会成功……"

你也许会觉得这句话太庸俗。其实，把有能力的人作为自己的榜样并不可耻。朋友与书籍一样，好的朋友不仅是良伴，也是我们的老师。

我们可以从劣于我们的朋友中得到慰藉，但必须获得优秀的朋友给我们的刺激，以助长勇气。

大部分朋友都是偶然得来的。我们或者和他们住得很近，因而相识；或者是以未曾预料的方式和他们相识了。结交朋友虽出于偶然，但朋友对个人进步的影响却很大。事业成功的人，大多数都需要有比自己优秀的朋友不断地刺激自己力争上游。

双赢才是最好的关系

穷人做生意往往考虑的是尽可能从对方身上赚取更大的利润，从不考虑这种生意能够持续多久。下面来看看犹太人是如何实现“双赢”的吧。

莱曼兄弟经营着一家历经150年的美国犹太老字号银行。

20世纪70年代末，这家银行一年利润额高达3500万美元，而它的创业更具有传奇色彩。

1844年，德国维尔茨堡的一个叫亨利·莱曼的人移居美国，在南方居住一段时间后，就和自己的两个弟弟——伊曼纽尔和迈耶定居在亚拉巴马，并开始做杂货生意。

亚拉巴马是美国的一个产棉区，农民手里只有棉花，因此，莱曼兄弟就积极鼓励农民用棉花代替货币来交换日用杂货。

这样做法是不是不符合犹太商人一贯的“现金第一”的经营原则呢？

莱曼兄弟把账算得很清楚，他们认为：以商品和棉花相交换的方式，不但能吸引那些没有现钱的顾客，而且能扩大销售量；在以物换物并处于主动地位的情况下，能操纵棉花的交易价格；经营日用杂货本来就需要进货运输，现在乘空车进货之际，顺路把棉花捎去，还能节省一笔较大的运输费。

这种经营方式可说是“一笔生意，两头赢利”，买卖双方都有得赚，何乐而不为？

商业经营活动中，犹太人对理性算计特别感兴趣，即合理追求效益或者叫作投入产出比。

犹太人在经营活动中不仅追求高产出，而且追求一次或一项投入可以有多次或多项产出。

美术商贾尼斯在对待顾客方面，特别注意招徕潜在顾客，特别是那些公关学校或大学中的女孩子。

这些女孩子即将步入社会，一旦培养出她们对现代美术的兴趣，那么不仅她们会经常光顾，将来她们还会偕同自己的丈夫来购买美术品。

在买卖中把握双赢的技巧，这不仅是莱曼兄弟的经商手段，也是大多数犹太商人采用的手段，从而使得他们的生意越做越大。犹太人这种“一笔生意，两头赢利”的赢钱之道是符合现代经商原则的。

第三章

努力之后，你要敢于索取回报

中国人一般都是羞于谈钱、谈利益的。很多人总是羞羞答答，觉得谈钱是一件伤感情的事情。但实际上，争取属于自己的利益是天经地义的事，这跟道德无关，跟人品无关。所以，在努力之后，你要敢于去索取回报，让自己的努力不被浪费。

逐利是人的本性

战国末期，秦国在昭襄王时，攻城略地日渐强盛起来。当时距统一六国还相差甚远，有时还需要妥协、结盟、戒备，甚至为了取得对方的信任，一国之君还把自己的王子送到对方作为“质子”，也就是人质。秦昭襄王的孙子异人就被当作人质送往赵国。

异人被送往赵国时，他的祖父昭襄王还在位，他的父亲安国君，即后来的秦孝文王为太子。安国君宠爱华阳夫人，但她却无子。而安国君其他妃子则共有子 20 余人，其中异人则为夏姬所生。可是因夏姬失宠，所以处在赵国的异人处境就十分危险。正在异人走投无路之时，一个对异人、对秦国乃至对整个中国历史发展皆有重大影响的人物出场了。他抓住历史给予的机遇，为了实现他那“建国立君，泽可以遗世”的野心，起初用金钱铺路，继而用美女传宗，最后不仅官至丞相，甚至还通过美男计控制王太后，权倾朝野，以帝国之父自居。他就是大名鼎鼎的卫国大商人吕不韦。

正当秦公子异人作为人质，落难在赵国时，吕不韦来到赵国经商，在邯郸结识了这位处境窘迫的落难公子。了解一些情况后，他认为此人“奇货可居”，大有用途。于是便返回老家与父亲商议。

吕不韦问他父亲说：“父亲大人，农民一年到头，日出而作，日落而息，辛苦一年，能获利多少？”吕父听儿子突然提出这样的问题，觉得有些奇怪，但也并未多想，回答道：“这要看年景如何，如遇上丰收年月，可获利十倍。”吕不韦又问：“那么商人经商，而且是买卖珍贵的珍珠、宝玉、绸缎之类能获利多少？”吕父答道：“如果经营得当，可获利百倍。”吕不韦紧接着再问：“那么，如果能拥立一国之君，能获利多少呢？”吕父被儿子这第三问弄得有点儿糊涂了，就反问道：“你这是什么意思？有什么想法直说好了。”吕父显出不高兴的样子。吕不韦便把在赵国结识秦公子异人的事和自己的打算说了一遍。吕父说：“这可是一本万利啊，但也是要冒极大风险的。”吕不韦想：要获利哪有不冒风险的，本来就是利大险也大，而巧遇异人，这可是千载难逢的机遇。弄得好，说不定会成为万户侯，就是失败了，也只能算是经商赔光了本钱，还能如何，往最坏处想，把命搭上，也只能算是在经商途中遇上了杀人越货的强盗。无论如何，这个机会一定要好好把握。他决心把用来经商的钱投资到这个“奇货”上，于是携带千两黄金速回邯郸。

这一天，郁郁寡欢、愁肠百结的异人正在房中暗自吞泪，悲叹自己身在异地、举目无亲、穷困潦倒的命运。忽听外面有人叫道：“公子，有客人求见。”

异人赶忙拭泪出迎，原来是新近结识不久的大商人吕不韦。彼此见面的瞬间，善于察言观色的吕不韦立即看出异人是从悲愁中勉强装出欢颜，便开门见山地说：“公子，外面阳光明媚，这难得的好天，一个人独坐在房中岂不烦闷？”

“吕君有所不知，越是思乡心切，越怕到外面触景生情。”异人镇定有礼地回答。

“总是这样下去也不是办法，得想办法回到秦国去，现在昭襄王年事已高，驾崩后将是太子安国君继承王位。可安国君所宠幸的王妃华阳夫人无子，未来太子属谁，暂不能确定，公子在20余人中，排行虽属中间，但只要想办法打通华阳夫人，让她说服安国君立你为嫡子，未来的秦王就非你莫属了。”

吕不韦一席话，令异人心动不已，但他转念一想，凭我一个客居他乡的异乡客，有什么办法能打通华阳夫人呢？想到此，也就把自己的顾虑和盘托出：

“吕君，我们虽相识不久，但我看出，你确实想要帮我脱离困境。认识你，实乃我三生有幸，我将永世不忘。不过，又如何能说服华阳夫人认我为子，立为嫡嗣呢？”

吕不韦说：“这好办，我虽不是家有万贯，但多年经商，金钱还是有些，我可用金钱为你铺路，俗话讲得好，有钱能使鬼推磨嘛！”异人深为感动地说：“就算吕君慷慨解囊，助我以金钱，但又有谁能为我效劳，肯去打通华阳夫人呢？”吕不韦说：“你我既已引为朋友，就应该有福共享，有难同当。西向去秦游说华阳夫人，只能由我来承担了。”异人真是感激万分，当即与吕不韦约定，如真能事成，自己成为秦国国君，愿与不韦共管秦国，拿出一半国土酬劳不韦。

吕不韦当下拿出黄金500两交予异人，并说：“这500两黄金留给你，用来结交贤能之士、有用之人，收买自己的党羽。另外500两黄金，我将携带西行入秦。”异人感激涕零地千恩万谢后，两人便开始分头行动。

吕不韦在西向秦国的一路上，不惜重金，购买奇异珍宝及大量贵重礼物。到了咸阳后，先是了解情况，打听门路。最后决定先从华阳夫人的弟弟阳泉君入手。吕不韦见到阳泉君，就当头棒喝，说君将大祸临头。阳泉君问何以见得。吕不韦则大讲其姐无子，一旦安国君驾崩，必由别人即位，那样华阳夫人一家岂能有好。当阳泉君问有何良策时，吕不韦则以三寸如簧之舌，大讲异人如何贤明，如何思念华阳夫人，又如何渴望归国。既然夫人无子，而异人无国，那么收异人为子，异人既能归国又能继安国君的王位，他必将肝脑涂地地为华阳夫人效劳，且忠心永不会改变。阳泉君觉得吕不韦说得十分有理，于是亲自去说服华阳夫人收异人为子，并立为王嗣。

接着吕不韦再用金钱买通华阳夫人的姐姐，将带来的珍宝委托她代表异人献给其妹妹。

华阳夫人听了弟弟和姐姐的话后，立即召见吕不韦，询问异人在赵国的情况，并决定说服安国君，立异人为太子。

后来，异人果然成为秦国的国君，为今后统一中国打下了基础。

善意的谎言并非不可饶恕

某些欺骗并不是一种不可饶恕的行为，比如糊涂就是一种可以饶恕、可以理解的伪装术。所以，在商业交往中，糊涂和欺骗作为一对无奈的伎俩，常常被人们拿来使用。

在21世纪20年代，日本横滨有一位做空头生意的煤炭商山下龟三郎。他没有足够的资金，只有一个不景气的小煤炭店，却又想做大生意赚大钱，他整日寻思办法，倒还真想出了一个点子。

他把自己的小煤炭店作抵押，向银行借了一笔钱作活动经费，开始实施他的计划。他打听到神户新开张了一家烟炭商会，老板松永靠他父亲福泽的巨资来经营，很有实力。山下想同松永做生意，但位卑财弱，挨不上边，于是他拐弯抹角，认识了松永的父亲福泽从前的一个老部下秋原，并请秋原修书一封，去走松永的后门。山下拿到秋原的信后，先是来到神户最豪华的饭店西村饭店，订了一桌宴席，然后请饭店服务员拿上他的请帖和秋原的信去请松永。松永看了秋原的信，二话没说来到西村饭店。

山下热情地迎接了松永，并把松永称颂了一番，然后才谈到正题上。他的意思是要松永向他提供大批煤炭，由他转卖给阿部老板开办的煤炭零售店。松永害怕受骗，犹豫不决。因为这样干，山下不付分文，不承担任何风险，有风险的人是他自己。

山下早料到松永会犹豫，他把一位女服务员唤了过来，对她说：“明天我到大阪炮兵工厂去办事，请你帮我买点神户特产瓦煎饼来。”说着从怀里掏出一叠10万元一张的钞票来，随手抽出两张递了过去，然后又抽出一张递去说：“这是给你的小费。”

松永在一旁看了，暗中吃惊，断定自己是遇上了一位百万富翁，于是当场表示愿意发货，生意成交了。

山下向松永表示了感谢，便推说有点儿小事，急步走出餐厅来，追上了那位服务员，把那30万元全部都讨了回来。晚宴过后，他立即启程赶回横滨，他住不起西村饭店的豪华房间。

从此以后，松永把煤炭发给山下，山下再转卖给阿部，收款后再交给松永。就这样，年复一年，山下发了大财，改行当上了日本的汽船大王。松永也成为日本电力企业巨子。当年山下表演的那场“精彩的欺骗”，不仅成了二人茶余饭后的笑料，而且也成了松永赖于战胜商场艰险的精神动力和营生谋略。

欺骗，通常是一种不可饶恕的恶意行为，但它也有例外的时候。特别是当我们希望得到人们理解，而不得不采取某些手段接近对方时，善意的欺骗也许是不得不做的事。

多看一点儿长远利益

毫无疑问，做生意是要追求利润的。但有时经商的策略错了，就会被人看作是在赚取不义之财。在这种情况下，商人要有一个清醒的认识，你究竟是需要眼前的利润，还是需要长久的信用，放弃眼前的利润，乍一看好像是糊涂招，但从长远来看却是一步高棋。

早在几十年前，麦当劳连锁店就曾经遇到这样一个难题。在当时，麦当劳以高价卖出地区连锁权被视作“牟取暴利”，而卖器材、原料给加盟人，从中合理赚取利润，更是被看作“不正当谋利”。这使克洛克十分苦恼，后来，这位麦当劳的创始人想出了妙计。他的想法是，如果麦当劳能够以房地产赚取利润那就与以往大为不同了，麦当劳牟取暴利的形象就会改观。

克洛克决定，麦当劳在加盟者成功地赚取高额的营业额之前，只收取数量很低的基本租金。

随着营运状况的好转，到了一定标准的时候，租金才由基本的标准转换为前面规定的那种按营业额的百分比计算。

当然，只有等到连锁店开始有能力缴纳营业百分比组成的租金时，麦当劳才开始回收租金。

这种计算方法，使得加盟者与总公司之间不再有利益冲突。相反的，大家站在了一个立场之上！

对于麦当劳来说，要想增加收入，就必须督促每一个连锁店的营运，以增加它们的营业收入。麦当劳在出售连锁权、收取权利金上所得的收入，还不及其他连锁企业多。但是由于公司的收入几乎完全依靠各个餐厅的营业额，所以它非常鼓励各店打开销售渠道。

通过这些努力，麦当劳店保持了原有的经营三要素——Q（品质）、S（服务）、C（卫生）。麦当劳终于把自己的房地产业当作一个金矿开始营业了。

从此以后，麦当劳并不仅仅是一个速食公司，更是一家房地产公司。房地产投资还为麦当劳公司的扩张带来了大量的贷款。在这方面，麦当劳还捡了便宜。它在郊区的房地产，大多是在美国商品市场正往郊区发展时用低价买得的。这下可好，后来房价越涨越高，当然麦当劳在房地产上得到的就越来越多。

与此相反，麦当劳的竞争者们都忽略了房地产。事实证明，克洛克投资房地产的决策是正确的。

虽说现在是“天下熙熙，皆为利来；天下攘攘，皆为利往”的时代，但坚持把“义”与“利”统一起来放在首位的企业家仍然占了绝大多数。例如，方正集团负责人张兆东虽然宣称“企业挣不到钱一切都是瞎掰”，然而他在赚钱求利的商业动机中一直坚持义利并重，“利”要符合“义”的规范。在张兆东眼中，这个“义”不仅指商业经营中的正当手段，还包括一种诚信、善意、积极为对方着想的经商态度。

关于公司与客户的关系，张兆东从来不把公司与客户看成是两个利益对立的主体，而是尽量站在用户立场上替用户着想，建立起一种朋友关系。诚然，公司要从客户处赚钱，但这绝不意味着要把客户口袋里的每一分钱都掏出来，张兆东总是尽量给客户留下一些。当客户准备买东西时，他也并非像许多商家那样把价钱高的产品推销给客户，而是本着“够用就行”的原则，从每个用户的特定情况考虑，向他们推荐适合的设备配置；如果有客户要求增加配置，他还会劝客户等不够用的时候再来买。若是遇到客户所带钱款不够时，张兆东还会给他大幅优惠，尽量使用户能即时买到中意的设备。

张兆东上面所做的事情都不是他的义务，而是本着善意的原则替客户精打细算地考虑。对此，或许有些人持不同见解，认为公司没有必要如此周到地替用户打算，公司只要保证其产品质量与售后服务等基本义务就行了。至于能赚客户一笔的时候就应毫不迟疑地赚一笔的观点也不能说是错误的，但是如果仔细体味一下张兆东的做法，就不难看出此中蕴含着他的聪明之处。

张兆东的做法无疑会使他每做一笔生意就结交一个朋友，而当用户认可了方正产品之后，就会有意或无意地替方正做宣传。“用户为我们做的宣传比我们自己的宣传效果要好得多。”张兆东如是说。

当然，或许有人觉得这样理解张兆东的做法会太功利主义，那么就单纯把它看作一种诚信、善意的行为，张兆东使充满金钱关系的商业行为笼罩上了一层人情味，这种良好的市场氛围即是在他的“糊涂经”中创造出来的。

学会蛰伏，等待机会的降临

大凡一个有抱负、有才华的人，要实现自己的目标，在无所作为的时候，总是能忍受等待的种种煎熬。春秋战国时期有三位杰出人物，其所作所为就是能忍成大谋的表现。他们是卧薪尝胆的勾践、装疯吃苦的孙膑、佯装死去的范雎。受中国传统文化影响的中国商人们大都继承了中国人特有的“忍”的品格。这一点是西方商人所无法比的。

著名商人张荣发的发迹历程，有一段相当漫长和曲折的故事。他在日本船上从当杂工开始，后来才成为正式水手。在艰苦的水手工作中，他坚持勤奋学习和工作，知识和技术得到不断的长进，逐步晋升为二副、大副直至船长，这为他全面熟悉海运业打下了良好的基础。

张荣发是个胸怀壮志的青年，他从小立志要自己创一番事业。尽管环境不佳，他却不灰心，决心奋斗、忍耐，相信只要功夫到，时机会酬劳他的。他读书虽不算多，但对孔子所说的“小不忍则乱大谋”很有体会。

从打杂工到船长，在文字表达上仅仅用了十多个字，然而，张荣发在奋斗过程中，却足足用了23年时间。就这样，他忍受了23年的艰苦单调的海上生活，积累了一点儿钱，于1968年开始自己创业。起步时他买了一艘残旧的洋船，航行于美国和远东之间。他既是老板，又是船上的船长，亲自指挥航行。

经过20多年海上“卧薪尝胆”的生活，他成立的长荣海运公司十分了解货主的需求和市场行情，做到服务优良，样样令顾客满意。

为此，他生意兴旺，盈利可观。没几年时间，长荣公司的货轮增至3艘，并增辟了远东至波斯湾的定期航线。到1975年，张荣发已积累了不少资本，他注意到海运业竞争激烈，于是决定摒弃旧式货船，逐步建立起新式快速的货运船队，以快速、安全、廉价和优质服务参与竞争。此招果然灵验，其生意一马当先，迅速发展。1982—1983年，世界航运业再次陷入低潮，很多航运商家难以为继，被迫倒闭或压缩业务。有卓见的张荣发认为这是短暂现象，于是利用这个机会以7亿美元收购24艘全箱远洋货轮，迅速壮大自己的船队，乘势开创环球东西双向全箱货运定期航线，取得了史无前例的成功。经过这么一番人退我进、人弃我取的发展，到20世纪80年代末，张荣发成为世界有名的船王。他拥有10多家规模庞大的公司，在世界五大洲几十个国家和地区有分公司或办事处，旗下有66艘大型货轮，总吨数达210万吨。

张荣发忍耐了23年的打工生涯，再用20来年的创业，终于成为一位世界级富豪。据《福布斯》杂志介绍，他的财富已达21.5亿美元。

无独有偶，香港著名商人刘永浩也是卧薪尝胆，小忍成大谋的典范人物。

1969年，由于家庭不幸发生了变故，年纪未满17岁的刘永浩被迫离开心爱的学校，只身一人步入社会大舞台，成为“近藤日本食品公司”的一名学徒工。

刘永浩懂得“不吃苦中苦，难为人上人”的中国古训，开始了11年漫长而艰辛的学徒生涯。他忠心耿耿、勤奋努力，业余时间仍不忘充实自我，努力学习知识，终于从一个被人瞧不起的学徒一步步晋升为营业部经理。他在长期的实践当中，渐渐形成了全新的理念——人们的饮食习惯正随着世界一体化格局的形成，发生着交融变化，人类将进入一个更加文明科学的“杂食时代”，在中西方饮食的大差异的间隙中，日式食品必将率先风靡“港九”。

带着这种理性的科学预见，刘永浩果敢地辞去了“近藤日本食品公司”的工作，放弃了又一次升迁的机会，有的放矢地仔细寻觅“自树旗杆自创业”的最佳契机。

28岁的刘永浩说干就干，与两位良朋益友联手攻关，集三人的资本5万港元，创办了专事日本食品代理及批发业务的“三本贸易公司”。独特的公司名号，不仅体现出三人合股创业的经营特性，而且洋溢着浓厚的日本气息。

真是好事多磨，当公司即将正式挂牌开张前夕，两位好友却以“日式食品尚未流行，投资风险太大，弄不好会鸡飞蛋打”为由，置昔日交情于不顾，突然撤走了本金。此时的刘永浩也可以抽身而退，避免一个人投资经营的风险。可他认定了这条路，不管前面是险滩还是荆棘，他誓不低头，最终，好不容易向亲朋好友借贷了5万港元，凑足了启动资金，公司开张营业了。为了最大限度地减少开支，他不得不集老板和伙计于一身，事事、时时、处处“一脚踢”，不仅听电话、接订单、送货物、收账款，而且亲自设计“三本贸易公司”的企业标识。就连公司的办公场所，也是借用好友房间的一个角落！

“功夫不负有心人”，刘永浩利用在近藤工作时培养的关系，从友人手中接下了半卖半送的一批积压日式食品，然后亲自去尖沙咀超级市场苦苦推销，竟然出人意料地赚取了一倍利润的“对本对利”。这次营销活动的意外成功，极大地增强了刘永浩经营日式食品的信心和决心。之后，他的业务量日渐扩大，营销利润逐步上升，客户越来越多。刘永浩开动脑筋，认为要创新才能生存。他大胆引进纯正日本风味的金针菇，试图取得“中西合璧成一统”的最佳经营效果。他先将金针菇送到“方荣记”和“四季火锅”两大中式饭店试用，食客的反映颇佳，迅即成为各大中式饭店首选的日本蔬菜，并被普通家庭看好。后来，刘永浩每月引进推销金针菇多达两吨以上，成为香港真菌类食品领域的“金牌杀手”。

于是，刘永浩乘着金针菇引进促销大获全胜的浩荡东风，接二连三地增加经营品种，先后从日本进口了蟹柳、八爪鱼等日式食品，并趁势扩展了销售网络，一跃而成为香港日式食品业界崭露头角的巨子。

犹太人也十分善于运用“忍”，他们在长期的受迫害中所积累的忍耐精神，应用到今天犹太人的商务活动乃至处世哲学中，获得最终的成功。

古人指出：“忍一点晴空万里，让三分海阔天空。”犹太人也这样讲：“人的细胞每时每刻都在变化，每天都会更新。昨天生气的细胞，已为今天新的细胞所代替。酒足饭饱后所思考的内容，与饥肠辘辘时所考虑的也不一样。我仅仅在等你的细胞的更替。”同样，在经营活动中，日本人能忍耐的性子也是闻名于天下的，他们能不厌其烦地等待对方的确认或改变态度。但是，日本人的忍耐是基于合算和有发展前途的事物和买卖，当他发现不合算或没有发展前途时，不用说三四年，哪怕是三四个月，也不会等待下去。

犹太人在任何投资和买卖活动中，事前必定做周密的可行性研究，他们一旦决定做某项买卖或投资，必定制定短期、中期和长期的计划。这三套计划做好灵机应变的策略，以观事态的发展而相应采用。

犹太人考夫曼能成为股市“神人”，是他顽强忍耐的结果。考夫曼1937年出生于德国，因遭受纳粹的迫害，1946年随父母逃到美国定居。他刚到美国时不懂英语，进入学校读书十分困难。但他很有耐性，不怕别人嘲笑，大胆地与美国小朋友交谈，从中学习英语。

他还利用课余时间补习英语，吃饭和走路时也背英语词句。半年时间过去了，他能熟练地讲英语了。他家境不佳，却以半工半读的形式读完了大学，并获得了学士、硕士和博士学位。在工作中，他不辞劳苦，刻苦钻研，从银行的最底层做起，直至成为世界闻名的所罗门兄弟证券公司的主要合伙人，首席经济专家和股票、债券研究部负责人。他对股市料事如神，成为美国证券市场的权威之一。

巴拉尼是生于奥地利维也纳的犹太人，他年幼时患了骨结核病，由于家贫无法医治，他的膝关节永久性僵硬，行走不便。但他没有灰心丧气，而是忍着各种痛苦，艰苦奋斗，刻苦攻读，终于在医学上取得了惊人的成就。除了荣获奥地利皇家授予的爵位外，1914 年他还获得了诺贝尔生理学及医学奖金，他一生发表了 184 篇很有价值的科研论文。

“世上无难事，只怕有心人”。成功之途是崎岖曲折的，它不可能是畅通无阻的康庄大道。成功者的特长之一，是善于处理前进中的障碍，有坚忍不拔的忍耐性。“成功者是踏着失败前进的”，“失败是成功之母”的哲理是意味深长的。英国大文豪 H.C・威尔斯，在他成为文豪前曾从事过近十种职业，但都一无所成。现代著名科学家克达林曾说：“我的成功发明，每项都几乎经过九十九次的失败。”

在人生的游戏中，不尽如人意的事常会发生，每个人都没有悲观的必要，失败乃是成功必经的过程，关键要有决心和忍耐，昨天或今日的失败，并不意味最后的结局。正视失败与挫折，是自我教育和提高的有效途径。最怕的是发生了挫折或失败后一蹶不振。人如果没有了忍耐性，才是真正的失败者。

面对晋升机会，要敢于出手

晋升的机会来了，各种小道消息在单位蔓延。

每天努力工作的你，要不要主动地找上司反映自己的愿望，提出自己的要求呢?

这常常是人们为之而苦恼的事情。因为，如果我们自己不去要求，很可能就会失去机会；而如果我们去要求，又担心上司会认为自己过于自私，争名夺利，究竟该如何办呢?

其实，实事求是地向上司反映情况，提出自己的渴望和要求，决不属于自私和争利的范畴，而且是十分正当的。在平等的机会面前，我们每个人都有权利去获得自己应该得到的东西。

而且，作为上司来说，由于其时间和精力的有限性，不可能完全了解每个人的情况，有时也可能会被一些表面现象所蒙蔽，以至于犯片面性的错误。既然如此，我们自己为什么不可以主动地帮助上司了解情况，以便他做出更为公允和明智的决定呢？相反，如果你不去反映情况，则只能是自己对不起自己了。

然而，在这里，也应该注意一个问题。众所周知，每一次的晋级名额常常是非常有限的，不可能人人有份。在这种情况下，你如果要向上司主动提出要求，最好事先做一番调查，看看这次指标数究竟是多少，并就部门的各个人选做一番排队分析。

如果说自己的条件很有可能入选，或者说有一定的机会，但存在着竞争，这样，你便可以，而且应该去向上司提出要求。如果自己的希望十分渺茫，那么，趁早自己放弃。因为在这种情况下你再主动要求，再争，实现的可能性也是很小的，而且上司会认为你太过分，不明智，你不如韬光养晦，苦心修炼。

向上司提出晋升要求，须掌握一定的方式方法：

首先，不能过分谦让。有这样一则故事：有位先生仙逝后欲进入天堂去享受荣华富贵，于是就去排队领取进入天堂的通行证。由于他不善于竞争，后面的人来了直接插在他前面，他却保持沉默，没有任何反抗或不满，就这样等了若干年，他仍站在队的末尾，始终未得到他想得到的东西。

这个故事对我们深有启发。人世间处处充满着竞争，就社会来讲，有经济、教育、科技的竞争，有就业、入学，甚至养老的竞争。就晋升来讲也不例外，在通向金字塔顶的道路上，每一步都是竞争的足迹。对于同一职位的觊觎者不止你一个。

因此，当你了解到某一职位或更高职位出现空缺而自己完全有能力胜任这一职位时，保持沉默绝非良策，而是要学会争取，主动出击，把自己的想法或请求告诉上级，这样往往能使你如愿以偿。战国时期赵国的毛遂、秦时的甘罗已为我们提供了最好的证明。特别是上级已指定了候选人，而这位候选人在各方面条件都不如你时，更应该积极主动争取，过分的谦让只会堵死你的晋升之路。

作为下级，向上司提出请求时应讲究方式，不能简单化。宜明则明，宜暗则暗，宜迂则迂，这要根据你上司的性格、你与上司以及同事的关系、别人对你的评价等因素来定。

其次，记得预先提醒上级。在正式提出问题和上级讨论之前，做出一两个暗示，表明你正在考虑这件事，这样就不会在你和他正式谈及此事的时候发现他毫无准备了。你可能认为这只会给他时间搜罗理由拒绝你的要求，但是请记住，你的目的并不在于要去赢得一场辩论，而是要使上级确认给予你提升是出于对大局利益的考虑。假如上级有所保留的话，你应该了解其中原因（在了解以后，你也许会发现，你选择了错误的职业，或是这家公司并不适合你）。

再次，选择好恰当时机。通常在上级情绪好的时候这样做。如果他的愉快是由于你的业绩引起的，那就更妙了。选择时间非常重要，把你的要求作为工作日的第一份报告呈交给上级往往很难奏效。

第四，用事实证明你的业绩。与其告诉上级你工作是多么努力，不如告诉他你究竟做了些什么。可以试着用一些具体的数字，尤其是百分比来证明你的成绩；同时，要避免用描述性的形容词或副词。比如，不要说："我同某某公司做成了一笔生意。"而说："我与某某公司做成一笔100万元的生意。"尽可能地让事实替你说话。

最好的方法是简单地写一份报告给上司，总结一下你的工作。如果你这么做，白纸黑字，数量详尽，就使他能及时了解你的业绩，而且日后也能查阅，同时，也就用不着去说那番听起来使人觉得你自吹自擂的话了。

第五，向上级指明提拔你于公司有利。不可否认，这并不容易做，因为你是申请人，上级则是决策者，而有关你各方面的资料又有限，因而是否满足你的请求需要考虑。然而，如果更仔细地想想，还可以拿出理由，说明你所期望的提升对于公司以及上司都是有利的。

假如要谋求提升，还可以指出权力的扩大会使你为上级完成更多的工作，更有效地处理你手头上的事情；而如果想得到加薪或别的要求，那么你可以告诉他，这样能让别人认识到出色的工作是会得到奖赏的。要使人信服地认可你的提升会使他得到好处，你确实需要动一番脑筋，但是努力多半是不会白费的。

第六，寻找贵人相助。有句话说"七分努力，三分机运"，我们一直相信"爱拼才会赢"，但偏偏有些人是拼了也不见得赢，关键可能就在于缺少贵人相助。在攀爬事业高峰的过程中，贵人相助往往是不可缺少的一环。有了贵人，不仅能缩短晋升的时间，还能壮大你晋升的筹码。

这里说的“贵人”可能是指某位有名望的人，也可能是指令你仰慕及欲学习的对象，他们无论在经验、专长、知识、技能等各方面都比你胜出一筹。因此，他们也许是业界的领头羊，或者是领导。

最后，千万不要用要挟的方式。用离职或不辞而别来要挟上司的做法往往会引起上级的不满。纵然上级暂时屈服于威胁，上下级关系却出现危机，而要使关系恢复原状，即使可能，也是十分艰难的。

第四章

努力重要，心态更重要

很多时候，不是你不够努力，而是你的态度出现了问题。在工作中，你可能很努力地去做事，但是你的心态却容易受各种东西影响，最终影响你的努力，让你一无所获。所以，努力之前，也别忘了改变自己的心态。

多替公司着想

在美国西点军校，有一个广为传诵的悠久传统，学员遇到军官问话时，只能有四种回答:“报告长官，是”“报告长官，不是”“报告长官，不知道”“报告长官，没有任何借口”。除此以外，不能多说一个字。“没有任何借口”是美国西点军校二百年来奉行的最重要的行为准则，是西点军校传授给每一位新生的第一个理念。它强化的是每一位学员想尽办法去完成任何一项任务，而不是为没有完成任务去寻找借口，哪怕是看似合理的借口。

秉承着这一理念，无数西点毕业生在人生的各个领域取得了非凡成就。千万别找借口！在现实生活中，我们少的正是那种想尽办法去完成任务的人，而不是去找任何借口的人。在他们身上，体现出一种服从、诚实的态度，一种负责、敬业的精神，一种完善的执行能力。

在工作当中，我们经常能够听到各种各样的借口：

“那个客户太挑剔了，我无法满足他。”

“我可以早到的，如果不是下雨。”

“我没有在规定的时间里把事做完，是因为……”

“我没学过。”

“我没有足够的时间”。

“现在是休息时间，半小时后你再来电话。”

“我没有那么多精力。”

“我没办法这么做。”

……

其实，在每一个借口的背后，都隐藏着丰富的潜台词，只是我们不好意思说出来，甚至我们根本就不愿说出来。借口让我们暂时逃避了困难和责任，获得了些许心理的慰藉。

在职场中，无论何时，无论我们做什么事情都要为企业着想，不管你身在这个企业，还是你跳槽去了别的企业。

打工皇帝唐骏这样阐释“忠诚”的含义：“对雇主忠诚并不一定要从一而终，但在你服务于一家公司的时候，你必须全身心地投入，凡事替企业着想。”

现代很多职场人士难以得到老板的欢心，长期坐冷板凳，而有的人却能年纪轻轻就当上主管、副总，这是为什么？关键的一点就是：你是否为公司着想了。

一个公司就如同一艘驶往成功码头的大船，操作这艘船需要大量的人力、物力，为了保证这艘船能够正常前进，船长需要无数人来充当他的助手。这时，要想让船朝一个方向前进，船长和助手就必须有一个共同的目标，每个人都应把自己分内的工作做好，并且尽力帮助同伴，共同协助船长，努力将这艘船安全平稳地驶向目的地。

在这里，船长就是老板，而他的助手就是员工，包括你和你身边所有的同事，这艘大船就是你所服务的企业。这时，如果某个员工对工作不负责任，这艘“船”可能就会因为他的失职而沉入“大海”，所有人都将为他付出葬身鱼腹的代价。

因此，船上的人应该同舟共济，无论遇到什么情况，每个人都应该认真地负起自己应有的责任。

要知道，一个企业的成功，不仅意味着老板个人的成功，同时也意味着每个员工的成功。老板与员工的关系就是“唇齿相依、荣辱与共”。“皮之不存、毛将焉附”，唯有认识到这点，你才能在工作中赢得上司的赏识和尊重。

同样，对于公司这样一个团体来说，普通员工也好，管理者也好，如果只为自己的利益着想，而不为公司的利益着想，那么公司也必将难以生存，更别说发展壮大了。所以，如果你把身心彻底融入公司，尽职尽责，处处为公司着想，对上司承担风险的勇气报以钦佩，理解老板的压力，那么，任何一个老板都会视你为公司的支柱。

只有为公司着想，处处以公司利益为重，与公司同呼吸、共命运，把工作当成自己的事业，以百倍的勤奋和敬业与公司共同发展，这样你才能得到重用，并在事业上得到长足的发展，才能成为一个真正优秀的职业人或好员工。

企业是所有成员共同的生存、发展平台。如果将企业运作比作一盘棋，那么企业利益至上、内部服从市场、局部服从全局的观念，好比棋中的“大局观”，只有懂得区分“大”和“小”，企业管理者才能做出合理的取舍，合理的牺牲局部利益，换取全局的成功。因为，当大家的生存、发展平台被破坏以后，个人利益根本无从谈起。

企业利益高于一切，说着简单，如何真正体现出来呢?

坚持企业利益高于一切，就是要坚持上下一致的团队精神。团结就是力量，唯有团结一致，我们才能把全体员工的智慧汇集起来！把各部门的力量凝聚起来，形成一个强有力的拳头，在激烈甚至是残酷的市场竞争中主动出击，在全球经济一体化的进程中独立潮头。团结要求我们有舍己为人的高尚节操，唯有在个人利益和群体利益发生冲突时，勇于牺牲自我利益，我们才能赢得大众的尊敬；才能凝聚成一个相亲相爱的团队，形成以企业为“家”的独特文化；才能通过大家无私的奉献来造就“家”的兴旺。

坚持企业的利益高于一切，就要有坚持维护大局的高尚品质。

曾经有一位推销员，每到一处，他都会有意识地留下一些企业的宣传资料，每次在登记住宿房间的时候，他都特意将企业的名称写得非常醒目，为的就是宣传企业。如果我们每个人都以身为公司员工为荣，时时事事为公司精打细算，防止“大船也怕针眼漏”，从小处着眼，为公司节约每一分钱。无论走到哪里都谨言慎行，维护公司的形象，维护公司朝气蓬勃的精神风貌，维护公司的良好社会名誉，那么公司这颗明珠一定会在大家的精心呵护下大放异彩。

企业利益高于一切，是为了大家更好的发展，大河有水小河满，大河无水小河枯，以无私的奉献心来经营企业，将会为大家带来共同的富裕。

因此，我们作为职场的一员，处处以企业的利益为先，只有企业的利益得到了发展，我们个人的利益才会有保证。

所以，作为一名普通员工，我们在问题出现的时候一定要端正自己的态度，不找借口，凡事先替企业着想。把企业的利益放在第一位，想尽一切办法去解决问题，也只有这样，我们才能真正地解决工作当中出现的各种问题，实现自我价值和企业价值的高度统一。

把工作当成事业，让努力的价值最大化

在一次企业家交流会上，一群来自全国各地的民营企业家交流了一个非常有意思的话题："如果你的子女不愿意接班或者没有能力接班，你愿意把企业交给谁去管理？"

这样的问题道出了许多民营企业家的辛酸。由于我国的职业经理人制度尚在建设之中，并不成熟，"接班人"的问题一直困扰着企业主们。在这次交流会上，大家就这个问题也是展开了广泛的讨论，最后的结果五花八门。有的人说，应该让公司里的亲戚接班，因为一家人好说话，也靠得住；有的人说，请猎头公司找一个靠得住的职业经理人，这样公司的管理能够很快走上正轨。

但有一位来自浙江的水泥厂老板却说出了这样一句话："亲戚没有能力一定靠不住；职业经理人是冲着工资去的，对自己所做的事情可能缺乏一份热爱。我认为要找那些把自己的工作当成事业的员工，他们曾经为公司做出过巨大的贡献甚至是牺牲，他们会全心全意地扑在自己的事业上。选这样的人准没错。"

他的这番话也让很多企业主陷入了思考，最后大部分人都赞成他的观点，要找一个"把工作当成是自己的事业"的人。

一个人把手上的工作当成了自己的事业，他就能够将全部的精力投入到工作当中去。

把工作当成是自己的事业就要求我们不能够以只追求薪水为目的地去工作。诚然，薪水是保证一个人能够正常工作的前提，但假如一个人只知道为了薪水去工作，那么他对工作的态度就会变得扭曲，最终有可能导致问题丛生。相反，一个人只有不单纯地为薪水

去工作，主动去热爱自己的工作，他才能够在工作中解决更多的问题，获得更多的经验和能力。

纪连海是一名中学高级教师，并且因为学生优异的高考成绩被评为北京市骨干教师。他在讲课时，对教材尽可能地大胆取舍，连最枯燥的经济史都可以被他讲得生动有趣。

早在上大学时，纪连海就涉猎广泛。当时每个月他会花几十元买书；借书从来不超过一天，不管多厚的书，他都坚持一个晚上读完。现在，他的两只眼睛都是深度近视，一只1400度，另一只1500度，几乎成了盲人。

纪连海曾说："历史老师做久了，没激情学生会睡觉啊！别看在讲台上站了这么多年，但我总是不够自信，一看见学生睡觉，我就会想，为什么他会睡着了呢？得出的结论就是：他不是一个差学生，而我却是一个差老师。所以我一定要努力不让任何一名听我讲课的学生睡着。"为了担负起历史教育的这份理想和责任，纪连海还不断地学习、充电。他认为，要把课讲得有趣，需要教师不断地读书学习，扩大知识面。

纪连海以闻名全北京的激情讲课方式以及独特的历史教学方法，引起《百家讲坛》节目组编导的注意，并收到邀请。之后，纪连海在《百家讲坛》讲解了清朝二十四名臣系列，引爆节目创办以来的收视率。

在被问及是用什么"武器"在诸多学者专家中脱颖而出，如何使有争议的历史人物再次放出人性的光芒从而吸引亿万观众时，他如此回答："我没有什么秘诀，自己只是把教师职业当成事业来做。在我看来，工作有两种：一种是职业，一种是事业。而当中学教师就是我的事业，而不是职业。"

事实证明，如果我们能够把工作当成自己的事业，努力去工作，获得的远比付出的更多更好，还能学到不同寻常的技能，这会使你摆脱任何不利的环境，无往而不胜。

其实，每一项工作中都包含了许多个人成长的机会，比如发展自己的能力，增加自己的社会经验，提升个人的人格魅力……与你在工作中获得的技能与经验相比，微薄的工资显得不那么重要。老板支付给你的是金钱，你自己赋予自己的是可以令你终身受益的无价之宝。

美国某教授有两个十分优秀的学生，两个人的兴趣和爱好很相似，对他们来说，毕业后找个有发展潜力的工作是轻而易举的事。当时，这个教授有个朋友创办了一家小型公司，委托教授为他物色一个适当的人选做助理。教授建议他这两个学生去试试看。

这两个学生分别去应聘。第一位前去应聘的学生名叫墨尔，面谈结束几天后，他打电话向教授说：“您的朋友太苛刻了，他居然只肯给月薪 600 美元，我才不去为他工作呢！现在，我已经在另一家公司上班了，月薪 800 美元。”

后来去的学生叫尼克，尽管开出的薪水也是 600 美元，尽管他有更多赚钱的机会，但是他却欣然接受了这份工作。当他将这个决定告诉教授时，教授问他：“如此低的薪水，你不觉得太吃亏了吗？”

尼克说：“我当然想赚更多的钱，但是我对您朋友的印象十分深刻，我喜欢这家公司，我觉得只要从他那里多学到一些本领，薪水低一些也是值得的。从长远的眼光来看，我在那里工作将会更有前途。”

那是多年前的事情了。墨尔当时在另一家公司的薪水是年薪 9600 美元，目前他也只能赚到 11000 美元；而最初薪水只有 7200 美元的尼克，现在的固定薪水是 25000 美元，还有额外的红利。

热爱自己的工作，把工作当成自己的事业，只有这样，我们才能够在工作当中克服诸多的困难和问题，让自己真正成为一个解决问题的能手，成为老板的左膀右臂，成为企业的核心员工，让自己拥有更强大的竞争力。

锤炼你的责任心

国外一位著名的管理学大师曾经说过："良好的责任心能够帮助一个人解决任何困难。"简简单单的一句话道出了责任心的重要性。在现实生活中，一个有责任心的人也一定是离问题最远的人。

令人遗憾的是，许多员工并没有太多的责任心。因为有些员工没有一点儿责任心和主动性，对工作敷衍应付，马马虎虎，结果给企业造成了损害。

2006年6月，国美电器某公司总部人员去东莞调查市场的时候，发现导购员傻傻地站在那里，有的店展台都是空的，原来是没有货卖。

经查，没有货卖并不是因为公司没有货，而是因为工作人员的责任心不够导致的。分公司没有按照公司的要求操作，拖延了时间；同时分公司财务人员也没有重视，提供给总公司的账号也是错误的，重新办理手续又耽误很多天。

人们不禁要问，这些员工的责任心和责任感在哪里？

这些员工不仅给客户、给企业造成了损失，也给自己的职业生涯发展带来了很多负面影响。试想，哪个企业敢聘用这种对工作不负责任的人？

员工的不负责任不仅表现在以上这些方面，还有一些员工不注意自己的形象和行为，说话做事不注意方式方法，不注意给企业带来的影响，这些也是不负责任的表现。

一个采矿企业发生了安全事故，当领导问及对遇难矿工的处理意见时，当事人轻松地说："死几个人算不了什么，一条人命几万块钱就打发了。”

这位员工的言论就是不负责任的表现。结果，他的言论被发布到网上，引来了公众的一片反对。企业的形象也受到了重大影响。

员工是企业中的人，说话办事都要从企业的角度考虑，不能率性而为、我行我素。以上这些情况的出现固然和员工本人的率性、马虎等先天的性格因素有关，但更为主要的是，他们的头脑中缺乏责任意识，意识不到自己的岗位职责是什么。

岗位的名字叫责任。企业的每一个岗位就如战场上的战士的位置一样重要。只有每位员工对自己的工作岗位尽心负责，对岗位规定的职责严肃对待，认真负责，这才是对领导、对企业、对客户负责的表现。玩忽职守、不负责任的人不具备做员工的基本素养，也会导致他们的工作频繁出问题。

凡是企业中那些优秀员工、被领导重用的员工都是责任心很强的员工，他们把领导交办的事情当成自己的事情一样看待，不仅会努力、认真地工作，有人监督与无人监督一样，而且在完成工作的过程中，会主动自发地去克服各种困难，争取按时、按质、按量完成任务。正是这样高度的责任心，领导才会放心地把重要的工作交付给他们办理。

有责任心的人不仅表现在工作中能主动处理好分内与分外相关工作，他们还能够尽心尽力地去解决自己工作当中出现的各种问题，即便在失误面前也能做到不推脱，能主动承担责任，而不是处处找借口为自己开脱。

我们知道，易中天教授在《百家讲坛》中是炙手可热的。随着“品三国”的热播，易中天同时也出版了很多的书。

一次，电视台请他做节目时，一位嘉宾提道：“您上《百家讲坛》和出这些书的准备是不是有些不充分？您是一个专攻文学的教授，做历史方面的研究，是不是不够擅长？或者说应不应该更仔细一点儿，把它做得好一点儿？”

不论嘉宾是出于热爱、关心易中天考虑，还是出于其他目的，这都是一个很尖锐的问题，言外之意是易中天有些地方做得不到位。

对此，易中天坦然地回答：“我坦白交代，有仓促上阵的成分。由于出书速度过快，有一些地方欠推敲或者欠准确，现在出版社正在处理。这是一个教训。”

对于易中天这样知名的教授来说，在全国人民面前敢于承认自己的错误需要何等的勇气。但正是因为他有向观众负责、向读者负责的高度的责任心，因此才不忌讳。这样一来，即便是那些想以此为借口攻击他的人，也被他敢于负责的精神和勇气所打动，放弃了原来的主张。

这件事也告诉我们，不管任何时候，都要用责任托起你的脊梁。不论在企业内部面对领导还是在外部面对客户和合作伙伴，你要做的第一件事就是承担责任。一旦你的心目中责任第一，就为自己打造了一座防火墙，任何竞争对手都无法攻破。

约翰曾在一家企业担任过技术总监，可是，由于市场开拓不利，约翰居然失业了。

一天，猎头公司找到他，向他推荐全美乃至世界都有相当影响的一家企业。可是，令约翰没有想到的是，他们居然提到了一个令人不可思议的问题：“我们很欢迎你到我们公司来工作，你的能力和资历都非常不错。现在，你既然选择来到这里，能否告诉我你原来开发的一些技术软件的信息。”

约翰连想都没想就一口回绝了。他说：“你们这个问题很令我失望，不过，我也要令你们失望了。作为技术人员来说，保守机密永远是我的使命。”约翰说完转身就走，虽然他清楚地知道，他会因此而失去特别优厚的待遇。

可是，没过几天，约翰居然收到了来自这家公司的一封信。信上写着："你被录用了，不仅仅因为你的专业能力，还有你的责任心。"

其实，任何一家公司在选择人才的时候，都会看重一个人是否有责任心。一个人有高度的责任心，才会尽心尽力完成自己的任务，才会处处注意维护企业的利益，解决工作中出现的任何问题，即便在错误面前也敢于担当。这种责任心第一的员工也一定是老板心中的好员工，也一定是能够获得器重的优秀员工。

自信，你就能解决任何问题

新加坡航空公司是世界上最好的航空公司之一，它和一般的航空公司有什么区别呢？许多乘客都给出了一个答案：自信。

有一次，一架新航的飞机在起飞前出了一个小问题，影响了飞机正常的起飞时间，因此机组人员向乘客们道歉："现在通知各位旅客，由于我们的飞机出了一个小故障正在排查中，请您再耐心等候三十分钟，我们将在三十分钟内解决这一问题。"国内的航空公司也会出现类似的情况，他们的道歉一般是："由于我们的飞机出了一个小故障正在排查中，请您耐心等候。"等候多长时间没有说，反正等下去就是了，这就是差距所在——"三十分钟"——一个肯定的语气。

对于一家公司而言，自信可以帮助他们提升口碑，而对于个人而言，自信更是重要。它能够迅速唤醒人们体内埋藏已久的能力种子，而这颗种子能够长多高多大，事前谁也无法想到，唯有自信才能与它齐头并进。一个人没有自信，就等于事先承认了失败，给自己的人生提前做了注脚。

"水门事件"是美国历史上最大的政治丑闻之一。在1972年的总统大选中，为了取得民主党内部竞选策略的情报，以美国共和党尼克松竞选班子的首席安全问题顾问詹姆斯·麦科德（James W. McCord, Jr.）为首的五人闯入位于华盛顿水门大厦的民主党全国委员会办公室，在安装窃听器并偷拍有关文件时，当场被捕。由于此事，尼克松于1974年8月8日宣布将于次日辞职，结束了自己的政治生涯。

其实，尼克松连任总统的概率非常之高，他的对手在民意上落后他不少。但由于尼克松以及整个领导班子的不自信，导致他们做出了“窃听竞争对手”这个错误的决定，最后，也因为这种不自信，让自己成为美国历史上首位辞职的总统。

从“水门事件”中，我们可以看出，一个人的不自信会影响到其人生走向。诚然，自信是人性的一大优点，也是人生能否取得成功的重要前提。一个自信的人有着一往无前的勇气，可以披荆斩棘，克服各种困难。无论是在生活还是工作中，这种自信对我们来说都是非常重要的。

有时候，当我们接受一项新的任务时，往往会因为没有做过这方面的工作而信心不足，其实大可不必。信心不足的原因是我们仍然处在现有的位置上，去考虑新位置上的事情，这就仿佛雾里看花，只看到一片朦胧，是怎么也看不真切的。但是，只要把自己放到那个新位置上，一切都会豁然开朗起来。所以，让我们放心大胆地去承担责任，只有责任承担起来，能力才会培养起来。

自信代表着一个人在工作中的精神状态，以及对自己能力的正确认知。对一个人来说，当他正确地认识了自己的自身价值和能力及其工作责任时，他就会产生一种肯定性的情感和积极的态度，把手中的各项任务都看作是“应该做的”。肯定性的情感还会产生一种巨大的精神动力，即使在工作条件比较差的情况下，这种精神动力，非但不会让他降低工作要求，反而会使他更加积极主动地提高自己的能力，创造性地完成自己的工作。

俄国著名戏剧家斯坦尼夫拉夫斯基，有一次在排演一出话剧的时候，女主角突然害了急病，不能演出了，这时离上演的时间只差一天。斯坦尼夫拉夫斯基只好找人代替，但找来找去也没有合适的人选，最后他只好让他的姐姐帮忙。姐姐是剧团的服装道具管理员，看到为难的弟弟，只好答应下来。由于没有演过戏，突然出演女主角的姐姐总是有一种自卑、胆怯的心理，演得极差，这引起导演弟弟的烦躁和不满。

过了一会儿，他突然叫停并大声说道：“这场戏是全剧的关键；如果女主角仍然演得这样差劲儿，整个戏就不能再排下去了！”这时全场寂然，他的姐姐久久没有说话。突然，她抬起头来说：“排练！”重新开始后，姐姐像换了个人似的，一扫以前的自卑、羞怯和拘谨，演得非常自信，非常真实。斯坦尼夫拉夫斯基高兴地说：“我们又拥有了一位新的表演艺术家了。”

一个人做事的水平，永远不会超出他的自信所能达到的高度。信心多一分，业务水平就会上升一个层次。“没有困难要完成，有困难，克服困难也要完成”是优秀员工自信心的最佳体现。拥有这种自信心的员工，必能扭转自己的人生。

强子是某企业信息部的一名工作人员，他在这里已工作五年，一向都很踏实、认真。某一天，由于人事调整，信息部经理将被调到综合部；另外，公司决定培养强子为新任信息部经理，与老经理的交接时间为两个月，如果在这两个月中，强子表现出色就可以正式上任。对于公司的提拔，强子感到很高兴，也满怀信心地接受了这个任务。只不过他心里还是有一些担心，自己一向做的是技术工作，没有做过管理，况且，本部门虽然不大，但肩负着整个公司的信息管理与信息库的建设，他以前只分管一部分信息，但现在他必须要管理十几倍的信息量，强子有些怀疑自己的能力，不知道能否做好这份工作。

没想到，工作交接的第一天，强子就打消了昨日的顾虑。当他看到公司所有的信息数据时，没有一项是陌生的，对这些数据的处理，强子突然有了一种新的感受。另外，老经理详细地为他讲述了每个人员的工作安排，如何安排更有效、更合理等问题。这一天结束后，强子感到，当自己真正处在经理的位置上，自然而然就会从经理的角度去考虑问题，这种更开阔的视野他是完全具备的。

就这样，两个月过后，强子不但把信息部管理得井井有条，而且他还在工作之余不断挖掘一些新的信息的处理方法，最后他终于找到了一种更为快捷的信息查询和管理方式，不但提高了工作效率，而且还大大方便了公司每一个人对信息的使用。

德国哲学家谢林曾经说过："一个人如果能意识到自己是什么样的人，那么，他很快就会知道自己应该成为什么样的人。但他首先在思想上得相信自己的重要，很快，在现实生活中，他也会觉得自己很重要。"

要克服自己自卑、不够自信的弱点，就必须要锻炼并加强自己的自信心。当工作中出现问题时，多给自己一些自我暗示：我可以的，我一定行！让自己意识到自己可以成功，那么就等于让自己的一只脚踏进了成功的大门。也唯有如此，我们才能最终战胜工作中的各种困难，披坚执锐，迎接生命给我们的犒赏。

何惧失败，尝试也会有结果

在心理学的词典上，有一条关于“基利定理”的解释，它是指每个人要想干出一番惊人的业绩，一定要具有面对失败坦然自如的积极态度，千万不可一遭挫折便落荒而逃。否则，你永远都会与成功无缘。

“基利定理”被无数成功人士推崇，这其中就包括世界第一 CEO 韦尔奇。

20 世纪 60 年代中期，韦尔奇还只是美国通用电气公司的一位年轻工程师。年轻气盛的他也有很多梦想，但在现实中，他的梦想却遭受了考验。

一次，韦尔奇踌躇满志地准备大干一场的时候，一件不幸的事情发生了：实验室的研究设备突然发生爆炸，三千多万美元的实验设备连同厂房瞬间化为灰烬。

遭遇这突如其来的灾难，韦尔奇精神面临崩溃。在面对总部派来调查事故原因的高级官员时，他觉得自己这辈子都不可能再翻身了。

可他没有想到的是，这位官员对韦尔奇提出的第一个问题是：“我们从这次实验中得到了什么没有？”

韦尔奇先是一惊，然后苦涩地回答道：“这证明了我们这个试验走不通。”

调查官员说：“这就好，数千万美元虽然是个大数目，但庆幸的是我们并非一无所得。”

一场“重大事故”就这样解决了。这件事情给了韦尔奇很多启发，后来凭借着自己的努力，他带领通用电气公司实现了二十年的高速发展。

的确，失败会给一个人带来巨大的痛苦，没有人会喜欢失败。但有的时候，失败就像是霉运一样，你越逃避，它就越猖狂。没有人能够保证自己一生都不会遭受一次失败。失败是在所难免的，而我们面临失败时的态度则决定了我们能够获得什么。

其实，人们恐惧失败并不是因为失败本身，而是担心失败带来的后果。就如著名生理学家巴甫洛夫做的条件反射实验一样，当我们看到别人遭受失败后的状态时，我们对失败也会产生“条件反射”，恐惧失败，畏惧失败，以至于畏首畏尾，止步不前。

每年毕业季，新闻报道上总会出现这样一个名词——校漂族。所谓校漂族，是指那些已经毕业了，但没有找到工作，仍然居住在学校里或学校附近的应届大学毕业生。

为什么会出现校漂族？上海某大学的14届本科毕业生小力在接受采访时说：“我并非对社会存在恐惧，也不是没有去找工作，只是我遭到的拒绝太多了，我不想再被拒绝了。”

不想再被拒绝，其实这就是对失败的恐惧。被拒绝了一次，毕业生们就觉得自己又失败了一次，自己又成了一名失业者，所以，持消极态度的人干脆就不再出去找工作，继续做一个不伦不类的“学生”。这些校漂族对失败的恐惧可见一斑。

其实，失败只不过是一种状态，它与成功一样，都是对我们努力的一种反映。而实际上，失败是现有语境当中人们对“没有做成一件事”的评价，也就是说，失败只是没有达到我们的某个目标，其影响不会太大。

在职场当中，假如我们因为害怕失败而不去做某件事情，那么首先，我们失去的会是一次非常好的成功机会；其次，我们也会失去一次很好的锻炼机会。

但对于一个人而言，失败带来的效果远非我们想象的那么恐怖。上级分摊下来的一个任务，如果我们不做，那么自然会有别的人去做，那么这个机会就悄悄溜走了；如果我们主动接手，就算我们失败了，无非就说明一个问题——以我现在的状态还不能解决这个问题。

所以，职场中人在面对可能的失败时一定要做到两点：第一，勇敢抓住机遇，职场上最可怕的不是失败，而是连失败的资格都没有；第二，付出所有的努力，尽力而为，就算是失败了，也不过只是一次历练，无伤大雅。

戒除对失败的恐惧心，关键就要去认识失败，认识了失败，我们才能正视工作当中出现的各种问题，让自己能够勇敢地去面对问题，也唯有如此，我们才能做一名能够解决问题的优秀员工。

拒绝“差不多”，把工作做到最好

在职场中，有这样一群人：在做自己手上的工作时，他们总想着减轻自己的负担和压力，能让自己轻松一点儿就轻松一点儿。本来可以凭借自己的能力做到尽善尽美，却因为自己的工作态度轻浮而将事情搞砸，解决不了问题不说，还可能造成新的问题。

这种员工就是职场中的“差不多”员工。

一个人如果抱着差不多的态度去工作，最后会造成什么样的结果是可想而知的。在这种态度的驱使下，他又怎么可能用尽100%的力气去解决工作中出现的难题呢？

张钊是一家中兴房产公司的会计，大学毕业没多久，他就在北京找到了一份薪酬待遇还不错的工作。可是最近，张钊的一次工作失误却让他难以在公司立足。

每到月底，张钊的工作就会变得异常忙碌。他除了要制作报表之外，还要负责审核公司近一个月的账目。面对这样烦琐的工作，张钊也是非常头疼。他知道，如果自己想要把事情做到最好，就必须牺牲自己的休息时间，加班加点。

但张钊可不是一个乐意牺牲自己休息时间的人。在之前几个月的工作中，他都抱着一种“差不多就行”的态度，制作报表和审核账目的时候都只是过一遍就不管了。好在他的运气还不错，在前几个月的工作当中并没有出现失误。

但这次，他就没这么好运了。

这个月的报表和账单交到负责人手上之后，立刻就被负责人发现了问题：里面出现了好几个数额不对的地方，还有一些竟然被漏报了。负责人狠狠地批评了张钊一顿："还好我把了一下关，你想一下，如果这材料交到工商或者税务部门，到时候损害的是谁的利益？你到时候能够承担起这份责任吗？"

张钊也知道这次失误是自己造成的，只能低着头任由负责人训斥。很快，上级也对这次重大失误做出了处罚：扣掉年终奖作为这次的惩罚，如果再犯，公司将以"不能胜任工作"为由，辞退张钊。

这样的结果显然是张钊不愿意看到的，但事已至此，他也只能为自己在工作中的粗心大意而懊恼了。

如果一个人抱着差不多的态度去工作，那么他非但不能解决工作当中的问题，反而会造成新的问题。所以，只有矫正工作态度，用100%的状态和努力去工作，我们才能够及时、不打折扣地解决好工作中出现的各类问题。

另外，我们也应该认识到，水温升到99℃，还不是开水，其价值有限；若再添一把火，在99℃的基础上再升高1℃，就会使水沸腾，并产生大量水蒸气来开动机器，从而获得巨大的经济效益。100件事情，如果99件做好了，只有一件未做好，而这一件事就有可能对某一单位、某一集体、某个人产生百分之百的影响。

追求精益求精是我们解决问题的关键，有的员工能力很强，但却不能很好地落实组织所下达的工作任务。究其原因，主要是他们做事总是没有用尽心思。工作开始时，热情百倍，干劲十足；但是，工作持续一段时间，尤其是遭遇到困难或挫折之后，则热情逐渐减弱，干劲逐渐消减，最后积极的心态变成了"差不多就行"的心态。

追求精益求精，要避免应付了事的态度。应付了事，是一些员工常犯的毛病。他们做一天和尚撞一天钟，对于上级布置的工作，从不认真去做，而是敷衍塞责，做一些表面文章来应付。

应付了事的工作态度对组织所造成的危害，远远超过拒绝执行。

如果员工拒绝执行，领导者会重新安排其他人员来替换他的工作。但员工如果接受了任务而应付了事，则会使领导者遭受蒙蔽，并最终使工作任务不能有效地完成，自然也就不能完美解决工作当中出现的问题了。

假如一个人在工作当中，能够摆正自己的态度，用一切的努力去解决问题，那么就一定能够解决工作当中的各种问题。

有三个人去同一家公司应聘采购主管。他们当中一人是某知名管理学院毕业的高才生，一名毕业于某普通大学，还有一人则是一家民办高校的毕业生。在很多人看来，这次应聘的结果是很容易判断的，然而让人大跌眼镜的是，应聘者经过一番测试后，最终留下来的却是那个民办高校的毕业生。

在整个应聘过程中，这三人经过一次次测试后，在专业知识与经验上各有千秋，难分伯仲，随后这家公司的总经理亲自面试，他提出了这样一道问题，题目为：假定公司派你到某工厂采购 4999 个信封，信封每个 8 分钱，你需要从公司带去多少钱？

几分钟后，应聘者都交了答卷。第一名应聘者的答案是 430 元，总经理问道："你是怎么计算的呢？"

"就当采购 5000 个信封计算，可能是要 400 元，其他杂费就 30 元吧！"作答者对应如流，但总经理却未置可否。

第二名应聘者的答案是 450 元。

对此，应聘者解释道："假设 5000 个信封，大概需要 400 元左右，再加上其他各项花费，大概不会超过 50 元，一共有 450 元就足够了。"总经理对此答案同样也没有表态。

当总经理拿起第三个人的答卷，见上面写着 418.42 元时，不觉有些惊异，他立即问道："你能解释一下你的答案吗？"

"当然可以。"这位民办高校的毕业生自信地回答道，"信封每个

8 分钱，4999 个是 399.92 元。从公司到某工厂，乘汽车来回票价 10 元。午餐费 5 元。从工厂到汽车站有一里半路，请一辆三轮车搬信封，需用 3.5 元。因此，最后总费用为 418.42 元。”

总经理不自觉露出了会心一笑，收起他们的试卷，说道：“好吧，今天到此为止，明天你们等通知。”最后，等到录用通知书的正是那位民办高校的毕业生。

对于总经理出的这道面试题，前两位应聘者给出的答案，一看就没有经过认真思考，我们由此也能推断出其马虎轻率的工作态度。很显然，他们俩都不是总经理心目中的理想员工人选。而第三位应聘者则真正将这道题还原到真实的工作中去，他仔细考虑到每一个需要用钱的工作步骤，最后给出的答案当然是最正确、最负责的，同时也是最契合总经理需要的。

综上所述，在工作当中，我们每个人都应该抱定一份“追求完美”的心态，绝对不做差不多员工，做一个不但有勇气解决问题，还能够用心把问题解决的人，也只有这样，我们才能让自己的事业更上一层楼。

给自己一些压力，让自己更努力

在自然界，每一个物种都在发展和加强自己的新特征以求适应环境，获得生存空间。生命的演化如此，生活和事业的发展也是如此，社会对个人的知识和经验不断提出更高、更广、更深的要求。

而在工作当中，工作对一个人能力的要求也是不断变化的。当你是菜鸟的时候，公司也不会让你去做一名熟练工的工作，而一旦你的工作能力和经验都足够时，工作也会面临新的挑战。

那么，一个人应该怎样实现这种突破呢？答案正是解决问题，一个人只有在不停地解决问题的过程中才能够让自己得到历练和成长。也就是说，假如我们想要自己尽快突破自己的瓶颈，就必须不停地去解决问题。

当然，问题有难有易，有些问题看起来非常复杂，而且令人望而生畏，对于一些胆小怯懦的人来说，走出这第一步就显得很难了。

因此，当我们工作当中出现问题的时候，除了鼓足勇气，我们还应该逼自己一把，逼自己去解决问题。

有一天，在美国的一个小酒吧里，一位年轻小伙子正在演奏钢琴。他的琴弹得很好，每晚都有很多人慕名前来倾听。但一天晚上，他弹了几首曲子后，一位顾客提议说："我每天都听你弹这些曲子，都熟悉得不能再熟悉了，你能不能唱首歌呢？"其他顾客也纷纷起哄，要求小伙子唱歌给他们听。小伙子红着脸，请大家原谅。他说自己从小学习弹奏乐器，从没有唱过歌，恐怕会唱得很难听。有个顾客半认真半开玩笑地说："你从没唱过歌，并不代表你不会唱歌啊，没准你是个唱歌天才呢！"这时，酒吧老板也出来鼓励他唱歌，免得扫了大家的兴。小伙子还是不肯唱。最后酒吧老板急了，就说："你要么唱一首，要么另谋高就。"小伙子被逼无奈，只好硬着头皮唱了一首。谁知他这一唱，在场的人都被他的歌声迷住了……从此，小伙子开始进军流行歌坛，居然一炮走红。

这位小伙子，就是当年的美国著名歌星纳京高。如果不是那天晚上被逼着当众"献丑"，他可能永远只是一个酒吧里卖艺的二三流琴手。

《道德经》中说："知人者智，自知者明，自胜者谓之强。"所谓的自胜，就是要超越与战胜自我。时刻准备脱颖而出的人，都是所谓的"自胜者"。一个人的工作极限取决于自己，你认为某某业务是自己的极限，自己根本做不了，实际上你努力一把，未必就不可完成。

当我们逼自己去解决问题的时候会发现，问题总会出现更好的解决办法。

日本有一家规模庞大的生活用品公司，有一天，他们忽然接到了一份投诉信，一位客户在信中说，他们买了这家公司的一些肥皂，但拿回去之后却发现很多肥皂盒里都是空的，根本就没有肥皂。

为了避免类似的事情再次发生，公司召开了一次会议，针对"空肥皂盒"问题寻找解决方案。

经过两个多月的调查和研究，他们终于找到了方法：定制一套专门针对肥皂盒的X射线装置。这套装置花费了200多万元。

与他们一样，另外一家生产肥皂的公司也出现了这种问题。但这家企业比较小，他们无力购买如此昂贵的机器。但他们同样解决了这个问题，方法很简单：在生产线的终端放上一台大功率的电风扇，如果肥皂盒里面是空的，那么电风扇就会将肥皂盒吹翻。就这样，他们几乎没花什么成本就把这个问题解决了。

同样的问题，不同的解决方法带来了不同的收获。英国沙垂有限公司创办人M.沙垂对此有过一句经典的点评：任何问题都有更佳的解决之道。

职场中的确有很多棘手的问题，当我们遭遇这些问题的时候，第一反应会告诉我们这个问题的难度。简单的问题很多人都可以解决，但是在碰到非常困难的问题的时候，有些人就会打起退堂鼓。

北京某集团公司的一位主管曹女士有一次和一家外国企业洽谈合作。为了让两位远道而来的客人能够体会到她的热情，她将他们带到了海南度假，并决定趁度假的时间和他们谈生意。

由于时值冬天，正是海南的旅游高峰期，当地的房源十分紧张。曹女士一行有十几个人，他们到达当地之后才发现四星级、五星级宾馆都已经人满为患。

曹女士无奈，只好订了几间没有星级的宾馆豪华间。

同行的客户和同事了解到情况后也都同意了。可没想到的是，当时同去的外国客户中有一对夫妇对宾馆环境特别挑剔，他们在看了曹女士定的房间之后非常不满意，甚至表现得特别生气，认为是曹女士所在的公司小气，连好一点儿的住宿环境都无法提供。一番争执下来，他们甚至开始收拾起行李，准备打道回府。

曹小姐无可奈何，只能苦口婆心地劝说，并不停地道歉，可他们还是不同意。按照常理，遇到这样的情况曹女士应当向单位的领导报告，但当时天色已经很晚了，别说能否联系到领导，就算是联系上了，像这种问题领导也不能解决啊！

住宿的事情一拖再拖，曹女士渐渐地也失去了理智，在对方不停地抱怨声中，她终于爆发了："现在不是我们让不让你们住五星级宾馆的问题，而是五星级宾馆都已经客满，我们也是实在没有办法，你们要是嫌这里脏，可以自己去找五星级宾馆住。"

话音刚落，两位外国客户就愤怒地转身离开。

这一晚，所有的人都不欢而散。等到第二天，曹女士找到这两位客户的时候，他们已经在准备离开的路上。曹女士见到他们就开始诉苦衷：“我昨天是因为太着急了，所以没有控制好自己的脾气，请你们一定要见谅。况且你们也看到了，我昨天找了很久也没有找到合适的宾馆啊！”

其中一位外国客户说道：“曹小姐，我们对你昨天发脾气的事情并不计较，这也不是最重要的，最重要的是，我们俩昨天问了几个当地人，在他们的指引下，我们找到了符合我们要求的宾馆。”

曹女士一时愕然。

理所当然地，因为曹女士的工作失误，这次合作无奈搁浅。

在问题面前，曹女士总觉得想要解决它很难，让自己陷入了困难当中，没有想过用更好的办法去解决，她也因此酿成祸事。也是直到有了两位客户的提醒之后，她才想到，自己当时竟然没有尽全力去寻找，连问当地人这样简单的办法她都没有去试，不失败才怪呢！

所以，在面对困难时，我们一定要先给自己打气，无论怎么样，都不要对还没有解决的问题产生绝望感，要相信，无论什么问题都有解决的办法。

对此，我们需要从三点做起。

第一，要相信方法永远比问题多。俗话说：“兵来将挡，水来土掩。”一把锁可以拥有无数把钥匙。通过细心研究，我们会发现，任何问题都不会只有一种解决方法，只有拥有这种心态才能有决心和勇气去寻求更多有效的解决问题的方法。

第二，要尽可能多地找到解决问题的方法。

比如说，一个行政人员采买办公用品时，就有非常多的方式，比如：

①到公司附近的大型超市选购。

②到办公用品商场选购。

③到电商网站上采购。

第三，权衡利弊，找到最适合的办法。

上文中采买办公用品的方式各有利弊，我们需要根据自己的实际情况进行具体分析：

方法一的优点是离公司较近，比较便利；采买人员对超市的优惠活动比较敏感，很好把握采购时机；在购买办公用品的同时，可以同时采购其他需要的物品。缺点是超市是一个综合性质的卖场，办公用品种类、数量有限，可能无法满足公司所有的需求。

方法二的优点是种类繁多、数量充足；很多商品可以当场试用以作比较；物流服务好，可以送货上门。缺点是挑选时比较耗时；比价时比较麻烦；行政人员可能对那里不熟悉，受到蒙蔽、付出高昂采购成本的可能性增大。

方法三的优点是挑选商品时，对比差异比较方便；折扣标示明确；采买人员下订单所需时间较少。缺点是采买人员看不到实物，无法真切感受商品的质量；如果物实不符，退换货比较麻烦；物流速度取决于商家选用的物流，不能确保每单都及时送到。

在分析各种方法的利弊后，我们可以根据自己的实际情况，选出最适合当前情况的最好办法，将难题一一解决。

◎ 第五章 ◎

学会沟通，好口才让你事半功倍

为人处世需要沟通，沟通就需要口才。有人说“修己以清心为要，涉世以慎言为先”。这句话不无道理。语言是我们传达信息的载体，也是我们沟通思想的工具。如果你会说话，努力就能事半功倍，不会说话，那你就会被拖后腿，无法让努力的价值最大化。

控制情绪，这是做好沟通的前提

很多人有动辄发怒的习惯，这是人生的大忌。我们每个人都避免不了动怒，愤怒情绪也是人生的一大误区，是一种心理病毒；它同其他病一样，可以使你重病缠身，一蹶不振。也许你会说："是的，我也知道自己不该发怒，但就是控制不住自己"。如果你是一个欲成就一番事业的人，就应该时刻注意，学会制怒，不能让愤怒左右自己的情绪。

其实，并非人人都会不时地表露自己的愤怒情绪，愤怒这一习惯性行为可能连你自己也不喜欢，更不用说他人感觉如何了。因此，你大可不必对它留恋不舍，它不能帮助你解决任何问题。任何一个精神愉快、有所作为的人都不会让它跟随自己。

愤怒既是你做出的选择，又是一种习惯。它是你经历挫折后的一种下意识的反应。你以自己所不欣赏的方式消极地对待与你的愿望不相一致的现实。

同其他所有情感一样，发怒是大脑思维后产生的一种结果。它不会无缘无故地产生。当你遇到不合意愿的事情时，就告诉自己：事情不应该这样或那样，于是你感到沮丧、灰心；然后，你便会做出自己所熟悉的愤怒的反应，因为你认为这样会解决问题。只要你认为愤怒是人的本性的一部分，就总有理由接受愤怒情绪而不去改正。

但只要你不去改正，你的愤怒情绪将会阻止你做好事情。成大事者是不会让愤怒情绪所左右的。历史上有好多这样的例子，他们中能压下怒火的就成功，而凭着这一时之气行事的则大多失败了。

请看下面的两个例子：

公元前283年，刘邦与项羽在战场上进行激烈的战争，就在此时，韩信攻占齐地后派人给刘邦送来了信，要求刘邦封他为假齐王。刘邦见信后勃然大怒说："我被困在这里天天盼他来帮助，他却想自立为王！"正在这一时刻，张良用手拉了拉刘邦的袖子，悄声对他说："现在战场形势于我不利，怎么能阻止韩信称王呢？不如答应他的要求，立他为王以稳住其心，否则他会倒戈叛乱的。"刘邦这才恍然大悟，忙改口对使者说："大丈夫平定诸侯，就当个真王，哪能当假王呢？"这一步棋稳住了韩信，使韩信尽心竭力地为刘邦效命，为汉朝的建立立下了汗马功劳。

三国时期，关云长失守荆州，败走麦城被杀！此事激怒刘备，遂起兵攻打东吴，众臣苦谏皆都无济于事，实在是因小失大。正如赵云所说："国贼是曹操，非孙权也。宜先灭魏，则吴自服，操身虽毙，子丕篡汉，当图中原……不应置魏，先与吴战。兵势上交，不得卒解也。"诸葛亮也上表谏曰："臣亮等切以吴贼逞奸诡之计，致荆州有覆亡之祸；陨将皇于斗牛，折天柱于楚地，此情哀痛，诚不可忘。但念迁汉鼎者，罪由曹操；移刘祚者，过非孙权。窃谓魏贼若除，则吴自宾服。陛下纳秦宓金石之言，以养士卒之力，别作良图。则社稷幸甚！天下幸甚！"可是刘备看完后，把表掷于地上，说："朕意已决，无须再议。"执意起大军东征，最终导致兵败，自己也因此丢了性命。

从这两件事就可看出，在关键时刻是不可以让怒火左右情感的。不然有可能会为此付出沉重的代价。

那么，要如何消除愤怒情绪呢？我们可以借鉴以下这几种方法：

第一，了解愤怒的误区。

如果你可能沉浸在愤怒的情绪中无法自拔，可以选择不造成自身重大损害的方式来发泄愤怒。你不妨想想，你能否在沮丧时，采用新的思维支配自己，用一种较为缓和的情绪代替你此时的愤怒。虽然世界不会真的像你期待的那样有所改变，你可能依然对现实情况感到厌烦、生气或失望，但你完全可以消除那种不利于身心健康的情感——愤怒。

当你用愤怒来应对他人时，你的内心可能是这样的："你为什么跟我不一样？如果你和我一样，我就不会对你动怒，甚至会喜欢你。"但是，世界上没有两个完全一样的人，别人的所作所为自然不可能完全符合你的期待。这种现实是永远无法改变的。其实，因自己不喜欢的人或事动怒，是不敢正视现实的表现，是承受不住困难的象征。这种表现往往使人的行为有失水准，为根本不可能改变的事自寻烦恼。事实上，你根本无须如此，因为每个人都有权以自己的方式说话、行事，没有必要理会别人的态度和看法，也不必按他人的意愿行事。想明白这些，愤怒的情绪就会被理解所代替。

对于他人的言行，你可能会不喜欢，但动怒是没必要的。动怒只会让别人觉得你不成熟，让你自己良好的心态崩塌，严重了可能会引发生理、心理上的病症。遇到令自己生气的事情时，最好的方法是控制自己的情绪，以包容的态度对待，久而久之，你对情绪的管理必能收放自如。

当然，你也可能属于这一类人——对某人某种有诸多不满，但从来不敢当面表示。你心有怒气却敢怒不敢言，每天忧心忡忡的，时间久了积怨成疾。但，这并不意味着你与那些咆哮大怒的人迥然不同，你的内心和他们是一样的："你为什么跟我不一样？如果你和我一样，我就不会对你动怒，甚至会喜欢你。"如果别人和自己一样，你就不会动怒了，这是一个错误的论调。只有这种观点在你的思想中真正的消失，才能消除你心中的怨忿。换一种思维方式，用包容的态度看待世事，根本不动怒，这才是最可取的。你应该如此安慰自己："他要是想捣乱，就任他去好了。要对这种愚蠢的行为负责的，是他自己，而不是我。"

那么，了解了愤怒的误区后，我们该怎么做呢？

首先你要以一种平静的方式勇敢地表示出自己的愤怒，然后，以新的思维方式让自己保持精神愉快；最后，不再对任何人的行为负责，不因为别人的言行影响自己的精神状态。你可以学会不让别人的言行搅乱自己的心境。总之，你只要自尊自重，拒绝受别人的控制，便不会用愤怒折磨自己。

第二，消除愤怒的最佳方法。

生活中，有些人对待生活的态度近乎刻板，这当然是一种不可取的生活态度。仔细观察一下我们身边那些精神愉快的人会发现，他们最明显的特点是善意的幽默感。让别人开怀大笑，在笑声中观察多彩的现实生活，是消除愤怒的最佳方法。

"幽默"这个词，我们不会陌生。那么，幽默是什么呢？心理学家认为，幽默是人和个性、兴趣、能力、意志的综合体现，是语言的调味品。幽默的语言可在抚平人心湖的皱纹，让每个人的脸上都绽开欢乐的笑容。它是智慧的火花，可以说，幽默与智慧是天然的双重子，是知识与灵感勃发的光辉。

幽默能展示人乐观豁达的品格。小偷半夜三更的造访，不会让人觉得愉快，可巴尔扎克却能与小偷开玩笑。巴尔扎克一生中写了无数作品，却常常手头拮据，穷困潦倒。一天夜晚，他在睡觉时，一个小偷溜进了他的房间。小偷在他的书桌里乱摸时，他被惊醒了。他并没有喊叫，而是悄悄地爬起来，点亮了灯，微笑着说："先生，别翻了。我白天都不能在书桌中翻出钱．晚上你更别想找到啦！"

幽默实在具有很神奇的魅力：可以给懒惰的人带来活力，可以为辛苦劳作的人驱赶疲惫；可以给独行者增添情趣；可以使欢乐者更加愉悦……

你的生活是否过于枯燥，以至于你总是只看到生活的荒谬之处？世界上没有一个从来不笑的人。当你的言行过于严肃时，记得提醒自己，过去已去，将来未来，你能拥有的时间只有现在。偶尔让自己放松一下吧，何必让自己时刻处于紧绷状态，赶走本在你身边的快乐？

笑吧！不必为笑找什么理由，为笑而笑就是笑的理由。只要笑就足够了。冷静地观察生活中形形色色的人——包括你自己，然后再决定选择愤怒还是幽默。请记住，幽默会让所有人都得到生活中最珍贵的礼物——笑。开怀大笑吧，笑声会让你的生活充满阳光。

第三，愤怒的表现形式。

在生活中，只要身边有人因为某人某事而愤怒，你便可以观察到人们动怒的情形。从轻微的烦躁不安到严重的咆哮大怒，怒的程度不一样，其表现情形便不一样。尽管愤怒是一种逐渐形成的习惯，但它也确实是一种侵蚀人际关系的病症。下面是人们愤怒的常见原因：

①对他人做事情的马虎大意、丢三落四动怒；

②对生活中的意外动怒，比如手指被夹到，胫骨磕到桌腿上，咖啡洒在了重要文件上等；

③因遗失物品而动怒；

④因不可控的事件动怒，比如政治局势、外交关系、社会焦点事件等；

上面我们列举了人们可能动怒的起因，现在让我们看看愤怒的主要表现形式有哪些：

①责骂讥讽，经常对家人、朋友如此；

②摔东西、掼门等粗暴行为，该行为走至极端便会导致暴力犯罪；

③恶语伤人；

④大发脾气，波及他人。

第四，避免发怒的方法。

愤怒是一种不良的情绪状态。古代素有“怒伤肝、喜伤心、忧伤肺、思伤脾、恐伤肾”的说法。生理研究表明，人在发怒时，会有一系列生理变化，如心跳加快、胆汁增多、呼吸急促、脸色改变，甚至全身发抖。这种情况对人的身体的损害是显而易见的。

怎样使自己不发怒呢？归纳起来有以下几种方法：

首先，生活中遇到能引起人发怒的刺激时，应当竭力避开，眼不见，心不烦。这是自我保护性的制怒方法。

其次，当你因受到某一刺激要发怒时，努力找到让自己平静的方法，使愤怒消弭于无形之中。比如盛怒的少妇会因看到幼子天真的笑容而怒气全消。

再次，用疏导的方法，将自己的注意力转移到积极的追求上，以此激励起上进心，达到转化的目的。

最后，情绪是受人的主观意识控制的，提高自己的道德、学问上的修养，可以有效地缓解愤怒的情绪，降低愤怒的频率。

开阔心胸，这是做好沟通的基础

表面来看，心胸狭窄只是一种性格上的缺陷，其实在这个缺陷的背后隐藏着嫉妒者心理上巨大的不平衡和由此引起的矛盾冲突。如果说，难得糊涂的本身目的是诱导人心归于平静的话，那么心胸狭隘的人最应该学习这门学问。

弗朗西斯·培根说过：“嫉妒这恶魔总是在暗地里，悄悄地毁掉人间美好的东西！”

什么是嫉妒呢？心理学家认为，嫉妒是由他人胜过自己而引起的一种消极的反应，是心胸狭窄的共同心理。嫉妒有三个发展阶段：第一阶段是看到他人优于自己的不甘心，其中焦虑、自咎的情绪居多；第二阶段嫉妒的成分增多，已经到了怕别人威胁自己的地步，这一阶段恐惧、消沉、憎恶的情绪居多；第三阶段时，嫉妒之火熊熊燃烧，嫉妒的程度已到了难以消除的地步，此时怨恨、报复等情绪会占据人心。嫉妒发展到最后伤害的已不单是别人，其实是自己。嫉妒实质上是用别人的成绩对自己实施折磨，别人并不会因此变得逊色，自己却会痛苦不堪，甚至采取极端行为走向犯罪的深渊。据某公安部门调查，每年因嫉妒造成的犯罪案件占整个刑事案件的10%。近年来在一些高等学府里，因嫉妒而投毒、写匿名信的事件已屡见不鲜。

许多动物的本性是十分善妒的，一只狼可以把抢猎物的同类咬死。在私有制的社会里，人们弱肉强食，尔虞我诈，使人保留动物式的嫉妒心理，所谓“木秀于林，风必摧之”。《三国演义》中的周瑜临死时对天长叹：“既生瑜，何生亮。”就是有我没你的嫉妒加仇恨。

一些人之所以嫉妒别人，一个重要的原因是自己不求上进，又怕别人超过自己，似乎别人成功了就意味着自己失败，最好大家都成矮子才显出自己高大。于是，“事修而谤兴，德高而毁来”“怠者不能修，而忌者畏人修”“我不学好，你也别学好，我当穷光蛋，你也得喝凉水”。这是一种十分有害的腐蚀剂，这些人的骨子里充满了“怠”与“嫉”，无论对己、对社会、对国家的发展都是十分有害的。正如荀子所说：“士有妒友，则贤交不亲；君有妒臣，则贤人不至。”一个被嫉妒心支配的人，一定是胸无大志、目光短浅、不求上进的人；一个嫉妒成风的单位，一定是正气不旺，邪气盛行，先进不香，落后不臭。

嫉妒是腐蚀剂，是落后药，是剧毒品。

有嫉妒心的人如果不猛醒，前途不会美妙。如果想调整自我，把嫉妒变成竞争的动力，首先要把注意力调节到自身的优势和对方的劣势上。当你嫉妒别人时，总是因为他在某些方面的优势深深地刺激了你，而你自己在这方面又恰恰处于劣势，这一差异正是产生嫉妒的刺激源。与此同时，你却忽略了自己在另一方面的优势。如果你能有意识地调整自己的注意重心，便会使原先失衡的心理获得一种新的平衡，这种平衡无疑会稳定你的情绪和情感。

其次，把嫉妒的心劲用到追赶别人上。这样形成你追我赶的风气，对己对人都十分有益。

当人们嫉妒他人时，往往是憎恶对方的情绪上升，从而使人际交往受阻。如何消除这种心理呢？一个办法是让对方得到一种心理补偿，以减弱他的嫉妒感，如把一些出风头的机会让给对方。也许有人会问，这样岂不是助长了他想压倒一切的欲望吗？要知道，嫉妒的人想的就是一切都要占上风。第二个办法是把嫉妒引向正当手段的竞争，教给他竞争的一些方法，让他有信心能超过别人。

客客气气，好好说话

在人际交往中，有的人虽然态度谦恭，却由于不注意语言表达的委婉、平和，常常在不经意间冒犯了他人。

在一定程度上，言语冒犯带来的恶劣后果要大于“盛气凌人”。言语冒犯有轻有重。轻者，惹人不高兴；重者，则可能伤及别人的面子、自尊，让人产生报复心理。

在与人交往的过程中，因言语冒犯引发的不愉快是经常发生的。有的人说话随意，不考虑对方的反应，不考虑说出的话会导致什么后果，因而常常会给自己惹麻烦，以至于影响了人际关系。

有人请客，看看时间过去了，还有一半的客人没有来，很着急，便说：“该来的客人怎么还不来？”一些敏感的客人心想：“该来的不来，那么我们就是不该来的了。”于是悄悄地走了。主人一看客人走了，又着急地说：“怎么这些不该走的人反倒走了呢？”留下的仅有的两个客人听了心想：“他们不该走，那么就是说我们是该走的了。”于是生气地甩袖而去。

这个小故事深刻地告诉人们：说话随意会伤人自尊，影响双方关系。因此，和人交谈一定要注意语言委婉，忌直来直去，更不可恶语冒犯，致人不快和痛苦。外国有人说：“眼睛可以容纳一个美丽的世界，而嘴巴则能描绘一个精彩的世界。”委婉的语言常常可以平息矛盾与纠纷，化干戈为玉帛。

供职于某科技公司的盖先生就遇到过这么一件事。

盖先生去沈阳出差，下飞机后提着大包小包走出了机场。由于他只顾寻找接他的朋友，东张西望，一不小心撞在了一个行人的身上。那个人长得膀大腰圆，被撞后睁大两眼瞪着盖先生生气地吼道："你干吗，没长眼睛吗？"听着对方的话，盖先生心里很不高兴，刚想回敬两句，转念又想，他不文明咱不能不礼貌，吵几句又能怎样？搞不好麻烦会更大。想到这，盖先生连连道歉，说道："实在对不起，我不是故意的，请多包涵。"

盖先生几句话，说得那个人也没脾气了。他只是余怒未消地看了盖先生一眼，径直走了。

试想一下，如果盖先生以不敬还不敬，以不礼貌对不礼貌，结局恐怕就是另外一种了。所以法国作家雨果说："语言就是力量！"

另外，心直口快常会无意中给别人带来伤害。因此，心直口快固然可嘉，但这不能成为在给别人造成伤害后推卸责任的理由。我们本可以把语言说得更委婉一些，让人听着更舒服，更易于接受。

梁先生是个心直口快的人。有一次他在保龄球馆和办公室的同事打球。对方是初学者，球艺自然不行。出于好心，他便当教练教起对方来。打球过程中他一会儿说人家"真臭"，一会儿说"你这人看起来挺精明的，怎么学打球这么笨，脑子是不是进水了"。同事气得不客气地说："你说话可不可以委婉点儿？""什么委婉，你笨就笨嘛，还不让人说了？真是的。"

就这样，同事气得转身走了。梁先生本是好心教别人打球却使两个人弄得十分不愉快。由此可见，在与人交谈时，一定要考虑对方对你说的话会有什么反应，忌直来直去。

委婉的言语是蜜，即使你回绝了对方，客客气气的言语让人听了心里也舒服；直来直去的言语则是一把刀，能够刺得人心里流血。前者会使人对你心生好感，后者则会让人对你痛恨不已，甚至心生报复。

喜欢直言直语的人说话时常常只看到现象或问题，也常常只顾自己的“不吐不快”，而很少考虑旁人的立场、观念以及心理感受。当然他的话有可能鞭辟入里，直指问题的核心，逼得当事人不得不启动自卫系统；若别人启动了自卫系统后仍招架不住，恐怕就会对他怀恨在心了。于是他的人际关系就会出现障碍。

喜欢直言直语的人一般都具有“正义倾向”的性格，言语的爆发力、杀伤力很强。有时候这种人也会变成别人利用的对象，鼓动他去揭发某事的非法，去攻击某人的不公。不管成效如何，这种人总要成为别人的牺牲品，成为别人的眼中钉、“一号”报复对象。

言语谨慎的人哪怕面对的是一个十足的无赖，也会化险为夷，能够有效地保护自己，并且树立良好形象，轻松拥有良好的人际关系。

话贵在精不在多

有些人自以为口才好，话匣子一开就如黄河之水天上来，滔滔不绝。华丽的词藻、夸张的修饰、工整的排比……一波接着一波，让人“耳不暇接”。

这种人往往自我感觉良好，殊不知自己的言谈其实已经背离了“说话是为了交流与沟通”的本来目的。听众在“享受”其高超的语言盛宴时，忽略了他语言中要表达的实质。因此，单纯从语言的角度上说，他们是聪明的，不聪明能说得那么好吗？但从效用的角度来说，未免华而不实，如同塑料花一样徒有其表。

人们在交流思想、介绍情况、陈述观点、发表见解时，为了使对方能够很快了解自己的说话意图，往往使用高度概括、十分凝练的语言，提纲挈领地把问题的本质特征表达出来，以达到一语中的、以少胜多的效果。

不少领袖人物都具有这种能力，他们善于高屋建瓴地把握形势，抓住问题的症结，且能用准确精当的语言加以概括表达，其作用非同一般。美国第十六任总统林肯，在一次视察途中与同船的船员们握手时，有一位船员却缩着手，面对总统腼腆地说：“总统，我的手太脏了，不便与你握手。”林肯听后笑道：“把手伸过来吧，你的手是为联邦加煤弄黑的。”短短一句话，听着极为平常，却得其要领，充满温情。

事实上，不管世事多么复杂，不管产生多么深奥的思想，说到底，就是那么一点或几点经过概括和抽象了的认识。而这些要求，是精华，是核心，是本质，只要抓住它，就能一通百通，能产生

“片言以居要，一目能传神”的效果。恩格斯曾说：“言简意赅的句子，一经了解，就能牢牢记住，变成口号。”

简洁的语言一般都很通俗明快，如果追求词藻的华丽、句式的工整，则必然显得拖沓冗长。1936年10月19日，邹韬奋先生在公祭鲁迅先生大会上，只作了一句话的演讲：“今天天色不早，我愿用一句话来纪念先生：许多人是不战而屈，鲁迅先生是战而不屈。”可谓简洁之中见通俗，通俗之中显真情。

要使自己的语言简洁洗练，就要使自己的语言“少而准”“简而丰”，重要的是要培养自己分析问题的能力，要学会透过事物的表面现象，把握事物的本质特征，并善于综合概括。在这个基础上形成的交流语言，才能准确、精辟，有力度，有魅力。同时还应尽可能多地掌握一些词汇。

福楼拜曾告诫人们：任何事物都只用一个名词来称呼，只用一个动词来标志它的动作，只用一个形容词来形容它。如果讲话者词汇贫乏，说话时即使搜肠刮肚，也决不会有精彩的谈吐。

此外，会“删繁就简”也是培养说话简洁明快的一种有效方法，古代有一首“制鼓歌”，原文16个字：“紧蒙鼓皮，密钉钉子，天晴落雨，一样声音。”够言简意赅的了吧？

需要一提的是，简洁绝非为简而简，以简代精。简洁要从实际效果出发，简得适当，恰到好处。否则，硬是掐头去尾，只能捉襟见肘，挂一漏万，得不偿失。

应予承认，任何事物都具有两重性。简短的语言有时很难将相当复杂的思想感情十分清晰地表达出来。与人交往，过简的语言则有碍于相互间的了解，有碍心灵的沟通。同时，简短也是相对的，不是绝对的。邹韬奋先生在公祭鲁迅先生的大会上只讲了一句话，短得无法再短，而恩格斯在马克思墓前的演说长达 15 分钟，却也是世所公认的短小精悍的演讲。总之，简短应以精当为前提，该繁则繁，能简则简。

巧嘴拒绝，给自己减压

世界著名影星索菲娅·罗兰在自传《TGITGNT 爱情》中，记录了卓别林的一段话：“你必须克服一个缺点。如果你想成为一个生活异常美满的女人，你必须学会一件事，也许是生活中最重要的一课，必须学会说‘不’。你不会说‘不’，索菲娅，这是个严重缺点。我很难说出口，但我一旦学会说‘不’，生活就变得好过多了。”卓别林的意图是告诫人们要树立一种严肃的、独立自主的生活态度。

生活中有不少人，不认识“不”字的伟大，遇事优柔寡断，畏首畏尾，结果常使自己处于被动地位，听命于人。这些人心里都知道不要什么、不能怎样，和为什么不要、为什么不可能，可就是学不会说“不”，于是简单的“不”字，只在嗓子眼里打滚，怎么也跳不出来，这真是人生的一大憾事。

敷衍式的拒绝是最常见最常用的一种拒绝方法，敷衍是在不便明言回绝的情况下，含糊回避请托人。敷衍是一种艺术，运用好了会取得良好的效果。如：有一次庄子向监河侯借贷，监河侯敷衍他，说道：“好！再过一段时间，等我去收租，收齐了，就借你三百两金子。”监河侯的敷衍很有水平，不说不借，也不说马上借，而是说过一段时间收租后再借。这话有几层意思：一是我目前没有，现在不能借给你；二是我也不是富人；三是过一段时间不是一定借，到时借不借再说。庄子听后已经很明白了，但他不会怨恨什么，因为监河侯并没有说不借，只是过一段时间再说而已，还是有希望的。

敷衍式的拒绝具体可分为以下几种：

（1）推托其辞。在不便明言相拒的时候，推托其辞是一种比较好的办法。人处在一个大的社会背景中，互相制约的因素很多，为什么不选择一个盾牌挡一挡呢？如：有人托你办事儿，假如你是领导成员之一，你可以说：我们单位是集体领导，像你的事儿，需要大家讨论，才能决定，不过，这件事恐怕很难通过，最好还是别抱什么希望，如果你实在要坚持的话，待大家讨论后再说，我个人说了不算数。——这就是推托其辞，把矛盾引向了另外的地方，意思是我不是不给你办，而是我办不了。听者听到这样的话，一般都要打退堂鼓，会说："那好吧，既然是这样，我也不难为你了，以后再说吧！"

（2）答非所问。答非所问是装糊涂，给请托者以暗示。

如："此事您能不能帮忙？"

"我明天必须去参加会议。"

答非所问，婉拒了对方，对方可以从你的话语中感受到，他的请托得不到你的帮助，只好采取别的办法。

（3）含糊拒绝法。如："今晚我请客，请务必光临。"

"今天恐怕不行，下次一定来。"

下次是什么时候，并没有说定，实际上给对方的是一个含糊不定的概念。对方若是聪明人，一定会听出其中的意思，而不会强人所难。

把握言谈时的分寸

两个原本素不相识的人，在初次交谈中说话一定要谨慎，否则就有可能引起对方的反感，导致交际的失败。因此，在与他人沟通时，一定要注意把握分寸，做到言语得体，否则将会导致沟通障碍和人际关系的隔阂。

初次交谈的时候要有分寸，不能触犯别人的隐私。

有一天，刚参加工作的小刘被派到外地去出差。在车厢内，她碰到了一位来华旅游的英国姑娘。由于对方首先向刘小姐打了一个招呼，刘小姐觉得不与人家寒暄几句实在显得不够友善，便用流利的英语大大方方地与对方聊了起来。

在交谈的过程中，刘小姐有点儿没话找话地问对方："你今年多大岁数？"不料人家答非所问地搪塞："你猜猜看。"刘小姐觉得很没趣，转而又问："到了你这个岁数，你一定结婚了吧？"这一回，那位英国小姐的反应更令刘小姐出乎意料：对方居然转过头去，再也不搭理她了。一直到下车，她们两个人再也没有说上一句话。

刘小姐与那位英国姑娘话不投机，不欢而散，主要是由于她在交谈中向对方所提出的问题，是国外纯属不宜向人打探的个人隐私。按照常规来说，对方是有权利拒绝回答的。

把握分寸，言谈得体是一种很重要的沟通艺术。说话是否有分寸，对于我们能否与人有效的沟通，甚至办事成败有着很大的关系。把握分寸，言谈得体，说白了就是要注意自己说出的话千万不能伤及别人的情绪。不管自己有意还是无意，如果说话的分寸把握不当，就会得罪对方，影响沟通的效果，影响人际关系。

要想在初次交谈中做到言语得体，应该注意以下基本原则。

一、用语谦逊、文雅。如称呼对方为“您”“先生”“小姐”等；用“贵姓”代替“你姓什么”，用“不新鲜”“有异味”代替“发霉”“发臭”。假如你在一位陌生人家里做客需要用厕所的时候，则应说：“我可以使用这里的洗手间吗？”或者说：“请问，哪里可以方便？”多用敬语、谦语和雅语，能体现出一个人的文化素养以及尊重他人的良好品德。

二、态度诚恳、亲切。说话本身是用来向人传递思想感情的，因此，说话时的神态、表情都很重要。比如，当你向他人表示祝贺的时候，假如你嘴上说得十分动听，而表情却是冷冰冰的，那么对方一定认为你只是在敷衍而已。因此，说话必须做到态度诚恳和亲切，才能使对方对你的话产生表里一致的印象。

三、语言要简洁、精练、准确，使对方在较短的时间内获得较多的信息，切忌空话连篇，空洞无物。

四、声音大小要适当，语调应平和沉稳。无论是普通话、外语、方言，嚼字都要清晰，音量要适度，以对方听清楚为准，切忌大声说话；语调要平稳，尽量不用或少用语气词，使对方感到亲切自然。

五、语言要考虑对方的接受能力，尽量做到通俗易懂，切忌卖弄文采、说艰涩难懂的词语。

言谈得体就是在与人交谈中使人愉悦，不做言谈中令人讨厌的角色，那么言谈中要注意避免下列几种情况。

一、不要太沉默。有些人不管别人说啥总是在一边不吭气，或许是内向、自卑，或许是话不投机，但是过于沉默的人会使与其交往的人感到压抑，致使正常的社交气氛被破坏，自己也找不到朋友。

二、滔滔不绝。一开始谈话，不管别人感不感兴趣，爱不爱听，自顾自在那里滔滔不绝、眉飞色舞，使对方一句话都插不上，听话的人必然会感到索然无味。

三、爱嚼舌头。有些人或许是太无聊，或许是心理变态，他们最关心的就是张家长李家短，一到某些场合不是打听对方就是编排对方，加上自己的非凡想象力，使事情经过其嘴变得有情有节，类似于电视剧本。

四、不要抢白。人们在讲话时都希望他人能认真听，在讲到兴致颇高的时候，被人抢白、打断肯定使人很不乐意。那些总是喜欢打断、抢白他人的人一定是社交圈中不受欢迎的人，因为这种行为被称之为不识时务。

五、不要自夸。交谈中需要自信、自强，但在谈话中老是夸耀自己能干、自己的成功、自己的感觉，会使他人感到很自卑、不自在。太爱表现自己的人，通常使人很讨厌。

六、不要多用“我”字。说话时老是“我”字不离口的人，一定是个表现欲很强并且挺自负的人。他不关心其他人的事情，不爱倾听他人的话，只关心自己内心的想法。这样的人也一定不是个谦虚平和的人。

总之，在人际交往过程中，沟通并非是将你知道的一切都和盘端出，讲究一下方式，掌握好分寸，你才能够增加个人魅力，拥有好人际关系。一定要注意把握分寸，言语得体，这样才能成为他人眼中讨人喜欢的沟通者，才能博得对方的好感，激发对方与你进一步交往的愿望。

把握分寸，言谈得体，说白了就是要注意自己说出的话千万不能伤及别人的情绪。不管自己有意还是无意，如果说话的分寸把握不当，就会得罪对方，影响沟通的效果，影响你的人际关系。

口无遮拦只会让你栽跟头

有人认为，嘴巴长在自己身上，自己想怎么说就怎么说，百无禁忌。诚然，嘴巴受自己的控制，外人控制不了，但是，口无遮拦，只会落个“祸从口出”的结果。在任何场合，有些话该说，有些话打死也不能说！比如传播小道消息、做办公室的“预言家”、有一张“乌鸦嘴”等，这些常常会伤害你的上司或同事，同事不喜欢交你这样的朋友，上司也不喜欢你这样的下属。

有些人喜欢传播小道消息，他们常捕风捉影散布消息。有这种习惯的人最不受欢迎。

小洁是个聪明伶俐、活泼好动的女孩，在公司里和每个同事的关系都能保持密切，可这只是表面现象，实际上同事们都不太喜欢她，背后还给她起了个外号叫“密探”。

小洁总能打听到别人都不知道的公司“内幕”，经常神神秘秘地对同事们说：“知道吗？咱们的厂花要高升了！原因？就别问啦。”“某某人得到上司的赏识，据说全是靠脸蛋。”“某某人跟老板去跳舞啦”“谁谁谁和主管……”等等，时常弄得公司上下谣传四起，就像隐私超市或大卖场。

很多人都有小洁这样的毛病，总是爱传播小道消息、花边新闻，自以为是个“万事通”“消息王”，但他们却忽略了自己正在制造紧张气氛。

还有一种人像是天生的“预言家”一样，只不过他们预测的是别人的隐私、前程和不该测知的东西，最终却没有预料到自己正被人鄙夷和厌恶。

一大早，公司的前台小周就在办公室里咋呼了起来："你们猜我刚才来的路上碰到谁了？你们肯定猜不到——是总裁和咱们部门的张经理！两人有说有笑的，好不亲密，看来，张经理是升迁有望了！"对此，办公室里的人敷衍地笑了笑，而刚走进来的张经理却沉下了脸。

中午吃饭时，小周的大嗓门又扯了开来："你们有没有看到，最近老郑和张经理闹得挺僵的，估计就快被'开'了！"没有同事对她的话有所反应，而远远走来的老郑则被她的大嗓门刺得一震。

下午去领工资的时候，小周不待钱拿到手，又迫不及待地"感慨"道："我听财务小张说，这个月咱们部门效益不好，要扣咱们奖金！"同事们都皱起了眉头。

晚上下班时，在不断下降的电梯里，小周又一次发表"预言"："最近小王和小孙总是两个人单独行动，要我看，他们是'好事'近了！"此时，同事们的脸上已经抑制不住厌烦的情绪。

就这样，小周每天都在办公室里发布着"惊天大预言"，诸如办公室里谁和谁肯定要好，谁和谁准有矛盾，今天要发笔什么钱、哪些人会有哪些人又没有……她统统都知道，也都迫不及待地让别人知道。实际上，作为一个前台，她又真能知道多少公司的机密？不过是为了引来众人羡慕的眼球罢了。

小周这样的习惯，在很多人身上都能或多或少地找到。很多人习惯于收集小道消息、发布惊人观点，从而展现出他们与众不同的地位、四通八达的人脉，以赢得更多关注和钦佩的目光。可结果却是，他们往往不能迎来真正钦羡的目光，反而可能会被人当成"大嘴巴"，让所有人都对他们"敬而远之"，不敢靠近，生怕他们会为自己带来灾难的"预言"。

任何人都有话语权，但掌握不好，这种权力并不能带来便利。

要是天生一张乌鸦嘴，那你一定招人烦。

章婷在某办公室做文员，她性格内向，不太爱说话。可每当就某件事情征求她的意见时，她说出来的话总是很“刺”人，而且她的话总是让人觉得“不好听”。

有一回，部门的一个同事穿了件新衣服，别人都称赞“漂亮”“合身”之类的话，可当人家问章婷感觉如何时，章婷直接回答说：“你身材太胖，合身吗？”甚至还说：“这颜色你穿着也太艳了，还以为自己十八呢。”

这话一出口，便搞得当事人很生气，而且周围大赞衣服如何如何好的人也很尴尬。虽然章婷说的话有一部分是事实，比如说该同事比较胖。

还有一次，一位同事说定在“五一”节结婚，章婷一听随口就说：“‘五一’人多车多，很容易发生交通事故。”

这位同事听了，心里就像吃了只苍蝇，好几天都觉得不舒服。

后来，公司里几乎没有一个人愿意主动搭理她。

传播小道消息、做“预言家”、有一张“乌鸦嘴”……这些都是同事最厌烦的习惯。也许你知道为什么总是不讨同事喜欢了吧？也许你也明白为什么老板不爱和你“谈笑风生”了吧？检查一下，是不是经常口无遮拦，有的话，赶快改一改，这样，你会更加有人缘。

不做无谓的争论

一位名人曾说过，“争论的背后往往孕育着危险”。此话一点儿不错。与人交流中难免会出现意见不一致的时候，假如你只知道自顾自地喋喋不休，全然不顾他人的感受，对方就会认为你是个狂妄自大的人而不愿与你交往，甚至会因为争论时的过激言语刺伤自尊心，引起双方的矛盾。

萧陌伶牙俐齿，是辩论赛上的女状元，当她在台上口吐莲花般地辩论时，同学们忍不住为她的口才折服。然而，在生活中却没人喜欢她，因为她把她的辩论才能也用在了和同学的沟通中。

“不对，你的提法就是错误的！”

“太可笑了，你怎么会这么认为！你的观点太落伍了！”

“我的想法是绝对正确的，你不用再跟我争了！”

……

每一天，萧陌都要为一些小事、一些看法和同学争论个没完，一副“你不投降誓不罢休”的架势，同学们都有点儿害怕她了，她总能使轻松的聊天变成一场激烈的对抗，和她在一起总是提心吊胆，生怕一句话说错了让自己陷入一片枪林弹雨里。萧陌身边的朋友越来越少，没有人喜欢和一门随时会喷火的大炮待在一起。

日常生活中，无谓的争论会让我们周围的关系变得紧张，失去许多朋友。工作中，无谓的争论也会令我们与同事之间的关系变得紧张，影响大家的合作。

19 世纪时，美国有一位青年军官因为个性好强，总爱与人争辩，所以经常和同僚发生激烈争执，因此人缘奇差，不能跟别人很好地合作。林肯曾经因此处分这位军官，并说了一段深具哲理的话："任何决心有所成就的人，绝不会在私人争执上耗时间，争执的后果，不是他所能承担得起的。而后果包括发脾气、失去自制。要在跟别人拥有相等权利的事务上，多让步一点儿；而那些显得是你对的事情，就让得少一点儿。与其跟狗争道，被它咬一口，不如让它先走。因为，就算宰了它，也治不好你的咬伤。"

威廉·麦克阿杜是美国总统威尔逊的得力助手，他也曾以多年的从政经验告诉我们一个重要的道理：你不可能用辩论击败无知的人。

著名成功学大师卡耐基指出：普天之下，只有一个办法可以从争论中获得好处——那就是避免它。避开它！像避响尾蛇和地震一般。十之有九，争论的结果会使争执的双方更坚信自己绝对正确。不必要的争论，不仅会使你丧失朋友，还会浪费你大量的时间。

英国某机构曾调查了一万例真实的争论。他们仔细地分析了社会各个阶层人士之间的争论，包括司机和乘客，丈夫与妻子，推销员和柜台服务员，甚至包括联合国的辩论。他们做的分析报告，使人无比惊讶地发现了一个问题：职业的辩论家，包括政治家和联合国代表，他们的意见被接受的成功率反而不如走街串巷进行游说的推销员成功。

其原因就在于：专业辩论的目的在于找出对方的弱点进行驳斥进而达到推翻其意见的效果，而与此相反的推销员的目的却是避免争论，他们只是尽力找出一个观点使对方能接受、赞同或改变主意。

只要我们仔细思考一下就会发现，喜欢争论的人往往对自己没有信心，希望通过争论的胜利来说明自己的水平，维护自己的尊严，这种想法本身就已经暴露了他们的低级自尊——企图压低别人来抬高自己，把别人驳得一无是处，自己却洋洋自得了。

用争论的方法来解决问题，即使你获胜了，也只是伤害了别人的自尊，根本交不到任何朋友。因此个人修养高的人，提出意见时总是尽力避免争论的。就如同鲁迅对年轻人的提拔与指正绝不会直接指出，反而会用一些类似“黑水潭”的比喻让对方自己意识到，都是不会伤害别人自尊的做法。

和别人争论而失去了朋友，失去了好人缘，这实在令人觉得可惜。要知道争论对人对己都是毫无益处的，它只会拉开你与别人的感情距离，招致对方的反感。

学会倾听，人脉更好

人们常说“会说的不如会听的”，每个人都有表现自己的欲望，如果你能适时地做一个倾听者，那么一定会获得更多的益处。

勒顿在纽约的一家百货商店买了一套衣服。可这套衣服穿上却很令人失望：上衣褪色，把他的衬衫领子都弄黑了。不得已他又来到该商店，找卖给他衣服的店员。勒顿想诉说此事的经过，却被店员打断了。店员一再声称：他们已经卖出了数千套这种服装，勒顿是第一个来挑刺的人。正在勒顿和店员激烈争论的时候，另一个店员也加入了，他说所有黑色衣服都会褪一点儿颜色，并强调这种价钱的衣服就是如此。

勒顿听到这些，简直气得冒火，店员不仅怀疑他的诚实，而且还暗示他买的是便宜货。勒顿正要骂他们，正好经理走过来。他懂得他的职责，正是他使勒顿改变了态度。

他先静静地听勒顿讲述了事情的经过，当勒顿说完时，店员们又开始插话表明他们的意见。而此时经理却站在勒顿的立场与他们辩论。他不仅指出勒顿的衬衣领子明显的是被衣服所污染，并坚持说，不能使人满意的东西就不应在店里出售。他承认自己不知衣服褪色的原因，并请勒顿提出他的要求。

就在几分钟前，勒顿还预备要店员留下那套可恶的衣服，但现在却决定听取经理的意见：再试穿一周，如果到时仍不满意，就来换。勒顿非常满意地走出了那家商店，一周后这衣服没有毛病，勒顿发现那家商店还是可以信任的。

从人性的本质来看，每个人最关心的都是自己。在任何时候都要做一个善于倾听的人，鼓励别人多谈论自己。这样，不但能够让你得到对方的信任和喜欢，还能够让你更清楚地了解对方，认清自己，你又何乐而不为呢？

作家鲍威尔曾说：我们要聆听的是话语中的含意，而非文字。在真诚的聆听中，我们能穿透文字，发掘对方的内心。

人们都喜欢倾听者，有同情心的倾听者和亲密的朋友一样重要，无论对个人还是对团体都能起到积极的作用，并且让人们感觉他们相当可靠、值得信赖。

倾听者会在考虑自己的需要前，先考虑他人的需要，并且会支持和帮助他人。倾听者喜欢进入他人的心灵和头脑，他们乐于分享他人深层次的感受。人们倾向于向倾听者打开心扉，是因为人们渴望被关怀，而且真诚的倾听者也确实做到了这一点。

当他人受到伤害时，倾听者也同样有受伤的感觉，就如同他自己经历过一样，当他人心痛的时候，他们的心也真的痛了起来。为了帮助他人克服这种伤害，他们总是和他人更接近，所以他们愿意听更多人诉说以达到心灵的相通。

倾听者充满人性，并且极为忠诚。如果他们的需要在工作中得到满足，他们会更加努力，愿意倾听所有的声音，而不论其身份，他们对任何人都有同情心，这就是他们的魅力所在。

每个人都喜欢倾听者，倾听者是无法抗拒的，因为他们富于同情心，愿意分享人们的弱点，愿意听人们诉说不愉快的情绪。如果你想要其他人喜欢内在的你，那么你就去做个倾听者，真诚地去倾听别人心里的声音。

从某个你感觉非常亲近的人，或者是与你有信任关系的人开始，不论他是一个家庭成员还是一个朋友，与他在一起度过一些不受干扰的时间，并且听他讲述他生命历程中最重要的篇章。

在这个过程中，随之而来的情绪可能会让你哭或笑。当你越来越多地尝试这一过程时，你会发现自己拥有了讨人喜欢的倾听者的特质。当这种特质增强时，你会更擅长对情绪的掌控，更能够运用你对他人的感觉去判断他人。

艾略特是个熟练的倾听艺术大师。美国小说家亨利·詹姆士回忆说:“艾略特的倾听并不是沉默的，而是以活动的形式。他直挺挺地坐着，手放在膝上，除了拇指或急或缓地绕来绕去，没有其他的动作。”

艾略特面对着对方，似乎是用眼睛和耳朵一起听他说话。他专心地听着，一边听一边用心地想你所说的话。最后，这个对他说话的人会觉得，他已说了他要讲的话。

如果你在听别人倾诉时目光游移不定，注意力分散，甚至左顾右盼，你就不会是一个真正的倾听者。当然，你可以在听的时候喝一杯咖啡或者抽一支烟。在倾听时，你还应该进行一些恰当的交流和引导，让对方在倾诉过程中，对于所面对的问题有更多的认识和了解，并且鼓励他凭借自己的力量，寻求解决问题的方法。

你可以在谈话中采取下面的两种方法，引导别人找到解决问题的方法。

用你自己的话，重复一遍你所听到的，例如:“你认为……”一方面，你可以借此向他表示，你用心倾听了他讲的话；另一方面，你也给他一个机会，使他能够对自己所说过的话进行一些修正和补充。

在谈话的过程中，你应该适当地分析对方的心理状态，可以从你的角度评价对方的感情状态。

例如，“你这样生气，对……”你所说的，可能正是对方自己并未意识到的事情，你就有可能说中了问题的重点，同时也使他清楚地意识到自己的问题所在。

这样一来你就做到了真诚倾听、帮助别人排除了忧虑，你的人际关系也就在这个过程中建立了。既了解了对方的内心世界，又赢得了对方的喜欢，倾听确实是一件非常奇妙的事。

○ 第六章 ○

你不光要会努力，还要会避开人性雷区

人性当中有很多雷区，一旦你涉足这些雷区，就可能会招来别人的厌恶甚至是仇恨。很多人之所以无法突破自己，就是在人际交往中处处踩雷。他们看起来很努力，却无法做到人情练达。这样的人，再努力也只能是孤家寡人，难成大事。

做人厚道，别人才会觉得你靠谱

在生活中，有的人常常犯这样的毛病：在评论别人的时候，总是站在自己的立场看问题，从来不愿意换位思考，总想找出别人的毛病。找出别人的毛病之后，又极力夸大这个毛病，把小毛病说成大毛病，把大毛病说成一无是处，这就是不厚道的表现。

在评论别人的时候，我们应该厚道，别总是把别人的坏处夸大，看不到别人好的地方。如果你这样做了，那么你的毛病其实比别人的还要大。

当然，人无完人，每个人都有自己的缺点，或多或少有些这样或那样的不足，但是，我们应该一分为二地看问题，应该实事求是地看问题。我们既要看到别人身上的错误和缺点，也要看到别人身上的优点，这样才能正确客观地评价一个人。这种做法才会有利于建立良好的人际关系。

乾隆皇帝在用人方面很有才能，这和他能够对下属进行客观公正的评价有关。

乾隆二年，宗室德沛到任湖广总督后，遵照乾隆皇帝的旨意暗中调查总督史贻直，结果发现他在任内有接受盐商贿赂的嫌疑，于是便向皇帝请示可否公开查处。史贻直当时已经内调回京任工部尚书，此人熟悉政事，有办事能力，因此乾隆指示德沛“史贻直身为大臣，朕不忍扬其劣，当别有以处之”。

乾隆三年，管理苏州织造的郎中海保遵旨密查苏州巡抚许容，并向乾隆皇帝报告说：“苏州巡抚许容，从前历任，具有刻薄之名，观其到任以来，操守廉洁精细明白，实心任声，声名亦好。”乾隆批到:“此奏至公之论也。”

乾隆四年，湖广总督班第遵旨调查湖北巡抚崔纪。班第经过察访得知，崔纪这个人并没有劣迹，只是性情乖僻，做事偏激。乾隆认为班第的调查是“俱秉公议”，给予充分肯定。后来发现崔纪曾挪用公款给亲属使用，又听任百姓买食私盐等事，遂将其撤职查办降级使用。

乾隆十一年，湖北巡抚开泰报告说，他遵旨密查湖广总督鄂弥达，知其虽然年老体衰，还能正常办理公务，听说他的家人有接受贿赂之事，数量不多，鄂弥达好像不知道。乾隆为此告诫开泰:“不仅仅是这样！鄂弥达察访湖南省的时候，曾经让他的儿子去拜见当地的官员，期间也有收取贿赂的情况，如此检验兵士就全然不去仔细查看，我已经下旨责备他了。只是他的这一过错还算小，我从来对官员不求全责备，但是如果知错不改，继续欺骗我而且胆子越来越大的话，那就不能宽恕了。”乾隆让开泰继续监视调查鄂弥达。

大臣有了过错，乾隆并不是一味地贬斥他们，而是充分肯定其优点，当他们的过错还不至于影响工作的时候，就大度地睁一只眼闭一只眼了，只有当臣子的行为涉及原则性问题的时候，才公事公办，这充分显示了乾隆作为一代帝王的气度，也是他拥有过人智慧的表现。

如果我们在日常生活中能够做到“论人须带三分浑厚”，胸怀放宽广一些，尽量去包容别人的缺点和错误，多想想别人的优点，这样一来，人与人之间的关系会越来越和谐。

给别人面子就是给自己留台阶

“给我点面子，行不？”“你若是不赏脸，就是不给我面子！”“这事儿实在是太丢我面子了。”……诸如此类的话，我想大家都已经耳熟能详了。可让人纳闷的是，面子既不是能果腹的美味佳肴，也不是能解渴的琼浆玉露，更不是能御寒的锦衣华服，那它为何有如此大的本事让人人都对它不离不弃，视若珍宝呢？

自古以来，就有“不为五斗米折腰”的陶渊明，还有“乌江自刎”的楚霸王项羽，从表面上看，他们一个不愿意和世俗同流合污，一个不甘心死在刘邦的手下，两者都是为了顾全自己的尊严和节气，可往深处探究，我们最终会发现一个事实，那就是他们都是为了自己脸上那一张薄薄的面子。

很多时候，面子不一定是我们自身最真实性格的表现，但它一定是我们想要呈现在公众面前的最佳模样，基于这一点，我们不难得出这么一个结论：面子的本质其实就是我们寻求他人与社会对自己的认同。常言道：士可杀，不可辱。在被杀和被侮辱面前，后者带来的痛苦总是要胜过前者不下百倍的，由此可见，生命之于个人的尊严和面子，实在算不得什么。

既然面子如此重要，那我们也应该不难理解诗人陶渊明和楚霸王项羽所做的选择了。然而，与人打交道，光理解人都是爱面子的这一点，其实并不足以让我们避免一脚踩进人际交往的禁区，我们要做的关键之事应当是竭尽全力给别人留一点儿面子。《菜根谭》曾云：“路径窄处，留一步与人行；滋味浓时，减三分让人尝。”可别小看这窄窄的一步，退让的姿态里往往蓄积着积极进取的力量，必要的时候，给别人留一点儿面子，说不定就是以后的“路子”。

而一个凡事都要拼出个你死我活，不愿意给别人留几分薄面的人，其愚蠢卑劣的行径根本就是在斩断自己日后的退路。众所周知，人人都有自尊心，人人都好面子，一旦我们的言行举止伤害了他人，致使对方的颜面扫地，尊严受损，难保其内心不会生出怨恨和报复的念头，到头来，我们岂不是傻傻地树敌成群，让自己置身于险境？

古时候，有一个大官，平时没事的时候，他就喜欢找高手下下棋，日子一久，他也勉强算得上是打遍天下无敌手。有一天，投靠在他门下的某食客正与其对弈，这位食客也不是什么等闲之辈，刚一落子，就杀得他一个措手不及。

大官心想，这回可遇上一个强敌了，他绝对不能掉以轻心，免得最后输掉棋局丢了自个儿的面子。然而想归想，现实依旧残酷，食客的步步紧逼竟让他心急如焚，大汗淋漓。眼看着大官就要“兵败如山倒”，食客一下子喜不自胜，他故意走错一步棋，让大官以为可趁机扭转局势，反败为胜。

就在大官手中的棋子落定之后，食客连忙使出绝招，一子落下，掷盘有声，赢得了比赛。大官瞬间愣了一下，过了好一会才知晓自己被对方耍了，突然从云端直接掉到了地上，他心中自然怒火中烧，于是二话不说，立马起身拂袖而去。

从此，大官再也不和该食客下棋，更别说提拔他，对其委以重任，使其在官场青云直上了。而该食客虽有满腹才华，却终身无所作为，谁叫他好胜心太强，全然不顾主子的颜面呢？

所以，说到底，该食客在官场上的抑郁不得志，还得怪他自个儿不识相，不懂得给大官留一点儿面子，最后白白葬送自己的大好前程。

“你希望别人怎样对待你，你就应该怎样对待别人。”很多西方人在待人接物上，总是将尊重放在第一位，他们之所以这么做，其实就是在践行这一真知灼见，这和中国人所说的“爱人者，人恒爱之；敬人者，人恒敬之”有着异曲同工之妙。在人际交往中，一个真正富有远见的人，一定会明白，给别人留面子其实就是在给自己博人缘，赢好感，留退路。

有一次，小宋去女友家拜访未来的岳父大人，两人坐在客厅内有一搭没一搭地聊着。刚开始，女友的父亲并不是特别待见小宋，他总觉得小宋还是毛头小伙子一个，没车没房没存款，别说让自己的女儿过上好日子了，就连能不能养活她都是一个问题。

这时，电视里正好在播放陈道明主演的电视剧《康熙王朝》，女友的父亲满脸赞赏之色地说：“陈道明气质儒雅，他妻子王宪真有福气！”

小宋接着话茬说：“叔叔，您说错了，他的妻子叫杜宪。”

女友的父亲瞪了他一眼，似乎非常不满小宋的“自以为是”，他冷嗤了一声，说：“姓王还是姓杜，难道我还没有你清楚吗？”

小宋知道自己说错话了，连忙向其赔礼道歉，笑呵呵地说：“叔叔说的是，您见多识广，自然比我清楚，是我班门弄斧，太不知天高地厚了。”

老头子原本还想奚落小宋几句，还没来得及开口，女儿就从厨房端了一碟子水果出来了，她瞟了一眼电视，笑着对小宋说：“这不是你喜欢的演员陈道明吗？”

小宋点了点头，女友接着又对父亲说：“爸，陈道明的妻子杜宪可有名了！她以前还是央视的主播呢，模样和气质都不输给她老公。”

咦，难不成真是自个儿弄错了，陈道明的妻子真的姓杜不姓王？老头子顿时感觉有些尴尬，他偷偷瞄了一眼小宋，发现这后生神色安然，并没有将刚才的争执放在心上，也没有在女儿面前拆他的台的意思，也就渐渐地对其心生好感，觉得小宋是一个心胸宽阔且与人为善的好小伙，女儿果真找到了一个可托付终身的好对象。

“小宋，来，来，吃点儿水果，别客气，这果子甜着呢！”其实，果子甜不甜不重要，重要的是，小宋的通情达理和谦卑和善，让老头子的心跟吃了蜜一样甜。

后来，小宋和一群志同道合的朋友准备开公司创业，女友的父亲得知后，不假思索地拿出了自己积蓄已久的十万元存款，助其一臂之力。

印度小说之王普列姆昌德曾说：“对人来说，最最重要的东西就是尊严。”其实，在某种程度上，尊严就是人们常挂在嘴边的“面子”，当我们在和人打交道时，处处维护他人的自尊和脸面，其实就是在种一棵日后可供自己乘凉的参天大树，小宋的经历刚好证明了这一点。

总而言之，我们都是俗世中的凡人，爱面子刚好又是凡人的弱点，因此，给别人留点儿面子，意味着提前为自己挣下一个可供回旋的关键台阶。其实说到底，给人面子就是不拆对方的台，言行举止处处小心谨慎，不说难听的话，不摆难看的脸色。既然我们都在原始的人性丛林里摸爬滚打，就要学会互相尊重，互相体谅，毕竟顾全他人的颜面并不会给我们带来任何的实际损失，相反，我们还会因为自己的“滴水之恩”，日后有可能获得他人的“涌泉相报”。

学会委婉的请求

有时候，开口就把所求之事告诉对方，一旦被对方回绝，便没有了回旋的余地。不妨尝试着用“顺便提起”的说话技巧，好像不经意间说出来，让对方不知不觉中答应下来。

美国《纽约日报》总编辑雷特身边缺少一位精明干练的助理，他把目光瞄准了年轻的约翰·海。而当时约翰刚从西班牙首都马德里卸任外交官一职，正准备回到家乡伊利诺伊州从事律师职业。

雷特请他到联盟俱乐部吃饭。饭后，他提议请约翰·海到报社去玩玩。从许多电讯中间，他找到了一条重要消息。那时恰巧国外新闻的编辑不在，于是他对约翰说：“请坐下来，为明天的报纸写一段关于这消息的社论吧。”约翰自然无法拒绝，于是提起笔来就做。社论写得很棒，于是雷特请他再帮忙顶一个星期、一个月，渐渐地干脆让他担任这一职务。约翰就这样在不知不觉中放弃了回家乡做律师的计划，而留在纽约做新闻记者了。

由此可以得出求人办事儿的规律：央求不如婉求，劝导不如诱导。

在运用这一策略的时候，要注意的是：诱导别人参与自己事业的时候，应当首先引起别人的兴趣。

当你要诱导别人去做一些很容易的事情时，先得给他一点儿小胜利。当你要诱导别人做一件重大的事情时，你最好给他一个强烈刺激，使他对做这件事有一个要求成功的渴望。在此情形下，他的自尊心被激起来了，他已经被一种渴望成功的意识刺激着了，于是，他就会很高兴地为了愉快的经验再尝试一下。

凡是领袖人物，都懂得这是使人合作的重要策略。但有的时候，常常要费许多心机才能运用这个策略，有时候又很顺利。像雷特猎获约翰一事，他只是稍许做了些安排。

总之，要引起别人对你的计划热心参与，必须先诱导他们尝试一下，可能的话，不妨使他们先从做一点儿容易的事儿入手，这些容易成功的事情，在他们看来，往往是一种令人兴奋的真正成功。

不要当众指责他人

湖南卫视的一档明星亲子旅行生存体验真人秀节目——《爸爸去哪儿》中的一个有趣的片段。素有“小公主”之称的王诗龄，在玩皮影纸人时，突然和自己亲爱的爸爸王岳伦发生了小小的争执。

两人的矛盾起源于王诗龄的不听话，拿着皮影纸人瞎捣乱，而王岳伦为了制止她这种顽皮的行为，不让她把皮影纸弄坏，并影响到其他人，于是出言训斥了她几句，并拿走了她手中的皮影纸。这一下，可把她惹恼了，她冲着王岳伦大喊大叫：“给我！”王岳伦自然没有理会她，还警告她不要再这样发脾气。

接下来的那一幕，让所有的观众都忍俊不禁，只见王诗龄气呼呼地离开了，她一边往外走，还一边脱下身上的衣服。恼羞成怒的王岳伦，连忙赶了过去，严厉地对她说道：“你再这样，爸爸就把你送回家去。”可她全然把这话当作耳边风，还是执意解开衣服的扣子，这时，王岳伦一把抓住她的手，再一次重申自己刚从所说的话。

王诗龄大概是被爸爸的严厉吓着了，突然“哇”的一声，号啕大哭起来，王岳伦连忙紧紧地搂住宝贝女儿，把她抱到自己的膝盖上坐着。此时，王诗龄还委屈地在爸爸的怀里哭个不停，王岳伦则一边给她说道理，一边用温情的话语安慰她。

最后，在王岳伦的威严教训下，王诗龄承诺再也不当着很多人的面乱发脾气了，而王岳伦则怜爱地说了一句：“爸爸爱你，别哭了，有人在看你呢！”这个充满温情和趣味的画面，让许多内心柔软的观众，也情不自禁地跟着王诗龄一起落泪。人生在世，有这样的爸爸陪伴守护在身边，该是多么浓厚的幸福呀！

事后，王岳伦在接受采访时，曾说过这样的话：“以前她闹或是怎么样的时候，我就有点儿手足无措，不知道该怎么说，或是也不得法，现在慢慢知道该怎么去说她了。小孩也有她的面子和尊严，但你要分事，如果每次都是这样去绕开她这样一个部分，然后去单独跟她说什么，其实她下一次还会再犯的，因为她知道你不敢在人多的时候说她，所以她就会有这种潜意识。但是我觉得，有时候就是要说她，让她知道陌生人在的情况下，爸爸也一定会批评你！”

确实如此，如果小孩子调皮捣蛋，家长在教育的时候，一定要懂得顾及他们的面子和尊严，不要总是当着众人的面，严厉地指责其过错和不足，因为这样做不仅会严重挫伤孩子们的自尊心，有时候甚至还会适得其反，激起他们的逆反心理。当然，当众批评与否，自然也要分事，像王诗龄的这种情况，王岳伦的处理措施堪称父母们的典范。

不过话又说回来，小孩子的世界毕竟不同于成人的世界，前者单纯天真简单得如一个美好的童话王国，后者相对而言就要复杂许多了。不管父母有没有当众批评自己，小孩子事后通常都不会太将这事儿放在心上，更谈不上为此耿耿于怀，尤其像王诗龄那样的小朋友，完全属于给点儿阳光就能灿烂一整天的乐观向日葵族。

而在成人的世界里，往往饿死事小，失节事大，一旦自己被别人当众指责，一定会感觉下不来台，十有八九还会产生激烈的负面情绪反应。如此一来，指责说教者非但没有成功地说服被指责者，使得其心悦诚服地接纳自己的批评，反而损伤了被指责者的颜面和自尊，让他们对自己心生反感、痛恨和厌恶。

另外，当我们当众指责一个人的时候，注意力一般都会集中在对方的错误或是缺点上，久而久之，我们就会感觉在这个世界上，除了自己似乎再无称心如意之人。毫无疑问，这种消极的认知势必会在我们的内心产生出难以负荷的消极能量，最后迫使我们成为一个吹毛求疵心胸狭隘之人，一来既得不到众人的喜欢，二来也让自己时刻处于抑郁愁闷的情绪之中。

古语有云：人非圣贤，孰能无过。眼里容不得沙子的人，总是喜欢当众指明他人的过错，或许在这些人的眼里，自己是出于热心和好心在帮助那些犯错的人改正缺点和错误。可殊不知，每一个人都不是完美无缺的圣人，当我们当众指责别人的时候，说不定别人心里刚好也憋着一大堆对我们的不满批评之词呢。不仅如此，每一个人都不喜欢被别人当众教训和指责，如果有不识趣的人执意要当众打自己的脸，那就别怪老虎动怒发威了。

其实，想要指明他人过错也不是没有很好的办法，善用“糖衣炮弹”的人，即使当众批评他人，也能顺利做到“良药不苦口，忠言不逆耳”，让对方心甘情愿地接受批评和忠告。

在《伊索寓言》里，有这么一则故事：有一天，暴躁的风和温柔的太阳比赛，看谁可以使行人把风衣脱掉。

“我先来！”风杀性勃发，开始释放出自己的寒冷，它拼命地吹啊吹啊，结果那位行人反而死死地裹紧自己的风衣。

风没有办法，只好停了下来，行人继续赶路。

接下来，太阳登场了，它什么话也没说，只是开始微笑，而且越笑越灿烂，结果行人感到越来越热，最后连忙把自己的风衣给脱了。

如果我们在批评他人的时候，能像寓言中的太阳一样，采取温暖的方式，轻声细语，满面和善，又何愁对方不会意识到自己的错误，并且及时地予以改正呢？总而言之，与其“狂风暴雨”般地教训别人，还不如给对方喂进去一颗裹着糖衣的苦药丸，唯有这样做，才能一箭双雕，既让别人接受了自己的批评意见，又完好地顾全了对方的面子和自尊。

人际关系专家卡耐基曾说：“喜欢被人认可，感觉自己很重要，是人不同于其他低级动物的主要特性。”因此，我们在人际交往中，一定要注意细心呵护和满足对方的这种心理需求，万万不可当众指责对方，让其脸面受损，破坏他们想要被人认可和喜欢的美好愿望。要知道，当我们设身处地地为对方的面子和自尊着想时，对方才不会狠下心来，与我们“割袍断义”，断绝彼此之间的联系和情分。

好话要留在背后说

喜欢听好话似乎是人的一种天性。当来自他人的赞美使其自尊心、荣誉感得到满足时，人们便会情不自禁地感到愉悦和鼓舞，并对说话者产生亲切感，这时彼此之间的心理距离就会因赞美而缩短、靠近，自然就为交际的成功创造了必要的条件。

在背后说一个人的好话比当面恭维说好话要好得多，你不用担心，你在背后说他的好话很容易就会传到他的耳朵里。

对一个人说别人的好话时，当面说和背后说是不同的，效果也会不一样。你当面说，人家会以为你不过是奉承他、讨好他。当你的好话在背后说时，人家认为你是出于真诚的，是真心说他的好话，才会领你的情，并感激你。假如你当着上司和同事的面说你上司的好话，你的同事们会说你是讨好上司，拍上司的马屁，你便很容易招致周围同事的轻蔑。另外，这种正面的歌功颂德，所产生的效果反而很小，甚至有产生反效果的危险。你的上司脸上可能也挂不住，会觉得你不真诚。与其如此，倒不如在公司其他部门、上司不在场时，大力地“吹捧一番”，这些好话终有一天会传到上司的耳中的。

有一个员工，在与同事们午休闲谈时，顺便说了上司的几句好话：“老板这个人很不错，办事公正，对我的帮助尤其大，能为这样的人做事，真是一种幸运。”没想到这几句话很快就传到老板的耳朵里去了，这免不了让老板的心也有些欣慰和感激。而同时，这个员工的形象也提升了。连那些传播者在传达时，也顺带对这个员工夸赞了一番：这个人心胸开阔、人格高尚，真不错。

在背后说别人的好话，能极大地表现你的胸怀和诚实，有事半功倍的效用。比如，你夸上司，说他公平，对你的帮助很大，而且从来不抢功。以后，你的上司在抢功时，可能会有那么一点点顾忌，也会手下留情。

如果别人了解了你对任何人都一样真诚时，对你的信赖就会日益增加。

在背后说别人的好话，会被人认为是发自内心的不带私人的动机的。其好处除了能给更多的人以榜样的激励作用外，还能使被说者在听到别人传播过来的好话后，感到这种赞扬的真实和诚意，从而在荣誉感上得到满足的同时，增强了上进心和对说好话者的信任感。

如《红楼梦》中有这么一段：

史湘云、薛宝钗劝贾宝玉做官为宦，贾宝玉大为反感，对着史湘云和袭人赞美林黛玉说："林姑娘从来没有说过这些混账话！要是她说这些混账话，我早和她生分了。"

凑巧这时黛玉来到窗外，无意中听见贾宝玉说自己的好话，"不觉又惊又喜，又悲又叹"。结果宝、黛两人互诉肺腑，感情大增。

因为在林黛玉看来，宝玉在湘云、宝钗、自己三人中只赞美自己，而且不知道自己会听到，这种好话就不但是难得的，还是无意的。倘若宝玉当着黛玉的面说这番话，好猜疑、小性子的林黛玉恐怕还会说宝玉打趣她或想讨好她呢？

记住别人的名字

在电视剧《甄嬛传》里，女主角甄嬛原本对皇帝怀有一颗情深意切的少女爱慕之心，她曾在下着大雪的夜晚，独自一人来到倚梅园中，将自己的小像挂在枝头，为自己祈福，“逆风如解意，容易莫摧残。”然而天不遂人愿，贵为莞嫔的她，满腔痴心终究还是错付了他人，皇上深情地唤她为“莞莞”，其实并非在叫她的名字，而是在追思已逝的纯元皇后。

试问，被深爱的四郎当作纯元皇后的替代品，甄嬛如何能不痛彻心扉，寒入骨髓呢？在这个世界上，我们都渴望自己是独一无二的，名字虽只是一个简单的称谓，却也有着区别身份的重要意义。甄嬛的悲哀，首先是在于被皇帝叫错了名字，其次是在于皇帝根本不是在叫她的名字，不管是哪一种，都能给她带来有如凌迟般的切肤之痛。

其实，皇上不是记不住她的名字，而是心里压根就没有她甄嬛这个人，起码在已逝的纯元皇后面前，她从来都是一文不值，微若蚍蜉。而这一切，对于心高气傲的甄嬛来说，简直无异于皇上狠狠地抽了她一个耳光，感觉不到任何的尊重和怜爱不说，反倒满心满腹都是受辱的委屈和悲愤，仿佛一下子被人逼到了悬崖边上，再往后退一步就难逃粉身碎骨的下场。

通过这段故事情节，我们多多少少可以看出，在任何一段人际关系中，牢牢记住别人的名字，往往不止是一种礼貌，还是一种对他人的尊重和体贴。因为，不论在哪一种语言里，一个人的名字永远都是最为甜蜜、亲切、温暖和重要的声音。对于名字的主人来说，名字不仅仅是一个简简单单的代号，透过名字，他们可以观测到自己在他人心目中的位置。如果有人记不住自己的名字，这通常就意味着此人忽视了他们的存在，而在人际交往中，一个连基本的尊重和关注都懒得给予的人，他们自然也就没有必要花费自己宝贵的心思在其身上。

卡耐基曾经说过:"一种既简单又最重要的获取好感的方法，就是牢记别人的姓名。"众所周知，人际交往的第一步永远都是从对方的名字开始，因此，我们能否记住别人的名字，直接决定了我们能否成功打开对方那关得严严实实的心扉。

吉姆法里从来没有读过高中，可就在他46岁那年，四所大学却出人意料地授予其荣誉学位，不仅如此，他还成了民主党全国委员会的主席、美国邮政总局局长。

很多人对他的辉煌经历感到非常惊奇，"你的成功秘诀是什么，可否跟我们分享一下？"

"很简单，努力工作就行！"吉姆法里如是说道。

"不可能吧，听说你可以一字不差地记住一万个人的名字？"

"不，你搞错了！"吉姆法里自信满满地说:"我能记住的名字可不止一万个，最少也有五万个！"这就是吉姆法里的过人之处，每当他认识一个人时，都会问清楚他的全名、家庭住址、家庭情况、从事的职业以及所持的政治立场等等，然后再经过反复记忆，把这些信息深深地镌刻在自己的脑海里。

事后，不管过去多少年，当他再次与这个人相遇时，他绝对能够清楚地叫出对方的名字，并热情地迎上前去，拍一拍对方的肩膀，仔细询问一下其最近的家庭、工作状况，嘘寒问暖一番。正是因为吉姆法里的用心和亲切，被他叫出名字的那些人都对他怀有好感，彼此间也慢慢地建立了良好的人际关系。

吉姆法里曾说:“记住人家的名字，而且很轻易地叫出来，等于给别人一个巧妙而有效的赞美。因为我很早就发现，人们对自己的姓名看得惊人的重要。”其实，与其说人们把自己的姓名看得极为重要，还不如说人们的内心都非常渴望被他人重视，而名字刚好就是这种需求的最佳载体。因此，当吉姆法里热情洋溢地叫出一个人的名字时，对方从中感受到的不仅仅是他表现出来的礼貌，更是一种发自内心的真切尊重和高调赞美。

凭借着这项本领，吉姆法里最终成了罗斯福背后幕僚群中的一员，就在罗斯福竞选美国总统时，他还马不停蹄地搭乘火车，穿梭往来于中西部各州，友善亲切地与当地民众进行推心置腹的交谈，时不时还一起集会和吃饭，一边感受他们的真实心声，一边大力宣传罗斯福的政见。回到罗斯福身边后，吉姆法里又致信给各州的朋友们，恳请他们列出所有与会人士的姓名和家庭住址，然后装订成册邮寄给他。

没过多久，吉姆法里就收到了这本多达数万人的名册，他决定不辞辛苦，亲自写信给名册上的每一位民众。在信件的开头，吉姆法里就亲切地直呼对方的名字，比如“亲爱的约翰”“亲爱的安娜”“亲爱的比尔”等，寒暄的内容一过，他还会在信尾署上自己的名字“吉姆”。

正所谓精诚所至，金石为开。如此用心地对待每一位选民，毫无疑问，吉姆法里的辛勤付出最终换回了选民们对罗斯福的拥护和支持，帮助其顺利入主白宫。

名字之于每一个人而言，即便称不上是最重要的东西，也是最为熟悉的东西，因为我们从出生到去世，无不与名字纠缠在一块儿。一个人不能没有名字，名字是我们区别于其他人的重要标志，这看似简简单单的几个字，一旦被人轻松而又亲切地叫出来，我们的内心一定会深受震动和感动。因此，当我们与人来往时，牢记对方的姓名绝对是一件迫在眉睫之事，唯有如此，对方才会敞开心扉，和我们越走越近，越走越亲。

第七章

有点野心，让你的抱负配得起努力

人生有终点，这个终点不是死亡，而是你野心被满足的那一刻。很多人提倡不应该有野心，他们认为，这样会导致一个人欲望无限膨胀，最终害人害己。其实，有点野心并不是什么坏事，如果你没有野心，你哪有努力的动力，又怎会坚定不移地去实现自己的理想呢？

做个有野心的人

法兰西第一帝国皇帝拿破仑的一句话被人永远记住了，他说："不想当将军的士兵不是好士兵。"这句话说的其实就是"野心"。在职场中，一些人将这句话发散为"不想当老板的员工不是好员工"或者"不想赚大钱的员工不是好员工"。

从职场心理学角度而言，"野心"其实就是目标。一个人的野心就如同一部强大的发动机，可以让人时刻保持发动状态。在遭遇困难时、面对逆境时，"野心"甚至是很多人唯一的"盼头"。

这种对目标的渴望被一些心理学家称为"目标法则"，也就是当一个人对某个目标有无限大的欲望时，他的行动力也会无限增大。

达克尔·戴尔出生于美国一个比较富裕的家庭，父母对戴尔有着很高的期望，他们希望儿子能够成为一名医生。因为这一职业不但享有崇高的声誉，而且也有着不错的收入。

可戴尔对医学没有一丁点儿的兴趣，相反，他对经商却有着无比巨大的渴望，从小就希望能够经商，成为富翁。

12 岁时，戴尔就开始了自己的尝试。他通过邮购目录销售邮票，在上小学的年纪就赚了整整两千美元。到了高中，他又从各种渠道寻找最可能的潜在客户，并向他们推销《休斯敦邮报》，使得本身平淡无奇的卖报工作成了赚钱的好差使。很快，他就利用自己努力赚来的钱买了一辆不错的宝马车，风光一时。就连当时车行的老板看着这个年纪不大的男孩子来买车时都是一脸的错愕。

戴尔的父亲是一位严谨的牙医，母亲是一个能说会道的经纪人，他们处于社会的中上阶层，对于稳定体面的职业有着特殊的偏好。

所以，尽管戴尔对自己的成就引以为傲，对未来充满了遐想与信心，但他怎么努力也无法说服父母支持自己。特别是戴尔的父亲，非常享受作为医生的职业成就感，认为子承父业是最好不过的选择。

后来戴尔的父母亲对儿子的选择很是不满，戴尔为了顺从父母的意愿，1983 年高中毕业后就进入了奥斯汀的得克萨斯大学学习生物，但戴尔私下却对经商仍然十分热情。此时，他接触到了计算机，感到整个计算机市场对个人电脑的大量需求并不能给予充分的满足，而零售商店的个人电脑价格太高，明显超出一般消费者的心理预期。针对这种情况，戴尔想出了一条赚钱的好路子：用各种零件组装电脑卖给客户。

说做就做，戴尔开始说服一些零售商将库存的一些电脑配件以成本价卖给他。一方面，他通过电话拉客户；另一方面，他又在电脑杂志上刊登广告，以低于市场价 15% 的价格出售个人电脑。此后，订单如潮，他就在自己的宿舍里组装电脑，为自己赚取了第一桶金。

1984 年春，戴尔提前离开校园，用自己赚来的钱开办了一家电脑公司。第一年，公司就赚到了 600 万美元。此后，他的公司一直是美国发展最快的电脑公司之一。而戴尔也成了全国家喻户晓的人物。1993 年，戴尔的公司销售额就突破了 20 亿美元。现在，戴尔电脑已经成为一个知名的电脑品牌，产品畅销全球。

这便是野心的魔力，它能使一个本来普普通通的人成为财富巨人!

为什么“野心”有如此大的魔力？从心理学角度而言，野心有提高自我评价、增强自信的作用。没有“野心”的人就如同一辆没有“远大目标”的车，目的地很近，永远跑不了太远。所以，我们只有保持自己的野心，才能够激励自己不断地去学习、去进步，也能够为自己创造更好的条件去完成最终目标。

当然，有“野心”是好事，但“野心”也不能过大甚至不切实际，那样的“野心”不仅不会成就你的事业，反而会令人处于达不到目标的苦恼当中。所以，“野心”如饮酒，必须适量。

那么，如何保证一直有“野心”驱动，又不过于强烈，甚至是不切实际呢?

第一，列下想要实现的目标。没有目标也就没有方向，在职场当中，确定目标非常重要。

第二，列下实现目标的理由。在设定目标的同时，也不要忘了列出要实现这个目标的理由，如果这个理由足够充分，能够说服自己，我们还会轻易放弃或改变它吗?

第三，列下实现目标的条件。我们必须要清楚自己具备什么样的条件和需要什么样的条件。比如说，如果我们想要成为一名高管，却不知道一个高级管理人才该具备什么样的条件，那么，这种目标有意义吗?

第四，列下在目标实现过程中可能遇到的阻碍性问题。知己知彼，方能百战不殆。我们不光要清楚自己的优势，还要看到在实现目标过程中会遇到的困难。有的困难在脑海中看似很难解决，一旦写下，可能就会发现原来解决方法如此简单。

第五，设下实现目标的时限。有多少宏伟的目标都败在了拖延症脚下，所以，我们必须要给自己的目标设下闹钟，每分每秒都能给自己提醒，离目标达成期限还有多久。

第六，制定一个详细的时间表。每天做了些什么，是否完成了预定目标，把实现目标的任务细化到每一周、每一天甚至是每一个小时。

总而言之，“野心”是成功的催化剂，是我们在职场步步高升的必要条件。我们不必惧怕自己的“野心”，要学会让那个“野心”为我所用，当然，“野心”也要切合实际，我们不能让自己的“野心”过度膨胀。只要合理地运用好“野心”这台发动机，我们就能够不断地强大自己、完善自己，最终实现职场当中的最佳目标！

相信自己，鼓励自己

“我是一个聪明的人。”

“我是最棒的。”

“我能出色地完成工作。”

你在日常生活和工作中有没有经常这样鼓励自己？据说，伟大的喜剧演员卓别林在每天早上都会对着镜子对自己说：“你很棒，你一定行的！”而我们中又有多少人每天给予自己这样的鼓励？

鼓励对于人的作用是不言而喻的，无论这鼓励是来自自己还是他人，都能够使得受用者产生强大的自信心和行动力。心理学的“自我实现预言”恰好阐明了这一点。

自我实现预言是指我们对待他人的方式会影响到他们的行为，并最终影响他们对自己评价。也就是说，当我们给予别人肯定和鼓励时，会影响到他们对自己的评价。我们说某个人能干、有实力，他对自己的评价也会更多的往积极的一面靠拢。

这一理论最著名的实验出自心理学家杰克布森在1968年的一次尝试。

首先，他们给一个中学的所有学生做一个IQ测试，然后将“虚假的答案”告诉学生的老师，他说其中一些成绩不足的学生的智商非常高，并把这一消息也透露给了这些学生。他还特地告诉他们，这些高智商的学生在未来的学习中会实现飞跃式的进步。

但事实上，杰克布森只是给他们做了一个简单的实验，并没有真正去测试他们的智商。但随后的实验结果却是惊人的，那些被老师认为“高智商”的学生在以后的学习当中果然实现了突飞猛进。

后来，杰克布森得出结论：第一，老师的期望值在不知不觉当中给了这些学生鼓励，使得他们投入了更多的感情和精力到学习当中来；第二，对于“高智商”的学生，老师也在不知不觉中给予了更多的反馈，帮助了这些学生成长。

这是自我实现预言给人带来的显著影响，它充分说明了其实每个人都想让自己表现得更为出色，他们只是缺乏调动自己积极性和热情的必要动力。而他人的鼓励和认同正是起到了这样的作用。

这是他人评价对个体的影响，同样的道理，我们对待自己的评价也会影响到我们的行为，并最终影响我们对自己的评价。

德国专家斯普林格在其所著的《激励的神话》一书中写道：“强烈的自我激励是成功的先决条件。”如果一个人能够时刻鼓励自己、暗示自己可以克服困难，解决麻烦，那么，他在克服困难和解决麻烦的过程中遇到的障碍一定会比一个怯懦、退缩的人要少。

有个青年常为失眠而烦恼万分。一天晚上，他上床后辗转不眠，因为他恰好失业，债台高筑，按照他目前的经济状况，根本无力偿还。

伤心难过了大半夜，他忽然对自己提出了这样一个问题：为什么那么多人都能够轻松自如地工作生活，我却不能，这到底是为什么？

想到这个问题后，年轻人开始回顾自己的工作历程。从学校毕业走入社会那一刻起，他觉得自己没有学习什么像样的技能，脑子也不是很灵活，情商也不高，所以找工作时畏畏缩缩，最后选择了一家普通公司里的普通岗位。在工作期间，他并不是没有机会，可是当公司每次需要人站出来的时候，他总觉得自己资历尚浅，没有能力解决。渐渐地，他沦为公司的边缘人物，存在与否对公司影响不大，最终，他被公司裁掉。

想到这些之后，他又对自己进行了深入的剖析，并得出一个结论：我和大部分人是一样的，他们也只是普通人，他们有的我都有，我缺少的也是他们所缺少的，但是他们中有的人却做得比我好，这其中一定有原因。

到了后半夜，他终于想明白，自己缺的并不是什么技能、智商、情商，而是一条“我能行”的信念。

经过彻夜思考之后，他重新认识了自己，给自己定下了一个规矩：每天出门前对自己说三声“我能行”，解决了任何麻烦哪怕是打扫完卫生都要对自己说一句“我真棒”。

这种自我鼓励的生活方式被他很好地保持了下来，一年后，奇迹发生了，他重新找到了一份非常不错的工作，并在不到一年的时间内当上了总经理助理。他不但改变了自己的经济状况，还彻底改变了自己的精神状态——他变成了一个自信满满的人。

这便是自我鼓励的巨大作用，当我们每天沉溺在失败的痛苦和失误的懊恼当中时，很多人都渴望得到他人的安慰和鼓励，殊不知，在人生道路上，自己才是最好的心灵导师。我们对自己的鼓励有时甚至会比他人的鼓励更有作用，因为一个人只有彻底劝服了自己，才能够无坚不摧。

在职场当中，自我鼓励如同一口新鲜空气，可以让人瞬间焕发活力，产生巨大的行动力，只要你愿意，这种“新鲜空气”可以源源不绝而来！

给自己找一个更加努力的内部动机

我们每天早出晚归，在拥挤的地铁、公交中间穿梭，而当我们每月看到并不能令自己满意的工资单时，很多人必然要问："这样不辞劳苦地工作，它的价值究竟在哪里？"

其实，工作价值作为一种抽象的定义，它本身的意义往往涵盖在工作的全部过程之中，而我们对它的看法又起着决定性作用。人自发地对所从事的活动的认知就是内部动机。有一个寓言故事或许能更形象地阐述何为内部动机。

有一棵桃树，每年能结 100 个果子，但有 90 个都被人摘走了，自己只剩下 10 个。桃树很气愤，觉得这都是自己辛辛苦苦"孕育"出的，凭什么多数让别人拿走。于是第二年，桃树放弃了成长，只结了 50 个果子，让别人拿走了四十个。桃树心里一合计，结 100 个果子和结 50 个果子到最后都剩下 10 个，还是少出点儿力为好，结果它又放弃了成长。后来这棵桃树结的果子越来越少，最后一个果子也长不出来了，枯死在院子里。

这棵桃树对果子数量和自身成长的态度正是一种内部动机的表现。桃树只看到了果子数量，忽略了自身成长的过程，假设它没有放弃成长，或许来年能够长出 1000 个果子。果子的数量其实并不重要，重要的是从一棵小桃树长成参天大树的过程，到了那个时候，任何阻碍自身变粗变强的因素都不值得一提。

一个人的内部动机可以说为他从事某项工作成与败、好与坏奠定了基调。现实中，很多人一开始工作的时候意气风发、信心爆棚，有的甚至树立了夸张的职业规划和个人目标。结果，工作头一遭就碰了一鼻子灰，比如没有得到领导的重视、把一个简单的工作做砸了，遭到领导的严厉批评、所发的薪水和自己的预期目标相去甚远，等等，然后就灰心丧气，干劲全失，俨然变成了那棵放弃成长的桃树，最后不再努力，愿意用自己现有的能力去匹配所得的“果子”。等到若干年之后，我们回首这时的自己，发现当年的雄心壮志早已经不复存在，是负面的内部动机在那个时候阻碍了我们的工作有进一步的发展。

我们之所以会犯这样的错误，是因为忽略了工作过程是一个长期的过程，我们贪图一时的工作绩效，没有看到长远的发展，再加上耐挫性的欠缺，造成了工作和成长的停滞不前。总体说来，内部动机并没有指向性，它跟随我们的意识驱动而行动，因此，这就要求我们在工作中能够合理正确认识到工作的价值所在，驱除外部因素和片面价值观的干扰。关于这一点，曾经有一个年长的心理学家无意间做了一个实验：

一位心理学家退休之后在家里过上了平静舒适的生活，但是在他家旁边有一所小学校，每到中午上学前，就有几个学生在他家窗边嬉戏打闹，扰得心理学家不能好好午休。忍了几天之后，心理学家终于承受不住了，但是他没有出去向几个孩子大发脾气，而是想通过一个心理实验，看看能不能让他们自动离开。

心理学家打开门，掏出钱包给每个孩子十元钱，说：“我非常喜欢你们在我的窗前玩儿，听到你们嬉戏打闹的声音，勾起了我对童年的回忆，希望你们明天还能来。”几个学生拿着钱兴高采烈地走了。

第二天几个学生又来了，这一次心理学家给了每人五块钱。等到第三天的时候，心理学家将钱数减少到了两元钱。这一次，学生们看到拿到的钱越来越少，脸上的笑容也渐渐消失了，有的很不开心地自言自语道："只有两块钱，真没意思！"心理学家讲，自己退休了，收入有限。学生们垂头丧气地离开了，之后再也没有到心理学家的窗前玩。

这个心理小实验进一步阐明了内部动机所产生的效能，几个小学生之所以最后会离开，是因为后两次地玩耍已经不是为了他们自己再玩，而是出于一种被动的，为了能得到心理学家的钱而玩。其实对于人的心理动机来讲，不仅仅有内部动机，还有外部动机。内部动机是自我掌控的一种动机，我们是主人。而外部动机则是凌驾于我们主观意愿之上的动机，我们一旦被它左右，便会成为关在笼子里的鸟，失去人身自由。

如果把这个小实验所揭示的意义还原到我们的日常工作中，老板给我们的一些物质奖励、职位奖励，正如心理学家给小学生的钱，它操控了我们的行为，同时也影响到了我们的内部动机，令我们迷失，不能判断工作究竟是为了这些有限的物质结果还是为了自身工作能力的提升。

实际上，把握自身的内部动机，不让它受主观因素和外部动机的影响，方法并不难，那就是将工作的价值还原成工作本身。我们工作的目的可以是为了薪酬、为了晋升，但那不是全部，驱使我们在事业上付出更多的，是一种对自身发展的全局性把握．把眼光放长远，真正的成功不是眼前的蝇头小利，而是从工作中提炼出的对自身价值的判断力和自信心，只有这样我们才能在长期的工作过程中不断证明自己的价值。

用最高的标准去要求自己

有很多企业管理者都对刚进入企业的大学生菜鸟们有这样的意见：重理论而轻实际，眼高手低。这其实是一种很普遍的现象，很多刚从校园走出来的新手都会有这样的毛病。

而在职场当中，这种毛病也不只存在于刚踏入社会的大学生。事实上，这是职场中人的一种通病。因为它的本质是一种“认知偏差”，也就是个人的“自我认知”和工作当中“真实情况”的差距。

每个人都会有自己的世界观和人生观，在工作当中，工作风格也会受到自我观念的影响。比如说，一个人认为做任何事情只要能够让自己开心、快乐就成了，那么在工作当中，他的这种观念就会导致巨大的灾难。上级交代的一份工作非常重要，但却让人做得很不开心，难道就可以轻易放弃吗？

显然，这是不可以的。归根结底，这是“自我认知”带来的。而一旦“自我认知”与“真实情况”相去甚远，那么，麻烦也就接踵而至。

王山明是一家广告设计公司的设计师，一名90后的年轻人。在同事和上级眼中，他有才华，有能力，曾经帮公司出色地完成了多个重要任务。但他的另一面却让上级叫苦不迭。作为一个年轻人，王山明有很强的主见，作为一个三人团队的领头羊，他对同伴的设计稿多有挑剔，动不动就让人家从头再来。而对于上级给予的一些意见，他经常是左耳朵进，右耳朵出，表面上点头，内心里却不以为然，觉得上司太过迂腐，都什么年代了，那种想法还能行吗？

有一次，公司接到一个重大项目，恰好就交给了王山明团队。在设计研讨会上，设计部的经理对王山明说：“这次的设计方案一定要按照对方的要求来，他们希望自己的汽车广告能够迎合时下一些客户的‘复古心态’。”

王山明点了点头，不置可否。在项目研讨会上，设计部经理不止一次地重复了这个话题，每次王山明都是点头，不做评价。

可是，在进入设计流程之后，王山明似乎把这些话忘了个精光。手下两个人给他的广告语和图样设计通通被他否决。他还头头是道地说：“客户怎么可能理解广告的精髓，就算他们需要迎合什么‘复古心态’，也没必要在广告上做体现，现在的广告，不新、不潮，谁会买你的账。”

二人无奈，只能迁就着他，按照他的意见一步步设计，等到整个广告策划出来，他们总算是看明白了，除了这款车型，广告中跟“古典”能扯上边的元素压根儿就没有。

在任务截止日期前两天，王山明将这份设计稿交了上去。经理看完之后有些不满意，他说：“不是让你体现‘古典’吗？怎么尽是这些新潮的词儿？”

王山明说：“谁说‘古典’不可以用‘新潮’来表达，我对自己的策划方案有信心。”

因为跟客户约定的交稿时间接近，经理也没办法，只好硬着头皮将这份策划方案交了上去。

仅仅一天后，客户就给出了反馈信息：策划方案与我们需要的完全是两样，如果不能在近期内重新补充一份的话，合作将中止。

没错，王山明的失误导致公司最终丧失了这个非常不错的项目。

王山明认为他“看中”的就一定是客户能“看中”的，这种认知偏差是这场失误的罪魁祸首。而这种认知偏差在很多职场人身上都会有体现。它产生的主要原因有以下几点。

第一，由首因效应导致。

当人与外部环境进行接触时，首先被反映的信息，对于形成人的印象起着强烈的作用。简单地说，首因效应即是人对外部环境的第一印象。首因效应之所以会引起认知偏差，就在于认知是根据不完全信息而对交往对象做出判断的。比如说一位老师会因为对一个学生的第一印象很好，就会在以后的学习和生活当中给予他更多的关注。

第二，由近因效应导致。

与首因效应相反，是指在多种刺激依次出现的时候，印象的形成主要取决于后来出现的刺激。比如说，某个人在刚进公司时对某位同事的印象很糟糕，因此便处处疏远他，但是这位同事在最近恰好给予了他很大的帮助，那么这个人可能会重新接受这个人。而事实上，他对这位同事的了解还不够细致。

第三，晕轮效应导致。

晕轮效应是指认知者靠经验去推断人物或事物特征的一种效应。比如说，当我们对一个人的某种人格特征形成好或坏的印象之后，我们还会倾向于据此推论该人其他方面的特征。当我们的某种做法收到了非常好的效果，我们下次在面临同样的任务时，很有可能就会采取上一次的做法，这是一种非常常见的“照搬经验法”。

美国著名心理学教授哈瑟尔顿曾经说过，认知偏差是适应世界的一种方法。这话不无道理，谁不是从错误中认识到正确的呢？但是职场中人也应该切记，对于要求严格甚至是苛刻的工作任务来说，认知偏差也是致命的。如果一个人一味地坚持接受自己所认为的

“一切”，那么他在正确的道路上一定会处处受阻。所以说，认知偏差是一种很正常但却值得警惕的“心理麻烦”，必须早日戒除，也只有这样，我们才能找到一条最适合自己的工作窍门！

努力也会带来内在报酬

IBM是全球最大的信息技术和业务解决方案公司，拥有全球雇员30多万人，业务遍及160多个国家和地区。他们在中国也有很大一部分业务。但业内很多管理学家却发现，IBM公司的工资在外企中并非是最高的，但也不是最低的。他们的内部有这样一句拗口的话：加薪非必然。

为什么这样一个规模庞大的集团在薪酬制度上会如此保守，甚至会让外人觉得“吝啬”呢？

IBM的一位高层在一次采访时给出了答案：“薪酬是企业管人的一个有效硬件，直接影响到员工的工作情绪，但是每一个公司都不轻易使用这件精确制导武器。如果使用不好，不仅不能激励员工，还可能造成负面影响。”

他口中所说的负面情绪其实就是心理学当中经常引用的一个术语——德西效应。

何谓德西效应？

1971年，心理学家德西进行了一次专门的实验。他挑选了一批大学生作为实验对象，让他们在实验室里解答几道有趣的智力难题。德西将实验分为三个阶段，第一阶段，所有解答出难题的实验对象一律不给奖励；第二阶段，他将实验对象们分为两组，并告知其中一组在解答完难题后可以得到一美元的报酬，而另外一组跟第一阶段一样，没有任何报酬；第三阶段，他让实验对象休息放松一下，让他们在原地自由活动，并让他们自己决定是否有兴趣继续解答这些有趣的智力题。

实验结束后，结果出来了：在第一阶段，大家都对这些有趣的智力题很感兴趣，解答起来也很卖力；在第二阶段，那些被告知可以获得奖励的实验对象明显丧失了之前的热情，兴趣和努力程度都在减弱，而无报酬的一组则继续保持着良好的兴趣；当进行到第三阶段时，效果更加明显，被告知有报酬的一组中有很多人已经丧失了解题兴趣，干脆放弃了继续下去的念头，而无奖励组中的一些实验对象则愿意花更多的休息时间继续解题，兴趣不但没有减弱，反而还在增强。

德西据此得出这样的结论：在某些情况下，人们在外在报酬和内在报酬兼得的时候，不但不会增强工作动机，反而会减低工作动机。人们为了纪念德西在这上面所付出的努力，便将这种心理现象称为“德西效应”。

这种心理现象在职场中有较多的体现。譬如说，一些公司员工整天抱怨自己的工资低，付出的劳动和所得到的报酬不对等，所以会心生不满的情绪，可一旦公司给他们加薪，一个奇怪的现象就出现了，这些人的工作能力反而不如低薪时了。

此时，“薪水”作为一种外界因素并没有起到刺激你行动的关键，反而起到了反作用，这难道不值得深思吗？

在每年年初沿海的“用工潮”中，很多私企老板都会抱怨，现在是招人难，留人更难。浙江温州一位皮革制品厂的老板更是坦言：“我已经连续给我的员工涨了好几次薪水了，可十个人里面我还留不住一半，每年都得到人才市场去抢人，现在真有点儿糊涂了。”

其实这个道理很简单，就薪金这个角度而言，原有的外加报酬如果距离人才需要满足的水平太远，直接激励的原有强度又不足，必然导致“德西效应”。如果人才觉得工作本身所具有的外在报酬和内在报酬都不尽如人意，即使外在报酬不断增加，也无法达到他的预期，转投他处是必然的结局。

这就说明了，在很多时候，能够刺激我们努力工作的不仅仅只是外在报酬而已，内在报酬也很重要。

何谓内在报酬，简而言之，就是我们对自我价值的一种预期。也就是说，人们在从事某项工作时，除了对外在报酬有预期之外，对内在报酬也会有一定的预期。因为人们工作不可能仅仅只是为了挣点儿票子，在没有工作经验的时候，需要在工作当中积累经验；没有资源时，他需要在工作当中找寻资源；没有技能时，他还需要在工作当中学习技能。也就是说，如果我们能够获得自己需要的内在报酬，那么对于外在报酬的预期也就相应降低。这也是为什么那么多刚毕业的大学生挤破头皮，就为了某大公司的一个实习岗位。

所以说，在职场奋斗，除了外部报酬之外，我们还应该更多的利用内部报酬来刺激自己。在一份工作岗位上，如果我们收获不了很高的薪水，那么就一定多想想我们还能够从这份工作当中收获什么？

美国富翁克里斯·加德纳曾经是一位穷困潦倒的失业者，他读书不多，20多岁的时候做医疗物资的推销员，微薄的薪水还要用来养活老婆孩子。一个偶然的机会，他接触到金融行业，并发誓要进入这一行。

于是，加德纳利用一次偶然的机会，接触到了某证券公司的高层，并通过自己的努力进入到这家公司做实习生，可令他没想到的是，公司告诉他，在为期数月的实习期间，他没有任何薪水，一切花费都要自掏腰包。

在这最艰难的时候，他的妻子离开了他，而他手上也仅剩下几百元。但他为了自己的梦想，毅然决定接受对方开出的实习条件，在那里免费替别人做几个月的“苦工”。

皇天不负苦心人，在实习期结束之后，加德纳成功脱颖而出，留在了公司，事业一帆风顺。1987年他在芝加哥开设经纪公司做老板，成为百万富翁。

加德纳的故事后来被人改编成一部感动无数人的电影——《当幸福来敲门》。

试想，在面对“数个月无薪水”的工作时，有多少人会选择去做？那加德纳又是如何劝服自己，让自己接受这份外部报酬为零的工作呢？

答案很简单，因为刺激加德纳的并不是那几个月的薪水，而是因为那家公司有他梦寐以求的平台和他极度需求的知识。

这便是一个成功者的经历，值得很多人深思。当我们一味渴求外界因素来刺激自己的工作热情时，是否能回首自顾，问一下自己：“我究竟需要什么，只是薪水吗？”

心中有理想，行动不慌张

关于行动力，有这么一句话：机会是种子，行动是金子。意思是，一个人不但需要机会，还需要有获取机会的“行动力”。此话不假，现实生活中，有很多思想上的巨人，行动上的侏儒。人如果只是沉溺于自己的幻想中，空有理想而不迈开双脚，那么永远都只能原地踏步。

每一个伟大的人都是用行动去践行自己的梦想的。

中国女子职业搏击第一人唐金的故事或许能证明这一点。

在22岁之前，唐金只不过是一个对武术故事痴迷的普通女孩，她说：“我小时候喜欢读花木兰的故事，觉得会功夫的女孩子很潇洒，周围没有一个人会想到日后我会成为一名职业搏击运动员。”

2007年，年近22岁的唐金来到北京打拼，她的目标是打入女子搏击舞台。经人推荐后，她师从意拳名师刘普雷先生学习功法，这是唐金首次有机会真正接触武术。从进入这行的第一刻起，唐金就锁定了自己的目标，并且全力去追梦。

敢想敢做，唐金开始了自己搏击梦。从一个初学者到一个上台比赛的职业拳手，这不仅仅是身份的简单转变，更是从身体到精神的一次残酷磨炼。对于拳击手而言，提升实力没有捷径可走，必须付出百倍千倍的努力。而要在短时间内成为冠军，更是要付出不知多少倍的努力。唐金从小生长在一个家庭条件不错的环境当中，没有吃过什么苦。在最初接触到职业搏击时，她的生理和心理都遭受了极大的摧残。

但唐金的性格又是倔强的，她自幼不肯服输。国内缺少女子搏击运动员，唐金就和男运动员一起训练，在场上甚至比男运动员更加努力。别人每天训练 4 个小时，她就训练 6 个小时，别人训练 6 个小时，她就训练 8 个小时。别人周日休息，她还在训练，除了吃饭、休息、训练之外，她几乎没有任何业余时间。

在擂台上搏杀，受伤也是在所难免的，唐金也不例外。她的眉弓缝过 5 针。鼻子骨折过两次，肋骨也断过。但相比于心中的目标，她觉得这一切都是可以忍受的。

终于，唐金从艰难困苦中脱颖而出，成长为中国女子搏击领域最受瞩目的明星，人称“搏击玫瑰”。

在成功之后，她回顾自己的成名路时说道：“只要你相信自己并付诸行动，就能不断接近自己的目标。前进的道路上没有失败，只有放弃。冠军就是把自己的想法付诸行动，并且贯彻到底的人。”

总是活在自己所营造的假象当中，觉得天上会有免费的馅饼，那永远也吃不到馅饼。怯懦、拖延的性格，会造成一个人的懒惰，无论遇到什么事，总想着要别人帮自己做，那么这个人一辈子也没有什么出息。就算有理想，也不过是水中花、镜中月，没有实现的可能。

所以，行动力一定要强，想要成为什么人，想要做成什么事，心里决定了，就在当时当刻开始行动，从最基本的事开始做起，从最平常的行为开始改变。一步一步走向自己心中的梦想彼岸。

如何做到这一点呢？

首先，找出实现自己理想的条件。先把前期条件找清楚，才能够将理想分解为一个个细化的小目标，然后有的放矢，一点一点地积累，梦想自然会实现。

其次，要对自己狠一点儿。确实，付诸行动很痛苦、很难受，但是不经历蚕茧里暗无天日的涅槃，怎能在以后成为最美丽的蝴蝶？在职场中，如果你每天都只是得过且过，能拿 60 分，就不去追求 100 分，那怎能成事、成才？

最后，无规矩不成方圆，要给自己制定一个非常详细的时间表。在什么时候该完成什么，必须要完成什么，都写在纸上。一个梦想，乍一想，可能觉得遥遥无期，但实际上，一旦我们将它分解开了，会发现其实完成它、实现它并不是什么难事。

把自己的梦想牢牢记在心里，开始行动吧。每天行动一点点，终有一天梦想会实现。每天什么都不做，只是空想，梦想终有一天会被现实击破打碎。

你想成为谁都可以

是否有那么一刻，你看到一个个伟人、名人的故事，会好奇，会疑惑，会想问："这些人到底是如何获得成功的？"

这个问题当然没有一个标准答案，有的人说是机会好，有的人说是有天赋，有的人说是持之以恒，有的人说是贵人相助。

但有一个前提是谁都不能忽视的，那就是：这些成功的人都有一颗敢想的心。

熟悉汽车的人都知道，现在汽车的发动机最多可以达到16个缸，比如一些速度极快的跑车。而一些四缸、八缸的车也不少见。可是有多少人知道，在汽车出现之初，双缸被人们认为是汽车发动机缸数的极限。

可是偏偏有人就不信这个邪。

美国著名的汽车之父福特，在生产汽车时，他的公司只生产两缸汽车。有一天，福特突发奇想，他觉得，两缸汽车产生的马力有限，可不可以生产出更多的汽缸，以扩大汽车马力呢？

于是，福特找到了公司里的科研人员，并对他们说："现在我要让你们研究生产四缸汽车。"

科研人员听了之后都摇头说："我们不可能生产得出来。"

福特说道："我不管什么可能不可能，你们给我研究就是了。"

研究了一年之后，科研人员还是说："报告老板，四个缸的汽车是不可能生产的。"

福特愤怒地说："你们这些蠢货，让你们研究，你们就继续研究，明年我还是要四缸汽车。"

这些科研人员都靠福特吃饭，老板的话怎么能不听？于是他们又开始研究起四缸汽车来。

到了第二年年底，他们的研究又告失败，于是他们对福特说：“报告老板，四缸汽车确实是不可能生产出来的。”

当时，福特大发雷霆，说：“你们这些蠢货！明年再研制不出四缸汽车，就把你们炒掉！谁再说不可能，就滚开！你们最好一起思考如何才能生产四缸的汽车呢？”

这些科研人员心里也很烦，可是没有办法，自己毕竟端老板的饭碗，只有继续。没想到第三个年头不到半年，四缸汽车竟然被研制出来了。

后来，福特说：“不是不可能吗？为什么这半年就研制出来了？其中一个组长说：“报告老板，在原来意识中，我们不相信能生产出四缸汽车。可是这半年，我们每个人都问自己一个问题——我们如何才能生产出四缸汽车？”

福特笑了笑说：“你们问对了问题，如果你们问‘我们何必要生产四个缸的汽车’，那么汽车工业史恐怕就要改写了。”

这个故事告诉我们，很多事情不是我们不能做到，而是我们有没有思考过如何才能做到？对于工作和生活中的很多事情，有时候多一些思考，往积极的方面思考，这样才能把不可能的事情变成可能。

所以说，头脑和手脚一定要配合运用，只有头脑而不敢行动的人永远都在原地踏步。而只有行动力却不敢想的人也会陷入自己设置的小圈子当中很难出头。

俗话说，心有多大，舞台就有多大。对于职场中的人来说，敢想是非常关键的素质。假如一个人整天在公司里不求进取，浑浑噩噩地过日子，那么他永远也不可能“年少有为”。

很多成功人士在尚未成功之时都有一个大的梦想，史玉柱在创业时梦想打造自己的“巨人帝国”，马云在创业时梦想着做一件改变中国人生活方式的大事，这些人后来都成功了，试想一下，如果他们连这样的梦想都没有，那么实现梦想的动力又从何而来呢？

当然，我们这里所说的敢想并不是讲不切实际、天马行空的空想，“想”也要有一定的方圆，也要有实现的可能。一个有可能实现的梦想就能带来源源不断的动力，而这动力正是梦想实现的关键，当梦想成为内驱力，它们之间的良性互动就能够带领你一路向前，奔向成功！

越努力越幸运

你的任性必须配得上你的本事

高桂萍　编著

中国出版集团
中 译 出 版 社

图书在版编目（CIP）数据

越努力越幸运 . 你的任性必须配得上你的本事 / 高桂萍编著 . -- 北京 : 中译出版社 , 2019.6（2021.8 重印）
ISBN 978-7-5001-5992-6

Ⅰ . ①越… Ⅱ . ①高… Ⅲ . ①成功心理－通俗读物 Ⅳ . ① B848.4-49

中国版本图书馆 CIP 数据核字（2019）第 119458 号

越努力越幸运

你的任性必须配得上你的本事

出版发行： 中译出版社
地　　址： 北京市西城区车公庄大街甲 4 号物华大厦 6 层
电　　话：（010）68359376　68359303　68359101
邮　　编： 100044
传　　真：（010）68357870
电子邮箱： book@ctph.com.cn
总 策 划： 张高里
责任编辑： 刘全银
封面设计： 青蓝工作室
印　　刷： 北京一鑫印务有限责任公司
经　　销： 新华书店
规　　格： 880 毫米 ×1230 毫米　1/32
印　　张： 30
字　　数： 550 千字
版　　次： 2019 年 6 月第 1 版
印　　次： 2021 年 8 月第 3 次

ISBN 978-7-5001-5992-6　　　定价：149.00 元（全 5 册）

中　译　出　版　社

前　言

小时候，当你在课本上读到那些惊心动魄的伟大故事时，你有没有想过，要成为像伟人一样的人？步入社会后，当你看到身边有人一年一次国外旅游时，你有没有羡慕过这种生活？

每个人都想自在潇洒，这是一种希望，也是一种任性。当然，我们这里所说的任性并没有任何的贬义，它就是“放任自己天性”的缩写而已。

对大部分人来说，任性的生活仿佛是可望而不可即的。我们很多任性的梦想都没有实现，最终消失在我们的记忆里。

其实，任性并非什么难事，我们暂时不能任性，只是没有这个本事而已。

想来一场说走就走的旅行？但是钱从哪儿来，没有时间又怎么办？

工作太枯燥、太累，想辞职？但是下一份工作在哪儿，断了收入该怎么办？

想追逐自己的梦想？但能力不够怎么办，没有这方面的经验又怎么解决？

种种顾虑，让我们无法任性。

而这种顾虑的源头正是我们缺乏本事。

你有多大的本事，就会有多大的舞台，也就能多么任性。这是一个靠能力就能走遍天下的时代，没有能力，哪怕你的梦想再大，也不过是镜花水月。

大家读书时应该都听说过陶渊明“不为五斗米折腰”的故事。

公元405年秋，他为了养家糊口，来到离家乡不远的彭泽当县令。这年冬天，到任八十一天时，浔阳郡里派遣督邮到他的县来检查公务。这位督邮是一个粗俗傲慢的势利小人，一到彭泽县便命县令前去见他，想借此显示一下自己的威风。但县令陶渊明素来不畏权势，秉性清高，绝对不是那样趋炎附势、奴颜婢膝的小人。他很看不起这种假借上司名义发号施令、作威作福的小人，但又不得不去见一见，于是他立刻吩咐动身出发。

他的下属拦住陶渊明说：“大人，拜见督邮须穿官服，并束上腰带，否则有失体统，督邮会趁机大作文章，恐怕会不利于大人。”陶渊明一听十分气愤，无奈地叹道：“我不能为五斗米向乡里小人折腰！”说罢，索性拿出官印，又写了一封辞职信，彻底结束了为官生涯，走上了归园之路。

当你羡慕陶渊明的这种任性时，你可能忘了，他是东晋最伟大的诗人、文学家之一。哪怕是他辞官归家以后，照样有亲朋好友上门，他也从来没有为生计而发愁过。

所以，他的任性，依凭于自己的本事。

任性从来都不难，难的是如何在任性之后还能继续微笑。当你本事超群的时候，便有了任性的资本；当你不愁吃穿的时候，你便有了任性的基础。

而这一切的任性，对一个普通人来说，都不是一蹴而就的。我们需要改变自己，需要提升自我，还需要在其他方面有更大的突破。

这本书给大家呈现出一套“如何任性”的方法，也是告诉大家如何提升自己各方面的本事，并最终让你的本事支撑你的任性。

目 录

第一章

改变自我，让你的任性依凭于你的本事

学本事，是一个从无到有的过程。所以，你也得重新改变自己，并立刻行动。人的处境虽不会因为想法而改变，却会因为有意识的行为而变化。所以，你必须对自己有一个充分的认知，给自己一个计划，并且坚持学习，善用时间，让自己各个方面都能够得到系统性的提升，这是你学习本事的第一步。

给你的人生订一个计划

戴尔·卡耐基曾说:“一个人不能没有生活，而生活的内容，也不能使它没有意义。做一件事，说一句话，无论事情的大小，说话的多少，你都得自己先有了计划，先问问自己做这件事、说这句话，有没有意义。你能这样做，就是奋斗基础的开始奠定。”是啊，正如《礼记·中庸》中所说:“凡事预则立，不预则废。”只有提前做好准备，让计划带我们前行，才能不打无准备的仗，活得更加精彩!

一个明确的目标，一份详细的计划，就好像是一盏闪耀的明灯，照亮我们前方的道路。如果一个年轻人对他的行为及习惯漫不经心，活得没有目标、没有计划，将宝贵的光阴浪费在疏懒和逸乐上，那么也许一个智力障碍者也比他有希望成功。曾经看到过一个简短的对话，觉得特别有意思，里面有着丰富的意味，想分享给大家，原文大概是这样的:

“请你告诉我，我该走哪条路?”

“那要看你想去哪里?”

“去哪儿无所谓。”

“那么走哪条路也就无所谓了。”

这段对话给人最深的感触就是:如果我们知道自己要去哪里，那么全世界都将为我们让路。只有明确自己的目标，制订周密详细的计划，然后努力去实施每一个小计划，才能更快更好地实现自己的目标。

大家都知道“你若盛开、清风自来”的道理，做到的人却是少数。要知道，人这一辈子最靠得住的就是自己。把自己塑造成一个有能力有品德的人，远比拍别人马屁、依附别人生活来得痛快——谁不想活得恣意洒脱，做最真实的自己呢？只是，我们需要成长起来，才能做最好的自己啊！

那怎样才能成长起来，做最好的自己呢？这便回到了我们的主题——让计划带你前行：明确我们的目标，制订我们的计划，实施我们的计划，这是想要成功必须做的努力。“明确目标”四个字是努力的开始：不要茫然地摸索，认真地审视我们自己，了解我们自己，我们的兴趣是什么，理想是什么，我们觉得自己能做好什么；坚定自己的目标，一旦确定，不要轻易改变，不能好高骛远，人生的路需要踏踏实实地走。

制订计划需要由自己的目标来引导，锻炼自己各方面的能力，不足的地方更是要重视，不能逃避，所以计划必须制订得合理详细。不要轻视制订计划的这个过程，如果不经过再三思考，计划里存在各种漏洞，那么之后实施计划时会变成怎样，我想大家都明白——这种存在漏洞的计划不仅不能带来好处，反而会误导自己。实施计划的过程，就是一切工作准备就绪，要采取实际行动了。

在这个过程中，重要的是持之以恒和坚持不懈的态度，绝对不能三天打鱼两天晒网，否则前功尽弃，一切都将成为空想，变得毫无意义。有些东西说起来简单做起来难，而这一切靠的只有自己，别人帮不了你什么，只有自己拥有一颗坚定的内心，才能让计划带我们前行！

改变从制订计划开始，让计划带着我们前行吧！也许我们没有好的家境，没有好的条件，但我们可以有一颗坚定的心，助我们看见远方。只要用心去做一件事，相信我们自己可以做到最好，我们将会成为自己内心最闪亮的明星！

把时间都用到位

时间大概是世界上最容易被人挥霍的东西了，我们都知道死亡是一个人的最终归宿，可很少有人时时刻刻怀有一种死的恳切。我们总觉得时间还长，长到足够我们大手大脚不用珍惜，可又有谁仔细算过，人的一生不过3万多天。

在这3万多天里，我们还要吃饭、喝水、上厕所、工作、睡觉等，真正属于我们并能被我们感知、使用的时间其实少得可怜。认识到这些，我们就再也不是自己一心所认为的“超级大富翁”了，每浪费一分钟，甚至是一秒钟，我们的生命沙漏都像是被盗贼恶狠狠地洗劫了一番。时间就是我们的生命，一天过去了，我们就离死亡更进一步，抓紧时间去做自己想做的事情吧，不要到生命行将结束的那一刻，才幡然醒悟自己还有那么多未了的心愿。

中国有句古话：“人生一世，草木一秋”“花有重开日，人无再少年。”时间对于每一个人都是公平的，它不会因为谁更美丽、更富有就多给他一天，也不会因为谁更丑陋、更贫穷就少给他一天。时间的公平让它看起来更加冷酷无情，我们只有拼尽全力让自己这短暂的一生尽情怒放，活得充实，活得丰盛，活得快乐，活得有意义，才能用这有情的岁月去焐热这无情的时间。

在现今生活方式下，时间显得格外的不值钱。人们沉迷在虚拟的网络世界，每天花大量的时间上网看电视、打游戏、刷微博、逛空间、玩朋友圈、聊天、购物，到头来却发现自己的心一天比一天空虚。尤其当我们发现身边的人在充分利用时间获得更好的成长，而我们却虚掷光阴无所作为时，我们更是恐慌无措，仿佛是一朵被世界长河抛弃在岸的浪花，要眼睁睁地看着自己干涸，直至死亡。

15 岁的时候，我们觉得游泳好难，不愿花时间去学游泳，到 18 岁的时候，遇到一个自己喜欢的人约我们去游泳，我们只好说“我不会欸”，并眼睁睁看心仪的人和会游泳的人从自己面前牵手离开；18 岁的时候，我们觉得英语好难，不愿花时间去学英语，到 28 岁的时候，出现一份薪资优渥但要求会英语的工作，我们只好说“我不会欸”，并眼睁睁看着这份工作被会英语的人拿下……人生就是这样，幸福和快乐永远属于那些珍惜时间努力学习的人，他们从不浪费每一分每一秒，每一分每一秒自然也不会薄待他们。

作家杨绛就是一个格外爱惜时间的人。当年她随丈夫钱钟书先生同去英国牛津留学时，两人在老金家做房客，生活在一间屋子里。

杨绛自认为不是一个啃分数的学生，可她非常爱惜时间，她和钱钟书一样爱好读书。但是每次钱钟书来了客人，她就要被迫牺牲三两个小时的阅读，勉力做一个贤妻，有时候还要闻烟臭，只得暗暗叫苦。

为了解决住房不方便造成浪费时间的问题，杨绛就想，租一套备有家具的房间，伙食自理，膳宿都能得到大大的改善。很快，她就租到了心仪的房子—— 一间卧房外加一间起居室。起居室可以用来接待客人，她从此再也不用和客人共处一室，浪费自己宝贵的读书时间了。每当钱钟书有客人来访，她就可以躲在卧室里不出来，任由他们天南地北地聊，抽再多的烟也影响不了她。

后来，杨绛将这些留学期间发生的趣事全部记录在家庭回忆录《我们仨》里。值得一提的是，2003 年，《我们仨》一面市，就感动了无数的读者，其销量更是达到了 50 多万册。正是因为杨绛如此珍惜时间，她才有机会饱读诗书，让自己的学问功底变得深厚，最后写出如此打动人心的文字。

杨绛的同事——著名作家、翻译家叶廷芳先生曾撰文描述过他印象中的杨绛。在他的眼里，杨绛是一个惜时如金的人。他在文章里提到，杨绛曾对他谈起过她的读研生活："那时我们真的是'饭来张口，衣来伸手'，一吃完早饭，就躲进屋里，只顾读书。"如果不是这种"两耳不闻窗外事，一心只读圣贤书"的惜时如金、勤勉专注，杨绛不会扎实掌握几门外语，还写得一手好文章。

鲁迅先生曾说："时间，天天得到的都是二十四小时，可是一天的时间给勤勉的人带来聪明和气力，给懒散的人只留下一片悔恨。"如果说每个人的一生都是一张白纸，那时间无疑是最好的画笔，我们可以用它在白纸上作画。比如，像杨绛女士那样珍惜时间的人，往往能画出一幅动人的作品，而浪费时间的人，最后拥有的还是一张空无一物的白纸。

总而言之，一个致力于改变自己的人，时间是其最大的筹码之一，它能帮助我们不断填充生命的色彩，让我们与过去的凋败和萧条挥手告别。在珍惜每一分每一秒的过程中，我们会惊奇地发现：原来我们自己可以如此出类拔萃，而这一切都要感谢时间，更要感谢珍惜时间的自己——是我们让自己不再蹉跎光阴，是我们让自己在未来的岁月里成为一个更美好的人。

不做情绪的奴隶

赵翔是一个非常情绪化的人，在职场打拼了那么多年，至今还是一个普通的员工，从来没有得到一次晋升的机会。公司的同事们常常笑话他是一个“火药桶”，一点点小事也能把他激得横眉瞪眼、破口大骂。到现在，他几乎和办公室的所有同事都起过争执。

最近，他竟然还跟部门主管杠上了，两个人僵持了好一阵子，谁也不肯主动退一步海阔天空。朋友和他一起出去吃饭的时候，特地关心地问了几句：“赵翔，你和你们公司的部门主管还冷战呢？你们俩之间到底发生什么事了？至于闹得那么僵吗？得罪了领导，你以后还想加薪又升职吗？”朋友一连串的发问，让赵翔有些吃不消，他狠狠地瞪了对方一眼：

“你以为我想和他起冲突啊？我不就是工作上出了一点小差错，他至于那样摆脸子给我看吗？闹僵了就闹僵了呗，此处不留爷，自有留爷处，要是在这个公司混不下去了，我非得再好好地骂他一顿不可，不然心里憋着一口气实在是太难受了。”赵翔深深地吸了一口烟，情绪似乎还停留在他和主管的冲突里，久久走不出来。

为了让他意识到情绪化对于工作所造成的严重后果，朋友只好给他讲了一个有趣的故事，希望他能从这个故事中多多少少收获到某些感悟——

从前，有一个十分任性的男孩，他常常因为一些小事对别人发脾气。有一天，他的父亲递给他一袋钉子，并和颜悦色地告诉他：“你每次发脾气时，就钉一颗钉子在后院的围墙上。”

第一天，这个男孩总共发了30次脾气，所以他在后院的围墙上钉下了30颗钉子。久而久之，男孩渐渐发现，钉钉子的过程其实非常消耗力气，每天要往墙上钉那么多钉子，这项工作实在太过单调和无聊。于是他决心控制自己的情绪，不再轻易地对别人发脾气。

就这样坚持了好几个月，他每天发脾气的次数也一点点地减少了。终于有一天，这个男孩完全摆脱了情绪的钳制，再也不会对他人发脾气了。

此时，父亲却告诉他："从现在起，每次你忍住不发脾气的时候，就从墙上拔出一颗钉子。"男孩按照父亲的指示去做，没过多久，墙上的钉子已经通通被他拔出来了。

父亲拉着他的手，来到后院的围墙前，说："孩子，你做得很棒，我为你感到骄傲。但是你现在看看这布满小洞的围墙吧，它再也不可能恢复到以前的样子了。你生气时说的那些伤害别人的话，也会像钉子一样在别人的心里留下不可磨灭的伤口，不管你事后说了多少声对不起，那些伤痕都会永远存在。"

赵翔听完朋友的故事后，并没有受到多大震撼，不以为然地说道："我确实对部门主管说了一些难听的话，可这些话伤害的是他，又不是我。我没有什么好遗憾的。"

听了他的强辩之词，朋友摇了摇头笑道："你难道没有因此受伤吗？我们暂且不说生气对一个人的身体健康造成的莫大危害，你一而再再而三地意气用事，给你的事业造成的伤害难道还小吗？你现在已经是一个三十好几的人了，工作毫无起色，存款数目为零，连一个像样的女朋友都没有，这都是你控制不住自个儿的情绪和行为惹的祸！即便你以后再换一家公司，就凭你那一点薄弱的情绪自控力，迟早还是会铩羽而归。"

有这样一段富有哲理的话："看别人不顺眼，是自己修养不够。人愤怒的那一个瞬间，智商是零，一分钟后才慢慢恢复正常。人的优雅关键在于控制自己的情绪。用嘴伤害人，是最愚蠢的一种行为。"情绪化并不能解决任何实质性的问题，就像赵翔一样，面对上司的指责，他没有平心静气地反思自己身上的不足之处，而是任由愤怒的情绪支配他的大脑，最后选择以牙还牙的言语暴力方式，和自己的上司对着干。

这样做的结果往往有百害而无一利。赵翔最终还是没能听从朋友的劝诫，他不愿意采纳朋友的建议，放低姿态诚恳有礼地跟部门主管道个歉，赔个不是。不久后，他再一次因为工作失误受到公司领导的严厉批评，执意不肯认错的他，最终被公司老板炒了鱿鱼。

生活中，我们经常会听到前辈的经验之谈——做自己情绪的主人。看似轻描淡写的一句话，实则蕴含了深厚的道理。众所周知，情绪一旦失控，人的心情也会跟着受影响，不管做什么事情都没有效率，更没有好的结果。

能够控制住自己的情绪和行为的人，即便办事出了差错，也能将实际的损失降到最低点，他们不会白白浪费自己宝贵的精力和时间在一汪无用的情绪泥沼上。但人非圣贤，任谁都会有想发脾气的时候，我们该怎样做才能免于不良情绪的困扰呢？

1. 用理智控制自己的情绪

增强自己的理智，可以使我们遇事多思考，多想想情绪失控会造成的严重后果，也可反复提醒自己："情况已经是这个样子了，我再生气、悲痛、伤心，也挽回不了什么。"多给自己一点积极的心理暗示，不良情绪就会被扼杀在摇篮里。

2. 换位思考，将心比心

通过换位思考，我们就能暂时充当别人的角色，来体会对方的所思所想和所需。同理心一旦萌芽，再大的情绪地震也会如昙花一现。

3. 转移自己的注意力

当我们发觉自己的情绪处于即将爆发的临界点时，可以有意识地转移话题或做点儿别的事情来分散自己的注意力，这样做能使我们紧张的情绪松弛下来，让心情恢复平静。另外，我们还可以找好友谈谈心、一起到郊外散散步，或者干脆到外面猛跑几圈，把负面的能量发泄完毕，事后我们的心情一定会变得特别舒畅。

一个能控制住不良情绪的人，比一个能拿下一座城池的人还要强大。我们不能改变别人，但我们能改变自己，做自己情绪的主人，唯有这样，我们才能掌控自己的生活。

让自己的人生“八分饱”

“唉，活着真累！”现如今，很多年轻人脱口而出就是这句话。年长的人听到后，往往会摇摇头，叹口气道：“现在的年轻人啊，真是身在福中不知福。”其实，年长的人之所以这么说，也是有他们的道理的。毕竟，与老一辈人的生活比，现在人的生活环境可以说跟蜜罐子差不到哪儿去。

以前的人每天最幸福的事儿就是能吃个饱饭，睡个饱觉，现在的人呢？想吃顿饺子，都不用自己亲自擀皮儿、剁馅儿，随便上超市买一袋速冻饺子，回家煮着吃就行了；脏衣服懒得用手搓洗，可以让洗衣机来帮忙；想给自己添两件衣裳，又懒得去逛街，上淘宝网购自有快递送上门；要是无聊想看看电视，一个遥控器，几十上百个频道随便看。然而，奇怪的是，饶是这种衣食无忧自由自在的幸福生活，还是有那么多的年轻人成天将“活着真累，活着真没意思”挂在嘴边。

问题究竟出在哪里呢？

英国作家奥斯卡·王尔德说：“世界上只有两种悲剧，一是求之不得，二是得偿所愿。”人性的通病往往是求之不得，却苦苦追寻，而得偿所愿后，就有了更高更大的欲望驱使人们拼命往前赶，于是活得心力交瘁、苦不堪言。人们不知道的是，很多时候，幸福感和欲望并不成正比，这就好比一个人吃饭，吃得太撑太饱反而让人难受；相反，如果我们给自己的胃留一点空间，仅仅吃个八分饱，那我们既满足了自己的食欲，又顾全了自己的健康，幸福指数自然大幅度提高。

其实，所谓的“八分饱”，体现的正是一种知足常乐的人生态度。很多年轻人抱怨活得太累，活得太没意思，归根结底，还是出在“欲望”二字上。而欲望就像一个无底洞：我们拥有了房子，又想要车子；有了车子，又想要别墅……太多不必要的欲望成了生命不可承受之重，所以我们在拥有那么多东西的情况下，还是会觉得很累，很没意思，这也是让老一辈人无法理解的事。

就拿网上购物来说吧。很多女性最爱逛的就是淘宝网，因为里面的服装样式有成千上万种，比如衬衫、毛衣、大衣、短袖、连衣裙、牛仔裤等。如果我们想挑一件喜欢的衣服，我们通常会专心致志地坐在电脑前，一页一页地浏览下去，到最后，我们的脖子、胳膊、眼睛没少挨累，却始终没挑到想要的衣物。

这是为什么呢？按理说，淘宝上有一百多页的衣服供我们选择，浏览前几页的时候，我们应该能看到让自己比较满意的衣服啊，怎么就挑不到呢？没错，在前几页我们肯定能看到自己比较满意的衣服，可是，我们还是想要一页一页地点下去，因为，我们心里始终在想：也许后边还有更好的，我可不能错过。

除此之外，我们在购物的时候，还会经常出现一种情况，那就是我们今天买到了这个东西，明天我们又想要买那个东西。这种对消费的欲望让我们不自觉地把赚得的钞票砸进去，有时候手上现金不够，我们甚至还会刷爆信用卡。然而，我们真的需要那么多东西吗？相信很多人都有过这样的感觉，兴致勃勃地淘回一堆宝贝，结果却发现没几样能真正用得到。

以上所列举的都是人的不必要的欲望。这些欲望带给我们的全是疲惫和痛苦，此时，唯有懂得知足，做一个“八分饱”青年，我们才能游刃有余地驾驭欲望，最终获得幸福，活得轻松，过得自在。

在喧哗浮躁的娱乐圈，有一个演员可以称得上是真正的“八分饱”青年。出道至今，他行事一直保持低调，和其他话题不断的演员相比，他几乎是绯闻的绝缘体。他就是陈道明，人们赞其为“真正的贵族”，工作的时候认真拍戏，闲暇的时候深居简出，过着琴棋书画的简单生活。

虽然他现在已年近花甲，是一个名副其实的老年人，可他知足常乐的心态让他看起来还很年轻，很有活力。相较于现在社会上一些徒有其形的年轻人，他似乎更符合世界对“年轻”的定义。

记得在一次采访中，主持人问他：“生活中我见过一些人，他们在成功之前都是夹着尾巴做人，成功之后就开始放纵自己，你有没有这种感觉？”

陈道明毫不犹豫地回道：“没有。这个世界不是你的世界，不能说你成功了，你想做什么就可以做什么。我认为做人的最高境界就是节制，而不是释放。所以，我享受这种节制，我觉得这是人生最大的享受。释放很容易，物质的释放、精神的释放都很容易，难的是节制。”

确实，人要放纵欲望很简单，最难的是节制欲望。我们若是想要节制欲望，首先要做的是尽量排除随时产生的欲望和杂念。毕竟，生活总是越简单越幸福，我们需要的东西其实并不多，能满足日常的生活以及适当的休闲娱乐即可，其他的不必要的欲望和杂念只会让我们的心纷乱不安。

其次，我们要时常保持一种恬淡闲适的心境。不说要达到陶渊明那样“采菊东篱下，悠然见南山”的境界，但起码也要让自己懂得知足常乐，不再那么浮躁。

做个“八分饱”青年吧，要知道，“八分饱”不只是一种生理状态，更是一种心理状态，当我们努力改变自己，剪除掉那些不必要的欲望，成功地做到知足常乐时，幸福就像海潮退后海滩上的贝壳，俯首即拾。

人生如投资，需及时止损

人生最可怕的事情不是犯错，而是一错再错。我们明明知道犯错以后最好的解决办法是吸取经验，争取下次不再被同一块石头绊倒，但我们却偏偏要因为错误的发生而一直烦闷懊恼，甚至一直悲伤难过。

这是一种典型的追求完美的心理。因为追求完美，我们希望自己所做的任何事情都能一帆风顺，我们不容许有一丁点儿的意外发生。可人生总有失控的时候，即便我们把每一步都安排得好好的，也无法许给自己一个全然安全顺心的未来。举个简单的例子，我们计划明天去郊外野炊，所有的野炊工具和食物都已准备妥当，只等第二天起床即可出发。但谁也没有想到，第二天一起床，外面就开始下起瓢泼大雨，这完全是天公不作美，我们又能拿天气怎么样呢？

如果我们过于追求完美，那很有可能对着这糟糕的天气疯狂地咆哮咒骂——兴许咒骂还不解气，我们还要悲愤地号啕大哭一番。可咒骂和痛哭就能让天气由雨转晴吗？我们都知道这是不可能的。非但不可能，这种绵延不绝的情绪还会影响我们的心情，让我们这一天都干不了其他的事情。

按照经济学的眼光看，这种做法无疑是十分不划算的。本来因为下雨去不成野炊已经够让人扫兴了，如果我们还不肯放手将这一篇翻过去，那我们接下来的这一天时间就等于白白浪费了。要知道，一天的时间可以做很多的事情，我们可以窝在沙发上看电影，可以陪家人聊聊天，还可以上网打游戏，等等。而不管我们做什么事情度过这一天，我们都已最大限度地给自己的生活善后和止损。

可以说，学会善后和止损，是每一个内心有完美情结的人生命中的两大课题。莎士比亚说过："聪明的人永远不会坐在那里为他们的损失而悲伤，却会很高兴地去找出办法来弥补他们的创伤。"在现实生活中，这种懂得善后和止损的聪明人其实并不常见。很多人在犯了错，或是遇到困难时，都偏好在无穷无尽的回忆和怀念中猜想着过去，假设着种种，正如信乐团在《假如》那首歌中唱到的："假如时光倒流，我能做什么？"很遗憾，再多的假如也不能让我们从头再来，只会让我们一再丢失宝贵的时间、精力和心情，将我们的损失拉到最高。而这很显然不是一个聪明人应该有的做法。

蕾儿出身贫寒，好不容易有了自己的家庭，几年后又被自己的丈夫抛弃了。虽然离婚的时候勉强分得了一套房子，但工作非常不顺心，每个月拿的收入仅够自己的吃喝，日子跟嚼黄连一样，越是细细品味，苦涩的味道越浓。所以蕾儿心里满是怨恨，每次和朋友聊天，她都会说尽前夫的坏话，说他不是个好东西，不负责任、自私自利、不念旧情等。

可熟悉她情况的朋友们都知道，她前夫并非一无是处；相反，在他们离婚后，她前夫虽然又开始了一段新婚姻，但他还是很愿意帮助她的生活，只是她非要跟自己较劲，不肯接受援助罢了。

另外，从严格意义上来讲，这段婚姻的失败以及她今日这般艰辛的处境，她性格中的缺陷和不足还是要负主要责任的。她是一个非常敏感、偏激、自卑、多疑的人，不只她前夫跟她相处不来，就连她的家人朋友都受不了她这种个性。公司的同事更是对她避之不及，她的苦大仇深和怨气冲天，让每一个接触她的人都感觉逼仄难受。然而，她就是不愿意正视自己的问题，不愿意做出改变；她总是选择用仇恨来逃避自己对生活的责任。可这样做真的能逃避掉吗？残酷的现实就摆在眼前，她过得确实非常不幸福，而且还朝越来越糟糕的方向发展。

人的一生，恰似一次漫长的旅行，我们沿途会看到美丽的风景，还会遇到陡峭的山路，如果我们发现自己走错了路，或是走的路不适合自己，那就应该要及时改弦易辙，迷途知返。蕾儿显然不太明白这个道理，她任由自己犯的错误和遇到的困难，像滚雪球一样越滚越大，错误和困难所衍生出来的痛苦就这么白白地消耗了，她每一天都在重复着同样的不幸，她的烦恼和悲伤毫无价值。

莎士比亚年轻时曾是在剧团里跑龙套的三流演员，后来发现自己并无表演天赋就理智地放弃了，从而一心一意搞戏剧创作，终成一代文学大师。这才是我们的榜样。蕾儿如果能像莎士比亚那样懂得善后和止损，她或许能给自己一个绝处逢生的机会，为自己求得一份精神的愉悦，为自己博得一个更广阔的天地。

懂得及时善后和止损不仅是一种生活态度，更是一种生存智慧，虽然它代表一种放弃和终结，让我们的生命看起来不太完美，但实际上它是另一段新人生的开始。为了避免无谓的牺牲和不必要的损失，我们每个人都要学会善后和止损，这是我们应该做出的改变。唯有如此，我们才能胜得长远，赢得全局。

站在别人的角度考虑问题

众所周知，每一个人都习惯于站在自己的角度和立场去考虑问题，所以很难做到理解、体谅他人，如此一来，也就很难打造一段良好的人际关系。

网上曾经火过这么一个段子，读起来让人忍俊不禁——

两个妇女正在院子里聊天，妇女甲问道："你儿子现在还好吗？"

妇女乙叹了一句气，说道："别提了，他命不好，娶了个媳妇是个懒婆娘，不做饭，不扫地，不洗衣服，还不带孩子，整天就知道睡觉，早餐还是我儿子送到她床上的呢！为了这事儿，我跟我媳妇的关系一直不融洽。"

妇女甲又问："那你女儿现在过得还好吗？"

妇女乙立马换了口气说："我女儿啊，她可就命好了。她嫁给了一个好男人，老公对她实在是太好了！什么家务活都不让她干，煮饭，洗衣服，带孩子，全部是她老公一手包办的，而且每天她老公都会把饭送到她的床上给她吃呢！"

很显然，妇女乙就是一个典型的不懂换位思考、将心比心之人。在外人看来，她的女儿和媳妇明明是一种类型，可在她的眼里，媳妇是懒得要死，女儿却好命幸福。她不想让女儿过着凄惨的生活，却要求自己的媳妇勤快肯做，两套标准足见人心的自私和狭隘。试问，她又怎么可能跟媳妇搞好关系呢？

其实，所谓换位思考，是指人对人的一种心理体验过程。将心比心、设身处地是达成理解不可缺少的心理机制。它客观上要求我们将自己的内心世界，如情感体验、思维方式等与对方联系起来，站在对方的立场上体验和思考问题，从而与对方在情感上得到沟通，为增进理解奠定基础。

在实际的工作中，相信很多人都曾与公司老板、同事有过矛盾和纷争，严重时甚至还会有一些过激的语言或行动，最后难免会影响彼此间的关系。这个时候，如果我们能学会换位思考，适时地站在对方的立场上去想一想，就会觉得大家都挺不容易的，许多原本想不通的，觉得不尽如人意的事情，往往会豁然开朗，于是就不自觉地多了几分理解、尊重和体谅。

大学毕业以后，曹梦进入了一家机械设备公司担任文秘一职。做事有些粗枝大叶的她，在工作上错误不断，这让她的上司感到非常恼火。

曹梦的上司是一个严肃刻板的中年男人，对待下属的态度向来以“强硬”和“严厉”著称。初来乍到，曹梦完全不了解上司为人处事的风格，所以对待工作也不是特别细致认真，尽管完成的速度较快，但质量不怎么高。

有一次，上司看了曹梦递过来的文件，敏锐地发现上面存在一些数据错误，于是，他很生气地把文件扔到了曹梦的脚边。

曹梦吓了一跳，连忙捂住了自己的胸口。等她回过神来的时候，上司已经在对她开骂了：“这就是你的工作水平？文件里面竟然出现了这么多的数据错误，你到底有没有仔细检查过？”

上司的疾言厉色让曹梦有些不知所措，泪水很快就蓄满了她的眼眶。向上司连连说了好几声抱歉后，她拿着文件赶紧回到自己的办公桌，准备再重新检查一遍。就在这时，目睹了一切的同事王姐语重心长地对她说：“小曹呀，你可千万不要怪上司，咱们得站在他的角度想一想，如果下属的工作没做好，他也没办法向老板交差呀，是不是？他为人向来严厉，说话也不怎么客气，但这只是他个人的行事风格，并没有特别针对谁。所以，你可不要觉得委屈，咱们办公室里的每一个人都是这么过来的。严师出高徒，你看看他们，现在一个个都成长得特别快！”

本来还觉得受了天大委屈的曹梦，在听了王姐如此诚恳的一番话之后，心里头顿时释然多了，她觉得确实是自己工作没做好，不能怪上司发脾气。

后来，当曹梦再次将检查过好几遍确认没错误的文件递给上司时，上司终于露出了难得的笑容。这件事过后，曹梦的工作能力突飞猛进，很快就成了上司的得力助手，薪水还翻了好几倍。

瞧，这就是换位思考、将心比心的结果，它很容易就将人与人之间的矛盾化解掉。中国儒家大师孔夫子说过的一句话：“己所不欲，勿施于人。”在人际交往中，人们都习惯从自己所扮演的角色出发，站在自己的立场和角度来理解别人。每当发生矛盾时，都会不由自主地将责任推到对方身上，总觉得自己是仁至义尽，双方各执一词，互不相让。

其实，我们每个人都是一座孤岛，理解是人与人之间沟通交流的桥梁。当我们懂得换位思考、将心比心，学会站在对方的立场和角度去看待问题时，我们才能够真正地去理解别人，体谅别人。在这份理解中，我们一定能深刻地体会到对方的难处，也会明白这份难处就连我们自己也未必想去经历。

孔夫子的“己所不欲，勿施于人”说的就是这样一个道理，别把自己都不想要的东西强加给别人，宽恕待人，别人才会对我们宽恕。

富勒曾说:“向别人扔污物的人，把自己弄得最脏。”因此，我们要想在人际关系中获得别人的尊重和理解，就应当“己所不欲，勿施于人”，以对待自身的行为为参照物去对待他人。在角色互换的过程中，我们才能克服自我中心式的思维定式，设身处地去替对方着想，全心全意地去谅解对方的言行举止。

用心经营家庭

西方人对于夫妻关系这样认为，说“人要离开父母与妻子联合，二人成为一体”，又说“各人都当爱妻子，如同爱自己一样；妻子也当敬重她的丈夫。做妻子的，当顺服自己的丈夫，如同顺服主；丈夫也当照样爱妻子，如同爱自己的身子”。有人会说，那孩子呢？夫妻关系难道比亲子关系还重要？

问这个问题的人恐怕要失望了，因为在西方任何一桩婚姻中，夫妻关系永远要处于第一位，没有好的夫妻关系，也就没有好的亲子关系。大部分的中国家庭之所以硝烟四起，就是因为很多夫妻婚后将孩子视为生命的全部或是重心，而忽略对伴侣的尊重和呵护，最后导致孩子变得无法管教，夫妻之间也冲突连连。

这种恶性循环几乎是必然的。当父母将所有的爱都倾注在孩子身上时，孩子很容易对父母产生独占心理和依赖心理，长大后如何学会独立自主，又如何懂得为别人着想？另外，父母对孩子来说，是孩子最在乎的人，孩子对爱的感知和学习几乎都源自父母之间的关系。如果父母关系不好，彼此间缺乏爱意，孩子的心里又怎会时刻充满爱和安全感？

排斥伴侣，忽略伴侣，将孩子置于伴侣的感受和利益之上，这简直是一件双输的事情。可惜中国很多夫妻，都在乐此不疲、前仆后继地扮演着这样不明智的角色。当孩子出生的时候，中国夫妻忙着给孩子挣奶粉钱；当孩子上学的时候，中国夫妻忙着给孩子攒学费；当孩子工作的时候，中国夫妻忙着给孩子找对象；当孩子结婚的时候，中国夫妻忙着给孩子买房子；当孩子生小孩的时候，中国夫妻又忙着给孩子带孙子。这一辈子，忙来忙去，都只是为孩子在忙，他们从来没有考虑过伴侣和自己的感受和需求，他们也从来没有为自己活过。孩子就是他们的一切，所以，当孩子长大成人，又或是成家立业时，他们又开始插足孩子的家庭，企图对孩子的生活指手画脚，而这，直接导致许多小家庭的不幸福。

朋友阿艳就曾向我讲述过她婆婆对她老公的种种严加管教，其行为之过分让我怀疑其是一位寡母。可阿艳又说不是，她的公公还健在，只是在家没有任何话语权，公公和婆婆的夫妻关系还令人担忧。

阿艳告诉我，每当她和老公之间有一些亲密举动，比如，吃饭的时候，老公往她的碗里夹菜，婆婆必定会脸色大变，拂袖而去。这让小两口备受困扰。更过分的是，婆婆竟然还强行拿走了她老公的工资卡，说是替他们保管，好让他们不要乱花钱。“她自己明明有老公，干吗还要来跟我抢呢？”阿艳非常气愤，她感觉自己活得像一个“小三”，婆婆似乎才是“大房”。

这也难怪。当夫妻关系叫人绝望时，有人就会死抓着孩子不放手，以弥补自己在情感上的不满和损失。阿艳的婆婆正是这种人。她对儿子的过度干涉来源于情感上的转移。当然，这也从侧面说明一个道理：宠爱自己的伴侣，远比宠爱自己的孩子来得重要。只有良好的夫妻关系才能打造幸福美满的家庭。

相比于阿艳的不幸福，另一个朋友小祯却幸福得惹人羡慕。小祯结婚8年，有一个6岁的女儿，她和她老公的感情依旧如热恋时那般甜蜜。很多朋友都问她讨教经营婚姻的秘诀，她每次都语带腼腆地说：“我哪有什么绝招啊？如果非要说有什么不同，我想或许是因为我们都比较宠爱对方吧。”

小祯说得没错，在我们这群朋友的眼里，她和她老公都把彼此看得非常重要。有时候，当他们的女儿吵着闹着要某样东西时，他们可能会选择拒绝；但是对于伴侣的需求，只要不太过分，彼此都会尽量去满足。

这算是经验之谈吗——对伴侣比对孩子要好？这似乎违背了国人在生活中一贯坚持的感情原则：许多人都是反其道而行的，他们对孩子要比对伴侣好得多。在他们看来，孩子是那么的弱小，还需要被照顾，被宠爱；而伴侣是那么大的人了，完全可以自己照顾自己，自己爱自己。

于是，有了孩子之后，很多妈妈就把老公甩在一边，白天围着孩子转，晚上陪着孩子睡；为了不影响孩子的睡眠，她们甚至还将老公赶到隔壁房间的小床上去睡觉。而可怜的老公呢，有时候想跟自己的老婆亲热一会儿都没有机会，每逢情人节，想和自己的老婆去餐厅共享一顿晚餐都成了奢望。

但妈妈们都觉得这很正常，有的人还经常把这些事当作茶余饭后的谈资，仿佛这样能证明自己是一个多么伟大的母亲，为了孩子，她能牺牲掉自己和另一半的所有利益。至于老公的感受和想法，她们不甚清楚，也并不在意。因为她们始终觉得，身为孩子的父亲，他们就应该和自己站在同一个阵线，一切为了孩子，为了孩子的一切。否则，他们就不是一个好丈夫，更不是一个好父亲。

很可惜，这种想法一开始就是错的。在孩子的成长过程中，父母只有足够相爱，足够宠爱对方，孩子才有可能获得真正的幸福，孩子才有机会去学习和模仿，日后才有可能懂得爱的真谛，成为一个好的合格的伴侣。

每一对渴望幸福的夫妻都不应该忘了，彼此是因为什么原因才走到一起的——爱是唯一的理由。不管我们现在是已婚还是未婚，在爱情的世界里，我们必须学着改变旧有的思维方式，永远都把伴侣放在第一位，感性地去宠爱自己的另一半。

○ 第二章 ○

提升能力，学点本事再谈任性

能力就是你的本事，这也是衡量一个人是否优秀的重要标准。一个人就算心态再好、性格再棒，也必须学点本事，去解决工作中出现的各种问题。如果你没有能力，就会成为职场上的累赘，也无法证明自己的价值，更不用谈任性地去活着了。

会学习你就有本事

俗话说："你是哪样人，就该拿哪样钱。"这句话看似直接，但却一针见血，里头蕴含的道理实在是显而易见。

不可否认，人是没有高低贵贱之分的，但是我们必须承认的是，工作还是有钱多钱少之别的。马路上的环卫工人和办公室的白领阶层，谁赚得多，谁赚得少，相信明眼人一看就了然于心。社会就是那么现实，如果我们想在职场上功成名就，飞黄腾达，就必须加大自己身上的含金量，让老板看到我们的非凡才干。

而飞速提升自身能力的最佳方法，莫过于充分发挥主观能动性，鞭策自己不断学习。只有这样，我们才能取得职场竞争的优势，让自己屹立不倒。

作为一名员工，不论我们目前从事哪一项工作，任何时候都不能忘了学习，一定要通过学习使自己多掌握一些必要的工作技能，将自己训练成一个适合我们所期望的职位的人。

在自觉提高自己的工作技能时，我们应当明白，自己这样做的目的并不仅仅是为了获得金钱上的报酬，而是为了打造自身的实力，用实力来证明自己的价值，以此来得到老板的重用和赏识，让自己拥有更长远的发展。

莉莉安和菲奥娜同时被某公司录用为程序员。莉莉安毕业于一所著名大学的电子系，她才华横溢，设计的程序简洁明了，而且几乎没有什么漏洞，一开始就赢得了主管的青睐。而菲奥娜却是靠自学成才的，她甚至连一个像样的文凭都没有。于是，有人传言说，菲奥娜之所以能够被录取，完全是因为上层主管当中有她的亲戚。

为此，莉莉安总是瞧不起菲奥娜，她甚至说："和这样的傻瓜在一起工作，简直是我的耻辱。"平常的工作量对莉莉安来说很轻松，所以她花费了大量的时间在交际、购物上，而菲奥娜即便每天起早贪黑，也只能勉强完成工作任务。

然而，让所有人大跌眼镜的是，半年以后，菲奥娜却被提升为设计部的主管。对此，莉莉安愤愤不平："只要高层有亲戚就可以顺利提升，完全不考虑工作能力，这样的公司有什么前途！"

面对莉莉安的不满和执意，主管给她拿来了一份菲奥娜设计的程序，莉莉安看后大吃一惊，菲奥娜的程序和原来的相比竟然有了脱胎换骨的变化！简直可以用完美无缺来形容。

原来，在莉莉安得意于自己才能的同时，菲奥娜却在不断地努力学习，所以，菲奥娜设计出来的程序已经比莉莉安的优秀得多！

两年后，菲奥娜已经成为部门的高级主管、高级程序设计师，而莉莉安，依然是一个普通的程序员。

活到老，学到老，这是放之四海而皆准的法则。只有永不停息学习的脚步，我们才不至于落后于人。职场尤其如此。试想我们不学习，而别人在努力，那有一天得有多少人跑到了我们的前面？

故事中的莉莉安就是因为自视甚高，在安逸的生活中停止了学习，结果被能力远不如自己但始终坚持学习的菲奥娜反超。

所以，行走职场的我们一定要引以为戒，绝不能像莉莉安那样自毁前程，而要效仿菲奥娜，通过不断的学习来充实自己，提高自己的能力，于众多竞争者中脱颖而出，用实力来证明自己的价值。

很多人有所不知的是，原任长江和记实业有限公司及长江实业地产有限公司主席李嘉诚先生，也是一个在任何情况下都不忘记学习的人。正是因为坚持学习，他才成为一个能力出众的企业家，入选“世界最具影响力十大华商人物”；他才成就了一番让众人艳羡不已的事业。

青年时打工期间，李嘉诚坚持学习；创业期间，他也坚持学习；经营自己的“商业王国”期间，他仍孜孜不倦地学习。

就连晚上睡觉前的那段时间，李嘉诚都会雷打不动地用来学习。他喜欢看人物传记类的书籍，不管在医疗、政治、教育、福利哪一方面，只要对全人类有所帮助的人，他都很佩服，都心存景仰。

尽管一天工作十多个小时，李嘉诚仍然坚持学习英语。早年他专门聘请一位私人教师每天早晨7点30分上课，上完课再去上班，天天如此。早在办塑料厂时，他就订阅了英文塑料杂志，既学英文，又了解世界最新的塑料行业动态。

苦读英文使李嘉诚与其他早期从内地来香港发展的企业家有所区别。当年，懂英文的华人在香港社会是“稀有动物”。懂得英文，使李嘉诚可以直接飞往英美，参加各种展销会，谈生意可直接与外籍投资顾问、银行的高层打交道。如今，已是耄耋之年的李嘉诚，还没有停止学习的步伐。

在竞争激烈的职场，只有保持终身学习的势头，不断提高自身的工作能力，我们才能赢得稳健的生存发展空间，才能让自己立于不倒之地。

当代杰出的新闻工作者邓拓先生说过：“古来一切有成就的人，都很严肃地对待自己的生命。当他活着一天，总要尽量多劳动，多工作，多学习，不肯虚度年华，不让时间白白地浪费掉。”可见，不断学习是一个人有所成就的前提条件。身为员工，不管我们身处何种位置，都要养成终身学习的习惯，只有这样，我们才能逐步提升自己的能力，用实力来证明自己的价值。

找一个适合自己的学习方法

中国有句古语叫“授人以鱼，不如授人以渔”，意思是给人一条鱼不如教给对方如何捕鱼。其实在我们的人生路上，学习时也是如此。虽然知识是丰富我们人生的命脉，但是死板地学习知识却不如学会适合于自己的学习方法，只有这样，我们的知识才能源源不断地增进。

笛卡尔说：“没有正确的方法，即使有眼睛的博学者也会像瞎了一样盲目摸索。”法国生理学家贝尔纳谈到方法问题时也说：“良好的方法能使我们更好地发挥运用天赋的才能，而拙劣的方法则可能阻碍才能的发挥。”

当今社会科技发展迅速，信息瞬息万变，知识更是日新月异，我们想要时刻都有提升，就必须要学会掌握适当的方法。只有这样我们的信心才能够不断增强，我们才能在众多的知识中找到最有益于自己的方面。

有人说方法总比问题多，这话的确不错，我们在学习知识的过程中更是如此。每个人都有着自己的性格和学习环境，如果只是生搬硬套，很多时候即使将知识印入了脑海，可能也仅仅是死物，无法帮助我们丝毫。只有寻找到适合的方法，才能最大限度地发挥知识的作用。

伊索寓言中有这样一个故事：

在一个暴风雨的日子，一个穷人到富人家讨饭。仆人看到他，凶狠地说道：“滚开！不要打搅我们。”

穷人却没有退缩说：“只要让我进去，在你们的火炉上烤干衣服就行了。”

仆人听后以为这根本不需要什么，就让他进去了。这个穷人这时请求厨娘给他一个小锅，以便他“煮石头汤喝”。

“石头汤？”厨娘说，“我听都没听过，我倒想看看你怎样用石头做成汤。”于是她答应了。随后，穷人到路上拣了块石头洗净后放在锅里煮。

在这个过程中，充满好奇心的厨娘说：“可是，你总得放点盐吧。”于是她给了穷人一些盐，后来又给了豌豆、香菜。最后，又把能收拾到的碎肉末都放在了汤里。

最终这个穷人将煮好的肉汤中的石头捞了出来扔到了马路上，并美美地喝了一锅可口的肉汤。想一想如果穷人在刚刚遇到仆人时就告诉他：“行行好吧！请给我一锅肉汤。”可想而知，他会被仆人毫不留情地轰出大门外。

其实穷人就是用了一个巧妙的方法，解决了他的温饱问题。我们在学习中更应该如此：想要喝上“肉汤”，就必须要从根本入手，从方法入手，这样才能够把握好知识的来源，以更恰当的方式来得以丰富我们的头脑。

其实生活中是学习知识最佳的场所和机会，下面就介绍几种生活中进行学习的方法，当然我们在选择时也需要对照自己的情况进行改变，只有最适合的才是最佳的：

1. 每天抽出一定时间看书

如今世界日新月异，知识产能越来越发达，社会的快速发展，不得不要求我们自己进行知识的补充，以跟得上社会的变化，而知识最直接的来源就是书本。我们可以每天抽出一定的时间来看书，即使是在我们坐车回家的路上，也不要浪费。其实无论是书籍，还是报纸杂志，甚至互联网上的信息，这些都能够带给我们相关的专业知识和信息。

2. 学会整合所拥有的资源

很多时候我们所学到的知识，其实都和我们的生活息息相关，不管是对于生活中的常识，还是工作中的专业性知识，还有一些重要的观念和技巧，这些都能够和我们的生活相联系，我们最需要做的不是将它们记住，而是整合这些资源，思想中改变，工作中尝试，将它们与生活相结合，在生活中去运用，这样才能够学以致用，让知识为我们服务。

3. 学会自我反省和检讨

其实在现实生活中，很多人会感觉自己每天都很忙，很努力，很拼命，但是却从来没有真正地提升过自己，这就是缺乏反省和检讨的原因。反省和检讨就是我们学习知识的最佳方法，它能够帮助我们思考，只有思考才能够将知识学以致用。

反省和检讨自己是我们思考人生的过程，比如哪里需要我们进行改进，如何修正没有做好的地方，这样我们才能够不断调整错误，让我们不至于在追求目标的时候原地踏步，也不至于让我们画圆求直，最终一无所得。常常检讨和思考，是为了让我们能够更好地发展，所以不要总说自己的时间很紧。时间是和效率相结合的，如果学会了思考，学会了反省和检讨，我们甚至可以从匆忙的时间中节省下一部分，为自己的人生增添其他色彩呢。

4. 学会分享，会发现知识无处不在

分享是人类交流最重要的一环，因为很多东西在我们自己学习后，只是自己在运用，其中很多方面我们甚至没有挖掘透彻。而和他人分享就能够最快地丰富自身经验，从而让我们的知识更加牢固，更加实用。分享也能够带来很多积极的影响，因为它能够让我们更快地思考，也能够让我们省却很多时间进行实践，却能够学到更多的经验。

见贤思齐，向更优秀的人学习

孔子说："三人行，必有我师焉。"从这句话中，我们可以看到，每个人身上都有我们所不具备的优点和长处，因此，我们若想完善自己，不断提升自己的能力，就要学会向他人学习，学习他人的优点和长处。

众所周知，在任何一家公司都会有能力强的人和能力差的人。整体环境我们是没有办法改变的，但我们可以选择跟谁接触、跟谁来往。

俗话说得好：物以类聚，人以群分；近朱者赤，近墨者黑。能力强的人身边总是聚集着一帮能力强的人，而当我们跟着能力更强的人的时候，我们自然而然会受到这些人的熏陶和影响，最后朝着更好的方向走去。

要知道，能力强的人就如同一本优秀的书籍，不仅能成为我们的益友，还能成为指引我们走向成功的良师。只要我们愿意虚心求教，就一定能从他们身上学到宝贵的经验、知识和技能，从而开阔自己的视野，提升自己的能力。

全球零售巨头沃尔玛的创始人山姆·沃尔顿常说："向竞争对手学习。"后来他还总结出了一个终身受益的宝贵经验——向能力更强的人取经。

其实，在职场中，我们周围的同事、上司、客户甚至是竞争对手，只要他们的能力更强，就都可以成为我们学习、取经的对象。毕竟，一个人的体验是有限的，而人际交往却能为我们提供互相学习、借鉴的机会。所以，明智的人应当利用这些机会，学习和借鉴这些人的优点和长处，不断壮大自己的实力。

曹铭是某酒品饮料公司的销售员。三年前，他从一所寂寂无名的大学里毕业，在不到3年的时间内，他竟然已经成为部门的销售经理，年收入达30多万。

对于曹铭这样的年轻人来说，他能够取得这样的成就，要归功于他一直向能力更强的人取经。

刚走上销售岗位时，曹铭对自己的职业几乎一无所知。这也不怪他，他大学所学的专业跟销售毫无关系，除了嘴皮子还算利索之外，曹铭在销售工作上几乎没有什么优势了。

曹铭没有能力，但他懂得向能力更强的人学习、取经。在进入公司的第一天起，他就开始留心学习。最初，他向身边业绩比他好的同事取经，主动要求跟随同事一起跑客户，帮助对方打下手，并且也不跟同事计较什么利益。

三个月下来，曹铭的工作能力就得到了大幅度提升，很快就赶超了那位同事。

接着，曹铭又向公司里最优秀的业务员取经，他每天下班都会主动与对方进行交流，从对方的口中获得了许多宝贵的经验。他将这些经验一一用在自己的工作当中，很快就收获了不错的成绩。

不到两年的时间，曹铭就已经接近销售经理的宝座了，此时的曹铭明白，销售经理不比销售，有许多新的问题在等待着他。于是，曹铭就主动跟老板提出，做半年的经理助理，工资和待遇都可以下调。老板见曹铭这么诚恳，也就答应了他的请求。

在跟着公司总经理的这半年里，曹铭学会了许多销售工作中学不到的知识。总经理看他这么努力、认真、好学，平时也经常鼓励他、帮助他。半年的历练之后，曹铭凭借着自己的能力如愿以偿地当上了部门的销售经理。

不难发现，当我们向能力更强的人学习、取经时，我们不仅会从对方那里得到许多鼓励和帮助，还能收获更多意想不到的知识、经验和技能，从而在工作中不断完善自我，提高自己的工作技能，用实力证明自己的价值。

有着“打工皇帝”之称的唐骏曾告诫职场人士：“自己要想变成更优秀的人，必须要向比自己优秀的人学习，更要想方设法和比自己优秀的人站在一起。”

当然，优秀的人并不是指有钱人，而是指那些在人格、品行、学问、道德、能力上都远胜我们一筹的人。与这些人交往，向他们取经，我们往往能吸收到各种对自己工作有益的养分，将自己雕琢成器，最后成为一位能力出众、实力非凡、有所作为的卓越人才。

与时俱进，不让自己的知识落伍

在实际的工作中，不少人还停留在这样一种认识误区：我拥有高学历，我能胜任自己的工作，所以我用不着再学习。殊不知，现代社会发展迅速，新的信息层出不穷，知识的换代周期越来越短，那些我们引以为豪的高学历、高能力根本不能满足工作的需求，唯有与时俱进，努力学习，不断用知识武装自己，不断地更新自己的工作技能，我们才能在竞争激烈的职场赢得一席之地。

胡跃和彭辉毕业于同一所学校的同一个专业，由于他们两个人的在校成绩都很优秀，在毕业时一同被签入一家著名的公司任技术人员，他们都很庆幸自己可以得到这份工作。

进入公司之后，胡跃觉得自己在学校里学的知识理论性太强，实际工作中运用很少，于是他每一次忙完自己的工作之后，就帮助公司的老员工做事，同时向他们请教一些工作中遇到的问题。老员工非常喜欢胡跃认真好学的劲儿，当然也就不吝啬地将自己多年工作中积累的经验传授给胡跃。

除此之外，胡跃还频繁地活跃在一些专业论坛上，如饥似渴地吸收最新的专业知识和资讯，有时候网友推荐了什么好书，他都会立即网购回来仔细阅读。

彭辉就不同了，他每次完成自己的工作之后，就急急忙忙地下班，宁愿回到家里看电视也不愿多待在办公室一分钟。他一直觉得自己的知识和能力已经足够胜任当下的工作，所以闲暇时候，他也从不想着学习充电。

一年的时间很快就过去了，胡跃被老板提升为技术部门的主管，对此，彭辉感觉很不服气。于是，老板将胡跃的优势一一地列举出来，让彭辉感到羞愧的是，那些优势在他的身上已经完全看不到了。

学无止境。一个人总有知识的盲区，谁也不可能通晓古今、遍知万物。这个时候，唯有认真学习，与时俱进，不断更新自己的知识、提升自己的能力，我们才能避免成为“井底之蛙”。

故事中的胡跃无疑就是一个懂得与时俱进的人，所以他才牢牢抓住各种宝贵的学习机会，不断更新自己的技能，从而向老板证明，自己有实力胜任更高的职位。而彭辉则恰恰相反，从头到尾他一直按照“一次学习，终身受用”的老思维来考虑问题。试问，在工作上这般不思进取的他，又怎能紧跟上时代的步伐呢？

美国国家研究委员会的一项调查发现：半数以上的劳动技能在短短的3年到5年内就会因为跟不上时代的发展而变得无用，而以前这种技能折旧的期限长达7年到14年左右。现在职业的半衰期也越来越短，所有的高薪者若不继续学习，无须5年就会再次变成低薪者。

由此可见，行走职场，我们每一个人都得保持与时俱进的精神状态，只要有时间，就要加强自身知识和技能的学习和实践。只有这样，我们才能飞速提升自己的能力，我们才能用实力来证明自己的价值。

可以说，如果我们不与时俱进，就无法获取工作所需要的知识，也无法更新工作所需要的技能，更无法使自己适应急速变化的时代。

有这样一个员工，他在一家公司工作了25年，每天用同样的方法做着同样的工作，每个月都领着同样的薪水。一天，员工愤愤不平地要求老板给他升职、加薪。他向老板陈述了他的理由：“毕竟，我已经有了 1/4 世纪的经验。”

“你没有 1/4 世纪的经验，”老板摇着头说，“你是一个经验用了 1/4 世纪。”

这位员工埋怨老板不是伯乐，没有给自己升职加薪，可他从来没有想过，自己究竟是不是一匹千里马。要知道，从业时间的长短并不能说明什么，与其躺在过去的经验里自我夸耀，还不如与时俱进，努力学习，不断更新自己的技能和经验，用强大的实力来赢得老板的赏识和重用。

总之，这是一个科技与知识发展一日千里的时代，随着知识和技能的折旧速度越来越快，我们若不想自己的知识和技能在未来的某一个时间一文不值，就需要紧紧跟随时代的步伐，不断地通过学习和培训获取知识、积累经验以及更新技能。做到这一点，老板自然就会对我们刮目相看，我们也会因自己的升值，在人才济济的职场脱颖而出，稳若磐石。

居安思危，永不满足

当今社会竞争异常激烈，想要在这样的社会中站稳脚跟，就必须要有未雨绸缪、居安思危的思想。因为只有这样，才能在困境来临的时候避免手忙脚乱，从容应对。古话说：书到用时方恨少。所以如果我们平时不充实学识，不增进知识，在遇到需要知识的时候我们就会缺乏自信，从而一蹶不振，后悔莫及。

学习是进步的阶梯，知识是自信的来源，只有我们能够不断进步，在遇到险境时才能够用知识来培育自信，从而让自己有能力和信心渡过难关。如果没有足够的知识，那种自信只能是徒具其表，在危机来临时便会瞬间土崩瓦解。

俗话说技多不压身。只有不断学习的人，才更加具有魅力，拥有更多的知识才是成功的最佳保障。通过不断学习，我们才能够让自己更加优秀，学习知识是如今社会不可或缺的能力，只有用知识来武装自己，我们才能拥有更多的立足之地，才能够赢来更多的人生机遇。即使如今我们的能力足够应付从事，我们也需要居安思危不断学习，以防突发事件的发生。

鲍伯已经工作两年的时间了，期间他换过三次工作，如今的外贸公司他已经做了半年多。但是他却很不满意自己的工作，他常常生气地对自己的朋友说："我的老板一点也不把我放在眼里，总找我工作中的毛病，甚至动不动就会对我拍桌子瞪眼，真的很难以忍受，等到我哪天也是在受不了他的时候，我也要对他拍桌子，然后就辞职不干。"

朋友听了他的抱怨就问他："你在这家贸易公司上班也已经半年多了，那么你对公司完全弄清楚了吗？对做国际贸易的窍门完全搞通了没？"鲍伯听了朋友的问题很迷惑，摇了摇头不解地问朋友道："我只是负责办公室的一些日常工作，对外贸易根本就不归我管，而且我懂那么多干吗呢？"

朋友摇了摇头建议他说："你这种想法其实完全错误，要知道如今的企业都需要全能型人才，如果你能够把公司经营的各个环节都摸透，相信你就不会是这种情况了。虽然你不管理对外贸易，但是作为一个贸易公司肯定有其特殊的地方，我建议你把公司的组织和商业文书都搞清楚，搞明白，甚至连怎么修理影印机的小故障都学会，到那时候你再辞职也为时不晚。"

看到鲍伯仍然一脸迷茫，朋友解释道："公司其实就是一个免费学习各种知识的地方，你如果只是一成不变地在公司抱怨工作，最后吃亏的肯定是你自己。倒不如有些危机意识，在公司多学习些知识，拥有了一定的专业能力后，你再辞职一走了之，到那时你不但出了气，而且还拥有了很多收获，再重新找工作也就能够拥有更多的机会，难道不是吗？"

鲍伯听后采纳了朋友的建议，从这时起他开始偷偷学习，默学偷记，甚至下班后他依然留在公司办公室研究写商业文书的方法。一年之后，鲍伯又遇到了为自己提建议的那位朋友，朋友便问道："鲍伯，怎么样，你该学的东西应该学的差不多了吧，打算什么时候向老板拍桌子不干啊？"

没想到鲍伯笑了笑说："我是学到了不少的东西，但是也已经不准备拍桌子炒老板鱿鱼了，因为这半年来我发现，老板常常对我另眼相看，最近更是为我不断加薪，并委以重任，如今我已经是公司的骨干了。”

他的朋友也是笑了笑说：“这个情况我早就料到了，其实当初你的老板不重视你，关键还是因为你的能力不足，无法很好地完成工作，而且还不努力学习，没有忧患意识，但是当你改变思想，痛下苦功进行学习后，你的能力自然会提升很多，那么老板也自然能够发现你的改变，自然会对你另眼相看，既加薪又升职了！”

在当今社会，我们每个人其实都一直处在竞争之中，就如鲍伯一般，如果他依然抱怨工作和老板，没有丝毫危机意识，很可能用不了多久不用他向老板拍桌子，老板也会先行炒他鱿鱼。一个人如果没有知识，就会没有能力，这并不可怕，可怕的是他没有居安思危的意识，知识不足可以去弥补，而能力的提高必然需要知识的不断丰富，经验的不断积累，所以只有我们时刻抱有危患意识，不断充实和完善自己，努力提升自身的知识和经验，才能够让自己更加自信，也才能够让我们的人生更加精彩。

学以致用，将知识转化成能力

17世纪英国哲学家弗朗西斯·培根告诉人们："知识就是力量。"实际上，知识本身并不具备改变世界的力量，只有当知识被人们用来改造世界时，它才能够发挥出它本就具有的价值。

举个简单的例子。花粉是蜂蜜的主要原料之一，但它并不能让自己变成蜂蜜。只有蜜蜂采集花粉加工制作，香甜可口的蜂蜜才会形成。

在实际的工作中，我们学习知识的目的就是把知识变成工作能力。所以，如果我们不懂得学以致用，那知识的花粉就没办法转变成能力的蜂蜜。

其实，在职场也是如此。作为一名员工，不管我们拥有多么渊博的知识，如果不知道学以致用，只会纸上谈兵，那就跟故事中的打猎师傅别无二致，是不可能将知识转化为能力的，也不可能在工作中有所作为。

西汉文学家刘向曾说："耳闻之不如目见之，目见之不如足践之。"实践是成功的催化剂。当我们将所学的知识用到实际的工作中去时，我们就能不断完善自我，更新自我，提高自己的职业能力，从而用实力证明自己的价值。

张雅兰在一家公司的公关部工作，在做好本职工作的同时，她还经常利用闲暇时间自学日语，为的就是有一天能够将其用到工作中去，好提升自己的能力。

有一天，一家大客户来到公司参观。这是一家大型合资企业，公司一旦和这家大客户签下长期供货合同，至少半年内衣食无忧。不过，这些参观者中的决策人物是几个日本人，不懂汉语和英语，这让公司有些措手不及。见面时，因双方语言沟通困难，场面显得有些尴尬。

就在公司老总焦头烂额之际，张雅兰自告奋勇表示自己精通日语，可以同日本客人交谈。于是老总非常高兴，让张雅兰陪同客人参观，介绍公司情况。

最后，张雅兰凭借熟练的日语、丰富的谈判技巧和对业务的深入了解，终于顺利地签下了这个大单。

张雅兰随机应变的表现能力，以及熟练的日语会话能力，让老总对她大加赞赏，公司上下都对她另眼相看。一个月后，张雅兰升任公关部经理。

不难发现，故事中的张雅兰之所以成功坐上公关部经理的宝座，正是因为她学以致用，将自学的日语灵活运用到工作中去，顺利帮老板解决难题，让老板见识到她非凡的才干和能力。

由此可见，一个人拥有知识并不是最终目的，将所学到的知识迅速转变为一种提高工作效率的职业能力，不断将其应用到工作当中去，才是每一位职场人士应当追求的终极目标。

没错，拥有知识并不等于拥有能力。在工作中，即便我们学富五车、满腹才华，如果不懂得学以致用，将知识转化为能力，那我们就一定无法获得成功。

我们必须明白，学习的目的是为了“致用”。只有付诸实践，把“知识”转化成“能力”和“智慧”，我们才能够看到“知识”的真正力量。反之，我们若是不能让所学的知识在实际的工作中发挥作用，那就无异于纸上谈兵，到最后就一定会饮恨沙场。

总之，行走职场，我们一定要让“能力”成为自己的代言词。要知道，对于任何一家公司来说，都希望用最小的人力获取最大的利益，所以，如果我们满腹经纶却无法创造任何效益，那迟早会被竞争激烈的职场淘汰。

那么问题来了，我们在工作中如何才能做到学以致用呢？

1. 挑战不可能完成的工作

不挑战高难的工作，我们所拥有的丰富知识就不能得以展现。

所以，当遇到棘手的问题时，我们要做的事情不是逃避，而是鼓起勇气去接受，用自己所学的知识去解决问题，不断提高自己的工作能力。如此一来，我们就能用自己的实力向老板证明自己的价值。

2. 创造施展能力的机会

有的时候，公司内部不一定给我们提供了施展才华的机会，这个时候就应当主动创造。

例如，对企业发展提出建设性的意见，用自己的知识创造新的办公方式……当我们为企业创造出了有效的价值时，领导自然会对我们的知识水平和工作能力刮目相看，从而给我们提供更大的发挥舞台！

众所周知，西点军校的学子，懂得如何将知识转化为能力，所以他们才能在战场上展现出过人的才智。同理，那些职场精英，也正是因为懂得学以致用，才有了现在惹人羡慕的出众能力。所以，我们何不将他们当成自己的榜样，努力学习，将所学的知识充分运用到工作中去呢？

第三章

人可以有傲气，但要用实力“撑场面”

生活中，有傲气的人很多，有实力的人却不多。当你的傲气缺乏实力来“撑场面”时，也许，这傲气就成了你身上的闪光点。但如果一个人只有傲气，却没有实力，那他身上的傲气就会被人所鄙视，也会拖住他前进的脚步，让他看不清未来的道路，误以为自己已经达到了巅峰。

骄傲自满害人不浅

我们身处优胜劣汰的竞争型社会之中，做任何事情都需要有谦虚谨慎的态度。少一点自负，少一些幻想，在学习中进步，在进步中学习，具备不断向上提升自己的信念，才会少一些失败，少走弯路，拥有一个积极充实的人生。

在很久以前，有一个村庄里住着一位做泥娃娃的手艺人。他做的泥人十分漂亮，村里人人喜欢，在市场上也很畅销，所以他的日子过得不错。

手艺人有一个儿子，为了手艺不失传，手艺人教儿子做泥人。儿子的手比父亲的还巧，加上他年轻力壮，干起活儿来干脆利落，他做的泥人比父亲的还好。

起初，儿子做的泥人和父亲做的卖一样的价钱。儿子便扬扬得意，以为做泥人太简单了，干起活儿来有点马马虎虎。但是，当挨了父亲的训斥之后，儿子做泥人就更加认真了。结果没用多久，儿子做的泥人的卖价就超过了父亲。父亲做的泥人每个卖两卢比，儿子做的卖 3 卢比。可是，父亲对儿子的斥责并没有减少。他对儿子做的泥人总是不满意，不是说这儿有缺点，就是说那儿有毛病。因此，儿子做泥人比以前更用心、更刻苦了，每天吃完饭就做泥人，天天如此。于是，儿子的泥人做得比以前更好了，在市场上出售的价格不断提高。父亲做的泥人还是跟以前一样，每个卖两卢比，而儿子做的则涨到了 4 卢比、5 卢比、6 卢比、8 卢比，最后到了 10 卢比！

可是，父亲仍不满意。他给儿子做的泥人一个一个地挑毛病：这只眼睛比那一只大了，两个肩膀不匀称；这做的是耳朵，还是扬谷用的簸箕？指甲太小，看都看不见！儿子有些生气了，说：“爸爸，你为什么老是挑我做的泥人的毛病？你做的泥人，每个我都能挑出20个毛病！你也不看看，你做的泥人至今仍卖两卢比一个，而我做的呢，卖10卢比人们还都争着买。我觉得我做的泥人什么毛病也没有，根本不必再加工！”

父亲很失望，伤心地说：“孩子，你说的我都明白。不过这些话从你嘴里说出来，我很难过。我知道，今后你做的泥人的价钱永远也不会超出10卢比了。”

“为什么？”儿子惊奇地问。

父亲看了看儿子，说：“作为一个手艺人，如果认为自己的手艺到了家，没有改进的余地了，或者认为根本没有改进的必要，那么就意味着他的长进就此停止。手艺人如果自满，他的手艺就再也不会提高了。以前有一天，我也对自己的手艺自满起来，结果从那天开始一直到现在，我做的泥人只能卖两卢比一个，从来没有超过这个价钱。”

儿子听后，惭愧地低下了头。

骄傲自满是增长才智的障碍，是实现理想的暗礁。古往今来，骄傲和自满不知道毁了多少本来可以成就大事的人才，使他们在通往成功的路上停滞不前。

仓颉被尊为“造字圣人”，但是骄傲自满的态度也曾让他惭愧至极。

相传仓颉在黄帝手下当官。黄帝分派他专门管理圈里牲口的数目、屯里食物的多少。仓颉这个人很聪明，做事尽心尽力，很少出差错。可随着牲口、食物的储藏数目的变化，光凭脑袋记不住了。怎么办呢？仓颉犯难了。

仓颉想了很多办法，先是在绳子上打结，用各种不同颜色的绳子表示各种不同的牲口、食物，用绳子打的结代表数目。但增加数目在绳子上打个结很方便，而减少数目时，在绳子上解个结就麻烦了。于是仓颉又在绳子上打圈圈，在圈子里挂上各式各样的贝壳，来代替他所管的东西。增加了就添一个贝壳，减少了就去掉一个贝壳。

黄帝见仓颉这样能干，就把年年祭祀的次数、每次狩猎的分配、部落人丁的增减都交给仓颉。仓颉又犯愁了。

这天他参加集体狩猎，发现人们看着地下野兽的脚印就可以认定前面有什么动物。仓颉心中猛然一喜：既然一个脚印代表一种野兽，我为什么不能用一种符号来表示我所管的东西呢？他高兴地拔腿奔回家，开始创造各种符号来表示事物。果然，把事情管理得井井有条。

黄帝知道后，大加赞赏，命令仓颉到各个部落去传授这种方法。渐渐地，这些符号的用法就推广开了。就这样形成了文字。

仓颉造了字，黄帝十分器重他，人人都称赞他，他的名声越来越大。仓颉就有点儿骄傲自大了，什么人都看不起，造字也马虎起来。

黄帝知道后很生气，就找来了最年长的老人商量，这老人已经120岁了，他沉吟了一会儿，就独自去找仓颉了。

老人对仓颉说："仓颉啊，你造的字已经家喻户晓，可我人老眼花，有几个字至今还糊涂着呢，你肯不肯再教教我？"仓颉看年纪这么大的老人都这样尊重他，很高兴，就催他快问。

老人说：“你造的‘马’字，‘驴’字，‘骡’字，都有四条腿吧？而牛也有四条腿，你造出来的‘牛’字怎么没有四条腿，只剩下一条尾巴呢？”仓颉一听，心里有点慌了：原来他把‘牛’字和‘鱼’字教反了。（此处所指为古汉字，可参考繁体字形状）。

老人接着又说：“你造的‘重’字，是说有千里之远，应该念出远门的‘出’字，而你却教人念成重量的‘重’字。反过来，两座山合在一起的‘出’字，本该为重量的‘重’字，你倒教成了出远门的‘出’字。这几个字真叫我难以琢磨，只好来请教你了。”

仓颉羞得无地自容，深知自己因为骄傲铸成了大错。他连忙跪下，痛哭流涕地表示忏悔。

老人拉着仓颉的手，诚挚地说：“仓颉啊，你创造了文字，使我们老一代的经验能记录下来，传下去，你做了件大好事，世世代代的人都会记住你的。你可不能骄傲自大啊！”

从此以后，仓颉每造一个字，都要将字义反复推敲，还拿去征求人们的意见，大家都说好，才定下来，然后逐渐传到每个部落中去。

我们的智慧还比不上仓颉，如果取得一些成绩就骄傲自满，就更谈不上人生的成功了。其实，世上的事情没有什么是离开某个人就无法完成的，每个人都是一个平凡的人，一些看似伟大的成就纵然不被这个人完成，也会被那个人完成。每个人在历史的成绩册中都是可以被替代的。所以，即使取得成绩之时也应谦虚一些，得意之时应该淡然一些。

气度决定高度

不知从什么年代起，“无毒不丈夫”这句话成了行凶作恶或野心家、阴谋家的思想行为的“理论根据”，并以此作为他们下毒手的信条。

其实，这句话是以讹传讹而来，并非原句原意。它的原句是由“无度不丈夫，量小非君子”两句寓意深刻的谚语组成的。意思是心胸狭窄、缺乏度量的人，就不配做丈夫和君子。这里的“丈夫”，是指有远见卓识、胸怀宽广的“大丈夫”之意，“无度不丈夫”中的“度”和“量小非君子”中的“量”合起来恰成“度量”一词，其本意有如“宰相肚里可撑船”的意思。

后来，“无度不丈夫，量小非君子”这句民谚在长期辗转流传中，音义皆变，结果以讹传讹，竟错成“无毒不丈夫，量小非君子”了。

做人要心胸宽广，有海纳百川的度量，有“得让人处且让人”的宽容。要学会体谅别人的难处，谅解别人的错处，关注别人的长处。心胸开阔与否或许和性格有关，但绝对和后天养成有直接关系。有意识地去关注一些大事，有意识地开阔自己的视野，拓宽自己的格局，让自已的心去追逐更远大更高尚的目标，久而久之，渐渐地就会悟出这样一个大道理：天下之大有那么多的知识要学，有那么多的事情要做，哪还顾得上为一点点芝麻绿豆伤脑筋？为点蝇头小利计较？为个人的鸡毛蒜皮纠缠不休？

要让心胸开阔，你就得学会恬淡和从容，生活像支曲子，时而高昂，时而低沉；生活是爬山，有上坡，也有下坡。所以，在顺心的日子里，你要保持那份恬淡，不得意忘形，忘乎所以；在不顺心时，也要执着一份从容。

要心胸开阔，你还得学会遗忘。凡事都放入你心灵的筛子里过滤一遍，真实的、美好的、能激励自己前进的、能让自己生活多些乐趣的，就把它留下来，铭记在心里，否则就统统丢去，忘却它。如果沉溺于其中，人就变成了柳宗元笔下的蝜蝂，只知道负重，不懂得放下。

法国作家雨果曾说：“比陆地宽广的是海洋，比海洋宽广的是天空，比天空宽广的是人的胸怀。”如果我们心里能容得下山，容得下海，容得下天和地，那么我们怎么就容不下小小的人？怎么还就容不下短短人生中的琐琐碎碎？如果我们的心里真能容得下山，容得下海，容得下天地，那么，我们眼前哪还有走不通的路，哪还有过不去的坎儿，哪还有什么“无度不丈夫，量小非君子”的流传？

有一个公司的重要部门的经理要离职了，董事长决定要找一位德才兼备的人来接替这个位置，但连续来应征的几个人都没有通过董事长的“考试”。

这天，一个三十多岁的留美博士前来应征，董事长却通知他凌晨三点去他家考试，这位青年于是凌晨三点就去按董事长家的铃，却未见人来应门，一直等到八点钟，董事长才让他进门。

考的题目是由董事长口述，董事长问他：“你会写字吗？”年轻人说：“会。”董事长拿出一张白纸说：“请你写一个白饭的‘白’字。”他写完了，却等不到下一题，疑惑地问：“就这样吗？”董事长静静地看着他，回答：“对！考完了！”

年轻人觉得很奇怪，这是哪门子的考试啊？第二天，董事长去董事会宣布，该名年轻人通过了考试，而且是一项严格的考试！

他说明："一个这么年轻的博士，他的聪明与学问一定不是问题，所以我考其他更难的。"又接着说："首先，我考他的牺牲精神，我要他牺牲睡眠，半夜三点钟来参加公司的应考，他做到了；我又考他的忍耐，要他空等五个小时，他也做到了；我又考他的脾气，看他是否能够不发飙，他也做到了；最后，我考他的谦虚，我只考堂堂一个博士五岁小孩都会写的字，他也肯写。一个人已有了博士学位，又有牺牲的精神、忍耐、好脾气、谦虚，这样德才兼备的人，我还有什么好挑剔的呢？我决定任用他！"

这位董事长看人的角度非常独到且正确，不是吗？

气度，决定了一个人的高度，一个有气度的人才会有所成就，否则他未来的成就势必会受到局限。在谨记"知识就是力量"的同时，不妨提醒自己——"气度决定了高度"，这是一个知识爆炸的时代，在我们追求知识、升学、才艺的同时，千万不要忽略了"内在"，除了充实知识、才艺外，还要充实修养、品格。

不向败局妥协的骨气

面对可能出现的败局，我们不能放之任之，因为败局只是一种可能，没有必然性。因此，在可能失败之前，我们必须先保证不失败，或者力求少失败。

孙子曰：“昔之善战者，先为不可胜，以待敌之可胜。不可胜在己，可胜在敌。”意思是从前会打仗的人，先要造成不会被敌人打败的条件，再等待可以战胜敌人的机会。不会被敌人战胜，主动权操在自己手中。

纵观古代的很多战例，大凡军队出征之前，定当部署守土之兵；军队行进之时，必先安排断后之将；两军交战之后，均须防备对方晚上劫营。照此做去，两军对垒之时，有可胜之机则战而胜之，无取胜之便也不会被敌人所乘而致落败。

其实人生也是这个道理，你若想在政界脱颖而出，必须言不逾矩，行不忤法，否则授人以柄，难免前功尽弃，到时候纵有高才奇志也是枉然。你若想在商界崭露头角，便不能过度负债或违法经营，否则或在商战之中落马，或在法纪面前翻车。即使做个靠薪水度日，凭手艺谋生的小百姓，也要洁身自好，不给人以可乘之机，以免惹下麻烦。

先为不败后求胜，不仅是兵家保护自己夺取胜利的谋略，同时也对人们求生存、图发展有着很好的指导意义。我们要想事业一帆风顺，便应经常寻找自己在法律的、经济的以及人际关系等方面的可能致败之处，并预加防范或及时补救，这样才能使自己求胜的理想置于无虞的基础之上，使理想之花结出胜利之果。假如经过一番艰辛的拼搏，事业仍然成功无望，此时当事人便应进行深刻的分析，看看是主观原因的影响还是客观条件的制约，并采取相应的对策摆脱困境。

有些事本来是可以成功的，但当事人或是办事方法选择不妥，有如缘木求鱼终不可得；或是有利条件利用不够，有如顺风行船只用双桨不扯帆；或是主观努力尚有欠缺，有如推车上坡进二退三，以致事业或开局不利，或半途受阻，或功败垂成。此时，当事人必须找出主观原因的症结，然后对症下药，以求力挽败局。

有些事或似陆地行船，缺乏成功的基础；或似竹刀伐木，受制于客观条件，其结果自是不言而喻，只能以失败而告终。此时当事人便应拿出壮士断腕的气概，放弃徒劳无功的努力，以便再筹方略，另闯新路，这样才有可能出现柳暗花明又一村的全新局面。

“对症下药”与“另闯新路”，这是面对败局两种截然不同的思维方式，前者立足于解决战术上的问题，后者着眼于纠正战略上的错误，面对败局究竟应选择哪条路，这就全靠当事人的分析与判断了。

此外，面对失败，走向成功，你必须唱好“三部曲”：

超前思考，变不利为有利。人们办事一般都会碰到一些有利条件，也会遇到一些不利因素。此时，当事人便应超前思考，力争将不利因素转化为有利条件，使事业增添胜算。例如，在《三国演义》里，诸葛亮与周瑜想火攻曹操水军，但冬季只有西北风而无东南风，深知天文知识的诸葛亮正是利用这一点麻痹曹操，他算定甲子日开始将刮三天东南大风。届时依计而行，结果火凭风势，风助火威，孙刘联军的一把大火便大破曹军于赤壁。

办事应循序渐进，不可急于求成，只有稳步推进，积小胜为大胜，事业的成功才能有一个坚实的基础，才能避免倾覆之危险。在曹、孙、刘三支力量的对比中，刘备虽处于劣势，但刘备在诸葛亮的辅佐下，先取荆州作为事业的起点，后取天府之国益州作为事业的根本，进而南伏获得蛮荒之众，北掠陇西等战略要地，终于实力大增，在后来魏、蜀、吴三国鼎立之中，成为一支举足轻重的力量。

精彩结尾，将理想变现实。千里行船，离码头虽仅一箭之遥，仍不算到达目的地；万言雄文，在结尾若有一句冗词，也称不上精彩文章。办事也是如此，如果前紧后松，草草收场，很可能胜券在握之事竟流于失败结局。我们办事必须像飞行员远航归来一样，只有完成最后一个制动动作，将飞机安然停在停机坪的预定位置上，才能算是完成一个精彩的起落。人们只有精神饱满、严肃认真地使事情精彩结尾，才算是真正将理想变为现实。

人们若能事事唱好上述“三部曲”，则人生就能够不断地获取成功。

骄矜的人无知，自知的人智慧

骄矜，是指一个人骄傲专横，傲慢无礼，自尊自大，好自夸，自以为是。这样的人在现实生活中还是经常能看到的。具有骄矜之气的人，大多自以为能力很强，做事比别人强，看不起他人。由于骄傲，则往往听不进去别人的意见；由于自大，则做事专横，轻视有才能的人，看不到别人的长处。

《劝忍百箴》中对于骄矜这个问题这样说："金玉满堂，没有人能够把守住。富贵而骄奢，便会自食其果。"骄傲自夸，是出现恶果的先兆；而过于骄奢注定要灭亡。人们如果不听先哲的话，后果将会怎样呢？贾思伯平易近人，礼贤下士，客人不理解其谦虚的原因。思伯回答了四个字："骄至便衰。"

固执己见的人，会不明白事理；自以为是的人，不会通达情理；自傲者，不会获得成功；自夸的人，他所得到的一切都不会保持长久。

中国一代画师徐悲鸿，除了擅长画人们耳熟能详的奔马，他笔尖画出的小动物和禽鸟也别有风趣。有一次，他还为傅抱石画鸭"充饥"。1931年夏，徐悲鸿在南昌度假期间发现了傅抱石的绘画天赋，便登门拜访。

傅抱石的夫人罗时慧有点忐忑，因为丈夫失业，家里陷入窘境，听说大师要来，她换上最好的一件蓝色衣衫，却也打了补丁。傅抱石见到徐悲鸿很高兴，将放在衣橱里所有的绘画作品都拿了出来，请徐悲鸿指导。

徐悲鸿正在点评指导傅抱石的作品。罗时慧在一旁插不上嘴，突然想到要请徐悲鸿画一幅画。于是，她铺好宣纸，开始研墨。

徐悲鸿问：“夫人是想请我画画吗？请您点题吧。”

罗时慧不假思索地说：“请您给画一张鸭子吧。”

徐悲鸿欣然答应，但很感兴趣地问：“夫人，您为什么想画只鸭子，而不是别的呢？”

面对谦逊的徐悲鸿，罗时慧完全不再顾忌，说：“我很多次想买只鸭子，给过于劳累、营养不良的抱石补补身子，但拮据的生活使我这个愿望一直没有实现。今天请先生您画鸭子，就算画鸭充饥吧。”

徐悲鸿很感动，立即动笔。很快，一只张开翅膀的鸭子和几枝芦苇跃然纸上。然后，郑重地写上：“时慧夫人指正。”

那画面仿佛在说：“有温柔的芦苇的陪护，即使陷入困境的鸭子也一定能飞翔。”

关于徐悲鸿画鸭，还有个流传甚广的故事。有一次，徐悲鸿正在画展上评议作品，一位乡下老农上前对他说：“先生，您这幅画里的鸭子画错了，您画的是麻鸭，雌麻鸭尾巴哪有那么长的？”

众人一看，原来是徐悲鸿展出的《写东坡春江水暖诗意》的画中，其中有一只麻鸭尾羽长且卷曲如环。

老农告诉徐悲鸿，雄麻鸭羽毛鲜艳，尾巴卷曲是有的，而雌性麻鸭羽毛麻褐色，尾巴是很短的，所以说画错了。

徐悲鸿接受批评，承认疏于写生，并向老农表示了深深的谢意。

《尚书》中有“满招损，谦受益”的句子，也就是说不张狂、不自满，人才能有所收益。一个谦虚的人必然能够博采众长，用以充实自己，还会自觉地改过从善，提高自己的修养，并能得到别人的尊重。《老子》中说："知不知，尚矣；不知知，病也。圣人不病，以其病病。夫唯病病，是以不病。"讲的是知道自己有所不知，有不足之处，有欠缺的地方，这是明智的人。不知道却自以为知道，唯恐别人不知道自己知道，这才是真正的毛病之所在。圣人已经很完美了，没有缺陷了，却忧虑自己有过失，有毛病，谦虚自省。正是这样检查自身的过失、错误、毛病，才能真正地没有过失，所以虚其心，受天下之善。

世界上有些自以为是、沾沾自喜、自高自大的人，目光短浅，犹如井底之蛙。骄傲使人变得无知，让真正有识之士看了发笑。《王阳明全集》卷八中这样写道："今人病痛，大抵只是傲。千罪百恶，皆从傲上来。傲则自高自是，不肯屈下人。故为子而傲必不能孝，为弟而傲必不能悌；为臣而傲必不能忠。"因此猖狂必忍，否则害人害己。如何忍傲忍狂？王阳明认为："猖狂、傲慢的反面是谦，谦逊是对症之药。人真正的谦虚不是表面的恭敬，外貌的卑逊，而是发自内心地认识到猖狂之害，发自内心的谦和。"

骨气和虚荣是两码事

聪明的人会向他人虚心求教，得到长进，而生活中偏偏不乏虚荣自负的人，这样的人只会徘徊于自高自大的虚幻中，不知进取。

有个博士刚毕业，被分到一家国企，是单位唯一的一个博士生。有一天，他到单位后面的小池塘去钓鱼，刚好同单位的李科长、王科长也在钓鱼。两个科长都是专科、自考学历，他就不太想搭理他们。三个人一路无语。

不一会儿，只见李科长放下钓竿，伸伸懒腰，噌噌噌如飞一般地从水面上走到对面上厕所。博士眼睛睁得都快掉下来了：水上漂？不会吧？这可是一个池塘啊。李科长上完厕所回来的时候，同样也是噌噌地从水上漂回来了。怎么回事？博士又不好意思去问，自己是个博士嘛！过了一阵，王科长也站起来，走几步，噌噌噌地飘过水面上厕所。这下子博士更是差点昏倒：不会吧，到了一个江湖高手会集的地方？过了一会儿，博士也内急了。这个池塘两边有围墙，要到对面厕所非得绕个大圈子，而回单位上又太远，怎么办？

博士也不愿意去问两位科长，憋了半天后，也起身往水里跨：我就不信别人能过的水面，我就不能过。只听咚的一声，博士栽到了水里。

两位科长将他拉了出来，问他为什么要下水，这个博士问：“为什么你们可以走过去呢？”两位科长相视一笑：“这池塘里有两排木桩子，由于这两天下雨涨水正好在水下面。我们都熟悉这木桩的位置，所以可以踩着桩子过去。你怎么不问一声呢？”

这个故事告诉我们，每个人都要虚心向别人请教，不要总是自以为是，觉得自己一看就懂。尊重有经验的人，才能少走弯路。虚心学习是提高自己最基本的方法。其中最必要的条件是要具备诚恳、谦虚的态度，才可能向他人学习。有一种人尤为可恶，有缺点自己不知道，别人给他指出来，不但不虚心听取，反而恼羞成怒，挟嫌报复。这样不但阻碍自己进步，还会加重原来的毛病，招致不良后果。

有许多人坐在一间屋子里，谈论某人的品行，其中有一个人说道：“这个人别的都好，只有两件事不好：第一是他常常动火发怒，第二是他做起事来很鲁莽。”

不料所说的这个人刚从门外经过，这些话被他听到了，立刻怒气冲冲，走进屋内，举手打谈论他的人，并说：“我在什么时候曾经动火发怒，什么时候曾经做事鲁莽？”

当时许多的人都对他说道：“你现在的举动，不是足以证明你的恼怒和鲁莽了吗？”

没有容人之心，也没有勇气面对自己的不足，只喜欢听好言，对自己的缺点视而不见，不加以重视，这种人只囿于自己的小圈子，自欺欺人，长期下去连原有的一点儿讨人欢喜的东西都失去了，只会招人怨。恐怕没有多少人敢跟这种人真心相交吧！就像上面故事中的那人一样，连自己的缺点都不知道，别人提起来，他还很生气，说那是无中生有。这种人不可悲吗？

通常胸襟较窄的人不会听取别人的意见和建议，即使是自己错了，也碍于面子或嫉妒他人才能，不会接纳，而真正谦虚有容人之心的人，还生怕自己的不足不被人指出。其实，每个人都不是十全十美的，只有知道自己错在哪里，并加以改正，改变不良的习性，完善自己的人格和品性，这种人才会受到大家的欢迎。稍微放下面子，虚心聆听教诲，及时纠正工作上的错误，这样才能逐步提高自己的水平。

永远不做大多数

平凡、平庸永远是大多数人的状态，成功只属于少数人。想要成功，就要锻炼自己独立思考的能力，在平常中实现不平常的成就。

想要引导一群羊，只要牵着头羊走，后面的羊就都会跟着走。如果前面是沙漠，后面的羊都会跟着去沙漠。如果头羊发现了一片肥沃的绿草地，并在那里吃到了新鲜的青草，后来的羊群就会一哄而上，争抢那里的青草，全然不顾旁边虎视眈眈的狼，也看不到远处还有更好的青草。羊的这种随大流的行为叫羊群效应。潘石屹认为："成功本来就是一种与众不同，因此想要成功的人必须做一头特立独行的狮子，而不是一头顺应大流的绵羊。"

潘石屹就是一头特立独行的狮子，他从不随大流，总是喜欢玩些新花样，将所谓规矩与规则的藩篱踏碎。"永远不做大多数。如果是大多数，那我应该还在甘肃天水的土地上种地呢，哪来今天的潘石屹？！"这是潘石屹在一次座谈会上说的话。

1963年，潘石屹出生于甘肃天水。高中毕业后考取了中专，中专念了两年，考取河北石油职业技术学院（大专），毕业后分配到了廊坊石油部管道局经济改革研究室。

1987年，潘石屹在大多数人抱着铁饭碗舍不得放下时，他主动放弃了石油部的工作，来到深圳。两年后，潘石屹来到刚被划为特区的海南。当时，海南房地产正处在畸形扩张时期，"炒房炒地"占据主导地位。潘石屹在1991年与人合伙注册成立万通公司，在不到一年的时间里，就赚了上千万元。

当大多数炒房者还陶醉在发财的美梦中时，潘石屹与朋友于1992清空手里的房产，转战北京。当潘石屹在北京房地产界搞得风生水起时，海南的房地产在1993年却是一落千丈，很多别墅现在成了农民的猪圈。潘石屹成了极少数在海南房地产起伏中的受益者。他的警醒，仅仅是因为他比大多数人多做了一件事情：到海口市规划局查看了一下报建的建筑面积，再除以海南岛常住人口数和暂住人口数，发现每个人竟有55平方米的商品房。很显然，海南岛的消费力已经完全透支了，巨大的危险随时来临。

1992年8月，潘石屹与人合伙共同创建了北京万通实业股份有限公司，在北京开发出一系列房地产项目。公司在短时间里就挖到数亿元的利润，潘石屹开始在北京房产界崭露头角。1994年4月，潘石屹认识了在华尔街高盛银行工作的张欣，同年10月两人结婚。1995年9月，潘石屹离开万通与妻子创办红石实业，随后依靠SOHO中国的大手笔，迅速成为房产大亨。

当福利房尚在盛行，毛坯房是绝对主角的时候，潘石屹的SOHO现代城就推出了精装修房。

当所有的住宅都按照建设部规定，把阳台上的窗户安在离地面为90厘米的地方时，现代城的落地窗横空出世。有人提醒潘石屹：你违规了。结果没出三年，满北京城就到处看得见落地窗了。

当所有的房产商都在依靠传统模式自产自销房子时，1993年潘石屹就启用房地产代理公司来代理销售，并在《人民日报》海外版、《文汇报》和《大公报》上打出整版广告。这些在当时都是破天荒的。他光支付代理佣金就有1亿港元。结果，他开发的万通新世纪写字楼卖到当时市价的三倍，更不可思议的是，项目12月24日才动工，销售在11月初已经完成百分之七八十，正式销售5天内就已经收回5亿港元的资金。

当大多数房产商与业主因为各种摩擦而打得不可开交的时候，潘石屹第一个提出了无理由退房。第一次提出无理由退房，潘石屹许诺按银行标准支付买退期间产生的利息。第二次提出无理由退房，他许诺奉上10%的年息回报。就在同行纷纷讨伐他的恶行，给他扣上“破坏行业秩序”的大帽子时，他笑呵呵地把退的房拿出来零起价拍卖，拍卖后两套房他居然赚了80多万元。这招玩得真有水平！不仅搞得各个媒体广为传诵，为他做了不要钱的广告，让他赚了美名，得了实惠！

当大多数房产商刚意识到住宅要讲究环境的时候，潘石屹已经在现代城公寓庭院和SOHO现代城空中庭院中摆上了相当前卫的艺术作品。

在2008年楼市低迷，大多数房产商在或明或暗、羞羞答答地打降价牌时，潘石屹旗下的三里屯SOHO却悍然宣布9月1日起涨价。

即使是对于自己，潘石屹也绝不跟随，从万通新世界广场、现代城，到一系列的SOHO，再到长城脚下的公社（亚洲建筑师走廊），都是开发风格迥异。他就是这样一个将特立独行玩到极致，玩出了名声，玩成了财源滚滚的人。

不做大多数，不是要你凡事刻意与众不同。这种为与众不同而与众不同的行为，是肤浅而危险的。潘石屹的与众不同，建立在超强的洞察力与独立思考能力之上。别人没有看到的，他看到了；别人没有想到的，他想到了。因此，别人没有去做的，他去做了。

世界著名的成功学大师拿破仑·希尔在《思考致富》一书中强调:“仅仅只是努力工作的人最终绝不会富有，如果你想变富，你需要‘思考’，冷静独立的思考而不是盲从他人。”然而，大多数人让报纸和邻居们的闲话来代替了自己思考。意见是世上最廉价的商品，每个人总有一箩筐的意见可以提供给任何愿意接受它的人。假如你在下决心时，会轻易受到他人左右，那么，你在任何事业上都难以成功。

当然，不做大多数、不随大流也是有风险的。枪打出头鸟，你在出头之前，一定要尽量让自己出头的计划周全些。如果风险大过自己的承受能力，不妨缓行，或先采取小规模的实验再做定夺。

敢于突破盲从怪圈

在社会中，由于分工和能力的不同，既要有人运筹帷幄，掌管大局，又要有人身体力行，动手去干。但是不管干什么，都要有自己的原则、自己的立场，不能一点儿主见没有，没有自己的原则。这里的原则既包括思考的方法，也包括日常生活中为人、处事的立场、原则。

工作中没有自己的想法，只听命于他人，别人怎么说自己就怎么做，如果别人说得对还好，假若别人说得不对，而自己又不动脑筋，走弯路、浪费时间不说，有时难免要犯错误。

举个简单的例子：某个人想挖鱼池养鱼，有人建议坑底要铺上一层砖，这样既干净又会节省水；又有人建议说，不能铺砖，铺了砖鱼就接触不到泥土，对鱼的生长不利；还有人说……于是，这位养鱼者开始犯难了，左也不是右也不是，不知该听谁的好。其结果是，事情就此搁了下来，他最终放弃了计划。

当然，上面只是个简单的例子，生活中有许多事情要复杂得多，而且有些事情没有犹豫的时间，这就更需要我们要有自己的思考方法。既然别人的意见也不一定正确，为什么不试试用自己的头脑思考呢？

古希腊有一个“戈迪阿斯之结”的故事：

凡是来到弗里吉亚城的朱庇特神庙的外地人，都会被引导去看戈迪阿斯王的牛车。人们都交口称赞戈迪阿斯王把牛轭系在车辕上的技巧。

“只有很了不起的人才能打出这样的结。”其中有人这样说。

“你说得很对，但是能解开这结的人更了不起。”庙里的神使说。

“为什么呢？”

“因为戈迪阿斯不过是弗里吉亚这样一个小国的国王，但是能解开这个结的人，将把全世界变成自己的国家。”神使回答。

此后，每年都有很多人来看戈迪阿斯打的结子。各个国家的王子和政客都想打开这个结，可总是连绳头都找不到，他们根本就不知从何着手。

戈迪阿斯王已经死去几百年之久，人们只记得他是打那个奇妙结子的人，只记得他的车还停在朱庇特的神庙里，牛轭还是系在车辕的一头。

有一位年轻国王亚历山大，从遥远的马其顿来到弗里吉亚。他征服了整个希腊，他曾率领不多的精兵渡海到过亚洲，并且打败了波斯国王。

“那个奇妙的戈迪阿斯结在什么地方？”他问。

于是有人领他到朱庇特神庙，那牛车、牛轭和车辕都还原封不动地保留着原样。

亚历山大仔细察看这个结。他对身边的人说：“过去许多人打不开这个结，都是陷入了一个窠臼，都认为只有找到绳头才能将结打开，我不相信我不能打开这个结。我也找不到绳头，可是那有什么关系？”说着，他举起剑来，把绳子砍成了许多节，牛轭就落到地上了。

亚历山大说：“这样砍断戈迪阿斯打的所有结子，有什么不对？”

接着，他率领他那人马不多的军队踏上了征战亚洲之路。

没有人能够因跟随他人而获得成功。哪怕他是跟随一个伟大的成功者。做事的资本不能从抄袭、模仿中得来。

“要想成为真正的‘人’，必须先是个不盲从因袭的人。你心灵的完整性是不可侵犯的……当我放弃自己的立场，而想用别人的观点去思考的时候，错误便造成了……”这是美国思想家爱默生所讲的名言。这对根据别人的观点来思考的人来说，无疑是一大震撼。

也许，我们可以把爱默生的话做如下解释：要尽可能由他人的观点来看事情——但不可因此而失去自己的观点。假如成熟能带给你什么好处的话，那便是发现自己的信念及实现这些信念的勇气——无论遇到什么样的因素。

不逐势利才能有势力

为人不能有傲气，但不能没有骨气。仰仗权势，甘做小人实在是奴颜婢膝的走狗，而有傲骨者，其德必洁，其志必坚。

古代有位丞相叫梅尧臣，他有句名言：趋炎人所易，抱义尔惟难。其实势利心和势利眼，不只是在古代，时至今日仍一直存在。最早有案可查而又最能使人伤心悟道的，莫过于春秋战国时苏秦的逸事了。这位后来佩了六国相印，衣锦还乡的纵横家，当初游说失败潦倒归来时，不说乡里乡亲，就连他的老婆、家人都对他冷眼鄙视，甚至于“妻不下纴，嫂不为炊，父母不与居”。老婆不搭理，嫂子连饭也不给做，亲娘老子居然也对他冷若冰霜。而当他游说六国成功，身佩相印，衣锦荣归时，全家人慌得脚打后脑勺，竟然匍匐在地，“郊迎三十里”。更有趣的是，当苏秦问他们“为何前倨而后恭”时，他们竟然毫不掩饰地回答：“以季子位尊而多金。”就是说，因为你当了官儿，有了钱。世态炎凉，以至于此。

还有一位大名人廉颇，一位能征惯战的将军，也尝过势利之徒的苦头。那是他从长平被免职回来后，“失势之时，故客尽去”。看这老头儿无职无权了，平时溜须拍马的都另攀高门去了；“及复用为将”，又有了权势，这下“客又复至”。对这帮势利小人，廉颇不客气地说：“客退矣！”意思是让他们滚蛋。可是那些人的脸皮偏偏几尺厚，给廉颇讲了一番“道理”，说自己是：“天下以势道交：君有势，我则从君；君无势则去，此固其理也，有何怨乎！”说着这话脸不变色心不跳，似乎反倒是廉颇不对了。

吃过这类苦头的人还可以举出不少，像司马迁为李陵案下狱时，“家贫不足以自赎。交游莫救，左右近亲不为一言”。人一失势，树倒猢狲散，谁都怕沾边，唯恐界线划得不清，谁还肯替他说一句话？更有甚者，柳宗元倒霉时，“平居闭门，口舌无数。况又有久与游者，及岌岌而掺其间焉。”他有权有势时大家都是“好朋友”，一旦他倒了霉，失了势，大家居然落井下石，来一个“反戈一击”，真叫人不寒而栗。难怪唐代的两位诗人李颀、罗邺不约而同地慨叹：“世人逐势争奔走，沥胆隳肝唯恐后”；“年年点检人间事，唯有春风不世情”，说得真是入木三分！

生活在封建时代的人，难免有些人会依附关系，趋炎附势，投机取巧，总还有它存在的社会历史原因。那么到了今天，时异而世变，这种势利眼是否就销声匿迹了呢？遗憾的是，此类现象似乎并未绝种，反而还相当活跃。

势利眼的毛病出在“眼”上，病根却在心上。他们的思想核心，说到底还是“势”和“利”两个字，所谓“君子取人之德义，小人取人之势利”。以小人们的势利算盘来说，巴结权势是为了借势附骥尾，以便使自已从权势者那里也捞到一点势和利。退一步说，即使捞不到，或者可以得到权势者的青睐而从他那里“借”一点势，得以向无权无势者显点“风云雷雨”，抖一抖风光。

势利眼的危害是很大的。倘是无权无势者而势利眼，就会给不正之风和各级掌权者的特殊化、官僚主义等弊病提供温床，使之能够放心大胆地滥施权势和谋取私利，这对某些掌权者来说，是一种肉眼看不见的腐蚀。倘是手中多多少少握有这样那样权力的人而又长了一双势利眼，则危害更大。这种人不可能坚持原则，秉公办事；不可能认真负责，热忱地为百姓谋利益。其结果很可能把为人民服务变成为他的“首长”服务，对待平民百姓和上司的截然不同的态度完全可以说明这一点。

可以说，为人长一双势利眼是可鄙又可怜的，要让自己的一生活得堂堂正正，就绝不能做势利小人。

○ 第四章 ○

不努力，永远不知道自己有多优秀

有的人，总觉得自己各方面能力不足，终日郁郁寡欢，也不太关注自己的工作和生活。但其实，每个人都是与众不同的，都有自己所擅长的行业，不努力去尝试，永远无法知道自己的潜力在哪儿。当你努力到一定程度，成功也就离你不远了。到那时，你会发现——原来我还可以这么任性地活！

不要看轻了自己

罗斯·佩珞特原来在世界著名的计算机公司IBM担任推销员，他发现许多用户并没有充分利用计算机的很多功能。他认为，如果IBM公司能够增设数据处理业务，帮助这些用户发掘计算机潜力，定能获得成功。

于是罗斯·佩珞特精心撰写了一份有关数据处理服务市场的报告，呈递给IBM管理层。不料，建议却被公司决策层否定了。于是，他下决心创业，成立自己的公司。

然而，佩珞特遇到一个很大的问题：买不起昂贵的计算机，所以服务也无从谈起。但是他并没有退缩，最后想出了一个绝招：

佩珞特在一家保险公司，以“批发价”买下了安装在该公司的IBM计算机的使用时间，然后花了5个月的时间，找到一家无线电公司，又以“零售价”将“使用时间”卖给这家公司，并提供给其计算机服务。

没想到市场一下子打开了，业务蜂拥而至。后来，他所创办的电子数据公司（EDS）成了拥有数十亿资产的大公司。

很多人认为只有条件充足了才可以创业，但罗斯·佩洛特的成功却告诉我们一个道理：缺乏条件同样可以创业！

只要你下决心并肯动脑筋，就可以让条件为信念让路！

我们之所以不成功，就在于对问题屈服：无端地将问题放大，把自己看轻。

其实，只要你努力去找方法，你怎么会找不到呢？越去找方法，便越会找方法。越会找方法，越能创造大的价值。

“只要精神不滑坡，方法总比问题多”。这是一条标语，醒目地贴在车间大门前。车间主任微微一笑，给我们讲了这样一个故事。

20 年前，在内蒙古一个偏僻、贫困的小村庄里，有一位普普通通的年轻人。有一次，家人生了病，因为没有钱，根本请不起医生。万般无奈之下，年轻人想向乡亲借 2 元钱给家人看病，然而走遍了整个村子，也没能借到。不是乡亲们不愿意借，而是他们实在太穷了。

这件事对年轻人刺激很大。他觉得再这样在村里待下去，肯定毫无希望。于是，在 19 岁那年，他带着 6 个窝窝头，骑着一辆破自行车，到 80 公里外的城里去谋生。

城里的工作本来就不好找，加上他高中都没有毕业，学历低，要找一份好工作更是难上加难。

他好不容易在建筑工地上找到了一份打杂的小工。一天的工钱是 1.7 元，对他而言只够吃饭，但他还是想尽办法每天省下 1 元钱接济家人。

尽管生活十分艰难，但他还是不断对自己说：“绝对不会永远是这样。”他渴望出人头地，为此，他下决心付出比别人更多的努力。两个月后，他被提升为材料员，工资加了 1 元钱。

靠比别人多付出，他初步站稳了脚跟。之后，他就开始重视方法。他认为：要在新单位站稳脚跟，就得得到大家更多的认可，甚至成为单位不可缺少的人。那么，怎样才能做到这点呢？

冥思苦想之后，他终于想到了一个小点子：工地的生活十分枯燥，他想，能不能让大家的业余生活过得丰富一点呢？想到这，他拿出自己省下来的一点钱，买了《三国演义》《水浒传》等名著，认真阅读后，讲给大家听。这一来，晚饭后的时间，总是大家最开心的时间。每天工友们开心的笑声，都是对他的极大奖赏。

更没有想到的是，一天，老板来工地检查工作，发现他有非常好的口才，于是决定将他提升为公关业务员。

一个小点子付诸实践后就能有这样的效果，他极受鼓舞。于是，他便将主动找办法的特长运用到各个方面——对工地上的所有问题，他都抱着一种主人公的积极心态去处理。

上夜班的工友有随地小便的习惯，怎么说都没有用，他想尽办法让大家文明上厕；一个工友性格暴躁，喝酒后与承包方要拼命，他想办法平息矛盾，做到使各方都满意……别看这些都是小事，但领导都看在眼里。慢慢地，他成了领导的左膀右臂。

最有意义的一个时刻来到了，由于他经常主动找办法，他等来了一个创业的良机——

有一天，工地领导告诉他，公司本来承包了一个工程，但由于种种原因，难度太大，决定放弃。

作为一个凡事都爱想办法的人，他力劝领导别放弃。领导看着他充满热情，突然说了一句话："这个项目我没有把握做好。如果你看得准，可以由你牵头来做，我可以给你提供帮助。"

他几乎不敢相信自己的耳朵：这不是给自己提供了一个可以自行创业的绝好机会吗？他毫不犹豫地接下了这个项目，然后信心百倍地干了起来。

遇到困难是在所难免的，光要盖的公章就有 17 个，但他还是想尽办法，一个个都盖下来了，项目终于如期完成了。他挖到了人生的第一桶金。在他进城 5 周年的时候，他算了一下自己的家产，已经有整整 300 万元。

这位年轻人尝到了不断想办法解决难题的益处，从此更加努力。他现在不仅拥有当地最大的建筑队，还是内蒙古最大的草业经营者之一，每年有一万多户农民给他的企业提供玉米、草等饲料。拥有了很多财富的他，在贫困的故乡，建起了一个全世界最大的金霉素生产厂，其生产量占全球的1/4，很多父老乡亲跟着他走上了脱贫致富的道路。

这位创造了奇迹的人，他叫王东晓，内蒙古金河集团的董事长。

与王东晓的交流是一种享受。他说："我为什么要让每个员工都认识到'只要精神不滑坡，方法总比问题多'的理念呢？因为这是我获得成功最重要的理念之一！

"人的一生，是不断遭遇问题并与问题进行战斗的一生。问题会无穷无尽，假如我们不主动找方法解决，我们能够打赢这场'战争'吗？"

人作为高级动物，最大的特点就是会动脑筋。这一点，美国著名企业家艾柯卡有切身体会。他坦陈自己之所以有那么大的发展，与两个人有很大关系。其中一个人，是他刚刚参加工作时遇到的分公司经理。他对艾柯卡说："你要记住，马更有力气，狗更忠诚。你作为人类的唯一长处就是你有动脑的智慧，这是你唯一能超越它们的地方。"

人最怕的就是不思进取

人最怕的就是不思进取。一个人要想做成大事，绝不能缺少进取之心。因为懒惰而停顿下来的人，终会被历史的车轮远远抛弃。而唯有进取，才能够驱动你不停地提高自己的能力，把成大事者的天梯搬到自己的脚下。

进取心是成大事者的一种极为难得的美德，它能驱使一个人在不被吩咐应该去做什么事之前，就能主动地去做应该做的事。成功者对“进取心”作了如下的说明：“这个世界愿对一件事情赠予大奖，包括金钱与荣誉，那就是‘进取心’。”

什么是进取心？进取心就是主动去做应该做的事情。

仅次于主动去做应该做的事情的，就是当有人告诉你怎样做时，要立刻去做。

更次等的人，只在被人从后面踢时，才会去做他应该做的事，这种人大半辈子都在辛苦工作，却又抱怨运气不佳。

最后还有更糟的一种人，这种人根本不会去做他应该做的事，即使有人跑过来向他示范怎样做，并留下来陪着他做，他也不会去做。这种人大部分时间都在失业中，因此，易遭人轻视。但即使是这个情形，命运之神也会拿着一根大木棍躲在街头拐角处，耐心地等待着他们。

人的进取心形象地说就是“往上爬”，“往上爬”在这里有非常广泛的含义，它主要指这样的一种意思：即在生活中，无论你的目标是什么，你都应把你的目标不断向前推。也就是说，你的生活目标是没有界限的，而真正的界限却是：你是继续前进，还是停滞不前，甚至放弃。所以问题的关键在于你是否“往上爬”。我们在这里可以想象你“往上爬”的具体目的，比如为了得到市场的份额、得到较好的职位、改进人际关系、要做的事情就做好、完成一次教育、培养好孩子、在你有限的一生中做点有意义的贡献等，这些动力和意愿都是我们绝对需要的。成大事者对生存改善、达到他们的目标以及实现他们的梦想都具有强烈的力量和渴望。

每个人的生命是有限的，老天送给我们的时间并不是十分充足的，所以我们的这种内在驱动力——“往上爬”，就是我们本能地与时钟赛跑，争取时间来完成我们的任务。无论你对自己的人生目标是否有一个较正统的看法，你都会感受到进取心的这种驱动力不断地牵引你。如果你不相信这种驱动力的存在，那么你只要去观察一下那些从癌症中活过来的人以及那些经过九死一生才逃离了死亡的人，观察在他们那里究竟发生了什么，你就会对“往上爬”的含义有所领悟了。这些人立即重新估计了他们生命的价值。他们重新确定了生命中重要的事情，这些事情正是与他们的人生目标相关联的，因此他们决不浪费自己的时间和精力。

进取心并不仅仅限于个人。每一个组织机构和工作单位都希望把事情干得更好。我们有许多工作都需要这样的精神，比如人们整体素质的提高、消除污染、增加开创性、城市建设、对太空的无穷探索、对科学技术的合理应用等等。我们在许许多多领域都需要上进心，但是，我们也常被许多不利因素所阻挠，甚至彻底失败，这正如登山，常被大的雪崩、寒冷无比的天气、不可预测的风暴所阻挠一样。

如果我们已感觉到了这种进取心的驱动力，我们就会得到被它不断向前带动的力量。那么，我们为什么没有看到山顶上众多的到达者与山脚下的未参与者之间的不同呢?

为了回答这一问题，我们需要考察在我们登上山路途中所遇到的三种不同类型的人，他们有不同的特征，我们要考察他们究竟有怎样的差别。首先可以确定的是，他们对往上爬的反应是各自不同的。其次，在他们的生活中，他们具有不同层次的成大事者观和快乐观，有的喜欢这样的成大事者，有的喜欢那样的成大事者，这如同他们对不同的快乐持有不同的态度一样。我们在日常生活中已经遇到了这些人，他们就在我们的周围，在我们的组织机构里，在我们的人际关系里，在学校，甚至在新闻广播中。他们是那样地容易被发现，可以说，存在于我们整个人生的旅途中。

毫无疑问，有大量的人选择放弃、逃避、退却。他们都是放弃进取心的人。放弃者的典型特征就是放弃攀登。他们拒绝山峰为他们提供的机会。他们忽视、掩盖并且抛弃往上爬，这样他们就失去了这一力量的引导，同时也失去了生命向他提供的许多东西。

最令人惋惜的就是半途而废者。这些人不同于放弃者，也不同于攀登者，他们走到一定的程度就会停下来，并说:“这是我能（或我想）到达的最高的地方。”他们由于不想继续攀登（甚至害怕），所以就结束了“往上爬”的进取心，并为自己寻找一个舒适的、让人满意的高处，以逃避逆境。

半途而废者与放弃者显著不同的是，他们至少承担了“往上爬”的挑战，他们获得了一些东西。他们的旅程可能是挺容易的，也可能是不怎么容易，有时候他们为了得到所希望得到的东西，还会牺牲许多。半途而废者的“往上爬”是不完整的，更不是彻底的，但一些人可能也会把“成大事者”这个词加在他们头上。这些人总有一个普遍的误解，他们没有看到整段旅途，而只看到旅途中的某一点，他们的目的是达到这一点，而不是在旅途中继续努力往上爬。所以，半途而废者虽然达到了某一点，但是，由于放弃了继续往上爬的进取心，他仍是不成大事者。我们也正是根据这一点来定义进取心的，它是一个人自我改善以及生命扩展的整体标志。

那些将自己整个生命都献给“往上爬”的人才是真正有进取心的人。无论什么情况，他们都会继续不断地“往上爬”。攀登者是可能性的思想家，他们从不去顾及年龄、性别、种族、身体或精神的残疾以及“往上爬”的途中可能遇到的其他困难。他们的宗旨就是不断进取，因为他们彻底达到了我们内在的那种驱动力，激活了那种力量。

在现实生活中，无论你在什么行业，无论你有什么样的技能，你都应该争取在这一领域处于领先的位置。永葆进取心，追求卓越，永远是人类进步的北极星。它不仅造就了成大事者的企业和杰出的人士，而且促使每一个努力完善自己的人，在未来不断地创造奇迹。

一位成功人士曾经说：“我是不会帮助那些缺乏成为企业领袖的雄心壮志的年轻人的。”要敢于树立这样的目标：要成为主管、经理和老总。不管你目前的职位有多高，仍然应该告诉自己：我的职位应在更高处。要敢于梦想，要立下决心——得到那个让人羡慕的职位，并且发誓一定要为之竭尽全力，绝不半途而废。

对于一个人来说，没有什么比你的进取心更重要的了，这种态度包括你对自己的评价和你对未来的期望。如果你的态度是消极而狭隘的，那么，与之对应的就是平庸的人生。你必须以高于普通人的眼光来看待自己，否则，你就永远只是一个小职员。你必须幻想自己能拥有更高的职位，以督促自己努力得到它；否则，你永远也得不到。不要怀疑自己有实现目标的能力，否则，就会削弱自己的决心。只要你在憧憬着未来，你其实就是在向着目标前进。

记住，如果你有足够的决心并付之于坚韧的努力，你就一定会成为“成大事者”。如果你没有这样的决心，那么，你也许会看到那些条件不如你但有着更大决心的人走到你前面去了。如果你不好好利用机会向上爬，你一定会抱怨运气不佳。而且，你往往还会感到奇怪，为什么他会升迁这么快。

一位当代作家说：“我对于那些刚刚走上社会的年轻人的建议是：开始时就要有坚定的理想和明确的目标，除非已经实现，否则决不要轻易放弃。”

我们很难想象，自己的成长在很大程度上都依赖于某些方面的激励。可以说，人的每一次行动都需要一定的激励。当缺乏内在动力的时候，我们不会自觉地做任何事情。而对一个普通人来说，生命中最大的推动力往往也是要在社会上安身立命、出人头地的进取心。

有一种神秘的力量将亚伯拉罕·林肯从小木屋中推向了白宫。对于北极的幻想使探险家罗伯特·皮里树立了征服地球极点的目标。同样，坚定的理想使得年轻的本杰明·迪斯累利从英国的下层社会奋斗到上层社会，直到最后成为一个世界大国的首相，居于社会和政治权力的中心。

所有来自社会底层的成大事者都有着相似的经历，他们在自己前进的道路上都受到内心力量的有力牵引，这种力量几乎无法抗拒。

进取之心，推动我们不断前进，让我们有勇气面对困难和艰辛，让我们有力量实现梦想和事业。它的这种内在的推动力，是我们生命中最神奇和最有趣的东西。它存在于每个人身上，就像自我保护的本能一样明显。在这种求胜的本能的驱使下，我们走进了人生赛场。最后，相信在我们的坚持下，终能登上胜利的顶峰。

一切并没有想象中那么难

人们常常缺乏开始做的勇气。不过，如果你鼓足勇气开始做了，就会发现做一件事最大的障碍往往是来自自己的内心，更主要是缺乏行动的勇气，有了勇气下决心开了头，似乎再往下做就会是顺理成章的事情了。

迈克尔·戴尔总喜欢这样说：“如果你认为自己的主意很好，就去试一试！”29岁的迈克尔正是以此成为企业巨子的。他如今是美国第四大个人电脑生产商，也是《财富》杂志所列500家大公司的首脑中最年轻的一个。迈克尔是在德克萨斯州的休斯敦市长大的，有一哥一弟，父亲亚历山大是一位畸齿矫正医生，母亲罗兰是证券经纪人。三个孩子当中，迈克尔在少年时期就已显现出勤奋好学、干劲十足的优势。有一次，一位女推销员上门，说要和“迈克尔·戴尔先生”面谈他申请中学同等学历证书的事情。于是，当时才8岁的迈克尔就向她解释说，他认为尽早把中学文凭解决掉可能是个好主意。几年后，迈克尔有了另一个好主意：在集邮杂志上刊登广告，出售邮票。后来，他用赚来的2000美元买了他的第一台个人电脑。他把电脑拆开，研究它怎样运作。

迈克尔读高中时，找到了一份为报纸征集新订户的工作。他推想新婚的人最有可能成为订户，于是雇请朋友为他抄录新近结婚的人的姓名和地址。他将这些资料输入电脑，然后向每一对新婚夫妻发出一封有私人签名的信，允诺赠阅报纸两星期。这次他赚了1.8万美元，买了一辆德国宝马牌汽车。汽车推销员看到这个17岁的年轻人竟然用现金付账，惊愕得瞠目结舌。

第二年，迈克尔·戴尔进了奥斯丁市的德克萨斯大学。像大多数大一学生那样，他需要自己想办法赚零用钱。那时候，大学里人人都谈论个人电脑，凡是没有的人都想买一台，但由于售价太高，许多人买不起。一般人所想要的，是能满足他们的需要而又售价低廉的电脑，但市场上没有。戴尔心想：经销商的经营成本并不高，为什么要让他们赚那么厚的利润？为什么不由制造商直接卖给用户呢？戴尔知道，IBM 公司规定经销商每月必须提取一定数额的个人电脑，而多数经销商都无法把货全部卖掉。他也知道，如果存货积压太多，经销商会损失很大。于是，他按成本价购得经销商的存货，然后在宿舍里加装配件，改进性能。这些经过改良的电脑十分受欢迎。戴尔看到市场的需求巨大，于是在当地刊登广告，以零售价的八五折推出他那些改装过的电脑。不久，许多商业机构、医生诊所和律师事务所都成了他的顾客。

有一次戴尔放假回家时，他的父母表示担心他的学习成绩。"如果你想创业，等你获得学位之后再说吧。"他父亲劝说他。戴尔当时答应了，可是一回到奥斯汀，他就觉得如果听父亲的话，就是在放弃一个一生难遇的机会。"我认为我绝不能错过这个机会。"一个月后，他又开始销售电脑，每月赚 5 万多美元。戴尔坦白地告诉父母："我决定退学，自己开办公司。""你的目标到底是什么？"父亲问道。"和万国商用机器公司竞争。"和万国商用机器公司竞争？他的父母大吃一惊，觉得他太好高骛远了。但无论他们怎样劝说，戴尔始终坚持己见。终于，他们达成了协议：他可以在暑假时试办一家电脑公司，如果办得不成功，到 9 月他就要回学校去读书。

戴尔回奥斯汀后，拿出全部储蓄创办戴尔电脑公司，当时他 19

岁。他以每月续约一次的方式租了一个只有一间房的办事处，雇用了第一位雇员——一名28岁的经理，负责处理财务和行政工作。在广告方面，他在一只空盒子底上画了戴尔电脑公司第一个广告的草图。朋友按草图重绘后拿到报馆去刊登。戴尔仍然专门直销经他改装的万国商用机器公司个人电脑。第一个月营业额便达到18万美元，第二个月26.5万美元，不到一年，他便每月售出个人电脑1000台。积极推行直销、按客户的要求装配电脑、提供退货还钱以及对失灵电脑“保证翌日登门修理”的服务举措，为戴尔公司赢得了广阔的市场。戴尔电脑公司鼓励雇员提出新的主意。雇员提了一个主意之后，如果公司认为值得一试，那么，即使后来证明不可行，雇员也会获得奖赏。到了迈克尔·戴尔本应大学毕业的时候，他的公司每年营业额已达7000万美元。戴尔停止出售改装电脑，转为自行设计、生产和销售自己的电脑。

今天，戴尔电脑公司在全球多个国家设有附属公司，每年收入超过50亿美元，有雇员约5500名。

万事开头难。要干成一件事情，人们总是觉得迈第一步困难重重，总是下不了决心。于是，便迟疑不决，犹豫不定，今日推明日，明日推后天，这样推来推去便延误了时间，也就推迟了成功之日的到来。

对于一个想做成一件事情的人来说，这样迟迟不见行动是十分有害的，不仅不能实现自己确定的目标，而且消磨意志，使自己逐渐丧失进取心。

我国著名数学家华罗庚曾说过：“面对悬崖峭壁，一百年也看不出一条缝来。但用斧凿，得进一寸进一寸，得进一尺进一尺，不断积累，飞跃必来，突破随之。”年轻的朋友们，想做什么就马上行动吧！其实一切并没有想象中那么难，只要有了第一步，就会有第二步、第三步……这样不断地做下去，你就会发现离目标越来越近，你的理想正在渐渐地成为事实。

命运女神也会“改主意”

香港“珠宝大王”郑裕彤，出生在一个农民家庭，自幼家境贫寒，15岁时即中断学业，到香港“周大福珠宝行”当起了学徒。临行前，母亲叮嘱他：干活儿既要勤快，又要遵守规矩，多动手，少动口。郑裕彤牢记母亲的教诲，干活儿勤快又机灵。他处处留意，看老板和同事如何做好经营管理，还在业余时间观察别的商家是如何营业的。

一次，他去别家珠宝店观察人家的经营之道，不料回来时遇上堵车，迟到了。老板发现后，问他何故迟到，他便据实相告。老板不相信一个小学徒还有这份心思，就问：“你说说，你看出了什么名堂？”

郑裕彤不慌不忙地说：“我看人家做生意比我们要精明，客人只要一进店，伙计们总是笑脸相迎，有问必答，无论生意大小，一概客客气气。就是只看不买，也是笑迎笑送。我觉得，这种待客的礼貌周到是最值得我们学习的。还有，店铺的门面也一定要装饰得像模像样，与贵重的珠宝相配。我看人家把钻石放在紫色的丝绒布上，光亮动人，让人看起来格外动心……”

郑裕彤侃侃而谈，周老板暗暗动心。他预感此学徒必成大器，便有意培养他。郑裕彤成年后，颇受周老板器重，周老板便又将女儿嫁给他，后来干脆将生意全部交给他打理。

郑裕彤不是无义之人，他暗下决心，一定要把珠宝行做得更好，以报答岳父的知遇之恩。在他的苦心经营下，“周大福珠宝行”发展成为香港最大的珠宝公司，每年进口的钻石数占全香港的30%。之后，郑裕彤又投资房地产业，成为香港几大房地产大亨之一。

后来，有人问郑裕彤为什么会如此成功？他说出了自己的秘诀：守信用，重诺言，做事勤恳，处事谨慎，饮水思源，不应见利忘义。

在郑裕彤的“24字箴言”里，“勤”是核心之一。他自走向社会，就几十年如一日地勤勤恳恳、兢兢业业，靠“勤”发家，靠“勤”致富。即使是发家后的郑裕彤，一天工作12小时也是常事，以至于他母亲常心疼地责怪他：“你又不是没钱，何苦仍然那么拼命？”

看看拥有丰厚财产尚且勤勉刻苦的郑裕彤，我们不妨时时问一下自己：我够勤奋吗？

所谓的“够勤奋”，是勤奋到了哪种程度呢？

所谓“勤奋”，意味着已经绞尽脑汁、用尽才华，发挥了所有潜能，动用了所有可以利用的人力、物力……

不论对手是谁，不论有什么理由，人生的意义就是拼命争取胜利。或许有人认为这未免太冷酷无情，但从某种意义上说，这正是成王败寇的人类世界最真实的一面，竞争激烈的现代社会就是这般残酷！

人生应该以胜利作为最终目的，对于胜利必须有强烈的渴望。

贝多芬说：“在困厄颠沛的时候能坚定不移，这就是一个真正令人敬佩的人的不凡之处。”

遭遇紧要关头，绝对不可以松懈，必须想尽办法、拼尽全力去冲破难关。一旦穿过了这道瓶颈，前程就会豁然开朗，进入另一个光明灿烂的人生阶段。

有人说:“谁以为命运女神不会改变主意，谁就会被世人所耻笑。”

“勤能补拙”的真理

“笨鸟先飞”“勤能补拙”是国人耳熟能详的老话，但自从走出学校进入了社会，这些话就不一定能经常听到了。

能承认自己有些“笨”和“拙”的人不会太多，能在进入社会之初即体会到自己“笨拙”的人就更少。大部分人都认为自己不是天才至少也是个干将，也都相信自己在接受社会几年的磨炼后，便可一飞冲天。但这是一个认识误区，能在短短几年就一飞冲天的人又能有几个呢？有的飞不起来，有的刚展翅就摔了下来，能真正飞起来的实在是少数中的少数。为什么呢？大多数人还是因为接受的磨炼不够，能力不足。

所谓的“能力”包括了专业的知识、长远的规划以及处理问题的能力等要素，这并不是三两天就能培养起来的，但只有“勤”，才能很有效地提升这种能力。

“勤”就是勤学，在自己的工作岗位上，一个机会也不放弃地去学习。不仅需要自己去钻研，还要向有经验的人请教。再有就是科学合理地安排好自己的作息时间，按计划行事，将自己的时间充分地利用起来，勤而不舍。如果你本身能力已在一般人水平之上，学习能力又很强，那么你的“勤”将很快使你在团体中发出亮光，为他人所注意。

另外一种“能力不足”的人是真的能力不足，也就是说，先天资质可能不如他人，学习能力也比别人差，这种人要和别人一较长短是辛苦的。这种人首先应在平时的自我反省中认清自己的能力，不要自我膨胀，迷失了自己。如果认识到自己能力上的不足，那么为了生存与发展，也只有“勤”能补救。若是每天痴心妄想，不要说一飞冲天，有可能连个饭碗都保不住。

对能力真的不足的人来说，“勤”便是付出比别人多好几倍的时间和精力来学习，不怕苦不怕难地学，兢兢业业地学，也只有这样，才能成为胜利者。

其实“勤”并不只是为了补拙，在一个团体里，工作中能表现出“勤”的人始终会为自己争来很多好处：

塑造敬业的形象。当其他人“当一天和尚撞一天钟”时，你的敬业精神会成为旁人眼光的焦点，他们会认为你是值得敬佩的。

容易获得别人的谅解。当有错误发生，一般人不大会责怪一个勤奋工作的人。当做错了事，一般人也不忍过多指责，总是会不忍地认为，已经那么认真了，偶然出点儿错没什么。

容易获得老板的信任。老板当然喜欢聘用勤奋的人，因为这样他比较放心，如果你的能力是真的不足，但因为“勤”，老板还是愿意给予适当的机会，毕竟老板也知道“勤能补拙”，愿意“奖勤罚懒”。

业精于勤，荒于嬉。在通往成功的路上，曲折和坎坷是难免的，而不管多么聪明的人，要想从众多道路中找到捷径，都少不了一个“勤”字。所谓“书山有路勤为径，学海无涯苦作舟”，就是指读书与勤奋的关系。人生中任何一种成功和幸福的获取，大多都始于勤，成于勤。

有梦想更要善于经营梦想

理想是用来实现的，而不是用来放弃的。曾经在一本杂志上看到这样一个故事：

在美国某个乡村小学的作文课上，年轻的语文老师给小朋友们布置了一篇作文，题目叫《我的理想》。一个小朋友这样描绘他的理想：将来自己能拥有一座占地十余顷的庄园，在辽阔的土地上植满绿树；庄园中有无数的小木屋、烤肉区以及一座休闲旅馆；除自己住在那儿外，还可以和前来参观的旅客分享自己的庄园，有住处供他们休息。

老师检查作文后，在这个小朋友的本子上划了一个大大的红"X"，并要求他重写。小朋友仔细看了看自己所写的内容，觉得并无错误，便拿着作文去请教老师。老师告诉他："我要你们写下的是自己的理想，而不是这些梦呓般的空想，理想要实际，而不是虚无的幻想，你知道吗？"

小朋友据理力争："可是，老师，这真是我的理想呀！"老师也坚持观点："不，那不可能实现，那只是一堆空想，我要你重写。"

小朋友不肯妥协："我很清楚要实现我的理想很难，但这的确是我真正想要的，我不愿意改变我的理想。"老师坚决地摇头："如果你不重写，我就让你不及格，你要想清楚。"小朋友没有妥协，结果他的作文真的没有及格。

30年后，这位老师带着一群小学生到一处风景优美的度假胜地旅行，在尽情享受无边的绿草、舒适的住处及香味四溢的烤肉之余，他望见一名中年人向他走来，并自称曾是他的学生。

这位中年人告诉他的老师，他正是当年那个作文不及格的小学生。如今，他拥有这片广阔的度假庄园，真的实现了儿童时的理想。老师望着这位庄主，不禁感叹："三十年来我不知道用'实际'改掉了多少学生的梦想，而你，是唯一坚持自己梦想的人。"

谁没有过理想呢？有多少人实现了自己的理想？

没有实现理想不要紧，只要我们还行走在前进的路上，就一切皆有可能。而遗憾的是，很多时候我们没有实现理想是缘于放弃。放弃理想大致有两种原因：一种是随着岁月的增长，发现原来的理想并非自己真正想要的；另一种是因为困难太大，自己主动放弃了理想。前者是主动放弃，后者是被动放弃。理性地说，适当的放弃是人生路上无奈却必须的妥协。但你一定要谨慎判断"适当"——你的理想是你内心所深切渴望的吗？如果是，那么你就不应该轻易放弃。

理想之所以称为理想，本身就蕴涵了来之不易的意思。很容易就能达成的目标，不能叫理想。轻易放弃自己的理想，等于抛弃了自己。

台湾散文家林清玄生长在一个普通的农民家庭，小时候家里很穷，很小就跟着父亲下地干活儿。有一次，干活儿累了，他跟父亲坐在田埂上休息。他一言不发，呆呆地望着远处出神。父亲看见他这个样子，问他在想什么。他说："等我长大了，不想种地，也不想上班。""那你干什么？"父亲问。他充满向往地说："我想每天坐在家里，等着人给我邮钱。"一听他这话，父亲笑起来，说："荒唐，你别做梦了！我敢保证，不会有人给你邮钱。”

后来，林清玄上学了。他从课本上知道了埃及的金字塔，对父亲说：“等我长大了，要去看埃及的金字塔。”父亲生气了，在他头上拍了一巴掌，训斥道：“真荒唐！你别总是做梦了！我敢保证，你去不了。”

再后来，林清玄上了大学，毕业后当了记者，出了好多书。他每天坐在家里读书、写作，出版社、报社和杂志社源源不断地往他家里寄钱，他用邮来的钱去各地旅行。有一天，他站在金字塔下，仰望着高高的金字塔，想起了小时候对父亲说过的话，情不自禁地笑了起来。那些在他父亲看来不可能实现的梦想，在十几年后，他把它们变成了现实。

很多人小时候都有着这样那样的梦想，可是随着时光的推移，大多数的人梦想还只不过是一个遥不可及的梦！他们也只能在夜深人静的时候“悼念”自己未曾实现的梦想。其实，光有梦想是不够的，你还需要学会经营你的梦想。

林清玄就是这样做的，他为了实现自己的“作家梦”，十几年如一日，每天早晨 4 点就起来看书写作，每天坚持写 3000 字，每年就是 100 多万字。

英国内阁教育大臣布伦克特是一位盲人。小时候，他就在幼儿园的作文中写过自己的梦想——长大后，要成为英国内阁大臣。五十年后，他实现了自己的梦想，因为从那时起，他的梦想就一直记在脑海里，从未放弃过。

每一个成功者，最初的时候和我们一样，种下了自己的梦想，但是不同的是，他们把梦想当作自己生活的目标，每天为了这个目标而努力学习，勤奋工作，一点点缩短现实与梦想的距离，最终把梦想变为现实。

成功其实很简单。首先你要有一个梦想，然后要努力经营它，不管别人说什么，你都永不放弃!

○ 第五章 ○

一个篱笆三个桩，不要任性搞独立

美国白领中流行着一句话：“一个人是否成功，不在于你知道什么，而在于你认识谁。”社会是个多元化的大环境，哪怕你再认真、再努力、再刻苦，如果一味地任性搞独立，最终也只能落得平庸的下场。

成功的人往往不仅拥有丰富的阅历、练达的处世经验、机敏的应变能力、豁达的胸怀，还懂得收敛自己身上的任性，建立和谐的人际关系网，帮助自己处理生活中遇到的各种麻烦，最终走向成功。

能调动多少资源，就有多大能力

仿佛一条看不见的经脉，又仿佛一张透明的蜘蛛网，人际关系看不见却能感觉得到，摸不着却能量巨大。从一定意义上说，这个世界一切与成功有关的“好东西”，都是给人际关系顺畅的人准备的。人际关系高手们左右逢源，对他们而言，没有蹚不过的河、翻不过的山。自己解决不了的事，找亲戚帮忙；亲戚解决不了，可以找朋友；朋友帮不上忙，可以找领导。再不成，找朋友的领导的亲戚的邻居，也要达到目的。他们的人际关系，更像一条巨大的章鱼那变幻莫测的触须，幽幽地发出它的信号，从容穿过那些七折八拐的甬道，猎取到自己的猎物。

一个人有多大能耐，并非仅仅指他自身的能力，而是指所能调动的资源。我们经常会说谁谁谁路子广，路子是什么？其实就是人际关系。有什么样的人际关系，就有什么样的路子。人际关系顺畅的人，几乎没有办不成的事。没有钱有人帮他出钱，没有力有人帮他出力，他就是一个有钱、有力的人。美国成功学家卡耐基在研究成功诀窍时，得出一个结果：一个人的成功有85%取决于该人的人际建构与经营的状况。外国人喜欢用精确的数据来说话，卡耐基的85%的数据也许值得商榷，但人际关系对于人生的重要性是任何人都要承认的。特别是在中国这个讲究人情的国度，人际关系更是不容小觑。

每个人都生活在盘根错节的人脉网络中，要想生活充满乐趣、事业一马平川，谁也离不开他人的帮助与扶持。美国著名杂志《人际》在2002年的创刊词中，就有这么一段话："如果你不信，你可以回忆以往的一些经验，就会发现原本你以为是自己独立完成的事，事实上背后都有别人的帮助。因此，在社交场合，你尽量表露真正的自我与自己真正的才华，它们将会给你许多有用的建议。绝不可低估人脉的力量，否则将白白失去许多有利的帮助之力。"

不可忽略的是，有一些人宁愿花很多的工夫来钻研专业知识，考这个证那个证，却不愿花时间在人际关系上。他们认为那不过是一些"歪门邪道"而已。其实，搞人际关系并非"走后门"的同义词，人际关系完全是一种资源的正当共享，感情的互相支撑。

如果你还没有认识到人际关系的重要性，我们再探讨一个问题：在你引以为憾的往事中，有多少失败了的事情只要有一个关键人物出手帮你，你就可以摆脱败局？一定很多吧？

所以，我们的成败在一定程度上是人际关系成败的折射。一个成年人，从小到大是否注意过深耕人际的肥沃土地？如果以前因为年少无知没有重视，那么现在一定不能再让那片肥沃的土地荒芜了！

建立一个广泛的人脉网络

要想做个成功人士，你就得不断扩大自己的朋友圈，像滚雪球一样将自己的朋友滚得越来越多。新朋友来了，你要欢迎，旧日朋友你也不能忽略，如果你一手抓紧新朋友，一手将旧朋友丢到一边，那你岂不是要学那只掰棒子的大笨猴子吗？所以，你一定不能“忘恩负义”，将自己的老朋友像垃圾废品一样丢进垃圾桶。交朋友就要喜新不厌旧，这样你的旧朋友才紧随着你，你的新朋友才源源不断如春水，必能将你的人生推向又一个高端。

所以，扩大你的朋友圈，建立一个广泛的人脉网络是你的当务之急，不要手忙脚乱，下面的几条法则可以像梳子一样，帮助梳理你不知所措的意识，你就能够焕然一新了！

1. 人脉延伸——从朋友中找朋友

有超过半数的人力资源主管或求职者通过自己的朋友圈子找到了适合的人才或工作，所以结交一些带圈子的朋友将是扩大朋友圈子的极佳手段。因为有了朋友这层关系的保证，你结交到的新朋友一般都是信得过的，你可以根据自己的人脉发展规划，列出需要开发的人脉对象所在的领域。然后，可以恳请你现在的人脉支持者帮助你寻找或介绍你希望认识的朋友，这样你结交的将是含金量极高的朋友。

2. 在社团交际中“淘宝”

如果你想结交某个领域的朋友，可以尝试加入该领域方面的社团组织，因为加入该社团的人往往都有着共同的爱好和兴趣，所以，交流起来也轻松容易得多。“一回生，两回熟”，差不多第三次见面，你们已经非常熟络并能彼此信赖了。

如果能在这样的社团中当一个“官”是再好不过的，比如社团的组织者、理事长、会长，等等，“位不在高，友多则灵”，当“官”的机会其实也是一个为他人服务的机会，也是一个赢得他人信任和友谊的机会，掌握此道，自然你的人脉之路也不断延伸开来了。

3. 在网上“眉来眼去”

一个在网上做淘宝的女孩，有一次在浏览博客网页时发现一篇很精彩的文章，读完之后，发表了自己的评价以及对文章的肯定和赞美。这样一来二去，她跟作者就很熟悉了，几个月后他们相约见面，相谈甚欢。原来，这位网友竟然是一家大企业的老板，由于他们在网上不设防的交流，对对方的价值观、爱好兴趣、处事能力等已经有了比较透彻的了解，在知道了女孩是做淘宝的，这位老板当即表示愿意投资给她，让她的生意做得更大。女孩通过在网上的“眉来眼去”，结交了很多生意和生活上的朋友，她的人脉由此得到突破性的进展，所以她的生意也随之越做越好。

4. 跳起来交朋友

愚者错失机会，智者善抓机会，而成功者则能创造机会。成功的机遇不是空穴来风，真正的朋友更不是“守株待兔”，只有跳起来抓机会的人才是真正聪明的人。据说，日月光半导体的总经理刘英武当初在美国IBM时，为了争取与老板碰面的机会，每天都观察老板上洗手间的时间，并且选择在那时去上洗手间，从而创造了与老板互动的机会。

综上可见，建立一个广泛的人脉网络，就要想尽各种办法，通过各种途径结交朋友。聪明的人一定要学会抓住各种机会，去扩大自己的人脉队伍。

积累你的“人脉存折”

也许你没有特殊背景，也许你知识水平一般，因此你在职场中需要处处小心翼翼如履薄冰。可你是不是也在盼望着有朝一日遇贵人相助，从此飞黄腾达。其实你的生活中并不缺贵人，他们可能就是你的朋友、同事，甚至是萍水相逢的人。只要从现在起，学会整理你手边的名片，好好打理你的“人脉存折”。

其实不论做什么行业，人人都得依靠人脉。斯坦福研究中心曾经发表一份调查报告，结论指出，一个人赚的钱的12.5%来自知识，87.5%来自关系。200多年前，胡雪岩因为擅于经营人脉，而得以从一个倒夜壶的小人物，翻身成为清朝的红顶商人。200年后，人脉就是财富成为各行各业成功的秘诀。

人脉是一个年轻人通往财富和成功的门票。从20几岁起，必须提高自己的社交本领，必须有意识地累积人脉，如果能做到这一点，你会受益无穷。

很多人只知道比尔·盖茨成为世界首富的原因是因为他掌握了世界科技的大趋势，还有他在电脑上的才华和执着。其实比尔·盖茨之所以成功，除这些原因之外，还有一个最重要的原因就是他的人脉资源相当丰富。

比尔·盖茨创立微软公司的时候，只是一个无名小卒，但是在他20岁的时候签到了一份大单。他20岁时签到的第一份合约是跟当时全世界第一强的电脑公司—— IBM签的。当时，他还是在大学读书的学生，没有太多的人脉资源。他怎能钓到这么大的“鲸鱼”？

原来，他可以签到这份合约，有一个中介人——他的母亲。他的母亲是IBM的董事会董事，妈妈介绍儿子认识董事长，这不是很理所当然的事情吗？

记住一个人，认识一个人，就等于潜在地获得了一个机会。有研究发现，在这个世界上，任意两个人之间建立一种联系，最多需要6个人，这就是六度分隔理论。这一理论在20世纪60年代由美国心理学家斯坦利·米尔格朗提出，而美国微软公司研究人员通过计算证实了这一理论。通过准确计算，任意两个人之间建立联系需要6.6人。因此，当你的“人脉存折”积累到一定的数量时，它一定会对你的成功有所帮助。

张楠是一名贫困的女大学生，靠助学贷款完成了自己的学业。五年之后，她就成了一家公关公司的经理。当别人羡慕她的成功时，她只是简单地说，她只不过是拥有了一些人脉而已。毕业之后，张楠进入一家公司做文秘。这本来是一份很简单的工作，但张楠却懂得发掘它的意义。当老板和客户沟通时，一般都会带上张楠。张楠也积极把握机会，为老板和客户建立一种良好的沟通氛围。刚开始，张楠也不懂怎样与人沟通，后来她就慢慢琢磨出了与人沟通的技巧以及如何给别人留下一个良好的印象。后来，张楠跳槽到一家公关公司做公关，接触到了许许多多的客户，她良好的沟通能力使她不仅谈成了事业，而且还和这些客户交上了朋友。而且，她也善于维系这种朋友关系，不仅知道他们的名字、家庭背景，还了解他们的兴趣爱好。后来，等张楠积蓄了一定的资金和能力，准备自己开一家公司时，她的这些客户朋友为她帮了不少的忙。

其实，我们就生活在一张巨大的关系网中，每个人都是网与网之间的交点。人际关系就像是隐形的翅膀一样，可以使你从一个点跳跃至另一个点。有一位卖场营销的高手，来上海不久，考上了一家名校EMBA，可是他却说，在上海读EMBA，不是做生意，而是在找寻更多比他更优秀的人，认识他们，向他们学习。这也是在积累自己的人脉存折。

人脉如此重要，那么应该如何积累人脉？其实，每个人都有一套积累人脉的方式，要提升人脉竞争力有许多技巧，但是前提是一个人必须先具备自信与沟通能力。一个没有自信的人，无法顺利与人交谈，就更别谈拓展人脉了。而沟通能力，其实就是了解别人的能力，包括了解别人的需要、渴望、能力与动机，并给予适当的反应。不过，提升人脉竞争力的最重要的原则，还是要诚心。学习关怀别人，尊重他人，乐于接受他人的想法和意见，对任何在你生活或事业上有所帮助的人都心怀感激。人脉的积累是长年累月的，不管是一条人脉，或是由人脉伸展出去的人脉，都需要长期的付出与关怀。

努力结交那些才能卓越的人

在南北朝时，一个叫季雅的人被罢官后，在名士吕僧珍家旁买了一处宅院。

僧珍询问他购买宅院的价钱是多少。

季雅回答说:“1100 万。”

僧珍听到这么昂贵的价钱，大吃一惊。

季雅说:“我是用 100 万买房宅，用 1000 万买邻居呀！”

百万买房、千万买邻的故事，讲的是结交卓越人士的道理。

人人都想结交卓越之士，因此，我们放眼所及的一些卓越之士，早已是庭前车马如织，想要结交他们，并非易事。在此，我们简要地介绍一些有助于结交能人的注意事项。

首先，要提前了解对方的有关材料。这方面的材料要尽力搜集，多多益善，力求全面详细。比如他的出生地、过去的生活经历、现在的地位状况、家庭成员、个人兴趣爱好、性格特点、处世风格、最主要的成就、最有影响力的作品（歌曲、著作……）、将来的发展潜力、他的影响力所及的范围。

其次，结识的方法最好是托人引荐。这是比较常用的办法，一般托那些与其交往密切的人作为中间人引荐，会起到事半功倍的效果。因为经与他交往密切的人引荐，他自会刮目相看，郑重地对待你。找中间人需要注意的是：你要让中间人尽可能地了解你，并获得中间人的充分信任和欣赏，这样他才会有积极性去引荐。对一个不太了解的人，或不太赏识的人，中间人是不会轻易引荐的。贸然引荐，令对方不高兴，也等于减少了自己在对方心目中的“印象分”。美国人认为，我们与世界上任何一个人的距离，只有六个人。也就是说，一个平凡得不能再平凡的人，通过朋友找朋友再找朋友式的引荐，最多经过六个中间人就可以结识到总统。

和卓越人士打交道，要怀平常心。缩手缩脚、拘谨不堪，只会增加对方对你的忽略甚至轻视。你的举止言谈，要落落大方，收放自如，尊敬但不必过分崇拜，不要把自己放在一个低贱的位置。特别要注意的是，不要给对方以谄媚、讨好的感觉。你肯定怀有敬佩之情，真诚地表达你的钦佩之情，适当地赞美一下也无不可，但一定要让他感觉你的称赞发自内心、发自肺腑之言。因为他们听惯了吹捧话，甚至有些麻木，你再多俗套的吹捧也难以打动他的心和引起他的兴趣。总之，在人格上，大家都是平等的。

最后，我们还需强调的是，我们结交卓越之士的目的是为了学习他们为人处世的方法，而非为了满足自己的虚荣，也非处心积虑要待他日利用他们。

把大人物变成自己的“圈里人”

“近朱者赤，近墨者黑”，这话不无道理。你的朋友都是气质美女、时尚靓妹，你一定也会注意起自己的衣着打扮和个人形象来；你的朋友都是蓬头垢面、不修边幅，你也多少会受其影响，对自己平时的装束有所忽略。古人说“男婚女嫁”讲究的是门当户对，其实交朋友也是如此，你想成为什么领域的领军人物，那么就去认识这方面的有影响力的人。长久与之交往，“则同化矣”，你也会渐渐走向成功，变得有影响力。

聪明人一定要常去结交那些极具影响力的人物，当你将他变成了自己的圈子里的人，在他的影响和帮助下，你自己本身也会产生一种向上的动力，就好比吸足水分的稻谷一样，拼命拔高。这样即使你无法在成功的浪尖上舞蹈，至少也可以在成功的附近徘徊。成功其实便在这咫尺之间，你再努力一把，成功便像一只唾手可得的果子一样，伸手间便能摘取。

一旦你结识了有影响力的大人物，机遇从此更多，薪水翻倍、快步晋升，这些都成为概率极大的事情。大人物的人格魅力便在于此。可是你一个普普通通的人要怎样才能将这些有影响力的人变成自己的圈里人呢？这些大人物哪里是你想见就见、想结交就能结交的呢？有身份有地位的人常常高高在上，难免会端端架子、翻翻白眼，要么就是个性独特，风格独立，与之交往难免你要头疼几回。

但是，困难的事往往也是对你的一个考验，你要开动脑筋才行。聪明的人只要善于开动脑筋，往往便能无所不能。

有一个北大学生，刚刚毕业，当他的同学为工作、为前途忙得焦头烂额的时候，他却非常冷静，因为他清晰地知道自己要干什么，也深知结交贵人之道。于是，他给华为老总任正非写了几封信，剖析了华为在东南亚市场的发展利弊，明确自己能够给华为带去什么。结果任正非一句话："OK，这个人我要了！"该学生的前途从此有了一个完美的着陆点。

这个北大学生就是利用通信的方式将华为的老总变成自己的"圈里人"。当然这个例子并不是要每个人向知名的大企业家或是影响力巨大的人物写封信，并不是表露一下自己的观点就可以"攀龙附凤""鲤鱼一挺"变成金凤凰了，事情远没有那么简单。你知道每天会有多少人给任正非写信，每天任正非的秘书又会把几封信传给任正非阅读？任正非能读到你的信，并且为你高超的思想和建议所折服，可以说这种结果带有极大的偶然性。这个案例的目的是在教给我们这样一个道理，即结交贵人是要讲实力的。你必须先有真实的能力，贵人才会为你"倾洒富贵"。

与极具影响力的大人物相交，可能你遭遇的是冷眼冷语冷面孔，其实这可以说在情理之中。作为一个"小人物"，你当然要做好这种思想准备，正因为大人物不易结交，所以一旦结交到一个颇具影响力的大人物，那将是你毕生之福，你的大富大贵的好前途就将静候在你的前方！

为了结交到一位非同小可的大人物，花费再多心思也是不为过的。就像那位北大学生为了结交任正非，他一定花了不少心思，在他获得接受和认可之前，就已经精心准备好了大人物急需的好处，明确指出自己能给华为带去什么，所以才能一语中的，从此平步青云。

聪明的你还要有一种“死缠烂打”的精神。80后财富新贵高燃可谓将这种精神发挥到了极致。在创业之初，他就一直有这样一个习惯，那就是广泛留意知名的企业家，研究他们成功的方法以及致富的门路，并寻找各种机会结识他们。他曾写下十几页的商业计划书到处寻找投资人，电梯里他堵过杨致远，火车里他追过蒋锡培。正是他的韧劲打动了蒋锡培，才有了高燃的今天。

所以，聪明的你赶紧“有所作为”吧！写信，发邮件，参加大人物常参与的社交活动，或通过直接、间接的介绍，这些都可以作为与之相交的可行方法。只要你态度真诚，并且让那个大人物意识到与你相交带给他的诸多帮助，他一定会进入你的圈子里的！

寻找自己能借用的力量

成功不仅在于你知道什么或做什么，还在于你认识谁，能够借用谁的力量。

西晋著名文学家左思以《三都赋》而名动京都。左思并非那种天才型的才子，就连他自己的父亲左雍都认为这个儿子不可能有出息。左雍从一个小官吏慢慢做到御史，他见左思身材矮小，貌不惊人，说话结巴，倒一副痴痴呆呆的样子，常常对外人说后悔生了这个儿子。及至左思成年，左雍还对朋友们说："左思虽然成年了，可是他掌握的知识和道理，还不如我小时候呢。"

左思自己并不看轻自己，他发愤学习，以勤补拙。随着知识的丰富、眼界的开阔，左思觉得东汉班固写的《两都赋》和张衡写的《两京赋》，虽然气魄宏大、文辞华丽，但存在虚而不实、大而无当的弊病。于是，他决心依据事实和历史的发展，写一篇《三都赋》，把三国时魏都邺城、蜀都成都、吴都南京写入赋中。

笨拙口吃的左思居然要写《三都赋》，这个消息成了当时"文坛"的一条茶余饭后的谈资。当时一位著名文学家叫陆机，他也曾起过写《三都赋》的念头，但苦于难度大一时不敢动笔。他听说名不见经传的左思写《三都赋》，就挖苦道："不知天高地厚的小子，竟想超过班固、张衡，真是太自不量力了！"他还给弟弟陆云写信说："京都里有位狂妄的家伙写《三都赋》，我看他写成的文章只配给我用来盖酒坛子！"

左思没有理会这些讥讽，他收集大量的历史、地理、物产、风俗人情的资料，经过十年的推敲，终于写成了《三都赋》。

十年磨一剑，霜刃不曾试。左思用心血书写的《三都赋》面世后，文人们一见作者是位无名小卒，就根本不予细看，摇头摆手，把《三都赋》说得一无是处。左思不甘心自己的心血遭到埋没，他想到了当时著名文学家张华，觉得这篇文章要是得到了张华的肯定，就一定可以让更多的人接受。

左思想方设法找到张华，将自己的作品呈上。张华一看《三都赋》，就被其大气磅礴的文采与旁征博引的内容所折服。他反复玩味，称赞道："好文章！那些世俗文人只重名气不重文章，他们的话是不值一提的。皇甫谧先生很有名气，而且为人正直，让我和他一起把你的文章推荐给世人！"

皇甫谧看过《三都赋》以后也是感慨万千，他对文章予以高度评价，并且欣然提笔为这篇文章写了序言。他还请来著作郎张载为《三都赋》中魏都赋做注，请朱中书郎刘逵为蜀都赋和吴都赋做注。刘逵在说明中说道："世人常常重视古代的东西，而轻视新事物、新成就，这就是《三都赋》开始不传于世人的原因啊！"

就这样，在一批著名文学家的称赞、帮助与推荐下，《三都赋》很快在京都洛阳传抄开了。由于抄赋的人太多，一下子弄得整个京城的纸张紧俏，出现了"洛阳纸贵"的情景。以至于当年扬言要拿这篇文章去盖酒坛子的陆机看到了也心悦诚服，大声叫好之后主动放弃自己的《三都赋》写作计划。

同是一篇文章，因为出自无名小卒之手而默默无闻，后来经过名家的捧场，居然名动天下。从《三都赋》的命运起伏中，我们若只知道感慨世人的俗气、势利，只能徒增一些没有任何积极意义的愤世嫉俗。正面的思考方向不如朝如何让自己的"作品"像《三都赋》一样不被埋没。

一篇上乘的佳作，只因出自无名小卒之手，要得到应有的地位，都需要别人的帮助。一个普通人要做一番事业，更离不开他人的帮助了。北宋名臣薛居正说：“缺者，人难改也。”意思是人有些缺陷光靠自己的努力是很难弥补的。很难弥补怎么办，目光朝外看，看是否有人能帮助你。

美梦人人都会做，不同的是有的人美梦成真，有的人是黄粱一梦。要想美梦成真，就得去做具体的事。越是大事，越是牵涉面广，越是难度大。所以，对于牵涉面广、难度大的事情，或者说事业来说，你得先将事业行进的途中各项困难想清楚，然后尽量在各个险要之处布上棋子，让你过河时有人搭桥，登高时有人架梯。

现代社会里，谁孤立谁就会失败；失败了还要坚持孤立，那这个人就是个彻底的失败者了。在这个现代社会的大舞台中，个人的力量是渺小的，是微不足道的，而善于寻求他人帮助，则是你不可或缺的重要途径。

因此，当你的事业陷入了停滞时，你不妨问问自己：问题的关键是什么？我能解决吗？有谁能帮我解决吗？要通过什么方法才能得到别人的帮助？

◎ 第六章 ◎

可以败给别人，但不能输给自己

你操控着自己的命运，是决定自己一生起伏、成败的贵人，也是自己的敌人。你可以让自己振奋，也可以让自己萎靡；你可以让自己奋进，也可以让自己倒下。对于生活，你有权利选择不同的态度去对待，如果你选择用积极的心态面对生活，战胜内心的阴暗和低沉，你的生活将会大不相同。

有一种失败叫“脾气败”

失败有多种，其中一种就是因为控制不了自己的情绪和脾气，意气用事而导致的失败。这种失败就是“脾气败”。一个人在怒火冲天、心澜难平的时候是很难做出理性的判断、采取明智行动的，这就造成了不可避免的损失。

富兰克林说过：“事情常常从愤怒开始，以羞辱结束。”人的心理就好似一面湖水，波浪起伏的时候无法清晰地映出任何景色，但是静止不动的时候，就犹如一面镜子，不但能映出周围的山峦树木，甚至连天上的浮云也能看得一清二楚。保持心静如水才能清楚地洞察周围情势的变化，随时做出敏锐的反应，以静制胜。这是一种极高的修养，这种修养会使一个人时刻避免“脾气败”，从而踏平坎坷，消除灾祸，转败为胜！如何避免脾气败是一门处世学问，脾气暴躁，自制力差，不仅使自己心澜难平，无法看清自己面临的问题，容易迷失自己，同时也可能因此而受人利用，给敌人以可乘之机。

1809年1月，拿破仑从西班牙战事中抽身匆忙赶回巴黎，因为他刚接到间谍的一份密报——外交大臣塔里兰正在密谋反对他。一抵达巴黎，他立即召集所有大臣开会。会上，他心神不宁，坐立不安，含沙射影地点明塔里兰的密谋，但塔里兰却安然坐在椅子上，没有丝毫反应。

这时候，拿破仑控制不住自己的情绪，忽然逼近塔里兰说：“有些大臣恨不得我死掉！”但塔里兰依然不动声色，只是满脸疑惑地看着他。

塔里兰的反应激怒了拿破仑，拿破仑终于忍无可忍了，他冲着塔里兰咆哮：“我赏赐你无数的财富，给你煊赫的地位，你竟然如此背叛我！你这个忘恩负义的东西，你什么都不是！”说完他愤愤地转身离去了。

其他大臣面面相觑，不知所以，他们从来没有见过拿破仑这样怒气冲天。会议室里大臣们窃窃私语，讨论拿破仑为何如此失态。塔里兰依然一副泰然自若的样子，他慢慢地站起来，转过身对其他大臣说：“真遗憾，各位绅士，如此伟大的人物竟然这样没礼貌。”

皇帝的失态和塔里兰的镇静自若像瘟疫一样在人们中间传播开来，拿破仑的威望逐渐降低了，公众的舆论开始支持塔里兰。

拿破仑在压力下失去冷静，任由脾气爆发，人们开始感到他已经走下坡路了。如同塔里兰事后预言：“这是结束的开端。”

火气大，爱发脾气，实际上是一种敌意和愤怒的心态。当人们的主观愿望与客观现实相悖时就会产生这种消极的情绪反应。

拿破仑是一个容易发怒的人，塔里兰对拿破仑的这个缺点非常了解，他这样做正是为了激起拿破仑的怒气，使他情绪失控，让他在大臣们面前失态，失去作为一个领导的权威。塔里兰成功了，后来的事实证明，这种负面效果确实影响了人们对拿破仑的支持。

无论何时，都要学会控制自己的情绪和脾气，当我们对生活的失败大发脾气的时候，也就失去了自己的沉稳和坚毅，就容易迷失自己。脾气暴躁，会给我们带来很多意想不到的麻烦，甚至会使我们走向失败。

不急不躁、不怨天尤人、不轻易发怒是良好的品质，一个做事光明磊落、生气蓬勃、令人愉悦的人，到处受欢迎。自制力强、冷静沉着的人往往比焦虑万分的人更容易应付各种困难、解决各种矛盾。

求人不如求己

著名教育家陶行知说过："流自己的汗，吃自己的饭。自己的事自己干，靠天靠地靠祖上，不算是好汉。"与其靠别人的施舍，不如靠自己去发愤，只有自己才真正靠得住。人生真正的幸福来自于通过自己不懈的努力取得成功所换来的巨大满足感和喜悦感。

一旦一个人不再需要别人的援助，自己能独立解决自己面对的困难时，他就真正地长大了，真正的开始走向成功的人生。一个人独立自主的观念越强，自力更生的行动越坚定，他离成功的距离也就越近。

人们在生活中常常会遇到一些这样或那样的不幸遭遇，要经历种种的坎坷与风雨，这些都是人生道路上必不可少的风景，是人生这道菜中不可缺少的调料。只有不畏艰难险阻，靠自己的努力不停奋斗，勇敢地向着自己目标前进的人，才是自己命运的真正主人，才是真正的强者和成功者。

有一种植物叫茑，它的身体又细又柔软，自己无法长高，只能沿着别的高大的植物往上爬。

慢慢地，茑的枝叶茂盛起来，还结了不少红黑的果实。一天，一个过路人见了茑，摘了一个果实吃。"真甜啊！长得也漂亮！"他夸茑说。茑听了十分得意。

后来，一个木匠上山砍树。他看了看被茑缠绕的那棵大树说："这棵树做房梁正好！"木匠拿出斧头，砍起树来。"他会连我一起砍断！"茑很害怕，它想离开大树，可是它平时缠得太紧了，现在想离开大树也做不到了。最后大树倒下了，茑也跟着断了。

有人感叹说："如果茑能够自己生长，就不会遭到刀劈斧砍的横祸了。"

如果一个人天生就生活在一个条件优越而又无忧无虑的家庭里，他的未来早已被他的家人安排、设计好了，并且家人还为他的人生铺好了一条阳光般的道路让他能够顺顺利利地行走。从此，他的人生不再需要自己去操心，也不需要自己的翅膀去承担生活中的风风雨雨。

这样的人生，也许是很多人羡慕的人生。可是这样的人就如茑一样，当离开了家这棵大树，独自面对这个社会，面对自己的人生时，已没有能力承载生活给予他的沉重压力，最后只能是面临死亡的命运。而且，他们品尝不到人生的酸甜苦辣，体会不到人生的真正意义。只有自强自立，具备顽强拼搏的精神，凡事靠自己，在人生道路上坚毅前进的人，才会拥有更多的自由和快乐，才会真正拥有属于自己的辉煌与成功。凡事依靠别人生活的人，一旦失去依靠，命运就会像茑一样不幸。

一个匈牙利木材商的儿子，由于从小生得呆笨，人们都叫他"木头"。他九岁之前，除了因遵守秩序在学校里获得过一枚玩具螺丝钉外，再没有获得过什么奖励。

十二岁时，他做了一个梦，梦到有位国王给他颁奖，因为他的作品被诺贝尔看上了。当时，他很想把这个梦告诉谁，但又怕被人嘲笑，最后，只告诉了妈妈。

妈妈说："假如这真是你的梦，你就有出息了！我曾听说，当上帝把一个不可能的梦放在谁的心中时，就是真心想帮助谁完成的。"

男孩从来没有听说过梦想和上帝还有这层关系，妈妈说完，他就信以为真了。他想，他真是天下最幸福的人！世界那么大，上帝却一下子就选中了他。为了不辜负上帝的期望，从此他真的喜欢上了写作。

“倘若我经得起考验，上帝会来帮助我的！”他怀着这样的信念开始了他的写作生涯。三年过去了，上帝没有来；又三年过去了，上帝还是没有来。就在他期盼上帝前来帮助的时候，希特勒的部队却先来了。他作为犹太人，被送进了集中营。在那里，数百万人失去了生命，而他却靠着“生存就是顺从”的信念活了下来。

“我又可以从事我梦想的职业了！”他怀着这种心情走出奥斯威辛集中营。1965 年，他终于写出了他的第一部小说《无从选择的命运》；1975 年，他又写出他的另一部小说《退稿》。接着他又写出了一系列作品。

就在他不再关心上帝是否会帮助他时，瑞典皇家文学院宣布：把 2002 年的诺贝尔文学奖授予匈牙利作家凯尔泰斯·伊姆雷。他听到后，大吃一惊，因为这正是他的名字。

当人们让这位名不见经传的作家谈一谈他获奖后的感受时，他说：“没有什么感受！我只知道，当你说我就喜欢做这件事，多困难我都不在乎时，上帝就会抽出身来帮助你。”

自助者天助，上帝只帮助那些自己帮助自己的人，上面的例子就说明了这一点。所以说，求人不如求己。时常听见有些人哀叹自己时运不济，无论任何事都不能如愿，这种怨天尤人的人，最该怨的是自己。苦难是上天的恩赐，它使一个人成长、壮大，一个人如果不能经受命运的考验，从苦难与挫折中走出来，那么他注定一生一事无成。

来自上天的考验

从前，一个农夫有两个女儿。大女儿漂亮、善良、多情，人见人爱，大家都宠着她，说她有一天是要嫁到皇宫里去的。小女儿却长相平平，也没有什么突出的个性，她是在大家的忽视中慢慢长大的。大女儿白天帮母亲料理家务，闲下来就浇浇花、喂喂鸟，完全不知日子的流逝，对未来也没什么打算。她的人生早就被她母亲安排好了，那就是通过走访那些和贵族沾边的远亲来结识上层人士，尽可能地嫁给高官或皇族。这是他们全家人的希望，除了小女儿。她整天蹲在一堆破布和针线当中。她有一个愿望，就是做世界上最美丽的衣裙。

她从小就看到全家人省吃俭用给姐姐买的花裙子，是那样的漂亮，就像展翅的蝴蝶，又像吐蕊的花蕾。她也曾趁大家熟睡的时候，偷偷穿在身上，在月光下跳舞。可是，那些裙子到底不是她的，是姐姐的呀，全家省吃俭用一年只能买一条这样贵的裙子。后来再大一些，她就不再偷穿姐姐的裙子了，而是暗暗下决心，要自己缝制漂亮的花裙。从那个时候起，她总是想方设法在村子里收集各种废旧剩余的布料，照着样子缝制裙子。她的针线活越做越好，缝的补丁都看不见针脚，而且她能够按照补丁的形状缝成花啊太阳啊蜻蜓啊，完全看不出来是块补丁。她的手艺引起了村里裁缝的注意，就让她到店里帮忙。从此，她开始了正规的缝纫学习。

就在她进入裁缝作坊里的时候，她的姐姐也开始了相亲。农夫和他的妻子用小女儿缝制的衣裙，把他们的大女儿打扮成大户人家的小姐，让她去参加各个社交舞会，以求能够遇见贵人。小女儿曾经对姐姐说，如果不想去可以拒绝的。但是那个美丽的人，她不知道自己要什么、能做什么，倒不如听从父母的安排。时间就这样过去了，大女儿终于找到一个愿意接受她的贵族，可是这个贵族已经四十岁了，右腿有些不灵便，而且还带着前妻留下的两个孩子。同时，小女儿也来到城里，是村里的裁缝资助她到著名的裁缝店学习的。大女儿出嫁了，她的父母很开心，得到了一大笔钱，而她自己却无所谓快乐不快乐的。她没有什么想要的，也不知道能做什么，只是听从命运的安排。偶尔地，她会羡慕妹妹的梦想和努力，但那也只是一小会儿罢了。

小女儿的手艺越来越好，很多上层贵族都喜欢找她做衣服。当她姐姐有了第一个孩子的时候，她终于攒够钱，可以自己开店了。她是多么激动啊，她终于能专心设计，朝着“最美丽的衣裙”这个梦想迈进，还可以免费为那些穷苦的女孩子裁剪漂亮的裙子。小女儿的生活充实而快乐，相反地，她的大姐开始渐渐地枯萎。她生活在“家庭”的形式中，对自己的丈夫、孩子没有热情。她只是很好地履行一个妻子的职责，仅此而已。

从前那个喂鸟养花的美丽女人如今只是一副躯壳，容颜凄美、衣着华丽。小女儿很多次劝姐姐想想自己的梦想。可是，那个被上帝眷顾的人淡淡地说，没什么想要的，也没什么可做的。

小女儿的手艺和善行终于传到了皇宫里。公主出嫁的时候，她领到命令负责裁制嫁衣。小女儿说，仅有尺寸是不行的，她需要见到公主本人，才能知道她最适合什么样的衣服，衣裙不仅要合尺寸，更要与人的气质相和谐。于是，她被特准进了皇宫。嫁衣做好了，公主穿上后惊艳四方，各国的王公贵族都非常喜欢，纷纷打听是在哪里定做的。小女儿在京城中一下子成了名人，然而真正令她高兴的是，她终于做成了世界上最美丽的衣裙。然而，更意想不到的是，在她给公主量体裁衣的时候，公主的哥哥，本国的国王恰好经过。于是，不久后她成了王后。王后之命，那是人们曾经给她姐姐的预言，却在她身上应验了。不过，那不是命运的恩赐，而是她依靠自己的努力获得的。

有信念的人是幸运的，因为他（她）始终知道自己要的是什么，就不会迷失生活的方向，就能够凭借自己的毅力一步一步朝着心中的念想努力前行，直达成功的彼岸。就像故事中的小女儿，虽然没有姐姐的美貌，不得父母的疼爱，却因为有梦想，并能够凭借自己坚持不懈的努力来实现梦想，掌握自己的人生。

信念如同一座灯塔，可以指引人前进的方向，给人带来希望之光，使人在困境中也能获得心灵的慰藉。

人生在世，是不能没有希望的，每个人的心中都应该有一个支撑自己继续下去的信念，都应该有一盏点亮自己的希望之灯，即使遇到再多坎坷荆棘，只要心中的那盏灯不灭，希望便永不会破灭。

在生活中，我们也应该始终怀有美好的希望，要知道，那不远处的希望其实是自己不断前行的动力，这是一种自我督促的信念，就像深夜中指引人们前进的灯塔，在前进的过程中，灯塔的亮光会指引我们前行的方向，给我们勇往直前的力量，给我们不断坚持下去的勇气。

信念是美丽的，可以支持我们灵魂的大厦，可以充实我们干瘪的皮囊，也可以给我们源源不断的力量。愿在生活的海洋中，我们心中信念的灯塔永不熄灭！

害怕本身更让人害怕

萧伯纳说过这样一句话：有信心的人，可以化渺小为伟大，化平庸为神奇。

一个人具有什么样的心态，他就会成为什么样的人，也就会拥有一个什么样的人生。事情往往是这样，你相信会有什么结果，就可能会有什么结果。这说明一个人可以通过改变自己的心境来改变自己的生活。如果人的心是向着太阳的，那么就一定会“开花”。

一个小孩，相貌丑陋，说话口吃，而且因为疾病导致左脸局部有麻痹，嘴角畸形，讲话时嘴巴总是歪向一边，还有一只耳朵失聪。为了矫正自己的口吃，孩子模仿古代一位有名的演说家，嘴里含着小石子讲话，看着嘴巴和舌头被石子磨烂的儿子，妈妈心疼地抱着他流着泪说：“不要练了，妈妈一辈子陪着你。”

懂事的他替妈妈擦着眼泪说：“妈妈，书上说，每一只漂亮的蝴蝶，都是自己冲破束缚它的茧之后才变成的。我要做一只美丽的蝴蝶。”后来，他能流利地讲话了。因为勤奋和善良，他中学毕业时，不仅取得了优异成绩，还获得了良好的人缘。

1993 年 10 月，他参加总理大选，他的成长经历被人们知道了，并赢得了极大的同情和尊敬。他的“我要带领国家和人们成为一只美丽的蝴蝶”的竞选口号，使他以高票当选为总理，并在 1997 年连任。人们亲切地称他为“蝴蝶总理”。

他就是加拿大第一位连任两届的总理让·克雷蒂安。

不管你处在什么样的境遇，只要坚信自己能干出一番大的事业，未来的人生会与众不同，你就能达到那个位置，并完成你的梦想。

信念就像一只美丽的蝴蝶，正是要突破那层苦难的茧，才能够成就蝴蝶的飞翔。

英国有一位名不见经传的设计师克里斯托·莱伊恩，除了年轻，他一无所有，但他很幸运，参加了温泽市政府大厅的设计。他运用工程力学知识，依据自己多年的实践，很巧妙地设计了只用一根柱子支撑大厅天花板的方案。一年后，市政府权威人士进行验收时，说只用一根柱子支撑天花板太危险了，要求他再多加几根柱子。

年轻的设计师却十分自信，只要用一根坚固的柱子便足以保证大厅的安全，并详细地计算说明，列举相关实例，最后，他坚持自己完美的设计而拒绝了工程验收者的建议。可想而知，他的固执惹恼了市政官员，他险些被送上法庭。

在种种压力下，他陷入两难的境地：坚持自己的主张，就意味着公然与政府官员作对；放弃吧，又有悖于自己为人的准则。矛盾了很长时间，他终于想出一条两全其美的计策。

他在大厅里增加了四根柱子，不过，这些柱子并没有与天花板接触，只是摆设，摆设给那些愚昧无知却又刚愎自用的人看。

时光飞逝，岁月如梭，一晃300年过去了。

300年的时间里，市政府官员换了一批又一批，而支撑他们头顶天花板的柱子仍是那一根。直到某一年，市政府准备修缮大厅的天花板时，才发现了这个秘密。

消息在一夜之间不胫而走，世界各国的建筑家和游客慕名而来，观赏这根奇异的柱子，并把这个市政大厅称作“嘲笑无知的建筑”，当地政府对此也不加掩饰，在新世纪到来之际，特意将大厅作为一个旅游景点对外开放。许多人在那一根柱子面前流连忘返，遐想联翩。

人们在仅存的一点儿资料中找到了设计师克里斯托·莱伊恩当时说过的一句话：“我很自信，自信至少100年以后，当你们面对这根柱子时，只能哑口无言，甚至瞠目结舌……我要说明的是，你们看到的不是什么奇迹，而是我对自信心的一点坚持。”

当时有人嘲笑他不知天高地厚，而今天的现实又是如何呢，300年的历史还不足以说明一切吗？克里斯托·莱伊恩，这依然是一个陌生的名字，然而，所有人都相信，当自己读他的名字时，都不敢发出声音。

因为300年前，也许只有上帝听见他说过，能把自己的梦想擎到天堂的高度，靠的是自信的柱子。而这样的柱子，不需太多摆设，一根足够。

人之所以能，是因为相信能，这就是信念的力量。在生命的长河中，有顺境，也有逆境，有成功的喜悦，也有失败的苦涩。通向成功的道路，绝不会是一帆风顺的，有时会荆棘丛生，甚至会出现断崖。这时，就需要自信心作为我们精神的支柱，否则，成功将与我们无缘。

然而，一个人光有信念还不行，光有信念而没有行动、没有实力，就好像一只缺乏双桨的小舟，只能在大海中漂泊，却始终无法到达成功的彼岸。所以，要想真正得到别人的信服，取得傲人的成绩，就必须得用实力来证明自己，证明自己是最棒的，用实力来为自己赢得满堂喝彩。

对一个有志者来说，信念是立身的法宝。信念的力量，在于即使身处逆境，亦能帮助你扬起前进的风帆；信念的伟大，在于即使遭遇不幸，亦能召唤你鼓起生活的勇气。信念，是蕴藏在心中的一团永不熄灭的火焰。

蝴蝶破茧后才能飞上高高的天空，而那层蚕茧也可以是我们人生中可能有的批评、质疑、反对、阻挠……然而，不管是什么，不管你遇到多大的困境，只要相信自己是对的，你就有了与生活抗争的动力与勇气，并用自己的实力向世人证明自己，使自己的人生得到升华。

不要轻言“我不行”

当你面临一个新的选择，当你需要跳跃到一个新的高度时，你通常会怎么做？是一直摇头摆手说“我不行”还是鼓起勇气迎难而上？说不行的人，等待他的只能是失败，而选择迎难而上的人，最终会到达胜利的顶峰。

春秋战国时代，一位父亲和他的儿子出征打仗。父亲已做了将军，儿子还只是马前卒。又一阵号角吹响，战鼓雷鸣了，父亲庄严地托起一个箭囊，其中插着一支箭。父亲郑重地对儿子说：“这是家袭宝箭，佩戴在身边，力量无穷，但千万不可抽出来。”那是一个极其精美的箭囊，厚牛皮打制，镶着幽幽泛光的铜边儿。再看露出的箭尾，一眼便能认定用上等的孔雀羽毛制作。儿子喜上眉梢，贪婪地推想箭杆、箭头的模样，耳旁仿佛嗖嗖的箭声掠过，敌方的主帅应声折马而毙。果然，佩戴宝箭的儿子英勇非凡，所向披靡。当鸣金收兵的号角吹响时，儿子再也禁不住得胜的豪气，完全背弃了父亲的叮嘱，强烈的欲望驱赶着他拔出宝箭，看个究竟。骤然间他惊呆了：一只断箭，箭囊里装着一只折断的箭。

我一直挎着只断箭打仗呢！儿子吓出了一身冷汗，仿佛顷刻间失去支柱的房子，轰然意志坍塌了。

结果不言自明，儿子惨死于乱军之中。

拂开蒙蒙的硝烟，父亲拣起那柄断箭，对着儿子的尸身沉重地说：“不相信自己的意志，永远也做不成将军。”

把胜败寄托在一支宝箭上，多么愚蠢，就好像一个人总是把希望寄托在别人身上，比如自己的父母、儿女、丈夫、单位，却从来不懂得依靠自己一般。只懂得依靠别人，最终会连自己也失去！

要知道，自己才是一支箭，若要它坚韧，若要它锋利，若要它百步穿杨，百发百中，磨砺它、拯救它的都只能是自己。只有充分地相信了自己，不依靠任何外力，才能战无不胜、攻无不克，无坚不摧！

只有妄自菲薄的人，才容易失败，而拥有坚定的信念，你就可以超越自己的极限，到达一个更高的顶峰。

半夜时分，在孟加拉国的达卡街道上，一名鬼鬼祟祟的男子行窃失败，当场被警察逮捕。警员将男子收押到警察局记录口供，男人坐在办公室大吵大闹，

一位警察说："先生，请你合作一点，这里不是你家！"

男人声嘶力竭地呼喊着："我是不会和你们合作的，除非让我见局长！"

由于男人一直大吵大闹，无奈之下，警员只好请局长出面。局长质问男人说："你半夜不睡觉跑到路上当小偷，还想和我说什么？"

男人不满地吆喝："我不服气！你们天天吃好的喝好的，能理解我的心情吗？从小我就是被丢弃的孤儿，住在达卡贫民窟里，没有人愿意接纳我，我也只好当了小偷，这都是别人害我的，为什么不抓他们反而要抓我！"

局长用缓和的情绪说着："你认识我吗？我可以理解你的心情！因为我也是孤儿，小时候也住在达卡的贫民窟，我也一样遭受过别人的欺负，但是我没有走上绝路，我发誓以后要做出成绩好让大家知道，现在我做到了！"

命运何其可笑，同样是贫民窟长大的孤儿，一个成了警察局长，

一个却因为偷窃成了阶下囚，是生活有意偏袒成为警察局长的那个孤儿吗？这又怎么可能？面对同样的环境，警察局长因为坚定了人生的信念，要做出好成绩来证明自己，所以有了今天的成绩；而小偷却对自己的人生妄自菲薄，总一味地怨天尤人，所以终究一事无成。

生活本就是这样，你付出了什么样的努力，就会得到什么样的回报。如果你对待事情总能保持乐观、向上的态度，对生活报以微笑，那么生活也会以同样的微笑来回报你；如果你从小就有坚定的人生信念，并一直坚持不懈，那生命也会在这种信念里熠熠生辉。

他是一个冷酷无情的人，嗜酒如命且毒瘾甚深，有好几次差点把命都给送了，就因为在酒吧里看不顺眼一位酒保而犯下杀人罪，目前被判终身监禁。

他有两个儿子，年龄相差才一岁，其中一个跟他老爸一样有很重的毒瘾，靠偷窃和勒索为生，也因犯了杀人罪而坐监。

另外一个儿子可不一样了，他担任一家大企业的分公司经理，有美满的婚姻，养了三个可爱的孩子，既不喝酒更未吸毒。

为什么同出于一个父亲，在完全相同的环境下长大，两个人却会有不同的命运？在一次个别的私下访问中，问起造成他们现况的原因，二人竟然是相同的答案："有这样的老子，我还能有什么办法？"

坐监的儿子说："有这样的老子，我还能有什么办法？从小就在这样的环境中长大，自然就成了这样。"所以让他走上了犯罪道路。

另一个已经是公司经理的儿子说："有这样的老子，我还能有什么办法？既然没得选择，就只能靠自己的双手去改变命运，为自己赢得一个好的未来。"

我们经常以为一个人的成就深受环境所影响，有什么样的遭遇就有什么样的人生。这实在是再荒谬不过了，影响我们人生的绝不是环境，也绝不是遭遇，而是我们对这一切保持什么样的信念。

有两位年届七十岁的老太太，对于未来也因不同的信念而有了不同的人生。一位认为到了这个年纪可算是人生的尽头，于是便开始料理后事；然而另一位却认为一个人能做什么事不在于年龄的大小，而在于是怎么个想法。

于是她给自己定下了更高的期许，在七十岁高龄之际开始学习登山，随后的25年里她一直冒险攀登高山，其中几座还是世界上有名的。

就在最近，她还以九十五岁的高龄登上了日本的富士山，打破攀登此山年龄最高的纪录。她就是大大有名的胡达·克鲁克斯老太太。

由上述的例子可见，不是环境也不是遭遇能够决定一个人的一生，而是他对于这一切赋予什么样的意义，这不仅会决定他的现在也决定他的未来。

很多时候，我们都需要强烈的自信来支撑自己的身心，而与自信背道而驰的却是自卑。自卑者往往不能正确对待自己，他们常常轻视自己，妄自菲薄、自暴自弃，他们仰望高山，望而生畏，不敢抬步；遥望科学的彼岸，望洋兴叹，不敢泅渡。在他们眼里，理想就像柯罗连科所描绘的火光一样，可望而不可即。他们把成功的“金字塔”看得神乎其神。面对理想，他们不是冷静思考、奋起努力，而是甘于落后、庸庸碌碌，最后一事无成。实际上，在自卑的人那里，自己成了永远无法战胜的敌人，而在自信的人那里，自己则是克服一切困难的强大动力。

其实生活给予每个人的都同样多，关键看你怎样把握。一味地怨天尤人、妄自菲薄只能使自己陷入更加不堪的境遇里，而一旦有着坚定的信念，并始终有一颗对生活不服输的心，那即使身处恶劣的环境，也始终能看到生活的希望。

千万别丢掉自己的信念

每个人都有遭遇人生低谷的时候，这时候就需要我们用信念来抵御低谷带来的严寒，用信念为自己疗伤。

曾经有两个人在沙漠的黑夜中行走，水壶中的水早就喝完了，两人又累又饿，体力渐渐不支了，在休息的时候，其中一个人问另一个人，现在你能看到什么？

被问的那个人回答道："我现在似乎看到了死亡，似乎看到死神在一步一步地向我们靠近。"发问的人微微一笑说："我现在看到的是满天的星星，和我的妻子儿女等待我回家的脸庞。"

最后，那个说看到死亡的人真的死了，就在快要走出沙漠的时候，用刀子匆匆结束了自己的生命，而那个说看见星星的人，靠着星星的方位指示成功地走出了沙漠，并成为人们心目中的英雄。

潜能成功学家安东尼·罗宾说："面对人生逆境或困境时所持有的信念，远比任何事都来得重要。"这是因为，积极的信念和消极的信念，直接影响一个人的成败。

人生到底是喜剧收场还是悲剧落幕，是轰轰烈烈的还是无声无息地，就全在于这个人到底抱的是什么信念。有了积极的信念，就能够成功的穿越人生的冰河，到达希望的彼岸。

海伦刚出生时是个正常的婴孩，能看、能听，也会牙牙学语，可是，一场大病使她又瞎又聋又哑——那时她才 19 个月大。

生理的巨变令小海伦性情大变。稍不顺心，她便会乱敲乱打，野蛮地用双手抓食物塞入口里；若试图去纠正她，她就会在地上打滚，乱嚷乱叫，简直是个“小暴君”。父母在绝望之余，只好将她送至波士顿的一所盲人学校，特别聘请一位老师照顾她。

所幸的是，小海伦在黑暗的悲剧中遇到了一位光明天使——安妮·莎莉文女士。莎莉文是一位有着不幸经历的女性。她10岁时，和弟弟俩人一起被送到麻省孤儿院，在孤儿院的悲惨生活中长大。由于房间紧缺，幼小的姐弟俩只好住进停放尸体的太平间。在卫生条件极差又贫困的环境中，幼小的弟弟6个月后就夭折了。她也在14岁得了眼疾，几乎失明。后来，她被送到帕金斯盲人学校学习凸字和手语法，以后便作了海伦的家庭教师。

从此，莎莉文女士与这个蒙受三重痛苦的姑娘的斗争就开始了。洗脸、梳头、用刀叉吃饭都必须一边和她格斗一边教她。固执己见的海伦以哭喊、怪叫等方式全力反抗着严格的教育。然而，莎莉文女士究竟如何以一个月的时间就和生活在完全黑暗、绝对沉默世界里的海伦沟通的呢?

答案是信心与爱心。

关于这件事，在海伦·凯勒所著《我的医生》一书中，有感人肺腑的深刻描写；一位年轻的复明者，没有多少“教学经验”，将无比的爱心与惊人的信心，灌注于一位全聋全哑的小女孩身上——先通过潜意识的沟通，靠着身体的接触，为她们的心灵搭起一座桥。接着，自信与自爱在小海伦的心里产生，使她从痛苦的孤独地狱中救出来，通过自我奋发，发挥潜意识中的无限能量，走向光明。俩人手携手，心连心，用爱心和信心作为“药方”，经过一段不足为外人知道的挣扎，唤醒了海伦那沉睡的意识力量。一个既聋又哑且盲的少女，初次领悟到语言的喜悦时，那种令人感动的情景，实在难以表述。海伦曾写道:“在我初次领悟到语言存在的那天晚上，我躺在床上，兴奋不已，那是我第一次希望天亮——我想再没其他人可以感觉到我当时的喜悦吧。”

海伦凭着触觉——指尖去代替眼耳——学会了与外界沟通。她十多岁时，名字就已传遍全美，成为残疾人的模范。

1893 年 5 月 8 日，是海伦最开心的一天，这也是电话发明者贝尔博士值得纪念的一天。贝尔博士为这位成功人士在这一天成立了著名的国际聋人教育基金会，而为会址奠基的正是 13 岁的小海伦。

若说小海伦没有自卑感，那是不确切的，也是不公平的。幸运的是她自小就在心底里树起了颠扑不灭的信心，完成了对自卑的超越。

小海伦成名后，并未因此而自满，她继续孜孜不倦地接受教育。1900 年，这个 20 岁的学习过手语法、凸字及发音，并通过这些手段获得超过常人的知识的姑娘，进入了哈佛大学拉得克利夫学院学习。她说出的第一句话是：“我已经不是哑巴了！”四年后，她作为世界上第一个受过大学教育的盲聋哑人，以优异的成绩毕业。

海伦不仅学会了说话，还学会了用打字机著书和写稿。她虽然是一位盲人，但读过的书却比视力正常的人还多。而且，她还著了 7 册书，比“正常人”更会“鉴赏”音乐。

海伦的触觉极为敏锐，她只需用手指头轻轻地放在对方的唇上，就能知道对方在说什么；把手放在钢琴、小提琴的木制部分，就能“鉴赏”音乐。她能以收音机和音箱的振动来辩明声音，又能够利用手指轻轻地碰触对方的喉咙来“听歌”。

如果你和海伦·凯勒握过手，5 年后你们再见面握手时，她也能凭着握手来认出你，知道你是美丽的、强壮的、体弱的、滑稽的、爽朗的或者是满腹牢骚的人。

这个克服了常人“无法克服”的残疾的“造命人”，其事迹在全世界引起了震惊和赞赏。她大学毕业那年，人们在圣路易博览会上设立了“海伦·凯勒日”。她始终对生命充满信心，充满热忱。她喜欢游泳、划船，以及在森林中骑马。她喜欢下棋和用扑克牌算命。在下雨的日子，她以编织来消磨时间。

海伦·凯勒凭着她那坚强的信念，终于战胜了自己，体现了自身价值。她虽然没有发大财，也没有成为政界伟人，但是，她所获得的成就比富人、政客还要大。

第二次世界大战后，她在欧洲、亚洲、非洲各地巡回演讲，唤起了社会大众对身体残疾者的注意，被《大英百科全书》称颂为有史以来残疾人士最有成就的代表人物。

懂得信任自己“心灵”的人，才能理解生命的价值，海伦·凯勒用自己的行动证实了这一点，创造了物质财富，也创造了精神财富。

希尔在评价海伦时说：“自信心是心灵第一号化学院。当信心融合在思想里，潜意识就会运用这种力量，把它变为精神力量，再转化为物质。”马克·吐温评价说：“19世纪中，最值得人们纪念的人是拿破仑和海伦·凯勒。”

用信心可以穿越人生的冰河，一个人没有自信，只能脆弱地活着；反过来讲，因为信心的力量是惊人的，它可以改变恶劣的现状，造成令人难以相信的圆满结局。充满信心的人永远击不倒，他们是命运的主人。有方向感的信心，可令我们每一个意念都充满力量。

第七章

只有现在拼搏，将来才有任性的资格

没本事的人常常埋怨自己运势不佳，而有本事的人却在努力拼搏，让命运之路变得更平坦。很多时候，你以为的“平淡”不过是为自己的懒惰找借口。现实是，当你一无所成时，连基本的生活都会成问题。只有现在努力拼搏，将来才可以在某些事上任性一把。

生气不如争气

我们在每一天都希望受到他人重视、尊重和欢迎，但偏偏难免有时又会被人嘲弄、受人侮辱、被人排挤……生活给了我们快乐的同时，也给了我们伤痛的体验。

有的人能够很坦然地面对每一天发生的一切；但有的人却成天为一点小事火上心头，这些人很容易生气，但很多时候是斗气的人自己小肚鸡肠，为小事去斤斤计较。于是在他们身边便经常发生一些你死我活的激烈斗争，有的为争官位的高低，有的是为争金钱的多少，还有的是为争风吃醋……胜利者扬扬得意而自恃其高，失败者垂头丧气的同时，却又埋下了仇恨的种子。又有许多人处于低谷时一味地抱怨、苦恼，大声地哭诉着生活对自己是如此的不公，长期沉溺其中不能自拔，终日被泪水和无奈的情绪包围着——他们在与生活斗气。

仔细想来，用这样抱怨、折磨的方式与自己斗气又有何用？这只能徒增自己的痛苦，只会让自己坠落到更深更惨的深渊去罢了。

人活一口气，所以有的人说：我不为五斗米折腰，我不干了！

有的人说：这个破工作，我不干了！

有的人说：这不公平，我不干了！

可是，你的离去就能保全你的人格、能换回他人的尊敬、会为你带来更高的收入和更多的财富吗？所以，人难免有时会身不由己，我们的那些倔气、脾气和傲气，都不得不收敛起来，因为斗气不如争气。

A对B说："我要离开这个公司。我恨这个公司！"

B建议道："我举双手赞成你报复！一定要给公司点颜色看看。不过你现在离开，还不是最好的时机。"

A问："为什么？"

B说："如果你现在走，公司的损失并不大。你应该趁着在公司的机会，拼命去为自己拉一些客户，成为公司独当一面的人物，然后带着这些客户突然离开公司，公司才会受到重大损失，非常被动。"

A觉得B说得非常在理。于是努力工作，事遂所愿，半年多的努力工作后，他有了许多的忠实客户。

再见面时B对A说："现在是时机了，要跳就赶快行动。"

A淡然笑道："老总跟我长谈过，准备升我做总经理助理，我暂时没有离开的打算了。"

其实这也正是B的初衷。所以，最好的办法就是不与生活中苍白的部分斗气，而是自己争气，想办法去做好一天中该做的事。在人格上、在知识上、在智慧上、在实力上使自己每一天有所成长，使自己逐渐地在每一天的激励中强大。此所谓斗气不如争气，这会让自己做得更好。

生活中的每一天，难免要与他人磕磕碰碰。如果一味地斗气，生活得不开心不说，说不准遭殃的是谁。"斗气"的结果是彼此受损，而争气则是以个人的意志，以自身发展来强大自己，完成自我的辉煌，这就在客观上已经斗败了"对手"。

人要是斗气的话就要付出沉重的代价。因为一个人只要一斗气，气之将错乃至命运之错。有人为赢得与他人之攀比而绞尽脑汁，于是他们为满足自身的私心欲望争回了一口气，贪官胡长清也就为此而身败名裂。有人为满足狭隘之气而鼠目寸光、一蹶不振，西楚霸王项羽本来完全可以东山再起，他却“不肯过江东”而自刎乌江，给我们留下的是一曲“虞兮虞兮奈若何”的壮烈悲歌。

所以英文中生气是 anger，危险是 danger。生气与危险只有一字之差，若一径沉于生气中，即是已站立在危险的边缘，稍一不慎将坠入无底深渊而万劫不复。将生气化为动力，即使缺陷曝于人前，只要用顽强的心、昂扬的斗志激励我们上进，就会在缺陷中逐渐成长。生气是种病态，争气却是能将之治愈的良药；生气伤身，丑化灵魂，而争气补益，健全心智。若时刻生气，我们不如争气。

每个人都希望自己做得很优秀，过得很顺利。可是每当遇到生活中的烦恼与挫折时，有的人心气浮躁，甚至火上心头，成天处于悲愤与怒火中，结果什么事情都会搞得一团糟。而有的人却能心平气和地坦然面对一切并积极地使自己做得更好，用自己的成功化解烦恼。这是因为他们懂得生气不如争气的道理，也只有这样，一个人才能积极进步，每一天都过得充足而快乐。

俗话说：人争一口气，佛争一炷香。只有争气才不会被人看扁，命运是掌握在你自己手里。所有的斗气之人都不妨将气置于自身的发展进步之下，从而淡然处之。强大自己，是对敌人最好的打击。那些把精力用在了怎样整人上面的人会互相攻讦，互相排挤，最后会两败俱伤。所以斗气是钩心斗角，是人的劣等情绪；争气，是人积极向上的一种精神。生活中要争气，别斗气。

有挑战，才有机会

如果没有挑战的勇气，自己的命运不会有太大的改变。机会不会平白无故地降临到我们头上，而需要自己去挑战和争取。那些不敢去挑战的人，在人生的道路上其实就是自己给自己出难题。机会要靠自己争取，有机会才会成功，不去挑战恐怕连机会都得不到。

高考时因为语文差了一分，唐骏和自己心仪的大学失之交臂，去了当时并不出名的北京邮电大学。由于学校和专业自己都不喜欢，不满、自暴自弃的情绪一直伴随着他度过了大学三年，专业成绩连中等水平都达不到。大三在中科院半导体所实习的时候，唐骏第一次看见了计算机。刹那间他明白了三年的懈怠是个多大的错误。凭着自己的观察和判断，唐骏放弃了原来的物理学专业，开始攻读第二专业——光纤通信。结果证明他这一步走对了。

他用几个月的时间完成了别人四年的课程，而且还要考研。在同学看来这也许只不过是最后的疯狂，即使再努力，最终结果只能是徒劳。可是考试成绩出来，所有人都大跌眼镜。在北京邮电大学的研究生考试中，唐骏获得了光纤通信专业第一名。

在一阵欢喜之后，唐骏怎么也高兴不起来了。因为大学前三年成绩不佳，从没有获得过“三好学生”，即使是专业考试第一，在北邮的出国名单上，唐骏的名字还是被删除了。面对打击，他没有放弃，四处打听消息，发现北京这一年一共分到75个出国名额，而这一次研究生考试英语题很难，很多人因为英语成绩没有上线而失去了升学的机会，整个北邮只有五个学生英语上线。唐骏心想，其他学校肯定有一些名额用不上，这样一想，唐骏看到了希望。即使是期望渺茫也要坚持，他找来每一所大学的联系方式，打了不知道多少电话去询问是否可以得到他们多余的出国留学名额。

唐骏终于证明了自己的想法，他在北京广播学院找到了空缺的出国名额。他亲自跑到北广，也许是被唐骏的真诚感动，那位负责的老师很快就帮他把档案从北邮调到了北京广播学院。

事情似乎又进了一步，成功就在前方，意外又考验着这个年轻人的毅力。虽然在北广得到了出国的名额，但是已经错过了报给教育部的期限，需要自己把材料交上去。唐骏拿着介绍信，去找教育部出国司的副司长。没有钱也没有门路的唐骏在出国司的大门口足足等了两天。早晨8点，远远看着副司长来了，他赶紧打起精神，对迎面而来的副司长点头微笑："您好，你上班了啊？"下午6点，他站在大门口，紧盯着从办公室出来的人群，看到副司长，又微笑着说："您好，你下班了啊？"翻来覆去就这朴素的两句话。

两天后的早上，副司长被他的真诚和快乐感动了，笑眯眯地对他说："是你啊？你等会儿，我看看你的资料。"听到这句话，唐骏的心一下子飞上了天。"我给你报上去，不过批不批就不知道了。"唐骏还是满怀信心，实际上这位副司长掌握着出国留学的审批权。就这样，唐骏获得了去日本留学读研究生的机会，毕业后又赴美读博继续深造。

如果不甘平凡，就要付出别人不愿付出的努力，在还有希望的时候绝不放弃，解决一个个难题，挑战一次次极限。

拼搏到感动自己

我们每个人都有不同的生活方式，拥有独特的自己。我们享受生活，即使不快乐，即使生活的空间很狭隘，也不必羡慕别人的美丽花园。因为你也有自己的乐土，只要你用心耕耘，眼前的这片花圃，终会有花团锦簇、香气四溢的一天。

一个聚会上，有数百人从各地应邀出席，这些人都在过去一年里创下了 100 万美元以上的优良业绩，公司特别举办这次聚会来褒奖他们。

出席者中有人很干脆地说："我获得成功并不是靠自己，完全是我妻子的功劳，是她把我从失败者心理中拉出来的。"

站在他身边的妻子说："我的丈夫本来就相当优秀，我所做的只是让他想起自己真正的能力和形象而已。"他们给我们讲述了自己的故事。

她的丈夫过去不相信自己，他对自己的能力没有信心，不相信自己的力量，低估了自己的能力。

有一天，他在早餐时和过去一样悲观地发牢骚，妻子认真地反驳道："请你听我说，每天听你发牢骚我已疲倦了。我了解你，你是个优秀的人才，但每次都自己欺骗自己。够了，我已经厌烦你悲观的论调了。如果这是事实，那我也只好忍耐，但两者都是谎言，请你不要再说了。"

丈夫想阻止妻子数落，但妻子还要继续说下去。

"我话还没说完。我是爱你的，我很了解你，也相信你。所以我不准备默默地看着你因为无用的自卑感使自己成为庸才。像个男子汉那样和自己决战吧！以后如果你再说消极的话，我一个字也不听了。”

她一连串地说完这些话才停了下来。

她的话打动了丈夫的心。他知道妻子说的是对的。为了不再说消极的话，他不得不改说积极的话。慢慢地，他自然开始做积极的思考，进而开始积极行动了。经过努力，他终于获得了成功。

因此他被邀请参加这次聚会，他搂着妻子的肩，很荣耀地看着她说:“能有一个了解我、能激发我的潜能的妻子，实在是太幸运了。”

很多有目标、有理想的人，他们工作、奋斗的同时常常觉得过程太艰难而产生倦怠、泄气的情绪。到后来，他们发现如果他们能再坚持久一点，如果他们能更向前瞻望一下，他们就会得到好的结果。

你听过海耶士·钟士令人感动的事迹吗？他是1960年高栏比赛的风云人物，他赢得一场又一场的比赛，打破了许多记录，可谓轰动一时。这些傲人的成绩使他顺理成章地被选为参加当年在罗马举行的世运会的选手。他将参加110米高栏赛，全世界都认为他能赢得金牌。

但是出乎意料地，他并没有得到金牌，只跑了个第三名。取得这个成绩后他的第一个想法是：怎么办呢？我或许该放弃比赛，但是要过四年才会有世运会。在所有人看来，他已经赢得所有其他比赛的高栏冠军，何必再受四年更艰苦的训练？所以摆在他面前唯一合理的路就是忘掉比赛，开始在事业上另外寻求发展。

这当然非常合乎逻辑，但是海耶士·钟士却不安于这种想法。

“对自己一生追求的东西，”他说，“你不能够事事讲求逻辑。”因此他又开始了训练，一天三小时，一个星期七天。在随后的几年里，他又在60码和70码高栏项目创造了一些新纪录。

1964年2月22日，在纽约麦迪逊广场花园，钟士参加60码高栏赛。赛前他曾经宣布这是他最后一场参加室内比赛。大家的情绪都很紧张，每个人的眼睛都看着他。最终，他赢了，平了自己以前所创的最高纪录。然后一件奇怪的事发生了。在那个时候的麦迪逊广场花园，赛手跑过终线以后，就转进一个弯道，观众看不见。钟士跑完走回跑道上，低头站了一会儿，答谢观众的欢呼。然后17000名观众都起立致敬，钟士感动的流下泪，很多观众也流下眼泪来。一个曾经失败的人能够抛掉已有的荣誉，永不放弃自己，不断追求卓越的精神感动了在场的每个人。

他又参加1964年东京世运会，在110米高栏跑出13.6秒的成绩，这一次，他终于用自己的实力证明了自己，最终取得了冠军。

后来他在一家航空公司工作，担任业务代表。

他自愿协助推展所在城市的体能训练计划，他的活动得到极为了不起的成果。

有一次，他对一群年轻人演说，引诵了加拿大作家塞维斯的诗句：

恳恳不倦会为你赢得胜利，临阵脱逃不是好汉。

鼓起勇气，放弃毕竟是太容易，

抬头继续前进才是难题。

为你受打击而哭泣——而死亡也是太容易。

撤退、爬行也容易但是在不见希望时却要战斗再战斗——这才是最好的人生之戏。虽然你经历每一场激战，浑身是伤、是痛，但是再努力一次——死亡毕竟是太容易，继续抬头前进，继续抬头前进，才真不容易。

人生的进步与成功，正是因为有了这种不断进取的精神，这种永不停息的自我推动力，才激励着人们向自己的目标前进。对这种激励的需要是我们人生的支柱，为了获得和满足这种需要，我们甚至愿意以放弃舒适和牺牲自我为代价。

永不放弃、不断进取是激发人们抗争命运的力量，是完成崇高使命和创造伟大成就的动力。一个有进取心的人，就会像被磁化的指南针那样显示出矢志不移的神秘力量。

正是因为有着不断进取的精神，埋在地里的种子才能破土而出，不断地向上生长，向世界展示美丽与芬芳；正是有了这种精神，人类才得以去更好地完善自己，去追求完美的人生。

把握好现在，才有机会成就未来

一个青年去寻找深山里的智者，向他请教一些人生问题："请问大师，你生命中的哪一天最重要？是生日还是死日？是上山学艺的那一天，还是得到开悟的那一天？"青年连珠炮似的问。

"都不是，生命中最重要的是今天。"智者不假思索地答道。

"为什么？"青年甚为好奇："今天发生了什么惊天动地的大事？"

智者说："即使今天没有任何来访者，今天也仍然重要，因为今天是我们拥有的唯一财富。昨天不论多么值得回忆和怀恋，它都像沉船一样沉入大海底了；明天不论多么灿烂辉煌，它都还没有到来；而今天不论多么平常、多么暗淡，它都在我们手里，由我们自己支配。"

青年还想问，智者却收住话头："在谈论今天的重要性时，我们已经浪费了我们的'今天'，我们拥有的'今天'已经减少了许多。"青年若有所思地点点头，他明白了什么是当下。

我们说世间万物都是活在当下的。我们的每一个明天都是由今天，这一时、这一分、这一秒组合而成。过好当下的时刻，做好手边正在做的事，才能对得起我们的明天，对得起我们的未来，对得起我们的生命。

在人生的旅途中，没有人能预知自己的未来，未来的自己是会成功地赢得满堂喝彩，还是一直平淡、落寞，都没有人能提前知晓。

要知道，人生最重要的时刻就是当下所拥有的时光，过去的已然成了过去，无法回头，未来不可把握，只有把握好现在才是我们最应该做的事。

从前有个年轻英俊的国王，他既有权势，又很富有，但却为两个问题所困扰，他经常不断地问自己，他一生中最重要的时光是什么时候？他一生中最重要的人是谁？他对全世界的哲学家宣布，凡是能圆满地回答出这两个问题的人，将分享他的财富。哲学家们从世界各个角落赶来了，但他们的答案却没有一个能让国王满意。

这时有人告诉国王说，在很远的山里住着一位非常有智慧的老人，也许老人能帮他找到答案。国王到达那个智慧老人居住的山脚下时，他装扮成了一个农民。

他来到智慧老人住的简陋的小屋前，发现老人盘腿坐在地上，正在挖着什么。“听说你是个很有智慧的人，能回答所有问题。”国王说，“你能告诉我谁是我生命中最重要的人？何时是最重要的时刻吗？”

“帮我挖点儿土豆，”老人说，“把它们拿到河边洗干净。我烧些水，你可以和我一起喝一点儿汤。”

国王以为这是对他的考验，就照他说的做了。他和老人一起待了几天，希望他的问题能得到解答，但老人却没有回答。

最后，国王为自己和这个人一起浪费了好几天时间感到非常气愤。他拿出自己的国王玉玺，表明了自己的身份，宣布老人是个骗子。

老人说：“我们第一天相遇时，我就回答了你的问题，但你没明白我的答案。”

“你的意思是什么呢？”国王问。

“你来的时候我向你表示欢迎，让你住在我家里。”老人接着说，

“要知道过去的已经过去，将来的还未来临——你生命中最重要的时刻就是现在，你生命中最重要的人就是现在和你待在一起的人，因为正是他和你分享并体验着生活啊。”

无论是谁，都是活在当下的一种生物。智慧老人告诉国王和我们的一个道理就是，在我们的一生中，最重要的时刻就是当下；最重要的人就是跟你实实在在生活在一起并永远跟你在一起陪伴你度过一生的人！

把握好当下的时光，才能更好地拥有未来。如果你当下正在读一本好书，就请认真仔细地把它读完，并写下你的感悟；如果当下你正在为工作烦忧，就请先暂时抛开烦恼，认真做好当下的事情；如果现在你有什么想要实现的梦想，就请立即行动，朝着目标迈进。

对比“未来”，“现在”是可以为我们控制、把握的，我们现在正在做的事，所说的话，都可以被我们把握。要知道，每一个未来都是由当下的一点一滴组成的，当下所做的事，对生活所持的态度都会影响到我们的未来。如果你把握好了当下的每时每刻，努力工作、努力学习，那就能更好地掌握自己的人生，赢得自己的未来，但若只一味地白日做梦，只知道怨天尤人，那“未来”永远都只能是一个美丽的幻想。

在20年后的一次同学聚会上，昔日的同窗都在觥筹交错间谈论着当年在一起的美好时光。二十多个春秋，改变了太多的人和事，不变的是同学之间那份浓浓的情谊。阔别太久，在回忆中寻找话题，不自觉地话题就说到了毕业聚会上各自慷慨激昂的理想，然后开始有人盘点究竟都有谁实现了梦想。

昔日梦想成为一名科学家的班长如今已是某县团委书记，昔日想成为一名医生救死扶伤的同学如今正在经营一家医疗器械公司，而昔日梦想当歌手的同学如今却已成为一家连锁饭店的老板……

同学中，有的风光阔绰，有的平淡落寞，但当说到年少时的梦想与现在的生活时，每个人几乎都唏嘘感叹，也都说出了许多阻止自己实现梦想的困难和理由……最后，所有人的目光都聚集到当年因一场意外灾难受伤辍学而没能完成高中学业的“小作家”身上。同学们都关心地询问了小作家离开学校后的近况，却被告知小作家已经成功地实现了他当初的梦想，成了一位作家，并于去年加入了省作家协会，至今已经出版了10本书了，并给在场的每个人分发了一本。大家迫不及待地翻看小作家的书并纷纷感叹，羡慕小作家实现了自己的梦想，当大家问到小作家是如何实现自己梦想的时候，小作家只是拿起笔，在送给同学们书的扉页上写着这样一句赠言：“把握现在，有梦就在现在去实现它。”

光阴是一杆公平的称，从不偏袒任何人，它给勤劳朴实的人以安乐，帮聪明刻苦的人实现理想，而留给懒惰的人空虚与懊悔。

珍惜光阴，把握当下，抓住生活中的点滴，有梦想就去早日实现它。美国的“发明大王”爱迪生，12岁当报童，由于他抓紧时间孜孜不倦地学习，16岁就发明了电话自动拨号机，一生竟有1000多种发明创造。在79岁时，他对客人说：“我有135岁了。”这岂不奇怪？原来爱迪生每天工作18小时以上，从另一种角度来说，这也就是使自己的生命得到了延长。

其实命运完全掌握在我们自己手中，究竟如何过好每一天，没有人会帮我们设定，需要我们自己脚踏实地去耕耘。你为你的目标忙碌了、付出了，当这一天结束的时候，你就会有收获，哪怕是一点小小的成功。因为你去做了，所以你的心不再空虚；因为你收获了，所以你幸福着！

过好当下的时刻，当我们欣赏一处风景时，并不急着离开去寻找下一处美景，而真正地感受当下。在那个时刻，在我们的思维里，世界上其他的风景已经不存在了，只有当下的景物令我们陶醉——当我们用心灵深深感受当下，完全与我们所做、所看、所处的环境融为一体时，就是全身心的投入。

鲁迅先生说："杀了现在，也便杀了未来。"这句话告诉我们，要想赢得未来，就应该抓住当下的时刻，把握好现在。

做得多，收获才更多

爱迪生说："天才是百分之一的灵感，加上百分之九十九的汗水。"世上大凡成功者的成就都不是一步登天而来的，他们的成功都源自比常人多得多的付出。

卡洛·道尼斯先生最初替汽车制造商杜兰特工作时，只是担任很低微的职务。但他现在不但是杜兰特先生的左右手，而且是杜兰特手下一家汽车经销公司的总裁。他之所以能够在很短的时间升到这么高的职位，是因为他提供了远远超出他所获得的报酬更多以及更好的服务。

当他刚去杜兰特先生公司上班时，他很快注意到，当所有的人每天下班回家后，杜兰特先生仍然留在办公室内待到很晚。因此，他每天在下班后也继续留在办公室看资料。没有人请他留下来，但他认为他应该留下来，以便为杜兰特先生随时提供协助。

从那以后，杜兰特在需要人帮忙时，总是发现道尼斯就在他身旁。于是他养成随时随地招呼道尼斯的习惯；因为道尼斯自动地留在办公室，使他随时可以找到他。道尼斯这样做，获得了报酬吗？当然，他获得了一个最好的机会，获得了某个人的信赖，而这个人就是公司的老板，有提升他的绝对权力。

如果你只是从事你报酬分内的工作，那么你将无法争取到人们对你的有利的评价。但是，当你从事超过你报酬价值的工作时，你的行动将会促使与你的工作有关的所有人对你做出良好的声誉；一个业务员要成功，必须拜访非常多的客户，如果他不知道，最顶尖的业务员一天拜访多少个客户，那么他根本就没有成功的机会；如果他无法付出顶尖业务员所做的行动，他就无法提高成绩。

如果你想登上成功之梯的最高阶，就要永远保持主动。即使你面对的是毫无挑战和毫无生趣的工作，如果你能够做到自动自发，最后一定能获得回报。

每个老板都喜欢积极主动、善解人意的员工，每个人也都愿意和这种人共事。如果你总能保持主动率先的工作精神，比自己分内的工作多做一点，比别人期待的多服务一点，你就可以吸引老板的注意，得到加薪和升迁的机会。

对维尔特一生影响深远的一次职务提升是由一件小事情引起的。一个星期六的下午，与维尔特同在一层楼办公的一位律师走进来问她，在哪儿能找到一位速记员来帮忙——因为他手头有些工作必须当天完成。

维尔特告诉他，公司所有的速记员都去观看球赛了，如果晚来五分钟，自己也会走。但维尔特同时表示自己愿意留下来帮助他，因为“球赛随时都可以看，但是工作必须当天完成”。

做完工作后，律师问维尔特应该付她多少钱。维尔特开玩笑地回答：“哦，既然是你的工作，大约1000美元吧。如果是别人的工作，我是不会收取任何费用的。”律师笑了笑，向维尔特表示谢意。

维尔特的回答不过是一个玩笑，并没有想真正得到1000美元。但出乎意料，那位律师竟然真的这样做了。

6个月后，在维尔特已将此事忘到九霄云外时，律师找到了维尔特，交给她1000美元，并且邀请维尔特到自己公司工作，薪水比她原来的薪水高出1000多美元。维尔特放弃了自己喜欢的球赛，多做了一点儿分外的事情，最初的动机不过是出于乐于助人的愿望，而不是金钱上的考虑。维尔特并没有责任放弃自己的休息时间去帮助他人，那是她的一种权利，但她放弃了自己这个权利后，不仅为自己增加了1000美元的现金收入，而且为自己带来比以前更重要、收入更高的职务。

比别人做得更多，就是在别人已经做得很好的情况下，再比别人多做一点点，做得再好一点点，这样日积月累，就会在不知不觉间形成一笔很客观的财富。这份财富有可能在短时间内是无形的，但如果你长期坚持了，就会收获得比别人更多。就好比例子中的卡洛·道尼斯，只是没有像别人一样照常下班，而是选择留下来帮助老板，结果得到了老板的信任，也得到了比别人更多的机会，获得了成功。

西方有句谚语：你看见主动自觉的人了吗？他必定站在君王的身边。的确，主动的人才可能得到赏识，自觉是他通向成功的通行证。当主动成为一种习惯时，我们就能从中学到更多的知识，积累更多的经验，就能从全身心投入工作的过程找到快乐。让主动成为习惯，你将因此受益无穷。

多一分热忱，多一分收获

热忱是发自内心的一种情绪，经常会被一些人表现在眼睛里或行动上。热忱是一个人对所做事情的感觉和兴趣。一个人对工作没有热忱，那就不能体会到劳动的快乐，也就不能在事业上取得成就。一个人对生活缺乏热忱，就不会以一颗感恩的心来看待生活中的种种美好。要知道，只有以充满热忱的态度来工作、生活，才能给自己赢得更多的机会，收获更多。

一个寒冷的晚上，2500名青年男女涌进了纽约市宾夕尼亚体育馆的大舞厅。六点半，大厅内已座无虚席了，到了八点，大厅被挤得满满当当。

这些人劳累了一天，他们晚上来这儿干什么？

原来他们前来是为了倾听最新、最实用的课程《有效地讲话并在工作中影响他人》的第一讲，这是由“戴尔·卡耐基言语技巧和人际关系协会”举办的课程。

与此同时，人们正在争相传阅戴尔·卡耐基的《影响力的本质》一书。

在其后的24年里，纽约市每天都要开设这种课程，听卡耐基演讲和接受该课程培训的人多达15万，甚至连威斯汀豪斯电气公司、麦道公司等一些保守的公司也派出管理人员接受培训。

戴尔·卡耐基获得了巨大的成功。

有人问卡耐基，他是如何取得如此大成就的。他微笑着说：“除了掌握了大量的知识和技巧以外，最重要的是，我热爱我的事业，我热爱我的听众。”

卡耐基表现了他的热忱。热忱是发自内心的激情，如果一个人身上激情洋溢，那么他就是一个有吸引力的人。卡耐基的成就来自热情的追求，卡耐基的课程也把热忱作为最基本的一课。他用他的热忱感染着他的学生。

卡耐基在课堂上比较喜欢这样一句名言：“我愈老愈能感觉到热忱的感染力，成大事的人和失败的人在能力上差别并不大，但正是由于各方面条件相近，热忱就显得尤为重要了。热忱的人有信心和勇气去克服困难。”

卡耐基在他的备忘录中这样写道：“我说的热忱，是一种内在的精神实质，它深入到人的内心，任何不是发自内心的热情，那都是虚伪的表现……只要你充满了对别人的爱，你就会兴奋，你的眼睛，你的大脑，甚至你的灵魂都充满了激情，这种激情可以感染别人，鼓舞别人。”

对生活充满热情的人都有着积极的心态、积极的精神状态。在人群当中，热情是用一种极富感染力的表达方式来表示对别人的支持的。热情的人往往是积极的人。热情不是来自外在空间的力量，而是自信、乐观、激情在人的内心激荡，最后有机地综合而来的。

世界第一名女性打击乐独奏家伊芙琳·格兰妮说：“从一开始我就决定，一定不要让其他人的观点阻挡我成为一名音乐家的热情。”

伊芙琳成长在苏格兰东北部的一个农场，八岁时就开始学习钢琴。随着年龄的增长，她对音乐的热情与日俱增。但不幸的是，她的听力却在渐渐下降，这是由于难以康复的神经损伤造成的。医生断定在她十二岁时将彻底耳聋，但她对音乐的热爱却并没有因此而停止。

伊芙琳的目标是成为一名打击乐独奏家，虽然当时并没有这么一类音乐家，但她却并不因此退缩，而是坚持勤奋苦练，学会了用不同的方法“聆听”其他人演奏的音乐。她只穿长袜演奏，这样她就能通过身体和想象来感觉到每个音符的震动，她几乎用她所有的感官来感受着她的整个声音世界。

她决心成为一名音乐家，而不是一名耳聋的音乐家，于是她向伦敦著名的皇家音乐学院提出了申请。

因为以前从来没有一个聋学生提出过申请，所以一些老师反对接受她入学。但是她的演奏征服了所有的老师，她顺利地入了学，并在毕业时荣获了学院的最高荣誉奖。

从那以后，她就致力于成为第一位专职的打击乐独奏家，并且为打击乐独奏谱写和改编了很多乐章，因为那时几乎没有专为打击乐而谱写的乐谱。

至今，她作为独奏家已经有十几年的时间了，因为她很早就下了决心，不会仅仅由于医生诊断她完全变聋而放弃追求，因为医生的诊断并不意味着她的热情和信心不会有结果。

爱默生说：“缺乏热忱，难以成大事。”成功与其说是取决于才能，不如说取决于人的热忱。热忱可以分享、复制，它是生命中一种巨大的奖励，能带来精神上的满足，也是一种分给别人之后反而会增加利润的资产。

热忱是一个人难得的品质，它不仅是人取得成功的法宝，也能让一个人战胜苦难，成就梦想，不仅如此，有时它甚至是人取得事业成功的关键所在。

有一次，某外国公司老总请教一位友人——纽约中央铁路公司总裁费德烈·威廉森，问他挑选高级干部是不是主要看能力。因为一般人都会认为，事业的成败主要取决于这些人的能力。但这位友人的回答听起来却让人有些惊奇。“成功者与失败者，他们的能力与聪明才智其实差异不大，”费德烈·威廉森说：“如果两个人各方面条件都相近，那么，更热情的那一位一定能更快达到成功。一个能力平常但是很热情的人，往往会胜过能力出众却缺乏热情的人。一方面，他的热情能弥补能力的不足；另一方面，只要有热情，他一定会努力工作、勤奋学习，从而提高自己的能力。因此，在挑选人才时，我对是否足够热情的重视甚至高于对能力的重视。”

无论是谁，心中都会有一些热忱，而那些渴望成功的人们的内心世界更像火焰一样熊熊燃烧，这种热忱实际上是一种可贵的能量。即使两个人具有完全相同的才能，必定是更具热情的那个人会取得更大的成就。

美国著名社会活动家贺拉斯·格里利曾经说过：“只有那些具有极高心智并对自己的工作有真正热忱的工作者，才有可能创造出人类最优秀的成果。”

萨尔维尼也曾经说过：“热忱是最有效的工作方式。如果你能够让人们相信，你所说的确实是你自己真实感觉到的，那么即便你有很多缺点别人也会原谅。最重要的是，要学习、学习、再学习。你一定要努力，否则，再有才华也会一事无成。我自己就是这样，有时为了彻底把握一个细小的环节不得不花上数年的时间。”

一个没有热忱的人不可能始终如一、高质量地完成自己的工作，更不可能做出创造性的业绩。如果你失去了热忱，那么你永远也不可能从不利的环境中走出来，永远也不会拥有成功的事业与充实的人生。所以，从现在开始，对你的人生倾注全部的热情吧！

◎ 第八章 ◎

即使遍体鳞伤，也要坚持到底

想任性，就必须输得起。成功源于不服输的精神，放弃无异于前功尽弃，眼睁睁看别人取得胜利。因此，当你觉得自己肯定会输时，也要在站得起来的情况下再战一场，哪怕胜算很低，也要坚持到底。

输得起，才能赢得起

我们都知道，人生的胜利不在于一时的得失，而在于谁是最后的胜利者。没有走到生命的尽头，我们谁也无法说我们到底是成功了还是失败了。所以我们在生命的任何阶段都不能泄气，都要充满希望。

用美国股票大王贺希哈的话说："不要问我能赢多少，而是问我能输得起多少。"

只有输得起的人，才能赢得最后的胜利。

在 17 岁的时候，贺希哈就开始自己开创事业。他第一次赚大钱的时候，也是他第一次得到教训的时候。那时候，他一共只有 255 美元，在股票的场外市场做一名掮客。不到一年，他就发了第一次财，赚取了 168000 美元。他为自己买了第一套像样的衣服，在长岛买了一幢房子。但是，第一次世界大战的休战期来到了，贺希哈聪明得过了头，他以随着和平而来的大减价的价格，买下了隆雷卡瓦那钢铁公司，结果却受到了欺骗，只剩下了 4000 美元。这一次，他得到了深刻的教训："除非你了解内情，否则，绝对不要买大减价的东西。"

后来，贺希哈放弃证券的场外交易，去做未列入证券交易所买卖的股票生意。开始，他和别人合资经营。一年以后，他开设了自己的贺希哈证券公司。到后来，贺希哈做了股票掮客的经纪人，每个月可以赚到 20 万美元的利润。

1936 年是贺希哈最冒险也是最赚钱的一年。早在人们淘金发财的那个年代，安大略北方就成立了一家普莱史顿金矿开采公司。这家公司在一次火灾中失去了全部设备，资金短缺，股票跌到不值5分钱。有一个叫道格拉斯·雷德的地质学家，知道贺希哈是个思维敏捷的人，就把这件事告诉了他。贺希哈听了以后，拿出2.5万美元做试采计划。不到几个月，黄金就挖到了——离原来的矿坑仅有25英尺。这座金矿，每年给贺希哈带来250万美元的净利润。

这位手摸到东西便会变成黄金的人，也有他的麻烦。1945年，贺希哈未经许可携带1.5万美元出境，被加拿大政府罚了8500美元。同时，他的菲律宾金矿也让他赔了300万美元。这也带给了他另一次的教训。

贺希哈给人的印象很深刻。他嘴上经常叼着一支没有点燃的雪茄烟，手里紧紧地捏着一块小毛巾，随时准备擦汗。对于任何股票经纪人来说，电话是生意上不可缺少的工具，对贺希哈来说，电话就好像是他生理上的一个重要器官。当贺希哈因患了严重的腹膜炎，两只手被固定在治疗器上输血时，他还在大喊："把我手上的鬼东西拿开，我要打电话！"

要想得到红利，就必须先拿钱投资。同样，想要获得成功，则必须先有所牺牲——牺牲自己的时间、收入、安定的生活、享受等等，要随时全神贯注地做好准备，一有机会出现，就要牢牢地将它抓住。

当然，即使抓住了机会，风险也是时时存在的，所以我们要时时刻刻谨慎小心，从抓住机会的瞬间就随时准备应付突如其来的状况，并一一加以克服。这时，我们若能从经验中学习控制身体的技巧，就能避开一些障碍。习惯了潮流的冲击与推送之后，慢慢地，我们便能睁开眼睛注意掌握身旁其他有利的机会，正确判断自己行进的方向。害怕失败或仅经历一次失败便畏缩不前的人，是看不到隐于失败背后的光明的。

不敢置身于危险中的人是绝对无法获得成功的。既然成功与失败的概率都相同，失败以后又可以卷土重来，那我们为何不搏一搏？

最大的冒险就是不敢冒风险

不经历风雨，怎能见彩虹？一个人越是畏首畏尾，不敢冒风险，其风险就会越大；越是敢于冒风险，他的风险率反而越低，成功率自然越高。

从前，有一个农夫，他有一块很大的地。

在播种的季节，有人问他："你种麦子了吗？"

农夫回答说："没有，我担心天不下雨。"

那人又问："那你种棉花了吗？"

农夫回答说："也没有，我害怕虫子把棉花吃掉。"

最后，那人又问："那你打算种点儿什么呢？"

农夫说："什么也不种，我要确保安全。"

到了收获的季节，当别人都满载而归的时候，农夫的地里还是一片荒芜。

据说，很多水陆两栖的小动物都是后天自己学会游泳的，而非天生。本来，小鸡也是可以在水中生活的，可是，小鸡的祖先不敢冒风险。

有一次，小鸡看到伙伴们都在水里戏水，也很想和它们一起玩儿，但它自己不会游泳，它就问小猪："小猪，我可以游泳吗？"

小猪说："那可不行，学游泳可不是闹着玩儿的，弄不好会有危险，还是不学的好。"

小鸡听了，转身就走。看到小鸡要走，小鸭问："怎么又不学了？"

小鸡说：“我怕被淹死。”

小鸭说：“不会的，你看我们这么多学游泳的，不都没出事嘛。来，我教你。”

小鸡听小鸭这么一说，又想学了。它刚要下水，被小狗看见了，小狗说：“学游泳有什么用，要是出了事可就晚了，不会游泳的多着呢，又有什么大关系。”

小鸡一听，就又不学了。于是从此鸡就不会游泳。

转眼到了第二年，那个夏天雨下得很大，大雨冲进了小鸡的房子，小鸡不会游泳，眼看着有危险，小鸭正巧游过这里，就把小鸡救了出来。小鸭对小鸡说：“这回你遇到的不是会游泳的危险，而是不会游泳的危险。”

现实生活中有很多这样的人，总是害怕做事时会遇到各种各样的风险，于是就什么都不做，到头来，既没有了生存的技能，也没了生存的本钱。他们害怕受苦和悲伤，结果自然是遇到了更大的痛苦与悲伤。毕竟，苦难并不会因为你的躲避而错过你。我们只有学会改变、接受、成长，才能在风险来临之际勇敢地拿出真本领，与命运搏击，这样才可谓真正的强者。

那些被自己的畏缩态度所束缚的人，只能是丧失了自由的奴隶。一个不愿意冒风险的人，不敢有所主张，因为他们害怕被扣上愚蠢的帽子，遭到别人耻笑；他们不敢否认，因为害怕自己的判断失误；他们不敢向别人伸出援手，因为害怕出了事情被牵连到；他们不敢暴露自己的感情，因为害怕自己被别人看穿；他们不敢爱，因为害怕要冒不被爱的风险；他们不敢希望，因为害怕要冒失望的风险；他们不敢尝试，因为要冒着可能失败的风险……这种种可能会遇到的风险，让那些胆小的人畏首畏尾，举步维艰，他们茫然四顾，不知道自己的出路在何方，殊不知，人生中最大的冒险就是不冒风险，畏首畏尾只会让自己的人生不断倒退。

也许躲在安乐窝里会感觉到暂时的安全，然而，风雨是每个人都必须经历的。逃避的人，最终会被暴风雨掀翻安乐的小窝，独自在风雨中瑟瑟发抖。

当危险到来的时刻，流泪和躲避都是没有用处的，只有坚强面对才是唯一出路。但愿那些害怕风险的人，不再学鸵鸟的掩耳盗铃，遇到危险时把自己的头插到沙土中获得心灵的解脱，而是时刻准备着去坚强面对，因为困难和风险也是一个欺软怕硬的主儿。

再坚持一刻，成功就是你的

“山重水复疑无路，柳暗花明又一村”。当你在人生的战场已经绝望，打算离场的时候，正有人兴致勃勃地打算入场。只要你再坚持一刻，成功就是你的。

有一则故事曾在世界各地的淘金者口中广为传诵，这个故事有着极其动听的名字，叫作“距离金子三英寸”。

数十年前，美国人达比和他叔叔到遥远的西部去淘金，他们手握鹤嘴镐和铁锹不停地挖掘，几个星期后，他们终于惊喜地发现了金灿灿的矿石。于是，他们悄悄将矿井掩盖起来，回到家乡马里兰州的威廉堡，准备筹集大笔资金购买采矿设备。

不久，他们的淘金事业便如火如荼地开始了。当采掘的首批矿石被运往冶炼厂时，专家们断定他们遇到的可能是美国西部罗拉地区藏量最大的金矿之一。达比仅仅用了几车矿石，便很快将所有的投资全部收回。

然而，美国淘金人达比万万没有料到，正当他们的希望在不断升高的时候，奇怪的事发生了：金矿脉突然消失！尽管他们继续拼命地钻探，试图重新找到矿脉，但一切都是徒劳。好像上帝有意要和达比开一个巨大的玩笑，让他的美梦从此成为泡影。万般无奈之下，他不得不忍痛放弃了几乎要使他们成为新一代富豪的矿井。

接着，他们将全套机器设备卖给了当地的一个旧货商，带着满腹的遗憾和失望回到家乡威廉堡。

就在他们离开后的几天，这个收废品的商人突发奇想，决定去那口废弃的矿井碰碰运气。他请来一名采矿工程师考察矿井，只做了一番简单的测算，工程师便指出前一轮工程失败的原因——业主不熟悉金矿的断层线。考察结果表明，更大的矿脉其实就在距达比停止钻探三英寸的地方。

世上的事情往往奇巧得就像这个精彩故事的本身：作为怀着同一梦想的有心人，达比虽然付出了最大努力，但他获取的却是罗拉地区最大金矿的一个小小支脉；收旧货的商人虽然只花费了最小的代价，却通过一口废弃的矿井而成功地拥有了最大金矿的全部。

由此我们不难得出这样一个结论：前者是一种命运，后者也是一种命运，但正是这两种截然不同的命运与遭际背后暗藏着一次完全相同的、对等的、冷漠而又灼人的机遇，只不过，放弃机遇的人并不知道自己放弃的是机遇，而索求机遇的人恰恰知道机遇或许就要降临。机遇本身最终只能属于那些与它有缘并对它一往情深的人。

只是一念之差，就会导致两种不同的结果。

生活中，我们有时因为遭受失败和受挫而太急于选择放弃，致使自身终落个失败的结局。殊不知，生活也和金矿的矿脉一样，有时也会出现断层，只要你有信心认真挖掘，希望不会离你太远。

希望不灭，就能走出困境

人生没有坦途，尚需磨炼，不论喜悦、成功还是沮丧、失败，都经不起岁月的冲刷。唯有一颗向上的心才是永恒的；唯有经过一次次的失败锤炼才能走向成熟。一个人要经受得住生活和工作中失败的磨炼，才能够逐渐成熟。

通常我们对生活失望，只是我们对生活的认识还不够深刻。要知道生活中的善与恶如同一对孪生兄弟，双双存在于人世间。正如自从有了盗取天火给人类的普罗米修斯，就有了带着魔盒的潘多拉一样。

普罗米修斯是古希腊神话中具有深谋远虑的“前思”之神。他依靠弟弟的帮助，按照神的样子用泥和水制造了人，并赋予人生命。为了使人生活得幸福，普罗米修斯违抗主神宙斯的禁令，盗取天火给人类，并且还把各种技艺和知识传授给人，使人类有了文化。

宙斯见人类有了火，十分恼怒。于是他让神匠用黏土制成一个女人，并让她将一个装满灾祸的盒子带到人间，来与人间的幸福作对。这个女人叫潘多拉。

潘多拉被送给普罗米修斯的弟弟做媳妇。宙斯让她把魔盒送给普罗米修斯的弟弟。她对这个魔盒很好奇，就私自打开了魔盒的盖子。这一下，装在盒子里的数不清的灾祸倾巢而出，顿时飞满人间。潘多拉急忙盖上盒盖，谁知却把这魔盒里唯一美好的东西——被雅典娜悄悄放入的希望关在了里面。从此，人类生活便出现了种种灾难。

许多年后，普罗米修斯遇见了潘多拉。普罗米修斯说：

“我恨你，你这给人类带来灾难的恶女人。”

“可是我是无意的，我只是想看看里面装的是什么。罪恶之源应该是那魔盒。”潘多拉说。

“这我明白。你那盒子现在在哪里？我想除掉它。”普罗米修斯急切地问。

“那怎么可能呢。经过这么长的岁月熔炼，那魔盒早已有了幻化之功，它时而有形，时而无形，时而在此，时而在彼，时而看得见，时而看不见，并且不时地制造出新的灾祸……”

“那么希望呢？被你关在盒子里的希望呢？它难道依然关在里面吗？”

“希望早已飞到了人间。当那些人们像我一样再次打开魔盒时，希望便以它巨大的冲力，飞了出去。”潘多拉说。

“哦”。普罗米修斯舒了一口气，“怪不得现在的人类具有勃勃生机，原来希望早已飞到了人间。”

然而普罗米修斯依然不解，潘多拉打开盒子，已是愚蠢之极，现在的人为何依然要去多次打开它呢？

“是些什么人？为什么打开那魔盒呢？”普罗米修斯问。

“形形色色的人。多数出于好奇心，也有的是粗心，有的是不明真相，有的是……”潘多拉滔滔不绝，普罗米修斯却不愿听了。

“唉！”他叹了口气道：“看来，只要有人类在，祸患和罪恶总是无法除尽了。不过，好歹有希望在人间。”

普罗米修斯无奈地与潘多拉言别。

朋友，你在普罗米修斯与潘多拉的对话中找到你的影子了吗？你为何总还要不厌其烦地去打开那个魔盒呢？是出于不明真相，还是出于粗心或者好奇？试着想想，穿过岁月的风雨之后，你是否该很快地成熟起来呢？要知道，人活着不是为了痛苦，但要活着却不能不承受痛苦。好在有希望在人间，只要你不泯灭希望，就能走出困境。

朋友，无论遭遇怎样的困难，你都应有勇气去面对现实，充满希望地去寻找更好的人生之路。当你以坚定的脚步走出困境的时候，你会由衷地深深地道出：感谢岁月对自身的磨打与考验。因为它，才能有如今既成熟又自信的自我。

逆境中的任性

永不言败是成功者的基本特征。在成功者的天地里不存在任何“应急解决办法”或免费午餐，唯有高度集中精力和坚持不懈的品格才能克服通往任何目标路上所遇到的曲折和危机。

在将愿望转变为财富的过程中，毅力是一个不可缺少的因素。那些拥有巨大财富的人一般被认为是冷血或无情的。这是一种误解。实际上，他们是具有坚强意志的人，他们在大多数人轻易地放弃自己的目标时，坚持了下来，因此，他们比大多数人更接近最后一次失败之后的成功。

“许多人梦想成功，对我来说，成功只有在多次失败后和对失败进行反省才能取得。事实上，成功只代表着你的工作的1%，而99%意味着失败。”这是本田宗一郎1974年在密执安获得博士学位时的一段演讲。他还曾把这段话归纳为一个简洁而富有哲理的忠告送给那些渴望成功的企业家，他说：“企业家必须善于瞄准不可能的目标，拥有失败的自由。”

本田宗一郎于1906年11月出生在日本荒僻的兵库县的一个贫穷家庭。由于家庭贫穷，九个孩子中有五个因营养不良而早夭。他家离索尼公司创始人盛田昭夫的家不远。盛田出生在一个拥有一个网球场的优裕家庭，而本田却是一个在路边修理自行车的穷铁匠的儿子。本田宗一郎早期的生活经历对最初试制摩托车的本田公司很有帮助。他父亲对他解决机械问题的培养在本田早期的训练中起到了很大作用。

本田是个穷学生，经常逃课，他憎恶正规的教育。但他偏爱试验术，运用富有启发性的试验方法学得最好。他一直喜欢机器和机械装置，儿时第一次看到汽车时，他陶醉了，正如他自传中的所展示的那样：

“忘掉了一切，我跟在车后跑，……我很激动，……我认为正是那时，虽然我只是个孩子，总有一天我将自己制造汽车的思想产生了。”

那时，他并不知道自己将不仅仅拥有这样一部机器，而且将成为生产它们的工业巨头之一。本田注定比其他人更能改变摩托车和汽车工业。

在20世纪50年代早期，本田公司终于挤进了拥挤的摩托车行业。在五年内打败了250个竞争对手，他实现了儿时的制造更先进的汽车的梦想。

本田承认他犯过错误，正如他在密歇根技术大学接受博士学位的演讲中表明的那样：“回首我的工作，我感到我除了错误、一系列失败、一系列后悔外什么也没有做。但是有一点使我很自豪，虽然我接二连三地犯错误，但这些错误和失败都不是同一原因造成的。”

本田宗一郎的事迹告诉我们：凡是经得起考验的人，都会因为他的毅力而获得丰厚的报酬。

只有少数人能从经验中得知坚韧不拔精神的正确性。这些人承认失败只是暂时的，他们依靠不衰的愿望使失败转化为胜利。我们站在人生的轨道上，目睹绝大多数的人在失败中倒下去，永远不能再爬起来。对此，我们只能总结说，一个人没有毅力，那他在任何一行中都不会得到成就。

亨利·福特说：“失败能提供给你以更聪明的方式获取再次出发

的机会。”伟大的牛顿、爱迪生尚且还有失败的时候，何况平凡的你我。况且，从某种意义来说，人没有失败，就没有成功，甚至于个人要是没有大失败，就没有大成功。你去问问成功的人，他们可以肯定地告诉你，他们经历的失败比你想象的还要多得多。他们之所以现在能够成功，就是因为以前积累了太多太多的失败。只是他们不怕失败，耐心而又细致地研究失败的原因，然后，一步一步地把它们解决，最后才取得了胜利。

总之，失败并不可怕，我们对它要保持积极的心态，看到自己具有足够的力量。一位学者指出，对失败保持健康的心态应当把握以下三条原则：

每个人都会面临困难，经验证明，抵达终点的人，往往比那些正在奋斗的人有更多的烦恼。一种没有烦恼的生活，根本是一种幻想和自欺欺人的说法，追求这种没有烦恼的生活，只有徒耗生命而已。

每个难题都会对你产生影响，你能够控制自己的反应，却不能够控制潮流的趋势和避免厄运。但是，你能够决定自己的态度。你的反应可能使你遭遇的痛苦更加剧烈，也可能使它立刻减轻，当你控制了问题对你的影响，你便离成功进了一步。你的反应是关键所在，你的反应可以决定你变得更坚强或更软弱。

每个难题都有转机，任何问题都隐含着创造的可能。问题的产生是成功的发端和动力。问题的产生总是为某一些人创造机会。一个人的困难或许就是另一个人的机会。要抓住机会，促成转机。

其实，人的一生是在进行一场马拉松赛。人生这场马拉松赛，漫长、坎坷且艰难，需要忍耐、坚持和奋斗。要在漫漫人生路上取得成就，只能靠恒心去挺、去忍、去拼搏。无论做人做事，都需要百折不挠的精神。古希腊哲学家苏格拉底说过："逆境是磨炼人的最高学府。"巴尔扎克也说过："困难对天才是块垫脚石，对能干的人是财富，对弱者才是万丈深渊。"逆境有两重性，既可毁人，又可炼人。它能使弱者消沉而自毁，也能使强者升华而自强。对待挫折和困难，唯有永不放弃，坚持到底，才能让自己感受到胜利的喜悦。

变得欢快的号角声

战争结束了，有个年轻的吹号手离开战场回家。他日夜思念着他的未婚妻，可是，等他回到家乡，却听说未婚妻已同别人结婚，因为家乡早已流传着他战死沙场的消息。年轻的吹号手痛苦至极，便离开家乡四处漂泊。孤独的路上，陪伴他的只有那把小号，他吹响小号，号声凄婉悲凉。

有一天，他走到一个国家，国王听见了他的号声，叫人把他唤来，问，你的号声为什么这样哀伤？号手便把自己的故事讲给国王。国王听了非常同情，但他不落俗套，下了一道命令，请全国的人都来听这号手讲他自己的身世，让所有的人都来听那号声中的哀伤。日复一日，年轻人不断地讲，人们不断地听，只要那号声一响，人们便聚拢到他身边，默默地听。不知从什么时候开始，他的号声已经不再那么低沉、凄凉了。又不知从什么时候起，那号声开始变得欢快、嘹亮，变得生气勃勃了。

这是当代中国著名作家史铁生讲的《小号手的故事》，自助才是小号手的人生希望，外来的帮助仅是换了一种形式而已，它不能从根本上消除小号手的哀伤。

困境不可能永远被消灭，甚至困境是时时存在的，只要你不要跟周围的人脱节，鼓起勇气、镇定地面对它，我们照样生活得潇洒。这时，困境对我们来说，也不是什么困境了，而是一种乐境了。

只要我们活在世上一天，困境就永远不可能消除，生活这个世界的人，不论是谁，总不会避开艰难险阻，心里不可能没有困惑和疑虑，甚至艰难和困惑会贯穿我们生活的始终，否则人生就没有了意义。

人们常说，人生如棋。如果什么困难都没有了，那就直接可以将军了，那下棋还有什么意思？所以下棋重在过程。人生也是这样，重在我们所走过的道路，因此，我们每走一步，都要倍加珍惜才对，不能因为一时的受挫，而使自己情绪低落，高兴不起来。其实我们面前的境况，只是我们以前事情的结果而已，我们不要为了以前的得失而影响了后面的人生过程，否则，自己的损失更大。

正如前面俄国著名作家屠格涅夫所说：“如果人生没有一种不幸，可与失掉时间相比了。”人生不可能消除困境，乐观的人视困境为对自己的恩赐，这是一种新的生活态度，也是一种新的境界。认为人生困境不可根除的人是勇敢的人，他不再寄希望于命运的垂青和优待，也不是靠物质的赠予，而是凭精神上的一种新境界，不恐慌，不逃避，更不必怨恨，镇定地对待它，它总会有被你俘虏或征服的那一天。

输得起的人才赢得起

古人说："胜败乃兵家常事。"输赢是常事，我们既要赢得起，也要输得起，输得起才赢得起。常见奥运会上的中国健儿，有的因为发挥失常在比赛中折戟沉沙，功败垂成，但他们离开赛场的那一刻，依旧坦然自若，面对观众愧疚地一笑，和对手友好地握手拥抱，败了也不失大家风度。

当年越王勾践兵败被俘时，输了江山，输了王位，输了尊严，真可谓输得精光。但他输了就输了，他忍受各种难以想象的凌辱，方才换回了自己的自由。是苟且偷生吗？非也，他最终用吴王的鲜血洗刷了自己的耻辱。

俞敏洪说，人要有面对失败的勇气。他介绍，他在自己的生命历程中遭遇过很多次失败，但是不断地失败使他知道，坦然面对挫折和失败应该成为一种常态。一个人只有输得起，才能赢得起。

还有一个例子。楚汉相争时，刘邦很少占上风，老是被项羽欺侮。刘邦先打下关中咸阳（秦都），按照刘、项原先的约定"先入关中者王之"，是刘邦当王。但项羽仗着手里兵强马壮，不遵守约定就在彭城称王。刘邦心里有气，但没办法，只得忍气吞声装傻认输。项羽称王不打紧，一口气封了18个诸侯，却只给灭秦立了大功的刘邦一个小小的汉王，封地是当时边远的巴、蜀、汉中（汉中稍好）等地。刘邦还是没脾气，委曲求全，远赴封地。刘邦输得起。而等到后来刘邦势强，将项羽追杀到乌江边时，项羽输不起了。输了多没面子，无颜见江东父老啊，于是用自杀的方式彻底毁灭自己。一个输得起，一个输不起，境界不同，成就的事业也就有了高下之分。

认输比逞强需要更大的勇气。慷慨赴死易，委曲求全难。也正是这个缘由，项羽才会自刎于乌江河畔。

韩国的三星电子现在是一个国际知名品牌，其创始人李秉喆带领着三星走过无数坎坷，方成大器。李秉喆也有过重大失误。三星之所以没有深陷在失误的泥淖里沉没，完全是因为李秉喆及时退出的勇气与行动。在回顾他辉煌的一生时，李秉喆说过这样一句话："做事应该有上阵的勇气，也要有及时退出的勇气。"

李秉喆所谓的"退出的勇气"，其实就是一种"认输"的勇气与智慧。三星的经营原则中很重要的一点，就是既敢于开拓，又勇于退出。李秉喆曾说过："如果没有100%的把握，那就不要上马。一旦决定某一种项目，就要全力以赴。如果认为没有胜算，那就赶快退出来。"

1973年，三星与日本造船业的巨头H公司合作，在韩国庆尚南道买下150万坪土地准备建造世界最大规模的造船厂。但当时世界造船业因石油危机陷入困境，有的客户甚至放弃订单，要求取消合同。三星一看行情不利，就毅然决定该项目暂时不上马。后来，李秉喆回顾说："如果当时那个造船厂上马，对三星的打击肯定是非常巨大的。"

李秉喆的这次撤出虽然令自己"脸上无光"，但却使三星避免陷入一场不停投资却没有多大回报希望的泥潭。李秉喆认为：若不及早撤出，那么大型造船厂将很可能成为三星公司的"滑铁卢"，与其坐等因造船而全军覆没，不如另辟蹊径，别处生花。

做事必须能屈能伸。只能屈不能伸的人是庸才，只能伸不能屈的是骄兵，都不能真正顺应时势，成就一番丰功伟业。无论做什么事，在黎明前的黑暗一定要咬紧牙关挺住。但在实际操作之中，有些事经过仔细分析后，断无咸鱼翻身的可能。这时，唯有承认现实，保存实力才是正确的决定。因此，“坚持”与“放弃”并不矛盾。他们是相辅相成、可以互补的。

当恶果已经酿成，我们除了接受，还能怎么样呢？要改变是吗？那也是后来的事情了，我们需要先接受。当我们接受了最坏的情况之后，我们就不会再损失什么。拿得起就要放得下，要不然就不要拿。赢得起也要输得起，要不然就不要去搏。

“在面对最坏的情况之后，”心理学家威利·卡瑞尔告诉我们说：“我马上就轻松下来，感到一种好几天来没有经历过的平静。然后，我就能思考了。”应用心理学家威廉·詹姆斯教授也曾经告诉他的学生说：“你要愿意承担这种情况，因为能接受既成的事实，就是克服随之而来的任何不幸的第一个步骤。”

胜败乃兵家常事，即便是输也要输得起，输得起才不至于一蹶不振；输得起才会韬光养晦，静待时机，卷土重来；输得起才不会心态失衡，不至于盲目攀比，盲目嫉妒。君子爱赢，也应取之有道。我们每一个人都要积极努力地去学习、工作，掌握人生竞技的本领，争取人生中的胜利。

坚持到底，才能脱颖而出

一个叫冯云的女孩，是湖北大学电子专业本科毕业生，10月做求职准备。11月毕业生供需见面会，现场求职者如潮水，她费了九牛二虎之力塞进8份简历，结果石沉大海——招聘会上成功是渺茫的。

她开始注意从报纸上寻找就业信息。她不再盲目地到处寄简历，而是在得到信息后，电话或登门求职。4个多月，数十次电话、登门求职都以失败告终，因为她是女生和应届毕业生。当她得知一家汽车销售公司招聘文职人员后，立刻给公司发去一份电子简历。几个月来，她第一次得到面试机会。职位要求电脑打字速度每分钟不能低于80个字。而她一分钟只打了40多个字，被淘汰了。第一次面试失败。从那以后，她每天拿出一小时练习打字，不到一个月就达到标准了。

后来，她又参加了4次面试，均以失败告终。在参加一家电子公司的面试时，笔试中她榜上有名。但接下来的面试，她至今想起来都脸红。主考官问：“你有工作经验吗？”“没有。”“到生产线上实习过吗？”“没有。主考官又拿出一张电子线路图，让她指出“分别代表什么电阻”，她根本就看不懂。她满脸羞愧。面试失败让她若有所思：“如果让我再回到校园，我一定会到生产线上去实习，用人单位最看重的还是动手能力。”

次年6月中旬，冯云仍没找到工作。经历了一次次失败，她反而理智和冷静下来。她一边密切关注人才市场需求信息，一边潜心复习专业知识弥补不足。她知道，机会只会青睐真正有准备、有实力的人。机会终于来了。一家电子公司在某高校举办招聘会，她送上简历。笔试要求10分钟内做完100道题，她7分钟做完了。然后是面试。面试官微笑着问："你认为公司客户服务部与客户应该是什么关系？""应该是朋友关系。据市场调查专家分析，一个客户身边有240个潜在客户……"

这一次，她顺利地通过了面试。7月2日，她走进了这家公司。

这个故事很感人，冯云硬是凭着不屈不挠的精神，屡败屡战，在竞争异常激烈的就业环境中找到了自己的位置，并从失败中获取了一生都用之不尽的财富。

无论一个人有多聪明，如果没有坚持，他就不会在一个群体中脱颖而出，他就不会取得成功。坚持前行的人从不会停下来想想他到底能不能成功。他唯一要考虑的问题就是如何前进，如何走得更远，如何接近目标。无论途中有高山、有河流还是有沼泽，他都会去攀登、去穿越。而所有其他方面的考虑，都是为了实现这个终极目标。对于一个不畏艰难、一往无前、勇于承担责任的人，人们知道反对他、打击他都是徒劳的。

越努力越幸运

把生活过成你想要的样子

高桂萍　编著

中国出版集团
中译出版社

图书在版编目（CIP）数据

越努力越幸运．把生活过成你想要的样子 / 高桂萍编著．-- 北京：中译出版社，2019.6（2021.8 重印）
ISBN 978-7-5001-5992-6

Ⅰ．①越… Ⅱ．①高… Ⅲ．①成功心理—通俗读物
Ⅳ．① B848.4-49

中国版本图书馆 CIP 数据核字（2019）第 119526 号

越努力越幸运
把生活过成你想要的样子

出版发行：中译出版社
地　　址：北京市西城区车公庄大街甲 4 号物华大厦 6 层
电　　话：（010）68359376　68359303　68359101
邮　　编：100044
传　　真：（010）68357870
电子邮箱：book@ctph.com.cn
总 策 划：张高里
责任编辑：刘全银
封面设计：青蓝工作室
印　　刷：北京一鑫印务有限责任公司
经　　销：新华书店
规　　格：880 毫米 ×1230 毫米　1/32
印　　张：30
字　　数：550 千字
版　　次：2019 年 6 月第 1 版
印　　次：2021 年 8 月第 3 次

ISBN 978-7-5001-5992-6　　定价：149.00 元（全 5 册）

中　译　出　版　社

前　言

活成自己想要的样子真的很难吗？

其实，没有那么难。

只是，偶尔我们选择了懒惰、逃避、固执，幸也变成了不幸。

人生其实很简单，无论你出生时美与丑，健全还是残缺，都已是命中注定，能改变的，只有你的心态。

一个相信自己的人，即使没有脚，也可以用手跑马拉松；一个相信自己的人，即使没有手，也能撑起家庭的重负；一个相信自己的人，即使没有眼睛，也可以写出旷世之作……反之，一个不相信自己的人，即使四肢健全，最终也难逃一事无成的结局。

相信自己，规划人生，不断充实自己的知识层面，不断冲破层层障碍、重重枷锁，不断自省，适时展露自己的才华，相信终有一天，你能变成自己想要的样子。

每天都是人生征程中的一段路，珍惜与荒废都是自己的选择，每个人都可以选择度过这段征程的方式。

荒废度日简单至极，大把的光阴被浪费，身上的棱角被磨平，忘记了自己曾经想过的生活的模样，甚至忘记了自己最初的模样，你不禁自嘲：如今真是越来越荒唐了。是的，这样的你，离那个“想要的生活”相差十万八千里。

“你努力的样子”总是那么美，努力奋斗之后的你总是那么志在必得，似乎那些原本遥不可及的东西如今已经唾手可得。这时你才明白：人生真正的苦恼并非来自敌人，而是来自自己，应该透过烦恼认识真正的自我，不断充实自我，才能拥有相对的自由，把生活变成想要的样子！

目 录

○ 第一章 ○

好运气，从相信自己开始

心平气和地看待过去，满怀憧憬地展望未来，脚踏实地地经营现在。好运气，其实从你改变自己的那一刻开始就已经注定。不畏惧困境，不断从跌倒的地方爬起来，你才能把握住命运，最终走向成功。

自己争气，别人才不敢看轻你

俗话说："人争一口气，佛争一炷香。"每个人都希望受到重视、尊重和欢迎，但有时又难免被人嘲弄、被人侮辱、被人排挤。生活在给了我们快乐的同时，也给了我们伤痛的体验。而这就是生活，这就是我们需要面对的人生。生气不如争气，斗气不如斗志。智者只斗志不斗气；或者是不与人斗，只跟自己斗。

"人生不如意事十之八九。"当你在为梦想而努力时，难免会遇到困难。如果你斤斤计较，不能坦然面对，或抱怨，或生气，最终受伤害的可能还是自己。

要争气，就要有坚决为自己争一口气的毅力和气概。与其总生别人的气，不如学会自己争一口气。起点低，就要"高"给自己看看；事不顺，就要"顺"给自己看看。

有一位不出名的青年画家，住在一间小房子里，以给别人画人像谋生。

一天，一个有钱人看到他的画非常精致，很喜欢，于是就请青年画家帮自己画一幅像，双方约好酬劳是一万元。一个星期后，青年画家将像画好了，有钱人依约前来拿画。此时有钱人心里有了企图，他看那位画家年轻又未成名，于是不肯按照原先的约定付给酬金。有钱人心中打着如意算盘："画中的人是我，这幅画如果我不买，那么绝没有人会买。我又何必花那么多钱来买呢?"于是有钱人赖账，他说最多只能花三千元来买这幅画。

青年画家没想到有钱人会这么说，这是他第一次碰到这种事，心里不免有些慌，费了许多口舌，向有钱人讲道理，希望这个有钱人能遵守约定，做个有信用的人。“我只能花三千元买这幅画，你别再啰唆了，”有钱人认为自己稳占上风，“最后，我问你一句，三千元，卖不卖？”青年画家知道有钱人的意图，心中愤愤不平，他以坚定的语气说：“不卖。我宁可不卖这幅画，也不愿受你的欺诈。今天你失信毁约，我将来一定要你付出20倍的代价。”有钱人回答：“笑话，20倍，是20万元耶！我才不会笨得花20万元去买这幅画。”

“那么，你等着瞧好了。”青年画家对有钱人说道。经过这一事件的打击，画家离开了那个伤心地，去别处重新拜师学艺，日夜苦练。功夫不负苦心人，十几年后，他终于闯出了属于自己的一片天地，成为一位知名的画家。而那个有钱人呢？自从离开画室后，第二天就把画家的画和话忘记了。直到有一天，他的好几位朋友不约而同地来告诉他：“有一件事好奇怪哦！这些天我们去参观一位成名画家的画展，其中有一幅画，画中的人物跟你长得一模一样，标示价格20万元。好笑的是，这幅画的标题竟然是——贼。”有钱人一听仿佛被人当头打了一棒，想到了十几年前的画家。他一想到那幅画的标题竟然是“贼”，就感觉对自己的伤害太大了，他立刻连夜赶去找青年画家，向他道歉，并且花了20万元买回了那幅画。青年画家凭着一股不服输的志气，让有钱人低了头。这个年轻人就是毕加索。

由于毕加索经常在心里告诫自己，绝不能被别人瞧不起，因此他决定为自己争口气，他凭借自己的志气去挫对方的锐气，从而为自己赢得了尊严。

一个人不应该埋怨这个世界太势利，他应该埋怨自己没有志气。年轻人尤其渴望得到别人的尊重，但在别人尊重你以前，不妨先想一下，别人凭什么要尊重你？从这个意义上来说，一个人不受尊重，是因为他不那么值得别人尊重。鲜花和掌声只是他梦想中的荣耀，轻视和白眼却是他此时应该享有的待遇。想通了这个问题，人就比较容易变得心平气和起来，说不定还会因此而鼓起奋斗的勇气。

刚刚步入社会，我们的起点也许很低，也许正在做一份不起眼的工作，地位低、收入少、被人看轻、不受尊重。但是，重要的并不在于我们现在的地位是多么卑微，不在于我们手头的工作是多么微不足道，只要不甘心平淡，只要不想局限于这狭小的圈子，只要渴望着有朝一日突破这一现状，那么，我们最终有扬眉吐气的那一天。

人生必须渡过逆流才能走向更高的层次，最重要的是要永远看得起自己。这个世界并不是掌握在那些嘲笑者的手中，而恰恰掌握在能够经受得住嘲笑与批评，并不断往前走的人们的手中。不管你出身贵贱、学问高低、相貌美丑，只要你心中藏着一股气，一股不会泄的志气，你就能飞上天，成为一颗耀眼的明星。

什么叫作“志气”？卡耐基说：“朝着一定的目标走去是‘志’，一鼓作气中途不停止是‘气’，两者结合起来就是志气。一切事业的成败都取决于此。”李白说：“大丈夫一定要有闯荡天下的志向。”刘炎说：“君子的志向是造福天下，小人的志向是荣耀自身。”

总之，人活一口气。有了这一口气，许多看似无法解决的难题，往往会在你挺直的脊梁面前迎刃而解；没了这一口气，一点儿磕碰也会让你摔个大跟头，生存之路也会越走越窄。

无法选择出身，但可以选择命运

在 1983 年版的电视剧《射雕英雄传》里，周星驰一身破烂衣、涂黑了脸，在剧中甚至连一个名字也没有（演员表中的“宋兵甲”由周星驰扮演）。按照剧本，宋兵甲是一个一出场就要被梅超风的九阴白骨爪一爪抓死的小角色。周星驰不甘心，就跟导演说：“可不可以用手挡一下，让梅超风在第二掌再把我打死。”毫无疑问，导演对于这种群众演员的建议懒得搭理。但这并不影响周星驰的热情，他还是“不停地、开开心心地提建议，再开开心心地被拒绝”。

对于演员来说，剧本就是命运，导演就是上帝，周星驰却努力要做自己命运的编剧、自己人生的导演。周星驰曾回忆自己漫长的龙套生涯，说自己演的角色“就算一出场就死掉，也要研究死法”。这句话有一点儿伤感，但更多的是一种不甘心被命运安排的呐喊。也许正是其中包含着复杂的情感，在我们听到这句话的时候，会触痛心灵最柔软的地方，引起震撼、沉思与共鸣。

时间到了 1987 年，周星驰还是在龙套中挣扎。这一年，他的坚守与努力似乎出现了回报——他得到了一个不同于以往的配角：终于在万梓良、郑裕玲主演的《生命之旅》中演上了大配角。虽然还是配角，但有了一个“大”字。在拍剧休息时，心存梦想的周星驰和主角郑裕玲闲谈。谈及自己的前途，周星驰问对方自己是否会走红，结果郑裕玲说了一句：“你不会红。”当时很多人都没能看好周星驰，但这回被人亲口说出来，让周星驰伤心不已。一次又一次的打击，难道不觉得苦？周星驰是这样回答的：“我不从苦的角度看事情。”

周星驰早年的龙套经历，后来被糅合进了他主演的电影《喜剧之王》之中。如果你看过周星驰主演的电影《喜剧之王》，就明白一个无名小卒要登上闪光的舞台挑大梁是何等艰辛。在《喜剧之王》电影之中，周星驰扮演的尹天仇俨然就是成名前历经辛酸的周星驰。因为尹天仇在一开始也是一个跑龙套的。他在演一个牧师时，怎么死都死不了，被娟姐、导演等人教训他浪费了胶片，且剧务阿姨很真诚地对他说："我真的不知道你在干什么。"这就脱胎于周星驰当年的"宋兵甲"。

尹天仇作为一个被所有人忽略与践踏的龙套演员，却成天捧着本《论演员的自我修养》来学习，经常以阿 Q 的精神重复着这样一句话："其实我是一个演员。"有人说，这部电影是周星驰的自传，周星驰也承认其中有很多是自己过去的写照。他说："《喜剧之王》已诉尽我当年的经历，情节是虚构的，但感受是真实的。"和片中的尹天仇一样，周星驰正是从跑龙套走到今日的"喜剧之王"的。

《喜剧之王》是一部"励志喜剧"，让观众在笑过之后，对人生有了更多的感悟。从本质上讲，我们大多数人都是跑龙套的，只是这个龙套的层面稍有不同罢了。尹天仇身上最闪光的地方莫过于他对理想的执着追求和对自我的坚定认同，无论他人如何看待自己，他始终都认为自己是一位演员，在整个世界几乎抛弃了他之后，他却在孤独与彷徨中紧紧地握着自己的梦想，不断激励自己、肯定自己，给予自己前行的动力。

功夫不负有心人。由于周星驰在主持节目时有着出色表现，同时也在一些电视剧中担任了角色，于是，电视台开始重视他的发展。1987 年，周星驰终于如愿以偿，被安排进入香港无线电视剧部担任演员。1988 年在《霹雳先锋》中担任配角，一炮走红，获得了当年台湾金马奖和香港金像奖最佳男配角奖。从 1990 年起，周星驰转向喜剧，他开创的“无厘头”搞笑风格在香港影坛风光无限，《赌圣》《逃学威龙》《国产零零漆》《大内密探零零发》，直到20世纪末的《喜剧之王》，将周氏风格演绎到极致。

谈到人生的成败，总是有人喜欢拿“命运”来说事。“命运”是一个纠缠人类数千年的话题。从古老的紫微斗数、生辰八字、面相、手相、骨相，到现代的血型、星座……五花八门的分析工具层出不穷、生生不息，反映了人们对于窥破命运密码的热切渴望。一些人一听到“命运”，要么是迷信到底，要么是嗤之以鼻。其实，“命运”并不神秘，也不深奥，它是由“命”与“运”组成。其中，“命”是死的，是过去式，例如你生在何家，例如你是男是女，这些情况都是在发生后你才知道的，是不可更改的事实。而“运”则是一个建立在将来时基础上的现在时，你梦想成为富豪，你梦想拥有一份好的工作，你为这些梦想而付出行动，你只有通过努力才有可能实现它们，这个过程称之为“运”；你“运”得到位，就会有“好运”，就会有好的“命运”。

“命”不好不要紧，接受你所不能改变的，改变你所不能接受的——前者即是“命”，后者即是“运”。试看那些建功立业的伟人们，有几个是“命”里含着金钥匙出生的？有几个不是靠自己后天的“运”而一步步走向巅峰的？

周星驰出身贫寒，可谓“命苦”，经历长达八年的龙套生涯后，他星光渐露，一步一步成长到如今中国影坛的喜剧之王。他的成功，在于他不停地为自己争取，直至交上好运。对于自己的人生历程，周星驰曾这样总结：“我的奋斗史，不是独一无二的，社会上比比皆是……像我们这些普通大众，如果不是靠着信念、斗志，怎能做出成绩？”

在香港的演艺圈中，当今几乎所有大哥级别的人物都有着类似周星驰的经历，如成龙、周润发、刘德华等。他们的起点都很低，曾经都是小人物，只因心中那希望之花永不凋谢，只因那胸中的激情之火从不熄灭，使他们一步步爬上了事业的巅峰。这些小人物的成功象征着底层群体的奋发图强，给同样是小人物的我们树立了榜样。

塑造积极的自我意象

我们知道，当一个人站在镜子前面观看那个镜子中的自己时，那个关于他自己的自我意象也随之产生了。这时，在他和那个镜子中的自己之间，他面临着两个选择，接受还是不接受。如果他能满意地接受那个镜子中的自己，他就会感到自信。如果他不能接受那个镜子中的自己，他就会感到自卑。信仰和接受可能就是那个架在他自己和那个镜子中“自我意象”之间的桥梁，只有通过这座桥梁，才能顺利地到达自信的彼岸。他在这一刻选择那个自我意象的方式可能将会最终变成一种命运般的力量决定他以后的生活。

20世纪最重要的心理学发现之一就是“自我意象”。这种自我意象就是“我属于哪种人”的自我观念，它建立在我们对自身的认知和评价基础上。一般而言，个体的自我信念都是根据自己过去的成功或失败、他人对自己的反应、自己根据环境的比较意识，特别是童年经验自然形成的。根据这些判断，人们心里便形成了“自我意象”。就我们自身而言，一旦某种与自身有关的思想或信念进入这幅“肖像”，它就会变成真实的东西。我们很少去怀疑其可靠性，只会根据它去活动。

自我意象，就是我们对自己的认识，对自己的画像。不管我们是否能够意识到，我们都存在非常详细的自我意象。它决定了你在生活舞台中的角色形象。

我们在做任何事情的时候，都受到自我意象的影响，因为它在时时刻刻提醒我们：“你是一个什么样的人。”我们的意识收到这个信息后，就会去判断这样做可以、那样做不可以，从而做出各种决策。

自我意象是一个前提、一个根据、一个基础，由此而产生了我们每个人的个性、行为甚至社会大环境。如果你的自我意象就是一个能力低下、依赖别人的形象，那么你在做每件事情的时候都会对自己说“这件事我做不来”，把本来可以完成的事情推给别人，一次次地丧失成功的机遇。相反，如果你认为自己就是一个精力充沛有能力的人，你就会主动去挑战危机。

有时，为了成功，首先要在思想上打击自己退却和懈怠的想法，把自己想象成为一个成功者。想象成为一个成功者，你才有成功的勇气。因为失败是不需要避免和争取的，它就在面前，而成功是要靠努力才能够获得的。

我们的心灵创造着周遭的世界，即使两个人肩并肩地徜徉在同一块草原上，一个人的眼睛看到的情景永远不同于另一个人所看到的情景。心理学家马尔慈说，人的潜意识就是一种“服务机制”，即一个有目标的电脑系统。而人的自我意象，就如同电脑程序，直接影响着这一机制运作的结果。

如果你的自我意象是一个失败的人，你就会不断地在自己内心的“荧光屏”上看到一个垂头丧气、难当大任的自我，听到“我没出息、没有长进”之类负面的讯息，然后感到沮丧、自卑、无奈与无能，那么你在现实生活中便会注定失败。

另一方面，如果你的自我意象是一个成功人士，你会不断地在你内心的“荧光屏”上见到一个不断进取、敢于经受挫折和承受强大压力的自我；听到“我做得很好，而我以后还会做得更好”之类的鼓舞讯息，然后感受到喜悦、自尊、快慰与卓越，那么你在现实生活中便会自然而然成功地。

我们个人一切的个性、行为和言语方式都是建立在自我形象这个基础之上的。如果一个人从心理上逃避成功、害怕成功，在面对机会或挑战时，他就可能畏畏缩缩。这样，即使不是一个失败者，也是一个平庸之辈。

要想获得成功，就必须有一个适当、现实的自我意象伴随着自己，使自己能接受自己，拥有健全的自尊心。成功者应该不断地认识自己，不断地强化和肯定自我价值，真实地表现自我，而不是把自我隐藏或遮掩起来。

当这个自我意象完整而稳固的时候，“我”就会有良好的感觉，并且会感到自信，会作为“我自己”而存在，自由地表现自己。如果它成为逃避、否定的对象，个体就会把它隐藏起来，不让它有所表现，创造性的表现也就因此而受到阻碍。

塑造积极的自我意象，改变郁郁寡欢的失败型个性不能依靠纯粹的意志力。必须要有充足理由和足够的证据确认旧的自我意象是错误的。不能仅仅凭空想象出一个新的自我意象，除非你觉得它是有事实依据的。正如爱默生说过的：“人无所谓伟大或者渺小。”我们的价值就是我们心中认定的价值。

自信能帮你跨过艰难险阻

有一个女孩从小没了父亲，和母亲住在一个小镇相依为命。她们的生活过得很贫寒，小女孩从来就没有穿过漂亮的新衣服，她的衣服都是邻居送来的旧衣服。她的母亲甚至没有给她好好扎过一次头发，更别提给她买发夹和其他首饰了。

小女孩很自卑，老是觉得自己长得难看，寒酸，走路时总是低着头，害怕别人的眼光。她喜欢画画，一直希望镇上最有声望的画家能教自己画画。看着画家带着那些衣着光鲜、神清气爽的孩子外出写生，小女孩提不起勇气和画家打招呼。

在女孩12岁生日那天，妈妈破天荒给了她20元块钱，允许她去买点她喜欢的东西。小女孩很兴奋，一时不知道该买什么好。最后，她紧紧握着钱，来到一家饰品小店，看上了一只标价16元的漂亮发夹。店主帮她戴在头上，对她说："瞧啊，你戴上这发夹多漂亮。"店主说完拿着镜子让女孩自己看，女孩从镜子里看到自己后，竟然惊呆了，她从来没有发现自己是如此的美丽，她觉得这个带花的发夹让她变得像天使一样美丽。

女孩不再迟疑，掏出钱买下了发夹。她内心无比激动与沉醉，接过售货员给她的4元零钱后转身就往外跑，结果由于激动撞在一个胖胖的中年人的肚子上，但她没有停留的意思，继续往外跑。她的后面似乎传来绅士喊她的声音，但女孩已经顾不得这些了。一路上，她有点飘飘然的感觉，而且她没有顺着来的墙角走，而是堂堂正正地走大路。她感到街上所有人都在看她，好像都在议论："瞧，那个女孩真是太美了，怎么从来不知道镇上有个这么美丽的女孩。"

这时她一直渴望结识的画家迎面走过来，奇迹发生了，那个画家竟然亲切地和她打招呼，并问了她叫什么名字。

女孩高兴极了，她索性想把剩下的4块钱给自己再买点东西，于是她又返回原来的小店。店门口，被她撞到的先生拦住了她，说道："小朋友，我就知道你会回来的，瞧，你刚刚撞掉了头上的发夹，我一直等着你来取。"

原来，走在街上的小女孩的头上并没有漂亮的发夹。可是，小女孩却因"发夹"而神采奕奕、魅力四射。可见，比漂亮的首饰更能装扮我们的是自信。

自信是个古老的话题。千百年来，人们出于创造美好生活的目的，都对信心抱有崇高的期望。19世纪思想家爱默生说："相信自己'能'，便攻无不克。"

如今，我们生活在竞争异常激烈的社会里，如果没有充分的自信是很难取得成功的。自信是开启成功的"金钥匙"。有了它，就算身处绝境，亦能柳暗花明。

我们要学会欣赏自己，把自己的优点、长处，统统找出来，在心中"炫耀"一番，反复刺激和暗示自己"我可以""我能行"，就能逐步摆脱"事事不如人，处处难为己"的困扰。"天生我材必有用"，自己给自己加油，便能撞击出生命的火花！

自信是一个人重要的精神支柱。自信是相信自己有能力实现自己既定目标的心理倾向。自信是建立在正确的认知基础上、对自己实力的正确估计和积极肯定，是心理健康的表现。战国时期毛遂因为有自信，才说服平原君，打动楚王，使得赵楚达成联盟；爱迪生因为自信，他坚持不懈，成就了他"发明大王"的美誉；阿基米德因为自信，发出了"给我一个支点，我就能撬动地球"的豪言壮语。

维克多·格林尼亚年轻时是英国瑟尔堡地区很有名的一个浪荡

公子。有一次，在一个盛大的宴会上，他像往常一样傲气十足地邀请一位年轻美丽的小姐跳舞，那位姑娘觉得受到了极大的侮辱，怒不可遏地说："算了，请你站远一点儿，我最讨厌像你这样的花花公子挡住我的视线。"这句话刺痛了维克多·格林尼亚的心，他在震惊、痛苦之后，猛然醒悟，对自己的过去无比悔恨，决心离开瑟尔堡，去闯一条新路。

他在留给家人的纸条上说："请不要问我的下落，容我刻苦努力学习。我相信自己将来会创造一番成就的！"结果，经过八年的刻苦奋斗，他终于发明了以他的名字命名的"格式试剂"，并荣获诺贝尔奖，成为著名的化学家。

人并非天生伟大，成功者也不是天生之才，而且也不一定在少年或青年时代就是出类拔萃的人才，而自信却能决定一个人是否走向成功。像维克多·格林尼亚这样的"浪子回头金不换"，不就印证了这个道理吗？

思想是一个人有权掌握的唯一对象，你必须控制你的思想，使它尽早敞开以接受无穷的智慧和力量。乔·特纳维尔说："无论你的内心所怀抱着的意念和信仰是什么，他都可能成为现实。因此，切勿在通往无穷智慧的道路上自设路障，就像当阳光透过三棱镜时会分成很多道光束一样，当自信化作无穷智慧通过你的内心时，也会绽放出不同的光芒。"

自信不是夜郎自大、得意忘形，更不是毫无根据的自以为是和盲目乐观，而是激励自己奋发进取的一种心理素质，是以高昂的斗志，充沛的干劲迎接挑战的一种乐观情绪。自信，并非意味着不费吹灰之力就能获得成功，而是说战略上藐视困难，从一次次胜利和成功的喜悦中肯定自己，不断地突破自卑的羁绊，从而创造生命的亮点，成就事业的辉煌。

自信、自卑、自负是人的三种截然不同的心理状态。自信、自卑、自负三者之间没有绝对的界限，自信不足，则是自卑；自信有余，则是自负。自信是对自我价值的认可与坚守。自信是成功的基石，自卑和自负则是失败的滑梯。

自卑是这样一种心态：对自己没有信心，看不到自己的优点，总拿自己的缺点与别人的优点相比，不能充分地认识自己，对自己过分贬低。自负则是这样的心态：对自己太过自信，看不到自己的缺点，优点是优点，缺点还是优点，并对自己盲目乐观。

自卑和自负者不会成功，楚霸王自负而垓下惨败，关羽自负而痛失荆州，拿破仑自负兵败滑铁卢。

而因自卑导致失败的人就更多了。下面列举一例：

1951 年，英国有一名叫富兰克林的人，从自己拍得极好的 DNA（脱氧核糖核酸）的 X 射线衍射照片上发现了 DNA 的螺旋结构之后，他就这一发现做了一次演讲。然而，生性自卑的他又怀疑自己的假说是错误的，从而放弃了这个假说。

1953 年，科学家沃森和克里克也从照片上发现了 DNA 人分子结构，提出 DNA 双螺旋结构的假说，从而带领人类进入生物时代。两人因此获得了 1962 年度诺贝尔生理或医学奖。

如果富兰克林不因自卑放弃，而是坚信自己的假说，进一步进行深入研究，这个伟大的发现肯定会以他的名字载入史册。可见，一个人如果做了自卑情绪的俘虏，是很难有所作为的。

由此可见，信心是一种精神状态，它是靠调整你的内心，让你去接受无穷的智慧，信心是“成功”的发电机，也是将你的想法付诸实现的原动力。我们应该有这样一种精神——不断挖掘自己的自信。

自信是一颗火热的太阳，使我们感受到它的温暖；自信是心底的一颗宝珠，什么时候用它，什么时候就会发光；自信是前进的助推器，给我们以勇气与力量；自信是征途的导航灯，伴我们跨过一道道艰险的门槛。

与优秀的人为伍，才能力量倍增

这是一场异常残酷的战斗。战斗结束后，将军十分赞赏地对一个士兵说：“孩子，在整个战斗中，你最坚定地与我在一起，几乎没有离开我一步。”那士兵说：“是的，将军！上前线的时候，父亲就告诉我，打仗的时候，紧紧跟着将军是最安全的！”“你父亲是干什么的？”将军很好奇。那孩子说：“他是个老兵。”

其实，不仅想保命的士兵要与将军在一起，想当将军的士兵也要寻找机会与将军为伍。有位哲人说过：“跟优秀的人在一起，只会使你变得更优秀。”如果两个优秀的人能走在一起，互相影响，做出的必将是壮举。无疑，保罗·艾伦和比尔·盖茨就为这一说法做出了最好的印证。

已过知天命年的保罗·艾伦，似乎一直以来都被掩盖在比尔·盖茨的光环之下，人们只知道他和比尔·盖茨共同创立了微软，却忘记了正是他把比尔·盖茨引入到软件这个行业。而就是这样一个软件业精英、富于幻想的开拓者、为玩耍一掷千金的豪客、总是投资失败却成功积聚巨额财富的商界巨子保罗·艾伦，却在创造着一个传奇——他有取之不尽的财源、独树一帜的投资理念，也有与众不同的成功标准。

1968 年，与比尔·盖茨在湖滨中学相遇时，比比尔·盖茨年长两岁的保罗·艾伦以其丰富的知识折服了比尔·盖茨，而比尔·盖茨的计算机天分，又使保罗·艾伦倾慕不已。就是这样，两人成了好朋友，随后一同迈进了计算机王国。保罗·艾伦是一个喜欢技术的人，所以，他专注于微软新技术和新理念。比尔·盖茨则以商业为主，销售员、技术负责人、律师、商务谈判员及总裁一人全揽。微软两位创始人就这样默契地配合，掀起了一场至今未息的软件革命。

有人说，没有保罗·艾伦，微软也许不会出现，但如果不是托比尔·盖茨的福，保罗·艾伦也许连为自己的“失误”买单的钱都不可能有。

而这并不是偶然，比尔·盖茨曾这样说过：有时决定你一生命运的就在于结交了什么样的朋友。换句话说，从某种角度而言，你与之交往的人或许就是你的未来。保罗·艾伦与比尔·盖茨就是这样互相决定了未来。

保罗·艾伦的成功得益于他正确选择了比尔·盖茨。但我们也不能不承认，保罗·艾伦本身独具一种超人的智慧锋芒。有人这样评价：如果没有抓住创立微软的机遇，保罗·艾伦可能只会是波音公司的一位工程师，或一家软件公司的雇员。而一不小心挣下亿万身家，这不是每个人都能做到的。与其说保罗·艾伦的一时冲动创立微软，不如说是他远见卓识。

任何为微软立传的人都不能回避那段历史：1974 年 12 月，保罗·艾伦拿着新出的《大众电子》杂志，去给伙伴比尔·盖茨看关于世界第一台微机 Altair8800 的报道，说服他一同创业，这才有了微软。比尔·盖茨的回忆中这样描述：“当时如果不是保罗·艾伦描绘的蓝图打动了我，也许我还待在大学里。那么，以后所有的故事就不会发生了，我甚至怀疑自己当时是不是太过冲动。”

我们都知道，枝头上的葡萄果实累累，色香味诱人又甜美，都是因为能从树干上不断吸收营养；树枝本身是不能生存的，如果把树枝从树干上砍下，其结果一定是树枝的枯死。同样，一个人的力量也是从人类的社会交往中得来的。

一个人从别人那里所摄取的能量越大、品质越好、种类越多，那他个人的力量就越大。假使他在社交上、精神上和道德上与他的同辈有多方面的接触，那他一定是个有力量的人。

人类好像“杂食兽”，身体和精神都需要各种食粮，而各种精神食粮，只有在和各式各样人们的相互交往中取得。世界潜能大师博恩·崔西指出：“不管在你的现实生活或是想象中，你习惯相处的那些人，会对你的目标有极大的影响力。”

所以，你一定要谨慎地选择那些你愿意花时间交往的朋友，因为他们对你的思想、人格，以及发现在你身上的任何事情都会有影响。

你的目标应该是能够“与鹰共翱翔”，你的目标应该是要和你所知道的最好的人为伍。你要学会和优秀的人善良的人在一起，远离那些自暴自弃、没出息的人，他们每天习惯于浪费时间、牢骚不断，一逮到机会就抱怨没完，假如你习惯和这种人在一起，你就会变得像他们一样无所事事。

机会不是天外来物，而是人创造的，优秀的人显然会带给你更好的机会。更重要的是与优秀的人相处，可以学到优秀之人的为人之道，扩大自己的视野。

从他们的经历中受益，不仅可以从他们的成功中学到经验，而且可以从他们的教训中得到启发。我们甚至可以根据他们的生活状况改进自己的生活状况，成为他们智慧的伴侣，这自然也会使你变得更优秀。

与最优秀的人在一起，优秀将成为一种习惯。

如果错过与比我们高明的人结交的机会，实在是一种很大的不幸，因为我们常能从这种人身上得到很多益处。只有在这种交往中，我们生命中那些粗糙的部分才会被削平，才可以将我们琢磨成器。

记住，与一个比我们优秀的人交往，其价值要远大于发财获利的机会，它能使我们去发展自己高贵的品格，能使我们的力量扩增百倍。

第二章

从容规划，方向和布局决定未来

你是浑浑噩噩地过日子，还是快乐地享受生命时光？这依赖于你是否懂得为人生安排，把每一天做好妥善的规划。“伟大的规划构成伟大的心。”人之所以伟大，是因为规划了人生的方向、确立了目标，以致产生动力，动力转化为行动，行动最终成就事业。

愿你拥有梦想，拥有奋斗的决心

人因梦想而伟大，所有的成功者都是杰出的梦想家。

关于梦想的定义，有三种解释：一是梦中怀想；二是空想、妄想；三是理想。尽管梦想虚无缥缈，但人们更倾向于“梦想变为现实就是成功”的说法，也心甘情愿为梦想奋斗终生。人与人之间也因梦想不同、奋斗不同而拉开了距离。

事实证明：梦想可以使我们的人生变得伟大，帮助我们成长、成功。美国著名脱口秀主持人奥普拉说：“一个人可以非常清贫、困顿、低微，但是不可以没有梦想。只要梦想一天，只要梦想存在一天，就可以改变自己的处境。”的确，没有梦想的人生是可怕的，正如站在人生的十字路口上，没有方向，不知该何去何从，这是我们成长中经常会遇到的迷茫和困惑。如何改变这种处境，是我们必须要面对和认真思考的问题。如果发现我们的梦想还在沉睡，未曾对我们的人生有任何指引，这样的梦想只能是做梦和空想，没有任何意义。这时我们需要唤醒心灵深处的渴望，将梦想还原现实，变为理想，带领我们寻找未来的路。慢慢地就会发现，因为梦想我们变得伟大。

有一年，一群意气风发的天之骄子从哈佛大学毕业了。他们的智力、学历、环境条件都旗鼓相当，他们在即将踏上社会这个最广阔的天地之前，哈佛对他们进行了一次关于人生理想的调查。结果如下：27%的人没有理想；60%的人理想模糊；10%的人有清晰但比较小的理想；3%的人有清晰而远大的理想。

25年以后，哈佛再次对这群学生进行了跟踪调查。结果是：3%

的人，25 年间，他们朝着一个方向不懈地努力，几乎都成为社会各界的成功人士，其中不乏行业领袖，社会精英；10%的人，他们的小理想不断实现，成为各个领域中的专业人士，大多生活在社会的中上层；60%的人，他们安稳地生活与工作，但都没有什么特别的成就，几乎都生活在社会的中下层；剩下 27%的人，他们的生活没有理想，没有目标，过得很不如意，并且常常抱怨社会，抱怨他人，抱怨这个“不肯给他们机会”的世界。

其实，这群学生最初的差别仅仅是：有人有理想，有人没理想，有人理想远大，有人理想很小。25 年后，很小的差别形成了巨大的鸿沟。人生因为有了梦，所以才有梦想；因为有了梦想，所以才有理想；因为有了理想，所以才有为理想而奋斗的历程；因为有了奋斗，所以才有了人生幸福。

理想意味着对未来的憧憬与向往，表达着对未来的渴望与追求，它犹如火炬照亮了人生的道路，指明了人们成长的方向。父母引导孩子树立人生的理想与追求，有着重要而又特殊的意义。诗人流沙河说过：“理想是石，敲出星星之火；理想是火，点燃希望之灯；理想是灯，照亮夜行之路；理想是路，引你走向黎明。”

许多成功者首先就是一个梦想家，因为有梦，他们的人生变得多姿多彩。他们可以品尝到成长中挫折带来的苦涩，享受到鲜花、掌声带来的喜悦，有痛苦，有失意，但更多的是奋斗带来的充实，还有一种发自内心的舒畅，这样的人是幸福的。如果你也渴求幸福，那么就用梦想做支撑来实现你的人生价值。很多人都是很平凡的，可他们中的一些人却因为梦想改变了人生，从此走上了一条不平凡的路，他们的命运也因此发生了改变。

奥巴马是美国历史上的第 44 任总统，也是美国历史上的第一位黑人总统。一脸阳光的他，颇像好莱坞制造的青春励志片的主角：

背负着远大理想，一步一步坚定地摆脱桎梏，坚毅勇敢地挑战外界、挑战自我，开创自己的美丽人生。

当选总统后，奥巴马十分感激自己的母亲，他说："我身上最好的东西都要归功于她。"奥巴马母亲经常告诉儿子："不要被恐惧或狭隘的定义所束缚，不要在自己周围筑起围墙，我们应当尽力在意想不到的地方找到美好的事物。"正是由于母亲良好的教育与引导，奥巴马从小就树立起了远大的理想；正是因为母亲的坦诚与宽容，奥巴马没有生活在父母离异的阴影中，没有为自己的肤色困惑；正是受到妈妈积极乐观、勇于进取精神的影响，奥巴马总能抓住机遇，迎难而上。

奥巴马在写给自己两个女儿的信中提到母亲对他的教育："这正是我在你们这个年纪时，奶奶想要教我的功课。她把独立宣言的开头几行念给我听，告诉我有一些男女为了争取平等挺身而出，游行抗议，因为他们认为两个世纪前白纸黑字写下来的这些句子，不应只是空话。她让我了解到，美国所以伟大，不是因为它完美，而是因为我们可以不断地让它变得更好，而让它更好的未竟任务，就落在我们每个人身上。"奥巴马的母亲把独立宣言念给奥巴马听，对他进行自由、民主和美国精神的教育，并且给他讲述"领导国家"的理念，使他从小立下了大目标、大志向。

可见，理想是深藏在心灵里的一道迷人的风景，是挂在远方的一盏炫目的灯塔。理想于人生，有非常重要的作用。对任何一个人来说，理想的种子一旦生根发芽，则对任何一件事都不会满足于现状，有追求完美、追求最高境界的欲望。取得一定成绩之后，总有更上一层楼的决心和气魄。这样的人不成功于此，必成功于彼。而且成功的规模也往往比较大。

美国赛车手吉米·哈里波斯的成长经历告诉我们，人可以因梦想而伟大，想要成功首先得是个梦想家。

吉米·哈里波斯很小的时候就有一个梦想，他渴望自己将来能成为一名出色的赛车手。这个梦想一直在他的心里燃烧。几年后，吉米·哈里波斯到了该服兵役的年龄，他到了部队。由于对车比较感兴趣，所以他被派去开卡车，这对他今后熟练的驾驶技术起到了很大的作用。

退役之后，他工作之余一直坚持参加一支业余赛车队的技能训练，只要有机会比赛他都会想办法参加，但一直没有拿到过名次。后来他参加了威斯康星州的赛车比赛，也就是因为那场比赛差点要了他的命。原来当赛程进行到一半多的时候，他前面那两辆车发生了相撞事故，他为了避开他们撞到了车道旁的墙壁上，瞬间赛车就燃烧了起来。当吉米·哈里波斯被救出来时手已经被烧伤，鼻子也不见了，体表烧伤面积达40%，后经医生的全力抢救才保住他的命。但是以后他再也不能开车了。

然而，他并没有因此放弃梦想。他决定接受植皮手术，恢复手指的灵活性。手术后，他每天都在不停地练习手指，他相信坚持定能产生奇迹。在经过近9个月的痛苦训练后，他终于能重返赛场了。于是他先参加了一场公益性的赛车比赛，但这次他没有取得名次。接着在后来的一个200英里的比赛中他取得了第二名的成绩。

两个月后，还是在那次出事故的赛场，经过一番激烈的角逐，吉米·哈里波斯最终赢得了250英里比赛的冠军，成了美国最具传奇色彩的伟大赛车手。他坚持梦想的决心也成为鼓舞人们的精神动力。

如果吉米·哈里波斯没有梦想，没有为梦想奋斗的决心，他也就不会有今天的成就，也许还是千千万万个平凡人中的一员，默默无闻。但是他有梦想，不管经历多少挫折，他依然不放弃希望，最终成就了他成为最优秀赛车手的梦。吉米·哈里波斯的经历告诉我们：拥有了梦想，就拥有了成功的希望，人生也因梦想的存在而与众不同。

梦想对每个人都是公平的，不管你的家庭、背景、学历、长相如何，也不管你现在从事什么工作，或者将来想从事什么工作，只要你有一个坚定的梦想，一个不灭的信念，就有了梦想成真的可能，你的人生也因梦想的存在而伟大。

希望你目标明确，拥有前进的动力

1952 年 7 月 4 日清晨，美国加利福尼亚海岸笼罩在浓雾中。在海岸以西 21 英里的卡塔林纳岛上，一位 34 岁的妇女跃入太平洋海水中，开始向加州海岸游去。要是成功的话，她就是第一个游过这个海峡的妇女。

这名妇女叫弗罗伦丝·查德威克。在此之前，她是游过英吉利海峡的第一个妇女。那天早晨，海水冻得她全身发麻，雾很大，她连护送她的船都几乎看不到。时间一个小时一个小时地过去，千千万万人在电视上看着。有几次，鲨鱼靠近了她，被人开枪吓跑了，她仍然在游着。

15 个小时之后，她又累又冷，她知道自己不能再游了，就叫人拉她上船。她的母亲和教练在另一条船上。他们都告诉她离海岸很近了，叫她不要放弃。但她朝加州海岸望去，除了浓雾什么也看不到。

几十分钟后——从她出发算起是 15 个小时 55 分钟之后——人们把她拉上船。又过了几个小时，她渐渐觉得暖和多了，这时却开始感到失败的打击。她不假思索地对记者说："说实在的，我不是为自己找借口。如果当时我能看见陆地，也许我能坚持下来。"人们拉她上船的地点，离加州海岸只有半英里！

没有目标的人，就像没有舵的船，只能漂泊在失望与挫折的大海之中。一个人看不到自己的进步，就会在困难中放弃努力，因为他们看不到希望，自然就失去了继续前进的动力。

法国博物学家让·亨利·法布尔经过反复观察发现，巡游毛虫在树上的时候，往往排成长长的队伍前进，由一条虫带队，其余的毛虫则紧紧跟着，心无旁骛，鱼贯而行，从不分离。于是法布尔就把一组毛虫放到一个圆形大花盆的盆沿上，使它们首尾相接，排成一个圆形。这些毛虫开始行动了，像一个长长的游行队伍，没有头，也没有尾。

法布尔在毛虫队伍旁边摆了一些食物，如果毛虫要想吃到食物就必须解散队伍，不再一条接一条前进。法布尔觉得毛虫很快会厌倦这种毫无用处的爬行，而转向食物，可是毛虫没有这样做，依然有序地、执着地循序环行，一直以同样的速度沿着花盆边沿走了7天7夜，直到饿死为止。

这个小实验经常被成功学家们作为著名例证，用以说明人生目标的重要性。没有确定人生目标的人，就如这些毛虫一样碌碌无为、空耗人生。

毛虫们遵循的是它们的本能、习惯、传统、过去的经验，或者随便你叫它什么好了。它们没有自己的目标，只是盲目地“跟进”，尽管工作很努力，生活很忙碌，但最终一事无成，还落了个饿死的下场。

每个人都应该有一个能够让自己信服且为之奋斗的目标，这个目标并不一定是个确定的值，而是自己设定的在将来的某个时间点要达到的职业成就及社会阶层。

当你明确了你的人生目标，你便找到了人生的主流，也就是找到了奋斗的方向。你会明白：做什么事情是重要的，什么样的知识是你必须掌握的。

有一个术语叫“选择性信息加工”，就是说：世界上的信息包括知识是无止境的，你只要选择对你有用的，因为你的精力是有限的，你没有必要浪费你的资源。一根铁链最脆弱的一环决定着它的强度，你只要审视你的各项必备生活能力，找到那些脆弱的环节，集中精力让它提高强度，你便会永远进步。

而这一切，正依赖于你有一个明确的目标。要知道，目标对于成功具有以下价值：

第一，目标能够使你看清自己的使命。

第二，目标能让你安排事情的轻重缓急。

第三，目标引导你发挥潜能。

第四，目标使你有能力把握现在。

第五，目标有助你评估事业的进展情况。

第六，目标为你提供了一种自我评估的重要手段。

第七，目标使你未雨绸缪。

总之，一个人没有自己的目标是可怕的，有了目标才会有人生追求的高度。而人一旦有了追求，远方也就不再遥远。

当然，你的目标只能靠你自己选择，任何人不能代替你。这不但是因为只有你才能最终“明确目标”，也因为只有你，才能“坚定目标”。你必须首先确定自己想干什么，然后才能达到自己确定的目标。同样，你应该首先明确自己想成为怎样的人，然后才能把自己造就成那样的有用之才。但并不是所有的目标都是可行的，只有SMART（精明）的目标才有可操作性。

S（Specific）——具体性

假如你用一块磁石朝着一些铁屑，你会发现什么呢？当你把磁力那一端对准铁屑的方向，好些铁屑立刻就会被吸附过来；当你把磁铁从这个定点移开，其磁力就随着距离和方向的偏差而退减。一块磁石绝无可能向两个不同的方向发散磁力，而必须对准一个确定的目标。如果你在心智以及情绪上自相矛盾，犹豫不决，这就是在分解甚至毁灭你的内在磁力。

目标必须明确而具体。目标在开始的时候，就应是一幅清晰、简明、有待追求的画面。当那幅画面成长扩大，或发展到使人着魔的程度时，就被人的潜意识接受。

从那一刻起，我们会身不由己地被牵扯着、引导着，为实现心底的那幅画面而努力奋斗。这就是我们所说的：明确的目标是成功的基础。

M（Measurable）——可衡量

目标必须能够量化，这样才能循序渐进。同时，目标要量力而行，可给自己树立一个切合实际的总目标，然后，再给自己树立分目标，分目标是为总目标服务的，分目标容易实现，这能提高你的自信心，会增加你战胜困难的勇气。

A（Achievable）——可行性

目标要有可行性，必须是在现有基础上通过努力才能达到的。

有一个老师叫全班同学写作文，题目是“长大后的志愿”。一位马术师的儿子洋洋洒洒写了 7 张纸，描述他的伟大志愿，那就是想拥有一座属于自己的牧马农场，并且他仔细画了一张 200 亩农场的设计图，上面标有马厩、跑道等的位置，然后在这一大片农场中央，还要建造一栋占地 400 平方英尺的巨宅。他花了好大心血把报告完成，谁知老师打了一个又红又大的“X”，旁边还写了一行字：下课后来见我。

脑中充满幻想的他下课后带了报告去找老师：“为什么给我不及格?”老师回答道：“你年纪轻轻，不要老做白日梦。你没钱，没家庭背影，什么都没有。盖座农场可是个花钱的大工程，你要花钱买地、花钱买纯种马匹、花钱照顾它们。”他接着又说：“如果你肯重写一个比较不离谱的志愿，我会给你打相应的分数。”

这男孩回家后反复思量了好几次，然后征求父亲的意见。父亲只是告诉他：“儿子，这是非常重要的决定，你必须自己拿定主意。”

再三考虑几天后，他决定原稿交回，一个字都不改，他告诉老师：“即使拿个大红叉，我也不愿放弃梦想。”

20多年以后，这位老师带领他的30个学生来到那个曾被他指责的男孩的农场露营一星期。离开之前，他对如今已是农场主的男孩说：“说来有些惭愧。你读初中时，我曾泼过你冷水。这些年来，也对不少学生说过相同的话。幸亏你有这个毅力坚持自己的目标。”学生笑着说：“老师，我的毅力只是来自我一开始就确信自己的目标能够实现。”

R（Realistic）——现实性

制定目标要符合自身条件和环境的实际情况。热门的职业并不一定最适合你，顶尖的行当或许并不符合你的兴趣。多多了解社会需求、职业特点、自身优势和性格特征，才会使你的目标更“符合实际”。

T（Time-bound）——时限性

目标必须规定起始和完成的时间，以克服人的惰性。每个人都会有拖延的习惯，之所以会拖延，是因为我们没有把焦点放在现在，没有放在短期的目标。

当我们把焦点放在长远目标的时候，我们觉得时间还早，为什么要现在做，可是当把它放在今天要做的时候，我们的行动力会自动爆发出来。

一个人只有去面对生命中最重要的，将目标聚焦在一个特定的地方，同时探索发现你自己的生活方式。只有这样，你才有足够的力量去抵制操纵生活的种种压力，抵制商业化社会的种种压力。当我们投注心力与时间在最重要的事情上时，我们会因完成目标而肯定自我价值，它会带来信心，使我们有能力和热忱去实现更伟大的梦想。

认清自己的长处，找准合适的位置

小兔子到了上学的年龄，被父母送到动物学校。在学校里，小兔子最喜欢上的课是跑步，几乎每堂课都得第一名，为此他感到很高兴；小兔子最不愿意上的课是游泳，不管他怎么努力，总取得不了好成绩，为此他感到非常苦恼。小兔子想放弃游泳，但他父母不同意。当老师看到小兔子为上游泳课苦恼时，表示愿意给他提供帮助。老师对小兔子说："跑步是你的强项，是你的优势，往后你就不用再练跑步了；只要你专心练习游泳，就一定能取得好成绩！"从此，小兔子专心致志地开始练游泳。但结果是：一段时间的训练下来，小兔子游泳水平不但没有多大长进，就连他的优势——跑步的成绩也下降了许多。

寓言故事包含着一个道理：要把自己的长处运用到事业当中，这就好比把硬度最高的钢用在刀刃上的道理一样，把钢放在刀背，完全是一种浪费，不展示出自己最优秀的特质，一切都是无济于事。

能够客观地认识到自己的长处是有些困难的，然而作为一个想做一番事业的人来说，这是一道必解的题。比如说，你可能解不出那样多的数学难题，或记不住那样多的外文单词、成语，但你在处理事务方面却有特殊的本领，能知人善任、排难解纷，有高超的组织能力；又比如你在物理和化学方面也许差一些，但写小说、诗歌却是能手；也许你分辨音律的能力不行，但却有一双极其灵巧的手；也许你连一张桌子也画不像，但有一副动人的歌喉；也许你不善于下棋，但有过人的臂力。在认识到自己长处的前提下，如果能扬长避短，认准目标，抓紧时间把一件工作刻苦、认真地做下去，久而久之，自然会结出丰硕的成果。

即使是那些看起来很笨的人，也许在某些特定的方面也会有杰出的才能。比如，柯南道尔作为医生并不著名，写小说却名扬天下。每个人都有自己的特长，都有自己特定的天赋与素质，如果你选对了符合自己特长的努力目标，就能够成功；如果你没有选对符合自己特长的努力目标，或许就会将自己埋没。

很多成功人士的成功，首先得益于他们充分了解自己的长处，根据自己的特长来进行定位。如果不充分了解自己的长处，只凭自己一时的兴趣和想法，那么定位就很可能不准确，并带来很大的盲目性。歌德一度没能充分了解自己的长处，树立了当画家的错误志向，害得他浪费了十多年的光阴，为此他非常后悔。美国女影星霍利·亨特一度竭力避免被定位为短小精悍的女人，结果走了一段弯路。幸亏通过经纪人的引导，她重新根据自己身材娇小、个性鲜明、演技极富弹性的特点进行了正确的定位，出演了《钢琴课》等影片，一举夺得戛纳电影节的“金棕榈”奖和奥斯卡大奖。

类似的例子实在是太多了——

爱迪生少年在校学习时，老师认为他是一个愚笨的孩子，经常责怪他。而爱迪生的母亲却发现了自己儿子爱探究的天赋，用心培养他，后来他终于成了发明大王。

达尔文学数学、医学时总是呆头呆脑，一摸到动植物却灵光焕发……

阿西莫夫是一个世界闻名的科普作家，同时也是一个自然科学家。一天上午，他坐在打字机前打字的时候，突然意识到：“我不能成为一个一流的科学家，却能够成为一个一流的科普作家。”于是，他几乎把自己的全部精力放在科普创作上，终于成了当代世界最著名的科普作家。

伦琴原来学的是工程科学，他在老师孔特的影响下，做了一些物理实验，并逐渐体会到，这就是最适合自己干的行业。后来他果然成了一个有成就的物理学家。

“橘生淮南为橘，橘生淮北为枳。”晏子告诉我们，不同地方的柑橘会有不同的味道，而只有生长在淮南的柑橘才会味道甘甜。新疆的葡萄之所以闻名，正是因为当地昼夜温差的变化才储存了大量的糖分。世间万物只有找到适合自己生长繁衍的地方，才能充分展现生命的力量，活出应有的价值。“安能摧眉折腰事权贵，使我不得开心颜。”李白洒脱地走出宫廷，去追求自由和无拘无束的生活。“采菊东篱下，悠然见南山。”陶渊明挣脱黑暗政治的束缚，与闲云野鹤为伴，做一个悠然的山水田园诗人。倘若他们在官场阿谀奉迎，恐怕就不会出现《蜀道难》《归园田居》等千古名篇了。正是因为他们找准了自己的位置，将情感融入诗歌创作的天赋之中，才能修成正果、名垂青史。

又如，班超投笔从戎，在西域都护府中勤恳履行职责，获得了无数荣耀；鲁迅弃医从文，以尖锐的语言揭露了中国近代社会的黑暗，留给我们无限感慨；原本为跳高运动员的刘翔因为发现了自己在跨栏上的潜力，经过刻苦训练成为震惊全球的“飞人”……所有的成功人士，都是在适合自己的发展道路上创造了辉煌。

一些遗传学家经过研究认为：人的正常智力由一对基因所决定。另外还有五对次要的修饰基因，它们决定着人的特殊天赋，起着降低或升高智力的作用。一般说来，人的这五对次要基因总有一两对是“好”的。也就是说，人总有可能在某些特定的方面具有良好的天赋与素质。

所以，每一个人都应该努力根据自己的特长来设计自己，量力而行。根据自己的才能、素质、兴趣、环境、条件等，来制定目标。

不要埋怨环境与条件，应努力寻找有利条件；不能坐等机会，要自己创造条件，拿出成果来，获得社会的承认。从事科学研究的人不仅要善于观察世界，观察事物，也要善于观察自己，了解自己。

下面，我们将介绍一些如何了解自己的长处、提炼事业之“钢”的具体办法：

1. 征询意见法。向自己的父母亲人、同学朋友和师长同事征求意见，了解他们对自己的看法和评价。看看周围的人认为自己适合于做哪种工作。

2. 自我反省法。自我反省可以帮助我们深入了解自己的才能及事业倾向。了解在过去的生活及工作中有哪些是自己愉快去做而又得到较大成就的事；哪些是自己不喜欢做，虽尽力却毫无回报的事。检讨一下以往几年间，自己性格的转变，其中有哪些明显的趋势，能否借以推断以后的转变方向及自身发展的趋势。

3. 心理、职业测验法。目前社会上出现不少有关心理、性格和智力等各式各样的测验，不妨试一试，作为参考。

4. 感觉法。对自己无把握的事，会本能地产生一种畏惧情绪，这是没有才能的一种反映。与此相反，如果对所做的事感到确有信心做好的话，那正说明你在这方面或许有一定的才能。

5. 比较法。不怕不识货，就怕货比货，通过比较可以认识自己的才能。尤其是在比赛场上，如果是竞技比赛，有自由体操、鞍马、吊环和单双杠，那么你在哪个项目中能屡挫对手捷报频传，那便说明你在这个项目上的能力突出。这是人尽皆知的道理。但如果没有可比的对象，也可以拿自己做过的各项工作来比。如有人多才多艺，那就要看哪种才气更大，哪种特长出类拔萃并被社会承认。

6. 考试法。目前除了学校用考试来测验学生的学习优劣外，一般企事业单位也已采用公开招聘的方式来选拔和录用人员。通过考试也可以客观地评价自己。

除了运用各种方法认识自己外，还要根据自身的实际状况客观地评价自己。

总之，你要全面了解认识自己，客观正确地评价自己，这样才有可能在选择工作或创业的时候，寻找到自己在社会坐标系中的恰当位置，既能有效地发挥自己的才能，又能充分挖掘自己的潜能，从而最大限度地实现自己的梦想。

审视自身“短板”，弥补缺憾和纰漏

认识到自己的长处，还要认识到自己的短处，这样的自我认识才算全面，才能够更好地扬长避短。但一个人的事业，往往不是一两种长处有效发挥就可以干成了，很多事业需要复合型的能力。比如你想在仕途有一番作为，恐怕不只是通过公务员考试那么简单，你还需要锻炼口才、提高修养等。

有一个众所周知的“木桶理论”，其核心内容为：一只木桶盛水的多少，并不取决于桶壁上最高的那块木块，而恰恰取决于桶壁上最短的那块。这个理论有点残酷，但却是事实，有点类似于我们所常见的“一票否决”。我们的事业也经常在我们察觉或未察觉中被“一票否决”了。

每个人都有很多短处，没有人是全才。有些短处根本就不必去理会——比如一个便利店老板没必要花力气去搞懂飞机制造原理。便利店老板需要丰富的是经营管理能力，以及足够的现金流，前者是软能力，后者是硬能力。缺乏哪一种，事业都很难成功。那么，作为便利店的老板，就要审视自己的“短板”在哪里，并想方设法地“加长”。

因此，“短板”是影响你事业的致命弱点、短处、缺憾、纰漏和不足。这其中涵盖了能力、资源、性格、心态、习惯等很多方面。当你有了一个绝佳的商业创意，却苦于没有启动资金。这时，资金成了你的短板，你要努力下功夫来加长这块短板。有计划地储蓄，有目的地结识一些有可能在资金上提供帮助的人，这些行动你都必须去做，而且最好是未雨绸缪，不要临时抱佛脚。

个性上的缺点与坏习惯，也要早改。一个沉迷于赌博的人，这根“短板”可以毁了他的所有。常听人这样说一个人：这个人哪，别的什么都不错，就是改不了这个臭脾气，或者说，这个人与常人格格不入不好接触，敬而远之吧！这样日久天长你就成了孤家寡人了，也许你还没有意识到自己的不足。其实，这种性格的形成，已经成为你事业上致命的短板了。

当今的许多事业与职业，虽然越来越呈现专业化的倾向，但专业化不等于所掌握的知识与技能就很狭窄。专业化是一粒沙的话，里面也是一个大世界。因此，你要找出你专业上的“短板”，把你的事业之“木桶”加高。人非圣贤，人人都可能有“短板”。有了“短板”，并不可怕，怕的是知道了，不去正视，不去改变。因而，一个真正聪明睿智的人，应当尽量补齐自己的“短板”，如果实在不能补齐，也要始终对其保持警惕，遏止其发展，千万不要让其成为导致自己人生失败的致命缺点。

你不妨自我剖析反省一下，找出自己现在的事业的短板，不要隐藏，在太阳下晾一晾自己的短处，用欣赏的眼光学习别人的长处，用苛刻的眼光审视自己的不足。然后，努力弥补自己的短处，

如果你有未雨绸缪的意识，最好是在加长了短板之后，还能够预计将来的发展情况，早日将自己可能出现的短板加长。那样，成功的机会会更加青睐你。

踩准时代的节拍，谋事更要懂看势

找到了自己的长处，规避或弥补了自己的短处，干事业还要学会踩准时代的节拍，符合社会的大势。每一波潮汐，都是大自然有形的呼吸。而在这潮起潮落之间，或许就孕育了一场生命的大躁动，完成一次历史的大跨越。我们正处于一个日新月异的时代，各行各业不断推陈出新，风云激荡，其中也孕育着发展的契机。

晚清巨贾胡雪岩说："做生意，把握时事大局是头等大事。"做事业与做生意都是一个道理，没有相应的社会环境气候，就没有英雄成长的土壤和其他条件，真正的英雄人们必须能够驾驭时局，胡雪岩就是这样善于驾驭时势大局的顶尖人物。而要善于驾驭时势大局，前提是对局势的敏锐察觉。

下过象棋或围棋的读者都知道：赢棋最重要的是要营造一个好的棋势，而不单单是在某个局部的纠缠中占一二颗子的便宜。在《孙子兵法》中之《势篇》中，孙子用"激水之疾""转圆石于千仞之山"来阐述其对于"势"的理解。"故善战者，求之于势也"诚然，势在则乘势而上，势不可挡，事半功倍。势败势如山倒，大势已去，事倍功半。

人生如棋，也如一场没有硝烟的战争。下棋打仗要用战略头脑谋势，人生局面的开创又何尝不是如此？看有些人不显山不露水，数年之后竟好运连连、功成名就；而更多的人忙忙碌碌、东奔西跑，却一直没有出头的日子。这其中的差别无非在于：前者重"谋势"，而后者谋的只是"事"。谋势者，善于辨势、预势、造势、乘势、借势、蓄势，力之所至，势如破竹；谋事者拘于琐事，做事无章法，如盲人捉鱼，全凭运气。

时势造英雄。强者是那些懂得借助时势来成就自己的人。举凡那些成就一番惊天动地的伟业的人，莫不懂得乘势而行，待时而动。十多年前，当30岁的贝佐斯上网浏览，发现了这么一个数字时，互联网就已经把一个大好机会拱手交给了贝佐斯。这个神奇的数字就是：互联网使用人数每年以2300%的速度在增长。就在这一刻，贝佐斯明白了自己的使命，开发网上资源，创立自己的网上王国——亚马逊公司。他离开了华尔街收入丰厚的工作，决定自己打拼。十三年后的今天，贝佐斯的亚马逊网上书店市值高达数百亿美元。贝佐斯的成功，前提是看准了互联网使用人数以2300%的速度增长的“势”。在这个势头下结合他个人的才能，造就了现在这个庞大的商业帝国。

势是活的，它在不停地变化。世上常发生这样的事，我们也常在一些影视报刊中看到这样的事：有的人正在干着很辉煌的事业，仿佛一切顺风顺水，如日中天，不料却有一场变故突如其来，事业之舟顷刻轰然坍塌，一切化为乌有。个人也从万众瞩目沦为不名一文。

所以看清形势不单是要看清当下的形势，还需要立足于当下，预计未来的形势发展，以做到未雨绸缪。虽说人生无常，但多数形势的演进，我们还是可以从平日的所作所为，或其所交往的人，或所处的环境中，看出一些蛛丝马迹，解读出能预示吉凶祸福的一些密码来。一切事情的或好或坏的结果，都有其预兆，只不过被大家忽略了。比如说地震，我们知道在它发生前就会出现地光、地声等，一些动物也会表现异常，如鸡在半夜时分突然鸣叫，狗无缘由地突然狂吠不止……

潘石屹之所以能在房地产行业做大做强，就与他高超的预见力有密切的关系。早在1992年，被划为特区的海南成了很多地产商炒作的热点，大批的资金流进这块未开发的土地。但那时潘石屹却说服他的合作伙伴及时撤退。事后他说："我到海口市规划局查看了一下报建的建筑面积，再除以海南岛常住人口数和暂住人口数，发现每个人竟有55平方米的商品房。以海南岛的消费力，怎么可能承受得了？北京当时人均住房才7平方米。这是一个小学生都会算的算术题。出现以上非常荒唐的结果的同时，必然有巨大的危险。"果然，在潘石屹及其伙伴撤资一年后，海南房地产热一落千丈，大量的开发资产变成了一文不值的泥石木桩，而潘石屹则凭借在海南赚到的第一桶金，转战北京。不仅规避了海南房地产的那场大灾难，还及时地分享了北京房地产市场火爆的红利，真是一箭双雕！

五代时期的冯道在《仕赢学》中之云：见不远必谋不深，谋不深而事难成。看得不远，谋划就不会高深，谋划不高深，事情就很难成功。凡事总要超出别人一截，眼光总比别人放得远，才能步步得势，进而因势取利，水到渠成。这和下围棋的道理一样，别人放一子，自己紧粘一子，不是笨蛋也聪明不到那里去，稍具围棋常识的人都懂得要放手作势，不求一子一地的得失，先从整体上营造自己的势力范围，形成孙武子所说的"若决积水于千仞之溪"的有利态势，然后抱犄角与敌逐，自然就能稳操胜券。

天下潮流，浩浩荡荡，顺势者昌，逆势者亡，唯有明势者才能站得高，看得远，高屋建瓴，纵横捭阖。不明势或不善明势，必然招致衰落和灭亡。十七、十八世纪的中国统治者因陶醉于"康乾盛世"而无视世界上正在发生的历史性大转折，最后导致中华民族落后挨打，教训十分惨重。今天，我们做工作、办事情也是这样，正确把握"势"就能够事半功倍，达到预期的目的；与"势"不符，轻则事倍功半，重则贻误时机，一事无成。即使你不是商场中人，也完全有必要看清时势以顺应时势。如投身朝阳行业、顺应就业形势。

此外，值得指出的是，具体到我们谋求事业当中，形势的利与不利有时并没有很明显的界限。潘石屹在一般人认为是形势大好时嗅出了不好的气息，从而得以保全并发展了自己的事业。人生中的成与败，常常就是只差那么一点点。也许正是这一点点，决定了潘石屹的成功。

识时务为俊杰，乘时势是英雄。飞蓬遇飘风而致千里，正是乘势而为。龙无云则成虫，虎无风则类犬。倘若时机不成熟，便甘于寂寞，静观其变，如姜太公钓闲于渭水，诸葛亮抱膝于隆中；一旦风云际会，时运骤至，就会愤然而起，当仁不让，改变历史。如李世民在隋朝末年暗地招兵买马，劝逼手握重兵的父亲李渊造反。他们举起造反大旗的那年，李世民年方十八，难得有这么年轻就具有远见卓识与问鼎天下的勇气。

纵观活跃在商业界的各个大富豪，谁不是顺应时势的弄潮儿？近年来的房地产热，催生了多少大大小小的富翁？大的直接投资做开发商，随便赚个上千万；小的做些买房卖房的小投资，轻易赚个百十万。可以这样说，近年来做房地产生意的人，想不赚钱都难。

形势赐予我们的机遇往往是决定性的成功因素。一个人纵然有通天本领，如果处于一个万马齐喑的时代，他也不可能有大的作为。好的形势则犹如东风，此时乘势而行就犹如顺风扬帆，可以事半功倍。所以，把握自己的财运，关键要顺应形势、趋利避害，做一个把握时代脉搏的弄潮儿。

当代中国人是幸运的，因为我们遇上了一个好的时代。特别是改革开放以来，历史再次恢复了它的理性和良知，整个社会都充满了对人才的渴望和呼唤。面对时代所提供的前所未有的机遇，有识之士终于可以“天下有道则见”了。许多人的命运出现了根本性的转变，创造出辉煌灿烂的人生。

势在必得、势不可挡、势如破竹，这些成语所传递给我们的都是乘势的神奇力量。看清形势的最终目的是为了乘势。而要乘上势头，就要抓住最佳的时机。机不可失，时不再来。虽有智慧，不如乘势。所以有大智者不与天争，不与势抗。因为他们明白，真理有如舟船，时运有如江河。没有可达彼岸的浩瀚之水，真理只不过是一个寸步难移的客观规律。

总之，谋事不能再凭运气，要学会看准大势、趁势而为。

选择对了，成功的机会就大了

死海里钓不到鱼，不管你的饵料多香；沙漠里挖不出蚯蚓，除非你挖穿地球。很多人一生平平，并非不够努力，而是选择不对。

选择不对，努力白费。因此，在埋头赶路的同时，我们还应该抬头认路，去选择道路、寻找捷径。你的每一个选择，都是在为自己种下一颗命运的种子。众多大大小小的选择，组成了我们的命运。

人生有着许许多多的选择，在我们选择之前，应该先学会放弃。因为只有学会放弃，才能正确地选择。一只倒霉的狐狸被猎人用套子套住了一只爪子，它毫不迟疑地咬断了那条小腿，然后逃命。放弃一条腿而保全一条生命，这是狐狸生存的哲学。所以在鱼与熊掌不能兼得的选择面前，我们应该学会去权衡，学会放弃，虽然放弃意味着痛苦，但痛苦换来的却是生命的全部。

家门口种了一株葡萄，每年开春，母亲都跟赵森华说，要学着去修剪葡萄的枝节，这样长出来的葡萄才会大而甜。所以等春天一到，赵森华便尝试着去修剪葡萄的藤枝，待赵森华修剪完后，就高兴地向母亲展示着自己的艺术才华。

母亲看了摇了摇头，但是她却没有多做修改。赵森华问母亲为什么摇头，她说，这固然好看，但却不是完美的。母亲还问赵森华是否需要她多做修剪，赵森华点了点头，母亲便将所有多余的枝节全部剪掉，只剩下几条主干。赵森华对母亲说，今年我们肯定收获不了葡萄了，枝节都被你剪完了。母亲说，那边还有一株是去年种的，你按照你的想法去修剪那株，到了盛夏的时候，我们看看谁收获的葡萄比较多。

转眼到了盛夏，赵森华修剪的葡萄，因为枝节太多，果实过于密集，以致很多果实没有成熟就一串串地枯萎了，而母亲的那株，果实却丰硕得很。

母亲跟赵森华说："其实，葡萄、花跟人一样，在成熟和绽放的时候需要大量的营养，营养跟不上，就会渐渐枯萎、败谢，剪去多余的枝节，就能保证营养的供给，一朵花的美丽绽放在于修剪枝节，而一个完美的人生在于修剪选择。"

赵森华听后恍然大悟。

是啊，你是否曾修剪过自己的选择呢？这时，或许你会问，为什么要去修剪选择？

生活的道路上，始终有着许多的枝蔓延伸，如果我们没有修剪枝蔓的话，主干就会被枝蔓所误导，从而让我们走向成功的路有所偏离，变得更为崎岖。修剪枝蔓，可以让我们更容易辨清方向、选择得更准确、更快走上幸福之道。

一位父亲带着三个儿子到草原上猎杀野兔。在到达目的地、一切准备得当、开始行动之前，父亲向三个儿子提出了一个问题："你们看到了什么呢？"

老大回答道："我看到了我们手里的猎枪、在草原上奔跑的野兔，还有一望无际的草原。"父亲摇摇头说："不对。"

老二的回答是："我看到了爸爸、大哥、弟弟、猎枪、野兔，还有茫茫无际的草原。"父亲又摇摇头说："不对。"

而老三的回答只有一句话："我只看到了野兔。"这时父亲说："你答对了，你打到的野兔一定会比哥哥多。"

结果真的如此！

老三将所有的“枝蔓”都修剪掉了，把精力放在的野兔上，所以在他射击的时候，固然射得比老大老二准。漫无目标，或目标过多，都会阻碍我们前进，要实现自己心中的所愿，得学会该怎么去修剪目标、修剪选择。

可以平凡，但不能平庸

我们可以做一个平凡的人，但决不可以做一个平庸的人！

平凡和平庸的区别之处在于：平凡的人把平凡的工作做成伟大，平庸的人使崇高的工作变得卑下。

李素丽是北京市公交总公司公共汽车售票员，自1981年参加工作以来，几十年如一日，在平凡的岗位上，把“全心全意为人民服务”作为自己的座右铭，真诚热情地为乘客服务，被誉为“老人的拐杖、盲人的眼睛、外地人的向导、病人的护士、群众的贴心人”。无疑，她的工作岗位平凡得不能再平凡，但就是在这样平凡的岗位上，她一干便是几十年，而且勤勤恳恳，自始至终坚持自己的信念。她的工作表面看来的确平凡得很，但是如果没有内心如火似的工作热情，没有对工作一丝不苟的勤奋，没有对工作深入创新的思想，没有一心奉献不求回报的淡定胸怀，那她的几十年便过得毫无意义与价值。

不错，我们这个社会就是由凡人组成的，没有平凡人的努力和辛勤工作，就没有多姿多彩的世界。但是，平凡的人在平凡的岗位上通过努力和辛勤的工作累积，也能做出不凡的业绩，成为本行业的行家里手。除了李素丽，还有雷峰、焦裕禄、孔繁森等人，他们平凡的事业后面照样矗立着壮丽的人生，这就是不平庸的人生。

选择平凡，并不意味着无为。一个人选择平凡，做平凡的人，干平凡的事，交平凡的朋友，说平凡的话，做着真实的自我，这样的人生很有价值。平凡的人能够拥有一颗平常心，能够用平常心对待得失成败，他们不追名逐利、不挑剔而宽容、谦逊而平和，这种人在生活中有责任感，他们孝敬自己的长辈，爱护自己的孩子，珍惜自己的家庭，得到的是一种平淡的幸福和喜悦。然而，平凡不等于平庸，平凡是随波扬帆，而平庸是随波逐流，是以消极的心态面对自己的工作、生活。

虽然，许多平凡但不平庸的幕后人物我们没有看到，但是他们的确真实地存在着，并且努力地存在着，感染着众人，感染着社会。杜鲁门当选总统后不久，有一位客人前来拜访他的母亲。客人称赞道："有总统这样的儿子，您一定感到十分自豪吧。"杜鲁门的母亲赞同地说："是这样的。不过，我还有一个儿子，也同样使我感到自豪，他现在正在地里刨土豆。"这真是一位伟大的母亲。其实，生活原本也是这样。红花绿叶，各有其妙。只要拒绝平庸，平凡和伟大一样令人自豪。我们可以平凡但不可平庸，我们可以功不成、名不就，可以无过人之才，也可无惊世之举，但绝不可以不知为什么而活，绝不可以没有目标、没有责任感，绝不可以浑浑噩噩、无所事事、无所用心。

我们中间的大部分人都是凡人，每天做的都是一些平淡的"小事"，然而，就是在这些小事当中却蕴藏着巨大的机会，这就要看你如何去把握。而要做到不平庸，就要看一个人的价值的发挥对社会产生怎样积极的贡献了。

有这样一个小故事：乌鸦站在树上，整天无所事事，兔子看见乌鸦，就问，我能像你一样，整天什么事都不用干吗？乌鸦说，当然，有什么不可以呢？于是，兔子在树下的空地上开始休息起来，忽然，一只狐狸出现了，等兔子反应过来，它已经成为狐狸的"下酒菜"。

所以，如果你想站着什么事都不做，那你必须站得很高。如果你还达不到这点，就必须管理好自己，压制住自己的消极心理，认真负责地工作，这样你才不会被“吃掉”。真正的平庸，不是指你没有能力，而是说你舍弃了能力培养的机会，放弃了自我发展及融入社会的机会。平庸的人，就像水面上漂浮的水沫，是被水流激打出来的。平庸的人，是到处挖坑，但每个坑都挖得不深的人，深深浅浅的坑挖了许多，但没有哪一个是出水的，浅尝辄止的结果是没有一技傍身，最终在优胜劣汰的环境中被淘汰出局。

从平凡到平庸，是一件很容易的事，只要心中懈怠，就滑向了平庸的边缘。毋庸置疑，每个单位都会有很多平凡的工作岗位，也会有很多平凡的员工，因为人的能力是有高低差别的，那些平凡的员工在自己的工作岗位上名尽其才，发挥了自己的才能，所以他的人生价值是得到了体现的。但也有很多人甘愿平庸，以为那样自己的压力小，会很轻松自在。事实上，单位需要前一种人，但绝不需要后一种人。

同样，从平庸到优秀只有一步之遥，但有的人终其一生也无法跨越。只有当你选择了如何优秀，你才能接下来做到如何卓越。有了尽最大的努力把事情做好的志向，不断对自己提出严格的高标准，你一定会赢得别人的尊敬，做出令人叹服的成绩。

可见，选择平凡，并没有错误，也并不可怕，可怕的是一个人无所事事、平庸地生活。做人可以平凡，但不能平庸。因此，我们要怀有一颗平常心，调整心态，爱岗敬业，善待自己，珍爱生命，让自己的生命放射出灿烂的光华来，这样才不负此生。

第三章

学习：一个人前进的不竭动力

不管是在生活还是在工作中，谁也无法逃脱竞争的局面，竞争无处不在。与以往不同的是，现在的竞争更趋向于速度，谁掌握新技术的速度快谁就能占有先机。既然如此，那么，如何才能在竞争的环境中脱颖而出呢？这就到了考验一个人综合实力的时候了。

学习是一个人一辈子的事

很多人认为，学习只是在学校里的任务，进入社会后，就不必学习了。因此，他们纷纷抛弃书本，把学习的事甩得远远的。

然而，学习是一辈子的事情。一个人只有每天学习，才会过得充实，与时俱进。

古往今来，社会一向崇尚知识、需要知识，因为知识相对于智慧会更稳定、更安全、更符合社会的发展。人是社会的一分子，社会赋予了我们生存的土壤，所以我们必须融入社会、回馈社会，这是每个人的生命义务，责无旁贷。而学习知识、提高知识水平便成了我们每个人的首要任务，所以，我们必须树立一辈子学习的观念，并在实际生活中，时时鞭策自己，每天都不忘记汲取新知识。

“立身百行，以学为基。”

在学校里无论学了多少知识，到了社会上，总是不够用的。因为，社会上有很多东西，学校里是教不了的，而社会本身也在迅速变化之中，新事物层出不穷。诚然，今天，朋友们站在一起，彼此没有什么差别，但是，多年之后，朋友之间的差别就会很大。形成未来差别的关键因素，就是在学习和努力方面的差别。

当然，这种学习，绝不局限于书本的学习，还包括实践中的学习，只有不断地学习，才能不断地提高自己，才能不断地对社会做出更大贡献。

曾在2008年抗震救灾直播中潸然落泪的中央电视台著名节目主

持人赵普十分重视学习，他把学习作为一辈子的事。

提及过往的工作、学习经历，赵普坦言自己曾经走过弯路。“很多年轻的朋友是本科毕业读硕士，他们二十四五岁的年龄，在大学校园里接受完整的学历教育，结束后就直接走到了工作岗位上。我的经历比较漫长，一边工作，一边学习。从中学毕业到现在，读完硕士，我都38岁了。”慢慢长大懂事之后，赵普渐渐觉得不上大学或许是可以的，但是没有文化、不学习，永远都不行。

他把“学习”比喻为“取粮食”：一个人在工作一个阶段以后会觉得匮乏，觉得被掏空了，就到学校去充电，去取粮食。这个过程其实是当你有需要的时候，你就会自然选择到学校去补充自己的养分。

“在自我成长、自我教育的过程当中，发现学习是一个终身的事情，是一辈子都要去做的事情，而且不能懈怠。”赵普在做客人民网访谈时谈到了他对学习、对生活的理解，他给自己的评价是“勤奋”：“我从来没有偷过懒。没有说我这几天可以懈怠，我可以不做。我脑子里总在想着我应该做些什么，我应该去努力地完成什么。”

从赵普的身上，我们能悟到很多道理：学历只能代表过去，只有你的学习能力才能代表将来。持续学习，虚心请教，才能少走弯路。

是的，没有一个人能够有骄傲的资本，因为任何一个人，即使在某一方面的造诣很深，也不能够说他已经彻底精通、彻底研究全了。

“生命有限，知识无穷”，任何一门学问都是无穷无尽的海洋，都是无边无际的天空……所以，谁也不能够认为自己已经达到了最高境界而停步不前、趾高气扬。如果是那样的话，则必将很快被同行赶上，很快被后人超过。

活到老，学到老。大凡杰出的人，都是终身孜孜不倦追求知识的人。在漫长的人生经历中，即使再忙再苦再累，他们也不放弃对知识的追求，学习既是他们获取知识的途径，又是他们在逆境中的精神支柱。

在他们看来，知识是没有止境的，学习也应该是没有止境的，学习使他们的思想、心理和精神永远年轻，也使他们的事业日新月异。

有人问爱因斯坦，说："您可谓是物理学界空前绝后的人才了，何必还要孜孜不倦地学习？何不舒舒服服地休息呢？"爱因斯坦并没有立即回答他这个问题，而是找来一支笔、一张纸，在纸上画上一个大圆和一个小圆，说："目前情况下，在物理学这个领域里可能是我比你懂得略多一些。正如你所知的是这个小圆，我所知的是这个大圆。然而整个物理学是无边无际的，对于小圆，它的周长小，即与未知领域的接触面小，它感受到自己的未知少；而大圆与外界接触的这一周长大，所以更感到自己的未知东西多，会更加努力去探索。"多么好的一个比喻，多么深刻的一番阐述！

然而，即便不考虑学习的功利因素，学习本身，就是一件值得追求的事情；学习本身，也是一件很快乐的事情。通过学习，可以充实头脑、开阔眼界、扩展心胸，丰富精神和灵魂。

如果学习不再是为了应付考试，不再是当作谋生的需要，不再是任何现实功利性目标的手段，那么，学习的过程将会是轻松的、没有压力的、充满乐趣的。

学识渊博的人，必是内心世界丰富的人，也是对人生的美好有更深刻体验的人。

学习是人生快乐的需要，学习也是一辈子的事情。所以，我们每个人都要养成“学无止境”的胸怀，都要有一种“谦虚谨慎、戒骄戒躁”的精神，用我们有限的生命去探求更多的知识空间。

惜时如金，拥有更广阔的人生

几十年前，在遥远的波兰，有个叫玛妮雅的小姑娘，她天真可爱，学习非常专心。不管周围怎么吵闹，都分散不了她的注意力。

一次，玛妮雅在做功课，她姐姐和同学在她面前唱歌、跳舞、做游戏。玛妮雅就像没看见一样，在一旁专心地看书。

姐姐和同学想试探她一下。她们悄悄地在玛妮雅身后搭起几张凳子，只要玛妮雅一动，凳子就会倒下来。时间一分一秒地过去了，玛妮雅读完了一本书，凳子仍然竖在那儿。

从此姐姐和同学再也不逗她了，而是像玛妮雅那样专心读书。

玛妮雅长大以后，成为一个伟大的科学家。她就是居里夫人。

由此可见，古今中外一切有成就的人，都是惜时如金、争分夺秒的。

从古到今，凡是成功者都是不肯满足于现状，不断为更美好的明天做准备的人。

今日的努力是明天美好的基础，因此你片刻都不能放弃读书，若你放弃，即使是片刻，也可能会给你带来终身的遗憾。

你不妨利用多余的时间，去读一些对工作及对提高工作的效率有益的书籍。争分夺秒，有效地利用目前可供自己读书的时间，可保证你将来的成功。这既是投资，也是保险。

现在，你有没有展望未来，为获得明天的成功，而将多余的时间投资在今天？

你不妨问问自己是否珍惜过这宝贵的时间。譬如特地腾出一些享乐的时间，或利用每天上下班坐公交车的时间，来阅读一些与专业知识有关的书籍，或将这些时间用来思考如何度过一个有意义的周末？最主要的是，你不能将宝贵的时间浪费在玩乐上。你应该审慎地去思考一些有意义的事，像如何利用多余的时间去读书等。

如果你想创造美好的明天，就应将自己能自由使用的时间，投入到能提高今天的工作效率、具有实际价值的事情上。知识就是力量，你可以利用一些时间来读书，在读书上下一番功夫，这足以助你在事业上获得成就。

许多立志成为企业家的人，早期工作时年薪很低，工作也很辛苦，但他们利用其闲暇的时间，刻苦攻读，以求上进，比他在工作的时间更为努力。在他们看来，薪水多少倒是小事，而读书、进步却是大事。

一个人愈能储蓄，则愈易致富。你愈能求知，则愈有知识。你能多储存一分的知识，就足以多丰富你的一分生命。这种零星的努力，细小的进步，日积月累，就可以使你于日后大有收益，可以使你更为充实、更为丰满，可以使你更能轻松自如地应付人生。

一个青年人，他常有机会坐火车、轮船到远方去旅行。每次在途中，他总是随身带些读物，如袖珍的书本、函授学校的讲义，他总是利用那些易为一般人所浪费的零星时间来读书。

结果，他对各门学问都有相当的认识，他对历史、文学、科学及其他重要的学科，都了解很多，有很深的研究。

有人以为利用闲暇的时间来读书，总是得不到多大的成效，其成效总不能与学校的教育相提并论，因而想不起来利用闲暇的时间来读书。其实，这无异于你因为自己的进款不多，以为虽尽量地储蓄，也不能发财致富。所以，一旦手头有钱，就尽数挥霍，而不屑于储蓄。但是，你难道没看见有许多人，就是因为利用了零星闲暇的时间，才学得了与学校教育数量相等的知识吗？

时代在不断地进步，如果你想跟上时代有所作为，就应该不断地努力读书学习。生存竞争的日趋剧烈，生活情形也变得日益复杂，所以你必须把丰富的知识锻造成你的甲胄。

世间最值得人们尊敬的，就是那些已逾中年，但仍能好学不倦、孜孜以求，以求补救自己少年时失学之悲的人。他们利用全部的时间，贯注其全部的精神于知识的摄取之中，使自己成为更充实、更伟大的人。

其实，教育这个名词的意义是很广泛的，对于有些东西，壮年人的读书理解能力要比青年人的要强得多，因为他们有更多的经验、更成熟的见解、更正确的判断力。因为他们饱尝过失学的痛苦，所以他们的求知愿望比任何人都强。

尽管有许多人在学校时成绩一般，但在日后的学问、事业上，却往往有惊人的表现，其原因也就在于此。其实，人的一生都是受教育的时期。世界就是你的大学校，你所遇见的人、所接触的事物、所得到的经验，都是你人生大学的教师。

只要你敞开你的心胸，在生命中的每一分钟，都可以学到许多的知识，然后在空闲的时候，你可以用“深思”的方法，将那些零碎的知识整理、组织起来，储存在你的头脑中，就会变成你自己的东西。“白天不怕强盗抢，夜晚不怕贼来偷。”今天的时间“投资”，会换来明天丰厚的回报。

脚踏实地，才能终身受益

有一个故事，说的是在西撒哈拉沙漠中有一个小村庄比赛尔，它在没有被发现之前，还是一块贫瘠之地，那里的人没有一个走出过大漠。据说不是他们不愿离开那儿，而是他们尝试过很多次都没能走出去。当一个现代的西方人到了那儿，听说了这件事后，他决心做一次试验。他从比赛尔村向北走，结果三天半就走出来了。

经过此事，他终于明白比赛尔人之所以走不出大漠，是因为他们根本就不认识北斗星。因此，他告诉当地的一位青年，要想走出大漠，只要白天休息，夜晚朝着北面那颗星走，就能走出大漠。那个青年照着他的话去做，三天后果然来到了大漠边缘。

学习就是这样一条被无知沙丘包围的漫漫长路。唯有识得北斗星，并坚持不懈地向之前进，才能走到人生宽阔的大道上。那么学习路上的北斗星是什么呢？

那就是端正的态度。在学习的过程中，我们必须要有一种脚踏实地的态度，这样才会学有所得。

从前，有个楚国人，经常看到别人在河里海上驾驶着船乘风破浪，心里非常羡慕，便决定去学习驾船技术。于是，他找到了一位江边的老船工，拜到了他的门下，开始学习驾船技术。

楚国人开始学习非常勤奋刻苦，为了掌握一个技术要领，把手上的皮磨掉了都不在乎，再加上师傅对他非常器重．教得认真仔细，楚国人在不长的时间里进步很快，虽然还不能独自驾驶，但却能在师傅的指点下驾船了，对于一些基本的驾船技术，比如：挥桨、掉头、转弯、加速、减速等在师傅的指挥下，他都划得像模像样的，师傅对他的进步也赞扬了一番。

这就使楚国人心里得意扬扬，心想：原以为驾船技术很难呢，现在看来也不过如此嘛。这么短的时间我就学会了驾船，真是个天才。不过老是在师傅指挥下驾船总是不那么舒服，要是自己能一个人驾驶该多好啊。于是楚国人就对师傅说："师傅，我学了这么长时间，您觉得我学得怎样？"师傅拍了拍他的肩膀说："你进步得挺快，学得不错。"听了师傅的夸奖，楚国人蠢蠢欲动，便请求师傅第二天让他自己一个人驾驶小船。老船工同意了，但是告诫他不要划到下游的激流中去。

然而，到了第二天，楚国人却全然忘记了老船工的劝告。他兴高采烈地来到小河里练习驾船，没一会儿就迫不及待地把船驾到了下游河中央，得意地击着鼓，飞快地前进，谁知这里和他练船的地方大不一样，水流非常湍急，而且还有暗礁险滩，面对这样的境况，楚国人一下子就懵了，船也失去了控制，随着旋涡直打转，楚国人什么也做不了，船桨和船舵也被激流冲走了，他就只能大声呼救，毫无刚才的得意之情。

在学习的过程中积极上进是好的，但好高骛远却很容易让人迷失方向。这则故事告诫我们：学习中浅尝辄止，满足于一知半解，略有新知就骄傲自满，稍有进步就妄自尊大，以为已经掌握了所有知识，而不愿继续学习的人，最终难免失败，也不可能学有所成。

所以，学习要脚踏实地。在日常的生活中，只要提高对学习的认识，端正学习的态度，良好的学习习惯就一定会形成，而这样的习惯必将会让我们受益终生。

学习无捷径，刻苦与方法缺一不可

学习是一件苦事。无论你用怎样的花言巧语来美化，都不能改变学习是一件苦差事的事实。古人说得好："书山有路勤为径，学海无涯苦作舟。"一个人要想在学业上获得成功，就必须有刻苦的精神。

苏秦是洛阳人。洛阳是当时周天子的都城。他很想有所作为，曾求见周天子，却没有引见之路，一气之下，变卖了家产出走了。但是他东奔西跑了好几年，也没做成官。后来钱用光了，衣服也穿破了，只好回家。家里人看到他趿拉着草鞋，挑副破担子，一副狼狈样。他父母狠狠地骂了他一顿；他妻子坐在织机上织帛，连看也没看他一眼；他求嫂子给他做饭吃，嫂子不理他扭身走开了。苏秦受了很大刺激，决心争一口气。从此以后，他发愤读书，钻研兵法，天天到深夜。有时候读书读到半夜，又累又困，他就用锥子扎自己的大腿，虽然很疼，但精神却来了，他就接着读下去。传说，他晚上念书的时候还把头发用带子系起来拴到房梁上，一打瞌睡，头向下栽，揪得头皮疼，他就清醒过来了。这就是后来人们说的"头悬梁，锥刺股"，用来表示读书刻苦的精神。就这样用了一年多的工夫，他的知识比以前丰富多了。

美国人曾做过一个调查，在美华人后代学习成绩普遍高于当地美国人。研究结果将原因归为华人子弟读书的时间比美国人多近三分之一，而并不是华人子弟的脑子更好好用。由此可见，学习的路上并无捷径，所谓的天才，都是通过勤奋努力而学有所成的。

当然，物极必反，只知道一味刻苦也是不行的。建兴帝王莽在位期间，有一个叫作郭路的博士，他做学问十分刻苦努力，但为人却死板鲁钝，不知变通。有一天晚上，他秉烛熬油，修订经书的时候，因“精思不任，绝脉气灭也”。

郭路的学习精神是好的，但是如此学法恐怕并非良方。看来死钻牛角尖，而没有正确的学习方法，也是无法学有所成的。除了刻苦，学习方法也是很重要性的，掌握好的学习方法可以用最短的时间达到最好的效果，让学习事半功倍。

那么你知道少年孙中山是如何读书的呢？孙中山小时候在私塾读书，孩子们个个跟着先生念，读熟了先生就叫孩子们背。而孙中山边背诵边思考，他想：“书中的内容毫不理解，死记硬背有什么用。”于是，孙中山壮着胆子站起来对先生说：“先生，请你把刚才那段书的意思讲来听。”先生厉声问道：“你会背吗？”孙中山说：“会。”然后孙中山一字不漏地把书背了出来。先生对孙中山说：“我本想你们长大后自己会明白，既然你问了，我就跟你讲。”

孙中山学习刻苦，但却不一味死学，而是不懂就问，直到弄懂为止。可以说，正是这样的执着精神与良好的学习方法，造就了他坚韧与坚持的性格，也为他以后的成功打下了基础。

应该说，刻苦的学习精神与正确的学习方法，对我们来说，是学习路上前行的两条腿，缺一不可。所以，在漫漫求学路上，我们应该两腿并用，这样，走起路来才会既快且稳。

多问为什么，也许成功能来得快点

养成好问的习惯，往往能够成就你的一生。据说，大哲学家罗素在大学时代就是一个有名的问题“篓子”。每当上哲学课时，他就一个接着一个地提问，使得教师应接不暇。但是罗素的老师很是欣慰，他认为：“罗素会超过我的，因为他的问题比我的多。”后来的事实果真如此。

善于提问也是科学研究的驱动力。一些科学家之所以在科学上做出了不起的成就，起初并非都想要成名，而是“好奇”。比如伦琴发现X光线亦是他在实验过程中发现一种特殊的光线能穿透肌肉但不能穿透骨骼而进一步探索出来的；爱因斯坦创立相对论，是因为少年时观察火车运行提出问题并钻研而得的。

斐塞司博士有一个习惯：他总是喜欢午后坐在门前晒会儿太阳。

有一天，在他晒太阳的时候，一只母猫也在阳光下安详地打着盹儿，那种悠闲、舒服的样子在斐塞司眼里真是好玩极了。塞斐司博士开始观察起母猫。

时间一分一分地流走，太阳一步一步向西边走去，渐渐被拉长的树影，挡住了母猫身上的阳光。母猫醒了，它站了起来，伸了伸慵懒的身躯，又踱到另一块有阳光的地方，重新卧了下来，接着打盹。

每隔一段时间，猫都会随着阳光的转移而不停地变换睡觉的场地。这在我们看来是那样的司空见惯，可是我们眼里的这些司空见惯的举动却唤起了斐塞司博士的好奇心。

他问自己：猫为什么喜欢待在阳光下面？是光和热还是有其他

原因？

对！是光和热。

猫喜欢待在阳光下，那么这说明光和热对它一定是有益的。那对人呢？对人是不是同样有益？这个想法在斐塞司的脑子里闪了一下。此时，他并没有“一闪了事”，而是认真地思考起来。于是，经过长时间的琢磨研究，斐塞司博士将这一再普通不过的现象转化成为闻名世界的日光治疗法的引发点。之后不久，日光治疗便在世界上诞生了。斐塞司博士，也因为从一只睡懒觉的猫身上看到的问题而获得了诺贝尔医学奖。

成功的本质在于创造，就在多问几个“为什么”之中。好奇、质疑、勤于思索是创造的第一步，也是学者的第一美德。脑海中没有几个“为什么”，就没有创新和创造，更谈不上成功。凡事多问几个为什么，对我们的成长具有十分重要的作用。拿出做学问的态度，以一种打破砂锅问到底的精神，遇事多问几个为什么，会比别人有更多的机会走向成功。

成功如此，人生更是如此。席慕蓉说：“人生就像攀登一座山，而找山寻路，却是一种学习的过程。”没错，人生就是学习的过程。而找山寻路，多问问题则会使这通向山顶的道路成为捷径。

诚然，我们要勤于提出问题，更要学会如何提问题。“提问题是一个技巧，更是一种至关重要的能力。”倘若你在提问之前不愿思考，只是一股脑儿地向对方抛出一筐问题，压得别人喘不过气，无端消耗他人的时间，那么就不免会成为“失败的提问者”，得不到有价值的答案。

有人说：“多问问题不如巧问问题。”这就是说，要想成为一个“成功的提问者”，就应该勤于思考，提炼出问题的核心，选择最有效的提问方式，再循循善诱、完整无误地将意思传达给他人，这样，才能取得最终交谈的成果。

著名的推销专家、犹太人维克多曾出席一个推销培训会。在会上，一位名叫比尔的学员突然问他："维克多博士，你被人们誉为全球最好的推销员，那么，现在，我想让你向我推销一些东西。"

"你希望我向你推销什么呢？"维克多微笑着说道。

比尔大吃一惊，有些人在听到上述的话后，可能会不停地说一大堆，比如，开始说一些推销的行话，而维克多却紧接着就开始提问而非对自己的问题进行解释。

"哦，就给我推销这个桌子吧。"比尔想了一会儿回答说。

话音刚落，维克多又提出了另一个看起来似乎很天真的问题："你为什么要买它呢？"

比尔再一次感到吃惊，他看着桌子回答说："这张桌子看上去很新，外形也美观，而且色彩也很鲜艳。除此之外，最近，我们刚刚搬到这个新摄影棚，暂时还不想处理掉。"

维克多对此不做说明，却让比尔自己说出购买的原因及为什么看中这个桌子。

"比尔，你愿意花多少钱买下这个桌子呢？"维克多接着说。

比尔听后似乎显得有点迷惑不解，他说："最近我还没有买过桌子，但是，这个桌子这么漂亮，体积又这么大，我想我会花 18 美元或 20 美元买下来。"

维克多听到这句话后，马上接过话题说："那么，比尔，我就以 18 美元的价格把这个桌子卖给你。"这样，交易就结束了。

故事中维克多先生反客为主的做法可能让很多人都大吃一惊，原来提问还可以这样！实际上，就提问题本身来说，并没有什么不可以。就像一句古话说的那样：运用之妙，存乎一心。所谓的技巧和方法，都没有定式，很多时候都要"对症下药"。

不过，提问却也并非如雾踪雪影一般虚无缥缈、无迹可寻。在提问时，如果以下几个问题能够为我们所注意，那么对于提升谈话技巧，还是颇有助益的。

1. 别用无意义的话结束提问。不要用例如“有人能帮我吗?”或者“有答案吗?”之类的话提问。因为，这样的提问很可能引起他人的反感。

2. 谦逊绝没有害处，而且常帮大忙。提问时要彬彬有礼，多用“请”和“先谢了”。这样做的目的是要让大家都知道你对他们花费时间义务提供帮助心存感激。另外，如果你有很多问题无法解决，礼貌将会增加你得到有用答案的机会。

3. 问题解决后，加个简短说明。问题解决后，除了道谢，还应该加个简短说明或者是礼貌的寒暄，以便给提问者一个适当的收场。

处处留心，处处皆学问

两千年前，有一位很有名的大学者，名叫亚里士多德。

崇拜他的人特别多，其中有个青年不远万里来向他求教。亚里士多德知道来意后，拿来一条鱼，要这个青年看一看，观察观察。该青年心想，一条鱼有什么好看的？因此，他漫不经心地看了一眼，结果什么也没有发现，就是一条常见的、普通的鱼。亚里士多德再次要求他仔细、反复地看鱼。功夫不负有心人，那位青年终于发现了以前没有发现的鱼的一个特征，即鱼是没有眼皮的。

这个故事告诉我们：只要留心观察，生活处处有学问。

创造来源于生活，灵感来源于生活，知识也来源于生活。“处处留心皆学问”，善于观察生活，生活就会回馈你想要的和意想不到的喜悦。

对于举世闻名的都江堰，相信大家并不陌生。可是，李冰在建造它时，却有着一个不大不小的故事。当时，李冰决心变岷江水害为水利，于是便筑堰。可是，筑堰的方法试验了多次，都失败了。有一天，他看到山溪里有一些竹篓，里面放着要洗的衣服，于是从中得到了启发。他让人编好大竹篓，装进鹅卵石，再把竹篓连起来，一层一层放到江中，在江中堆起了一道大堰，两侧再用大卵石加固，一道牢固的分水堰终于筑成了。这就是著名的水利工程——都江堰。李冰正是因为仔细观察生活，利用生活经验，找到了建筑分水堰的办法，取得了成功。

被誉为“蒸汽机之父”的瓦特，也是一个善于从生活中发现的人，8 岁的瓦特对“烧水时壶盖为什么会被顶起来”这一现象提出了质疑，正是这个疑问，使瓦特开始研究它，并最终发明了蒸汽机，推动了人类社会的进步。总之，古今中外，像这样的例子还有很多，他们的成功无不是因为善于观察生活、留心生活的结果。

然而，纵观我们的周围，你会发现，很多人并不懂得“处处留心皆学问”的道理，他们对生活缺乏观察与感悟，以至于自己的知识面越来越狭窄、越来越不能适应社会发展的要求。这种现象，在家庭教育中表现得十分突出。

现在有些家长埋怨自己的孩子“笨”，什么都不会，只会衣来伸手、饭来张口。其实仔细想想，家长难道没有责任吗？孩子小的时候，总有一双好奇的眼睛，对周围的一切事情都很感兴趣，看到水龙头“哗哗”流水就想自己开关一次；看到遥控器能指挥家里的电器也想按一按；看到呼呼转的电风扇如获至宝……出于对孩子的好奇，家长总是教育孩子不要动这个、不要碰那个，所有的解释都是“危险”“不能动”。久而久之，孩子就什么也不干了，养成了凡事请教家长，凡事依靠家长的坏习惯，甚至长大了也改不了。

如此做法显然不妥。相反，家长应该让孩子参与到生活中来。这样，孩子就会学到很多课本里学不到的知识，比如，带孩子去超市，要告诉他，超市里的东西不能随便拆，不能随便吃；带孩子去书店，要鼓励他自己找喜爱的书；带孩子去药店，要教他如何与导购人员交流；晾衣服的时候，让孩子拿衣架；整理家里的杂物，要告诉孩子鞋子应放在鞋柜里。

生活可以简单，但决不可以粗糙，养成留心的习惯，一个人的生活才会异彩纷呈。

在奔腾的人生之河中，我们永远是学生，我们的老师是自然、是社会、是他人、是我们身边的一切，作为学生，我们不能让“视而不见”“熟视无睹”遮蔽了自己探求知识的眼睛，麻痹了自己积极进取的心。因此，生活的路程上我们欣赏的不仅仅是每个人自己脚下的风景。

是的，在平凡的每一个瞬间中，总会有我们的老师出现，它们不随四季的变化而变更，也不随太阳的起落而波动。一丝空气、一片白云就已传授我们自然的奥秘；一只动物、一株花草就教导我们身体的意义。其实，我们身边的知识有很多，只要你用心观察，用心寻找，你就会发现，生命的音符、色彩都存在着它无穷的知识。

“纸上得来终觉浅。”“三人行，必有我师焉。”课本上的内容只能解释我们生活中很少的问题，而更大的发现，更多的知识是需要我们去挖掘、去开阔的。

做生活的有心人吧，不但能学到很多知识，还能领悟到人生包含的丰富道理。

生存有术，技多不压身

我国有句古语，叫“技多不压身”。这虽然是一句古语，但是它并没有随着时间的流逝而过时，今天仍然有其现实意义。

应当说，在这个“觅食艰难”的时代，大学生找不到工作已算不上什么奇事。但无论就投资还是学历层次而言，大学生在职场上都应比技校生胜出一筹。然而，如今的事实是，大学生找工作还得先读技校。曾经，社会将大学生就业难归罪于“眼高手低”。然而，如今大学生当保姆、当搓澡工已不再新鲜，甚至连“零工资就业”“负工资就业”都有了，为何大学生就业依然尴尬？仔细想象，大学生的“短板”或许还是动手能力差。一些技校的学生之所以比大学生“吃香”，也正是得益于有动手能力之长。

所以，在“千军万马过独木桥”的同时，一个人应该着重培养自己的一技之长，以利于在将来能更好地独立。

1946 年秋，西南联大毕业的汪曾祺只身来到上海。他觉得以他 26 岁的年龄，在上海谋一份差事还不至于太难。所以，在他寻找工作的间隙，还忘不了读几页书，一来为了维持自己平静的心，二来为了在文字的甘霖里沐浴。然而，过了很长一段时间，工作还是没有着落，眼看兜里的银两日渐羞涩。

汪曾祺从灰心丧气到恼羞成怒，一气之下撕毁了自己的手稿，认为老天爷要在大上海给他一条绝路。后来，他给远在北京的沈从文先生写了一封绝笔信。信投进邮筒，他便拎起酒瓶走上大街，准备在街头自杀。他烂醉于街头，并没死成，只是很长时间都昏昏沉沉地醉着。

远在北京的沈从文先生接到汪曾祺的绝笔信以后十分生气，回信不但速度快，而且说话也不客气，简直是当头棒喝：为了一时的困难，就这样哭哭啼啼，甚至想到要自杀，真是没出息。你手里有一支笔，怕什么？

汪曾祺阅罢信如梦初醒，继而汗颜不已。他开始咀嚼信中的每字每句，审视自己的一言一行。他想：是啊，沈从文先生说的没错。怕什么，自己手里不是还有一支笔吗？如果是为生存担心，简直是幼稚可笑，连战乱时期的李白都能自我安慰“天生我材必有用，千金散尽还复来”，自己遇到这么点挫折就想一命呜呼，难道凭借自己一手的好文章会困死在大上海？真是荒谬至极。

汪曾祺就在那一次彻底醒悟了，不久就在上海的一所民办学校谋到了一份工作。这样，我们如今看到的《受戒》《大淖记事》等享誉文坛的作品，就是他那时候的杰作。

与其说是“一支笔”救了汪曾祺，不如说是他自身拥有的一技之长救了他。新中国成立前的中国社会尚如此，现如今的社会就更不用提了，一个人可以没有高贵的背景，也可以没有高的学历，但不能没有一技之长。因为人生的竞争是一个长期的过程，成人与成才同样重要，这是社会发展的需要。

事实上，许多人都能应付工作中的一般问题而不感到困难，却很少在工作上做到精益求精，这样，也就很难在事业上取得多大的成就。所以说，无论如何，至少要掌握一项专长，这也是社会对我们每个人提出的要求。

近朱者赤，榜样是最好的动力

学习的内涵是非常广泛的，并非仅仅简单地停留在书本上。社会本身就是一所大学，到处都有学习的机会。其中，向可以成为学习榜样的成功者学习，就是一个不错的学习方法。

面对虚无缥缈的未来，遥想“成功”两字，你是不是也有无从迈步的迷惑？如果有，不妨先看看别人成功的原因，找到可以学习的成功榜样，学习一下他们的“成功模式”！

也许你会问：“学习别人的成功模式就能成功吗？”

答案是：“不一定。”因为一个人是否成功，还要受到个人的条件、努力的程度和机遇等诸多因素的影响，并不是学习别人的成功模式，就可以成功；但至少榜样的成功模式是一种指引，让你有方向可依，有迹可循，这绝对比茫无头绪，不知何去何从，要好过千百倍。

那么，如何才能找到一套“成功的模式”呢？

首先，你要找出一位你认为“成功”的目标人物。这个人可以是你的朋友，也可以是你的亲戚、长辈、同事，还可以是有名望的社会人士，更可以是书里的传记人物。你可以向他们请教他们的成功之道。一般来说，人人都喜欢谈成功而忌讳谈失败，所以他们会不吝啬地告诉你他们的成功经验，至于社会人士的成功之道，则可以从报纸杂志中得知，传记里的人物成功之道，传记里也会说得很清楚。

2006年，潘基文接替安南成为联合国的第八任秘书长，他是第二位来自亚洲的联合国秘书长。他之所以能够问鼎“世界大管家”

的宝座，成为联合国的第八任秘书长，是与他中学时代的梦想和榜样力量的支撑密不可分的。高中时，潘基文有幸获得美国红十字会的邀请，前往美国访问，受到美国时任总统肯尼迪的接见，肯尼迪对他的勉励，使他激动不已。访问归来，潘基文便立志要当一名外交官，像肯尼迪那样做一个政坛的风云人物。学生时代结束后，潘基文开始为自己的外交梦想而努力。1970 年，他从韩国汉城国立大学外交学系毕业，开始投身外交事业，并在 1985 年获得美国哈佛大学肯尼迪政治学院的硕士学位。2003 年至 2004 年，他担任卢武铉总统的外交辅佐官，成为卢武铉的“左膀右臂”。2004 年 1 月，潘基文出任韩国外交通商部长官，离他学生时代的梦想越来越近了。

一个人之所以成功，除了他自己的努力外，环境的影响也是很明显的。其实，你身边有很多人有接近你理想的影子，只是你没有发现而已。“近朱者赤，近墨者黑。”或许靠近红色不一定能让自己变红，但是至少你不会变黑。虽然荷花有出淤泥而不染的高洁品质，但是大多数人则很难摆脱环境的影响。在成长的道路上，最重要的环境就是一起学习的同伴、一起游玩的伙伴。物以类聚、人以群分，你身边的朋友是怎样的人，他们就是你影子的折射。

人生的梦想有时候看起来似乎十分虚幻，因为它总是预示着我们将来要成为什么样的人，所以有时候会令人觉得无从下手。最好的办法，就是给自己找一个榜样，然后努力向他学习和靠近。英国著名作家史美尔斯说，榜样表明了成功的可能性。榜样的人生轨迹，就像一幅地图，指引我们去寻找梦想的宝藏。地图可能会过期，因为道路会更改。每个人都要走不同的人生道路，但是他们依然对我们的成长有着引导的意义。

榜样是现实中实实在在的人，把他们成长的足迹当作参照，然后规划自己的人生道路。你和他生活在同一片蓝天下，那么他能做到的，你为什么不能做到呢？如果和他站在一起，你就会明白，梦想并不像你想的那样遥不可及。把梦想寄予在某个人身上，然后努力向着那个人靠拢，梦想就不会显得那么遥远。因为每一棵参天大树，都是由一棵幼苗长成的。这样，你就不会因为自己的弱小而自卑自怨了。

知识只有在运用时才有力量

在古罗马和古希腊有两个著名的演说家，一个叫西塞罗，一个叫狄莫西尼斯。每当西塞罗的演讲结束时，听众都一起鼓掌并大叫："说得真好，我又学到了新的知识！"每当狄莫西尼斯的演讲结束时，听众都转身就走："说得真好，让我们开始行动吧！"

著名学者吉米·洛恩说过："世界上有两种人，他们都在同一本书上读到吃苹果有益于健康的知识，其中一个说：'我学到了知识'，另一个二话不说，直接走到水果摊前买了几斤苹果。"吉米·洛恩认为买苹果的人是真正的聪明人，因为他们能够学以致用。而那些"学到了新的知识"却不懂运用的人，充其量只是一个书呆子。

人不能为了学习而学习。学习是让自己丰富，更让自己变得灵活、机智。在这个世界上，完全相同的事情绝对不会重复出现。因此，当面临一种新的状况时，谁也不能把以前所学的东西，原封不动地运用上去。学习到的东西，只能给人以知性的感觉。而学习正是为了锤炼知性，使知性更加敏锐。敏锐的知性可以抓住瞬间的机会，预见未来的趋势，洞悉细微处的微妙变化；把握宏观而抽象无形的东西。学习的目的，便是培养这种洞若观火的洞察力。

知识只有在运用时，才能产生力量。一个人不能为了学习而学习。在提出"知识就是力量"的口号以后，培根又做了补充，他说："学问并不是各种知识本身，如何应用这些学问，乃是学问以外的、学问以上的一种智慧。"这也就是说，有了知识，并不等于有了与之相应的能力，运用与知识之间还有一个转化过程，即学以致用的过程。

如果你有很多的知识，但却不知如何应用，那么你拥有的知识，就只是死的知识。鲁迅说："用自己的眼睛去读世间这一部活书，倘只看书，便变成了书橱，即使自己觉得有趣，而那趣味其实是已在逐渐硬化，逐渐死去了。"死的知识不但对人无益，不能解决实际的问题，而且还可能出现弊端和害处，就像古代纸上谈兵的赵括一样，无法避免失败的结局。因此，我们在学习知识的时候，不但要让自己成为知识的仓库，还要让自己成为知识的熔炉，把所学的知识在熔炉中加以消化、吸收。

被世人称为"魔术师"的发明家爱迪生，自幼家境贫穷，小时候在学校只读了 3 个月的书。但是，他却从小就具有非常强烈的好奇心，凡事总爱问个"为什么"。

他热爱科学，尤其是喜欢做各种各样的试验。在当报务员期间，他发明了一架改进的自动收报机，并获得了 4 万美元的报酬。

为了"揭示大自然的奥秘，并以此为人类造福"，他辞去了工作，专门从事科学研究。为此，他常常每天都要工作一二十个小时，他从来都不闲着，每当解决了一个问题以后，他便会去研究另一个问题。

他的每个发明，都需要多次的反复实验。例如，他花了一年多的时间及精力，选择一种既能发光又不会很快就被氧化掉的灯丝材料，试验的材料竟达 1600 多种。他于 1879 年 10 月发明了"白炽发光的电灯"，使"世界发光"的电灯出现在世人的面前。

在他 84 年的生命岁月中，爱迪生的重大发明数不胜数，在专利局登记过的发明就有 1328 种。他先后对电报、电话进行了改进，并发明了油印机、蜡纸、留声机、电车、电影等。他的发明，不但改进了人们一些日常生活的方式，并且受到了世人的崇敬。

科学在不断向前发展，人们也有层出不穷的问题需要面对，需要进行探索，求得解决。也只有这样，才能为人类的知识宝库增添更多的精神财富。这也是我们之所以强调读书与实际相联系的原因之一。

“读书”与“致用”有着密切的联系，从某种意义上来说，读书的目的就是为了更好地致用。如果读书不重视致用，不重视联系实际，那么也就失去了价值和意义。我们一再强调读书要与实际相结合，就是因为“知识来源于致用”。

那些给你知识，使你更聪明的书，并不会直接地生产出知识来，它之所以能够给你知识，就是因为它是一个科学性的概括，是一个对学以致用的总结性记载。

强调读书要与实际相联系，还因为书本知识的正确与否，还须通过致用来对其进行检验，也就是人们常说的“实践是检验真理的唯一标准”。书中的东西，往往会瑜瑕参差，人们在学习中如果不辨真伪地对其兼收并蓄，肯定会造成读书效率的下降和认识上的混乱。

那么，怎样才能不接受或者少接受错误的“书本知识”呢？只有把读书联系到实际中，把从书本之中学到的知识，在联系实际的过程中做一下检验，看看是否能经得起致用的考验。

学习知识是为磨炼智慧而存在的。假如只是收集很多的知识而不消化，就等于食而不化，徒然堆积了许多书本而不用，同样是一种浪费。同时，学习也应该是一个怀疑、思考和提高知识的能力过程。

一个人的知识越多，懂得越多，就越会发生怀疑，就越觉得自己无知。而怀疑正是学习的钥匙，能开启智慧的大门。求知的欲望，正是不懈学习、探求的动力，而怀疑会让自己不断进步。

好的问题，常会引出好的答案。好的提问和好的答案，同样重要。问题提得出人意料，答案也常常是十分深刻的。没有好奇心的人，不会产生怀疑，思考就是由怀疑和答案共同组成的。所以，智者其实就是知道如何怀疑的人。

人没有理由对什么事都确信无疑。怀疑一旦开始，疑点便愈来愈多，循着怀疑的线索去追寻答案，就可以解答很多的迷惑。

但过分的思考，则易使行动迟缓。的确，犹豫是非常危险的，人们必须在最适当的时候，遂下决断，否则便会坐失良机。只有适时而大胆地行动，才能掌握胜利；否则，临阵踌躇不决，将会丧失战机。

第四章

自省：帮你成为更好的自己

以铜为镜，可以正衣冠；以人为镜，可以明得失；以古为镜，可以知兴衰。一个时刻自省的人，言行会逐渐平和稳重，性格会更加完善完美。因此，在任何时候，我们都要反省自己，不能让无边无际的欲望去支配我们的生活。

不找借口，有一种智慧叫自省

自省是心灵深处的检讨，是一次思想的调整。自省首先是自我解剖，即用锋利的手术刀解剖自己，这样才会对自己有一个彻底的、深刻的认识，才能在生活中不断完善自己的人格。

但是在现实中，很少有人能真正做到经常性的自我反省，就更不用说时时反省了，因为我们大多数人都喜欢抱着这样的一种心理：

——我先动手打他，是因为他惹我生气了。（不肯承认自己脾气不好的缺点）

——这个计划是绝对完美的，在老总那里没有通过，是他偏心眼。（不肯静下心来，反思自己的不足）

——我迟到了，是因为我家离单位太远。（不肯承认自己贪睡，起床较晚）

其实，当你感到整个世界都在辜负你的时候，当你感到不快乐的时候，当你感到世界都错了的时候，你不妨先问一问自己是否是对的。如果整个世界都在辜负你，那么错的肯定是你，而不是这个世界。你要想改变这个局面，唯一的办法是改变自己。当你以一种正确的态度去对待这个世界时，世界也会以一种正确的态度对待你。

一只小狗老是埋怨有人踩它的尾巴，却从来没有反省过自己睡的位置不对：它总喜欢睡在过道上。平庸的人总是喜欢寻找种种原因，却不愿意审视自己的不足。他们看得见别人脸上的灰尘，却看不见自己鼻子上的污点。但强者却总是在调整自己、提高自己，努力地将自己打造成一个与外界和谐的人，他们更加注重自我反省与调整，深知只要自己对了，世界就对了。“现代戏剧之父”易卜生曾经告诫他人：你的最大责任就是把你这块材料铸造成器。说的其实也就是这个道理。

一个人是否善于自我反省，对于一个人成就非常重要。华人首富李嘉诚先生在谈到自己的成功的秘诀时，也不止一次地强调自我管理的重要性。他说："自我管理是一种静态管理。人生不同的阶段中，要经常反思自问，我有什么心愿？我有宏伟的梦想，但我懂不懂什么是有节制的热情？我有与命运拼搏的决心，但我有没有面对恐惧的勇敢？我有信心、有机会、但有没有智慧？我自信能力过人，但有没有面对顺境、逆境都可以恰如其分行事的心力？"

每个人，不管是天赋异禀还是资质平平，不管是出身高贵还是出身贫贱，都应该学会自我解剖与反省。

在儒家的主张中，自省的内容是十分丰富、又是十分具体的，大致有如下一些方面：仁、义、礼、智、信、忠、恕、善和学识。如果对其进行概括，可以分为德性和学识两方面。在辨察自己是否有违背德性和学识的言行时，应以"圣贤所言"为依据和标准。

曾子认为，自省的主要内容是"忠""信""习"（为人谋而不忠乎？与朋友交而不信乎？传不习乎？）。孟子认为，"君子"不同于一般人的地方，就在于居心不同。"君子"居心在仁，居心在礼。他说，假定这里有个人，他对我蛮横无理，那"君子"一定会反躬自问，我一定不仁，一定无礼，不然，他怎么会有这种态度呢？反躬自问以后，我不存在非礼非仁的言行，那人仍然如此蛮横无理，"君子"一定又反躬自问：难道是我不忠？反躬自问以后，我也实在是忠心耿耿，那人仍然蛮横无理，"君子"就会说：这个人不过是一个狂人罢了，既然这样，那同禽兽有什么区别呢？对于禽兽又该责备什么呢？于是，我仍然不必为此动气。在这里，孟子认为，反省的内容应是"仁"和"礼"。

孟子还说："万物皆备于我矣。反身而诚，乐莫大焉。强恕而行，求仁莫近焉。"他认为，反躬自问，自己是忠诚的，便引以为最大的快乐。不懈地按推己及人的恕道做去，达到仁德的途径没有比这更近便的了。可见，孟子认为反省的内容还应有"忠"和"恕"。

而荀子则曰："见善，修然必自存也；见不善，愀然必以自省也。善在身，介然必以自好也；不善在身，菑然必以自恶也。"荀子则认为，自省、修身应以善为主。

由于时代的变迁，作为今人，我们在自省的内容上或许与古人稍有不同。但不管怎样，善于自省、勇于自省的精神与习惯是一样的。"吾日三省吾身。"古人尚且如此，更何况我们呢？

自知之明，一个人进步的开始

俗话说：没有哪一个认识到自己天赋的人会成为一个无用之辈，也没有哪一个出色的人在错误地判断自己的天赋时能够逃脱平庸的命运。这也就是说，一个人要能够真正立足于社会，就必须要拥有全方位的自知之明。

然而，任何人都不是天生就有自知之明的，特别是在年轻的时候。然而，有些人一辈子都没有认识自己，既不知道自己所短，也不晓得自己所长。只要你认真观察，这样的人在生活里比比皆是。

在动物界，鹰凭着尖利的双爪和带钩的嘴，加之凶悍猛烈的冲击力，当它向羊俯冲过来之时，羊在如此强劲的对手之下，只有束手就擒。可是，对于在一旁观望的乌鸦，情况就大不相同了。乌鸦没有鹰尖利的双爪，没有鹰带钩的嘴，更没有鹰凶悍猛烈的冲击力，所以，在羊的心目中，这并不可怕。当乌鸦扑向羊时，首先，羊不会惊慌，甚至会嘲笑它：你一只平庸的黑鸟，岂敢在俺的头上动土，真是癞蛤蟆想吃天鹅肉。此刻的羊，面对突袭而来的乌鸦，只需采用不理睬的对策，就能对利令智昏的乌鸦达到以守为攻的效果。结果，乌鸦突袭羊的目的不仅没有得逞，反而成为牧羊人的猎物。

乌鸦之所以在袭击羊的行动中失败，是因为它没有自知之明。乌鸦只看到了鹰猎取羊的成功，却看不到鹰独有的长处和优势。当然，它更发现不了自己的短处和劣势。本来，乌鸦不具备捕猎羊的条件，而又要去做这种力不从心的捕猎，结果只能是失败。

生活中，导致失败的原因，往往是当事者没有自知之明，既没有发现客观世界的奥秘，也没有发现主观世界的不足。归根结底，还是他们不了解自己，但是他们并不知道这一点。

孔子问子贡："你和颜回哪一个强？"子贡答道："我怎么敢和颜回相比？他能够以一知十；我听到一件事，只能知道两件事。"

子贡的自知是明智的，子贡的从容更是胸怀博大。他虽不及颜回闻一知十，但却以其独特的人格魅力传之千古。

战国时期，齐威王的相国邹忌长得相貌堂堂，身高八尺，体格魁梧，十分漂亮。与邹忌同住一城的徐公也长得一表人才，是齐国有名的美男子。一天早晨，邹忌起床后，穿好衣服、戴好帽子，信步走到镜子面前仔细端详全身的装束和自己的模样。他觉得自己长得的确与众不同、高人一等，于是随口问妻子说："你看，我跟城北的徐公比起来，谁更漂亮？"

他的妻子走上前去，一边帮他整理衣襟，一边回答说："您长得多漂亮啊，那徐先生怎么能跟您比呢？"

邹忌心里不大相信，因为住在城北的徐公是大家公认的美男子，自己恐怕还比不上他，所以他又问他的妾，说："我和城北徐公相比，谁漂亮些呢？"

他的妾连忙说："大人您比徐先生漂亮多了，他哪能和大人相比呢？"

第二天，有位客人来访，邹忌陪他坐着聊天，想起昨天的事，就顺便又问客人说："您看我和城北徐公相比，谁漂亮？"客人毫不犹豫地说："徐先生比不上您，您比他漂亮多了。"

邹忌如此作了三次调查，大家一致都认为他比徐公漂亮。可是邹忌是个有头脑的人，并没有就此沾沾自喜，认为自己真的比徐公漂亮。

恰巧过了一天，城北徐公到邹忌家登门拜访。邹忌第一眼就被徐公那气宇轩昂、光彩照人的形象怔住了。两人交谈的时候，邹忌不住地打量着徐公。他自觉自己长得不如徐公。为了证实这一结论，他偷偷从镜子里面看看自己，再调过头来瞧瞧徐公，结果更觉得自己长得比徐公差。

晚上，邹忌躺在床上，反复地思考着这件事。既然自己长得不如徐公，为什么妻、妾和那个客人却都说自己比徐公漂亮呢？想到最后，他总算找到了问题的结论。邹忌自言自语地说："原来这些人都是在恭维我啊！妻子说我美，是因为偏爱我；妾说我美，是因为害怕我；客人说我美，是因为有求于我。看起来，我是受了身边人的恭维赞扬而认不清真正的自我了。"

这则故事告诉我们，人在一片赞扬声里一定要保持清醒的头脑，特别是居于领导地位的人，更要有自知之明，才能不至于迷失方向。

人贵有自知之明。可怕的自我陶醉比公开的挑战更危险。自以为是者不足，自以为明者不明。自明，然后能明人。流星一旦在灿烂的星空中炫耀自己的光亮时，也就结束了自己的一切。自高必危，自满必溢。胜时自己就认为完美无缺，成就大就居功自傲，名声高即目中无人。在这方面古人有经典论述，"三人行，必有我师焉"，"知人者智，自知者明"。

要真正了解自我，就必须换一个角度看自己。首先，要"察己"。客观的审视自己，跳出自我，观照自身，如同照镜子，不但看正面，也要看反面；不但要看到自身的亮点，更要觉察自身的瑕疵。包括对自己的学识能力、人格品质等进行自我评判，切忌孤芳自赏、妄自尊大。其次，要不断完善自我，有则改之，无则加勉。须知道天外有天，人外有人，尺有所短，寸有所长。

只有真正了解自己的长处和短处，避己所短，扬己所长，才能对自己的人生坐标进行准确定位。当你认识到自己的不足之时，也就是进步的开始。

吃一堑，长一智，不要在原地摔倒

“吃一堑，长一智。”出自明代王阳明《与薛尚谦书》：“经一蹶者长一智，今日之失，未必不为后日之得。”意为：吃一次亏，长一分智慧。指受了挫败，记取教训，以后就变得聪明起来。

有人认为“吃一堑”与“长一智”之间存在必然性，其实未必。不是说吃一堑就一定能长一智，而是吃一堑有可能长一智。这种可能性要转变为必然性，就要有一个条件，那就是要从失误中总结教训，积累经验，这样才能长智。如果错后不思量，那么同样的错误还会不断重复出现。

从前，有个农夫牵了一只山羊，骑着一头驴进城去赶集。

有三个骗子知道了，想去骗他。

第一个骗子趁农夫骑在驴背上打瞌睡之际，把山羊脖子上的铃铛解下来系在驴尾巴上，把山羊牵走了。

不久，农夫偶一回头，发现山羊不见了，忙着寻找。这时第二个骗子走过来，热心地问他找什么。

农夫说山羊被人偷走了，问他看见没有。骗子随便一指，说看见一个人牵着一只山羊从林子中刚走过去，准是那个人，快去追吧！

农夫急着去追山羊，把驴子交给这位“好心人”看管。等他两手空空地回来时，驴子与“好心人”自然都没了踪影。

农夫伤心极了，一边走一边哭。当他来到一个水池边时，却发现一个人也坐在水池边，哭得比他还伤心。农夫挺奇怪：还有比我更倒霉的人吗？就问那个人哭什么，那人告诉农夫，他带着两袋金币去城里买东西，在水边歇歇脚、洗把脸，却不小心把袋子掉水里了。农夫说，那你赶快下去捞呀！那人说自己不会游泳，如果农夫给他捞上来，愿意送给他 20 个金币。

农夫一听喜出望外，心想：这下子可好了，羊和驴子虽然丢了，却可以得到 20 个金币，损失全补回来还有富余啊！他连忙脱光衣服跳下水捞起来。当他空着手从水里爬上来时，干粮也不见了，仅剩下的一点儿钱还在衣服口袋里装着呢！

这个故事告诉我们，农夫没出事时麻痹大意，出现意外后惊慌失措而造成损失，造成损失后又急于弥补因此又酿成大错，三个骗子正是抓住他的性格弱点，轻而易举地全部得手。

事实上，我们看到很多人一直如农夫般原地“摔倒”，而且很多时候是以同一种方式。这种人太过固执和自信，在他们的眼里，从来就不认为自己“摔倒”是因为这里面出了什么问题：要么这条“路”本身就走不通，要么就是自己走的技术、姿势不正确！而是觉得没有什么过不了的“坎”，还是照样的坚持原来的走法，而这又怎么不让他摔得鼻青脸肿呢？

要吃一堑，长一智，就必须在吃一堑之后，好好地进行一番的反思，并且在反思中，认真的吸取经验教训，绝不能再重蹈覆辙。事实也正如此，只有在认真吸取教训后才能够保证今后不再犯同样的错误，不再以同样的方式“摔倒”。特别是对于那些在迷途中深陷的人来说，更应该好好地反省：自己为何老是在原地“摔倒”而无法走出迷途呢？

当然，我们也不必因为吃了一堑之后，就丧失了继续前行的勇气，从此坐以待毙。只要你敢于面对失败，敢于从失败中去反思，去寻找教训，并且修正自己的思想，丰富自己的经验，我们又何愁无法走出生命的低谷呢？

要勇于承认错误，反而能得到尊重

这是一则有趣的寓言：河里有一条河豚，游到一座桥下，撞到桥柱上。它不责怪自己不小心，也不打算绕过桥柱游过去，反而生起气来，恼怒桥柱撞了它。它气得张开两鳃，胀起肚子，漂浮在水面，很长时间一动不动。后来，一只老鹰发现了它，一把抓起了它，转眼间，这条河豚就成了老鹰的美餐。

这条河豚，自己不小心撞上了桥柱子，却不知道反省自己，不去改正自己的错误，反而恼怒别人，一错再错，结果丢了自己的性命，实在是自寻死路。"人非圣贤，孰能无过；知过能改，善莫大焉。"这也就是说，勇于认错，此乃智者之举；不肯认错者，终将失去进德的机会，殊为可惜。

人的一生不可能永不犯错，有时候错误只是自己的一时疏忽所造成，并不会造成太大的损失；但如果不认错，则可能会犯下"戒禁取见"，后果就不可收拾了。所以，一个人的际遇安危、成败得失，往往和自己能否"认错"有着十分密切的关系。

战国时候，有七大诸侯国，它们是齐、楚、燕、韩、赵、魏、秦，历史上称为"战国七雄"。这七国当中，又数秦国最强大。秦国常常欺侮赵国。有一次，赵王派蔺相如到秦国去交涉。蔺相如见了秦王，凭着机智和勇敢，给赵国争得了不少面子。秦王见赵国有这样的人才，就不敢再小看赵国了。赵王看蔺相如这么能干。就先封他为大夫，后封为上卿。

赵王这么看重蔺相如，可气坏了赵国的大将军廉颇。他想：我为赵国拼命打仗，功劳难道不如蔺相如吗？蔺相如光凭一张嘴，有什么了不起的本领，地位倒比我还高！他越想越不服气，怒气冲冲地说：“我要是碰着蔺相如，要当面给他点儿难堪，看他能把我怎么样！”

廉颇的这些话传到了蔺相如耳朵里。蔺相如立刻吩咐自己手下的人，叫他们以后碰着廉颇手下的人，千万要让着点儿，不要和他们争吵。以后，他自己坐车出门，只要听说廉颇从前面来了，就叫马车夫把车子赶到小巷子里，等廉颇过去了再走。

廉颇手下的人，看见上卿这么让着自己的主人，更加得意忘形了，见了蔺相如手下的人，就嘲笑他们。蔺相如手下的人受不了这个气，就跟蔺相如说：“您的地位比廉将军高，他骂您，您反而躲着他，让着他，他越发不把您放在眼里啦！这么下去，我们可受不了。”

蔺相如心平气和地问他们：“廉将军跟秦王相比，哪一个厉害呢？”大伙儿说：“那当然是秦王厉害。”蔺相如说：“对呀！我见了秦王都不怕，难道还怕廉将军吗？要知道，秦国现在不敢来打赵国，就是因为国内文官武将一条心。我们两人好比是两只老虎，两只老虎要是打起架来，不免有一只要受伤，甚至死掉，这就给秦国造成了进攻赵国的好机会。你们想想，国家的事情要紧，还是私人的事儿要紧？”

蔺相如手下的人听了这一番话，非常感动，以后看见廉颇手下的人，都小心谨慎，总是让着他们。

蔺相如的这番话，后来传到了廉颇的耳朵里。廉颇惭愧极了。他脱掉一只袖子，露着肩膀，背了一根荆条，直奔蔺相如家。蔺相如连忙出来迎接廉颇。廉颇对着蔺相如跪了下来，双手捧着荆条，请蔺相如鞭打自己。蔺相如把荆条扔在地上，急忙用双手扶起廉颇，给他穿好衣服，拉着他的手请他坐下。

蔺相如和廉颇从此成了很要好的朋友。这两个人一文一武，同心协力为国家办事，秦国因此更不敢欺侮赵国了。这也就正是成语“负荆请罪”的出处。

可见，勇于承认自己的错误是一种大智慧。在生活中，一个人能坦诚地面对自己的错误，再拿出足够的勇气去承认它、面对它，不仅能弥补错误所带来的不良后果、提醒今后更加谨慎行事，而且别人也会痛快地原谅你的错误。

成功对我们来说十分珍贵，但有时错误同样珍贵。错误的珍贵，在于错误可以给我们许多经验，错误可以给我们许多教训，错误可以给我们许多有益的借鉴。这次的错误，可能成为下次走向成功的可贵指南。不怕你犯错，怕的是不能从错误中吸取经验，那才是最大的错误。对每个人来说，只要能从错误中悟到有益的经验，那么错误也同样珍贵。有些人认为错误有失自尊，面子上过不去，便害怕承担责任，害怕惩罚。与这些想象恰恰相反，勇于承认错误，你给人的印象不但不会受到损失，反而会使人尊敬你、信任你，你在别人心目中的形象反而会高大起来。

别人的批评更有利于你自省

美国著名总统林肯说“世人都喜欢赞扬”，但我们在学习、生活、工作中，因种种原因谁都难免一辈子不受批评。这样，我们就会面临一个问题——怎样对待批评？

古人有云：良药苦口利于病，忠言逆耳利于行。别人的忠言也许有些逆耳，却有利于修正自己的不良行为。别人的批评就是苦味的良药，逆耳的忠言，我们千万不可小觑。如何对待别人的批评不仅可以体现出一个人的襟怀，还可以检验一个人的处世原则和综合素养。

抗日战争期间，昆明接纳了西南联合大学，闻一多、沈从文等四方学者云集昆明，昆明出现了历史上少见的文化盛宴，昆明的文化对中国科学与文化发展产生了巨大的影响。在来昆的众多宾客中，有一位学者不被云南人所欢迎，他就是被施蛰存称之为“被云南人驱逐出境”的李长之。他是山东利津人，曾就读于北京大学预科，后就读于清华大学，1936 年留清华大学任教，1937 年秋到昆明经人介绍到云南大学任教。李长之是个才子，一天可写一万五千字左右的长文，外加两篇随笔，其专著有获学术界高度评价的《中国文学史略稿》《批判精神》等。年少气盛的李长之在来昆不到半年的时间就“被云南人驱逐出境”，是因其写了一篇短文《昆明杂记》。《昆明杂记》在学术界一登台亮相，可谓一石激起千层浪，掀起了轩然大波，昆明人在《昆明杂记》中根本找不到恭维、夸耀昆明人如何如何热情好客和云南民族文化如何如何丰富多彩的字眼，也找不到赞美昆明的气候如何如何好的文字，《昆明杂记》对昆明提出了指责和严厉批评。《昆明杂记》惹得云南人大为光火，“且事为龙主席所闻”，“据云绥公署欲请去谈话”。当时昆明大小报纸对李长之群起而攻之，“李乃大恐，或云坐飞机离滇，或云坐长途汽车他往”，三十六计走为上，实事求是提出批评意见的才子李长之不得不逃之夭夭。

时隔数年，余斌先生在《西南联大在蒙自》中对李长之事件的看法是：“李长之尽管恃才傲物，话说得偏激一些，虽有了偏概全文之嫌，倒也非凭空捏造，昆明人那时不知为什么竟有点儿反应过度。”曾在李长之事件期间担任云南大学校长的楚光南先生后来也针对“李长之事件”在《云南文化的新阶段与对人的尊重和学术的宽容》中写道：“来到云南的学者名流，对于云南的批评，总是冠冕堂皇的一套恭维，如云南天时气候如何，人民性质如何，社会秩序如何之类，照他们说来，云南真好得像天堂一样了，但情况并非完全如此。云南固有得天独厚之处，也有许多不足。真有自尊与自信者，就不应讳疾忌医，害怕批评，哪怕批评很严厉，有些过火”。针对当时云南人喜欢恭维和赞美，不喜欢批评的现状，楚图南先生还在其论著中写道：那“只是反映了云南社会落后、幼稚、无知，才有着这种需要，需要表面的恭维，无论真也好，假意也好，至少反映了云南还不能容纳真实的批评，至诚的谏诤，无论是在极细微的地方。也就是云南还没有对人尊重和对学术宽容的雅量”。著有《西南联大·昆明记忆》的余斌先生，对当时云南人爱听恭维，也很有感触地说：“你爱夸耀云南是什么什么王国，人家就送你一顶又一顶‘王国’的金冠，你说云南民族文化丰富多彩，人家就说确实丰富多彩。但你能听懂人家话背后的意思吗？这王国那王国，不就是些资源吗？所谓丰富多彩，不就是色彩斑斓下面的落后吗？”余斌先生虽然已经透过恭维这一表面现象看到了恭维后面所暗藏的是侮辱和欺骗，但令人遗憾的是，李长之已“被云南人驱逐出境”了。

其实，批评和表扬一样，是使人健康成长、获得成功不可缺少的因素。表扬能给人以鼓舞，也能使人飘飘然；批评使人一时受挫，但更能使人体会到跌跤的滋味，在清醒和自省中成熟。陈毅同志说："难得是诤友，当面敢批评。"可以这么说，批评本身就是一种爱，而且是一种高层次的爱，"小批评小进步，大批评大进步，不批评就退步"讲的就是这个道理。能得到他人的批评不是一件坏事，说明他人对你寄予厚望，他人的"逆耳忠言"，无非是希望你尽快成熟起来。从批评者的角度讲，真正要做到"拉下脸"去批评一个人、批评一件事，并不是件很容易的事，甚至要经过激烈的思想斗争和深思熟虑，同时也说明他是一个心怀坦荡的人，是一个富有责任感的人，是你人生中的良师和益友。因此，我们必须真诚欢迎，不能虚以应付。

批评就好比医生给病人治病，是针对人们思、言、行上存在的"病灶"进行的，目的是要把病治好。有缺点毛病的人受到批评后，就会在思想上引起震动，促其认识错误、吸取教训、改掉毛病，进而变成一个健康的、有益于社会的人。

所以，我们如果有了过错，受到批评甚至处分后，不要一蹶不振，要勇于承认错误、改正错误，并从错误中接受教训，重新振作精神，以最好的状态投入到生活中。

向曾国藩学习如何自我反省

学者南怀瑾说："曾国藩一生共有十三套学问，但流传后世的只有一套，即《曾国藩家书》。"如果我们细读《曾国藩家书》，就会发现其中除了对晚辈的教诲外，更多的是对自我心灵的拷问。

曾国藩（1811—1872），中国近代一个响当当的人物，"清代三杰"之一，洋务运动的先驱人物。曾创办湘军与太平天军苦战并最终取得胜利。他历任内阁学士、礼部右侍郎、兵部、吏部侍郎，后任两江总督等职，一生历尽坎坷，几度生死。

从青年时代起，曾国藩就按照京师唐鉴、倭仁帮他制定的"日课十二条"，每日自修、自省、自律。即使后来成为高官显贵之后，也从不停止这些艰苦的功课。他曾经在日记中写道："一切事都必须检查，一天不检查，日后补救就困难了，何况是修德做大事业这样的事！"他所写日记，直到临死之前一日才停止。曾国藩正是在逐日检点、事事检点的自律自省中，一步一步地走向事业的成功，走向人生的辉煌。

道光年间，在京城做官的曾国藩书生意气，加之年轻气盛，内藏傲骨，外露傲气，易冲动，"好与诸有大名大位者为仇"。咸丰初年，他在长沙办团练，也动辄指摘别人，尤其是与绿营的明争暗斗，与湖南官场的凿枘不合，以及在南昌与陈启迈、恽光宸的争强斗胜，这一切都是采取法家强权的方式。虽在表面上获胜，实则埋下了更大的隐患。又如参清德，参陈启迈，参鲍起豹，或越俎代庖，或感情用事，办理之时，固然干脆痛快，却没想到锋芒毕露、刚烈太甚，伤害了这些官僚的上下左右，无形之中给自己设置了许多障碍，埋下了许多意想不到的隐患。

咸丰七年二月，曾国藩的父亲曾麟书去世，曾国藩脱下战袍从江西战场回家守丧。这引来了朝廷上下一片指责声，有些人甚至还希望朝廷处分他。但出乎意料的是，朝廷不仅准假三月，还给了他一笔银子，令他假满即赴前线。曾国藩并不领情，上表要求在家守制，朝廷不准。三个月后，曾国藩再次上奏，在这篇奏折里，他倒尽了苦水，然后提出复出的困难，如：自己所保举湘军将士的官名都是虚的；自己位虽高却没有实权；军饷受掣于地方；作战也得不到地方的支持……这实际上就是希望朝廷理解他的苦处，授以督抚军权实职，一切问题便迎刃而解。谁知朝廷根本不予理会。当时是满人的天下，要授汉人以实职是值得皇帝犹豫的，于是皇帝干脆同意他在家终制。曾国藩原本是想借守制为筹码，获得更大的权力以利于自己施展拳脚，却没料到被朝廷顺水推舟。无可奈何的曾国藩在家一待就是一年多。眼看着自己亲手创建的湘军不能由自己指挥立功，不免“胸多抑郁，怨天尤人”。

在湘中荷叶塘守制的一年多时间里，曾国藩对自己的为人处世作了深刻反省。他开始认识到自己办事常不顺手的原因，并进一步悟出了一些在官场中的为人之道：“长傲、多言二弊，历观前世卿大夫兴衰及近日官场所以致祸之由，未尝不视此二者为枢纽。”“历观名公巨卿，多以长傲、多言二端而败家丧生。天下古今之才人，皆以一傲字致败；天下古今之庸人，皆以一惰字致败。”他总结了这些经验和教训之后，便苦心钻研老庄道家之经典，潜心攻读《道德经》和《南华经》，经过默默地咀嚼、细细地品味，终于悟出了老庄和孔孟并非截然对立的，两者结合既能做出掀天揭地的大事业，又可泰然处之，保持宁静谦退之心境。

一年多后，浙江局面一变，御史李鹤年、湖南巡抚骆秉章等人上奏朝廷，要求朝廷速命曾国藩复出以解浙江之及时，在郁闷与反省中度日如年的曾国藩不再讨价还价，立即披挂出征了。再次出山的曾国藩，身上多了些从容与迁就，少了些冲动与固执。这些改变对他日后的功名成就无疑是影响巨大的。而这一切，均拜他的自省所赐。在这一年当中，是曾国藩一生思想、为人处世的重大调整和转折的时刻。在这段时光里，他反反复复痛苦地回忆，检讨曾经的过去。也正是由于他这段痛苦的自我反省才有了曾国藩晚年的成熟老练，等到他再次出山时，已渐渐地掩住自己的锋芒而日益变得圆融通达。

从曾国藩的家书中，我们可以清楚地体会到他是如何深刻地反思与检讨自己的作风。而一个时刻自省的人，言行逐渐平和稳重，性格也会更加完善完美，不会动辄乖张动气、情绪失控。因此，在夜深人静的时候，我们要思考，要反省，不能靠着本能和欲望去支配我们的生活。

第五章

无畏：每天进步一点点

成功是能量聚积到临界程度后自然爆发的成果，绝非一朝一夕之功。一个人眼界的拓展，学识的提高，能力的长进，良好习惯的形成，工作成绩的取得，都是一个持续努力、逐步积累的过程，是“每天进步一点点”的总和。

坚韧不拔，既是力量又是魅力

美国杰出的鸟类学家奥杜邦在森林中刻苦工作了许多年。一次，在他度假回来时，发现自己精心创作的200多幅极具科学价值的鸟类绘画都被老鼠糟蹋了。

回忆起这段经历，他说："强烈的悲伤几乎穿透我的整个大脑，我接连几个星期都在发烧。"但过了一段时间后，他的身体和精神都得到了一定的恢复。他又重新拿起枪，拿起背包和笔，重新走进了森林深处。

无论一个人有多聪明，如果没有坚韧不拔的品质，他既不会从一个群体中脱颖而出，也不会取得任何成功。许多人本可以成为杰出的音乐家、艺术家、教师、律师或医生，但就是因为缺乏这种杰出的品质，最终一事无成。

在安徒生很小的时候，当鞋匠的父亲就过世了，留下他和母亲二人过着贫困的日子。

一天，他和一群小孩儿获邀到皇宫里去晋见王子，请求赏赐。他满怀希望地唱歌、朗诵剧本，希望他的表现能获得王子的赞赏。

等到表演完后，王子和蔼地问他："你有什么需要我帮助的吗？"

安徒生自信地说："我想写剧本，并在皇家剧院演出。"

王子把眼前这个有着小丑般的大鼻子和一双忧郁眼神的笨拙男孩儿从头到脚看了一遍，对他说："背诵剧本是一回事，写剧本又是另外一回事，我劝你还是去学一项有用的手艺吧！"

但是，怀抱梦想的安徒生回家后，并没有去学糊口的手艺，却打破了他的存钱罐，向妈妈道别，动身到哥本哈根去追寻他的梦想。

他在哥本哈根流浪，敲过所有哥本哈根贵族家的门，并没有人理会他，但他从未想到要退却。他一直在写作史诗和爱情小说，却未能引起人们的注意，尽管他很伤心，却仍然以坚韧不拔的毅力坚持着写作。

1825 年。安徒生随意写的几篇童话故事，出乎意料地引起了儿童们的争相阅读，许多读者渴望他的新作品的发表，这一年，他 30 岁。

直至今日，《国王的新衣》《丑小鸭》等许多安徒生所写的童话故事，仍陪伴着世界上许多的儿童健康茁壮地成长。

无论环境如何艰难困苦，我们都不要向困难低头，而要坚韧不拔地坚持下去。沙地虽然贫瘠干燥，绿色的仙人掌却还是挺直身躯，让自己开出了鲜艳的花儿。水滴石穿、绳锯木断，是坚韧不拔地坚持的结果。坚持，既是人类的精神品格，更是成就大事的诀窍。生活既不是苦难，也不是享乐，而是我们应当为之奋斗，并坚韧不拔地坚持到底。

可以说，坚韧不拔的斗志是所有成功者的共同特征，他们也许在其他方面有缺陷和弱点，但坚韧不拔的斗志是他们身上所不可或缺的。

无论他的处境怎样，无论他怎样失望，无论任何苦难都不会使他颓丧，任何困难都不会打倒他，任何不幸和悲伤都不能摧毁他。过人的才华和聪明的天赋，都不如坚持不懈的努力更有助于造就一个成功者。

在生活中，最终能取得胜利的是那些坚持到底的人，而不是那些认为自己是天才的人。但是，很少能有人完全理解这一点：杰出的成就源于坚韧不拔的斗志和不懈的努力。

一次面试时，只有中专文凭的王福和许多大学生一同去应聘。

然而面试者却要求他等到所有人都面试后，才叫他进去。王福没办法，抱着一线希望在大厅里等待着，快 12 点了，看样子还得等四个小时，许多人都饿得无精打采，但又都不愿意离开，怕错过面试的机会。

这可是个赚钱的机会，王福的脑海里闪过一丝兴奋，他赶忙跑到 1 公里之外唯一的一间快餐店，倾其身上所有的钱，以 4 元一盒的价格定做了 60 盒盒饭。回到大厅，不消一刻钟的时间，盒饭就全部卖完，王福净赚了 180 多元钱。

下午 4 点多，王福终于等到了面试的机会，被叫进了办公室。迎接他的是微笑的经理："小伙子，我已经决定破格录用你了。"

王福傻乎乎地问："可是，我没有大专文凭啊！"

"可你的精神感动了我。面对那么多应聘的大学生，你能从上午 8 点坚持到下午 4 点，说明你对自己充满信心。你中午卖盒饭，说明你挺有头脑。我们需要的就是你这种善于抓住市场的人才，而不是人手。好好干吧！"经理说。

一个人的成功需要很多因素，在你无法改变外力的时候，你该想想自己还能做点什么。首先，你还有很多机会，你应该充满自信，其次，要告诉自己：既然我能做，我一定会做得最好。

坚韧不拔的斗志，既是一种力量，又是一种魅力，它能使别人更加信赖自己，每个人都会信任那些有魄力的人。

实际上，当他决心做这件事情时，就已经成功了一半，因为人们都相信他会实现自己的目标。对于一个不畏艰难、一往无前、勇于承担责任的人，人们都知道无论怎样反对他或打击他，都是徒劳的。

坚韧不拔的人从不会停下来想想他到底能不能成功，他唯一要考虑的问题就是如何前进，如何走得更远，如何接近目标。无论途中有高山、有河流还是有沼泽，他都会去攀登、去穿越，而所有其他方面的考虑，都是为了实现这个终极的目标。

只要你拿出顽强的毅力，持之以恒，坚韧不拔地坚持到底，事业必然会取得成功。

坚持不懈，成功也会不期而遇

在西部淘金的热潮中，家住马里兰州的迈克和他叔叔一起到遥远的美国西部去淘金，他们手握鹤嘴镐和铁锹不停地挖掘，几个星期后，终于惊喜地发现了金灿灿的矿石。于是，他们悄悄地将矿井掩盖起来，回到家乡的威廉堡，筹集大笔的资金购买采矿设备。不久，他们的淘金事业便如火如荼地开始了。当采掘的首批矿石运往冶炼厂时，专家们断定，他们遇到的可能是美国西部罗拉地区藏量最大的金矿之一。迈克仅仅用了几车矿石，便很快将所有的投资全部收回。

让迈克万万没有料到的是，正当他们的希望在不断膨胀的时候，奇怪的事儿发生了：金矿的矿脉突然消失！尽管他们继续拼命地钻探，试图重新找到金矿石，但一切终归徒劳，好像上帝有意要和迈克开一个巨大的玩笑，让他的美梦成为泡影。万般无奈之际，他们不得不忍痛放弃了几乎要使他们成为新一代富豪的矿井。接着，他们将全套的机器设备卖给了当地一个收购废旧品的商人，带着满腹的遗憾回到了家乡威廉堡。

就在他们刚刚离开后的几天里，收废品的商人突发奇想，决计去那口废弃的矿井碰碰运气，为此，他还专门请来了一名采矿工程师。只做了一番简单的测算，工程师便指出，前一轮工程失败的原因，是由于业主不熟悉金矿的断层线。考察的结果表明，更大的矿脉距离迈克停止钻探的地方只有三英寸！

故事的结果是，迈克终其一生只是一名收入仅够养家的小农场主，而这位从事废品收购的小商人，成了西部的巨富。虽然付出了最大的努力，但迈克获取的却仅仅是罗拉地区最大金矿的一个小小支脉；收废品的商人虽然只花费了很小的代价，却通过一口废弃的矿井而成功地拥有了最大金矿的全部。这两种截然不同的命运背后，原本暗藏着一次完全相同的机遇。所不同的是，面对“失败”和“不可能”，迈克轻易放弃了，而收购废品的小商人却敢于再去尝试一次。

约翰逊于1918年出生在一个贫寒的家庭中。他曾在芝加哥大学和西北大学勤奋读书，由于他的刻苦钻研，最后获得了16个名誉学位。约翰逊开始踏入商界是在芝加哥由黑人经营的优异人寿保险公司当杂役。现在，他已是这个公司集团的董事长，主管着好几个庞大的分公司。

1942年，24岁的约翰逊以抵押他母亲的家具得到的500美元贷款独自开办了一家出版公司。现在，这个出版公司已经成为美国的第二大黑人企业。1961年，约翰逊开始经营书籍出版事业。到了1973年，他又扩展了业务，买下了芝加哥市的广播电台。

在谈到他的成功时，约翰逊谦逊而诚恳地说：“我的母亲最初给了我很大的启发和鼓励，她相信并且常常对我说的是‘也许你会勤奋地工作而一事无成。但是，如果你不去勤奋地工作，你就肯定不会有成就。所以，如果你想要成功的话，就得冒这个险！问题总是有办法解决的。要百折不挠、坚持不懈，要不断地去研究、去想办法’。”

他到芝加哥去上中学时，就开始为获得成功而奋斗了。“我没有朋友，没有钱，由于穿的是家里自制的衣服而被人讥笑。我说话有很重的南方口音，小朋友们常拿我的罗圈腿取笑我。所以，我不得不用一种办法在他们面前争口气，而且我只能采取这样一种办法——做一个成绩优异的学生。”

1943年，当美国的《黑人文摘》刚开始创刊时，前景并不被人们所看好。约翰逊为了扩大该杂志的发行量，积极地准备做一些宣传。他决定组织撰写一系列“假如我是黑人”的文章，请白人把自己放在黑人的地位上，严肃地看待这个种族问题。他想，如果能请罗斯福总统的夫人埃莉诺来写这样的一篇文章，是最好不过的了。于是，约翰逊便给她写了一封非常诚恳的信。

罗斯福夫人回信说，她太忙，没时间写。但是，约翰逊并没有因此而气馁，他又给她写了一封信，但她回信还是说她很忙。此后，每隔半个月，约翰逊就会准时给罗斯福夫人写去一封信，言辞也愈加恳切。

不久，罗斯福夫人便因公事来到了约翰逊所在的城市芝加哥，并准备逗留两日。得此消息后，约翰逊喜出望外，立即给总统夫人发了一份电报，恳请她在芝加哥逗留的这段时间里，给《黑人文摘》写一篇那样的文章。收到电报后，罗斯福夫人没有再拒绝。她觉得，无论自己多忙，她再也不能说“不”了。

罗斯福夫人的文章刊出后，在全国引起了轰动。结果，在一个月内，《黑人文摘》杂志的发行量由2万份增加到了15万份。后来，他又出版了一系列的黑人杂志，并开始经营书籍的出版、广播电台、妇女化妆品等事业，终于成为世界闻名的大富豪。

可以说，约翰逊的成功秘诀就是坚持不懈，他并不相信速战速决。“取得成功总得去努力，有时还要经过多次的失败。人们来到这里，看到我这里相当壮观的场面，都说：‘嘿！你真走运。’我就提醒他们，我花了30年漫长艰苦的时间，才做到这个地步。我是在那家保险公司的一个小房间里起步的，然后搬到了一所像储煤巷一样的小屋子里。我一件事接一件事地干，最后才到了现在的地步，而不是一开始就是这样。我觉得，每个人都应该像一个长跑运动员那样，不断向前，千万不要半途而废。”

其实，很多人并不了解，在取得成功之前的奋斗过程中，可能会遇到许多挫折，面临许多令人沮丧的挑战。但成功的人在受到挫折时，并没有灰心丧气，止步不前。相反，他们从挫折中吸取经验教训，坚毅地向前，并坚持下去，更加努力地朝着目标奋进。

所有的奋斗目标都是在一点一点、一步一步地坚持的过程中实现的。因为取得进步需要时间，成功的过程也是缓慢的，所以获得成功有时需要花很长时间。成功者都懂得这个道理，在为取得成功而奋斗的过程中，容许自己克服挫折与失败，一步一步地前进。他们知道想要即刻如愿以偿地取得成功是不现实的，正确的态度是持续不断地去实践、去努力。

可以说，成功从来就不是一条风和日丽的坦途，面对每一次的挫折与失败，我们应该始终怀有“再试一次”的勇气与信心。也许，再试一次，成功就会不期而至！

为了目标，做偏执狂又如何

一个人为实现某个目标，焦虑到一定程度时，就会成为偏执狂。对此，英特尔公司总裁安迪·葛洛夫曾说："唯有偏执狂才能成功！"因为，在成功之前，在还看不到希望的时刻，绝大多数人都陆陆续续地放弃了，这就像是阿里巴巴创始人马云说的那样："今天很残酷，明天更残酷，后天很美好，但是绝大多数人死在明天晚上，见不着后天的太阳。"偏执狂却不一样，作为成功的少数派，他们能够始终坚持他们的目标，不管经历多少风雨险阻，不离不弃，直到"后天的太阳"升起，收获一个灿烂的黎明。

肯德基的创始人桑德斯上校在65岁时还身无分文，孑然一身，当他拿到生平第一张救济金支票时，金额只有105美元，但他没有抱怨，而是问自己："到底我对人们能做出什么贡献呢？我有什么可以回馈的呢？"

随之，他便思量起自己的所有，试图找出可为之处。头一个浮上他心头的答案是："很好，我拥有一份人人都会喜欢的炸鸡秘方，不知道餐馆要不要？我这么做是否划算？"

随即他又想道："要是我不仅卖这份炸鸡秘方，同时还教他们怎样才能炸得好，这会怎么样呢？如果餐馆的生意因此而提升的话，那又该如何呢？如果上门的顾客增加，且指名要点用炸鸡，或许餐馆会让我从其中抽成也说不定。"

好点子固然人人都会有，但桑德斯上校就跟大多数人不一样，他不但会想，而且还知道怎样付诸行动。随之他便开始挨家挨户地敲门，把想法告诉每家餐馆："我有一份上好的炸鸡秘方，如果你能采用，相信生意一定能够提升，而我希望能从增加的营业额里抽成。”

很多人都当面嘲笑他：“得了吧，老家伙，若是有这么好的秘方，你干吗还穿着这么可笑的白色服装？”这些话是否让桑德斯上校打退堂鼓呢？丝毫没有，因为他还拥有天字第一号的成功秘诀，那就是执着，决不轻言放弃。

于是，他驾着自己那辆又旧又破的老爷车，足迹遍及美国每一个角落。困了就和衣睡在后座，醒来逢人便诉说他的炸鸡配方。他为人示范所炸的鸡肉，经常就是他果腹的餐点，往往匆匆便解决了一顿。

两年过去了，桑德斯上校近乎偏执的坚持终于为他换来了成功。在整整被拒绝了 1009 次之后，桑德斯上校听到了第一声“同意”，他的炸鸡配方终于被接受了。

或许偏执坚持的人，不一定都会有桑德斯上校最后那样好的结果，能够获得成功。但无论成功与否，有一点毋庸置疑，那就是：他们始终在不断争取、不断前进，向着目标切实努力着，也始终保持着继续坚持的勇气和永不妥协的执着。

一言以蔽之，偏执狂总是生活的强者。

成功，就是比别人多付出一点儿

一个人，只要每天比别人付出多一点儿，就总会有意想不到的惊喜。

很多人都有过这样的经历：最后一趟班车总是在内心感到绝望的时候到来。其实，做任何事情都是一样，坚持就是胜利，成功从来都不会让一个持之以恒的人空手而归。

一个农场主在巡视谷仓时不慎将一只名贵的金表遗失在打谷场里，他遍寻不获，便在农场门口贴了一张告示，如果人们肯帮忙，悬赏 100 美元。

人们面对重赏的诱惑，无不卖力地四处翻找，无奈场内谷粒成山，还有成捆的稻草，要想在其中找寻一块金表如同大海捞针。

人们忙到太阳下山也还没有找到金表，他们不是抱怨金表太小，就是抱怨打谷场太大、稻草太多，他们一个个放弃了 100 美元的诱惑。只有一个穿破衣的小孩子在众人离开后仍不死心，努力寻找，他已整整一天没吃饭，希望在天黑之前找到金表，解决一家人的吃饭困难。

天越来越黑，小孩在谷仓内坚持寻找，突然发现一切喧闹静下来后有一个奇特的声音“滴答、滴答”不停地响着，小孩顿时停止寻找。谷仓内更加安静，滴答声十分清晰。小孩寻声找到了金表，最终得到了 100 美元。

成功的法则其实很简单：就是比别人多付出一点儿。而成功者之所以稀有，是因为大多数人认为这些法则太简单了，而没有坚持。

是的，付出越多，机会越多。当你每多付出一点儿，就多了一次显示自己是否胜任和提升胜任力的机会。而胜任与否，有时候只差一点点。当我们能坚持比别人多付出一点点，每天能让自己进步一点点时，很快，我们就能比很多人更胜任！

有两个乡下人 A 与 B，一起来到一座大城市，都选择了卖菜，都在一个市场上，菜摊儿还挨着。可是几年以后，同样是卖菜，却卖出了天壤之别：A 成了蔬菜批菜商，手握 200 多万资金；B 则因生活难以为继，只好又回到了乡下。

是什么决定了他们的成与败呢？其实，他们之间的差别就在于每天的付出多一点儿与少一点儿。是的，就那么一点点，造成了他们的天壤之别。

每天卖菜时，A 卖菜人都要拿出一点点时间把黄菜叶子和烂根去掉，把菜弄得水灵灵的好看；B 卖菜人却从来没有理会过这一点儿，他认为菜怎么可能会没有黄叶子烂根呢！

每天卖菜时，A 卖菜人总会把菜摊儿收拾得规规矩矩，把菜码放得整整齐齐，让人看着就舒服；B 卖菜人则只把菜往地上一摊，爱怎样就怎样。

就这样，刚开始差距只是一点点，但长此以往的结果是，一起进城的两个人，一个在城里站稳了脚跟，一个只好回了乡下。

在职场上，许多人都没有明白这样一个道理，常常需要领导发脾气，需要单位出制度才能保持正常的工作心态和工作习惯。其实，你不应该让领导看到你的懒惰，而更多的是应学会主动地去加班，主动地去替公司思考。这样的付出习惯，虽然不能让一个职场人士马上出类拔萃，但却能马上让领导对你产生好感，会让领导认为你才是最优秀的员工。

每个人都应该学会勤奋，勤奋永远是一个制胜的法宝，在一个人的成功之路上，勤奋也扮演着一个非常重要的角色。“打工皇帝”

唐骏说："我喜欢勤奋，我很勤奋，我更希望的是什么？我希望带着所有的年轻人，用'勤奋'两个字不断地鞭策自己。只有勤奋才能真正带你实现人生的目标。"是的，在人生的道路上，记住两个字—— 勤奋。勤奋，再勤奋，每天多走一步，时间一长，你就会快人很多。

美国著名出版商乔治. W. 齐兹 12 岁时便到费城一家书店当营业员，他工作勤奋，而且常常积极主动地做一些分外之事。他说："我并不仅仅只做我分内的工作，而是努力去做我力所能及的一切工作，并且是一心一意地去做。我想让我的老板承认，我是一个比他想象中更加有用的人。"

著名投资专家约翰·坦普尔顿指出：取得突出成就的人与取得中等成就的人几乎做了同样多的工作，他们所做出的努力差别很小，但其结果，在所取得的成就及成就的实质内容方面，却经常有天壤之别。这好比两个人参加马拉松比赛，在奔跑两个小时以后，都已经完成了 42 公里的赛程，还有不到 200 米，就将到达终点。当时的情况是，两人都十分劳累、难受。前者选择了放弃，而后者则坚持了下来。相对于他跑过的漫长路程，余下这一段短短的距离所具有的价值和意义是不言而喻的，没有这几步，此前的努力将变得毫无意义；有了这几步，他就成了一个征服马拉松的胜利者。取得中等成就的人只是少跑了几步，不幸的是，那是最有价值的几步。

成功是什么？成功是一种超越自己的渴望。成功就是别人付出十分的努力，而我们付出十一分的努力！其实，在这个世界上，天生的高手并不多，成功者只不过是比普通人多了一份勤奋刻苦和坚持不懈而已。

你确定自己全力以赴了吗

一天，猎人带着猎狗去打猎。猎人一枪击中一只兔子的后腿，受伤的兔子开始拼命地奔跑。猎狗在猎人的指示下也是飞奔去追赶兔子。可是追着追着，兔子跑不见了，猎狗只好悻悻地回到猎人身边，猎人开始骂猎狗了："你真没用，连一只受伤的兔子都追不到！"猎狗听了很不服气地回道："我尽力而为了呀！"再说兔子带伤跑回洞里，它的兄弟们都围过来惊讶地问它："那只猎狗很凶啊！你又带了伤，怎么跑得过它的？""它是尽力而为，我是全力以赴呀！它没追上我，最多挨一顿骂，而我若不全力地跑我就没命了呀！"

对任何一个人来说，都有未被开发的潜能，但是我们往往会对自己或对别人找借口："管它呢，我们已尽力而为了。"事实上尽力而为是远远不够的，尤其是现在这个竞争激烈的年代。我们要常常问自己，"我今天是尽力而为的猎狗，还是全力以赴的兔子呢？"

"全力以赴"与"尽力而为"这两个词，从字面理解相似，其实差之毫厘，谬以千里。它们分别代表两种截然不同的生存态度，也造就两种不同的效果或人生。尽力而为，有太多被动的成分。只有完全出于主观，才会全力以赴，才能有所超越。尽力而为只能让我们做完事，而全力以赴却能让我们做成事。用尽力而为的态度做事，碰到问题会退缩，会抱怨，会找理由推卸责任；用全力以赴的态度做事，碰到问题会主动寻找解决方法，主动寻找所需资源，把困难很好地解决掉，把事情圆满地完成。

人们常常认为，一个人有能力，就可以解决很多事情。然而，只有能力还不够，必须能力、态度、热情三者合一才能成功。不少人的失败，不是没有能力，也不是没有机会，而是失去了热情。一个人一旦失去热情，惰性就会乘虚而入，就会变得死气沉沉，甚至会传染给身边人，影响一个团队。能力一般的人，只要态度端正、斗志昂扬，总会比一些能力强但态度不好、热情不够的人容易成功。热情就像火，能点燃人身上的潜能，激发所有智慧和优点。一个人在“我要做”时，就会动脑筋、想办法，视困难如草芥。

美国的大发明家爱迪生，小时候家里买不起书、买不起做实验用的器材，为了得到这些，他就到处收集瓶罐。由于自己的兴趣，加上人生志向，他决定研究发明有利于人类的东西。在这过程中，他经历了种种挫折，一次，他在火车上做实验，不小心引起了爆炸，车长甩了他一记耳光，他的一只耳朵就这样被打聋了。生活上的困苦，身体上的缺陷，并没有使他灰心，他全力以赴、更加勤奋地学习。最终发明了现在家家户户都在用的电灯，成为一名举世闻名的发明家。

要知道，用尽所有的能量，积极主动地做好每一件事，全力以赴，是每一位成功人士必备的综合素质。一个人，对于工作，要全身心地投入其中，不要偷懒，也不要找借口，任何时候的放弃都意味着失败。

有家挖掘公司，刚刚招进了三位员工。第一个拄着铲子说他将来一定会做老板；第二个抱怨工作时间太长，报酬太低；第三个只是全力以赴低头挖沟。过了若干年，第一个仍在拄着铲子；第二个虚报工伤，找到借口退休了；第三个呢？他成了这家公司的老板。

这个故事告诉我们的是：不管你做什么，总是有人在意你。当你决定做一件事的时候，就一定要全力以赴，不要偷懒，不要埋怨，成功将会很快降临在你的身上。

然而，在生活中，有的人每天都在抱怨。每当看到别人的成功时，就会抱怨上帝的不公。其实老天是公平的，只是，你是否已做到了全力以赴，是否真的付出了全部的努力了呢？

一个手艺很好的老木匠想要退休，但是他的老板舍不得这个员工，就提出让他再盖最后一座房子，并承诺要送给老木匠一个礼物。老木匠答应了，在做活的时候他下的是次料，干的是粗活。房子盖完了，老板却把房子的钥匙交给了老木匠，并对他说："这就是我要送你的礼物。"听了老板的话，老木匠当时就惊呆了，他很后悔没有全力以赴的去盖这最后一座房子。

仔细想一想，我们又何尝不是那个老木匠呢？在关键的时候，总是不努力，不肯付出自己全部的精力和体力，总是想"偷工减料"，所以当我们警觉到自己的尴尬处境时，我们已经被关在了自己建造的房子里。

其实，不论做什么事情我们都应该全力以赴，也许有人会说：我本想全力以赴地投入，但是如果无功而返，我的全力以赴岂不是白做了吗？但是你有没有想过，如果我们没有全力以赴去做，等待我们的就只有失败。

全力以赴去做事的确很累，但是当我们获得了成功的时候，我们会觉得所有的努力都是值得的。

全力以赴，是奋斗的目标，是指引命运之舟的灯塔；全力以赴，是积极的心态，是打开成功之门的钥匙；全力以赴，是巨大的潜能，是自动自发地动力源泉；全力以赴，是开拓的精神，是积极进取的人生理念。

屡败屡战才是真英雄

任何人，只要有了不屈服、屡败屡战的精神，就一定能够克服一切困难，从而到达成功的彼岸。

历史上，有很多屡败屡战的人，他们正是凭借着这股“牛劲儿”，最后取得了杰出的成就。

一说起刘备，人们总是想到他成就了蜀汉的霸业，想到他三顾茅庐的惜才之举，想到桃园结义的袍泽之情。但事实上，刘备起自微末，贩卖草鞋出身，前期缺兵少将，与关羽张飞东奔西投，无容身之地。

《三国志》中多次写到“先主败绩”，但也评价他“折而不挠”，特别是长坂坡一战，老婆丢了，孩子差点没了，一般人可能都不想活了，但刘备习惯吃败仗，他没有灰心丧气，而是派出诸葛亮赴东吴联吴抗曹，赤壁一战奠定了三分天下的根基。

可以这么说，48 岁之前，刘备上无片瓦、下无寸土，但他屡败屡战的英雄气概令他的对手都很敬佩，就连视天下如无物的一代枭雄曹操都说“天下英雄，惟使君与操耳”。

曾国藩在与太平天国的斗争中，曾经多次受挫，咸丰四年（1854 年）5 月兵败靖港时更是投水自裁。

咸丰五年，石达开总攻湘军水营，烧毁湘军战船上百艘，曾国藩座船被俘，“公愤极，欲策马赴敌以死”。

在写给皇帝的奏折中，他将“屡战屡败”改为“屡败屡战”，一字之差，立显人生境界，其中有一种不达目的不罢休的英雄气概，有一种“苟利国家生死以，岂因祸福避趋之”的铁肩道义，有一种誓清寰宇措民衽席的悲悯情怀。正因为他有这种屡败屡战的大无畏精神，最终领导湘军平定了洪杨之乱，成为万民景仰的“曾侯”，成为“中兴三名臣”之首。

一生屡败屡战、以为人民谋求自由幸福为己任的当数“国父”孙中山。孙中山 1895 年 2 月创立“兴中会”，10 月 8 日广州起义失败，孙中山流亡海外。1900 年 9 月在广东发动惠州三洲田起义失败后流亡日本。1907 年 5 月第三次起义于潮州黄冈，历六日而败。第四次是 1907 年 6 月命邓子瑜起义于惠州七女湖，历十余日而败。1907 年 7 月徐锡麟起义于安庆，失败殉难。同年 7 月，孙中山主持镇南关起义，再遭失败。据统计，自 1894 年到 1911 年之间发动革命起义事件共有 29 次之多，直到 1911 年 10 月 10 日武昌起义在危难中奋击成功，一举推翻了两千多年的封建帝制，成为中国民主革命的先行者。

无可置疑，刘备、曾国藩与孙中山的屡败屡战的精神是很值得我们学习的。从他们的身上，我们可以明白很多道理：逆境与机遇是并存的，失败与成功是并存的。

一个人失败了并不要紧，关键是怎样对待。一个人失败了，要正确对待并能分析其客观原因，而不能沉溺在失败的痛苦中不能自拔，必须重新振作，抛掉所有的阴影，一心朝着目标努力向前。同时，机会总是留给有准备的人，总有留给那些拥有“狗鼻子”的人，不管我们遇到什么困难，不管我们现在的境况如何，我们都要善于捕捉机会，只有这样我们才可能会收获更多精彩和成功。即使失败了，也会收获经验。

雨后，一只蜘蛛艰难地向墙上那一张已经支离破碎的网爬去，由于墙壁潮湿光滑，蜘蛛爬到半墙上就滑了下来，它一次次地向上爬，一次次地又掉下来……

这时，一个人走了过来，他看到了爬上去又掉下来的那只蜘蛛，叹了一口气，自言自语："我的一生不正如这只蜘蛛吗？忙忙碌碌而无所得。"

那人叹息着离去了。

于是，他日渐消沉。

不一会儿，又走过了一个人来，他看到了爬上去又掉下来的那只正在努力的蜘蛛，那人嘲笑着说道："这只蜘蛛真愚蠢，为什么不从旁边干燥的地方绕一下爬上去？我以后可不能像它那样愚蠢。"

于是，这个人变得聪明起来。

不久，又过来一个人，那只蜘蛛依然顽强地向上爬呀爬，第三个人看着那只顽强拼搏的蜘蛛，立刻被蜘蛛屡败屡战的精神感动了，久久不忍离去。

于是，他变得坚强起来。

所以说，对于失败，不同的人有不同的理解，从而采取不同的行动。有的人屡战屡败，从此一蹶不振；有的人屡败屡战，绝不向命运屈服。我们应向这个故事中的第三个人致敬，他一定因坚强而强大起来。

可见"屡战屡败"会传达给人失败和痛苦的感觉，而"屡败屡战"则带给人希望，让人变得自强。屡败屡战，显示出来的不仅仅是一种态度，更是一种勇气。我们要不屈不挠、愈挫愈奋、锲而不舍，不要怕失败，怕的是在失败后没有了上战场的勇气。

没有退路就是最好的进步

秦朝为了镇压起义，便派了三十万人马包围了赵国的巨鹿。赵王连夜向楚怀王求救。楚怀王派宋义为上将军，项羽为次将，带领二十万人马去救赵国。谁知宋义听说秦军势力强大，走到半路就停了下来，不再前进。军中没有粮食，士兵用蔬菜和杂豆煮了当饭吃，他也不管，只顾自己举行宴会，大吃大喝的。这一下可把项羽的肺气炸啦。他杀了宋义，自己当了“假上将军”，带着部队去救赵国。

项羽先派出一支部队，切断了秦军运粮的道路；他亲自率领主力过漳河，解救巨鹿。

楚军全部渡过漳河以后，项羽让士兵们饱饱地吃了一顿饭，每人再带三天干粮，然后传下命令：把渡河的舟凿穿沉入河里，把做饭用的釜砸个粉碎，把附近的房屋放把火统统烧毁。这就叫破釜沉舟。项羽用这办法来表示他有进无退、一定要夺取胜利的决心。

楚军士兵见主帅的决心这么大，就谁也不打算再活着回去。在项羽亲自指挥下，他们以一当十，以十当百，拼死地向秦军冲杀过去，经过连续九次冲锋，把秦军打得大败。秦军的几个主将，有的被杀，有的当了俘虏，有的投了降。这一仗不但解了巨鹿之围，而且把秦军打得再也振作不起来，过两年，秦朝就灭亡了。

打这以后，项羽当上了真正的上将军，其他许多支军队都归他统帅和指挥，他的威名传遍了天下。

一个人在追求成功的道路上，在社会残酷的竞争环境下，也必须有破釜沉舟的精神才会获得大的成功。大多数成功人士之所以成功，都由于他们能够一心向着他所努力的目标前进。为了达成目标，他们能舍弃一切与他成功之路不相关的事物，眼光只锁定他的目标。不给自己留退路，让自己没有回旋的余地，方能竭尽全力，锐意进取，就算遇到千万困难，也不会退缩，因为回头也没有退路了，不如不顾一切地前进，还能找到一线希望。有了一种拼命或豁出去的信念，才能彻底消除心中的恐惧、犹豫、胆怯。当一个人不给自己任何退路的时候，他就什么都不怕了，勇气、信心、热忱等从心底油然而生，到最后自然“置之死地而后生”。

古希腊著名演说家戴摩西尼年轻的时候为了提高自己的演说能力，躲在一个地下室练习口才。由于耐不住寂寞，他时不时就想出去溜达溜达，心总也静不下来，练习的效果很差。无奈之下，他横下心，挥动剪刀把自己的头发剪去一半，变成了一个怪模怪样的“阴阳头”。这样一来，因为头发羞于见人，他只得彻底打消了出去玩的念头，一心一意地练口才，演讲水平突飞猛进。正是凭着这种专心执着的精神，戴摩西尼最终成了世界闻名的大演说家。

1830年，法国作家雨果同出版商签订合约，半年内交出一部作品，为了确保能把全部精力放在写作上，雨果把除了身上所穿毛衣以外的其他衣物全部锁在柜子里，把钥匙丢进了小湖。就这样，由于根本拿不到外出要穿的衣服，他彻底断了外出会友和游玩的念头，一头钻进小说里，除了吃饭与睡觉，从不离开书桌，结果作品提前两周脱稿。而这部仅用5个月时间就完成的作品，就是后来闻名于世的文学巨著《巴黎圣母院》。

一个人要想干好一件事情，成就一番事业，就必须心无旁骛、全神贯注地追逐既定的目标。在漫漫人生路上，当我们难于驾驭自己的惰性和欲望，不能专心致志地前行时，不妨斩断退路，逼着自己全力以赴地寻找出路，往往只有不留下退路，才更容易赢得出路，最终走向成功。

◎ 第六章 ◎

乐观：换个角度看命运如何

当无法改变环境时，不妨改变自己看问题的角度，便会拥有另一番风景。如果你是一棵小草，虽然没花儿的艳丽、树的高大，但是你编织了绚丽多彩的大地，你以顽强的毅力，冲破顽石的束缚，进而勃发生机；如果你是一条无名的小溪，虽然没有海的浩瀚、大江的奔腾，但是你却汇成了浩浩荡荡的江河，虽然你走过的是崎岖坎坷的山道，却在勇往直前的途中，冲向一个又一个绊脚石，滋润万物，显示着生命的意义。

积极心态，让你拥有更积极的人生

同样一个场景，在不同的人眼里有不同的解读，不同的解读又造就了不同的结果。到底是什么导致了人们眼中的差异和心态不同。

有人说是“习惯决定人生”，这话算是有见地。一个人一生的成败往往取决于行动，而行动在很大程度上是受到习惯的支配，因此，说“习惯决定人生”是站得住脚的。但是，有必要继续追问一下：习惯又是从何而来的呢？

也许有人会回答：自己养成的呗。当然是自己养成的。就像种庄稼的一样，我们千万不要忽略了种植庄稼的土壤。习惯的养成，也与心态的土壤有莫大的关系，什么样的心态，产生什么样的习惯。年轻人要想养成良好的习惯，必须先平整好自己的心态之土，让自己的心态土壤充满乐观的养分，并沐浴在温暖的阳光之下。

在我们每一个人身上，都随身携带着一件看不见的东西，它的一面写着“积极心态”，另一面写着“消极心态”。心理学家与社会学家一致认为：在人的本性中，有一种倾向——我们把自己想象成什么样子，就真的会成为什么样子。

一个积极心态者常能心存光明远景，即使身陷困境，也能以愉悦和创造性的态度走出困境，迎向光明。积极的心态能使一个懦夫成为英雄，从心志柔弱变为意志坚强。一个拥有积极心态的人并不否认消极因素的存在，他只不过是学会了不让自己沉溺其中。

积极心态还具有改变人生的力量。当你面对难题时，如果你期待能拨云见日，并能乐观以待，事情最后终将如你所愿，因为好运总是站在积极思想者的一边。具有积极心态的人，心中常能存有光明的远景，即使身陷困境，也能以愉悦、创造性的态度走出困境，迎向光明。积极心态人人皆可拥有，但有些人在实行时会发生困难。这是因为某些奇怪的心理障碍会导致积极心态的出现。一个人若是不断地怀疑、质问，那是因为他自己不想让积极思想发生作用。他们不想成功，事实上他们害怕成功，因为活在自怜的情绪中安慰自己，总是比较容易的：我们的大脑必须被训练成能自动积极思考的模式。

积极心态只有在相信它的情况下才会发生作用，并且产生奇迹，而且你必须将信心与思考过程结合起来。有些人怀疑积极心态无效，可他们不知一道，原因之一便是他们的信心不够，所以出现怀疑和犹豫，不停地给它泼冷水的结果。一旦你对它有信心，便会产生惊人效果。

多一份乐观，少一份悲观

有一对双胞胎，外表酷似，禀性却迥然不同。

若一个觉得太热，另一个会觉得太冷；若一个说音乐很好听，另一个则会说像鬼哭狼嚎。

一个是极端的乐观主义者，而另一个则是不可救药的悲观主义者。

为了试探双胞胎儿子们的反应，父亲在他们生日那天，在悲观儿子的房间里堆满了各种新奇的玩具及电子游戏机，而在乐观儿子的房间里则堆满了马粪。

晚上，父亲走过悲观儿子的房间，发现他正坐在一大堆新玩具中间伤心地哭泣。

“儿子啊，你为什么哭呢?”父亲问道。

“因为我的朋友们都会妒忌我，我还要读那么多的使用说明才能够玩。另外，这些玩具总是要不停地换电池，而且最后全都会坏掉的!”

走过乐观儿子的房间，父亲发现他正在马粪堆里快活地手舞足蹈。

“咦，你高兴什么呢?”父亲问道。

这位乐观的儿子答道:“我能不高兴吗?附近肯定有一匹小马!”

人活在世上总会遇到各种各样的事情，或忧或喜。但最重要的是当个人的生理需要与客观事物发生矛盾冲突而产生种种恶劣情绪时，如果能通过自己的认知活动，及时调整好自己的情绪，对自己的身心健康乃至处理好各种事情是大有裨益的。

有一个国王想从两个儿子中选择一个作为王位继承人，就给了他们每人一枚金币，让他们骑马到远处的一个小镇上，随便购买一件东西。而在这之前，国王命人偷偷地把他们的衣兜剪了一个洞。中午，兄弟俩回来了，大儿子闷闷不乐，小儿子却兴高采烈。国王先问大儿子发生了什么事，大儿子沮丧地说："金币丢了厂国王又问小儿子为什么兴高采烈，小儿子说他用那枚金币买到了一笔无形的财富，足以让他受益一辈子，这个财富就是一个很好的教训：在把贵重的东西放进衣袋之前，要先检查一下衣兜有没有洞。

同样是丢失了金币，悲观者用它换来了烦恼，乐观者却用它买来了教训。乐观者与悲观者的差别是很有趣的：乐观者在每次危难中都看到了机会，而悲观者在每个机会中都看到了危难。

苏联作家巴乌斯托夫斯基讲述过，在某处的海岛上，渔夫们在一块巨大的圆花岗石上刻上了一行题词——纪念所有死在海上和将要死在海上的人们。这题词使巴乌斯托夫斯基感到忧伤。而另一位作家却认为这是一行非常雄壮的题词，他是这样理解那句题词的：纪念那些征服了海和即将征服海的人。

悲观者的眼光总是专注在不可能做到的事情上，到最后他们只看到了什么是没有可能的。乐观者所想的都是可能做到的事情，由于把注意力集中在可能做到的事情上，所以往往能够心想事成。

下面这则寓言中，农夫的妻子是多么的聪明。

有个农夫，他有两个女儿，大女儿嫁给了一个菜农，小女儿则嫁给了一个陶器工人。

有一天，农夫闲着没事，便对妻子说："我想看望两个女儿了，我要去看看她们同自己的丈夫究竟过得怎么样。"

农夫先去看望大女儿。

"你过得怎么样，我的女儿？"他问道。

“很好，我的父亲，我只盼天气变化，能下场大雨，把我们的菜园子浇个透，那样我们的收成将会更好。”女儿回答说。

当天下午，他又去看望嫁给陶器工人的女儿。

“亲爱的，你好吗？”他问道。

“很好，我的父亲，”女儿回答说。“我只希望天气老是这样，阳光灿烂，别下雨，不然，我们晾晒的陶坯就会被雨淋坏了。”

农夫回到家后，下雨天为小女儿一家的陶器坯苦恼，天晴时为大女儿一家的菜园子忧愁，他的妻子见他整天唉声叹气，就对他说：“下雨天你为什么不为大女儿高兴，天晴时你为什么不为小女儿欢呼呢？”

农夫听了妻子的话，心情豁然开朗，从此脸上天天都是笑容。

不要等到失去才懂得珍惜

一个中年人忽然偏瘫住院了，这让他的家人和朋友都焦虑而着急。

病人脸色很好，心脏、脉搏都正常，但就是左半边身子包括左腿和左胳膊没有了知觉，一动也不能动不说，用拳头擂，用手掐都没有一丁点儿的感觉。

病人很忧郁，有个父亲带着小孩去探望他，小孩在病房里大声喧哗，于是，小孩的父亲伸手去拧小孩的脸，顿时，小孩疼得尖叫起来。

病人叹了口气说："我真羡慕孩子们啊！"

有人问："羡慕小孩们的天真无邪？"

病人摇了摇头。

有人问："羡慕小孩子们的无忧无虑？"

病人又摇了摇头。

又有人问："是羡慕孩子们如花的年龄？"

病人还是摇了摇头。长吁了一声，病人两眼涌满了泪花说："我只是羡慕小孩子们那么的敏感疼痛啊！"

大家一听，都愣了。

这世界上，有羡慕金钱的、羡慕美酒的、羡慕鲜花的，有那么多值得羡慕的东西而不去羡慕，怎么会有人来羡慕疼痛呢？

病人见大家不解，便叹口气解释说："我这种偏瘫病，治来治去，不过就是为了能让自己重新站起来。如今我这半边身体形如枯木，用拳擂没有知觉，用针刺没有一丝反应，如果它能感觉到疼痛，那么我就康复有望了。"

是啊，不知疼痛的漠然更让人感觉到沮丧和可怕，它就像一根不能再绿的枯木，像熄灭了心灵上的最后希望。

如果一棵枯树在遭遇斧锯时还能流出疼痛的汁液，一个失去知觉的人还能感觉到些微的疼痛，那么这种疼痛的感觉就是一种幸运，就是一缕希望和一丝福音。

生命最惧怕麻木，但有时不得不庆幸疼痛。心灵也是，麻木就意味着死亡，而疼痛则象征着生命。从这个角度来看待疼痛，我们难道不应该为之而庆幸吗？

有一个人上山朝拜，忽然问禅师："我从来没有感觉过幸福，世上有幸福吗？"

禅师回答说："当然有了！"

那人说："我不相信，如果有的话，你证明给我看。"

禅师说："可以，从你旁边的那桶水里就可看见了。"

那人怀疑地走到水桶边，除了自己的倒影外，什么也没看见。

他说："在哪里？我什么也没看见。"

禅师要他靠近点再看。他靠近低头再瞧时，禅师伸手将他的头压入水中。那人挣扎了许久，好不容易才从水里将头伸出水面。

他大口地喘气，非常不高兴地对禅师说："你这是在干什么？我差点给憋死了！"

禅师微笑着说："你现在离开了缺氧的水中，回到空气中享受畅快的呼吸，难道不觉得这就是一种幸福吗？"

那人连连点头称，"我是真的感知了幸福！"

是的，幸福就是如此简单，生活中处处皆是幸福。只可惜，很多人身在"福"中不知"福"。他们时刻睁着迷茫的眼睛，带着怀疑的态度看着世界，他们认为自己是不幸的，幸福光顾所有的人，除了自己以外。

换一扇窗，幸福其实就在身边

一个小女孩正趴在窗台上，看窗外的人在埋葬她心爱的小狗，不禁泪流满面，悲恸不已。她的外祖父见状，连忙引她到另一个窗口，让她欣赏自己的玫瑰花园。果然小女孩的愁云为之一扫，心情顿时明朗。老人托起外孙女的下巴说：“孩子，你开错了窗户”。

人生之旅，我们不也是常常开错“窗”吗？

为了得到某一种东西，我们便不惜一切代价去追求，而一旦得不到时，我们竟莫名的不知所措，执拗地相信自己是不会错的。其实，我们只是开错了我们的那扇希望之窗。在没得到之前，希望寄予所希望的事物之上，越积越大；而一旦真的得不到，那种希望会随时被一种巨大的失落感所代替，这两种既如波峰，又如波谷的情绪，完完全全是因为我们没有开对“窗”的缘故。

开错了“窗”，会使本来美好的事物变得暗淡无光，会使朋友间的友谊荡然无存，会使恋人间的感情出现裂痕。因此，我们做任何事情的时候，都要考虑这扇“窗”能不能开，值不值得开，怎样去开。

30岁的杨柳生活优越，还有个深爱她的丈夫，在很多人眼里，她是一个幸福的女人。然而，杨柳始终叫嚷着“不知什么是幸福”，以至旁人都以为她故弄玄虚。

有一次，她看到了一则报道，说是西方某都市报纸面向社会征集“谁是世界上最幸福的人”这个题目的答案，来稿踊跃，各界人士纷纷应答，报社组织了权威的评审团，在纷纭的答案中进行遴选和投票，最后得出了四个答案——

第一种最幸福的人：给孩子刚刚洗完澡，怀抱婴儿面带微笑的母亲。

第二种最幸福的人：给病人做完了一例成功手术，目送病人出院的医生。

第三种最幸福的人：在海滩上筑起了一座沙堡，望着自己劳动成果的顽童。

第四种最幸福的人：写完了小说最后一个字，画上了句号的作家。

消息入眼，杨柳的第一个反应仿佛被人在眼皮上抹了辣椒油，呛而且痛，心中惶惶不安。当她静下心来，梳理思绪，才明白自己当时的反应，是一种深入骨髓的悲哀。原来她是一个幸福盲。

为什么呢？说来惭愧，答案中的四种情况，在某种意义上说，那时的杨柳，居然都在一定程度上初步拥有了。

其实，生活中到处都充满着小小的幸福，它像一颗颗小小的玻璃珠子，只要我们用心去一粒粒地收集，很快就可以装满一篮子，以至填满我们的整个心灵，让我们觉得生命如此值得眷恋。

幸福大多数是朴素的。它不像信号弹似的，在很高的天际闪烁红色的光芒，让人们看到它呼之欲来。幸福只会披着本色的外衣，亲切温暖地将我们包裹起来。就像回到家中，家人早已为你准备好了酒菜；你累了，为你沏上一杯清茶；孩子见到你，亲切地喊你一声“爸爸”“妈妈”……父母的关心、姐弟手足情深、朋友的温暖、爱情的甜蜜，这些都是幸福。虽是粗茶淡饭般的平凡，却是实实在在的幸福。试想，如果有一天我们没有了这样的场景，没有了温暖的饭菜，没有了孩子的呼喊，没有了父母的关爱，生活又将是怎样？

所以，请别忽略了存在于身边的简单的幸福。

世上有一种能带来幸福的青鸟，它有着世界上最美妙清脆的歌喉，只要人们得到它，就可以得到所有想要的幸福。于是许多人开始寻找，东奔西走、翻山越岭，花去了大把的时间，受尽了风餐露宿的苦难，只为心中的青鸟。最后的结果可想而知。

世上真有能带来幸福的青鸟吗？幸福的青鸟到底在哪里？有人曾经向一位贤哲请教过这个问题，哲人说："幸福的青鸟就在我们身旁，它会轻轻地停落在每个人的肩膀上，只是有些人没有看到它，甚至吓跑了它。"幸福其实不在远处，它就在你的身边，在你的手上，只要你有一颗细腻温柔、易感动且善于发现的心。

走得动、吃得下、睡得香就是幸福，有希望、有事做、能爱人就是幸福。幸福就是这么简单！

谁说幸福不曾来过，原来幸福一直就在身边。有时体会不到幸福，是因为坐在幸福的车上太久了的缘故。其实，幸福始终没有离去。幸福是给那些能够"看得见"幸福的人的。

忘却无谓的烦恼，每天都是艳阳天

很多时候，我们能勇敢地面对生活中那些大的危机，却经常被一些毫不起眼的小事搞得垂头丧气、焦虑万分。

几个年轻的大学生找到心理学教授，诉说他们对大学毕业之后何去何从感到彷徨。他们向教授倾诉各自的诸多烦恼：没有考上研究生，不知道自己未来的发展；女朋友将去一个俊杰云集的大公司，很可能会移情别恋……

教授让他们把烦恼一个个写在纸上，判断其是否真实，一并将结果也记在旁边。

经过实际分析，这些年轻人发现自己真正的困扰其实很少。他们看看自己那张困扰记录，不禁说："无病呻吟！"教授注视着这一切，微微对他们点头。于是，教授说："你们曾看过章鱼吧？"

"有一只章鱼，在大海中，本来可以自由自在地游动，寻找食物，欣赏海底世界的景致，享受生命的丰富情趣。但它却误入了珊瑚礁，然后动弹不得，呐喊着说自己陷入绝境，你们觉得如何？"教授用故事的方式引导学生们思考。一个学生说："您是说我像那只章鱼？"沉默了一会儿，这个学生接着说："真的很像，我发现多数烦恼都是自己找的。"

教授提醒他的学生们："当你们陷入坏心情的习惯性反应时，记住你们就好比那只章鱼。要松开你的八只手，让它们自由游动。系住章鱼的是自己的手臂，而不是珊瑚礁的枝丫。"

这些学生若有所悟，但还是没有完全开窍。其中一个就向心理学教授请教：能不能用身边的事例对"烦恼多是自己找来的"这一结论给予具体的说明？

教授笑而不语，从房间里拿出了十多个水杯摆在茶几上。这些杯子各式各样，材料也不相同，有玻璃的，有塑料的，有瓷的，有纸的；有的杯子看起来高贵典雅，有的杯子看起来粗陋低廉……

教授说：“你们要是渴了，就自己倒水喝吧。”

正值天气闷热，大家口干舌燥，便纷纷拿了自己中意的杯子倒水喝。等学生们杯子里都倒满水时，教授讲话了。他指着茶几上剩下的杯子说：“大家有没有发现，你们挑选出的杯子都是比较好看、比较别致的，像这些塑料杯和纸杯，被选用的就少得多。这也是人之常情，谁都希望手里拿着的是一只好看一些的杯子。但是，现在我们需要的是水，而不是水杯。杯子的好坏，并不影响水的质量。想一想，如果我们有意无意地把心思用在选好的杯子上，用在鸡毛蒜皮的琐事上，甚至用在互相攀比上，自然就难免自寻烦恼。这就是：野花不种年年开，烦恼无根日日生。”

学生们顿时领悟了一切。

是啊，“人生不如意事十八九”，烦恼无处不在，无时不有，就看你如何面对了，是紧抓着不放还是坦然笑之？紧抓不放，只会把问题扩大化，而坦然笑之，烦恼则自会烟消云散。

下面是一个美国青年罗勃·摩尔讲述的故事：

1945 年 3 月，我在中南半岛附近约 84 米深的海下潜水艇里，学到了一生中最重要的一课。

当时我们从雷达上发现了一支日本军舰队朝我们开来，我们发射了几枚鱼雷，但没有击中其中任何一艘军舰。这个时候，日军发现了我们，一艘布雷舰直向我们开来。3 分钟后，天崩地裂，6 枚深水炸弹不停地投下，整整持续了 15 个小时。其中，有十几枚炸弹就在离我们 15 米左右的地方爆炸。真危险呀！倘若再近一点儿的话，潜艇就会被炸出一个洞来。

我们奉命静躺在自己的床上，保持镇定。我吓得不知如何呼吸，我不停地对自己说：“这下死定了……”潜水艇内的温度高达摄氏40度，可我却怕得全身发冷，一阵阵冒虚汗。15个小时后，攻击停止了，显然是那艘布雷舰用光了所有的炸弹后开走了。

这15个小时，我感觉好像有1500万年。我过去的生活一一浮现在眼前，那些曾经让我烦扰过的无聊小事更是记得特别清晰——没钱买房子，没钱买汽车，没钱给妻子买好衣服，还有为了点芝麻小事和妻子吵架，还为额头上一个小疤发过愁……

可是，这些令人发愁的事，在深水炸弹威胁生命时，显得那么荒谬、渺小。我对自己发誓，如果我还有机会再看到太阳和星星的话，我永远不会再为这些小事忧愁了！

这真是经过大灾大难才悟出的人生箴言！英国一位著名的作家精辟地指出，“为小事而抓狂的人，生命是短促的。”的确，如果让微不足道的小事时常吞噬我们的心灵，这种不愉快的感觉会让人像可怜虫一样度过一生。

朋友，让我们忘却无谓的烦恼吧！其实我们的每一天，都是艳阳天。

凡事都要想得开，乐观豁达是前进的动力

三伏天。禅院的草地枯黄了一大片。

“快撒点草籽吧！好难看哪！”小和尚说。

“等天凉了。”师父挥挥手，“随时！”

中秋，师父买了一包草籽，叫小和尚去播种。

秋风起，草籽边撒边飘。

“不好了！好多种子都被风吹飞了。”小和尚喊。

“没关系，吹走的多半是空的，撒下去也发不了芽。”师父说，“随性！”

撒完种子，跟着就飞来几只小鸟啄食。

“要命了！种子都被鸟吃了！”小和尚急得直跳脚。

“没关系！种子多，吃不完！”师父说，“随遇！”

半夜一阵骤雨。小和尚早晨冲进禅房：“师父！这下真完了！好多草籽被雨冲走了！”

“冲到哪儿，就在哪儿发芽！”师父说，“随缘！”

一个星期过去了。原本光秃秃的地面，居然长出许多青翠的草苗。一些原来没播种的角落，也泛出了绿意。

小和尚高兴得直拍手。

师父点头：“随喜！”

太过执着，犹如握得僵紧顽固的拳头，失去了松懈的自在和超脱。

诚然，生命是一种缘，是一种必然与偶然互为表里的机缘。有时候命运偏偏喜欢与人作对，你越是挖空心思想去追逐一种东西，

它越是想方设法不让你如愿以偿。这时候，痴愚的人往往不能自拔，好像脑子里缠了一团毛线，越想越乱，他们陷在了自己挖的陷阱里。而明智的人总能明白事理，他们会顺其自然，不去强求不属于自己的东西。

两个水手因为船只失事而流落到一个荒岛上。

甲水手一上岸就愁眉苦脸，担心荒岛上有没有充饥之物落脚之处。乙水手一上岸就为自己将要开始一段新的生活而欢呼。

两个人在荒岛上找到一个洞口，乙水手为今晚可以睡一个好觉而庆幸，甲水手却担心洞里面是否有怪兽。乙水手安然入睡，甲水手辗转难眠，不知道明天怎么度过。

上帝可怜两个水手，竟然让他们在荒岛上意外的发现一袋粮食。乙水手高兴得手舞足蹈，而甲水手担心怎么把生米煮成熟饭，煮出来的饭是否咽得下。

岛上没有淡水喝，他们不得不喝海水。乙说："喝淡水喝惯了，喝喝海水换换口味。"而甲水手极不情愿地把海水咽下，怨声载道。

每吃完一顿饭，乙水手总是很满足地说："又过了一天。"而甲水手总是叹气："唉，假如粮食吃完了该怎么办呢?"

粮食一天一天地减少，终于被他们吃完了。荒岛上还有些野果，他们把它采摘回来。乙水手说："运气真好。竟然还有水果吃。"甲水手哭丧着脸说："从来没有这么倒霉过。上帝不要我活了，竟然要吃这样的野果。"

终于野果也吃完了，他们再也找不到其他可以吃的东西了，只好挨饿。为了保持力气，他们只好躺在洞里休息。乙水手说："想不到我竟然什么也不要做还可以睡觉。"甲水手绝望地说："死亡离我们越来越近了。"

最后一刻，他们都坚持不住了。乙水手说："终于可以抛开一切烦恼，投奔天国了。”甲水手说：“我还不想下地狱。”

乙水手死了，脸上挂着微笑。

甲水手死了，脸上充满悲伤。

同样的结局，不一样的人生。并不是乙水手不尊重生命，乙水手充分享受到了人生最后过程的乐趣，虽然结果仍免不了死亡，但一切对他来说不是那么重要了，他死的时候都是快乐的，他没有留下什么遗憾了。而甲水手与乙水手截然相反，明知道不可能的事情还是处处在乎，明知道得不到的东西仍然想得到，自己为难自己，自己勉强自己，时时刻刻处于忧虑惶恐之中，最终还不是一样没有摆脱死亡。但他最后的人生历程与乙比起来要差远了，没有得到任何的快乐，死的时候也无法瞑目。

凡事想开一点儿，这是我们的处世哲学。既然已经发生了，我们就坦然地接受。俗话说，是福不是祸，是祸躲不过。当不可预料的打击降临的时候，当我们无法改变悲剧的时候，那么我们就好好地欣赏悲剧吧。我们无法改变世界，但至少可以改变自己。

凡事想开一点儿，保持乐观豁达的心胸是我们前进的动力。

放下不意味着失去，而是为了更好地生存

小和尚跟着老和尚下山去化缘，走到河边时看见一姑娘正发愁没法过河。老和尚就对姑娘说："我背你过去吧！"于是，就把姑娘背过了河。小和尚惊得目瞪口呆，但又不敢问。走了大约二十里地后，小和尚实在忍不住问道："师父，我们是出家人，你怎么背那个姑娘过河了呢？"老和尚淡淡地说道："我把她背过河就放下了，你怎么背了二十里地还没放下呢？"

拿得起就要放得下，这是生活教给我们的智慧。可是，在生活中，我们中的很多人却像小和尚一样，时常被沉重的包袱压得无所适从，但仍然舍不得放下。得到的越多，还想得到更多。

著名学者金丹元先生在《禅意与化境》中有一则关于佛陀的传说：

梵志双手持花献佛，佛云："放下。"

梵志放下左手之花。佛又道："放下。"

梵志放下右手之花。佛还是说："放下。"

梵志说："我手中的花都已经放下了，还有什么可再放下的呢？"

佛说："放下你的外六尘、内六根、中六识，一时会去，舍至无可舍处，是汝放生命处。"

当你在生命的旅途中感到疲倦的时候，你有没有想到放下？当你陷入在烦恼中无法自拔的时候，你又有没有想到过放下？

放下，其实是一种生存的智慧。

当我们放下压力，小心翼翼地擦去心灵上的灰尘，让心灵像白云一样飘浮在蓝天之上，坎坷的道路就不会再成为羁绊，我们的脚

步就会轻盈。

当我们放下烦恼，学会平静地接受现实，学会坦然地面对厄运，学会积极地看待人生，阳光就会溜进心来，驱走黑暗，驱走所有的阴霾。

当我们放下抱怨，开始上路，我们就会看到所有偏见和不顺就会走开，所有的幸福都会向你走来。

当我们放下狭隘，我们就会看到眼前的世界是多么的宽广——宽容别人，其实也是给自己的心灵让路，只有在宽容的世界里，才能奏出和谐的生命之歌！

有时候如果我们不懂得放下，面临的有可能是死路一条。

祖父用纸给孙子做过一条长龙，长龙腹腔的空隙仅仅只能容纳几只半大不小的蝗虫慢慢地爬行过去。但祖父捉过几只蝗虫，投放进去，它们都在里面死去了，无一幸免。祖父说：蝗虫性子太急，除了挣扎，它们没想过用嘴巴去咬破长龙，也不知道一直向前可以从另一端爬出来。因此，尽管它有铁钳般的嘴壳和锯齿一般的大腿，也无济于事。

当祖父把几只同样大小的青虫从龙头放进去，然后再关上龙头，奇迹出现了：仅仅几分钟时间，小青虫们就一一地从龙尾默默地爬了出来。

命运一直藏匿在我们的思想里。许多人走不出人生各个不同阶段或大或小的阴影，并非因为他们天生的个人条件比别人要差多远，而是因为他们没有想过要将阴影纸龙咬破，也没有耐心慢慢地找准一个方向，一步步地向前，直到眼前出现新的洞天。

一位登山爱好者，在一次攀登雪峰的过程中，突然刮起了十级大风，雪花漫天飞舞，能见度仅一米左右。此时登山爱好者不慎失去重心，摔落悬崖，幸好他一把抓住了安全绳子，仅存一线生机的他死死抓住绳索，暗自哭喊着："上帝，你救救我吧！""可以，不过你应相信我所说的一切。"上帝怜悯道。"好，你说吧。"他惊喜万分。上帝顿了顿说："你放下绳索，就可得救。"好不容易抓到这根救命绳索的登山者，哪肯放下呢？第二天早晨，暴风雪停了。营救队发现了离地面仅两米的冻僵的尸体。

放下，并不意味着失去，相反，放下是为了更好地生存。

第七章

抓住机会：适时展露、推销自己

我们常常看到，本来很不错的战略规划，却被懵懂无知的战术方法搞砸；本来是似火的激情，却被现实中的手忙脚乱生生浇灭……只有把理想与行动紧密地联系起来，适时地展露、推销自己，机会才会义无反顾地眷顾你。

高调做事，才能更上一层楼

王婆的老家本在西夏，以种胡瓜为生，也就是今天的哈密瓜。当时，宋朝边境发生战乱，王婆为了避难，就迁到了宋朝开封的乡下，仍以种胡瓜为生。

由于胡瓜的外表不太美，中原的宋人都不认识这种瓜，所以尽管这胡瓜比普通的西瓜甜十倍，还是很少有人买。

王婆为谋生计，于是向来往的行人不断地夸耀自己的瓜如何好吃，并且把瓜剖开让大家先尝后买。起初没有人敢吃，后来有个胆大的上来咬了一口，只觉胡瓜像蜜一样甜，赞不绝口，于是，一传十，十传百，王婆的瓜摊就生意兴隆起来。

一天，宋神宗皇帝出宫巡视，来到集市上见有一处挤满了人，便问左右为何事喧闹，左右回禀说：是个卖胡瓜的引来众人买瓜。

宋神宗心里很好奇，就走上前去观看。只见那王婆正在连说带比画地夸自己的瓜如何好，见了宋神宗也不慌张，敢请皇上尝尝他的胡瓜。宋神宗尝后连连称赞“好吃”，王婆没有说假话，胡瓜甘美无比。但宋神宗对王婆的言行有些不解，便问王婆，你这瓜这么好，为什么还要自卖自夸呢？王婆坦然回答说，这瓜是西夏外地品种，中原人不识，一叫就有人买了。

宋神宗听了感慨万千，表示做买卖还是当夸则夸，像王婆卖瓜，自卖自夸。于是，宋皇帝的金口一开可不得了，很快，“王婆卖瓜，自卖自夸”这句话就传遍了天下，一直流传至今天而不绝。

只是，中国一向主张儒学文化，谦虚谨慎的中国人对“王婆卖瓜，自卖自夸”生出了截然不同的解释，该话由原来的褒义变成现在的贬义。

做人提倡低调，但做事低调则显然不是最好的策略，特别是在商场上，做事应该适当高调，这样，才会吸引别人的眼球，引起别人更多的关注。

某食品公司的辣酱上市之前，老总想为自己新产品做宣传广告。他本来想在这座城市某个热闹的街头租一个超大的、显眼的广告牌，标上他们的产品，让所有从这里走过的人一下子都能注意它，并从此认识他们的辣酱。

但是当他和广告公司接触后，才发现市中心广告位的价格远远高于他的想象，他那小小的企业承担不起这天价的广告费。

可是他并没有失望，而是不停地到处打探，试图能发掘出哪里有便宜而且实惠的广告位置。经过反复寻找，他终于看好一个城市路口的广告牌。那里是一个十字路口，车辆川流不息，但有一点遗憾的是，路人行色匆匆，眼睛只顾盯着红绿灯和疾驶的车辆。在这里做广告很难保证有很好的效果。打探了一下价格，两万元，老总很满意，于是就租了下来。

对于老总这个举措，员工们纷纷提出质疑，但老总只是笑而不答，仿佛一切成竹在胸。

旧广告牌很快撤下来。员工们以为第二天就能看到他们的辣酱广告了。然而，第二天，员工们看到广告牌上根本就没有他们的辣酱广告，上面赫然写着：“好位置，当然只等贵客，此广告招租 88 万/全年。”

天哪，这样的价格该是这座城市最贵的广告位了吧。天价招牌的冲击力似乎毋庸置疑，每个从这里路过的人似乎都不自觉地停住脚步看上一眼。口耳相传，渐渐地，很多人都知道了这个十字路口上有个贵得离谱的广告位虚席以待，甚至当地报纸都给予了极大的关注。一个月后，该企业的辣酱的广告登了上去。

辣酱厂的员工终于明白了老总的心计，无不交口称赞。辣酱的市场迅速打开，因为那“88 万/全年”的广告价格早已家喻户晓。而企业的辣酱成为这座城市的知名品牌。

这个故事告诉我们：高调做事靠的是智慧，别人永远不会赋予你理想的价值，你必须自己主动去做一块招牌，适当地放大自己的价值。

“世有伯乐，然后有千里马，千里马常有而伯乐不常有。”在当前竞争异常激烈的社会，千里马千千万万，可伯乐稀缺，这时候，为引起伯乐的注意，千里马就该高调做事，把自己的真本领展示出来。

一位营销专业毕业的大学生，应聘就业于一家大型企业。刚开始时，他天天待在市场一线，与经销商和终端摸爬滚打。业余时间，他埋头苦读，然后结合实际市场操作，向公司内的报纸投稿，偶尔有文章还见诸报端。

一次，公司报纸组织有关售后服务大讨论的征文比赛，他就把平常自己在工作中的一些体会总结出来，然后运用有关营销理论进行了分析，写出文章投过去。当时来自公司总部和各地市场的参选稿件有 500 多份，评出获奖者 10 名，他的名字排在了第三位。其文章恰好被当时分管市场工作的一位副总裁看到，认为文才不错，有市场头脑，就调到身边从事市场调研工作，亲自进行传帮带，半年之后，他又被派到市场担任县级经理，然后是地级经理、省级经理。

通常来讲，并不是每个一线员工都有接触高层经理的机会，所以寄希望于一次偶然相遇的想法无异于“守株待兔”。但积极的做法应该是拓宽让高层领导发现自己的渠道。这位营销专业毕业的大学生就是通过自己的扎实学识、以发表文章的方式高调地“宣传”了自己，最终更上一层楼。

有时，我们做事就该高调，这样才能把自己“推销”出去。

展示自己，别人才能认识到你

推销自己，是一门生活艺术，有的人很善于运用这门艺术，将自己成功地推销出去，最后获得成功；而有的人却因为不能正确认识自己，把自己隐藏起来，以致一生默默无闻。其实，一个人无论是成绩平平还是才华出众，是相貌丑陋还是仪表堂堂，他们都是世界的一分子，那么，他们就必然有一种渴望别人了解和尊重自己的愿望，相信没有人愿意窝窝囊囊地度过一生，那么，就勇敢地把自己推销出去吧！把你独特的气质、个性、特长都展示出来，让别人了解你、关注你，这样，你离成功的彼岸就不远了。

秦国大军攻打赵都邯郸，赵国虽然竭力抵抗，但因为在长平遭到惨败后，力量不足。赵孝成王要平原君赵胜想办法向楚国求救。平原君是赵国的相国，又是赵王的叔叔。他决心亲自上楚国去跟楚王谈判联合抗秦的事。

平原君打算带二十名文武全才的人跟他一起去楚国。他手下有三千个门客，可是真要找文武双全的人才，却并不容易。挑来挑去，只挑中十九个人，其余都看不中了。

他正在着急的时候，有个坐在末位的门客站了起来，自我推荐说："我能不能来凑个数呢？"

平原君有点惊异，说："您叫什么名字？到我门下有多少日子了？"

那个门客说："我叫毛遂，到这儿已经三年了。"

平原君摇摇头，说："有才能的人活在世上，就像一把锥子放在口袋里，它的尖儿很快就冒出来了。可是您来到这儿三年，我没有听说您有什么才能啊。”

毛遂说：“这是因为我到今天才叫您看到这把锥子。要是您早点把它放在袋里，它早就戳出来了，难道光露出个尖儿就算了吗？”

旁边十九个门客认为毛遂在说大话，都带着轻蔑的眼光笑他。可平原君倒赏识毛遂的胆量和口才，就决定让毛遂凑上二十人的数，当天辞别赵王，上楚国去了。

平原君跟楚考烈王在朝堂上谈判合纵抗秦的事。毛遂和其他十九个门客都在台阶下等着。从早晨谈起，一直谈到中午，平原君为了说服楚王，把嘴唇皮都说干了，可是楚王说什么也不同意出兵抗秦。

台阶下的门客等得实在不耐烦，可是谁也不知道该怎么办。有人想起毛遂在赵国说的一番豪言壮语，就悄悄地对他说：“毛先生，看你的啦！”

毛遂不慌不忙，拿着宝剑，上了台阶，高声嚷着说：“合纵不合纵，三言两语就可以解决了。怎么从早晨说到现在，太阳都直了，还没说停当呢？”

楚王很不高兴，问平原君：“这是什么人？”

平原君说：“是我的门客毛遂。”

楚王一听是个门客，更加生气，骂毛遂说：“我跟你主人商量国家大事，轮到你来多嘴？还不赶快下去！”

毛遂按着宝剑跨前一步，说：“你仗势欺人。我主人在这里，你破口骂人算什么？”

楚王看他身边带着剑，又听他说话那股狠劲儿，有点害怕起来，就换了和气的脸色对他说：“那你有什么高见，请说吧。”

毛遂说：“楚国有五千多里土地，一百万兵士，原来是个称霸的大国。没有想到秦国一兴起，楚国连连打败仗，甚至堂堂的国君也当了秦国的俘虏，死在秦国。这是楚国最大的耻辱。秦国的崛起，不过是个没有什么了不起的小子，带了几万人，一战就把楚国的国都郢都夺了去，逼得大王只好迁都。这种耻辱，就连我们赵国人也替你们害羞。想不到大王倒不想雪耻呢。老实说，今天我们主人跟大王来商量合纵抗秦，主要是为了楚国，也不是单为我们赵国啊。”

毛遂这一番话，真像一把锥子一样，一句句戳痛楚王的心。他不由得脸红了，接连说：“说的是，说的是。”

毛遂步步相逼：“那么合纵的事就定了吗？”

楚王对毛遂真是佩服得五体投地，连连表示同意。

平原君签订合纵盟约后归来，从此，把毛遂作为上等宾客对待。

毛遂自荐的故事给我们的启迪是：一个人要成功就要善于把握机会、勇于表现自己。

然而，在现实中，很多人喜欢谦虚，即使自己有某方面的才华也常常藏而不露，老推说自己“不行”。的确，“表现欲”一词曾经多含贬义，被意为骄傲自大、出风头而遭到人们的不屑。但是，在现在这个人才济济、万马奔腾的社会，如果一直保持谦虚，常常会失去被别人了解和重用的机会。有时候一个人得到重用并不仅仅有才华，而更多地在于他懂得怎么推销自己、展示自己。

每个人都有自己独一无二的特性，都可以找到适合自己发展的位置。但推销自己、展示自己的长处，是给自己获得更多发展空间的一条捷径。一个人想要获得更佳的自我价值的实现，取得更优异的成长绩效，没有正确的自我认知会使成功的路途变得十分的漫长。

找到自己人生的最佳位置，取得别人的信任、关注与重用，那就必须要把自己的价值观、人生观显露于人，方能让他人了解自己的特长、喜好、要求与目的，快速达到自己的期望。恰当的表现与推销是必备的技能。

乐于推销自己的人都有较强的参与意识和竞争观念。他们积极热情，有良好的心理承受能力，同时他们乐于塑造自我积极健康的形象，有强烈的成功渴求。他们会寻找适当的场合给自己创造表现的机会，公开表达自己的意见与观点，不惧怕失败与挫折，甚至可以同样将自己的弱势公之于众。

相反，即使有着超群的技能与特长，却不擅长表达与展露，只是深藏宫中，不敢展现，他人也就无从了解。没有了发挥与发展的空间与机会，最终也只能是空有绝技，自叹怀才不遇，丧失了体现自我价值的机会。

学会推销自己吧，不要坐着等待“伯乐”的降临。你不可能一生下来，就会被别人重用，你只有自己展示自己，才能让别人彻底地认识你。

迈出众人行列，最先看到的就是你

俄国沙皇要召见诗人舍甫琴科。舍甫琴科和诸位大臣、将军在皇宫里列队等候召见。沙皇驾到时，所有的人都深深弯腰敬礼，只有诗人舍甫琴科纹丝不动。“你是什么人？”沙皇呵斥道。“你为什么不鞠躬敬礼？在俄国，谁敢见我不低头？”沙皇高傲地说。“不是我要见你，而是你要见我，陛下！”诗人从容回答，“要是我也像周围的这些人那样，在你面前深深弯腰，那你怎么能看到我呢？”沙皇无言以对。

诗人舍甫琴科的做法真是智慧之举。他采取了异于常人的行为，从而在众位大臣、将军的行列里引起了沙皇的注意，使沙皇认识了自己。

在人才济济的当今社会，如何才能让自己轻易地脱颖而出，受到领导、他人的注意与关注呢？哗众取宠显然是行不通的，那样也许的确有人会记住你，但更多的是，大家认为你这个人不踏实、不可信任。美国一家拥有四千职员的大陆伊利诺银行行长斯德芬士曾说过：“怎样识别能负较大责任的人呢？倘若这里有一万个人，一字排在司令官的面前，这位司令官是区别不开他们的。只有某几个迈出行列的，才能加以个别的识别。”他继续解释说：“我时常注意找寻几个能从银行的职员队里向前迈出一步的人。只要这班人明晓这个窍门，就能引起我对他的注意。但有一点要加以注意，如果你想一鸣惊人，就要有能力和勇气去做一些你分外的事。”

是的，迈出行列，就能引起上司的注意。但同时，不可忽略的是，一定“要有能力和勇气去做一些你分外的事”。

美国海军一位名叫辛士的青年中尉，运用这一策略和自己的能力获得了成功。辛士任海军中尉时，海军的训练有时以岸上的电杆木为目标瞄准射击。管这样的事是辛士的分外事，但为了引起上司的注意，他向主管长官及海军部长提出了停止这种训练方法的建议。而上司拒绝采取他的意见。于是，辛士中尉越级给罗斯福总统写了一封信，提出“海军不能射击电杆木”的主张，建议改用其他的训练方法，同时提出了自己的训练见解。结果，总统采纳了他的建议，这也成了他事业成功的开始。后来，大西洋舰队中有五艘战舰，直接归这位崛起的海军中尉统帅，并进一步晋升为海军演习监察官。欧洲战争期间，辛士又被任命为美国战时舰队的总司令，被誉为当代海军建设最有才能的人，并逐步晋升为海军大将。

“不能射击电杆木”，这是辛士的分外事。他主动关心这件分外事，向上司及至总统写出建议信，这就使这名海军中尉“出了列”，引起了海军上司及总统的注意。他有高超的见解，并把这高超的见解通过写信完全表达出来，这就是他的卓越才能，也是他成功的关键。他先向上司建议，后又越级向总统写信，表现出了他的智慧和勇敢。这虽然是军队中的下属“出列”并关心自己分外事的成功事例，但在企业、公司中不是同样适用吗？一个企业或公司的属员，如果从单位的整体利益出发，对一些分外事提出一些独到的见解或合理化建议，不是同样会引起上司的关注和赏识吗？

这里还有一个故事让人回味无穷。

美国宾夕法尼亚铁路分段长司各特，手下有一个年轻的职员叫卡纳奇。有一天早晨，卡纳奇到办公室的时候，发现一辆破毁的火车车身阻塞了铁路，使铁路运输陷入了混乱。最糟糕的是分段长司各特刚好不在。怎么办？稳妥的办法，便是什么也不要做。因为只有铁路分段长才有权发出调车的命令，别人这样做，是要受到处分或革职的。不过，当时货车全部停滞中途，特快车也因此而误了时间。卡纳奇顾不得许多了，他毅然破坏了铁路中最严格的规定，发出调车命令的电报，命令上签着司各特名字的开头字母。等司各特到达的时候，阻塞的铁路已经畅通了，一切都在顺利地进行着。司各特非常惊异，也非常满意，甚至连宾夕法尼亚铁路局长也赞美那“调车的功绩”。卡纳奇在关键时刻为上司排除了险境，遂受到司各特的喜爱，成为他自己后来伟业的转折点。不久，卡纳奇就成了司各特的私人秘书，24 岁时已升任这条铁路的分段长。

成名后的卡纳奇在回忆这段轶事时说：“如果一个普通的职员能与高级职员甚至上司相近，说明他在自己的人生中已获得了一半的成功与胜利。每一个人的目标，除了尽善尽美地完成好自己的本职工作以外，更应该做的是一些他职业以外，并且能深深地吸引他的上司注意的事。”

心理学家徐发悖说过：“能够吸引人家注意的人，是因为他每时每刻都在思索，即使是再小的事情也倍加小心。这种人并不是用扮演式、展览式地夸耀他的上司，而是在寻找自己分内职业以外的使自己的上司满意或感兴趣或上司想做但又没有付诸实施的事情。这种类型的人往往会得到上司的青睐和提拔。”

所以说，迈出众人行列，是获取机会的关键一步。

机遇与风险并存，看你敢不敢挑战

相信每一个人说过或者听人说过这样的话："我觉得这是个好机会，但风险太大，不敢轻易尝试啊。"没错，机遇和风险是并存的，不敢冒险又怎么能成功呢？美国有谚语"冒险里面有天才、勇气和魔法""勇气喜欢跟利益联姻"，由此可以看到美国人的冒险精神。美国人崇尚"风险越大收益的绝对值越大"的经济学原理，在商业经营中喜欢冒险获取利润。没有冒险，巨大的成功来得总是太慢，利润越高风险越大。大凡成功者都有某种程度的赌性，"不入虎穴，焉得虎子"是他们创造机会的最佳写照。

美国管理大师约翰·科特说："经营者的每一项决策，每一次行为都既蕴含着成功的希望，也都隐藏着失败的可能。若是过分强调谨慎，那么，在市场上就会寸步难行。"美国人是天生的冒险家，他们凭着过人的胆识，抱着乐观从容的风险意识，在危险中自由地畅行，抓住机遇获得了巨大的成功。

冒险和成功常常是相伴在一起的。冒险的价值不仅仅是它可以把握机会，更重要的是这样的行动本身同样可以创造出机会。瞅准行情，大胆下注，财富便会滚滚而来。

美国纽约曼哈顿区的华尔街是世界著名的金融中心，世界最富有的街道和投机者向往的乐园。在华尔街的发展史中曾涌现出无数的风云人物，赫蒂·格林夫人就是其中一位赫赫有名的女性，她被誉为华尔街上的女巫。

格林夫人是个精明能干的女性，在马萨诸塞州继承了约600万美元的财产。她不想坐吃山空，更不愿过一般贵夫人养尊处优的生活，她要做一番轰轰烈烈的事业。于是她雄心勃勃地只身来到纽约，穿梭于股票交易所经纪人的办公室，开始了紧张的活动。

格林夫人衣着朴素，生活节俭，鼓鼓囊囊的手提包里常常带着充饥的粗面饼干，当然也有各种零零碎碎的纸片，显得着实可笑。然而，正是这个看来似乎古怪的行为后面，格林夫人总是暗暗地进行着百万美元的大宗买卖，表现出能同那些高明男子进行竞争的智慧和精力，也使许许多多其他的股票商望而生畏，甚至破产。

格林夫人在华尔街经过几十年辛苦奋斗，忍受了一般人难以忍受的打击和冒险，终于取得了成功。在她1916年去世时，财产从600万变成了1亿美元，成了美国最富有的女性之一。

在风险面前胆怯的人不敢去做，前人未做过的事，当然也不会体验到冒险的刺激与成功的喜悦。结果是永远也不会有什么作为，甚至被时代所抛弃。商业经营上的成功常常属于那些敢于抓住时机、敢于冒险的人。

特朗普多年来一直关注着哈得孙河边的一个荒废了的庞大铁路广场。每次他经过这里时，都会设想能在那儿建什么。但是，在该城处于财政危机时，没有谁还有心思考虑开发这大约100英亩的庞大地产，那时候，人们认为西岸河滨是个危险去处。尽管如此，特朗普认为，要全面改观并非太难，人们发现它的价值只是时间迟早的问题而已。

1973年，特朗普在报纸上的破产广告一栏中，偶然看到一则启事：说一个叫维克多的人负责出售废弃广场的资产，他打电话给维克多，说他想买60号街的广场。广场的事虽然最终未落实，但维克多提供了另一个信息：康莫多尔大饭店由于管理不善，已经破败不堪，亏损多年。特朗普却发现，成千上万的人每天上下班的时候，都要从饭店旁边的地铁站上上下下，绝对是个一流的好位置。

特朗普把买饭店的事告诉了父亲。父亲听说儿子在城中买下了那家破饭店，吃惊不小，因为许多精明的房地产商都认为那是笔赔本的买卖。特朗普当然也知道这一点，不过他耍了一些高明的手段，他一方面让卖主相信他一定会买，却又迟迟不付定金。他尽量拖延时间，他要说服一个有经验的饭店经营人一道去寻求贷款，他还要争取市政官员破例给他减免全部税费。

一切妥当后，特朗普终于买下了康莫多尔饭店，他重新做了装修，并把饭店重新命名为海特大饭店。新装修后的饭店富丽堂皇，楼面是用华丽的褐色大理石铺的，用漂亮的黄铜做柱子和栏杆，楼顶建了一个玻璃宫餐厅。它的门廊很有特色，成了人人都想参观的地方。

海特大饭店于1980年9月开张，开张后顾客盈门，大获其利，总利润一年超过3000万美元，特朗普拥有饭店50%的股权。

玫瑰在散发馨香的同时也生有尖刺；财富以诱人的面目出现时也伴有风险。不冒险当然不会有很大损失，但是也没有很大的收益，是否甘愿冒险去掘取利润取决于当事者的风险预期和对机会成本的选择优化。有人在风险面前驻足观望，有人却咬紧牙关迎头赶上；赶上者风光无限，观望者涎水三尺。勇气和胆量不同，结果也就不同。

因为美国人冒险的精神，所以人们常说世界的钱都装在美国人的口袋里，但美国人的钱却装在犹太人的口袋里。在中国有着“东方犹太人”之称的温州人却跟犹太人“抢起了饭碗”。据说，在法国，温商独有的做人、做事方法逐渐将犹太人挤出了市场，天下第一的犹太商人也惊叹：居然还有比我们更会做生意的人！

为什么温州人能够在短短的几十年里崛起呢？一个很大的原因就是他们敢于冒险。温州人常常将“平安二字值千金，冒险半生为万贯”作为自己的生意经。“敢为天下先”、敢于第一个吃螃蟹。他们认为：头道汤的味道最好，先人一步的生意最赚钱。事实证明：一分耕耘，一分收获；一分冒险，一分成就。温商的成功经验证实了一句话：唯冒险者生存。

2000年初，上海的房地产市场比较低迷。但是，正是在这个时候，温州巨人商业发展有限公司董事长陈颂楠却果断地投资8000万元，买进了位于武宁路231号沪西工人文化宫门前的银宫商厦的6个楼面。许多人都为陈颂楠捏了一把汗，怕他投资失策。

实际上，陈颂楠早就对市场需求做了深入的分析。他认为，沪西商铺随着市政建设发展和人口的大量进入会越来越繁华。因此，只要根据沪西的人文特点营造一种休息娱乐的氛围，银宫商厦一定会成为新的商业中心。于是，他果断地引入“西门町”的经营理念，经营的货品以新潮服饰、鞋帽、箱包、玩具、礼品为主，同时设有餐饮、健身、休闲等设施，着力打造沪西商业时尚天地。

3年后，经过对商铺重新定位、装饰后，银宫商厦的招商活动进行得非常顺利。仅一楼到四楼14000平方米的400余个商铺，就卖出了1.5亿元，剩下的五楼和六楼最后成了公司的办公场地。

陈颂楠相信，风险在一定程度上控制在自己的手中，只要自己做好充分的市场调研，根据市场的需求做出准确的判断，适度地冒冒险才是成功的关键。

商场如战场，风险是必然的。无风险的事只能做得平平淡淡，没有大的起色。一旦看准，就要大胆行动，这是如今商界许多成功人士的经验之谈。冒险和出奇相连，出奇和制胜相伴，所以西方的谚语说：“幸运喜欢光临勇敢的人。”冒险是表现在人身上的一种勇气和魄力，险中有夷，危中有利，倘要创立惊人战绩，就应敢于冒险。不冒险，怎么会有机会？

丹麦著名哲学家恺郭尔说过："冒险就要担忧发愁，但是，不冒险就会失落自己。"稳扎稳打，步步为赢固然不错，但是求稳也不能失进取。事实证明，在做事过程中，特别是在做开拓创新的创业过程中，冒险是值得的。

学会等待，机会也许就在来的路上

在互联网的江湖上，张树新是比较有名气的。早在 1995 年，这个中国互联网的先驱就上路了。在次年，她与合伙人创办的瀛海威因为一批新股东的加入，注册资本陡增为 8000 万元人民币。一时之间，瀛海威声名大振。1998 年，张树新黯然地离开了瀛海威。2004 年年底，瀛海威被北京市工商局注销。张树新曾感慨："我们进入得太早了。"太早进入市场的风险在于大幅增加了运作成本，以至于迎来了黎明却无力在黎明中成长。

1995 年年初，在美国硅谷工作的李彦宏就萌发了回国创业的念头，为此他每年都坚持回国考察。但李彦宏一直没有贸然采取行动，他解释说，是因为"感到中国还不需要搜索这个技术，大家都在做概念"。

李彦宏在等机会。直到 1999 年年底，李彦宏觉得环境成熟，到了该参战的时候了，于是他启程回国。他为什么认为时机来了呢？李彦宏说：那时大家的名片上开始印 e-mail 地址了，街上有人穿印着".com"的 T 恤了，于是断定互联网在中国成熟了，大环境可以了。同时，在美国工作的他的存折上的钱也差不多了——就算是两三年一分钱挣不到，也可以保证全家过正常的生活。所以，回国创业的时机到了。

有时候，在机会面前，我们必须等待其成熟，不能操之过急。战国时安陵君在获取封号前，只是楚王身边的一个宠臣。一个叫江乙的门客劝导安陵君找个机会向楚王示忠，以获得更稳固的政治地位，以保自己来日的富贵。安陵君问如何示忠，江乙献计："您务必要向楚王表忠，请求能随他而死，亲自为他殉葬，这样，您在楚国必能长期受到尊重。”安陵君答应了。

安陵君口头上是答应了，但整整三年没有去实施。门客江乙看了很焦急，对安陵君说：“我和您说过要像楚王表忠的事，您也应承了，直到现在您还没有行动，看来我只有离开这个危机潜伏的地方了。”安陵君劝其留下，说：“我何尝不想表忠呢？但没有找到合适的机会呀。”

安陵君在苦等机会中度日如年。一次，楚王外出去游猎，安陵君有幸随游。一路上车马成群结队，络绎不绝，五色旌旗遮蔽天日。忽然一头犀牛像发了狂似的朝车轮横冲直撞过来，楚王拉弓搭箭，一箭便射死了犀牛。楚王随手拔起一根旗杆，按住犀牛的头，仰天大笑，说：“今天的游猎，寡人实在太高兴了！待我百年之后，又有谁能与我一道享受这种快乐呢？”安陵君听了，感觉机会来了，于是泪流满面地走上前对楚王说：“我在宫中有幸和大王席地而坐，出外和大王同车而乘，大王百年之后，我愿随从而死，在黄泉之下也做大王的褥草以阻蝼蚁，又有什么比这更快乐的呢！”

安陵君的这次表忠，看不出任何做作、谋划的痕迹，水到渠成，真诚自然。果然，处于狂喜与惆怅之中的楚王听了非常感动，回宫后正式封他为安陵君，让其有了自己的封地。安陵君能够为了一个时机而等待三年，漫长的等待需要耐心、勇气与毅力，时机找不到，绝不出手。正是这种严格的时机把握，才有了他“三年不鸣，一鸣惊人”奇绝效果。

机会偏爱在等待中积蓄力量的人

等待机会不是叫你消极地等，有一种积极的等待方式，将有利于机会来临时更有力地抓住。那就是——时刻为抓住机会而充实自己！

我们知道，抓住机会是要讲究实力的。没有足够的实力，机会来临你也抓不住。

著名成功学家拿破仑·希尔用 20 年的时间，深入调查了美国 504 名鼎鼎有名的成功人士，得出的结论之一是：在那些外人看似一夜成名的背后，凝聚的是当事人长时间默默地努力与坚守。这就好比战士在没有上战场前，从来就没有放松过自己的严格训练；只等战争来临，他们就能迅速进入角色并取得良好的战绩。

机遇，对每个人来说应该是平等的，但为什么有人捕捉不到，有人捕捉得到呢？关键在于：你是不是积累了捕捉机遇的本领。就像狩猎，等了很久很久，猎物来了，你却放空枪，只能眼睁睁看着猎物消失。捕捉猎物的本领，就是及时抓住机遇的本领。同样发现了机遇，有的人能够牢牢抓住，有的人却眼睁睁地看着机遇溜走。

机会只偏爱那些准备最充分的人。换句话说，只有在“万事俱备”的情况下，东风才显得珍贵和富有价值。

中国观众开始认识游本昌是从电视连续剧《济公》的播出开始的，从此他的名字连同“济公”这一形象，便深深地印在亿万观众的脑海中。

游本昌出演“济公”角色时，已是 57 岁的人了。在他一举成名前，是 30 多年默默无闻的演员。

少年时的游本昌就精于模仿，热爱表演，济公和卓别林的形象曾对他产生巨大的影响。凭着他良好的表演天资，他被保送到上海戏剧学院深造，并在大学毕业后极其幸运地被吸收进入中央实验话剧院。然而，他未料到，跨入中国当时一流的剧院这一天，也是他不走运的开始，等待他的将是30年的默默无闻。

在漫长的从艺生涯中，游本昌所扮演的几乎都是小角色、小人物，对于一个演员来说，这不能说不是一场悲剧。然而，他却从不气馁，只是通过默默地耕耘和锻炼，用心对每个角色进行精细雕琢，力求演好每一场戏。

他的信条是“没有小角色，只有小演员”“热爱心中的艺术，不是艺术中的自己”。靠着对艺术的执着追求，他在被冷落的孤独中苦练演艺，静静等待着机会的来临。

游本昌与明星们一起到过几十个城市，每次演出时他不过是在节目中属于串场的角色。每到一处，当“明星”们被热情的观念包围着时，他却被冷落一旁。对此，游本昌的回答是：“我不会感到凄凉，那是可以理解的。”

靠《济公》一举成名后，有记者问游本昌：“一项事业总要有人去做它才能成功，有的人抓住机会出名了，而有的失败了，悲观了。这里涉及的问题就是机会，你是过来人，你对机会如何理解呢？”

游本昌是这样回答：“是玫瑰总会开花。我在上海戏剧学院工作时，曾有一位艺术家结合自己30岁成才的经历说过，‘一个人的成功最大的问题就是机会’。他还谈到和他一样的一个人艺演员很有才华，却久久不得志。直到42岁拍完一部电影才崭露头角。我很喜欢鲁迅的著作，更赞赏鲁迅先生的韧性的斗争精神。我相信事在人为，如果说有运气和机会上的差别，我绝不能因时运不济而削弱志气。倘若削弱了志气，连原有的才气也完了，运气自然不会敲你的门。

为什么会让我游本昌演济公？因为我演过话剧，演过哑剧，电视剧导演听了熟悉我的人介绍我有喜剧表演才能，我才幸运地饰演了济公。因此，我觉得如果有人遇到怀才不遇的问题时，请不要泯灭自己的志气和追求，相反，更要激发你的韧性、力量。凡事只能往前闯，否则没有出路。奥斯卡电影金像奖，有人七八次提名未中，也有一次获奖的幸运儿。我们要从未获奖的人身上学志气，不要羡慕幸运儿的运气。卓别林 80 岁才去领奖，亨利·方达年近七旬才捧上小金人。历史证明，生活决不会辜负一个辛勤的耕耘者。我们不要等别人发光，等别人抛彩球，自己沾光；我们要自己发光，要高速运转，才能产生光和热。我运转的动力是什么？就是千方百计地追求上乘演技。”

曾经的无名小卒游本昌，靠着从未丧失斗争的勇气、从未放弃过对理想的追求，以及从未丧失对机会的渴望，终于在机会来临时将机会变成了成功。

现在你不妨想一想：你现在在等一个什么样的机会？或者说你希望出现一个什么样的机会？如果这个机会出现，你要稳稳地把握住还需要提高哪些能力、增加哪些资源？

你可以为你梦想中的机会所需要的支持列一个明细单，一项一项地去努力完善与提高。你要做到万事俱备，才能迎接到最后的“东风”。

第八章

生命如修行：努力经营，自然温良美好

生命如修行，纯粹一点儿，真实一些，一目了然的净白，清水洗濯生活，以莲的姿势，落下黑白棋子。生命，是一场修行，优雅转身，淡然放下！相信善良的孩子，岁月必会眷顾，还一个温良美好人生，于你于我！

成功从不背离充满热情的人

热情是一种洋溢的情绪，是一种积极向上的态度，更是一种高尚珍贵的精神。不论我们做什么事，如果没有倾注全部的热情，都很难将它做好，也很难在某一领域做出成就并展现自我的价值。

戴尔·卡耐基说过："热情是公认的成功的小秘诀。"大诗人乌尔曼也说过："年年岁岁只在你的额上留下皱纹，但你在生活中如果缺少热情，你的心灵就将布满皱纹了。"成功的人和失败的人在技术、能力和智慧等各方面的差别通常并不很大，但是就算两个人各方面条件都差不多，具有热情的人将更容易如愿以偿。因为从某种程度上说，热情比智慧更重要。凭借热情，你可以把工作变得生动有趣，使自己充满活力；凭借热情，你可以释放出巨大的潜能，发展自己坚强的个性。一个人如果没有热情，不论他有什么能力，都很难发挥出来，也不可能会成功。所以，成功是与热情紧紧联系在一起的，要想成功，就要让自己永远沐浴在热情的光影里。

比尔·伯德是美国著名的成功企业家，他拥有一家巧克力厂，同时还经营着自己的糖果店、冰激凌店和烹饪学校。他之所以成功，就是因为对自己的事业有着无与伦比的热情。

比尔·伯德并非天生就有这种特质。他当年买下那家巧克力公司的时候，也与普通人一样，对巧克力完全不知情，且毫无激情。虽然他还算喜欢巧克力，但那对他来说只是一种食品，绝不像后来那么狂热地爱好它——就连血管里流动的也是巧克力。他当初买下那家巧克力公司，只是因为他觉得那是一个有利可图的行业。

后来，他就开始了与巧克力同呼吸共命运的事业。由于工作需要，他转变着自己，开始去了解各种不同的巧克力，以及巧克力需要添加的成分，他也知道了普通巧克力与优质巧克力的差异。慢慢地，他开始着迷了。他找来各种书籍和文章，出席各种巧克力的研讨会议，尽一切可能地往自己头脑中填充与巧克力有关的知识。最后，比尔·伯德为自己的巧克力痴迷了，他知道了各种有关巧克力以及如何制作巧克力的知识，包括从哥斯达黎加巧克力豆的生长，一直到它被摆放在中美洲各国商店的货架上这中间的任何一个过程。在他看来，一块巧克力不仅是一种食物，更是一件艺术品。他一张口说话，就离不开巧克力，他不断地把他所知道的与巧克力有关的知识告诉周围的每一个人。他的桌上还放有一个杯子，上面写着“假如你发现我无精打采，请马上给我一块巧克力。”

比尔·伯对巧克力的热情，传染到了他公司的每一个员工身上，一种真正的巧克力疯狂，让公司的每一个成员干劲十足。他们更加关心如何制作优质巧克力，而不是仅仅将产品生产出来，这已经成了他们的一种信仰。他们决意要做最好的巧克力，他们把这视为自己的义务。伯德还经常告诫他的每一个员工：“我们能让美观而美味的巧克力带给他人快乐！还有比这更美好的事业吗?”

热情是人的生活态度，积极投入，时时充满热情，才是人的最佳状态。因为，积极热情的态度可以感染人、带动人，给人以信心，给人以力量，形成良好的环境和氛围。

热情是发自内心的激情，是一种意识状态，是一种重要的力量，它具有巨大的威力。美国纽约中央铁路公司前总裁弗瑞德·瑞克皮·威廉森曾说过：“我越老越感到激情是成功的秘诀。

成功的人和失败的人在技术、能力和智慧上的差别通常并不是很大，但是如果两个人各方面都差不多，具有激情的人将更可能如愿以偿。一个能力不足但是具有激情的人，通常会胜过能力高强但是缺乏激情的人。”

对工作热情的人是有无穷的力量的。如果一个人对工作充满了激情，不管做何种工作，他都会调动一切积极因素，全身心投入，圆满地完成工作。他们通常十分热爱自己的工作，并且认为任何工作都是一定要完成的任务，如果在工作中遇到困难，他们会想尽各种办法去解决，力求尽善尽美地将任务完成。

热情是战胜所有困难的强大力量。它使你保持清醒，意志坚强；它使你全身心地投入到你从事的事业当中，唯有保持高度的热情，你才会有永不衰竭的动力。

法兰克·派特是美国著名的人寿保险销售员。在加入保险行业之前，他曾是一个职业棒球运动员。当年，法兰克刚转入职业棒球界不久，就遭到有生以来最大的打击，他被开除了。他的动作无力，因此球队的经理有意要他走人。球队经理对他说：“照镜子，好好看看你自己的样子。做什么事情都慢吞吞的，你哪像是在球场混了二十年的运动员？我告诉你，无论你到哪里做任何事，若不提起精神来，你将永远不会有出路。”

就这样，法兰克无奈地离开原来的球队。后来，有一位名叫丁尼·密亨的老队员把他介绍到新凡的一个职业棒球队去。在新凡的第一天，法兰克的一生有了一个重要的转变。因为在那个地方没有人知道他过去的情形，他就决心变成新凡最具热忱的球员。为了实现这点，当然必须采取行动才行。

在赛场上，法兰克就好像吃了兴奋剂一般。他强力地投出高速球，使接球的人双手都麻木了。记得有一次，法兰克以强烈的气势冲入三垒，那位三垒手吓呆了，球漏接，法兰克盗垒成功了。当时气温高达摄氏39℃，法兰克在球场奔来跑去，极可能因中暑而倒下去，但在过人的热忱支持下，他挺住了。这种热忱所带来的结果，真令人吃惊。由于热忱的态度，法兰克的月薪增加到原来的七倍。在往后的两年里，法兰克一直担任三垒手，薪水加到三十倍之多。为什么呢？法兰克自己说："就是因为一股热忱，没有别的原因。"

不幸的是，在一次比赛中，法兰克的手臂受了伤，不得不放弃了职业棒球生涯。失业后，他决定投入保险界，于是他到菲特列人寿保险公司当了一名保险业务员。但很遗憾，他整整一年多都没有什么成绩，因此很苦闷。但后来，他想起当年打棒球时热忱的态度，他又变得热忱起来。经过不断努力，最终他成了人寿保险界的大红人。不但有人请他撰稿，还有人请他演讲自己的经验。他说："我从事推销已经15年了。我见到许多人，由于对工作抱着热忱的态度，使他们的收入成倍地增加起来。我也见到另一些人，由于缺乏热忱而走投无路。我深信唯有热忱的态度，才是成功推销的最重要因素。"

热情是工作的灵魂，是一种能把全身的每一个细胞都调动起来的力量，是不断鞭策和激励我们向前奋进的动力。无论你从事哪个行业，身处在哪个部门，只要你对工作保持时刻的热情，你就会在工作中脱颖而出。因为有热情能激发潜能，有热情就能全身心地投入，有热情就能干劲十足，精力充沛，有热情就能神情专注，有热情任何事情都变得轻而易举，热情让人更自信，热情让人更勤奋，热情让人激情勃发，青春永驻……有时候成功与其说取决于人的才能，不如说取决于人的热情。热情是做好工作的重要支撑，热情是走向成功的必不可少的动力之源。

不要把你的热情埋藏起来，一旦你习惯了埋藏，你将是一个了无生气的人。一个死气沉沉的人是不会在事业上有所成就的，正如美国伟大的哲学家爱默生所说："不倾注激情，休想成就丰功伟绩。"

从兴趣爱好中寻找欢乐

不管你愿不愿意承认，人的一生都要经历这个过程——生、老、病、死。衰老是每个人都不能避免的，可仍然有很多活到百岁、活过百岁的老人仍然精力充沛，展现出了自己的健康、活力，究竟是什么让他们健康而长寿呢？答案就是——兴趣爱好。

兴趣爱好对一个人来说非常重要，有兴趣爱好者的人的生活才会丰富多彩，才有滋味。兴趣爱好对老年人来说也非常重要。兴趣爱好能给人以快乐的期望和感受，兴趣爱好越强烈，期望和感受越强烈，兴趣和爱好是对人的需求的一种满足、调剂、丰富，而任何需求得到满足都能让人产生愉快的感觉。

老年人退休之后，多数都是独自一个人待在家中，生活非常枯燥、无味，有时候甚至独自一人一坐就是一天，可一旦有了兴趣爱好，就会不知不觉动起来，合理、适当地调节身心，有助于养生和保健，不但能增强生命宽度，还能延长生命的长度。

从正常工作到退休应该有个过渡阶段，老年人应当提前为自己做打断，如果你之前非常热爱自己的工作，千万不能因为退休而不再工作、郁郁寡欢，而是应该找个合适的、相似的工作继续做下去；如果你喜欢书法、作画、植树种草等，可以延续自己的兴趣爱好；如果你实在不知道自己喜欢什么，可以读老年大学，或是多到公园、广场等便于交流、健身的地方转转，陶冶情操、舒缓身心、广交朋友，充实退休的日子。

有人曾说过这样的话："为了您的身心健康，请培养至少一种爱好，而健康的身心正是快乐的唯一依托与内在体现。"

人最少应该有一项爱好，爱好越广泛越好，因为这种爱好可以增加获得快乐的途径和机会；反之，兴趣和爱好得不到满足的时候，人就会产生痛苦的感觉，所以通常选择容易被满足的项目作为业余的兴趣、爱好。

其实很多我们知晓的长寿名人都是兴趣广泛的。

邓小平，享年中国共产党第二代领导集体核心人物，享年93岁。曾有人询问他长寿的秘诀，他说："没有秘诀，我一向乐观。"邓小平喜欢打桥牌、游泳，也正是因为脑力和体力的交替锻炼才使得了他保持了健康的身体和旺盛的精力。

邵逸夫，享年107岁，掌管香港无线和邵氏两大娱乐王国，2010年离任电视广播公司主席职务，当时已经年过百岁，香港人亲切地称他为"六叔"，曾经有记者问他养的生秘诀是什么，邵逸夫说："我的最大乐趣是工作，只有保持工作才能长寿。"邵逸夫年轻的时候每天晚上只睡5个小时，其余的时间都处在工作的状态，即使到了古稀之年，让然坚持每天做16个小时的工作。

香港无线电视总经理陈志云说"六叔"非常喜欢看《憨豆先生》，而且喜欢多和年轻人接触，因为和年轻人接触多了自己的心态也会更年轻。

钱学森，享年98岁，是中国著名的科学家、载人航天奠基人。钱老每天除了看传统报刊，还喜欢听广播。听音乐是钱老的休养方式，他认为音乐可以给自已慰藉，能引发自己的幸福联想，钱老还说"我没有时间考虑过去，我只考虑未来。"他那积极向上的精神、乐观的心态和他的长寿有着密切关系。

侯仁之，享年102岁，中国著名的历史地理学家，擅长长跑，长年坚持运动。侯老的学生认为，侯老之所以长寿，除了和他坚持跑步有关，还和他那宽广的胸襟和独步旅行的爱好有着密切关系。从地理学的角度上说，徒步旅行是专业研究的需要。侯老的学生朱祖希曾回忆，1955年秋天，他在北京大学，侯老给新生入学上的第一节课就是徒步旅行：他带着二三十个学生由北大西门出发，向西步行至挂甲屯，边走边介绍北京的历史及变迁。在侯老看来，多和大自然接触，不仅能增加知识，还能将大好河山的景色收揽于眼中、心中，让身心更加愉悦，提升自身免疫力。

吴阶平，享年94岁，是著名的医学家。吴老每天早晨5点半起床，从不赖床，中午会小憩一会儿，晚上10点之前肯定会上床睡觉，生活非常有规律。除此之外，吴老还有个习惯，只要身体条件允许他就会写日记，记录当天的工作、生活方面的内容，家中的书柜里有个专门放日记本的格子，里面的日记按年份摆放得整整齐齐。年轻时的吴老兴趣广泛，不管是文艺还是体育都拿得出手。等到年事渐高，不能打网球、羽毛球时，吴老便开始看电视体育节目。他说："体育节目竞争性强，看看可以使人精神振奋。"

马万祺，享年95岁，全国政协副主席、著名爱国儒商。马先生的生活非常规律，早睡早起，心情开朗，不吸烟、不喝酒，五味皆食。喜爱运动，热爱书法。闲暇之际会打打太极拳、散散步、养养花、读读书、作作诗、看看孙儿，或是和朋友闲谈。马先生坚持打了半个多世纪的太极拳，直到晚年身体都非常好。

通过这些名人案例我们不难看出，哪怕他们的工作非常忙，承受着各种压力，只要有时间，他们都会坚持着自己的兴趣爱好，如书法、摄影、画画、修剪花草、跳广场舞等，在尽情发挥自己的兴趣爱好的同时促进了身心健康。

一盘棋，博弈如人生

看过金庸小说的人很多，尤其是武侠小说，这么知名的一位作家有一个不为人知的爱好——下围棋。他的这个爱好和他的成长环境有很大的关系：他的家乡海宁是围棋之乡，清代围棋四大家中的范西屏、施襄夏就出自海宁。

金庸曾回忆称他小时候江浙一带围棋之风很盛，“每一家比较大的茶馆里都有人在下棋。中学和大学的学生宿舍中，也经常有一堆堆的人在围着看棋”。金庸的祖父也非常爱下棋，当时家里有个小亭子，是专门用于祖父和客人对弈的。受身边人的影响，金庸也爱上了围棋，没人对弈时，他甚至自己和自己下棋。

金庸性格喜静，和围棋这种脑力运动天生契合，有人曾评价金庸是个“极为内向的人，不喜应酬、不善辞令，下围棋是他最大的兴趣”。

下围棋的过程中，两人专心致志，心无杂念，倾注精气神于棋盘之上，最终练成豁达的心态。金庸的朋友曾回忆称，“长子逝世后，他对围棋的喜爱几近疯狂”，可见，围棋也帮助金庸度过心理上的难关。

下棋这项活动流传已久，发展至今比较普及的包括国际象棋、象棋、围棋、五子棋、军旗、飞行器等。不仅有助于开发人的智力，对人的心理、精神方面的调节也有着至关重要的作用。

一个名叫田庆义的同学从小就喜欢下棋，而且他的学习成绩也非常好，还是班干部，在众多学科中，最突出的就是数学成绩。田庆义的父亲也是一个围棋迷，而他正是在这样的家庭氛围熏陶下才对围棋有这么浓厚的兴趣。

田庆义曾经在班级、校级、市级围棋比赛中获奖，成了学校里名副其实的“红人”，很多同学都认田庆义当师父，大大提升了他的自信心。

在田庆义的父亲看来，下围棋不但锻炼他的思维，培养了他的大局观、逻辑推理能力，增强了他的记忆力、注意力，还让他在竞技比赛中懂得遵守规则、尊重对手，正确看待输赢。

在最开始学下围棋的时候，田庆义一直败在父亲手中，虽然偶尔父亲会让着他，可还是输多赢少，这种情况持续没多久，田庆义就产生了极大的挫败感，有时候甚至因为屡次输棋而哭鼻子。而父亲却告诉他：“人生没有一帆风顺，你只有保持平和的心态，想办法反败为胜，才能在围棋的道路上越走越远。”父亲的话听进了田庆义的心理，他从最开始的因输棋而哭鼻子，到逐渐懂得如何理性对待胜负，终于有了自己对下棋的领悟，而且相对于同龄人更加成熟、理智。

在棋局的一盘盘输赢之中去领悟人生，并从中体悟到冷静思考、沉着稳重，让自己日后遇事也能秉承这一品质，拥有“一蓑烟雨任平生”的豁达。

其实下棋不一定要赢，关键是调整心态和情志。下棋最大的收获就是做事逻辑性强、条理清晰，具有计划性，可以让人在失败中不断总结经验。下棋和做人的道理一样，要胸怀大局，从容应对过程中的变数，沉着冷静地去突围，才能最终收获成功。

不过下棋益处虽多，但也有禁忌。

——忌时间过长

下棋时间过久，运动量大大减少，运动系统功能会减退。尤其是在棋逢对手、竞争激烈的时候，注意力比较集中，姿势比较单一，颈部肌肉、颈椎会长时间固定一个姿势，容易导致局部循环不良，肌肉劳损，易出现紧张性头痛、颈椎病，而且会降低胃肠的蠕动，诱发消化不良、便秘，还会导致心肌收缩力、身体免疫功能下降等。

——忌争执不让

有的人弈棋争强好胜，经常由于一兵一卒而争执，甚至唇枪舌剑，发生激烈的言语冲突，岂不知这样会导致交感神经兴奋性上升，心动过速、血压骤升、心肌缺血。下棋的目的是娱乐，调整心态，如果因为下棋而心情不好了，不是有悖初衷吗？

——忌不择场地

喜欢下棋的人，往往不择场地，有时蹲在路旁，有时席地而坐，有时伸颈折背观其胜负，哪怕周围尘土飞扬、风沙扑面，仍不为所动，奋战沙场。而且，棋子经过与多人的接触，易被各种细菌污染，变成传播源，久而久之，病从口入，危害身体健康。

书法字画，陶冶身心

养生养心之道上，练习书法、字画是一种非常不错的方法。在挥毫泼墨时，内心的“浩气虚怀”是第一位的。书法讲究气，要做到三到——笔到、气到、心到。气到之时，提笔如有神，方可运转自如。

中国的书法字画是世界上公认的高超的传统艺术，练习书法字画的过程是一种享受，也是心理保障，能加强修养、陶冶情操、延年益寿。所以中国有句古话“书画多长寿，寿自笔端来”。

我国的书画家长寿者居多，古代人的平均寿命仅为40岁，书画家活到80岁的却又很多。唐代著名的草书圣手张旭活到89岁，明末清初著名书画家石涛活到了96岁，清八大山人朱耷活到80岁，清末善于写榜书的梁同书活到92岁，唐代的虞世南、欧阳询寿命分别活到84岁、83岁，晚唐的柳公权活到88岁，著名书法家陶博吾活到了96岁，著名画家齐白石活到了93岁，当代草书大师任寿高85岁，著名书法家郭沫若寿活到了86岁，著名书法家赵朴初活到了93岁，著名书法家舒同活到了93岁，上海南汇书法家苏局仙活到了110岁。

不管是古代的画家、书法家，还是现代的画家、书法家，长寿者不在少数。从心理上说，练习书画讲究心静、集中精神，能改善大脑皮质和自主神经功能，让思维更加敏捷。

练习书法的时候要注意调整好姿势，双脚分开和肩同宽，松腰宽肩，含胸含胸拔背，双手自然放平，左手按纸成弧形，右手拿笔，身体轻松自然，利于全身肌肉、血管、神经放松，慢慢地进入到静的状态。练习书法的时候聚精会神地读帖、临帖，能调整精神状态，集中意念。练习书法的时候要呼吸自如，深长、均匀，不可屏气或故意抑制呼吸，以免影响心肺功能。

中国书画艺术讲究意境，书画家们长期保持在平和的状态中，有助于修身养性。书画家们学艺的时候，会尽可能多地欣赏、临摹前人之书画名作，不管是欣赏、临摹前人书画，还是自创，每天接触美好的事物，整个过程中接受者高雅艺术的熏陶，心灵上很容易得到满足。书画家们写字作画的过程中，身体站立，铺纸挥笔，手臂动作较大，创作大幅书画作品时会不断走动，肢体活动频繁有助于全身血脉之通畅，促进机体新陈代谢，对身体健康大有益处。

练习书法和练气功有着“异曲同工”之妙，气功柔中有刚，讲究意念，意到则气到，运气至全身，气脉畅通无阻，如此即可祛病强身。书法也是如此，意到笔到，这和气功的以意使气一样，练字的过程就如同练气功。

书法讲究的是精、气、神，写字首先要拥有饱满的精神，这样作出的字画有神韵。清代何乔璠的《心术篇》上有记载：“书者，抒也，散也。抒胸中气，散心中郁也。故书家每得以无疾而寿。”正所谓“书者长乐，书者长寿”。清代皇帝康熙曾说过：“朕所及明季之与我之耆旧，善于书法者俱长寿，而身强健。”他还解释了这里面的缘由：书法家为了写好字，挥毫前要“收视厌听，绝虑凝神，尽量做到心正气和，其效果对于身心健康大有好处。”“人果专心于一艺一技，则心不外驰，于身有益。”“凡人心志有所专，即是养身之道”。康熙皇帝一生酷爱书法。康熙活到了69岁，算是历代皇帝中长寿的一位，他长寿最重要的一个因素就是喜欢书法，通过练习书法助心性，为长寿打下了基础。著名书法家潘伯鹰说过：“心中狂喜之时，写毛笔字，能使头脑冷静下来；心中忧闷之时，写毛笔字，又能精神愉快。”

虽然练习书法有益身心健康，但是要注意切勿因此而争名逐利，与人攀比，为自己施压，要明白，书法的练习为的是心情愉悦而非增添压力。

作画也是如此，它是一种精神寄托，一种爱好追求，绘画的过程不仅能增添人对美好未来的憧憬，更增添了幸福感，精神愉快，则身心健康。

书画艺术能养心助心，静坐作楷隶行篆之书，能平静躁动的心；任意挥洒，作章草狂草大草之书，或泼墨作画至痛快淋漓，能焕发心灵。

习书画的过程中，整颗心都能安静下来，整个人有种置身事外的感觉，可以养神健脑益心，是积极的消遣娱乐。全神贯注练习书法的过程中，内心之中的烦闷就会暂时消失，大脑得到充分的休息，做其他事情的时候效率会倍增。头脑、心静安静下来，警长的精神就能得到缓解，让人产生愉悦的心理。练习书法的过程中能磨炼意志，修炼气质，提升智力，进而宽心、强心。

适当运动，挥洒汗水，带走阴霾

过去，人们都羡慕那些坐在办公室里不用卖力气就能赚钱的人，相比那些汗流浃背的农民和工人阶层，坐办公室更轻松自在些。可是现在的人却不这么认为了，虽然办公室不需要做什么体力活，表面上不劳累，但脑力劳动却更容易让人疲劳。

周琪是某公司的编辑，每天忙于工作，经常加班熬夜，却从不锻炼身体，甚至一整天都坐在椅子上懒得动弹，整个人看起来懒洋洋的，也不爱说话。可就在前段时间，他却因突发心肌梗死差点没命。他是个温文儒雅的人，无任何不良嗜好，也从来不抽烟喝酒，平时早睡早起，虽然有时候会加班熬夜，但也不至于突发心肌梗死啊？

吴超是某公司的策划，每天埋头工作到深夜，从白天坐到晚上。最初来公司的时候，吴超做出来的策划方案还是不错的，但是后来却越来越差，整个人的脾气也是一百八十度大转弯。从原来的文静淑女变成了躁动泼妇。工作一年多以后，竟然因为抑郁症离职了，因为她觉得所有的同事都不喜欢自己，领导也不认可自己的工作能力，工资没有上涨，人缘却是越来越差，内心压抑，越发没有灵感……

久坐对人体的伤害是众所周知的，更何况熬夜工作，会耗费心神。案例中的周琪在连续的脑力劳动中，心血管始终处在紧张的状态，血管发生严重的痉挛，最终诱发心肌梗死。哪怕不熬夜，每天从事脑力劳动的人也要格外注意，尽量避免长时间用脑，防止因脑部长期疲劳而累及心血管。这是久坐、不运动对身体的伤害。

再来说说吴超，她在办公桌前一坐就是一整天，再加上经常熬夜，脑子比较混沌，思维比较局限，心情也比较紧张，连续想不出方案，心情就比较糟糕了，在这样的恶性循环中，势必会影响她的事业发展。

一般来说，工作 2 小时后大脑会觉得疲惫，此时不妨通过做运动来休息。如果你是不怎么缺觉得脑力劳动者，久坐不动导致身体处在低兴奋状态，此时大脑一刻也不得闲，处在高新跟状态，此时的这种“静止”的状态反而不利于休息，体力消耗得少。这就是为什么过去那些不出闺阁的女子大都元气不足。

不管是在日常生活交往中，还是在影视剧中，我们都能听到这样的话，“别不开心啦，咱们去跑步机上出出汗，你的心情就会好些”“工作压力大，咱们去攀岩吧，好好放松一下”“想哭，去操场跑十圈吧”……这些描述并不是空穴来风，运动减压是一种有效、无副作用的“良药”。如今的社会生活节奏越来越快，每个人都有自己的心结，都有自己要处理的心事、都有焦虑和压力，而这些，都能通过运动进行适当的解决。

科学研究表明，运动能刺激人体的内啡肽分泌，当运动达到一定量时，内啡肽的分泌增加，在内腓肽的激发下，人的身心就会达到一种轻松愉悦的状态中。所以，内啡肽又被称为“快乐激素”，它可以让人变得欢愉、满足，帮助人排遣压力与不快。

心理学家认为，运动能帮助人减轻因精神压力过大带来的心理负担，就好像人在愤怒的时候“敲、砸、撇、摔”一样，有释放、宣泄的作用，但是运动没有这么暴力，它是一种合理行为，能达到减弱或消除心理压力的目的。而且一旦遇到心理压力不及时解决，而且钻牛角尖，很容易引起生理和心理上的疲劳，而运动可以让不良刺激得到变换，让紧张、焦虑、不安的情绪状态被改善，心理承受能力增强，适应能力增强。

事实表明，中等偏上强度的运动如登山、跑步、打篮球等，持续30分钟以上才可以刺激“快乐激素”的分泌。当然，为了达到通过运动放松身心的目的，最好选择自己喜欢的运动项目。

我们可以看看身边的成功人士，他们都有自己喜欢的一、两样运动。比如王石喜欢登山，马云喜欢太极，潘石屹喜欢跑步。心理学家认为，那些经常锻炼的人积极性更高，专注性更强。

运动的过程中，人们往往需要不断克服客观困难（环境、难度、意外等）与主观困难（胆怯、退缩、不自信等），才能将运动做完整、做到位，只有通过不断练习、训练和磨炼，才可以在运动中得到肯定、赞美与羡慕，才能获得自我成功的认知与高峰体验。成功的经历对人的自我效能感的影响最大，只有自我效能感不断提高，人们才能感觉到自己有能力、有实力去完成自己所面对的各类困难，拥有更坚韧的内心。

读到这儿，大家也就知晓运动对我们的益处：除了能强身健体，更重要的是能让一个人身心保持最佳状态。所以提醒大家，尤其是那些处在高强度工作中的人，闲暇的时候多锻炼，挥洒汗水的同时可以赶走疲劳。

多读书，带你走进宁静世界

阅读是获取知识非常有效的方法，写作可以吐露你的心声。在你遇到问题的时候，很多的问题都可以从书本中找到答案。好的书籍更可以增加人的智慧、开阔视野。在我们工作之于，不妨去读一读。当今社会，浮躁的生活方式很难让人静下心来，正视自己的生活。而在人的精神世界里，都渴望获得一份宁静和祥和。阅读就是带你走入宁静的钥匙，正视自我，静下心来，读一读那些开启智慧的经典之作。

培元芳是个非常喜欢读书的人，他善于通过书本上的知识来解决所有问题。当他觉得自己的生活枯燥乏味时，就会读小说；当他和上司发生了小摩擦时，就会阅读和人际交往有关系的书；当他感觉自己的事业停滞不前时，就会阅读一些名人的成功案例，给自己信心和前进的动力。

两年前，他喜欢上了心理方面的书籍，每当他缺乏信心的时候，就会看心理方面的书籍为自己充电。当然，开始的时候培元芳也不是这样的，他以前并没有阅读书籍的爱好。

就在他大学四年级的时候，参加了某公司的聚会活动，结果在活动中得到了很多的“图书优惠券”，为此培元芳开始购买大量的书籍。到了后来，培元芳根据一本书当中所介绍的求职经验，很轻松地就在毕业时找到了一份满意的工作。从此，他尝到了阅读的甜头，因为这些书籍可以帮助他解决了许多工作和生活上的麻烦问题。

无论是在社会与人沟通，还是融洽家庭成员之间的关系，培元芳总是能够走在别人的前面。

现如今，很多人误以为书籍只是传播知识的一种媒介，并没有什么实质性的作用。其实，书籍对于不同的人的价值也是不同的。书籍和一般的消费品相比，人们往往会慎重购买，而且很多人都喜欢把书籍当成收藏品，自己宁愿花钱看电影，也不愿意轻易地购买和电影票同等价格的书。

在现实生活中，我们应该适当降低对书籍的期望，把书籍也看成是一种普通的商品，我们也可以像消费一顿晚餐一样买书，或者是给朋友当礼物赠送。总而言之，书籍对于我们来说是很平常的，如果我们每个人都把书籍当成普通的消费品，那么我们也能够用低价买到收藏版的图书。

尤其是对于年纪稍大一点儿的长辈来说，在他们那个年代，书籍是非常珍贵的东西，因此他们也一直教育我们要珍惜书籍。

书籍，就应该成为在洗手间里面都可以随时看到的普及物品，只有这样才能够让人们阅读到更多的好书，也只有读过很多书籍的人，才能够判断哪些书具有珍藏价值。

除此之外，也只有通过大量的阅读，我们才能够找到改变人生的方法。也正是因为有了“图书礼券”，培元芳才得到了疯狂购书的机会，并且逐渐从阅读当中感受到了书本上知识所带来的莫大好处。

千万不要像收藏古董那样去买书，而是应该把买书当成一种习惯，因为我们只有广泛地阅读，才能够让我们变得更加成熟，更加具有魅力。

还有这样一些人，买回来了很多书，但是把书保护的很好，其实，如果你已经买了很多书，那么就要物尽其用，千万不要浪费。切记不要把书当成宝贝一样爱护，而应该大胆地在上面做记号，随时在书上留下自己的读后感言。

在读书的过程中，如果需要记录一些内容，我们完全可以把书籍的空白处当成记事本使用。

根据一项调查，很多女性朋友从来不在乎弄脏图书馆的书，可是只要是自己花钱买来的书，那么在读完之后都会小心翼翼地放在书柜里，舍不得让它沾上一点儿灰尘。可是结果，往往在搬家的时候，却又把书当成废品一样处理掉，这种人不懂得如何把书当成工具。当然，我们想看书也不一定都非常要自己买。如果舍不得买，我们完全可以到图书馆借阅，虽然借来的书籍我们无法占为己有，但是我们却可以吸收书中的内容。

很多不幸的人都具有一个共同点，那就是把所有的忠告都当成是“大道理”。他们经常会把朋友们的真心话当成是耳边风，根本无视前辈们的忠告。不仅如此，他们还会把书中的内容都当成是“大道理”，认为这些道理自己很明白，所以不重视阅读。

对于那些把书籍当宝贝，或者对读书抱有很高期望的人来说，想要寻找一本没有“大道理”的书，真的就好像是从天上摘下星星一样困难。他们从来不会关心时事，所以在他们的眼里看到的都是“大道理”，并无法从中获益。

其实，解读人生的真理，又有哪一句不是“大道理”呢？但是“大道理”正是通过了很多人的研究和实践所得到的真谛。那些不喜欢思考的人，或者是拒绝改变自己的人，他们在拒绝“大道理”的同时，其实也拒绝了让自己获得幸福的机会。

越努力越幸运

世界不曾亏欠每一个努力的人

高桂萍　编著

中国出版集团
中译出版社

图书在版编目（CIP）数据

越努力越幸运．世界不曾亏欠每一个努力的人 / 高桂萍编著．-- 北京：中译出版社，2019.6（2021.8 重印）
ISBN 978-7-5001-5992-6

Ⅰ．①越… Ⅱ．①高… Ⅲ．①成功心理—通俗读物
Ⅳ．① B848.4-49

中国版本图书馆 CIP 数据核字（2019）第 119450 号

越努力越幸运
世界不曾亏欠每一个努力的人

出版发行：中译出版社
地　　址：北京市西城区车公庄大街甲 4 号物华大厦 6 层
电　　话：（010）68359376　68359303　68359101
邮　　编：100044
传　　真：（010）68357870
电子邮箱：book@ctph.com.cn
总 策 划：张高里
责任编辑：刘全银
封面设计：青蓝工作室
印　　刷：北京一鑫印务有限责任公司
经　　销：新华书店
规　　格：880 毫米 ×1230 毫米　1/32
印　　张：30
字　　数：550 千字
版　　次：2019 年 6 月第 1 版
印　　次：2021 年 8 月第 3 次

ISBN 978-7-5001-5992-6　　定价：149.00 元（全 5 册）

前言

生活从来就不是乌托邦，而是由一个一个的现实组成。生活在现实中的我们，难免会遇到来自生活的压力。工作的瓶颈，情感的波折，每个人都会遇到，谁也不可避免。然而，当生活带给你不幸时，是咬紧牙关继续向前，还是就此一蹶不振，全取决于你一念之间。

这个世界真的对你不公吗？同样是萝卜，只因它们挨刀多少的不同，才让一个成为酒桌上身价不凡的雕花，另一个成为普通的菜肴。

世上之事又何尝不是如此？只有历经重重磨难后的人生才是不凡的人生，才能最终成就伟大的事业。

有人说世界是不公平的，每个人生下来的起跑线就不同。有人抱怨自己没有一个好父亲，有人抱怨自己没有好的天赋，他们觉得世界太不公平！但是当你看到有人天生没有脚，有人出身于连饭都吃不上的赤贫家庭，他们觉得这个世界还是挺公平的。

从另一个角度说，这个世界也是公平的，每一个人都需要面对死亡。而每一个人面对死亡的时候，都需要直面自己生命的价值，而这个价值，是你自己创造的，与起点无关。

人生没有十全十美，总会遇到这样或那样的艰难、不如意，总是一味地抱怨生活，你就只能永远原地踏步，生活就只会越来越糟。

人生不如意之事十之八九，摆正心态很重要。面对生活赋予你的不公，选择用积极、乐观的心态去面对会让你看到生活更美的一面；面对生活赋予你的不公，要勇敢地做生活的主人，永远对自己说："我能行。"学会对生活微笑，并能够为梦想而努力奋斗；面对生活带给你的挫折，要用一颗勇敢的心迎接生活中的风雨，并学会用智慧扭转乾坤。

其实，上帝给每个人的东西都一样多，没有谁的人生是一帆风顺的。琼瑶说："生命每蜕变一次，要受一次苦，而成长就在这痛苦之中。"生活从来没有无缘无故的领悟，总要经历了风雨的磨难，才会发现收获的美好。

所以，人生在世，不是生活对你不公，只是你没有寻找到一条适合自己的生活之路。学会用乐观的心态看待人生，面对命运的不幸，要勇敢地说"不"。要敢于把命运抛给你的险球给它扣回去，并用一颗感恩的心来生活，来面对世间烦忧，你会发现，生活如此多娇。

目录

○ 第一章 ○

你真的是那个最不幸的人吗

生活中我们经常会听到很多人在感叹："我真是世界上最倒霉的人！""天啊！还有谁比我运气差吗！"但是事实真的如此吗？挫折并不仅仅会降临到你身上，很多人会遇到比你更大的苦难，可是他们总是微笑着去面对。成功的人最需要的是信心和勇气，需要在遇到困难和挫折的时候勇敢地站起来，而不是躲在角落里自怨自艾。如果你连一点苦难都无法承受，又如何能够成就一番事业呢？

上帝给谁的都一样多

欧洲国家有位著名的女高音歌唱家，仅仅三十岁就已经誉满全球，令许多人羡慕。一次，她到外地举办独唱音乐会，入场券早在半年前就被抢购一空，当晚的演出也受到空前欢迎。演出结束后，她和丈夫、儿子从剧场里走出来的时候，被早已等候在那里的观众和记者团团围住，人们争着与歌唱家攀谈，多是赞美和仰慕之辞。

有的人羡慕她大学刚毕业就开始走红，进入了国家级的歌剧院；有的人恭维她二十七岁就成为世界十大女高音歌唱家之一；也有人赞美她有个腰缠万贯的丈夫，还有个脸上总带着微笑的儿子……

她默默地听着，没有任何表示。当她等人们把话说完以后，才缓缓地说：“谢谢大家对我和我的家人的赞美，我希望在这些方面能够和你们共享快乐。但是，你们看到的只是一个方面，还有一个方面你们没有看到，这就是受到你们夸奖的我的儿子。不幸的是，他是一个哑巴。他还有一个姐姐，是一个常年被关在铁窗房间里的精神分裂患者。”说完，高音歌唱家一脸平静。

人们听了她的话，都震惊得说不出来话，面面相觑，一时间都无法接受这个事实。见此情景，歌唱家心平气和地说道：“这一切说明了什么呢？这一切说明了一个道理——上帝给谁的都一样多。”

是啊，上帝给谁的都一样多，没有人是一无是处的。这样的世界，才是真实的，才是多姿多彩的。

半夜时分，在孟加拉国的达卡街道上，一名鬼鬼祟祟的男子行窃失败，当场被警察逮捕。警员将男子收押到警察局录口供，男人坐在办公室大吵大闹。

一位警察说："先生，请你安静一点，这里不是你家！"

男人声嘶力竭地呼喊着："我是不会和你们合作的，除非让我见局长！"

由于男人一直大吵大闹，无奈之下，警员只好请局长出面。局长质问男人说："你半夜不睡觉跑到路上当小偷，还想和我说什么？"

男人不满地吆喝："我不服气！你们天天吃好的喝好的，能理解我的心情吗？从小我就是被丢弃的孤儿，住在达卡贫民窟里，没有人愿意接纳我，我只好当了小偷，这都是别人害我的，为什么不抓他们反而要抓我！"

局长用缓和的语调说着："你认识我吗？我可以理解你的心情！因为我也是孤儿，小时候也住在达卡的贫民窟，我也一样遭受过别人的欺负，但是我没有走上绝路，我发誓以后要做出成绩好让大家知道，现在我做到了！"

命运何其弄人。同样是出身在达卡贫民窟，同样是孤儿，一个成了小偷，一个成了抓小偷的警察局局长。但是命运又何其公平，给了他们同样的出身，其后的种种就看各自的造化。两种心态成就了两种人生，当小偷的总是埋怨生活的不公，总是把自己遭受的不幸归结到其他人身上，总觉得自己的不幸是老天的有意偏颇；而成为警察局局长的孤儿，却在受到别人欺负时，励志要做出好成绩让人刮目相看。于是，不一样的心态成就了两种不同的人生。

某公司司机班的一群司机，由于白天奔波运输，很累很辛苦，他们总是抱怨生活，为什么别人的工作轻松自在，自己却辛苦劳累。于是在休息时总去打牌或去卡拉OK打发时间，抒发愤懑。唯有一位年轻的司机不和他们为伍，因此被全体司机班的人看不起，因为他每天都快乐地把车擦洗干净，认真地跑每一趟运输任务，并在开车时听国际英语电台，休息时拿着中学英语课本、《新概念英语》苦读，还趁公司其他部门外语特棒的同事工作不忙的时候，客气地请教语法和纠正发音。几年后，他突然辞职了，做了隔壁一家港资公司的对外联络员。其他所有司机听到这个消息，一个个都觉得不可思议，难以置信。

既然不满命运的不公，就要试着改变命运。像这群司机中的大多数人一样，总是不停地抱怨生活，感到生活无趣却不想办法去改变它，而是继续放纵、沉沦，日复一日地过这种自己不喜欢的生活。而面对同样的境遇，那个年轻的司机却不曾花时间去抱怨，而是默默地适应它并努力改变它，最终迎来自己的成功。

其实，生活中的很多事情都是如此，上帝给了你美貌，就可能夺走你的幸福；给了你金钱就可能带走你的健康；给了你名望就可能带走你最简单的快乐……所以，从现在开始，我们要学会微笑着面对生活。既然不满生活给我们的不公，就要尝试着用自己的双手改变生活，创造一片更美更绚烂的生活美景。

生命本身并无残缺

我们每个人都是不完美的，都或多或少存在缺陷，或许是性格上的，或许是身体上的。但无论自身存在多大的缺陷，于生命来说却都是完美的。

有一对姐妹，姐姐能歌善舞，天生丽质，大家都很喜欢她。妹妹少言寡语，长相平常不说，脸上还有块红色的胎记。孩子的童年总是充满幻想的，两姐妹都曾经梦想自己是漂亮的公主，住在美丽的城堡里面。于是，妹妹去问父母，为什么自己没有姐姐漂亮，脸上还有胎记。每次父母都会对她说，她脸上的胎记是因为天使很喜欢她，在她的小脸蛋上亲了一口才留下来的，妹妹听了很高兴，甚至为自己的胎记感到骄傲。

渐渐地，姐妹俩都长大了，妹妹开始明白自己脸上的胎记并不是像妈妈说的那样是因为天使喜欢她，她知道自己没有姐姐漂亮，也经常发现别人异样的眼神。

为此，妹妹躲在房间里，偷偷地哭了好几回，不过哭过了之后，她也慢慢明白了，自己伤心和难过并不能改变任何事实，只会徒增烦恼。于是，她决定要努力学习，用自己的成功让别人刮目相看。由于她天生聪明，又肯用功，从小到大，学习成绩总是班里第一名。高考的时候，又以优异的成绩考取了国内一所知名大学。除此之外，由于她性格开朗活泼，无论在哪里都有很多好朋友，并没有人因为她长得不漂亮而疏远她。也正是由于她的刻苦、努力、乐观、开朗，她成为一家知名杂志的总编辑。

每当回想起这些年的生活，她说：“生活中没有绝对的公平，与其终日幻想和抱怨，倒不如积极迎接生活的不公平。”

人的一生，很多事情由不得我们去选择。或许别人一出生就坐拥百万家产，或许你身边的那个他（她）就是漂亮，讨人喜欢，这都是没有办法的事，上天注定，没有人能够左右。但改变不了别人的人生，却可以弥补自身的不足，没有漂亮的容貌，还可以拥有可贵的智慧；没有傲人的身材，还可以拥有美妙的嗓音；没有拿得出手的学历，还可以拥有一颗努力、积极向上的心。

史泰龙是世界上最成功的电影演员之一。1976 年他自编自导自演的低成本影片《洛奇》，在奥斯卡电影奖中一举夺魁，他本人还获得了最佳男主角与最佳编剧的提名，从此奠定了史泰龙在好莱坞的巨星地位。然而，他的个人生活经历却十分坎坷。

史泰龙出生在纽约著名的时代广场附近的一个贫民区。出生后不久，这位可怜的小婴儿就被药用镊子伤害了面部神经，导致左脸颊部分肌肉瘫痪，左眼睑与左边嘴唇下垂，语言能力受到极大的影响，很难发出清晰可辨的语音。从两岁到五岁，他都与保姆生活在一起，只有在周末才能和父母亲见上一面。

青春期的史泰龙又经历了父母离异的痛苦。由于没有得到更多的关爱，他的学习成绩一塌糊涂，以至于高中毕业之后找不到一家愿意录取他的大学。几经波折，他终于得到了瑞士一家学院的奖学金，并能够一边给学生上体育课，一边学习戏剧课程。

然而，在他满怀希望地回到美国之后，苦难又一次降临到史泰龙的身上，他由于差了三个学分而被迈阿密大学退学，于是，他只好只身来到纽约，开始了打零工的生活。有天晚上，他意外地看了一场电视直播的拳赛，由穆罕默德·阿里对一位名不见经传的拳击手查克·威普勒。这个威普勒在阿里的铁拳下居然支撑了十五个回合，这让他就找到了创作新剧本的灵感。随后他只用了三天时间便完成了剧本《洛奇》的创作。

几经辗转，史泰龙终于找到了一个支持者，以很低的成本在一个月以内拍完了这部片子。但谁也没想到的是，《洛奇》成了好莱坞电影史上最大的一匹黑马。

在经历了种种艰辛、磨难之后，史泰龙终于成功了，成了好莱坞的顶级巨星之一，并从此开启了他光辉耀眼的演艺生涯。

在帅哥、靓女云集的好莱坞，史泰龙的出现无疑是好莱坞一颗突现的异星。身有残疾、左脸颊部分肌肉瘫痪不说，连说话、吐字也成了问题，但史泰龙还是凭借着他一直坚持不懈的努力以及始终不向命运低头的决心，成功地改写了自己的人生，让自己的人生从此迈入了一个辉煌的里程。

生命本身并无残缺，当遇到生活赋予你的不公时，要懂得适当地转个弯，你会看到更广阔的天空。

悲观是自酿的苦酒

有一位年老的父亲，他有两个儿子，他们都很可爱。在圣诞节来临前，父亲分别送给他们完全不同的礼物，在夜里悄悄把这些礼物挂在圣诞树上。第二天早晨，哥哥和弟弟都早早起来，想看看圣诞老人给自己的是什么礼物。哥哥的礼物很多，有一把气枪，有一辆崭新的自行车，还有一个足球。哥哥把自己的礼物一件一件地取下来，却并不高兴，反而忧心忡忡。

父亲问他："是礼物不好吗？"哥哥拿起气枪说："看吧，这支气枪我如果拿出去玩，没准会把邻居的窗户打碎，那样一定会招来一顿责骂。而这辆自行车，我骑出去倒是高兴，但说不定会撞到树干上，会把自己摔伤。而这个足球，我终归会把它踢爆的。"父亲听了没有说话。

弟弟除了一个纸包外，什么也没有。他把纸包打开后，不禁哈哈大笑起来，一边笑，一边在屋子里到处找。父亲问他："为什么这样高兴？"他说："我的圣诞礼物是一包马粪，这说明肯定会有一匹小马驹就在我们家里。"最后，他果然在屋后找到了一匹小马驹。父亲也跟着他笑起来："真是一个快乐的圣诞节啊！"

在快乐者的眼中，无论生活中遇到怎样的困难都能看到生活美好的一面，而无论生活给悲观者怎样丰厚的赐予，他都能看出生活中不足的一面，让自己更加悲伤。

当我们在遭遇挫折时，总认为自己就是那个最不幸的人，其实只是心态上的不一样罢了！同样一件事，心态的不同就可以看到不一样的天与地。悲观时，所看到的处处都是丑陋，而乐观时，原本的事物又都开始变得可爱，令人欣喜并让人期待了。

环境没有改变，改变的是一个人的心态；同样的环境，可能造就两个完全不同的人。改变一个人的心态，很可能就会改变这个人的世界。有这样一个故事。

英国有一个乐观的流浪汉，从不拜上帝，这令上帝很不开心，上帝觉得他的权威受到了挑战。

流浪汉死后，为了惩罚他，上帝便把他关在很热的房间里。七天后，上帝去看望这位乐观的流浪汉，看见他非常开心，上帝便问："身处如此闷热的房间七天，难道你一点儿也不觉得辛苦？"

乐观的流浪汉说："待在这间房子里，我便想起在公园里晒太阳，当然十分开心啦！"（英国一年难得有好天气，一旦晴天，人们都喜欢去公园晒太阳。）

上帝很不开心，便把这位快乐的流浪汉关在一间寒冷的房间。七天过去了，上帝看到这位流浪汉依然很开心，便问："这次你为什么开心呢？"流浪汉回答说："待在这寒冷的房间，便让我联想起圣诞节快到了，这就可以收到很多圣诞礼物，能不开心吗？"

上帝又不开心，便把他关在一间阴暗又潮湿的房间里。七天又过去了，流浪汉仍然很高兴，这时上帝有点困惑不解，便说："这次你能说出一个让我信服的理由，我便不再为难你。"这个快乐的人说："我是一个足球迷，但我喜欢的足球队很少有机会赢。但有一次赢了，当时就是这样的天气，所以每次遇到这样的天气，我都会很高兴，因为这会让我联想起我喜欢的足球队赢了。"

上帝无话可说，只好给了这个流浪汉自由。

流浪汉的乐观精神让上帝都妥协了。无论面对怎样恶劣的环境，流浪汉总能微笑着面对生活，总能找到让自己快乐的理由，让自己立于不败之地。

生于尘世，每个人都不可避免地要经历凄风苦雨，面对艰难困苦，想开了就是天堂，想不开就是地狱，想要怎样的生活全在你的一念之间。

人的一生，就像一趟旅行，沿途有数不尽的坎坷泥泞，但也有赏不完的春花秋月。如果我们的一颗心总是被灰暗的风尘所覆盖，干涸了心泉、暗淡了目光、失去了生机、丧失了斗志，我们的人生轨迹岂能美好？而如果我们能保持一种健康向上的心态，即使我们身处逆境，四面楚歌，也一定会有“山重水复疑无路，柳暗花明又一村”的那一天。

虽然，每个人的人生际遇都不尽相同，但命运对每一个人都是公平的。生活中有阳光也有风雨，就看你能不能磨砺一颗坚强的心、一双智慧的眼来面对生活中的风雨。

换一种心态看问题

同样一件事，你观察的角度不同，看法也会不同，由此而带来的心情也会不同。当无法改变环境时，不妨改变一下自己看问题的角度，便会拥有另一番风景。我们若看到一个破碗，可以想："这个碗很漂亮，可惜破了一个洞。"但你可以反过来想："这个碗虽然破了，但还好，只有一个洞。"

一场大雨后，一只蜘蛛艰难地向墙上那张支离破碎的网爬去。

由于墙壁潮湿，每当它爬到一定的高度就掉下来了。它一次次地向上爬，一次次地掉下来……

第一个人看到了，他叹了一口气，自言自语："我的一生不正如这只蜘蛛吗？忙忙碌碌却无所得。"于是，他日渐消沉。

第二个人看到了，他说："这只蜘蛛真愚蠢，为什么不从旁边干燥的地方绕一下爬上去？我以后可不能像它那样愚蠢。"于是，他变得聪明起来。

第三个人看到了，他说："真想不到这只小小的动物，居然有如此顽强的斗志，我以后要学习它屡败屡战的精神。"于是，他变得坚强起来。

同样一个场景，在不同的人眼里有不同的解读，不同的解读又造就了不同的结果。

很多时候，一个人看待问题的角度来源于他的心态。拥有积极的心态他的人生就是美好的、积极向上的，而沉湎于消极的心态，那就只能整日和悲观为伍。

一个积极心态者常能心存光明远景，即使身陷困境，也能以愉悦和创造性的态度走出困境，迎向光明。

有这样一个故事。一位母亲有两个女儿，大女儿嫁给了一个卖伞的生意人，二女儿开了一间染坊。于是，这位母亲每天都愁眉不展：晴天的时候，她担心大女儿家的伞卖不出去；雨天的时候，她又开始担心二女儿染坊里的布料晾不干。就这样，这位母亲终日忧愁，没多久就白了头。

一天，这位母亲的一位远方亲戚来探望她，见她如此衰老，亲戚十分惊讶。询问了缘由之后，亲戚对这位母亲说："其实你应该每天高兴才对啊。你看，雨天的时候你大女儿的伞好卖，你应该高兴；晴天的时候，你二女儿染坊里的布干得快，你也应该高兴。对你来说，每天都是好日子啊，为什么还天天忧愁呢？"

一席话令这位母亲恍然大悟：对啊，不管什么样的天气，至少我有一个女儿可以赚钱，总好过两个女儿都是卖伞的或者都开染坊啊。从此，她笑口常开，每天都生活在幸福与快乐之中。

生活是一体两面的，有幸福就有痛苦，有快乐就有悲伤。悲观的人就只能看到生活悲观的一面，乐观的人却可以看到生活快乐的一面。同样的一个问题，换一种眼光来看，你会发现生活美妙的一面。

生活中我们每个人都有自己的烦恼，有人为找不到称心如意的工作而烦恼，有人为没有高工资而烦恼，有人为买不起一套像样的三居室而烦恼……每当这时，回过头来看看，你会发现身边不如你的人比比皆是，你的生活已经算是不错了，心情转眼就会好起来。

一位画家把自己的一幅佳作送到画廊里展出，他别出心裁地放了一支笔，并附言："观赏者如果认为这画有欠佳之处，请在画上做上记号。"结果画面上标满了记号，几乎没有一处不被指责。过了几日，这位画家又画一张同样的画拿去展出，不过这次附言与上次不同，他请观赏者将他们最为欣赏的妙笔都标上记号。当他再取回画时，看到画面又被涂满了记号，原先被指责的地方，都换上了赞美的标记。

同样的一张画，你以批判的眼光去看它，它就会一无是处，而你若以欣赏的眼光去看待它，那么它就会处处都是美丽的。

一次，一位老师在白纸上画了一个黑色圆点，问学生看见了什么，全班同学齐声回答："一个黑点。"老师说："只说对了极小的一部分，画中最大部分是'空白'。只见小不见大，就会束缚我们的思考力。"是啊！现实生活中，我们中的许多人都习惯于用一种思维来思考问题，却没发现同样的一个问题，看问题的角度不一样，你的视野也会不同。所以，面对生活可能会有的一些突如其来的困境，换一种角度来思考，换一种眼光来看待，也许你会发现一片更加宽广的天地。

换一种角度来看待生活中的不如意，你会发现事物的另一番美丽与奇妙。

你的存在就是一种幸福

人的一生总是会经历很多事情，有跌倒受伤后的痛苦，有取得好成绩后的自满快乐，有失意时的徘徊无助，有和爱人在一起时的甜蜜幸福……其实，细细想来，人生不过睁眼闭眼的时间，生活中的种种不如意也不过只是生命的一个过程罢了，实在算不得什么，因为在这生与死并存的人世间，活着，就是一件值得庆幸的事了。

1991 年 11 月 7 日，这一天对很多喜爱篮球的人来说是悲伤的一天，因为那一天 NBA 名将“魔术师”约翰逊在湖人记者招待会上宣布退役，因为他感染了艾滋病病毒，宣布退役时他才三十二岁。

被得知感染了艾滋病毒后，约翰逊一直接受着鸡尾酒疗法，将病情控制在稳定的范围内。作为丈夫和三个孩子的父亲，约翰逊在家人的陪伴与支持下全身心投入到工作中，并且管理着一个不小的商业王国，其资产比退役时增加了近二十亿美元。2001 年，他成立了魔术师约翰逊发展公司，并拿下了当时洛杉矶城市里一块无人问津的地，建造了魔术师约翰逊剧院。在剧院建成后不久，他又说服了众多大商家入驻，一个新的商业中心逐渐成形。在 2006 年，他又大胆收购了一家著名的连锁餐厅，除此之外，他的事业领域还包括一家制片公司以及湖人队 5%的股权。

约翰逊除了经商之外，把所有的时间都投入到篮球和公益活动当中，他曾担任一家电视台的 NBA 嘉宾主持；经常参加以篮球为主题的公益活动；他还曾与姚明一同出演了一部防治艾滋病的宣传教育片……虽然这病无法完全治愈，但据约翰逊说：“我从来没有把自己当病人，我感觉好极了。我庆幸自己活着，每一天都活着，每一天对我来说都是节日。我活着，也是为了告诉那些患有艾滋病的人，要自强不息，要积极面对每一天。”

如今，距离约翰逊宣布退役那天算起，已过了十九个年头，约翰逊依旧带着他那迷人、灿烂的笑容积极地生活着，也依旧与病魔抗争着。

记得一位哲人说过这样一句话：“年轻人，记住我一句话吧，这个世界上，除了死亡，没有什么是大事。只要你活着，就是幸运的。好好地过每一天吧。只有自己才是你最好的医生，别的人对你都无能为力。”

人生在世，活着就是一种幸福。不管前路如何坎坷难行，不管世事如何不公难忍，只有活着，你才有赢的希望，才有机会扭转命运。

有一位视一颗豆子为自己生存意义的夫人。就在她大儿子上小学三年级、二儿子上小学一年级的时候，悲剧突然降临她家：丈夫因交通事故身亡。这是一次十分微妙的交通事故，丈夫不仅自己身亡，而且最后还被法庭判成了责任者。为此，她只得卖掉土地和房子来赔偿。

母亲和两个孩子只好背井离乡，流浪各地，好不容易得到一户人家的同情，把仓库的一角租借给她们母子三人居住。

在不大的空间里，她铺上一张席子，拉进一个没有灯罩的灯泡，一个炭炉，一个吃饭兼孩子学习两用的小木箱，还有几床破被褥和一些旧衣服，这是他们的全部家当。

为了维持生存，妈妈每天早上天不亮就离开家，先后去几处地方打零工，回到家里已是半夜了。于是，家务的担子全都落在了大儿子身上。

生活十分艰苦，做母亲的哪能忍心让孩子这样艰难地熬下去呢？

她想到了死，想和两个孩子一起离开人世，到丈夫所在的地方去。

有一天，母亲泡了一锅豆子，早上出门时，给大儿子留下一张条子：“锅里泡着豆子，把它煮一下，晚上当菜吃，豆子烂时少放点酱油。”

这天，母亲干了一天活，累得疲惫不堪，实在失去了活下去的勇气。她偷偷买了一包安眠药带回家，打算当天晚上和孩子们一块去死。

她打开房门，见两个儿子已经躺在席子上的破被褥里，处于熟睡中。在哥哥的枕边放着一张字条：

“妈妈，我照您纸条上写的那样，认真地煮了豆子。不过，晚上盛出来给弟弟当菜吃时，弟弟说：太咸了，没法吃。弟弟只吃了点冷水泡饭就睡觉了。

“妈妈，实在对不起。不过，请妈妈相信我，我确实是认真煮豆子的。妈妈求求你，尝一颗我煮的豆子吧。妈妈，明天早晨不管您起得多早，都要在您临走前叫醒我，再教我一次煮豆子的方法。

“妈妈，今天您一定很累吧，我心里明白，妈妈是在为我们操劳。妈妈，谢谢您。不过，请妈妈一定要注意自己的身体。我们先睡了。妈妈，晚安！”

泪水从母亲的眼里夺眶而出。

“孩子年纪这么小，都在坚强地伴着我生活……”母亲坐在孩子们的枕边，流着眼泪一粒一粒地品尝着孩子煮的咸豆子。一种必须坚强活下去的念头从母亲的心里生出来。

摸摸装豆子的布口袋，里面还残留一颗豆子。母亲把它拿出来，包进大儿子给她写的信里，她决定把它当作护身符带在身上。

十几年的岁月飞逝而去，兄弟俩长大成人。他们性格开朗，为人正直，双双毕业于妈妈所憧憬的一流大学，并找到了满意的工作，过上了幸福的生活。直到如今，那一粒豆子和信，这位母亲仍片刻不离地带在身上。

没有人的人生是一帆风顺的，几乎每个人都会遇到不同程度的挫折、困境。困境是生命过程的一部分，是选择接受命运的挑战，迎难而上，还是逃避命运，向命运低头，全在你一念之间。其实，很多时候，困难都只是暂时的，很多时候，都是我们人为地把它放大了而已。所以，当困难与挫折来临时，用一颗平静的心去面对、乐观的态度去处理，你会发现，人生没有什么跨不过的坎，只要活着就会有希望。

生命是一种承受

生活是个一体两面的事物，它在赐予我们幸福、快乐的同时，也伴随着痛苦、忧伤。幸福、快乐时我们会觉得自己就是世界上最幸运的那个人，痛苦、悲伤时，我们也会认为自己就是世上最不幸的那个人。

一则杂志上面有这样一幅漫画：一个漂亮的女孩子因为父母离异，又遭男朋友分手后，就觉得自己成了世上最不幸的人，她终日把自己关在家里，苦闷，忧伤，找不到解决的方法，于是有一天，她决定跳楼自杀。她的身体从天台上慢慢往下坠，她看到了十楼受人尊敬的李老师正被妻子揪着耳朵数落着，她看到了九楼平常坚强的里斯正对着一张照片偷偷地哭泣，八楼的雅兴发现未婚夫另有新欢，七楼的小雨在吃她的抗抑郁症药，六楼失业的喜生还是每天买七份报纸找工作，五楼以恩爱著称的夫妇正在互殴，四楼的阿伯仍然每天在窗前翘首期盼有人来拜访他，三楼的莉莉又在和男友闹分手，二楼的芳烃还在看她那结婚半年就失踪的老公的照片。

这个女孩在跳下去之前，还以为自己是世界上最不幸的人，却在看到了各家的状况之后，才猛然悔悟，原来每个人都有自己的烦恼、自己的悲伤，而与他们相比，她还算过得不错……可是已经晚了。而在她掉落楼下的地上时，楼上所有不幸的人不禁同时感慨：原来自己不是世上最不幸的那个人，还有人比我们更不幸，和这个女孩相比，我们算是过得不错了。

这幅漫画很贴切地反映了现实生活中许多人的想法，我们总是羡慕别人的生活如何美好，却看不见别人美好生活下的无奈与辛酸。

于是，我们总是怨叹命运不公，让自己成了世上最不幸的那个人。

其实，生活中，每个人都有各自的烦恼。就像这个美丽的女孩在跳楼时所看到的那样，谁都不是被生活眷顾的那个人，只是每个人对待生活的态度不同而已。

人的一生中，总会遇到许许多多事情。有幸福时的甜蜜微笑，有悲伤时的放声哭泣，也有遇到困难时的挫败、懊恼。正是经历了种种这些，才让我们更加深刻地体会了生活赋予我们的酸甜苦辣，才更加懂得珍惜生活，珍爱生命。

有一个年轻人，一直梦想着能够有所成就，因此，他怀揣着梦想到外地经商。经过了三年的拼搏和奋斗，终于取得了一些成就，一直梦想着衣锦荣归光耀门楣的景象。然而，不幸的是，一场无情的大火把他三年的努力化为灰烬，美梦顿时成为泡影。年轻人伤心至极，准备结束自己的生命。

他想找一个山崖从上面跳下来，结束他这一事无成的一生。在他到达山崖的时候，他发现已经有一个老人，在山崖上徘徊不决地走着。他好奇地去问那位老人，为何一个人在此独自徘徊。老人向他讲起了自己的遭遇。

原来，老人原本有个美满的家庭，有恩爱的妻子和懂事的儿子，一家人在一起其乐融融。可是，这两年，老人突然得了一种怪病，遍访名医都没能治好自己的病，而且，不断看病已经花尽了家里的积蓄，还欠了很多外债。老人看到妻子和儿子为了还债省吃俭用，还要四处去打听有名的医生为自己看病，心里觉得非常难过，自己已经成了家中的累赘，如果自己死了，妻儿就不用再过这样艰难的生活了。可是，一想到要永远离开自己的家人，老人又十分舍不得，于是才在这里徘徊。

听了那老人的话，年轻人的内心受到了触动。

这个时候，从远处走来一个乞丐，一跛一跛兴高采烈地向山上走来。看他的样子，好像趁着天气暖和上山来玩的。等乞丐走近，年轻人发现他缺了一条腿，靠着拐棍一瘸一拐地走，而且还少了一只胳膊，因为另一只手要拄拐，他就把包系在那条空袖管上。

乞丐看见一老一少两个人，就在他们旁边席地坐了下来，一面打开手中所提的包，一面口中念叨："今天天气真好，二位大哥兴致真高，这么早就来游山玩水。"

听了乞丐的话，年轻人顿时觉得非常惭愧，他又想了想老人说的话，心里不禁感慨：我不过是失去了三年奋斗的成果，但我还年轻，还有机会再来一次，而那老人家，不过是欠了一点债和暂时失去了健康，但他却拥有贤惠的妻子和孝顺的儿子，能够在一起生活也是十分幸福；那乞丐，少了一条胳膊和一条腿，无依无靠，可是他却能够发自内心地感到快乐，能够自由自在地生活。比起他，我们又有什么理由放弃自己的生命呢？

想到这里，年轻人回头看了看老人，发现老人也是若有所思。年轻人说："我觉得我们实在没有理由去死了。我们肯定不是天底下最不幸的人，我们不过是没鞋穿而已，要知道世界上还有人没有脚。没脚的人都不愿意死，没鞋穿的人更没资格去死。"

老人点了点头，和那年轻人一起向山下走去。

是啊，我们不过是没鞋穿了而已，世上还有人没有脚。所以，失败了又如何，暂时被生活抛弃了又如何，我们还有健康的身体、强健的体魄、美满的家庭，这些都是我们的资本，那些没有脚的人都活得如此快乐，与他们相比，我们暂时的失落又算得了什么呢？

世上之人，都各有各的烦恼，各有各的不幸。若只是一味地把自己禁锢在自己那片狭小的天地中，只看得到自己的那点烦恼和悲伤，那就只能作茧自缚，让自己不得安宁。

生活本如此，不可能永远是灿烂的阳光普照，也会有狂风呼啸，乌云密布之时。面对生活中的风雨，只有坚强的人才能最终冲破风雨的束缚，迎来灿烂的阳光，而意志薄弱的人最终会被风雨所吞噬，被生活淘汰出局。所以，当命运的顽石又一次无情地向你击来时，不要悲观、失望，走出自己的围城，告诉自己这不过是生活的一个小插曲而已，我不是最不幸的那个人，风雨总会过去，明天必会迎来美丽的彩虹。

失去是另一种拥有

人生在世，一时的失去会是另外一种拥有。我国著名哲学家老子曾说：“将取欲之，必先予之。”丹麦有一句谚语也说：“在火中失去的东西，可以在灰烬中得到。”

有一位住在深山里的农民，经常感到环境艰险，难以生活，于是便四处寻找致富的好方法。一天，一位从外地来的商贩给他带来一样好东西，尽管在阳光下看去那只是一粒粒不起眼的种子。

但据商贩讲，这不是一般的种子，而是一种叫作“苹果”的水果种子，只要将其种在土壤里，几年以后，就能长成一棵棵苹果树，结出数不清的果实，拿到集市上，可以卖好多钱呢！

欣喜之余，农民急忙将苹果种子小心收好，但脑海里随即涌现出一个问题：既然苹果这么值钱、这么好，会不会被别人偷走呢？于是，他特意选择了一块荒僻的山野来种植这种颇为珍贵的果树。

经过几年的辛苦耕作，浇水施肥，小小的种子终于长成了一棵棵茁壮的果树，并且结出了累累硕果。

这位农民看在眼里，喜在心中。因为缺乏种子的缘故，虽然果树的数量还比较少，但结出的果实也可以让自己过上好一点儿的生活了。

他特意选了一个吉祥的日子，准备在这一天摘下成熟的苹果，挑到集市上卖个好价钱。当这一天到来时，他非常高兴，一大早便上路了。

当他气喘吁吁爬上山顶时，心里猛然一惊，那一片红灿灿的果实，竟然被外来的飞鸟和野兽们吃了个精光，只剩下满地的果核。

想到这几年的辛苦劳作和热切期望，他不禁伤心欲绝，大哭起来。他的财富梦就这样破灭了。

在随后的岁月里，他的生活仍然艰苦，只能苦苦支撑下去，一天一天地熬日子。不知不觉之间，几年的光阴如流水一般逝去。

一天，他偶然来到了这片山野。当他爬上山顶后，突然愣住了，因为在他面前出现了一大片茂盛的苹果林，树上结满了累累硕果。

这会是谁种的呢？他思索了好一会儿才找到了答案：这一大片苹果林都是他自己种的。

几年前，当那些飞鸟和野兽在吃完苹果后，就将果核吐在了旁边，经过几年时间，果核里的种子慢慢发芽生长，终于长成了一片更加茂盛的苹果林。

现在，这位农民再也不用为生活发愁了，这一大片林子中的苹果足以让他过上幸福的生活。

从这个故事当中我们可以看出，有时候，失去是另一种获得。花草的种子失去了在泥土中的安逸生活，却获得了在阳光下发芽微笑的机会；小鸟失去了几根美丽的羽毛，经过跌打，却获得了在蓝天下凌空展翅的机会。人生总在失去与获得之间平衡。没有失去，也就无所谓获得。

世界上充满了挑战也就充满了机遇。生活中，我们往往看到的只是事物的一个侧面，这个侧面让人痛苦，但痛苦却可以转化。蚌因身体嵌入砂粒，伤口的刺激使它不断分泌物质来疗伤，如此，就出现一颗晶莹的珍珠。哪颗珍珠不是由痛苦孕育而成？可见，任何不幸、失败与损失，都有可能成为有利的因素。

一千九百年前，在意大利的庞贝古城里，有一个叫莉蒂雅的卖花女孩。她自小双目失明，但并不自怨自艾，也没有垂头丧气把自己关在家里，而是像常人一样靠劳动自食其力。

不久，一场毁灭性的灾难降临到了庞贝城。没有任何预兆的维苏威火山突然爆发，数亿吨的火山灰和灼热的岩浆顷刻间把庞贝城给吞没了。

整座城市被笼罩在浓烟和尘埃中，漆黑如无星的午夜。惊慌失措的居民跌来碰去寻找出路，却无法找到。许多人来不及逃脱，被活活埋葬；有些人设法躲入地窖，但因熔岩和火山灰层的覆盖而窒息，也没有幸免，城中两万多居民大部分逃到了别处，但仍有两千多人遇难。由于盲女莉蒂雅这些年走街串巷地卖花，她的不幸这时反而成了她的大幸。她靠着自己的触觉和听觉找到了生路，而且还救了许多人。残疾，成为她的财富。

生活中谁都难免遭遇挫折，只要你树立信心，继续努力，肯定会有“柳暗花明又一村”的新景象。

失去也是一种拥有，失去了财富却收获了快乐；失去了权位，收获了健康；失去了名利，可能就会收获幸福。

把吃亏看成福分

关于吃亏，有这样的一个故事：有个小伙子叫李三，因赌博成性而倾家荡产，最后流落街头，成了乞丐。一次，他已两天没吃一口东西了，再不吃东西就得饿死。他想出个招儿，即使被打死，也要做个饱死鬼。

李三来到一家饭馆，对掌柜的说："给我来个'亏'，我好长时间没吃'亏'啦！"老板愣住了，"什么是'亏'，这个'亏'怎么做？"

"你们这么大个饭馆，连个'亏'都不会做，太没水平啦。我告诉你们，把面和好，擀成饼，把肉馅放在饼上，卷起来放到笼屉上蒸，一袋烟的工夫就好。"

"客官，那你慢慢喝茶，一会儿，'亏'就好了。"老板赔着笑脸说。

一会儿，"亏"出屉了。李三三下五除二，将几笼屉的"亏"一扫而光。然后趁老板不注意，就溜之大吉了。老板发现后，着急地说，那人吃了我的'亏'还没给钱呢？众人知道原因后，开玩笑地对老板说："人家吃了'亏'，为什么还要给你钱？这是你亏欠人家的，吃你是应该的，还管人家要什么钱？"

据说从此后，吃亏就成了一句口头禅流传下来。故事中的那个乞丐，吃了"亏"却得到了满足，而奉献"亏"的老板却沮丧至极，吃了大亏。从这个意义讲，古人是非常睿智的，在创造的同时，就告诫人们吃亏是福啊。虽然这里的"吃亏"和我们现在所谈的吃亏意义相反，但其中"吃亏是福"的道理却有异曲同工之妙。

然而任何社会都有功利浮躁的一面，很多人都想得到名誉、地位、金钱以及别人的尊重和奉承，似乎只有这样，才是成功的标志，才是人生价值的实现。为此，人们劳心劳力、孜孜不倦地追求一些表面的虚态，为了一己私利斤斤计较、做人总怕吃亏的事情便屡见不鲜。

人生当中，难免遇到让你觉得吃亏、不公平的事情，能吃亏是做人的一种境界，会吃亏则是处世的睿智。谁也避免不了吃亏，越计较越容易吃亏，与其如此，还不如放开，把自己的眼界放宽，格局放大，用眼前的微薄损失换取日后的广“利”巨“资”。人都是在不断的吃亏中成长起来的，今日的挫折就是明日的财富。会吃亏的人会选择今天吃亏，明日受益。

上海一座著名的十六层的办公大厦的业主就是高鸿宇——鸿宇绳业的董事长。

早年他背井离乡，到了上海一家服装店当店员，一个月的薪水只有二百元。这些薪水不要说养活母亲和三个弟妹，就是自己的日常开销也不够。

一次，他在街上闲逛，发现那些妇女或女孩逛街买东西时，店里都会给她们一个装东西的纸袋。他想：每天逛街的人这么多，需要多少这样的纸袋啊。高鸿宇发现了这个商机，想开创自己的事业。

当时“一穷二白”的高鸿宇没有启动资金，只好跑到银行贷款。去了五十二次，银行才因为他的执着，贷给了他十万元钱。有了钱，他立即前往郊区的麻绳索厂，买进大量四十五厘米长的麻绳，然后照原价卖给市区一带的纸袋工厂。这种毫无利润反而赔进许多费用的生意，在别人看来，是明显的“吃亏”，但是却为他赚足了名声。

一年后，各家纸袋厂都知道了高鸿宇的绳索确实便宜，因而订货单源源不断。

这时候，高鸿宇才开始采取行动，他拿购货收据前去对订货客户说："到现在为止，我是一分也没赚你们的钱。这样继续下去的话，我便只有破产一条路可走了。"同样，他拿出交易收据给郊区的厂家看。

这样，由于高鸿宇在这一年内培养出来的好名声，让订货客户自愿把买价提高到 5 分 5，而厂家也把价格降到了 4 分 5。如此一条绳索便赚了 1 分钱，按当时他一天的交货量 100 万条算起来，一天的利润就有 1 万元，相当于以前当店员五年的薪水。

短短几年时间，高鸿宇就取得了别人意想不到的成功。

高鸿宇能在短时间内暴富，就是源于他出其不意的"吃亏"行为。这种"主动吃亏"的事，没有人愿意做，但是高鸿宇不仅做了，还做得很有起色。凭着这种"吃亏"的行为，他经营了自己的人脉，磨炼了做事的能力和耐力，取得了客户的信任。这种"吃亏"的行为更像是一种隐性投资，得到的是无形资产，绝对是用钱买不到的。

总想占点儿小便宜，这是人性使然，但是并非所有的占便宜都值得庆幸，很多便宜的背后隐藏着阴谋；相反，能吃亏的人，则可以躲避祸灾，在宽容大度里，营造了幸福的心境。上天是公平的，当你从这里损失，你必然会从别处得到。因此，吃亏是福。

人生，本就是场修行

人生最大的遗憾就是“一辈子太短”。而修行可以改善生命的质量，通过修行，让自己的心灵和思想完善、升华，命运可以因此而改变。

活着就是一场修行，每个人在修行中会有不一样的际遇，每个人经历的修行也不一样。活着，我们只需记住我们最为渴望的、最为看重的东西，珍惜我们身边该珍惜的、把握我们能够把握住的东西，别为一些浮光掠影所迷惑，或许我们能够修成“正果”！

寒冬腊月，一个名叫悟道的小和尚去天龙寺拜见定慧禅师。外面的雪下得很大，可是定慧禅师却不让他进门，也不给他吃的。悟道就在门外一直跪着，在冰天雪地里连续跪了三天。定慧的弟子们看他可怜，偷偷地给他送吃的，也都为他求情，可是定慧说：“我这里不是收容所，不会收留那些没有住处的人!”弟子们没有办法，只好悻悻地走开。

第四天的时候，悟道身上皴裂的地方开始流血，他一次次地倒下，然后又一次次地重新起来，不管身上的血流了多少，他都跪在那里不动。弟子们跟定慧说悟道的情况，想请求定慧能让他进来，但是定慧却命令弟子：“谁也不准开门，否则就将他逐出门外！”又过了三天，悟道在大门外已经跪了整整七天了，终于支撑不住倒了下去。定慧出来试了一下他的鼻子，尚且有一丝呼吸，于是让弟子将他扶了进去。悟道终于成了定慧门下的弟子，可以在他的门下参学悟道。

一天，悟道问定慧禅师：“师父，无字与般若有什么分别吗?”

话刚说完，定慧就一拳打了过来，冲悟道大吼道：“这个问题是你能问的吗？滚出去！”悟道被定慧的拳头打得头晕目眩，耳朵里只有定慧的吼声。忽然间，悟道明白了：有与无都是自己的肤浅意识，你看我有，我看我无。

还有一次，悟道感冒了，正在用纸擤鼻涕的时候被定慧禅师看到了，他大声喝道：“你鼻子的血比别人鼻子的珍贵是吗？你这不是在糟蹋白纸吗？”一句大吼，悟道不敢再擦了。很多人都难以忍受定慧的冷峻，可是悟道说：“人间有三种出家人：下等僧人利用师门的影响力去发扬光大自己；中等僧人用家师的慈悲影响自己；上等僧人在师父的敲打下日益强壮，最终找到自己的天空。”

如果有鞭子向你挥来，只要你把头抬得更高，背脊挺得更直，那么就没有什么害怕的了。成功没有任何捷径，困苦是成功要经历的必由之路，只有迎着困苦前行才能笑看成功。不管是悟法还是修行，都是必须要经历苦难的。

皮诺和詹姆斯同时被公司解雇了。

皮诺在找不到其他工作时，干脆自己做起了小生意。这是他第一次当老板，做自己以前并不想做、也不熟悉的事。虽然面临很多困难，但皮诺却突然觉得生活更有意义，更具有挑战性。

面对失业，詹姆斯却以酒浇愁，抱怨上天不公。他不愿重新找工作，也不愿像皮诺那样自谋生路，而是一味地怨天尤人，终日咒骂上苍的不公平。

若干年后，皮诺和詹姆斯在大街上相遇了。这时的皮诺作为一个施舍者，向街边一个年老的、衣衫褴褛的乞丐递过去十美元，而那个伸着双手、跪在地上的乞丐正是詹姆斯。

人生在世，艰难险阻在所难免。通往成功的路没有捷径，困苦是对成功的考验，只有敢于接受挑战才能迎着困难从而克服困难。

困苦是人生成功的必修课，只有敢于接受困苦才能享受成功的喜悦。

在每个人的生活道路上，都不可能只是鲜花和美酒，风雨坎坷是在所难免的事情。人生就是这样一个漫长而又痛苦的过程，生老病死，苦海无涯，需经历重重苦难，这种苦难是可以解脱的，解脱的过程就是修行。

第二章

抱怨让你失去得更多

今天抱怨这个，明天抱怨那个，仿佛一刻不说抱怨的话，我们就感受不到心理的平衡。可是一味地去抱怨，对于改善处境没有丝毫益处，只有先静下心来分析自己，并下定决心去改变，付诸行动，它才能向你所希望的方向发展。一分耕耘，一分收获，不要期望在抱怨或感叹中取得进步，事情的进展是你的行为直接作用的结果。事在人为，只要你去努力争取，梦想终能成真。

一味抱怨，让你一无所有

人生就是一个漫长的旅程，沿途会有各种各样的风景，有时会春花烂漫，有时也会有沙尘风暴。然而有些人从不留心春花烂漫的美妙景色，总是在关注、抱怨自己被狂风暴雨袭击，生活一片灰暗。然而，生活中若我们总是为了一点儿小事抱怨，久而久之，就会把抱怨当成一种习惯，可是困难却在这声声抱怨中依旧存在，自己内心的痛苦更是增加了。

连绵秋雨已经下了几天。在一个大院子里，有一个年轻人浑身淋得透湿，但他似乎毫无觉察。他满天怒气地指着天空，高声大骂着："你这千刀万剐的老天呀，我要让你下十八层地狱！你已经连续下了几天雨了，弄得我屋也漏了，粮食也霉了，柴火也湿了，衣服也没得换了，你让我怎么活呀？我要骂你，咒你，让你不得好死……"

年轻人骂得越来越起劲，火气越来越大，但雨依旧淅淅沥沥，毫不停歇。

这时，一位智者对年轻人说："你湿漉漉地站在雨中骂天，过两天，下雨的龙王一定会被你气死，再也不敢下雨了。"

"哼！它才不会生气呢，它根本听不见我在骂它，我骂它其实也没什么用！"年轻人气呼呼地说。

"既然明知没有用，为什么还在这里做蠢事呢？"

"……"年轻人无言以对。

"与其浪费力气在这里骂天，不如为自己撑起一把雨伞。动手去把屋顶修好，去邻家借些干柴，把衣服和粮食烘干，好好吃上一顿饭。"智者说。

智者的话对年轻人来说无疑是当头棒喝，“与其浪费力气在这里骂天，不如为自己撑起一把雨伞。”再多的叫骂也无济于事，只有真正行动起来，才有可能去扭转现在的不利局面，使自己摆脱这种恶劣的境地。

抱怨对事情没有一点帮助，与其不停地抱怨，不如把力气用于行动。

今年刚满三十岁的安妮是美国一家化妆品公司的创办人。小时候，她和奶奶一起生活在乡下。奶奶开了一个小杂货店，为人慈祥又和气，邻居们都喜欢和她聊天。每当那些喜欢抱怨、爱发牢骚的邻居到商店买东西时，奶奶总是会把安妮拉到身边，让她看自己和邻居说话。

有一次，邻居爱德华前来买香烟。奶奶问他：“今天怎么样啊，爱德华老兄?”

爱德华长叹一声说道：“唉，今天不怎么样啊，哈德森大姐。你看看，天气这么热，气死人了。这种鬼天气，真要命啊!”

奶奶一边给他拿香烟，一边附和着说:“是啊，是啊！嗯，嗯……”一直抱怨了十多分钟，爱德华才离开了小店。

又有一次，邻居汤姆一进店门就向奶奶抱怨道：“哈德森大姐，真是气死我了！我再也不想干犁地这活儿了！尘土飞扬不说，驴子还不听使唤。我真是干够了！你看看我的腿、脚，还有手、眼睛、鼻子，到处都是尘土，我真是干够了!”

奶奶仍然是那副老样子，一边给他拿东西，一边附和着说：“是啊，是啊！嗯，嗯……”

等汤姆发完了牢骚离开小店，奶奶把安妮拉到身前，问她：“孩子，你听到这些喜欢抱怨的人说的话了吗?”安妮点点头。奶奶接着说：“孩子，每个夜晚都会有一些人——不管是白人还是黑人，不管是富人还是穷人——酣然入睡但是再也不会醒来。那些与世长辞的人，睡觉时不会感到暖和的被窝将要变成冰冷的灵柩，身上的羊毛毯将要变成裹尸布，他们再也不能为天气热或驴子不听话而唠叨一分钟。孩子，你要记住：不要抱怨，因为抱怨不能解决任何问题。如果你对现状不满意，那你就设法去改变它。如果改变不了，那就改变你的心态去面对这些问题，但你一定不要去抱怨什么。”

长大后，安妮牢记着奶奶的话，无论遭遇多大的挫折，她也从未抱怨过什么，最终靠自己的勤奋和智慧打拼出了一片天地，成了业界有名的女强人。

其实，我们与文中的爱德华和汤姆何其相似，相信大多数人都能在他们身上找到自己的影子。一件小事、一句无关紧要的话，甚至天气不好，都能让我们陷入长时间的烦恼，沉浸于懊恼和悲伤中不能自拔。然而天气绝对不会因为你抱怨而转凉，驴子也不会因为你发牢骚而变得听话些。尤其是当你面对的是一个不会体谅别人、不会自省的人，情况会更加糟糕。但你一定要清楚，烦恼、抱怨、愤怒都没有用，唯一的办法就是学会改变。

抱怨是人生路上的包袱，毫无价值，只会拖累你前进。那么，与其抱怨，无所作为，不如实干，踏实前进。

用行动化解生活的不公

我们的人生不可能总是一帆风顺的，常常会遭遇这样或那样的困难。事业的低谷、情感的挫折、种种的不如意让我们仿佛置身于无人的荒漠一般，没有食物也没有水。而面对这样一些困难，许多人不是积极地去找方法化险为夷，绝处逢生，而是一味地急躁，抱怨命运的不公平，抱怨生活给予得太少，抱怨时运不佳。不想办法打破命运的不公平，你就永远只能被困境牵着鼻子走。

汤姆·韦尔奇是号称世界第一的CEO，1961年时，他以一名出色工程师的身份在美国通用电气公司工作，当时他的年薪是一万零五百美元。此时，他的顶头上司伯特·科普兰给他涨了一千美元，韦尔奇觉得还不错，并认为这是公司对有贡献人的奖赏，他甚至看到了自身的价值。但过了不久，他就发现，办公室中的几个人的薪水居然完全一样！韦尔奇当时十分吃惊，甚至有些失望。

因为他可以拿出无数的理由证明自己应该比别人得到更多的薪水，于是他找到了领导伯特·科普兰。伯特·科普兰给他的解释是：这是公司预先确定好的工资浮动标准。

韦尔奇简直不敢相信，他认为公司在员工薪水问题上应该区别对待，公司这种做法是一种有失公平的官僚主义作风。于是，因为这个问题，韦尔奇一天比一天萎靡不振，终日牢骚满腹，无心工作。

时任美国通用电气公司新化学开发部年轻的主管鲁本·加托夫有一天找到了韦尔奇。他把韦尔奇叫到自己的办公室，然后谈到自己也对通用公司的官僚作风不满，也解释了公司最高层正着手解决这个问题。

而后，他语重心长地对韦尔奇说："你来通用虽然只有一年时间，但我很欣赏你的才华与工作热情。韦尔奇，以后的路长着呢，对你个人而言，整日抱怨，无心工作，只会浪费通用这个大舞台，难道你不希望有一天能站到这个大舞台的中央吗?"

正是这次谈话，后来被韦尔奇称为改变命运的一次谈话。直至后来，当上通用执行总裁后的韦尔奇也一直尊称加托夫为恩师。

就这样，韦尔奇停止了抱怨，并争取尽快脱颖而出。为此，他尽力工作，为自己的成功不断增加砝码。

于是，在 1968 年 6 月初，也就是韦尔奇进入通用的第八年，他被提升为主管着两千零六百万美元的塑料业务部的总经理。当时他年仅三十三岁，是这家大公司有史以来最年轻的总经理。

1972 年 1 月，三十七岁的韦尔奇又荣升为通用集团副董事长，负责四亿美元的业务；次年，又因业绩出色被提升为通用集团的部门执行官。

1981 年 4 月 1 日，汤姆·韦尔奇终于凭借自己的实力与自信，稳稳地站到董事长兼最高执行官的位置上，站到了通用这个大舞台的中央……

生活是不公平的，如果我们无法适应，怨天尤人，不敢面对现实，没有足够的勇气去接受现实的挑战，整天活在忧郁之中，那么等于被生活击垮。既然这样，我们不如去思考，如何更好地去适应生活的不公。唯有适应当下的环境，才会有机会改变自己的处境。

有这样一则笑话。一个人整天拜菩萨，请求菩萨保佑他的彩票中大奖。可是他拜了很多次菩萨，愿望还是没有实现。这个人终于气愤地质问菩萨为什么不保佑自己。菩萨说："我也想帮你一回，但你也得先买彩票，我才能让你中奖啊！”

任何事情，如果没有行动的支撑，那它永远都不可能实现，“活在当下”是一个动词，需要靠行动来实现。英国前首相本杰明·迪斯雷利曾指出，虽然行动不一定能带来令人满意的结果，但不采取行动就绝无满意的结果可言。

倪华大学刚毕业时，被一家电视公司邀请，前去主持特别节目。不久，节目的制片人看她文章写得不错，又邀请她兼职撰稿。就这样，倪华兼起主持和撰稿的双重身份，十分忙碌。

当节目做完，到领酬劳的时候，制片人不但不给她撰稿费，还克扣了她一半的主持费。制片人把收据交给她时说：“你签收一千六百元，但我只能给你八百元，因为节目透支了。”

不用说，倪华十分的气愤，觉得制片人的做法真的是有失公平。但她压制着自己的愤怒并没吭声，照签了收据。因为她觉得，“我现在需要的是这个机会，而不是那一点点的钱”。

后来那个制片人又找到她，需要她做一档新的节目。倪华二话没说，还是和以前一样，两头忙碌着，认认真真尽自己所能帮他做好了那几次的节目。直到最后一次，制片人没再扣她的钱，而且变得对她极为客气。

原来，此时的她已经被电视公司的新闻部看上，一下子成了电视记者兼新闻主播。

后来倪华经常和那位节目制片人在公司遇到，但每次昂头挺胸的都是倪华，而那位制片人却每次笑得有点儿尴尬。

后来，倪华在给别人说起这件事时，总是说：“有什么不公平吗？可以说，没有他我能有今天吗？如果我当初不忍下一口气，将心中的不平消除，又怎能有获得主持的机会呢？机会是他给的，他是我的贵人，他已经知错，我何必去报复呢？”

生活中总是会有这样那样不公平的事情发生，当遇到这些不公平时，我们唯有以更加坚韧的态度，努力的行动方能打破这样的不公，让我们在前进的路上走得更远。

强者从不抱怨

有的人一遇到挑战，就会说“不行不行我不行”；遇到挫折，他们会说“我恨我恨我真恨”；遭遇失败时，他们会大发感慨：“看来我真的不行，这个世界真的是‘不如意事常八九’啊！”……可见，抱怨的实质就是对自己不信任，消极的心态和行动则是抱怨产生的根源。

反观生活中的勇者，他们的字典里从来没有“不可能”，当然更没有“抱怨”。压力越大，他们的激情越高涨；困难越多，他们的心境越平和。无论身处何时何地，他们总是高呼着“我能行”，自信满满地奋勇前进，百折不回。

美国有一个叫米契尔的青年，一次偶然的车祸，使他全身三分之二的面积被烧伤，面目可怖，手脚变成了不可分辨的肉球。面对镜子中难以辨认的自己，他也曾经痛苦过，迷茫过。但他并没有就此沉沦，而是一直以一位哲人的教诲时时警醒自己：“相信你能你就能！”“问题不是发生了什么，而是你如何勇敢地面对它！”

身残志坚的米契尔很快就从痛苦中解脱出来，几经努力奋斗，他终于变成了一位百万富翁。但米契尔并没有就此满足，非要用肉球似的双手去学习驾驶飞机，结果因飞机突然发生故障，他从高空摔了下来。当人们找到他时，发现他的脊椎已经粉碎性骨折，将面临终身瘫痪的现实。家人、朋友悲伤至极，但他却说：“这是件无法逃避的现实。我必须乐观地接受：我的身体虽然不能行动了。但我的大脑依旧是健全的，我还有一张嘴可以帮助别人。”在医院的病房里，他用自己的智慧和幽默，去鼓励病友战胜疾病。他在哪里出现，笑声就在哪里荡漾。

一天，一位护士学院毕业的金发女郎来护理他，他一眼就断定那是他的梦中情人。他将自己的想法告诉了家人和朋友，大家都劝他：这是不可能的，万一人家拒绝你多难堪呀！可他却说："不，你们错了，万一成功了怎么办？万一她答应了怎么办？"

米契尔决定去抓住哪怕只有万分之一的可能，勇敢地向那位金发女郎示爱。两年之后，那位金发女郎最终嫁给了他。

米契尔的坚韧不拔和永不放弃，使他成为美国人心目中真正的英雄，并最终成为坐在轮椅上的国会议员。

遇到困难大多数人似乎习惯了破罐子破摔，既然已经这样了就干脆也不要再去努力了。不努力你就永远只能是一只摔破了的罐子，努力了也许你会看见另一片更美的景色。像故事中的米契尔，面对生活带来的磨难，他没有气馁，没有放弃对生活的期望，仍然以饱满的热情参与生活中的一切，通过自己的努力取得了让常人羡慕的一切，宝贵的财富、美丽的妻子以及国会议员的身份。米契尔无疑是生活的强者。

面对生活中的不公，真正的强者从不抱怨，而是努力用自己的力量去改变生活，让不公平成为明日黄花。

于强有一个大学同学，工作两年就换了六个单位，最近他又闷闷不乐地来找于强喝酒，说是由于得不到老板的重视，身边的同事大多不愿和他谈话，他对那份工作一点儿兴趣也没有了，他想辞职另找一份工作。于强十分了解他的性格，他是那种有上进心，但是又很自负的人，总觉得自己比别人强，有时候甚至还不懂装懂，瞧不起别人。在大学的时候就由于这种性格和很多同学搞僵了关系，人际关系非常糟糕，所以在学校的时候，他就盼望早点毕业换个新环境来摆脱学校这个他认为很糟糕的环境。可是两年来，他频频跳槽，由毕业前的雄心壮志变成了现在的郁郁不得志。

于强没有直接说什么而是给他讲了一个故事。

一只乌鸦打算飞往南方，途中遇到一只鸽子，一起停在树上休息。鸽子问乌鸦："你这么辛苦，要飞到什么地方去呢？为什么要离开这里呢？"乌鸦叹了口气，愤愤不平地说："其实我不想离开，可是这里的居民都不喜欢我的叫声，他们看到我就撵，有些人还用石子打我，所以我想飞到别的地方去。"鸽子好心地说："别白费力气了。如果你不改变你的声音，飞到哪里都会不受欢迎的。"

于强的同学涨红了脸，好像明白了于强的意思，他说非常感谢于强给他讲这个故事。后来，过了许久，于强接到那个同学的电话，同学说，自从那次和于强喝过酒后，回去他就对自己进行了深刻的反省，痛定思痛，拒绝抱怨，而是以更加饱满的热情和努力投入到工作中，并逐渐改掉了自身的一些不足。由于他成绩突出，又得人缘，不久就得到了提拔，他现在已经是某部门的负责人了。

无论生活还是工作，当你认为自己遇到了不公平的待遇时，先冷静地想想到底问题出在哪里，找到问题的症结，解决问题才是正道，而不应用抱怨和逃避的消极态度面对问题。任何抱怨都无济于事，最明智的做法是将抱怨化为行动。

美国著名的《时代周刊》总编查尔斯年轻时，曾在一个周薪六美元的《论坛报》任责任编辑，对于这样一份薪水如此微薄的工作，在常人看来是没必要做下去的。但是查尔斯则不然，他认真做好自己的事情，从不认为自己做这份工作是在"大材小用"，甚至没听他抱怨过命运的不公。

为了获取成功的机会，他比别人付出了更多的努力，当他的伙伴们在剧院时，他要求自己必须在房间里学习；当别人熟睡时，他依然还在学习。就这样，他每天坚持工作 13~14 个小时，并最终通过这种努力获得了成功。

真正的强者从不轻易抱怨，他们会将抱怨埋在心底；真正的强者习惯于在受到伤害后，凭借自身的努力在未来证明那种伤害不足以将自己的强大掩盖，无疑，查尔斯就是这样的人。

抱怨不会使人更聪明、更强大。面对生活中的不公，唯有“自助”，才能“天助之”。如果你还在抱怨，请从现在开始立即放弃抱怨，转而用积极的眼光看世界，有信心去改变自己。请记住：一棵草改变不了大地，但它总能选择根的深度。

消除嫉妒的“毒瘤”

韩愈曾说：“德高而毁来，事修而谤兴”。雨果则表达得更简洁：“嫉妒是一种愤怒的敬佩。”一个人嫉妒往往是由于别人的某些方面胜过自己而产生的不良心态。

一只老鹰常常嫉妒别的老鹰飞得比它高。有一天，它看到一个带着弓箭的猎人，便对他说：“我希望你帮我把在天空飞的其他老鹰射下来。”

猎人说：“你若提供一些羽毛，我就把它们射下来。”

这只老鹰于是从自己身上拔了几根羽毛给猎人，但猎人却没有射中其他的老鹰。它一次又一次地提供身上的羽毛给猎人，直到身上大部分的羽毛都拔光了。于是猎人转身过来抓住它，把它杀了。

嫉妒是一把双刃剑，在你想伤害别人的时候，其实最先伤到的就是你自己。嫉妒对嫉妒者的伤害，正如铁锈对钢铁的伤害一样。心胸狭窄者之所以避免不了失败的结局，就在于他们心存不良。不愿别人超过自己倒还罢了，要命的是，当自己倒霉之时，也要别人没好日子过。要达到这样的目的，除了伤人害己，别无他途了。

程梦涵是一家公司公关部的主管，工作能力很强，人长得也漂亮，很得领导的赏识，来到公司这几年，工作上可谓春风得意。

今年，公司由于业务发展的需要，招了十名应届本科毕业生。在这些大学生还没到公司报到的时候，程梦涵就听人力资源部的人议论说有一个叫张梓欣的女孩不仅名牌大学毕业，长得也十分漂亮。凑巧的是，过了几天，张梓欣来报到了，正好跟程梦涵在一个部门。

张梓欣确实长得很漂亮，而且人也随和，同事都很喜欢她，总是主动跟她说话，教她一些工作上的经验。领导对张梓欣也很赏识，张梓欣刚到公司半年，就已经开始独立负责项目了。这一切，都让程梦涵妒火中烧。以前，自己是领导眼中的红人，眼看着这地位就要被一个小小的张梓欣抢走了！而张梓欣才毕业半年，还是个毛孩子，凭什么就能独立做项目？程梦涵越想越气，恨不得赶紧让张梓欣离开她的视线。

于是，程梦涵经常到领导那去“打小报告”，说张梓欣在工作中总是偷懒，什么工作都做不好，而且目中无人，部门其他同事也都对张梓欣意见很大。但是，领导并没有听程梦涵的一面之词，也没有批评张梓欣，这让程梦涵更加愤怒。

有一天，程梦涵发现张梓欣正在负责一个对公司很重要的项目，张梓欣也一直忙于这个项目执行方案的策划，程梦涵和她说话的时候，她也经常顾不上，有时侯只是抬头笑一笑。张梓欣确实是忙得抬不起头来，可是程梦涵却认为是张梓欣自命不凡，根本不把她放在眼里。一转眼就是张梓欣那个项目洽谈的时间了，前一天，张梓欣与客户那边的负责人约好，又把方案准备好就回家了。下班之后，程梦涵发现张梓欣把方案放在了桌子上，心里突然产生了一个念头。她拿起包装精美的方案放到了自己的抽屉里。

结果可想而知，第二天一早，领导与张梓欣正要去与客户见面，发现放在桌子上的方案不翼而飞！张梓欣怎么找也找不到，着急地哭了，而程梦涵则在一旁幸灾乐祸。领导也大发雷霆，狠狠地训斥了张梓欣。没办法，张梓欣只好重新打印了一份方案出来，但是没有修饰过的方案看起来很寒酸。客户看了方案，认为他们对这个项目不够重视，不与他们合作了。

损失了几十万的生意，领导十分生气，一定要查出到底是谁拿了张梓欣的方案。最后在程梦涵的抽屉里发现了那份方案，程梦涵被公司辞退了。原本大有前途的年轻主管，只因嫉妒之心断送了自己的事业。

英国作家亚当契斯说："不要让嫉妒的毒蛇钻进你的心里，这条毒蛇会腐蚀你的头脑，毁坏你的心灵。"既然嫉妒如毒素，就要转移它，不让嫉妒之火成为心中的绳索。你要明白，嫉妒会在不知不觉中毁了你。一滴水成不了海洋，一棵树成不了森林。任何事业的成功都少不了合作，而嫉妒却总是会拆散所有的合作。

古今中外有很多关于嫉妒的故事。相传，清朝雍正年间有个侠士叫白泰官。一次他游历归来，回到他阔别十多年的故乡。在村外的坟场上，遇见一个八九岁的小孩在练武，身手不凡。白泰官看得出神，猛然想到这个小孩长大后，其武艺一定在自己之上。于是，一股妒火胸中燃起，竟在寻衅比武中欲置小孩于死地。小孩气绝前，盯着白泰官咬牙切齿地说："我父亲白泰官回来一定会给我报仇!"这句话，像一声霹雳，把白泰官惊呆了，原来妒火烧死的竟是自己的亲骨肉!

嫉妒是一种复杂的心理状态，是对别人在才能、收入、成就、人际关系等各方面高于自己时所产生的一种由羡慕至恼怒、怨恨的情绪。尤其是当别人的客观条件与自己相近、地位却优于自己时，更容易产生嫉妒心理。嫉妒的人总是很难看到别人为成功所付出的努力，而总是想方设法对别人进行诋毁中伤，甚至诽谤。

做人如果不能控制自己的欲望，就会成为欲望的奴隶，最终丧失自我，被欲望所役。我们应该明白：即使拥有整个世界，我们一天也只能吃三餐，这是人生思悟后的一种清醒，谁真正懂得它的含义，谁就能活得轻松，过得自在，白天知足常乐，夜里睡得安宁，走路感觉踏实，蓦然回首时没有遗憾!

奇妙的替代定律

哲学家带着一群学生漫游世界。数年光阴，他们游历了很多国家，拜访了很多有学问的人，学生们个个满腹经纶。回到家乡以后，哲学家把学生们带到郊外的一片草地上，他说："数年游历，你们都已经成为饱学之士，现在学业就要结束了，今天是你们的最后一课！"

说完，哲学家坐在草地上，学生们也围着哲学家坐了下来。哲学家问："现在我们坐在哪里？"

学生们回答："我们坐在旷野上。"

哲学家又问："旷野上长着什么？"

学生们回答："旷野上长满了杂草。"

哲学家说："不错，旷野里长满了杂草。我的问题是：'如何除掉这些杂草'？"

学生们感到非常意外，他们想，一生都在探讨人生奥妙的哲学家，最后一课居然问了一个再简单不过的问题。

一个学生开口说："老师，只要有铲子就够了。"

哲学家看了看他，不置可否。

另一个学生接着说："用火烧也可以。"

哲学家微笑了一下，示意下一个学生回答。

第三个学生说："斩草须除根，只要把根挖出来就行了。"

学生们讲完后，哲学家站了起来，说："课就上到这里。你们回去以后，可以按照各自的方法尝试。如果没能除掉，一年以后再来相聚。"

一年后，所有的学生都来了，不过原来相聚的地方，却已经变成了一片丰收的稻田。

数年后，哲学家去世了，学生们在整理他的言论时，在他的著作后补充了下面的内容：要想除掉旷野上的杂草，方法只有一种，那就是在上面种上庄稼。要想让灵魂没有纷扰，唯一的方法就是用美德去占据它。

除掉杂草要用庄稼去占据它，排除灵魂的纷扰要用美德去占据它，远离抱怨则需要我们以最大的热情投身生活，用心栽培快乐，用心感受幸福。做到这一点，生命中便没有抱怨，有的只是升华！

一个叫苏珊·麦洛伊的美国青年，突然被医生宣布得了癌症，在康复机会渺茫的消沉之中，决定开始写一本书来激励自己与癌症对抗。作为一个动物爱好者，她选择人与动物作为书的主题。她通过各种方式收集有关动物的故事，这些故事在编成书前，首先使她从中受到感动，受到激励，成为她勇抗癌症恶魔的最大力量。后来，她的《动物真情录》成功出版，成为《纽约时报》评选的畅销书。而她自己在被诊断出癌症十年后，仍然身心健康，甚至比开始治疗前还好。

人生也是如此，我们可以用美好的事物替代丑恶的东西，就像是打扫出一所空屋子，为了不让恶鬼占据，最好的办法是让好人住进去。替换律同样可以用在我们的思考上：驱除肮脏的念头，不仅仅是绝不去想它，而必须让新东西去替代它。培养新兴趣、新思想；排除失望，仅仅接受失望是不够的，一个希望失去了，应该用另一个希望来代替。

因此，当你因不愉快的事而情绪不佳时，你不妨试着运用替代律来转移自己的情绪注意力。有时间多和朋友积极参加社交活动，培养社交兴趣。一个离群索居、孤芳自赏、生活在社会群体之外的人，是不可能学会理解和关心别人的，一旦主动关爱别人的能力提高了，就会感到自己生活在充满爱的世界里。从而增强生活、学习、工作的信心和力量，最大限度地减少心里的紧张感和危机感。

有时间多找朋友倾诉，以发泄郁闷情绪。日常生活和工作中，难免会遇到令人不愉快和烦闷的事情，如果能多找几个好友听自己诉说苦闷，那么压抑的心境就可能得到缓解或减轻，失衡的心理亦可得以恢复，并且能得到来自朋友的支持和理解，还可获得新的思路，增强战胜困难的信心。

重视家庭生活，营造一个温馨和谐的家。家庭可以说是整个生活的基础，温暖和谐的家是家庭成员快乐的源泉、事业成功的保证。在幸福和睦的家庭中成长，也有利于其人格的发展。

因此，当我们消沉时，最好的解决办法是敞开自己，打破沉默，去做任何可以给我们带来激励的事情，去做其他事情使我们从受挫折的事情中解脱出来。

抱怨只会偷走你对生活的激情

生活中，我们常常可以听到这样的抱怨：

工作乏味，没劲；

工作压力大，报酬不高，没有前途；

上司脾气不好，同事关系难处……

在这声声抱怨中，你的工作被耽误了，开始变得当一天和尚撞一天钟，并且觉得工作就为了“混日子”，对生活也失去了应有的激情，相对地成功也离你越来越远。

世人都说岁月如刀，当你正在抱怨命运不公，感慨青春流逝、辉煌不再时，你是否想过，与其在这里怨天尤人，坐着等待机会的到来，伤逝那些永远无法挽回的记忆，与其沉溺于过去的辉煌里；不如把握现在，放眼未来，让过去地成为过去，用一颗积极向上的心把握好当下，用自己的行动来续写辉煌。

美国著名的人寿保险销售员法兰克·特刚曾经是一名棒球队员。然而，当他转入职业棒球界不久，就遭到了有生以来最大的打击，他被开除了。他的动作无力，因此球队的经理有意要他走人。球队经理对他说：“你这样慢吞吞的，哪像是在球场混了二十年？我告诉你，无论你到哪里做任何事，若不提起精神来，你将永远不会有出路。”

法兰克离开原来的球队以后，一位名叫丁尼·密亨的老队员把他介绍到了新凡。在新凡的第一天，法兰克的一生有了一个重要的转变，他决心变成新凡最有激情的球员。

在新凡的比赛中，法兰克一上场，就好像全身带电一般。他强力地投出高速球，使接球的人双手都麻木了。有一次，法兰克以强烈的气势冲入三垒，那位三垒手吓呆了，球也漏接，法兰克就盗垒成功了。当时气温高达39℃，法兰克在球场奔来跑去，极可能因中暑而倒下去，但是，他挺住了。

这种激情所带来的结果十分令人吃惊，他的月薪增加到原来的七倍。在随后的两年里，法兰克一直担任三垒手，薪水加到原来的三十倍之多。为什么呢？法兰克自己说：“就是因为一股热忱，没有别的原因。”

后来，法兰克因为手臂受了伤，不得不放弃打棒球。于是，他到菲特列人寿保险公司当了一名保险员，可是整整一年多都没有什么成绩，法兰克十分苦闷。这时，他回想起打棒球的经历，于是又变得充满激情了。

凭着这份激情，法兰克成了人寿保险界的大红人。经常有人请他撰稿，还有人请他演讲，介绍自己的经验。他说：“我从事推销已经十五年了。我见到许多人，由于对工作抱着热忱的态度，使他们的收入成倍地增加起来。我也见到另一些人，由于缺乏激情而走投无路。我深信唯有热忱的态度，才是成功的最重要因素。”

拥有激情是一种向上的人生态度，是成就事业、创造成绩的保证，是在崎岖不平、充满荆棘的道路上前进的先决条件，只有饱含激情的人才会在生活的道路上一往无前。

美国犹他州的艾特·博格曾是一位体育健将，有着远大前程。但是，在他二十岁那年的圣诞之夜，因为在去未婚妻家的路上遭遇一场车祸而全身瘫痪。医生告诉他，他不但不能再驾车了，余生得完全依靠他人喂食、穿衣和行走，而且最好也不要提结婚的事了。

他感到世界一片黑暗，既担心又害怕。但是，他的母亲给予及时的鼓励和帮助，说：“艾特，当困苦来时，不要抱怨，不要失去希望，超越它会使生活更余味悠长。”母亲的话使那间黑暗恐怖的病房被希望和热忱的光芒充满。

他不再只盯着没有知觉的四肢，而是以更积极的心态投入到生活中。

他首先学会了在新的条件下驾车，自理生活，慢慢地他又可以到想到的地方干想干的事了。在这个过程中，奇迹发生了：他又能重新活动右臂了。遭车祸一年半后，他和他美丽的未婚妻结了婚。1992 年，他的妻子黛丽丝当选犹他州小姐，又参评美国小姐获季军。他们还有了一双儿女，女儿瑞纳和儿子亚瑟。生活的欢乐不断鼓舞着他向一个又一个人生课题挑战。他学会了独臂游泳、潜水，甚至成为第一个参加滑翔跳伞的四肢瘫痪者。

1994 年美国的《成功》杂志推举他为该年度最伟大的身残志坚者。回顾一切，他说：“为什么我能有所成就，因为多年来，我一直铭记母亲的话，而不是听信周围人等（包括医学专家）的丧气之辞。我深知我的境遇并不意味着可以轻易放弃梦想，我的心头再次燃起希望之火。……因为当困苦来时，超越它们会使生活更余味悠长。”

当生活被磨难、困苦占据时，你要有一颗不断向前看的心。欲望的力量是惊人的，只要你用强大的欲望之力去推动成功的车轮，你就可以平步青云，攀上成功之峰，改变生活的一切。

摆脱心中的枷锁

心，可以超越困难，可以突破阻挠，可以粉碎障碍。正如一位哲人所说："世界上没有跨越不了的事，只有无法逾越的心。"

一代魔术大师、逃生专家胡汀尼有一手绝活，他能在极短的时间内打开无论多么复杂的锁，从未失手。他曾为自己定下一个富有挑战性的目标：要在六十分钟之内，从任何锁中挣脱出来，条件是让他穿着特制的衣服进去，并且不能有人在旁边观看。

有一个英国小镇的居民，决定向伟大的胡汀尼挑战，有意给他难堪。他特别打制了一个坚固的铁牢，配上一把看上去非常复杂的锁，请胡汀尼来看看能否从牢里出去。

胡汀尼接受了这个挑战。他穿上特制的衣服，走进铁牢中，牢门"哐啷"一声关了起来，大家遵守规则转过身去不看他工作。胡汀尼从衣服中取出自己特制的工具，开始工作。

三十分钟过去了，胡汀尼用耳朵紧贴着锁，专心地工作着；四十五分钟、一个小时过去了，胡汀尼头上开始冒汗，两个小时过去了，胡汀尼始终听不到期待中的锁簧弹开的声音。他筋疲力尽地靠在门上坐下来，结果牢门却顺势而开，原来，牢门根本没有上锁，那把看似很厉害的锁只是个样子。

小镇居民成功地捉弄了这位逃生专家，门没有上锁，自然也就无法开锁，但胡汀尼心中的门却上了锁。

你的心里是否也上了一把锁？

生活中种种看似艰难异常的事情真的就无法解决吗？种种看似无法逾越的险峰真的是无法超越吗？生活中很多时候我们都喜欢作

茧自缚，用一把无形的锁捆缚住自己的心，让我们看不清现实。打开心灵的枷锁吧，只有打破思维的定式，才能冲破一道道难关，才能使我们不断迈向成功。

有一个人，他二十三岁时被人陷害，在监狱里待了九年。后来冤案告破，他开始了常年如一日的反复控诉、咒骂：“我真不幸，在最年轻有为的时候遭受冤屈，在监狱里度过本是最美好的时光。那简直不是人待的地方，狭窄得连转身都困难，窄小的窗口里几乎看不到阳光，冬天寒冷难忍，夏天蚊虫叮咬，真不明白上帝为什么不惩罚那个陷害我的家伙，即使将他千刀万剐也难解我心头之恨啊！”

七十三岁那年，在贫困交加中，他终于卧床不起。弥留之际，牧师来到床边，对他说：“可怜的孩子，去天堂之前，忏悔你在人世间的一切罪恶吧！”病床上的他依然对往事怀恨在心、耿耿于怀：“我没有什么需要忏悔，我需要的是诅咒，诅咒那些施于我不幸命运的人。”牧师问：“你因受冤屈在牢房里待了多少年？”他恶狠狠地告诉了牧师。牧师长长叹了一口气：“可怜的人，你真是世界上最不幸的人，对你的不幸我感到万分同情和悲痛。他人囚禁了你九年，而当你走出监狱本应获取永久自由时，你却用心底的仇恨、抱怨、诅咒囚禁了自己整整四十一年。”

在漫长的人生道路上，有着太多的酸甜苦辣、太多的喜怒哀乐以及悲欢离合，过去的已经过去，如果我们把这一切包袱都背在身上，走得岂不太累？还怎能体会人生其他乐趣呢？如果往事不堪回首，却一味地缅怀，岂不是自作自受！

有些人生活的罗盘经常失灵，日复一日，在迷宫般的、无法预测也乏人指引的茫茫人生中失去了方向。他们不断触礁，别人却技高一筹地继续航行，安然战胜每天的挑战，平安抵达成功的彼岸。

为了维持正确的航线，为了不被沿路上意想不到的障碍困住，你需要一个可靠的内部导引系统，一个有用的罗盘，为你在人生困境中指引一条通往成功的康庄大道。可悲的是，太多人从未抵达终点，因为他们借助失灵的罗盘来航行。这失灵的罗盘可能是扭曲的是非感，或蒙蔽的价值观，或自私自利的意图，或是未能设定的目标，或是无法分辨轻重缓急，简直不胜枚举。聪明人利用罗盘，可以获得成功；卓越人士选择可靠的路线，坚定地向前行进，可以安全抵达终点。

苛求他人是一把刺向自己的剑

著名作家徐璐有一句名言："不要苛求别人，更不要刻薄自己，这样快乐会很容易。"不要老盯着别人的错误不放，这样其实也束缚了自己，一味地苛责别人无疑是拿别人的错误在惩罚自己，这样又有何快乐可言呢？

有一对兄妹，从小相依为命。哥哥姚建在一家建筑公司上班，妹妹姚娜则在家料理家务。周末姚建下班回到家，一进门就遭到了姚娜的冷脸相向，姚娜向哥哥抱怨道："哥，你怎么又回来晚了！对了，刚才物业又来收取暖费了，这已经是物业第三次来了，我都不好意思再推脱下去，你发工资了没有？"

"还要再等两天，经理说……"

"啊，还要再等两天？一个大男人，一个月才赚一千多块，还每个月拖、拖、拖，你看人家小君的哥哥，现在都做部门经理了！"

"他有本事，你去找他呀！别在我这待着！一天到晚不干活，你说我一下班冷锅冷灶的，哪有心思干活？猴年马月也当不上经理，都是让你给拖累的。"

"不就今天没做饭吗？我每天在家当洗衣妇、烧饭婆，哪一天不是累得腰酸背痛的？今天我还就不做了，你自己看着办吧！"

"你累，难道我就不累吗？你知不知道，现在金融危机越来越严重，我们公司又要裁员了，我的压力有多大，你知道吗？"姚建越说越气，到最后怒不可遏，随手把手里的公事包砸到了姚娜身上。

"呜——呜——"姚娜号啕大哭起来。

"这日子没法过了！"姚建抬腿出门，到外面的小饭馆喝酒去了。

姚建并不知道，妹妹刚刚被心爱的男友抛弃了，满心痛楚又无处发泄，才把烦恼发泄到了哥哥身上。但姚娜不知道的是，哥哥也正面临着失业的压力，心情也好不到哪里去。因为缺乏沟通，使得他们一味苛求、指责对方；过多地在意自己的感受，却忽略了对方的心情，忽略了对方可能同样需要安慰和体贴，故而造成了一场无法挽回的家庭战争，在这样的苛责中既伤了对方也使自己心里难受。

俗话说："己所不欲，勿施于人。"对别人过分的苛求在另一种程度上也显示了你的心胸狭窄，也是对自己不自信的表现，很多时候，在伤了别人的同时也会伤了自己。

王刚和钟伟是一个公司的同事。平时，两个人的关系不错。钟伟爱喝酒，他总叫上王刚一起。通常情况下，钟伟几杯酒下肚，话匣子就打开了，天南海北地说，从家里的小事说到公司里的决策，从来没有把王刚当成是外人。可是，王刚从来不肯在钟伟面前说任何亲密的话来，也从来不肯对任何事情发表意见。有时候，被钟伟问急了，王刚就随便说几句，应付了事。

这样的日子尽管过得无趣，但相对来说还算和谐。钟伟是比较满意的。可是，好日子不长，公司一个部门的经理临时被调走，出现了空缺。公司的领导很看好钟伟，觉得他平时表现就很积极努力，而且人缘又好，有组织和管理的能力，就力推他来做这个部门经理。

王刚听说了这件事以后，心里很不舒服。他们两个人经常在一起，钟伟有什么事情都跟他说，所以他自认钟伟并没有比自己强。可是升职的却是他而不是自己，这样的结果让王刚很接受不了。

所以，王刚主动找到了总公司的领导，把钟伟平时爱喝酒，喝酒之后还总说一些不着边际的话等一系列的事情都说了出来。有一些不具备那么大影响力的事情，王刚还添油加醋地渲染了一番。

他的说法让领导直皱眉头。王刚看着领导的表情，以为机会成熟了，就趁机力荐自己，说自己其实很适合这个职位等等。

领导听了以后，也没说什么，就让王刚回来等消息了。过了几天，公司宣布了那个部门经理的任命，果然不是钟伟，但也不是王刚，而是公司里一个实力不及他们两个的人。对于这样的结果，钟伟是没什么的，可是王刚疑惑了。他再次找到领导，领导说："竞争的方式有很多种，但是踩着自己的朋友抬高自己，这样的做法公司不鼓励。钟伟是一个有能力的人，可是连身边的人都疏于防范，被人出卖了还不知道，可见也是不能做大事的人。你回去好好反省一下吧。"

就这样，尽管王刚费尽了心机，想要把钟伟挤掉，然后自己去当部门的经理。可是，在这件事情中，他和钟伟都输了。

在职场中，谁都不喜欢打小报告的人，更何况打小报告的对象是自己的朋友，这样的人到哪里都不会受人待见。只要你靠自己的努力，肯吃苦，肯上进，总有一天你的价值会得到领导的肯定。

嫉妒是人类最丑恶的情感也是最折磨人的情感。一个人年龄比你小，学历比你高，能力比你强，你就给别人小鞋穿，而在你前面同样有年龄比你大，学历比你低，能力比你弱的人在，要知道小鞋穿在自己脚上也不舒服。

要学会用一颗宽容的心来包容世间之事。对于受挫折的人，要给他信心；对于困惑不解的人，要给予他理解。一个固执的人，你可以把他看成一个"信念坚定的人"；一个吝啬的人，你可以把他看成一个"节俭的人"；一个城府深的人，你可以把他看成一个"能深谋远虑的人"；一个自大的人，你可以把他看成一个"自信心强的人"；一个喜欢发脾气的人，你可以把他看成一个"感情丰富的人"等等。宋朝袁采说："人之性行，虽有所短，必有所长。与人交游，若常见其短而不见其长，则时日不可同处，若常念其长而不顾其短，虽终身与之交游可也。”

人人都有缺点，但要懂得看别人身上好的一面，从而来弥补自己身上的不足，才能更好地完善自己，世界在自己眼中才能呈现完美的一面。

很多时候人们都喜欢与那些乐观的人交往，是喜欢他们表现出的超然。生活需要的信心、勇气和信仰，乐观的人都具备。他们在自己获益的同时，又感染着别人。人们和乐观——包括豁达、坚韧、沉着的人交往，会觉得困难从来不是生活的障碍，而是勇气的陪衬。和乐观的人在一起，自己也就得到了乐观。同样谁都不喜欢牢骚满腹的人，怕自己受到传染。而失去了勇气和朋友，人生会变得很难。他们不知道，人生有许多简单的方法可以快乐地生活，停止抱怨是其中的真谛之一。

一味地苛责他人，看不到别人的好也看不到自己拥有的东西，只有静下心来，放下心灵的负担，仔细品味你已拥有的一切。多看别人身上的长处，弥补自己身上的不足，珍惜已经拥有的，你会发现，自己也如此富足。

第三章

做自己的救世主

人生是属于自己的，无论任何事情都要自己去解决，去主宰。万事靠自己，才能生存于这个世界。因为你靠自己，才能获得真正的生存本领，才能积累一点一滴的生存经验，才有能力去应对生活中遇到的每一次挫折。当跌倒时，自己爬起来；当遇到荆棘时，自己砍掉它；当困难接踵而来时，自己去解决。

苦难时我们自救

生活不是乌托邦，不是你想要什么就有什么的国度，生活中，不如意往往占据了现实的绝大部分。而面对生活中的不如意，你是选择流泪哭泣呢，还是挺起胸脯，勇敢面对？

邓昇垂头丧气地走进一座庙里，向大师倾诉他一生不幸的遭遇：“我经历无数的失败，早年求学时，没有一次考试能够顺利过关；踏入社会，经营许多生意，皆是以负债收场；然后四处求职碰壁，就算有一份工作，也做不了多久，就被老板开除；现在，连自己的老婆也忍受不了我，要求跟我离婚……”

大师问：“那么，你现在想怎么样呢？”

邓昇万念俱灰地回答：“我此刻只想一死了之。”

大师：“你有没有小孩？”

邓昇：“有呀，那又怎么样？”

大师笑了笑：“还记得你是怎么教你的小孩走路的吗？从他第一次双手离开地面，颤颤巍巍地站起身来，是不是所有家人都会为他喝彩，为他鼓掌？”

邓昇似有所悟：“嗯……是的……”

大师继续道：“然后孩子很快又跌倒了，你是不是轻轻扶起他，告诉他‘没关系，再试试看，你会走得很好的！”’

邓昇的语气坚定了些：“对，我会帮他。”

大师：“孩子走走跌跌，经过无数次的练习，还是走得不稳。你会不会失去耐心，告诉他，最后再给你三次机会，如果再学不会走路，以后终生都不准再给我走路了，干脆我买个电动椅给你。”

邓昇："不会，我会再帮助他，鼓励他，因为我相信，孩子他一定能学会走路的！"

大师："那就对了，你才跌倒过几次，就想坐轮椅了？"

邓昇抗议道："可是，小孩子有人协助他，提携他，而我……"

大师："真正能帮助你、鼓励你的人是谁，此刻你还不知道吗？"

邓昇想了想，朝大师重重地点了点头，昂首阔步地走了。

苦难犹如小孩学走路，总是一路颤颤巍巍地走着。所不同的是小孩有大人扶，而大人的救世主却只有自己。

比尔·波特出生时因为难产导致大脑患上了神经系统瘫痪。这种疾病严重影响了比尔说话、行走和对肢体的控制。州福利机关也将他定为"不适宜被雇用的人"。专家则说他永远不能工作。可是就是这样的人成了怀特金斯公司在西部地区销售额最高的推销员，同时也是推销技巧最好的推销员。他是如何克服生理上的障碍而走向优秀的呢？那就是拼搏！

比尔每天提着装有产品的手提箱爬楼梯，按响门铃，然后耐心等待。脸上早已准备好了谦卑的微笑，几句经过深思熟虑的问候语也挂在嘴边。假如没有人前来开门，或者门开了很快又关上，他也不灰心，仍然面带微笑，迫切地向下一户人家走去。即使客户对产品不感兴趣，他也不会灰心丧气，而是一遍遍地继续去敲开其他人的家门，直到找到对产品感兴趣的客户为止。三十八年来，不论刮风下雨，比尔都背着沉重的样品箱，四处奔波。在不断的拼搏下，他取得了正常人都羡慕的成绩。

生活中，能依靠的永远都只有我们自己。当面对生活强加给我们的不公时，只有勇敢地正视这种不公，并依靠自己的双手打破这种不公，才能真正成为生活的主人，让命运在你面前低头。

万事靠自己，才能生存于这个世界。因为靠自己，才能获得真正的生存本领，才能积累一点一滴的生存经验，才有能力去应对生活中遇到的每一次挫折。当跌倒时，自己爬起来；当遇到荆棘时，自己砍掉它；当困难接踵而来时，自己去解决。

苦难中，我们唯有自救。只有奋勇向上，才是强者的风范；只有自强不息，才是勇士的姿态。我们没有救命稻草，能救我们的，只有自己。

路是自己走的

陶行知说：“淌自己的汗，吃自己的饭，自己的事自己干。靠天靠人靠祖宗，不算是好汉。”

李嘉诚先生曾经说过：“我认为勤奋是个人成功的要素，所谓一分耕耘，一分收获。一个人所获得的报酬和成果，与他所付出的努力是有极大关系的。运气只是一个小因素，个人的努力才是创造事业的最基本条件。”

1921 年 8 月，一位正值壮年的美国人突然患了小儿麻痹症，双腿僵直，肌肉萎缩，臀部以下全麻木了。而这个沉重的打击发生在他作为民主党的副总统候选人参加竞选而败北以后，他的亲属、挚友都陷入极度失望之中，医生也预言他能保住性命就是万幸。但他不屈服于命运的坚强意志，他无论如何也不相信，这种娃娃病能整倒一个堂堂男子汉。

为了活动四肢，他经常练习爬行；为了激励自己，他把家里的人都叫来看他与刚学会走路的儿子进行比赛，一次次爬得气喘吁吁，汗如雨下……目睹那场面时谁又能想到，十多年以后，他奇迹般地当选为美国第三十二届总统，坐着轮椅进入白宫。他，就是美国历史上唯一一位连任四届的总统——罗斯福。

成功源于强烈的企盼，孕育于痛苦的挣扎，是寻找自我、超越自我的结果。人要成功，就要有一种矢志不渝的拼搏精神。你必须将欲望之火燃烧到白炽状态，你必须立下誓言我要改变自己。

一个中国学生以优异的成绩考入美国的一所著名大学，但由于人生地不熟，思乡心切加上饮食、生活等诸多的不习惯，入学不久他便病倒了。更为严重的是，由于生活费用不够，他的生活甚为窘迫，濒临退学。给餐馆打工一个小时可以挣几美元，但他嫌累不干。几个月下来，他所带的费用所剩无几，学校放假时他准备退学回家。

回到故乡后，在机场迎接他的是年近花甲的父亲。当他走下飞机扶梯时，看到久违的父亲，便兴高采烈地向他跑去。父亲脸上堆满了笑容，张开双臂准备拥抱儿子，可就在儿子就要搂到父亲脖子的一刹那，这位父亲却突然快速向后退了一步，孩子扑了个空，一个趔趄摔倒在地。他对父亲的举动深为不解。

父亲拉起倒在地上的孩子严肃地对他说："孩子，这个世界上没有任何人可以做你的靠山，当你的支点，你若想在生活中立于不败之地，任何时候都不能丧失自立、自信、自强，一切全靠你自己！"说完父亲塞给孩子一张返程机票。这位学生没跨进家门，直接登上了返美的航班。返校不久他就获得了学院里的最高奖学金，且有数篇论文发表在有国际影响的刊物上。

人生之中不可能一帆风顺、永远有人给你铺路、有人给你提携、有人给你照顾。人必须要走自己的路，别人不会照顾你一辈子，人生走到某个阶段终究要挑起大梁，面对一个又一个的困难，此时的你，不靠自己又能靠谁？

当今社会，纷纭复杂，人言可畏。所以没有主见随波逐流的人，是永远不会取得成就的。要想获得成功，就应该凡事不随大流，要有自己的主见。

巴尔扎克若不坚定自己的作家梦，便不会有《人间喜剧》的诞生；达尔文若不坚持自己的主见，从事生物研究，便不会有进化论的面世……总而言之，没有自己的主见，便不能做自己的主人，更无法成就一番事业。

生活中，我们可以选择懒惰，可以什么都不干，一天一天地混日子，将就活着，甚至每天可以不刷牙，不洗脸，不洗衣服，不换鞋，没有人管你，你的生活你做主。但是，我们同样可以选择每天干干净净地出门，认真努力地做好每一件事情，和社会名流打交道，将自己的房间收拾得干干净净，生活的一切都很精致；我们可以去听场音乐会，可以伴随着幽香的茉莉花茶仔细地品读一本书，徜徉于书的海洋……

一切都是我们自己的选择，我们的生活依然是我们做主。路是自己走的，只要你一直朝着目标而奋斗，整个世界都会给你让路。

梦想只有靠自己去争取

每个人心中都有一个梦，或成为举世瞩目的科学家，受万人敬仰，或成为一个有钱人，可以一生衣食无忧。每个人的梦都有不同，但都要靠行动去实现，都需要靠自己的双手去争取，让梦成真。

凭借一部《士兵突击》而大红大紫后的王宝强，曾经也是一个在少林寺里拳来脚往生活了六年的孩子。因为克制不住内心梦想之火的燃烧，就决定出少林“闯荡江湖”。他从少林寺伙房师傅的口中得知很多师兄弟都去了北京做武打替身，可以拍电影，还可以和很多大明星接触……被外面五彩缤纷的生活所吸引，也被心中的梦想所牵引，于是王宝强来到北京，开始了所谓的“北漂生活”。

但由于没有什么学历和文凭，王宝强的“北漂”生活过得尤为艰苦。他曾经回忆：“那个时候住排房，屋子很小，夏天非常拥挤，五六个师兄弟挤在一起。不过房租很便宜，一个月一百块，每个人每月也就二十块钱的租金。”可是，就算你空有一身好武功，也要有戏演才能维持生活。而实际上，只凭当替身的那点拳脚费，几乎不可能。

于是，那个时候的王宝强，几乎是“替身和民工”兼做。

生活的艰难并没有动摇王宝强的信念，不管生活多难，他都咬紧牙关坚持着。在一次访谈中，王宝强的哥哥说：“他到了北京忽然和家里失去了联系，信也没有，电话也没有。差不多将近两年的时间。我妈妈想他都快得病了。他忽然有一天打电话回来，说自己得了大奖，开始我们都还不信呢……”

王宝强的确曾经和家里失去联系，他说：“那个时候没有钱，就是没钱打电话……而且也不想打，没混出来个人样，觉得没法跟家里交代，没脸和家里人说。”就在那样孤独、艰难的岁月里，王宝强一面做“武替”，一面做民工，才勉强维持了自己的生活。有时候“武替”一天有几十块钱，有时候就只有一顿盒饭，可是即便这样，王宝强也觉得挺好的，来了北京，能吃饱，还能长见识。

很多师兄都劝他：“宝强，咱回去吧。你说咱们武功也一般，长得也不好，还没什么文化，哪有导演愿意要咱们这样的呀。不是每个人都有李连杰那样的好运气的。”可是，倔强的王宝强就是不肯认输，就是抱定了“再难也要坚持下去”的观点，坚决要留在北京打拼。

或许是他执着的精神感动了上天，直到李扬导演相中了他，电影《盲井》中的优秀表演让他脱颖而出，并荣获了当年金马奖最佳新人奖。随后，冯小刚导演找到了他，他和中国最优秀的几个一线大明星、众多影帝影后加盟《天下无贼》。那个憨厚的“傻根”让人们一下子记住了他的名字。王宝强的星途从此一帆风顺。

面对梦想，若没有王宝强一再地坚持，没有他“咬定青山不放松”的态度，成功也不过是镜花水月的一个梦。

有一位名叫丽丝的美国女孩，她的父亲是波士顿有名的整形外科医生，母亲在一家声誉很高的大学担任教授。她的家庭对她有很大的帮助，她完全有机会实现自己的理想。她从念中学的时候起，就一直梦寐以求要当上电视节目的主持人。她觉得自己具有这方面的才干，因为每当她和别人相处时，即便是生人也都愿意亲近她并和她长谈。她知道怎样从人家嘴里掏出心里话。她的朋友们称她是他们“亲密的随身精神医生”。她自己常说：“只要有人愿给我一次上电视的机会，我相信我一定能成功。”

但是，她为达到这个理想却什么都没做，只是一味地等待，总等着让别人发现她的才干，希望一下子就当上电视节目的主持人。但现实是，电视台不会去请一个毫无经验的人去担当电视节目主持人，节目主管也不可能跑到外面去搜寻人，只有有意愿并有能力的人上门来找工作，而不是等着工作去找她。所以，可想而知，丽丝一味等待的奇迹是永远不可能出现了。

而另一个名叫莎莉的女孩却实现了丽丝的理想，成了著名的电视节目主持人。莎莉并没有白白地等待机会出现。她不像丽丝那样有可靠的经济来源，所以白天去打工，晚上在大学的舞台艺术系上夜校。毕业之后，她开始谋职，跑遍了洛杉矶的广播电台和电视台。

但是，每一个地方的经理对她的答复都差不多：“不是已经有几年经验的人，我们是不会雇佣的。”

但是，她不愿意退缩，也没有等待机会，而是走出去寻找机会。她一连几个月仔细阅读广播电视方面的杂志，最后终于看到一则招聘广告，北达科他州有一家很小的电视台招聘一名预报天气的女主持人。

莎莉是加州人，不喜欢北方。但是，有没有阳光、是不是下雪都没有关系，她只是希望找到一份和电视有关的职业，干什么都行！她抓住这个工作机会，动身到北达科他州。

莎莉在那里工作了两年，最后在洛杉矶的电视台找到了一个工作。又过了五年，她终于得到提升，成了她梦想已久的节目主持人。丽丝那种失败者的思路和莎莉这种成功者的经历正好相反。她们的分歧点就在于，丽丝在十年当中，一直停留在幻想上，坐等机会的到来，期望机会主动来找她，而白白浪费了大好的时光。而莎莉则是采取行动。首先，她充实了自己；然后，在北达科他州受到了训练；接着，在洛杉矶积累了比较多的经验；最后，终于实现了理想。

一个人要始终怀揣对美好未来的向往，才能在前进的路上始终保持一颗积极不服输的心，才能行走得更远。

世上之人都是有梦的，但可怕的是只知道成天做梦，而没有一点实际行动。这样你就只能永远生活在自己编织的美梦里，永远不可能体会梦想成真后的喜悦。

人生在世，每个人都是有梦的，有梦不可悲，可悲的是整日做梦。人一旦有了梦想，就要抓紧时间去实现，梦想不能等，因为人生的不同阶段，会有不同的历练和想法，如果二十岁时的梦想在六十岁才得以实现，那将会是怎样一种悲哀的情形？

信念帮你走出生活的瓶颈

很久以前，为了开辟新的街道，伦敦拆除了许多陈旧的楼房。然而新路却久久没有开工，旧楼房的地基就一直荒废在那里，任凭日晒雨淋。

有一天，一群自然科学家来到这里，他们惊奇地发现，在这一片多年未见天日的地基上，这些日子里因为接触了春天的阳光雨露，竟长出了一片野花野草。奇怪的是，其中有一些花草却是在英国从来没有见到过的，它们通常只生长在地中海沿岸国家。

这些被拆除的楼房，大多都是在罗马人沿着泰晤士河进攻英国时建造的，大概花草的种子就是那个时候被带到了这里。它们被压在沉重的石头砖瓦之下，一年又一年，几乎已经完全丧失了生存的机会。但令人感到意外的是，一旦它们见到了阳光，就立即恢复了勃勃生机，绽开了一朵朵美丽的鲜花。

小小的种子真令人惊叹，它们是如此的柔弱却又如此的坚韧，即使在沉重的砖瓦下压上数百年，它们依然能够保持自己鲜活的生命。一旦阳光照耀，一旦雨露滋润，它们便又焕发出勃勃的生机。一粒种子，即使被埋没数百年，依然蕴藏着生的希望。

信念就像一颗种子，一颗生命的种子，总是蕴藏着无限的生的希望。只要心中有信念，一切都会充满希望。

俄国的列宾曾经说过："没有原则的人是无用的人，没有信念的人是空虚的废物。"一个人不怕能力不够，就怕失去了前进的信念。拥有信念的人，从某种意义上说，就是不可战胜的人。

罗杰·罗尔斯是美国纽约州历史上第一位黑人州长。他出生在纽约声名狼藉的贫民窟。那里环境肮脏，充满暴力，是偷渡者和流浪汉的聚集地。在这儿出生的孩子，耳濡目染，他们从小逃学、打架、偷窃、甚至吸毒，长大后很少有人从事体面的职业。然而，罗杰·罗尔斯是个例外，他不仅考入了大学，而且成了州长。

在就职的记者招待会上，一位记者对他提问："是什么把你推向州长宝座的？"面对三百多名记者，罗尔斯对自己的奋斗史只字未提，只谈到了他上小学时的校长——皮尔·保罗。

1961 年，皮尔·保罗被聘为诺必塔小学的董事兼校长。当时正值美国嬉皮士文化流行的时代，他走进大沙头诺必塔小学的时候，发现这儿的穷孩子比"迷惘的一代"还要无所事事。他们不与老师合作，旷课、斗殴，甚至砸烂教室的黑板。皮尔·保罗想了很多办法来引导他们，可是没有一个是有效的。后来他发现这些孩子都很迷信，于是在他上课的时候就多了一项内容——给学生看手相。他用这个办法来鼓励学生。

当罗尔斯从窗台上跳下，伸着小手走向讲台时，皮尔·保罗说："我一看你修长的小拇指就知道，将来你是纽约州的州长。"当时，罗尔斯大吃一惊，因为长这么大，只有他奶奶让他振奋过一次，说他可以成为五吨重的小船的船长。这一次，皮尔·保罗先生竟说他可以成为纽约州的州长，着实出乎他的预料。他记下这句话，并且相信了它。

从那天起，"纽约州州长"就像一面旗帜，罗尔斯的衣服不再沾满泥土，说话时也不再夹杂污言秽语。他开始挺直腰杆走路，在以后的四十多年间，他没有一天不按州长的身份要求自己。五十一岁那年，他终于成了州长。

记得一位名人曾经说过这样一句话："如果我们分析一下那些卓越人物的人格品质，就会看到他们有一个共同的特点：他们在开始做事前，总是充分相信自己的能力，排除一切艰难险阻，直到胜利！”

信念的能量是巨大的，它能帮一个人把被动变为主动，由劣势变成优势。有了信念，就有了顽强的精神和意志，从而战胜自己，战胜重重困难。

拥有了坚定的信念不仅可以成就个人的辉煌，还能够推动社会的发展。坚定了信念不动摇，歌德用六十年成就了《浮士德》；坚定了信念不动摇，托尔斯泰用三十七年打造出《战争与和平》；坚定信念不动摇，曹雪芹用时十年写下中国古代小说之巅的《红楼梦》。

人生的变数很多，没有人能够承诺我们的一生永远是晴天；没有人能预知草莽中是否潜藏毒蛇猛兽；没有人能勾勒出生命的风刀霜剑……然而，我们虽不能把握外界带给我们的挫折、磨难，却可以把握自身的行动，并用行动来产生力量。如同文中的花草和纽约州州长罗尔斯一样，用坚强的信念来获得这股力量之源。

一个人，当你拥有了真正的信念，你就是不可战胜的。当遇到挫折，陷入困境，只要心头有一个坚定的信念，努力拼搏，就一定会渡过难关，取得成功。

适合自己的才是最好的

有两只老虎，一只生活在笼子里，一只生活在野地里。在笼子里的老虎三餐无忧，在外面的老虎自由自在。两只老虎经常进行亲切的交谈。笼子里的老虎总是羡慕外面的老虎自由，外面的老虎却羡慕笼子里的老虎安逸。

一日，一只老虎对另一只老虎说："咱们换一换。"另一只老虎同意了。于是，笼子里的老虎走进了大自然，外面的老虎走进了笼子。从笼子里走出来的老虎十分高兴，在旷野里拼命地奔跑；走进笼子的老虎也十分快乐，因为它再也不用为食物发愁了。

但不久，两只老虎竟都死了，一只是饥饿而死，一只是忧郁而死。从笼子中走出来的老虎获得了自由，却没有同时获得捕食的本领；走进笼子的老虎获得了安逸，却没有获得在狭小空间生活的心境。

很多时候我们总是吃着碗里的看着锅里的，我们总是把眼光盯在别人看似安逸的生活中，却忽略了自身的幸福。殊不知，合适的才是最好的。其实仔细想想，也许别人的幸福对自己不适合，别人的幸福也许正是自己的坟墓。

雅典奥运会中，最耀眼的中国明星非刘翔莫属。刘翔开创了亚洲人夺得跨栏运动奥运金牌的历史。2006 年的 7 月，刘翔打破了沉睡十三年之久的 110 米栏的世界纪录，12 秒 88 的成绩预示着刘翔"飞人"的到来。刘翔被全世界人所关注。

看到刘翔的成绩，有人感叹刘翔的天赋，但刘翔的体育生涯却缘起跳高。刘翔在练了一个时期的跳高后没有取得什么显著成绩，觉得自己不适合练跳高，正当他迷茫时，孙海平教练看中了刘翔，并将刘翔争取到自己的门下，这样刘翔才开始了自己的跨栏生涯。

在师傅的带领下，刘翔喜欢上了跨栏，开始热爱跨栏，最终刘翔成了110米跨栏王。从跳高到跨栏，从默默无闻到成为被世界瞩目的超级大明星，刘翔成功地进行了一次人生的飞跃。

适合自己的才是最好的，只有找到适合自己的位置，才能充分发挥自身的才干，在这个位置上熠熠生辉。

爱迪生小时候在校学习时，老师认为他是一个愚笨的孩子，经常责怪他，而爱迪生的母亲却发现了自己儿子爱探究的天赋，用心培养他，后来他终于成了发明大王。在确立目标时要考虑到自己的特长。聪明的人，总会去做自己擅长的事情。因为如果做我们不擅长的事情，就算我们再努力，顶多也就是不会被别人抛下太远，想要出人头地，是很难的。而做我们擅长的事，则可以让我们有可能成为那个领域的精英。

卢翔大学时期修的是艺术专业，毕业后又进修了油画专业。巨额的进修费用以及高昂的生活费用，使他不得不去自力更生。

但是做什么呢？眼看除夕灯会要开始了，卢翔思前想后，决定去卖灯笼，也许能赚些钱贴补家用。但人算不如天算，那一年除夕灯会取消了。第一次努力改变命运的行动失败了，卢翔觉得有些失望，但是并没有被打垮。过了些时日，他又决定去街边卖冷饮为生。想到做到，于是他购置了一些饮料和一台小型的二手冰箱，开始了摆摊生涯。但他万万没想到的是，这次的努力又以失败告终。因为地理位置在市中心，被城管以影响市容给没收了，没做过生意的他，事先根本没想到过这些。

接连的打击，使他对生活几乎失去了信心，觉得上天不该跟他开这种玩笑，因为这样对他真的太不公平了。

后来，卢翔决定转行做装修生意，他觉得自己受过深刻的艺术熏陶，肯定有着比普通人更加敏锐的眼光和更加严格的要求，如果以艺术家特有的完美主义，把装修做成一门艺术来对待，会不会受到欢迎呢？

于是，卢翔就凑了一些资金，创办了第一家小型装饰装修公司。

果不其然，与众不同的装修风格博得了大众的一致好评，甚至还有一些顾客慕名而来。有一次，有家机场的负责人来找卢翔，让他的装修公司去装修一个机场候机室，但是，时间只有一个月。对于卢翔来说，任何一个机会都不能放过，尽管时间有限，他还是答应了。

整整一个月的时间，卢翔和其手下的几个员工没日没夜地加班加点，终于在最后的时刻完成任务了。

自从飞机场改建工程完工后，卢翔的装修公司就名声大振，他一面圈进财富，一面向外扩张。短短几年时间，就完成了原始积累的卢翔，开始向更大的目标前进。

在人生的道路上，我们不可避免地会遇到许多的选择与诱惑，关键是找到那个最适合自己的角色与位置，才能最终在生命的长河里大放异彩。

对自己说“我能行”

心理学上说：个人的积极性信念对个人的行为有着很大的影响。“告诉自己，我能行”，从心理学的角度讲，这是一种积极性的信念。这种适当的积极的自我期待，能够增加影响他人的砝码。

1960年，哈佛大学的罗森塔尔博士曾在加州一所学校做过一个著名的实验。

新学期，校长对两位教师说：“根据过去几年来的教学表现，证明你们是本校最好的教师。为了奖励你们，今年学校特地挑选了一些最聪明的学生给你们教。记住，这些学生的智商比同龄的孩子都要高。”校长再三叮咛：“要像平常一样教他们，不要让孩子或家长知道他们是被特意挑选出来的。”

这两位教师非常高兴，更加努力教学了。

一年之后，这两个班级的学生成绩是全校中最优秀的。知道结果后，校长如实告诉两位教师真相：他们所教的这些学生智商并不比别的学生高。这两位教师哪里会料到事情是这样的，只得庆幸是自己教得好了。

随后，校长又告诉他们另一个真相：他们两个也不是本校最好的教师，而是在所有教师中随机抽选出来的。

这两位教师相信自己是全校最好的老师，相信他们的学生是全校最好的学生，正是这种积极的心理暗示，才使教师和学生都产生了一种努力改变自我、完善自我的进步动力。这种企盼将美好的愿望变成现实的心理，这就是心理暗示的作用。

心理暗示是我们日常生活中最常见的心理现象，它是人或环境以非常自然的方式向个体发出信息，个体无意中接受这种信息并做出相应反应的一种心理现象。暗示有着不可抗拒和不可思议的巨大力量。

“勇气是在偶然的机会中激发出来的。”莎士比亚说。除非你让自己时刻保持一种接受勇气的态度，否则，你不要指望自己身上会时时刻刻体现出巨大的勇气。在就寝前的每个夜晚，在起床时的每个清晨，你都要对自己说“我会做到的，我能行”，并以此作为自己坚定的信条，然后充满自信地勇敢前进。

美国的布鲁金斯学会多年来以培养世界上最杰出的推销员著称于世。该学会有一个传统，那就是每期学员毕业时，会给他们出一道最能体现推销员实战能力的实习题。

在尼克松当政时期，曾经有一位学员成功地把一台微型录音机卖给了尼克松总统。为了奖励他，学会赠给了他一只刻有“最伟大的推销员”的金靴子。但是在接下来的二十六年时间里，却再也没有人能够获此殊荣。

最有意思的是，在克林顿当政时期，学会居然给学员们出了这样一道难题：请把一条三角裤推销给现任总统。后来克林顿卸任，布什走马上任，学会的实习题也有所改变：请把一把斧子推销给布什总统。

由于之前二十六年时间里无数前辈都无功而返，许多学员都放弃了角逐金靴奖的机会。他们抱怨说，这个任务并不比推销三角裤简单，因为现任总统根本不需要斧头，即使需要也用不着亲自购买。

直到2001年，一位名叫乔治·赫伯特的推销员的出现，才再次打破了这一推销极限。然而，用乔治·赫伯特自己的话说，他却没花多少工夫。他说：“我认为把一把斧子推销给布什总统是完全有可能的，因为总统在得克萨斯州有一个农场，里面有许多树。于是我给他写了一封信，信中说：‘总统先生，有一次我有幸参观了你的农场，发现里面长着许多大树，有些已经枯死了。我想您一定需要一把斧头。眼下我这里正好有一把非常适合砍伐枯树的斧头，如果您有兴趣的话，请按这封信上的地址回复。’后来，他就给我汇来了买斧头的钱。”

曾经有记者这样问过布鲁金斯学会的负责人：“二十六年的时间里，学会培养了数以万计的推销员，也造就了数以百计的百万富翁。难道说他们的能力真的不如乔治·赫伯特吗？为什么不把金靴奖发给他们？”换言之，布鲁金斯学会不公平。对此，该负责人回答道：“这只金靴子之所以没有授予其他的学员，是因为我们一直想寻找这么一个人，这个人不因有人说某一目标不能实现就放弃，不因某件事情难以办到而失去自信。”

在乔治·赫伯特成功之前，布鲁金斯学会的每一个会员都有机会赢得金靴奖，这就是公平！当乔治·赫伯特将那把斧头成功地推销给布什总统后，他就赢得了金靴奖，这也是公平！与此同时，他的成功有力地证明了这样一个道理：很多我们自认为难以做到的事情，并不见得真的难以做到；而是因为我们失去了自信和积极的进取心，有些事情才愈发显得难以做到。人类的通病，就是轻而易举地将某些事情用“不可能”简单化，这也是成功路上的最大障碍，只有打破这种精神牢笼，才能真正地把对梦想的憧憬化为奋斗的动力，才有可能取得成功。

每天对着镜子说一声“我能行”，每天多给自己一些积极的心理暗示。本着上天所赐予我们的最伟大的馈赠，积极暗示自己，你便开始了成功的旅程。

生活中，我们可以有意识地进行积极的自我暗示，并将这种积极的思想和意识，洒到潜意识的土壤里，让我们遇到事情全力拼搏，有一种不达目的不罢休的态度。这样，你很可能就是下一个杰出者。

跳脱思维的局限

僵化的思维会让人跳脱不出那些陈规，在思维定式的运作下按部就班。很多时候，我们的失败，往往都是败在思维定式上。

一家规模不大的建筑公司在为一栋新楼安装电线，他们要把电线穿过一根十米长、但直径只有三厘米的管道，而且管道是砌在砖石里，并且弯了四个弯。他们感到束手无策，显然，用常规方法很难完成任务。

一位爱动脑筋的装修工想出了一个非常新颖的主意。他到市场上买来两只白老鼠，一公一母。他把一根线绑在公鼠身上，并把它放在管道的一端，另一名工作人员则把那只母鼠放到管道的另一端，并轻轻地捏它，让它发出“吱吱”的叫声。公鼠听到母鼠的叫声，便沿着管道跑去寻找，它沿着管道跑，身后的那根线也被牵着跑，因此工人们很容易地就把那根线的一端和电线连在一起。就这样，穿电线的难题顺利得到解决。这位爱动脑筋的装修工后来因为善于创新得到上级嘉奖，并被委以重任。

很多时候我们会遇到这样的情形：当你面对一个问题的时候，总是觉得这太难了，怎么也想不出解决的办法。当你着急想去做一件事的时候，总有许许多多障碍横在你眼前，让你难以跨越。当你想要做成一番大事业的时候，却发现手中的资源少得可怜，对我们有利的条件更是几乎没有，很难做大、做强。而此时的你已经遇到了发展的瓶颈，是急需突破的时候了。

无数事实证明，伟大的创造、天才的发现，都是从突破思维定式开始的；但如果在自己的思维定式里打转，即使是天才也走不出死胡同。

法国物理学家朗之万在总结读书的经验与教训时深有体会地说："方法得当与否往往会主宰整个读书过程，它能将你托到成功的彼岸，也能将你拉入失败的深谷。"

重量级拳王吉尼·吐尼一生获得过无数的荣誉，也面对过无数个强敌。有一回他要和同样是个强劲对手的汤姆·丹塞对决。他知道如果被丹塞击中，一定会伤得很重，一个受重伤的拳击手短时间内是很难反败为胜的。于是，他开始做准备工作，他要加紧训练，而他最重要的训练项目就是后退跑步。

一场著名的拳赛过后，证明吐尼的策略是对的。第一回合吐尼被击倒之后，然后爬起来，尽量后退以避开对手，直拖到第一回合终了。等到第二回合，他的神智和体力都充分恢复之后，他奋力把丹塞击倒在地，获得了最后的胜利。

人们总是依照已有的套路和模式去解决问题，通常情况下都能很轻松地把问题解决。但当正常思维下的方式不管用时，就需要我们寻找新的契机来获得成功。

所以，当我们感到无路可走时，换一种思维方式，跳出惯性思维，也许马上就能找到一条新的道路、一个新的目标、一种新的境界，从而使问题得以解决。

永远把目光放在前方

高尔基所说："目标愈大，人的进步愈大。"一个不想当元帅的士兵，不能当上元帅，甚至不能成为一个好士兵。"取乎上，得其中；取乎中，得其下"，这是一个不容忽视的规律。只有把目光放在前方，才能更好地面对生活，对未来充满希望。

1982 年，国家号召科技兴农，农村出现了新一轮的建设热潮。1982 年 8 月的一天，四川省新津县古家村的一家小院里，刘家四兄弟正在举行决定自己命运的方桌会议。桌子的四方坐着刘家四兄弟：老大刘永言，毕业于成都电讯工程学院，就职于某国营单位的计算机室；老二刘永行，师范专科毕业，在县教育局工作；老三陈育新（刘永美），四川农学院毕业，在县里当农技员；老四刘永好，省电大毕业，在省里一所中学教书。

他们手里当时都捧着人们羡慕的"铁饭碗"。按理说，命运对他们够垂青的了，可他们却偏偏不安分。在经过一番激烈的讨论后，三天三夜的家庭会议终于做出决定："脱公服当专业户！"陈育新首先辞职，接着其他三兄弟也先后辞职；然后各自变卖了手表、自行车等值钱的物件，硬是凑足了一千元的资本，于是，以陈育新名字命名的育新良种场呱呱坠地。

早在 1982~1984 年办良种场时，刘永好负责采购饲料，这位有心人在南方采购饲料时就开始了对饲料经营的观察、调查与思考。刘氏四兄弟之所以后来把目光转移到饲料生产行业，也是有所考虑的：谁家的饭桌上都离不开猪肉，而中国传统的养猪方法太落后了，农民喂猪用青草、大麦和红薯，每头猪一般要年底才能出栏。养猪业要想有飞跃，必须以发展饲料为突破口。而此时，一批外国饲料商正涌进中国，大量生产和销售具有现代概念的全价颗粒饲料。一时间，中国第一养猪大省——四川省出现了排队争购饲料的现象。

对此，四兄弟很快做出决策，开始饲料研制工作。他们建起一个有一百多头猪的试验场，邀请省内外著名的专家学者共同论证饲料配方，积累研究成果。刘家四兄弟意识到：欲降低饲料成本，提高质量，关键是增加配方及生产工艺中的科技含量；而欲与世界先进饲料一比高低，科技开发更是迫在眉睫。1988 年，希望饲料公司取代了育新良种场，专业户发展成为私营企业。

1988 年，希望饲料公司在古家村买下了十亩地，投资四百万元，建立了希望科学技术研究所和饲料厂，又投入四百万元作为科研经费，并聘请了三十多位专家、教授任专职或兼职研究人员。先后派人到国外各地考察，并邀请国内外专家来访交流。经过两年多的反复试验、筛选，从三十三个配方中优选出来的“1 号乳猪饲料”脱颖而出。1989 年，“希望”自行开发生产的“希望牌”1 号乳猪全价颗粒饲料面世，质量可与泰国“正大”饲料相媲美，每吨价格却比泰国饲料低六十元，一下子就打破了洋饲料垄断市场的局面。自此，希望饲料一举成名。

总是一味地盯着眼前的利益，你就不可能有更大的收获，你的眼光、思想就会受到局限，看不见前方更广阔、美丽的风景。

杨晓光是个爱玩的人，他发现自己所玩过的游戏中不论是盛行的网络游戏还是当年的单机游戏，竟没有一款是真正的国内自主研发的游戏，自己从小到大玩的游戏都是外国人研究开发的。一些国外游戏研发者肆意歪曲诋毁中国形象，进行事实上的文化侵略，这对从小玩着游戏长大的杨晓光来说触动非常大，他立志要做中国自己的优秀游戏。

在积累了经营方面的一些知识后，杨晓光凑了十万元钱，成立了自己的公司。经过一段时间的发展，公司培养了自己的技术人才。在解决了人才问题后不到一年的时间，杨晓光公司的各项业务发展迅速，客户遍布全国各地，投资增长了近八倍。

到2007年，他们公司的产品已经覆盖了北京、上海、山东、黑龙江、吉林、辽宁等十几个省市，到2007年下半年，他的公司实现了为全国各省市的运营商提供本土化游戏产品，这标志着杨晓光梦想的实现。

人生处处充满机遇，关键是你是否具有一双善于发现机遇的眼睛。

把目光放在前方，更容易忽视当下生活带给你的不公，才能一直不停地朝着梦想努力，面对生活，才会一直充满希望。

◎ 第四章 ◎

打好手中的坏牌

人生有时就像一场牌局，发牌的是上帝，握牌的是我们自己。握在手中的牌有好有坏，关键看我们怎么出牌，谁的一生都可能有一手坏牌的时候，强者会把坏牌当作小小的障碍，等闲视之；而弱者却把坏牌看成永远翻不过去的大山，听从命运的安排。

输赢不在牌好坏，而在有无想赢的信念

打牌时我们都希望能拿到一副好牌来赢得胜利，但有时有了好牌却输了牌局，而手握坏牌却最终赢得了牌局。人生亦如牌局，有时候不在乎你是拿到了一副好牌还是坏牌，关键是看你有无想赢的信念。如果不想赢，再好的牌也会输。

新学期开始后，县中学转来一位女孩儿。看她的衣着，就知道她是普通农民家的孩子。女孩有着农家孩子的朴实和勤奋，听课专心，发言踊跃，让班主任于老师非常欣慰。

可是几天后，于老师注意到，女孩儿总是低着头走路，有时眼睛还红红的。有同学欺负她？还是想家了？带着疑问，于老师把女孩儿叫到了办公室。

经过一再追问，女孩儿说出了实情：这几天她发现自己无论是穿着还是学习都不如其他同学，总认为自己低人一等，觉得父母花这么多钱让她来县城读书，最终恐怕会让父母失望。

“是这样啊！那老师给你讲个故事。”说完，于老师给她讲起了前不久看过的一个小故事。故事发生在英国的一个小镇上。为了募捐，薇薇安所在的学校准备排练一部叫《圣诞前夜》的话剧。得知消息后，薇薇安第一个去报名要求当演员。她的目标是出演剧中的女儿。但是到定角色那天，薇薇安却一脸冰霜地回到了家，因为她被告知，她的角色是一只狗！

整个晚饭时间，薇薇安不是抱怨牛排太咸，就是埋怨土豆太淡，搞得一家人都没了胃口。饭后，爸爸把薇薇安叫到书房，两个人谈了很久。虽然他们拒绝透露谈话内容，但是第二天人们又看到了那

个快乐的薇薇安。她不仅没有拒绝演狗，还买来了护膝，以便更好地排练。

终于到了演出的那一天。从头至尾，薇薇安穿着一套毛茸茸的道具，手脚并用地在台上爬来爬去，还不时伸个懒腰，晃晃脑袋，动作惟妙惟肖，精湛的表演吸引了所有观众的眼球，虽然她从头至尾没有说过一句台词。

后来，薇薇安向人们透露了她和爸爸那天晚上的谈话。爸爸说："如果你用演主角的态度去演一只狗，狗也会成为主角。"说到这里，于老师加重语气说："命运赐予我们不同的角色，与其怨天尤人，自暴自弃，不如全力以赴，演好自己的角色。因为再小的角色也有可能变成主角，哪怕你连一句台词也没有。"

很多时候，上帝发到我们手中的牌都是不尽如人意的。若我们总是拿到一副坏牌就舍弃不要，那我们的人生就只能在蹉跎中度过。其实，拿到一副坏牌不要紧，关键是你是否具有想赢的信念，只要想赢的信念不灭，就算是坏牌也能赢得精彩。

一位拳击冠军在一次新闻发布会上向人们讲述了他的夺冠之路。"十八岁的时候我第一次与人对打，对手整整高出我一头，而且身体十分强壮。说真的，当时，我想的是自己能活着下台就不错了。拳击开始以后，对手的拳头又快又很，我完全没有还手之力。中场休息的时候，我想要放弃。但教练却一个劲儿地鼓励我：相信自己，你一定能够打败他的，只要努力坚持下去就可以了。教练的话深深地激励了我。再次上场的时候，我把自己豁出去了，脑子里只有一个念头：努力坚持下去。而且开始用尽全力去对抗，逐渐开始反击。慢慢地我迷糊了，但还是用尽全力去打对方，脑海中不停地闪现着'努力坚持下去'的念头。终于，对面的黑影倒下了。一只手将我的手高高举起来，欢呼着'赢了'。从此之后，我一直都牢牢地记着教练对我说过的话。”

“只要努力坚持下去就可以了。”比赛需要坚持，生活也一样需要坚持。每个人的人生都不会一帆风顺，当你面临艰难险阻时，敢于迎难而上，并持之以恒，那么，你就能够胜出。“古今成大事者，不惟有超世之才，亦必有坚忍不拔之志。”古人告诉我们这样的道理，无数成功者也告诉我们这样的道理：坚强的信念，是生命最强的支柱！阿基米得说：“给我一个支点，我就能撬起地球。”

生活中的很多人也有成功的愿望，但愿望和信念不一样。愿望只是静态的，“我希望成功，希望富有，希望很有成就……”而信念则是动态的，“我要获得成功，要创造财富，要获得成就……”一个拥有信念的人，坚信成功不久就会到来，所以一直努力坚持，尽自己最大的努力向成功迈进。

德怀特·戴维·艾森豪威尔是美军历史上唯一当上总统的五星上将。在美军历史上，他晋升速度“第一快”；在历届总统中，他出身“第一穷”。从一个平民之子到举世瞩目的美国总统，艾森豪威尔凭的是什么？用他自己的话说，这一切源于年轻时的一件小事：有一次晚饭后，艾森豪威尔和家人一起玩纸牌游戏。他的手气很糟糕，一连几把牌都很烂。当他再次抓到一把烂牌时，他变得很不高兴，开始抱怨上帝。这时他的母亲停了下来，正色对他说道：“如果你想玩，就必须用你手中的牌玩下去，不管那些牌是好是坏！”

艾森豪威尔一愣，母亲又说：“人生也是如此，发牌的是上帝，不管牌怎样你都必须拿着。你能做的就是尽全力打好手里的牌，求得最好的结果！”

很多年过去了，艾森豪威尔却一直牢记母亲的话。对生活，他从未存有任何抱怨，因为他总是能以积极乐观的态度去迎接命运的挑战，尽力做好每一件事，最终成了美国总统。

不管手中拿到的牌是好是坏，我们所能做的就是尽力打好手中的牌，求得最好的结果。无论我们面对的生活有多么艰辛，只有一颗坚强不摧的心、一个坚定不移的信念，就能使人克服人生的重重阻挠，创造更好的明天！

改变出牌的方式

很多时候，我们可能无法改变生存的外部环境，但是我们可以换换思维，适时改变一下思路，就有可能开辟一条别样的成功之路。

一块普通的石头，在不同的市场上有不一样的价值。人生也是一样，当我们手握一副坏牌，并无力改变它时，就需要换一种方式、换一个角度来出牌，尽全力得到最好的结果。

美国心理学家福·汤姆逊有一次外出回家，天色已晚，大街上静悄悄的，连个人影都没有，他摸了摸旧大衣口袋里的两千美元，心里不免为之担忧。因为当时强盗猖獗，人们外出时往往带上几美元，以在被劫时乖乖奉上，保全自己的性命。

汤姆逊边走边警惕地观察四周，果然发现身后几米远的地方，有个戴鸭舌帽的彪形大汉紧紧尾随着他。他慢跑快走，怎么也甩不掉这个“尾巴”。汤姆逊毕竟是个心理学家，他急中生智，冷不防地向后转，朝大汉迎面走去，并用凄惨的声音对大汉说：“先生发发慈悲，给我几角钱吧！我快饿得发昏了。”

大汉上下打量他一番，见他一副寒酸相，嘟囔着说：“倒霉！我还以为你口袋里有钱哩！”说完，他从口袋里摸出一点儿零钱抛给汤姆逊，然后把大衣领子竖起来半遮着脸，很快闪进黑暗里去了。

换一种出牌方式，能使你在做事情、遭遇困境时找到峰回路转的契机。

现代玩具之父、美国人瓦列梅克，创业初期手里只有一千美元，但凭着对玩具进行革命性的改进，他成了富翁。

那时候的玩具主要是木偶，硬硬的，没有一丝生气，放在桌上欣赏一下倒还可以，要是让孩子们拿着玩，就很快令人乏味了。瓦列梅克想，为什么不让这些木偶的手臂活动起来呢？他想了很久，却没有想出什么办法。

有一天，他在马路上等车，注意到车轮滚动的情形：车轮用轴穿着，装在车厢底下，只要轴装得牢固，轮子滚动时便不会发生障碍。他突然灵机一动，不由自主地将两支手臂向前伸直，不断地转动着。转了好一会儿，瓦列梅克发狂似的奔回家里，他找出一把小锯子和一个长柄的手钻，随手拿起桌上的一个木偶，就将它的两条手臂锯下，然后在锯口当中钻了一个小孔，再插进一根小圆铁条，最后把那两条锯下来的手臂装在小圆铁条上。他轻轻转动木偶的左手，它的右手也跟着转动了。"改造"过的木偶逗得孩子们大笑。瓦列梅克马上把这个木偶样本交给一个木匠去仿做，先行试做一千个。

他把做好的木偶拿回来涂色，色彩配置得非常鲜艳悦目。这一千个试验品拿到百货公司推销时大受欢迎，不到三天便全卖光了。他还接到了十二万个转臂木偶的订单。

瓦列梅克一鼓作气，又创造了活腿木偶，开设了一家拥有三百七十个工人的工厂。后来，瓦列梅克又突发奇想，将这些会转动的木偶改造成了可以自动走路的玩具。上市第一天，这些玩具光在纽约便售出了十七万个。

瓦列梅克的异想天开，其实就是发挥丰富的想象力。这是容易被人们忽略的一种能力。善于想象，敢于想象，也是一种不可多得的优势。它能帮你开拓思维空间，在工作和事业上爆发出灵感的火花，得到一个又一个的"金点子"，取得意想不到的成就。

这就像打牌一样，你手中的牌不可能都是坏牌，只要你发挥好好牌的作用，就可能扭转牌局，反败为胜。

在一个家电公司的会议上，高层主管们正在为自己新推出的加湿器制定宣传方案。

在现有的家电市场上，加湿器的品牌已经多如牛毛，而且每一个厂家都挖空心思来推销自己的产品。怎样才能在如此激烈的竞争中，将自己的加湿器成功地打入市场呢？所有的主管都为此一筹莫展。

这时，一个新上任的主管说道：“我们一定要局限在家电市场吗？”所有的人都愣住了，静听他的下文：“有一次，我在家里看见妻子做美容用喷雾器，于是就想，我们的加湿器为什么不可以定位在美容产品上呢……”

他还没有说完，总裁就一跃而起，说道：“好主意！我们的加湿器就这样来推销！”

于是，在他们新推出的广告理念中，加湿器就被作为冬季最好的保湿美容用品。他们的口号是——加湿器：给皮肤喝点水。

新的加湿器一上市，就成功抢占了市场，当然，这和他们新颖的创意宣传是分不开的。

当一条路已经走到尽头时，不妨拐个弯，换一条路去走。生活中遇到问题、遭遇瓶颈时，不要让困难禁锢你的思想，挣脱固有思维的束缚，改变一下出牌的方式，你就可以化逆境为顺境，化问题为机遇，从而轻易地捕捉到成功的契机。

烂牌也要拼

很多时候，我们手里拿着的都可能是一把糟糕透了的牌，但如果你有敢拼的勇气、敢赢的欲望，那再坏的牌也有赢的希望。

一个男孩，从小到大都是坐在教室的最前排，因为他的个子一直是班上最矮的，只有一米二，而这个身高从此没有再改变过。他患的是一种奇怪的病，医学上称是内分泌失调导致的。

他的家境不好，父母都是农民，却要供养三个孩子念书。到上中学了，父母决定从学校抽回一个孩子，他们的目光首先落到了矮小的他身上。可他倔强地回绝了父亲："我要上学，学费我自己想办法！"从此，他拎着一个大大的塑料袋开始了自己的拾荒生涯，将一包包的废品换成学费。

在后来的一次事故中，父亲不幸丧失了劳动能力，矮小的他不得不连兄妹的担子也替父母扛起来。但很显然，卖破烂的钱已远远不够。偶然的机会，他听人说烟台一带拾荒的人少，就和父亲来到了烟台。为了生计，他边拾荒边乞讨，有空的时候，他就坐在人来车往的大街边捧着书本看。

父亲说，讨饭的看书有什么用。他反驳道，乞丐也有两种，一种是形式上的，一种是精神上的，他是第一种。

在拾荒与乞讨的间隙，他以超乎常人的毅力与决心，学完了高中的所有课程，因为他有一个梦想。功夫不负有心人，在2003年，他以超出本科线三十分的成绩被重庆工商大学录取。他就是袖珍男孩——魏泽阳。

有人问他为什么能改变自己的命运。他从容地说："我可以贫穷，却不可以低贱，我可以矮小，却不可以卑微!”

一个人拿到了一副坏牌不要紧，只要你有一颗永不对生活认输的心，那么不管你的起点有多低，命运发给你的牌有多么不好，你都可以攀上成功之峰，改变生活的一切。

在报纸上看到这么一则新闻：美国巴拉马州有一个十二岁的小男孩，他的名字叫作瑞特，在他十岁的时候患了脑癌，已经动过三次大手术并进行了数十次化疗。主治医生认为他的病情不容乐观，但是瑞特却勇敢面对他的绝症。他喜欢画画，即使在病床上，他也坚持作画，他的作品曾经数次获得全国大奖。为了在生前开第一次也许是最后一次个人画展，他每天都抽出四个小时绘画。他说：“我一定要坚持活下去。贝多芬不是在耳聋后，仍创作出美妙的《月光曲》吗?”

经过多次化疗后，瑞特的视力持续衰退，耳朵开始溃烂，但是他的画展依然如期开幕了。瑞特因为手术无法亲临现场，只能请一位同学代念了一封他写的信。他在信中是这么说的：“我会好起来的，我相信我一定会好起来的。痛苦虽然很可怕，但我现在已经习惯它了，正是痛苦让我知道了人生的宝贵，我将努力珍惜以后的时光。”

勇敢的瑞特已开过三次刀，都是直接在脑袋上开刀。他在第三次手术时，主动要求不要麻醉药，因为癌症带来的痛苦远超过开刀的痛苦。

坚强的瑞特，不由得让人肃然起敬。人，一旦超越了痛苦，痛苦就不再是牵绊，而是一种伟大的力量。

所有的人都希望自己将来的生活能比现在过得好些、更好些，而对于所有的企业来讲，它们也都希望自己不断能做强、做大。改变现状是许多人拼搏奋斗的动力。只要你拥有成功的欲望，遇事敢拼，你就能获得成功。

人生，有缺陷又怎么样，只要自己肯努力，敢于把命运不公的那只球给它扣回去，就能够成为生活的强者。人的一生绝不可能是一帆风顺的，有成功的喜悦，也有无尽的烦恼；有波澜不惊的坦途，更有布满荆棘的坎坷与险阻。当上帝给你一把烂牌时，我们唯有拼命地用自己的努力与命运进行不懈的抗争，才有希望看见成功女神高擎着的橄榄枝。

总有一张拿得出手的好牌

握在我们手里的牌，就算再坏，也总有一两张拿得出手的好牌。而有时正是靠这一两张好牌，你才可以赢得牌局，取得胜利。

布莱克从小双目失明，那时候他还不知道失明的后果。当他长大的时候，他知道他将永远看不到这个世界。

“天哪，为什么要这样对我？难道是我做错了什么吗？我看不到小鸟，看不到树木，看不见颜色失去了光明．我还能干什么？”布莱克常常这么问自己。

他的亲人和朋友，还有许多好心人都来关怀他，照顾他。当他坐公共汽车的时候，常常有人为他让座。当他过马路的时候，会有人来扶他。但布莱克把这一切都看成是别人对他的同情和怜悯，他不愿意一直这样被同情怜悯。

直到有一天，一件事情改变了他对世界的看法。那是莱恩神父讲给他的一句话：“世上每个人都是被上帝咬过一口的苹果，都是有缺陷的。有的人缺陷比较大，因为上帝特别喜爱他的芬芳。”

“我真的是上帝咬过的苹果吗？”他问莱恩神父。

“是的，你不是上帝的弃儿。但是上帝肯定不愿意看到他喜欢的苹果在悲观失望中度过他的一生。”莱恩神父轻轻地回答道。

“谢谢你，神父，您让我找到了力量。”布莱克高兴地对神父说道。从此他把失明看作是上帝的特殊钟爱，开始振作起来。

若干年后，当地传诵着一位德艺双馨的盲人推拿师的故事。

事实上，有许多先天条件并不优秀的人之所以取得成功，是因为开始的时候有一些阻碍他们的缺陷，使他们加倍努力而得到更多的补偿。

曾获得诺贝尔化学奖的德国著名化学家奥斯瓦尔德，就是在不断的选择中找准了自己的定位，从而发挥出自己的价值。

奥斯瓦尔德读中学时，父母为其选择了一条学习文学的道路。但老师对他的评价是："他很用功，但过分拘泥，这样的人即使有完美的品德，也无望在文学上有所建树。"父母充分尊重了儿子的选择，让他改学油画，但他既不善于构思，亦不会润色，更缺乏艺术的理解力，成绩在班上倒数第一。老师的评语变得简短而严厉："你在绘画艺术上是不可造就之材。"父母和奥斯瓦尔德并未气馁，主动到学校征求意见。化学老师见他做事一丝不苟，建议他试学化学。奥斯瓦尔德的智慧火花仿佛一下子被点燃了，这位在文学、绘画艺术上的不可造就之材被公认为化学方面的高才生。1909 年，他获得诺贝尔化学奖，成为举世瞩目的科学家。

不论处于什么样的困境，每一个人都要相信，自己身上永远有着一张拿得出手的牌。在生活中不断发掘自身的潜力，认识自我，就可以在关键的时候打出这张牌。

很多年前，有一个女孩学习很好，可是在高考时却发挥失常没能考上大学，于是留在村里的学校当老师。但是由于女孩的表达能力不强，讲不清数学题，不久就做不下去了。后来，经人介绍，女孩在当地的纺织厂找了份工作。然而，两年之后，纺织厂由于经营不善而倒闭了，女孩再次失去了工作。

她非常伤心，哭着对母亲说命运对自己太不公平。母亲为她擦眼泪，安慰她说："工厂倒闭了又不是你的错，以后也许会有更适合你的事等着你去做。"

后来，女孩决定外出打工，做过餐馆服务员，卖过化妆品，但都半途而废。每次她遇到困难向母亲抱怨的时候，母亲总是安慰她，开导她，并告诉她只要坚持努力，一定会成功。经过一个朋友的介绍，女孩去培训学校学习美容，之后去了一家美容院做美容师。

没想到，她对美容很有天分，经过几年的努力，已经当上了店长。后来，女孩又开办了一家美容院。再后来，她在许多城市开办了美容连锁店，成为一名身价上千万的老板。

回想起以前的经历，她问母亲，前些年她连连失败，自己都觉得前途渺茫的时候，是什么原因让母亲对自己有信心？母亲的回答朴素而简单。她说：“一块地，不适合种麦子，可以试试种豆子；如果豆子也长不好的话，可以种瓜果；如果瓜果也不济的话，撒上一些荞麦种子一定能够开花。只要坚持不懈，总能有所收获。因此，永远不要放弃努力。”

一个人的身上总会有最闪光的地方，找到自己身上的优点，并把自身拥有的最突出的、不同于别人的优秀本能发掘出来，都可以做出惊人的成绩。

没有绝对的坏牌，只有相对的转机

一张牌如果用对了时候，它就是一张好牌；相对的，如果一张好牌用错了地方，它就是一张坏牌。所以在牌局中，拿到一张坏牌不要紧，关键是要把坏牌用在对的地方，让它成为好牌。

在人生这场牌局中，从没有绝对的好与坏，只有相对的转机。抓住了这样的转机，你就会是被上帝眷顾的那个幸运儿。

原籍中国广东的泰国华侨、泰国盘谷银行董事长陈弼臣，其父亲只是泰国曼谷某商业机构的一名普通秘书。陈弼臣儿时被父亲送回中国接受教育，17 岁那年因家境贫困被迫辍学。

返回曼谷后，陈弼臣做过搬运夫、售货小贩以及厨师，同时还做过两家木材公司的会计，日子就在他精打细算的盘算中度过。4 年之后，陈弼臣终于从一家建筑公司职位低微的秘书晋升为部门经理。后来，在几位朋友的赞助下，他集资创办了一家五金木材行，自任经理。经过不懈的努力，攒了一些钱后，陈弼臣又接连开了三家公司，致力于木材、五金、药物、罐头食品以及大米的外销业务。当时，泰国被日本占领，陈弼臣生意的难做程度可想而知。但是，陈弼臣一边抗日一边做生意，业务在他的努力下渐渐兴隆起来。

1944 年底，陈弼臣与其他十个泰国商人集资二十万美元创立了盘谷银行，职员仅仅二十三人。银行正式营业后，陈弼臣经常与那些受尽了列强凌辱、被外国大银行拒之门外的华裔小商人来往。尽管那些贫穷的小商人时常不礼貌地突然闯进陈弼臣的家中，但他们仍然受到陈弼臣的礼遇。

关于这一点，陈弼臣后来说：“开银行是做生意，不是只做金融业务。当我判断一笔生意是否可做时，只要观察这个顾客本人以及他的过去和他的家庭状况就可以了。”

陈弼臣最初负责银行的出口贸易，因此与亚洲各地的华人商业团体建立了广泛的联系，并且积累了丰富的业务知识和经验，大大推进了盘谷银行的出口业务。在他出任盘谷银行的总裁后，一直是这家银行的中流砥柱。

经过多年的艰苦奋斗，陈弼臣跨进了亚洲的大富翁之列。

人生没有绝对的逆境。任何时候，都不要因厄运而气馁，厄运不会时时伴随你，阴云之后的阳光很快就会来临。

有两个水桶，分别吊在一位挑水夫的扁担的两头，其中一个桶有裂缝，另一个则完好无缺。在每趟长途挑运之后，完好无缺的桶总是能将满满一桶水从溪边送到主人家中，但是有裂缝的桶到达主人家时，却只剩下半桶水。

两年来，挑水夫就这样每天挑一桶半的水到主人家。当然，好桶对自己能够送整桶水感到很自豪。破桶呢？对于自己的缺陷则非常羞愧，它为只能负起一半的责任感到很难过。

饱尝了两年歉疚之情后，破桶终于忍不住了，它在小溪旁对挑水夫说：“我很惭愧，必须向你道歉。”

“为什么呢？”挑水夫问道，“你为什么觉得惭愧？”

“过去两年，因为水从我这边一路漏，我只能送半桶水到主人家，你做了全部的工作，但却只收到一半的成果。”破桶说。

挑水夫说：“在我们往主人家走的路上，我希望你留意路旁盛开的花朵。”

果真，挑水夫走到山坡上时，破桶眼前一亮，它看到缤纷的花朵开满路的一旁，沐浴在温暖的阳光之下，这景象使它开心了很多！但是，走到小路的尽头，它又难受了，因为一半的水又在路上漏掉了！破桶再次向挑水夫道歉。

挑水夫温和地说："你有没有注意到小路两旁，为什么只有你那一边有花，好桶的那一边却没有开花呢？我明白你有缺陷，因此我善加利用，在你那边的路旁撒了花种，每回我从溪边来，你就替我一路浇了花。两年来，这些美丽的花朵装饰了主人的餐桌。如果不是你这个样子，主人的桌上也没有这么好看的花朵了！"

桶本身就是用来装水的，一只有裂缝的桶本该丢弃，却被挑水夫利用洒出的水浇灌路边的花籽，从而让路途充满芬芳。所以，当你拿到一把坏牌时，不要一味地否决，换一种眼光，也许弱势就会变成优势，弱点也会成为闪光点！

贫穷的境遇，不贫穷的人生

世上的每一个人都无法选择自己的出身，有的人一出生就含着金汤匙，就注定衣食无忧，也有的人一生下来就注定要比别人付出更多的艰辛和劳苦，才可以拥有自己想要的生活。

中恒电气当家董事长朱国锭在成功之前，也曾是一个什么都没有的贫苦的农家孩子。

1963 年，朱国锭出生于四明山脚下，农家寒苦，兄弟姐妹六个。

在朱国锭要去浙江上大学时，一个亲戚送了他一辆旧自行车，朱国锭把自行车搁到公交车的行李架上时，售票员却告诉他要多收一个人的车票。但此时的朱国锭却没有多余的钱来买这张车票，于是，他只好默默地把自行车取下来，然后骑车去上大学。

在上大学期间，因为贫穷、相貌平平并且说着一口有浓郁地方特色的普通话，也因为成绩不突出，所以，在大学校园里，朱国锭毫不受人重视，有时甚至是同学们嘲笑的对象。而学校后勤处的一位老师，在知道了朱国锭的难处后，同情他的困苦，就介绍他到她爱人的科研所打零工。

学校的教授准许他报销公交车票，这成了他救穷救急的手段。此后，他常常到公交车站边捡拾车票，到马教授那里报销后再去买饭菜票。很快，马教授就知道了他的小把戏，但宽厚地容忍了他的弄虚作假。但朱国锭对自己的行为深以为耻，发誓自己事业有成后，绝不弄虚作假。

大学毕业后朱国锭在外打工一年，1991 年他就回到杭州，与同学一起合伙创办侨兴电讯公司，给邮电部门提供局域电讯服务。

1996 年，朱国锭在杭州文二路税务大厦租了两层楼房，开始了自己的创业之路。他把新成立的公司命名为“中恒电讯”，取“纵横”之谐音，含不偏不倚之“中”和长远持久之“恒”。

中恒公司开业第一年，在电讯产品销售上就获得了巨大的成功，做到 7000 多万元规模。到 1998 年，三十多人的企业更是奇迹般地创造了 1.6 亿元的业绩。

2003 年，全国电力紧张，建设发电厂成为新一轮投资的一大热点。而此时中恒开发的高频开关电源产品已经相当成熟，市场前景看好，于是“中恒电讯”也就顺势更名为“中恒电气”。

现在的朱国锭在享受成果的同时也在谋求着更光明的未来。

所以，人之一生，一时的困境算什么，只要自己心中仍有梦，只要自己一直坚持不放手，就可以拼出一个不贫穷的人生。

开创了一番伟业的美国著名成功学教育家戴尔·卡耐基，原本是一个很普通的人，而且曾经很自卑。但他后来终于觉醒了，依靠奋斗改变了命运。

卡耐基出生于一个贫苦的农民家庭，从小就帮助家里赶牛、挤牛奶、做杂务，还一度为别人割草、摘草莓，一小时挣五美分。全家人过着相当贫困的日子。

如果说卡耐基童年与一般农家子弟有什么不同的话，那就是他受过母亲的影响。他母亲信教，婚前当过教员。所以母亲鼓励他一定要上学读书，希望他将来做一名教员或传教士。家境的贫穷促使少年时代的卡耐基以艰苦奋斗的精神去读书求学。

1904 年，他高中毕业考入华伦斯堡的州立师范学院。每天放学回家，还要帮助父母挤奶、伐木、喂猪。到夜晚已经很累了，他还在煤油灯下刻苦读书，颇有点中国古训所标榜的“头悬梁，锥刺股”的刻苦精神。为了赚取必不可少的学费书费，他还经常给别人干活。

他不肯向现实屈服，总想寻求改变命运、出人头地的途径。

他发现同学中有两种人最受重视：一种是体育出色的人，如棒球队员；再一种就是口才出众的人，那些在辩论和演讲比赛中的获胜者。他知道自己的身体不够强壮，缺乏体育运动才能，就决心在口才演讲方面下功夫，争取在比赛中获胜。他花了几个月的时间苦练演讲，但一次又一次失败了。失望和灰心使他痛苦不堪，然而他终究不肯认输，继续努力，从第二年开始获胜了。这个突破为以后的事业埋下了思想的种子。

毕业后，卡耐基当过推销员，学过表演。推销工作使他赚到了钱，也锻炼了口才，但这不是他的理想。他在大学里就梦想当一名作家或演说家，成就一番伟业。他认为只能赚钱谋生而不能实现人生理想的生活不是有意义的生活。

于是，他白天读书写作，晚间去夜校教书。他很想教公开演讲课，因为他认识到口才与演讲对一个人走向成功极为重要，而他在这方面下过功夫，有经验。正是口才与演讲的训练和经验，扫除了怯懦和自卑心理，使他有勇气和信心跟各种人打交道，增长了做人处世的才能。他要把亲身体会告诉人们，他要从事口才、演讲与交际艺术的研究和教育。于是，他说服了纽约的一个基督教青年会会长，同意他借用一间房子在晚间为商业界人士开设演讲培训班。从此，他开始了为之呕心沥血、奋斗终生的成人教育事业，并成为一代大师。

同样的境遇，贫穷，只能成为失败者的借口，却是成功者坚强意志的磨炼场。没有困苦的环境，就缺乏一颗积极向上的心；没有困苦的环境，就不会知道成功是多么的难能可贵；没有困苦环境的打磨，也就不会拥有一个坚强不屈的意志。

困苦的环境，虽可以消磨一个人的意志，但同样也可以磨砺一个人的意志。你如果不战胜环境，环境便战胜你。你因为受了冷酷无情的打击，便妄自菲薄，以为前途绝无希望，听任命运的摆布、那么你的结局可想而知。

人生在世，与其把大好的时间和精力都放在为不如意的境遇而烦恼、忧愁、抱怨上，倒不如打点行囊、振作精神去为明天而努力奋斗，为自己拼出一个不贫穷的人生。

输牌了，不要找借口

很多时候，当我们手持一副坏牌或者输掉牌局的时候，就会埋怨上天的不公，埋怨运气不好，总拿到坏牌，可往往因为这样的抱怨使得下一场牌局输得更惨。

有这样一个故事。

孔雀向王后朱诺抱怨。它说："王后陛下，我不是来无理取闹的，但您知道吗？您赐给我的歌喉，没有任何人喜欢听。可您看那黄莺小精灵，唱出来的歌婉转动听，它独占春光，出尽风头了。"

朱诺听到如此言语，严厉地批评道："你赶紧住嘴，嫉妒的鸟儿，你看你脖子四周，如一条七彩丝带；当你行走时，舒展的华丽羽毛，就好像色彩斑斓的珠宝。你是如此美丽，这世界上没有任何一种鸟能像你这样受到人们的喜爱。一种动物不可能具备世界上所有的优点。我赐给大家不同的天赋，是要大家彼此相融，各司其职。所以我奉劝你不要抱怨，不然的话，作为惩罚，你将失去你美丽的羽毛。"

孔雀羡慕黄莺清脆的嗓子，所以抱怨自己为什么没有拥有和黄莺一样婉转、美妙的歌喉，却不知道自己的美本来就让其他动物羡慕。

当我们把大量的精力都用在了抱怨别人或者上天的不公时，用于努力改变局面的时间就少了。大量的抱怨会让你在自己的抱怨声中不断地肯定自己的不幸，无形之中会在大脑里形成自己成功的道路为什么这样艰难以及上天对自己不公的想法，所以在下一次困难来临时，又开始抱怨，而如何战胜困难，如何能够摆脱这种局面的方法早已经被抛之脑后。所以爱抱怨的人更容易失败，而且失败是一个接着一个。

稻盛和夫在日本经济界有很高的声誉。他所创办的京都陶瓷公司，是日本最著名的高科技公司之一。该公司刚创办不久，就接到著名的松下电子的显像管零件 U 形绝缘体的订单。这笔订单对于京都陶瓷公司的意义非同一般。

但是，与松下做生意绝非易事，商界对松下电子公司的评价是："松下电子会把你尾巴上的毛拔光。"对新创办的京都陶瓷公司，松下电子虽然看中其产品质量好，给了他们供货的机会，但在价钱上却一点都不含糊，且年年都要求降价。对此，京都陶瓷有一些人很灰心。因为他们认为：再这样做下去的话，根本无利可图，不如干脆放弃算了。但是，稻盛和夫认为：松下出的难题，确实很难解决，但是，屈服于困难，也许是给自己找借口，只有积极主动地想办法，才能最终找到解决之道。

经过再三摸索，京都陶瓷公司创立了一种名叫"变形虫经营"的管理方式。其具体做法是将公司分为一个个的"变形虫"小组，作为最基层的独立核算单位，将降低成本的责任落实到每一个人身上。即使是一个负责打包的员工，也都知道用于打包的绳子原价是多少，明白浪费一根绳会造成多大的损失。这样一来，公司的营运成本大大降低，即便是在满足松下电子苛刻的条件下，利润也甚为可观。

我们总会遇到生活带来的种种不如意，面对这些不如意，我们若一味地寻找借口逃避，那对生活来说于事无补。只有寻找方法才能发现问题的突破口，也才能最终解决问题。

所以，当输掉了牌局，要学会不忧虑，不发牢骚。这样，我们才能一直向上看，生活积极乐观，工作勤奋努力，才会得到幸福。

地底下的种子从不抱怨成长的过程中碰到的顽固的石头和沙砾，而是不断地把自己柔嫩的绿芽一点一点向上顶出，绕过石头和沙砾，坚韧勇敢地生长着，直到露出地面，长出枝叶并开花结果。

陈明是某市一个非常有名的管理顾问。一走进他的办公室，你就会觉得他仿佛“高高在上”似的。办公室内各种豪华的装饰、忙进忙出的员工以及知名的顾客名单都在告诉你，他的公司的确成就非凡。

但是就在这家鼎鼎有名的公司背后，藏着无数的辛酸血泪。他创业之初的头三个月就把七年的积蓄花得一干二净。因为付不起房租，一连几个月他都以办公室为家。他也婉拒过无数好的工作，因为他坚持要实现自己的理想。

就在整整八年的艰苦挣扎中，没有人听他说过一句怨言，他反而说：“我还在学习啊。这种生意竞争很激烈，实在不好做。但不管怎样，我还是要继续下去。”他真的做到了，而且做得轰轰烈烈。

有一次有人问他：“把你折磨得疲惫不堪了吧？”他却说：“没有啊！我并不觉得那很辛苦，反而觉得得到了受用无穷的经验。”

面对生活中一次次的逆境，他选择了默默承受，并从逆境中积累经验，以等待最终牌局的胜利，这才是成功者应有的态度。

没有机会降临，就需自己铺路

有一句美国谚语说：”通往失败的路上，处处是丢失了的机会。坐待幸运从前面进来的人，往往忽略了好运也会从后窗进来。”只有敢于冲锋、主动进攻的人，才能抓住胜利的时机。机遇不会落在守株待兔者的头上。

一位探险家在森林中看见一位老农正坐在树桩上抽烟斗，于是他上前打招呼说：“您好，您在这儿干什么呢？”

这位老农回答：“有一次我正要砍树，但就在这时风雨大作，刮倒了许多参天大树，这省了我不少力气。”

“您真幸运！”

“您可说对了，还有一次，暴风雨中的闪电把我准备焚烧的干草给点着了。”

“真是奇迹！现在您准备做什么？”

“我正等待发生一场地震把土豆从地里翻出来。”

同“守株待兔”故事里的青年人一样，这位老农是坐等机会者。他这样坐等机会，也许偶尔有机会光顾于他，但也仅是有时，而更多时候，他只能这样侥幸地等待。相比老农，故事中的探险家则是主动寻找机会者，机会出现，就是他大展身手的时候。

机会大多时候都是一种可遇不可求的事物，当没有机会出现时，就需要自己主动出击，寻找机会。

张璨出生于一个军人家庭，从小在部队大院长大，接受着正统的革命教育，养成了开朗、豁达的性格，以及军人所具有的那种坚强的基因。

她在北京大学国际政治系学习，在北大期间，张璨各方面表现都很出色，张璨正在憧憬着更美好的未来，但在读大三时，张璨却被注销了学籍。

原来按当时的规定，如果高考后被录取而不上大学的考生必须停考一年。张璨却没有按照规定来，而是在第一年被别的大学录取后，第二年考上了北京大学。她被嫉妒的人揭发。这在当时对她打击是很大的，她上诉，但在当时规定的条文就是法规，在法规面前是不容分辩的。

张璨没有拿到毕业证书，她为了生存四处打工。

张璨在去谋职的路上遇到了北大的同学李平和闫俊杰。这次相遇，他们一起吃一顿饭就散了。半年后，他们在中关村街头又碰上了。这次他们做出了一致的决定：在一起创业。

他们开过西餐厅、歌舞厅，也经营过早点，在经历了种种挫折后，张璨决定做打印机生意，为某公司销售打印机。他们没钱订货，却凭着满腔热忱踏进了建国饭店该公司驻北京办事处。日本商人正在为如何拓展中国业务而发愁，甚至为一年销售量只有五百台而束手无策。张璨凭着真诚而颇有说服力的市场分析，竟点燃了该日本公司驻京办事处负责人的销售热情和信心，最后让他们只写下一纸借条就搬走了一台打印样机。一年下来，张璨和闫俊杰将该品牌打印机在中国的销量提高到了一千五百台，又出资五十万元做了广告。

在20世纪80年代末到90年代初，中关村的电脑生意非常火爆，张璨又开始做电脑生意。这次她不仅赚到了钱还成立了自己的计算机贸易公司。后来他们公司又成了亚洲最大的康柏代理商。

在1993年，中国房地产开始降温，张璨反其道而行，开始涉足房地产。到1997年，张璨的房地产公司资产达到了十亿元。

张璨用自己的经历证明成功落实在每个人的行动中，只要努力去做，努力去奋斗，成功就在每个人的脚下。

生活中，弱者等候机会，而强者寻求机遇。弱者总是不断抱怨着机会为什么总是那么少，希望机遇能够从天而降，自己从今往后就开始“大红大紫”，而机遇往往都不是凭空出现的，是与一个人不断努力寻求分不开的。

现实生活中很多人会抱怨命运对自己不公平：别人为什么会有这样或那样的机遇，而为什么自己就没有呢？有些人总是等着机遇降临来大干一番，比如，获得老板的赏识，对自己委以重任，自己就能够展示最大的才能，但得到老板的赏识哪有这么容易呢？我们也许会梦想着某一天有自己的公司，这家公司拥有良好的设备、优秀努力的员工，自己虽不是商业巨头，但也是那种走到哪里都有人投来赞许目光的人……可是，现实是我们只是现在的自己，而不是这些人。

不过仔细想想，难道那些真正成功的人他们拥有的都是很好的机遇吗？不是。其实没那么简单，没有哪个机会是轻易地就降临在某个人的身上，这些人是靠自己的努力，为自己的人生不断创造机遇，最终获得了成功。

我们每个人都有自己的理想和目标，但人生的第一步是必须学会醒目地亮出自己，为自己创造机会。说到底，这是一种观念：是主动出击还是被动选择？这决定着你能不能改变目前的不利现状。

生活中遇到的事情看起来很糟糕，有心人会通过自己的细心发现其中的转机，抓住转机就能获得巨大的成功；对于无心的人来说，这些糟糕的事情就像压在心中的石头一样，一直压着自己，让自己不能翻身。

人生如打牌，赢牌的时候毕竟还是少数，当没有赢的机会的时候，就需要靠自己去创造机会，灵活地为自己赢得牌局铺路、搭桥。

出口往往就在低处

成功的法则就在于要有一个低起点，高追求。只有把起点定低，才更能有实现的可能性，才能够以脚踏实地的务实态度去奋斗。

美国富商斯太菲克曾是一名退役军人，他在战争中受了伤，于是留在一家医院治疗。躺在医院的病床上，他反复思索着自己今后的道路。他很想通过自己的努力为社会做一些事。他想过要创办一家信息中心，开办一间疗养院，与别人合伙开一家广告公司，甚至还想建立一个电视台……每想到一个新的主意，他都会雀跃不已。可是，他很快就感到沮丧了。因为这些想法虽然很好，可是要实现这些轰动的大事却是十分困难的，自己连起码的资金都不具备。苦思冥想了很久，他决定从小事着手，把资金筹集够了再去实现这些伟大的梦想。

当时，住在医院里病人的衣服都是送到洗衣店去洗的，洗好熨烫好后再由护士帮助领回来。一天，护士给斯太菲克送来了洗好的衣服。看到叠得整整齐齐的衣服，他的眼前忽然一亮。原来，洗衣店将烫好的衣服叠在一块硬纸板上，由此避免衬衣打褶。正是这块纸板让斯太菲克产生了一个新奇的想法。他给洗衣店写信，得知这种硬纸板的价格大约为每千张四美元，于是他与洗衣店商谈以每千张一美元的价格出售纸板，要求是他要在每张纸板上刊登广告，登广告所得的费用归他所有，洗衣店同意了。

就这样，斯太菲克立刻开始着手行动了。过了一段时间，他的客户越来越多，他的生意也越做越大。曾经被人看不起的小生意便成了了不起的大生意，他也一跃成为美国有名的富商。

生活当中处处存在机遇，关键是你是否具有一颗善于发现机遇的眼睛。所以，一个人拿到了一副什么样的牌不要紧，关键是你怎样利用手中的牌为自己赢得漂亮的人生。

1995年高考结束后，梁天雄知道自己落榜了，于是他决定离开重庆去外面闯一闯。1997年春节后，满怀希望的梁天雄踏上了去北京的列车。到了北京后，他才发现自己既没有文凭也没有技术，工作不好找。后来，他加入了捡垃圾的队伍，把从垃圾堆、垃圾桶里拣出来的易拉罐、矿泉水瓶子等送到废品收购站换一些钱，晚上他则在树下或桥洞里栖身。

一天，梁天雄正在一栋宿舍楼门口溜达，忽然看到一位老人把一盆花连同垃圾一起扔到了垃圾桶里。梁天雄很奇怪，便走过去问道："大爷，您怎么把花给丢了呀？"老人说："养久了，花盆中的泥土被水浇没了，只能扔了啊！"梁天雄一看里面只剩一些沙子，就问老人为什么不放些土进去。老人说："小伙子，现在北京城里哪还能找到泥土，只有郊区才有。"梁天雄眼前一亮，自己可以拿些泥土来卖啊。第二天，他就拿着一袋子泥土来到小区。他把泥土卖给了一位中年妇女，中年妇女只要了一部分，并给了他十五元钱。

梁天雄发现了商机，趁机做起了花土生意。他将自己的花土配上不同品种花所需要的营养并加以分类，还不断向专家请教有关的知识。他的生意越做越大，于是，他注册了"天雄花盆土"经销公司。

出口往往就在低处，很多时候身边的机遇可能看似微不足道。但是，如果我们不让自己局限在得到什么的狭隘思想中，而是看到"我们能够得到这个机遇"本身的价值，我们会发现机遇就在身边。

于雷是北京一家酒店的普通工人。一天下午，由他负责送一位客人到机场。但到了候机厅里，他听到了关于飞机晚点的通知。原来，由于日本大阪机场上空有雾，当天去往大阪的航班因此推迟。他转念一想：从北京飞往大阪要花大约三个小时，而当时大阪机场在下午3：30就关闭了。现在这个时间，这趟到大阪的航班无论如何也来不及了。突然，有个想法从他脑海地冒出来。

他立刻打电话回饭店，将情况说了一下，让饭店做好准备。然后，他向机场的值班办公室走去。办公室里，安排该航班的负责人正在满头大汗地打电话。

果然，今天这趟飞往大阪的航班已经取消了，而航班的负责人正在为因飞机推迟而滞留的一百五十名客人向酒店预订房间。

这时于雷立刻向负责人做了自我介绍，希望对方将客户安排在自己所在的饭店，然后将报价单递给对方。负责人看到报价单，发现这个单子上的价钱比别的酒店要贵．但是在有限的时间里，无论是哪家酒店，也不能在仓促之间一下子空出那么多房间同时安排一百五十位客人。于是，那位负责人同意了，选择了他们的酒店。就这样，于雷为他们酒店多挣了二十万元的利润！

事后，于雷受到了公司的嘉奖，而且还升了职。按说，于雷主要负责送客人，但是他却能从这样的事情上做了“额外”的事情，而且也并没觉得自己这样做是吃亏，对自己不公，事实证明，他的这一做法是明智的，不仅为酒店赚取了一大笔费用，同时还为自己赢得了相关领导的认可和嘉奖。

生活中的机遇常常在我们最没能预料的时刻出现，最重要的是我们要一直做好属于自己的本职工作，不放松，不懈怠。这样一来，你就会得到机会之神的眷顾。

◎ 第五章 ◎

改变你生命的视角

人生就像一条抛物线，不管最高点有多高，最终还是会回到最初的原点。这是最大的遗憾，也是最大的公平。你永远不知道哪一个石头丢进海里会掀起大风浪，只要我们年轻就有资本疯狂地奔跑，就算华丽地跌倒，也能笑得灿烂。我们可以没钱，可以没事业，但就是不能没有一颗对生活积极向上的心，所以不要挑剔工作，更不要排斥与任何人合作，要懂得珍惜机会。卑微的梦想持续燃烧也能成就一段不凡的人生。

改变心态就是改变命运

生活不可能尽善尽美，阳光下也会有阴影，就看你用什么样的心态去看待生活。

态度在一定程度上促进了一个人的成功，从不少人的创业史上我们都可见一斑。微软公司董事长比尔·盖茨曾说："工作本身没有贵贱之分，而对于工作的态度却有高低之别。收获是成功还是失败，在于你拥有怎样的态度。"乐观的心态，能让我们克服工作中的分歧和困难，帮助我们拥有健康的心情。

香港有三个年轻人，一起到一个露天洗车场当洗车工。春夏秋冬，酷暑严寒，他们终日里埋头苦干。

一天，一位商界的成功人士到这里洗车，发现他们三个虽然都是洗车工，但工作态度迥然不同。于是他好奇地问甲："你在干什么？"甲悠闲地说："您没看到吗，我在擦车！"

商人又问乙："你在干什么呢？"乙笑着说："我在给顾客做汽车保养！"

然后他又问丙："你在干什么？"丙微笑着回答他说："我在帮老板赚钱，当然也是给自己挣口饭吃！"

大概过了六七年，这三个一同来打工的年轻人的命运发生了天翻地覆的变化：甲作为一个洗车场的业务主管去乙开的汽车养护产品店进货，丙作为"香港环保洗车王"科贸集团的董事长到乙开的经销店考察。乙无限感慨地对丙说："你当年就是跟我俩不一样，所以现在就大不一样了。"

乙说的"不一样"，其实说的就是心态问题。相同的环境，只是因为心态不一样，各自的命运竟然产生了如此巨大的差别。在三个人中，最有成就的，当属丙，他的成功就在于他的心态比另外两个人更好，“我在帮老板赚钱，当然也是给自己挣口饭吃！”一句简单的话，就透露出了他坦然的心态。有了这种坦然的心态，还有什么是不可以面对的呢？

人生不过如此，要不你驾驭生活，要不被生活牵着鼻子走，怎么走还取决你自己。有的人很感谢生活赋予他的一切，在他眼里生活所给予的都是对他的厚爱，所以这些人时常感到快乐、幸福；而有的人却厌恶生活对他的不公平，在他眼里生活给予他的都是苦不堪言，而赋予别人的却是美妙之极的生活，所以他们常常悲观、失望。

人的一生不可能是一帆风顺的，对于任何人来讲，都会经历巅峰和低谷。处于巅峰的时候也不能忘记努力，处于低谷的时候更不能自暴自弃。任何时候、任何情况下都要有健康积极的心态来面对生活。

世上大凡成功的人士，在其辉煌背后都有着良好的心态，不为失败而懊恼，而一蹶不振，因为他们知道失败只是暂时的，只有一直坚持不放弃，成功总有一天会属于自己。也正是拥有了良好的心态，才使得他们的辉煌人生愈加绚烂。

日本大企业家福富在成功之前也只是一个服务生，他的老板毛利先生常常会很严厉地责骂他。

尽管挨骂的时候，心里总是很难过，可是福富发现自己每次挨了责骂后都会得到一些启示，学会一些事情。所以福富当时总是“主动地”寻找挨骂。只要遇见了毛利先生，福富绝不会像其他怕麻烦的服务生一样逃之夭夭，他会掌握机会，立刻趋身向前，向毛利先生打招呼，并请教说：“早安！请问我有什么地方需要改进？”

这时，毛利先生便会对他指出许多需要注意的地方. 福富在聆听训话之后，必定马上遵照他的指示改正缺点。

福富之所以殷勤主动到毛利先生面前请教，是因为他深知年轻资浅的服务生很难有机会和老板交谈，只有如此把握机会，别无他法。而且向老板请教，通常正是老板在视察自己工作的时候，这就是向老板推销自己的最佳时机。所以，毛利先生对福富的印象就深刻，对福富有所指示时，也总是亲切直呼他的名字，告诉福富什么地方需要注意。

他就这样每天主动又虚心地向他请教，持续了两年。有一天，毛利先生对福富说："我长期观察，发现你工作相当勤勉，值得鼓励，所以明天开始请你担任经理。"就这样，十九岁的服务生一下子便晋升为经理，在待遇方面也提高很多。被人指责训斥，就是在接受另一种形式的教育。对于毛利先生一年三百六十五天的不断教导，福富至今仍感谢不已。

世上的大多数事物都具有两面性。对于挨骂，你可以把它看成是一种伤自尊的事，让你觉得颜面尽失；但换一个角度，你也可以把它看成是一个更好的学习机会，从中找到自己的不足，从而更好地进行改进。两种不同的心态有就有可能造就两种不同的人生。

生活中，像这样主动寻找错误的人不多见，很多时候，都是逆境主动找上门来。当逆境主动找上门来的时候，不要逃避，不要抗拒，很多时候，逆境可以成为你手中的财富，为你带来好的收益。

态度比能力重要

在人生的长河中，我们的选择、采取的态度决定了我们人生的结局，可以说，人生有什么样的结局都掌握在我们自己手中。

一个漂亮女孩曾经抱怨过为什么别人那么漂亮，学习那么好，会得到老师的赞扬，会有那么好的家境，会有那么让人羡慕的工作……而自己却什么都没有，为此她真的很烦恼。

渐渐地她在无言的沉默中过着每一天，中专毕业之后在韩资企业做了文书，每天工作之余学习韩语，然后通过成人高考上了大专。日复一日，年复一年，就这样平静地不再有怨言地过了两年。两年后她辞掉了每月五百元工资的工作。那时她一直在想，“如果能找到一份每月八百元工资的工作，我一定会很满足，并由衷地感谢生活对我的厚爱。”

后来她找到了一个好工作，也拿到了比曾经期望的更高的工资。这时，她才渐渐明白一个道理，生活对每一个人都是公平的，你要用平静的心去看待生活，要让自己得到最大限度的发展，不要抱怨生活的不公平。要让自己学着满足，在满足的同时给自己一点压力，才会觉得生活是如此美妙！

对于整个世界的不公，我们也许无能为力，但是却可以控制自己对它的态度。我们采取什么样的态度，就决定我们会成为什么样的人。“人的一切都可以被剥夺，”集中营幸存者维克托·弗兰克尔写道，“除了最后的一点儿自由——不管在什么情况下。你都可以选择自己的态度和方式。”

心态决定一个人的世界。只有渴望成功，不断地为之奋斗，你才有成功的机会。

一家贸易公司在招聘经理助理的时候，其中有两个人一路过关斩将，进入了最后的面试。一个是政法大学毕业的高才生林双，而另一个是普通高校毕业的学生蒋超。

在去面试的时候，林双作为政法大学毕业的学生，她当时就想，无论从条件上，还是从经验上，她都觉得自己是最适合的。但最后她却失去了这个机会。

她的失败在于，当面试官问她“你有什么缺点吗”时，林双说：“也许有吧！我不甘于平凡，我喜欢创新性的工作，喜欢新鲜的东西，别人都是这么评价我的！”

面试官接着问：“但你应聘的这份工作很乏味，每天都做一样的事情，你为什么来应聘？”

林双想了想，然后回答：“我觉得这是一个很好的机会，我觉得我能够胜任。”

面试结束后，她自己都认为可能得不到这份工作了——违心地隐藏自己的缺点，只会让事情更糟糕。

同样的问题，蒋超在回答面试官的时候，他毫不犹豫地说：“缺点很多。”面试官很满意地点点头，接着问，“那优点呢？”蒋超笑了笑，调皮地回答：“我的缺点太多，因此我在工作的时候需要更谨慎和小心，这对我的成长很重要！”领导哈哈一笑，不置可否，他通过了这次面试。

要说没有缺点，不论是面试官，还是蒋超自己，都不可能相信这个结论。谁没有缺点呢！对于“经理助理”这个职位来说，虽然仅仅是一个助理，但作为一个面试官，他不可能录用一个撒谎的人。可以说，林双之所以失败，就因为她不敢正视自己的缺点。蒋超的成功就是最好的证明。

生活中大多数情况下，每个人的结局都是由自己造成的，什么样的生活态度成就什么样的人生。你勤奋努力，不畏各种艰难险阻，就会有成功的结局；你骄傲自大，觉得自己一切条件都比别人好，所以不思进取，那就只能吃空老底，直到一贫如洗，潦倒后半生。

如果你想走向成功，让自己的人生更加辉煌，就要从现在起开始选择什么该做、什么不该做，以及用一种什么样的态度去做，这一切的结局都掌握在你自己手中！

杨欣是一家公司销售部的新员工，入职三个月，担任销售助理的职位。三个月的试用期马上就要到了，虽然有同事反映杨欣总是板着脸不苟言笑，但是经理想这是人家性格问题，只要能把工作做好就行了。于是，经理给人力资源部打电话将杨欣转成了正式员工。而且，由于杨欣是新员工，经理对她十分照顾。

一次，部门组织聚餐，大家有说有笑，非常开心。就在这时，不知道谁哪句话说错了，杨欣突然猛地从座位上站起来，没跟任何人打招呼就转身离开。同事们面面相觑，谁也不知发生了什么。大家互相询问到底谁说错话了，半天也没找到原因。

可是，从那以后，杨欣的“性格问题”不但没有解决，反而更加严重，甚至严重影响了大家的情绪。她是销售助理，需要帮助销售代表准备资料，统计销售数字等。有一段时间，公司的业务非常忙，大家都很辛苦。一天，两个销售代表先后找到了杨欣，希望她能够帮自己准备第二天谈判用的资料。这本是销售助理分内的工作，而且大家都很忙，也难免出现两件事撞到一起的情况。

可是，杨欣却突然站起来，大声说：“你们当我是奴隶啊，我现在没时间，你们自己做吧。”

听到这句话，销售代表气不打一处来：这是你应该做的工作，怎么好像我求你一样。于是，销售代表去找部门经理反映了这个情况。部门经理也很无奈，最近已经有好几个人来反映这个问题了。

一个月后，杨欣收到了人力资源部发来的解聘通知书。

好的态度在一个人的工作中至关重要。它能够帮你融洽与同事之间的关系，可以帮助你赢得朋友，赢得更多的人心，好的心态有时甚至能帮你赢得一个美妙的人生。

勤奋，让你看到希望的曙光

爱因斯坦说：“人们把我的成功，归因于我的天才，其实我的天才只是刻苦罢了。”天才都是靠百分之九十九的汗水练就的，唯有勤奋才能让你离梦想更近。

曾经有两个好朋友，他们相伴一起去遥远的地方寻找人生的幸福和快乐。一路上风餐露宿，度过了无数的艰难险阻，就在他们即将到达目的地时，遇到了一条大河。这条大河风急浪高，而幸福和快乐的天堂就在大河的彼岸，他们一抬头就便可看到。

两个人都很兴奋，长久以来的努力没有白费。其中一个人说：“我们去砍树，造一条木船渡河。”可是另一个人却说：“我们走了这么久的路，又累又困，眼看快要到终点了，我们停下来休息一下吧。”

两个人就这样产生了分歧，而且谁也说服不了谁。于是，主张造船过河的那个人每天都在砍伐树木，夜以继日、辛苦积极地制造船只，闲暇之余还学会了游泳；而另一个却每天躺下来休息睡觉。

终于有一天，主张过河的那个人将船只造好了，而另外那个人还在休息。造船渡河的人在经历了一番风浪后最终到达了目的地，而停下来休息的人却还在原地。后来，两人分别定居在这条河的两岸，也都有了子孙后代。渡过河的人的后代是一群勤奋和勇敢的人，他们生活的地方是一片幸福和快乐的沃土；而在河边一睡不起的人则一直生活在那片叫作失败和失落的园地，他的后代我们称为懒惰和懦弱的人。

那些意志坚强的人从来不等待机会，而是靠自己的勤奋努力去创造机会。因为他们深知，很多困境其实是自己造成的，唯自己才能拯救自己，唯有从现在开始行动，总有一天能够达到成功的彼岸。

世界上最高科学大奖的创立者阿尔弗雷德·伯纳德·诺贝尔，年少时也曾有过一段坎坷的经历。

在诺贝尔还是少年时，他的父亲是一位颇有才干的机械师和发明家。但是由于经营不佳，再加上一场大火烧毁了所有的家当，使他们一家陷入穷困，诺贝尔的父亲也为了躲避债主而离家出走。

诺贝尔一出生就体弱多病，家庭贫困，直到八岁才上学读了一年书，这也是他所受过唯一的正规学校教育。在他十岁的时候，全家迁居到彼得堡。由于语言不通，诺贝尔和两个哥哥都进不了当地的学校，只好在当地请了一个瑞典的家庭教师，指导他们学习俄、英、法、德等语言。体质虚弱的诺贝尔学习特别勤奋，他好学的态度，得到了老师的赞扬。

然而到他十五岁时，因家庭经济困难，交不起学费，兄弟三人只好停止学业。迫于生计，诺贝尔来到一家工厂当助手。在工厂期间，他细心地观察和认真地思索工作中的每个细节，凡是他耳闻目睹的，都被他敏锐地吸收进去。

为了学到更多的东西，1850 年，他出国考察学习。两年的时间，他先后去过德国、法国、意大利和美国。由于他善于观察、认真学习，知识迅速积累，很快成为一名精通多种语言的学者、训练有素的科学家。回国后，在工厂的实践训练中，他考察了许多生产流程，不仅增添了许多的实用技术，还熟悉了工厂的生产和管理。

就这样，在历经了坎坷磨难之后，没有正式学历的诺贝尔，终于靠刻苦、持久的自学，逐步成长为一个科学家和发明家，并拥有着巨大的财富。诺贝尔用自己的行动为我们诠释了勤奋这个词的真正含义。

生活就是这样，你付出的努力如同存在银行里的钱，当你需要的时候，它随时都会为你服务；当你不需要时，它也会为你储蓄升值。所以拒绝懒惰，走向勤奋吧，只有这样，你才能拥有一个美好的明天。

你真的尽力了吗

有这样一个故事，一个年轻人看到一个七岁的小孩在一个土堆旁边玩耍，就和小孩说，“小朋友，我们做个游戏好不好？你把这块石头搬到山坡的最上面，我就给你买糖吃，我知道这对你来说有些难，但是你要想尽一切办法，用尽全力好吗？”

受到激励，小孩高兴地答应了。很明显，石头的重量超出了小孩的能力范围，小孩试了几次都没有搬动，于是改成推，当推到一半的时候，小孩的力气已经用尽了，石头又滚了下来，小孩并没有放弃，再一次推着石头往坡上走，同样的结局再一次出现了，推到一半的时候，石头再一次滚了下来，试了三次之后，小孩喘着粗气放弃了努力。告诉年轻人：“叔叔，我用尽全力了，没劲了。”年轻人问小孩：“小朋友，你真的用尽全力了吗？如果你真的用尽全力了，为什么我就站在这边，肯定能搬动石头，你不请我帮忙呢？”

这个故事中的小男孩不就是生活中的我们吗？每次我们在面临困难的时候，我们都说自己尽力了，没有办法了，不可能做得再好了。其实，每当我们这样对别人说的时候，我们都期望得到别人的安慰，并从心理上安慰自己：我尽力了却没有成功不是我的错，是自己的能力不够，是老天爷没有眷顾。于是，我们的思维就一直停留在这里，遭遇同样结局的时候，我们又再一次地这样说服自己。

但是，你真的尽力了吗？

很多时候，我们的思维被限定在一个框架内，我们认为我们应该按照一种方式做事，我们应该在那种方式下用尽全力，当真的用尽全力的时候还没有获得成功，我们就宣告放弃。或者干脆在没有开始之前，就退缩了，因为知道我们认为用尽全力的方式并不能保证我们成功，于是干脆不做。

不做就什么机会都没有了。回想一下，我们自己在内心里演练过的自认为尽力的方式，不能成功而放弃的事情有多少？这些被我们思维限定的事情给我们形成了一种强化，就是我们能做什么不能做什么分得很清楚。我们认为我们能做A，不能做B，于是我们碰到B就躲，时间久了，我们对自己的强化就形成了一个坚不可摧的保护壳，在这层壳的保护下，我们继续做我们会做的事情，对于壳之外的世界却心生敬畏，希望离自己越远越好，因为这样自己可以心安，可以保护自己不受伤害。

莉莉做广告策划已经三年了，为了更好地发展，她决定离开原来的公司。凭借良好的专业背景，莉莉顺利进入一家业内知名的广告公司工作，一切似乎都十分顺利。

然而，工作了两个月，莉莉发现，由于新公司比较大，晋升的空间很小，她入职两个月以来根本没有机会独立做项目，只能帮助同事打打下手，做点杂事。因此，她感到很失落，自己的能力也并不比同事差，凭什么别人都能独立做项目，自己只能做些辅助性的工作呢？这样一来，莉莉工作起来也没有什么热情，工作表现也很一般。

在一次同学聚会中，莉莉向同学倾诉了自己的烦恼，并且说准备离开现在的公司。可是，同学们却都认为莉莉所在的公司是业内知名的公司，能够进入这样的公司十分幸运，如果就这样放弃实在是太可惜了。回到家中，莉莉认真地思考了一下自己的处境，客观环境是无法改变的，她能左右的只有自己的行动。最后，她决定再努力工作半年，如果还是没有起色再离开。

从此，莉莉全身心地投入到工作中，虽然不能独立做项目，但是对于任何一个她能接触到的项目，她都会自己做一份策划案，并且和同事所做的方案进行比较，从中找出自己的不足，并尽力完善。不知不觉中，三个月过去了，莉莉也感到自己的能力得到了提高。

一天，公司接了一个很重要的项目，可是负责这个项目的同事却突然生病了，其他的同事都知道这个客户十分挑剔，都不愿意接手。就在领导十分焦急的时候，莉莉站出来说："让我试试吧。"大家都很惊讶，不知道这个一直默默无闻的女孩哪来的勇气。最终莉莉不仅出色地完成了项目，而且通过这个项目赢得了客户的认可，客户表示把后续的几个项目都交给他们公司来做。也正是凭借这次的出色表现，莉莉的职场之路越走越顺，只用了两年的时间就做到了公司策划总监的位置。

所以，遇到难题的时候，问一下自己，所有可能的办法都想到了吗？所有可以利用的资源都充分利用了吗？如果还有机会，会是什么？

这样的自我对话，可能帮助我们找到解决问题的办法，帮助我们真正用尽全力！

机会永远给有准备的人

索福克勒斯这样说过："机会要靠自己争取，机会是一切努力之中最杰出的船长。"

比尔·盖茨曾教导微软的员工："只要你善于观察，你的周围到处都存在着机会；只要你善于倾听，你总会听到那些渴求帮助的人越来越弱的呼声；只要你有一颗仁爱之心，你就不会仅仅为了私人利益而工作；只要你肯伸出自己的手，永远都会有高尚的事业等待你去开创。"

华隆集团的创办人卢俊雄，十岁时便瞒着家人，带着十元钱独闯武汉去寻求机遇，发掘"财源"。

1980年，父亲给了卢俊雄三本邮票，卢俊雄凭着这些邮票，参加了1980年在广州文化公园举行的全国首届邮票展销会。他用卖报卖书的几十块钱，在市青少年宫、火车站、邮票公司等处卖起了邮票，迈出了创业的第一步。

读初二时，他成立了广州第一个自发性的中学生社团——省实集邮社。他帮爱集邮的学生代买各种邮票，从中提取劳务费。上高二时，他组织了中学生集邮冬令营。他将自己对集邮的感受写成文章，寄给香港《邮票世界》杂志，竟获刊登。一些海外邮票商竟纷纷来函寄钱，托他购买邮票。从此，卢俊雄开始进入"国际市场"，从中赚取差额。

念大学二年级的时候，卢俊雄做了另一次跋涉——给深圳大学一个勤工俭学者从广州批发贺卡。他将广州最便宜的批发商的积压品卖出了高价。在开始的时候，他十天不到就赚了三千多元。

卢俊雄通过《集邮杂志》和邮票公司搜集了全国两千多个集邮爱好者的姓名、地址，用卖贺卡赚的三千多元钱办了份双面8开铅印的《南华邮报》，免费寄给这些人。到1989年，《南华邮报》已发行五万份，拥有五万个客户。1991年2月~8月间，由于股市整顿，邮票市场非常兴旺，邮票价格涨了五倍，卢俊雄大获其利。

搞了两年的邮票生意，卢俊雄又开始在市中心旧房子上打主意。当时房地产业刚刚兴起，卢俊雄抓住了这个历史性的机遇。在当时房地产市场尚未启动的形势下，他却生意兴隆，财源广进。他再一次使用了自己创造机会的这个方法取得了成功。

在不断前进探索的过程中，卢俊雄一步步迈向了成功，难道说从十岁那年开始卢俊雄就有别人给予的机会吗？难道说一路上走来，卢俊雄都是有着很现成的机遇吗？没有，这也都是靠他自己的努力才获得成功的。

机会向来喜欢垂青有心之人。若没有在社会上勤勉、努力地工作，没有对市场的敏锐观察力，也不会成就卢俊雄的事业，也就不会有卢俊雄的今天。

做个有心人，无论是工作还是生活。做个有心人，即使不能成为像卢俊雄这样的成功人士，也至少能让你少走一些弯路，助你实现愿望。

著名的京剧表演艺术家、麟派艺术的创始人周信芳，在其表演艺术渐趋成熟、日臻完美时，不幸的事发生在他的身上：嗓子哑了。

对一个以唱为主的须生演员来说，“倒仓”是致命的打击，为此，有的人不得不改行或靠耍花腔来遮丑。不过，周信芳对此一不气馁，二不取巧，他决心闯出一条新路来。

他冷静地分析了自己的嗓音条件，经过反复思考，决定在唱腔上讲究气势，学“黄钟大吕之音”。为此，他首先坚持不懈地下大力气练气，做到发声气足洪亮，咬文喷口有力；又特别在体会角色的思想感情方面努力，确切地表现出人物的性格、气质。

经过长期的钻研、探索，周信芳不仅没有受“倒仓”的限制，反而形成了苍劲强烈、韵味醇厚的特色，创造了独树一帜的麟派艺术。

机会不是一个到你家里来的客人，会在你门前敲着门，等待你开门把它迎接进来。恰恰相反，机会是一件不可捉摸的活宝贝，无影无形，无声无息，假如你不用苦干的精神，努力去寻求它，也许永远遇不着它。

机会青睐有准备之人，做好当下正在做的事，你才能为未来积蓄力量。抓住每个今天，做好手上的工作，不管工作是大是小，都尽自己最大的努力做到最好，相信机会就会主动降临。

乐观的人机会多

法国作家大仲马说：“人生是一串由无数小烦恼组成的念珠，达观的人是笑着数完这串念珠的。”

雨果说：“笑就是阳光，它能驱逐人们脸上的冬日。”

理科出身的小陶是一个相貌和成绩都不很出众的女孩。毕业后，她应聘到一家公司做秘书，整天也就是写写公文报告。但是她却做得非常踏实，她觉得自己学习成绩不是很好，又不是科班出身，而且也没有什么社会关系可以依靠，不如踏实做好来之不易的工作。最开始的时候，工作十分琐碎，端茶倒水、打杂跑腿什么都得做，还要记考勤算工资，兼行政负责办公用品领用。但是她却做得十分有劲儿。她常说：“高兴也是上一天班，不高兴也是上一天班，为什么不开开心心地做事情呢。”

就这样，小陶在公司一做就是六年，这几年来，小陶从中学习了很多，又懂行政又懂人事。后来就被一家中型企业挖过去做了办公室主任，她笑着说：“人家就是觉得请我成本低，因为我是秘书转过来的，比资历高的人工资低。”两年后，企业扩大了好几倍，小陶也升任了人力资源总监。

后来，她又被现在的公司高薪聘为主管人事行政的副总。在后来的一次同学聚会上，大家问她成功的秘诀是什么，她的回答令同学们有些不敢相信。她说：“没有捷径可走，也没有什么特别的，就是对待工作要保持乐观的心态，不斤斤计较，不让平时鸡毛蒜皮的小事影响到自己心中的天平，这样才能从中找到平衡感。”

美国经济学家罗宾斯曾说：“一个优秀的员工，最重要的素质不是能力，而是对工作的热情，没有热情，工作就是一潭死水。人的价值=人力资本×工作热情×工作能力。”爱默生也说：“有史以来，没有任何一件伟大的事业不是因为热情而成功的。”可见，热情于工作，是多么重要。

用乐观的态度去生活，积极地改变我们的心情，是帮助我们度过生命中困难时刻的方法。艾略特说：“行为可以决定我们，正如我们可以决定行为一样。”我们只要记住这句话并照着去做，就一定能使生活变得更加丰富多彩，其乐无穷。

汤姆先生是一家饭店的经理，他的心情总是很好。每当有人客套地问他近况如何时，他总是毫不犹豫地回答：“我快乐无比。”每当看到别的同事心情不好，汤姆就会主动打探内情，并且为对方出谋献策，引导他去看事物好的一面。他说：“每天早上，我一醒来就对自己说，汤姆，你今天有两种选择，你可以选择心情愉快，也可以选择心情不好，我选择心情愉快。每次有坏事发生，我可以选择成为一个受害者，也可以选择面对各种处境。归根结底，我自己选择如何面对人生。”

然而，即便是这样一个乐观积极的人，也会遇到不测。有一天，汤姆被三个持枪的歹徒拦住了。歹徒无情地朝他开了枪。幸好发现得早，汤姆被送进急诊室。经过十八个小时的抢救和几个星期的精心治疗，汤姆出院了，只是仍有小部分弹片留在他体内。

半年之后，汤姆的一位朋友见到他。朋友关切地问他近况如何，他说：“我快乐无比。想不想看看我的伤疤？”朋友好奇地看了伤疤，然后问他受伤时想了些什么。汤姆答道：“当我躺在地上时，我对自己说我有两个选择：一是死，一是活。我选择活。医护人员都很善解人意，他们告诉我，我不会死的。但在他们把我推进急诊室后，我从他们的眼神中读到了‘他是个死人’。那一刻，我感受到了死亡的恐惧。我还不想死，于是我知道我需要采取一些行动……”“你采取了什么行动?”朋友问。汤姆说：“有个护士大声问我有没有对什么东西过敏。我马上答：‘有的。’这时所有的医生、护士都停下来等我说下去。我深深吸了一口气，然后大声吼道：‘子弹!’在一片大笑声中，我又说道：‘请把我当活人来医，而不是死人。’”汤姆就这样活下来了。

汤姆用自己的乐观、开朗为自己争取了生的机会。所以面对生活中的种种磨难，我们要始终用积极、乐观的心态去面对，只要心中的信念没有萎缩，人生旅途就不会中断。

当你走过世间的繁华，阅尽世事，你就会明白：人生不会太圆满，再苦也要笑一笑，笑一笑你会觉得生活没有那么差!

懂得反省，方能崛起

人生在世，每个人都不会一直是幸运的。面对不佳的际遇、一时的坎坷，大多数人都抱怨命运的不公、上帝的捉弄，却很少有人能正视自己，冷静地剖析自我，时时反省自己的对与错，成功与失败。要知道，一个人只有在不断的自省中才能得到更好的成长。

春秋时期，鲁国公曾问颜回："我听你的老师孔子说，同一类错误，你绝不犯第二回。这是真的吗？"颜回说："这是我一生都在努力做到的。"鲁国公又问："这是很难做到的事情啊！你是怎么做到的呢？"颜回说："要想做到这一点并不难。我时常反省自己，看看自己哪些是做对的，哪些是做错的；做对了的就坚持下去，做错了的就引以为戒。这样坚持久了，就能做到无贰过了。"鲁国公听后赞叹地说："经常反省，从无贰过，可以说是圣人了。"

懂得时常反省自己，也就是跳出自己的思维之外，客观地、坦率无私地审视自己的所作所为有哪些纰漏。这样，就可以真切地了解自己，使自己一步步地得到升华，走向成功。

反省其实就是我们心中的一面镜子，它能找到我们曾经犯过的错误、失败后的原因，找到问题的根源后使我们有改正的机会。

宋朝文学家苏轼写过一篇《河豚鱼说》，讲的是河里的一条河豚，游到一座桥下，不小心撞在桥柱上。它不责怪自己没注意，也不打算绕过桥柱游过去，反而生起气来，恼怒桥柱撞了它。它气得张开两鳃，鼓起肚子，漂浮在水面上，很长时间一动都不动。后来，一只老鹰发现了它，一把把它抓起来。转眼间，这条河豚就成了老鹰的美餐。

这条河豚，自己不小心撞上了桥柱子，非但不知道反省自己，不去改正自己的错误，反而迁怒于别人，一错再错，结果自寻死路，丢了自己的性命。

很多时候，人们总是在出了问题时才想到去改变，很少有人能够在一切看起来都非常美好时，抽点时间冷静地想想自己的问题，做出适应性的调整或者准备问题的对策。不反思自己的后果往往是而且只能是——所有的问题集中爆发，造成严重的后果。爱立信在通信世界突起然后又迅速消沉，最后不得不和索尼合并以图发展，就是一个明证。

反省是人重要的功能，它是一种自我检查的活动，还是一种学习的能力，是认识错误、改正错误的前提。反省的过程，就是学习的过程。

自我反省源自对自我的客观认识，站在另一个角度，以旁观者的角色来看待自己，更加全面地分析自己，更加真诚地深入灵魂深处，客观看待自己的做法，坦诚地面对自己的缺点，不回避问题，不掩饰缺点，不自欺欺人。

懂得自我反省的人，才能避免在同一条道路上摔两次跤；懂得自我反省的人，才能自强，才能更加全面地认识自己，改正自身的不足；懂得自我反省的人，才能不断进步，避免以后犯同样的错误。

反省意味着对自己的行为思想做深刻思考，自我检查行为思想，把自己为人做事欠妥当的地方想清楚，然后纠正自己的错误，修正自己所走的人生道路。反省是人生的助推器，通过“反省”，我们做人会越来越顺畅，我们的事业会越来越成功，我们的生活会越来越幸福。

作为一个堂堂正正的人，应该具备反省改错的勇气，坦然地反省今日的是与非。花一点点儿时间好好反省自己，你的人生道路就会大大改观。

做最好的努力，做最坏的打算

生活中很多事情不是一分耕耘就会有一分收获，有些时候往往在我们付出巨大的艰辛后得不到半点回报，甚至是以失败终了。于是我们就开始不停地抱怨生活，抱怨生活不公平，厚此薄彼。其实，生活中夹杂的现实因素太多太多，不是每一份的付出都会得到同等的回报，这就需要我们遇事要“做最好的努力，做最坏的打算”。

做最好的努力，做最坏的打算，就是对任何事情，我们都要付出辛苦的努力，即使只有百分之一的希望，也要做百分之百的努力。然而，对于结果，不要有特别高的期待，所谓“希望有多大，失望就有多大”，一个人应该具有承受失败的勇气和决心。

文霞大学是学电视编导专业出身，个人条件很好，成绩优异，人长得也是清秀。毕业之前，按理说以她的条件，找到一份合适的工作并不困难。

可是，有一次聊天的时候，文霞却很沮丧地对她的朋友抱怨说，她的工作还没有着落，本来想留在学校任教，可是由于在电视台实习而耽误了留校的考试，而她实习所在的省级电视台也因为她过于轻视招聘考试而没能签约。

不过，也是这两次机会的错过让她感悟很深，那就是一定要时刻做好准备，不要忽视任何一次机会的垂青。不久之后，另外一家省级电视台招聘，文霞凭借优秀的个人素质和对面试的精心准备顺利被录取了，经过几年的发展，她成为一位知名的主持人。

在人生的道路上，无论面临多少困难和挫折，都要坚持不懈地努力，即使最后并没有得到完美的结果，对于自己的成长来讲，也一定是最宝贵的经验。

著名企业家甘布士也曾这样说过："永远不要放弃，哪怕只万分之一的可能。"

有一次，甘布士要搭乘火车去外地，但事先没有买好车票。这时刚好是圣诞前夕，到外地去度假的人很多，火车票很难买到。甘布士打电话到车站询问，答复是全部车票都已售完。车站的工作人员说："如果不怕麻烦的话，可以到车站碰碰运气，看是否有人临时退票。不过，这种机会或许只有万分之一。"

甘布士满怀信心地提上行李，欣然来到车站，可是等了好久，一直没人退票，甘布士仍然耐心等待。就在火车还有五分钟就开时，一位女士匆忙前来退票，于是，甘布士如愿以偿搭上了火车。

到了目的地后，甘布士给夫人打了一个长途电话："我抓住了那只有万分之一的机会了。因为我相信一个不怕吃亏的笨蛋，才是真正的聪明人。"

正是靠着不放弃万分之一机会的执着，甘布士终于在芸芸众生中脱颖而出，从一家织造厂的小技师，成为拥有五家百货商店的大老板，然后又成为企业界举足轻重的人物。

全国著名的"平安保险业务推销大王"彭丽秋，仅2001年一年便签下了近四亿元的保单，成为保险行业的"营销大王"。在总结自己的成功时，她同样不无自豪地感慨，自己之所以能够在竞争几乎达到白热化程度的保险业务推销领域取得巨大的成功，正是得益于永不放弃，哪怕只有万分之一的机会。

2001年，她参与了一笔上亿元的保险业务竞争。尽管她的方案非常出色，但对手却利用强大的社会关系揽下了这笔业务，只不过还没有最后签约。彭丽秋得知消息已经是第二天早上，客户正好要出差到南非。尽管同事都劝她放弃，但她却认为只要飞机还没有起飞就还有希望，尽管那希望只有万分之一。于是，她马上驱车前往机场。客户被她的敬业和执着深深感动，她最终揽到了这笔业务。

做最好的努力，最坏的打算，这样才能让我们时刻具有忧患意识，在完成事情的过程中不敢有丝毫的放松和懈怠，才更容易取得成功。如果安于享乐，今朝有酒今朝醉，那么只会让成功离我们越来越远。

◎第六章◎

包容是所有美丽的源泉

包容是一种智慧，是一种以博大的胸怀为基础的智慧。美国作家马克·吐温说：“一只脚踏在紫罗兰的花瓣上，它却把香味留在了那脚跟上，这就是宽容。”包容是一种能够放下一切的气度，是一种淡定从容的洒脱，是一种俯仰自如的风度。

包容是一种无私、一种境界、一种力量。一个人有容纳的器量，就会有端庄的容颜。所谓境随心生，容从心现。拥有了包容，你就能得自在人生。

天堂的花园来自包容

“有因必有果”，我们总是不停地埋怨生活如何不公，却不知道很多时候，造成不公平的罪魁祸首就是自己。

汤姆拥有一座美丽的莲花池。那其实是他在乡下住宅附近的一片天然洼地，他坚称在乡间的宅邸为他的农场，水从远处山丘上的蓄水池中流入这片洼地，其间还要通过一个可调节水流大小的阀门开关。一切是那么的和谐美满，到了夏天澄澈的水面上就会铺满怒放的莲花，鸟儿们在池中自由嬉戏，从早到晚都能听到它们的奏鸣音。蜜蜂则在花园中的野花上忙碌不辍。极目远眺，池塘的后面是一片更加美丽的丛林，野生的浆果、灌木、蕨类植物争相盛开，热闹极了。

汤姆是一个平凡的人，但他拥有一颗博爱的心。在他的领土上，你看不到“私人所有，不得擅入”或“擅入必究”的字样。取而代之的是原野尽头那让人倍感亲切的标语，“这里的莲花欢迎你”。他得到了所有人的由衷爱戴，原因很简单，他真诚地爱着所有人，并愿意与他们分享他的一切。

在这里人们常能碰到正在玩耍的天真孩子和风尘仆仆、步履蹒跚的游人，不止一次看到他们离去时脸上那与来时全然不同的神情，仿佛卸下了身上的重负，直到现在人们耳边似乎还能听到他们离去时的低声呢喃和祝福。有些人甚至把这里称为世外桃源。闲暇时作为主人的他也会在此静坐享受夜晚的寂静。当外人离去后，他趁着皎洁的月光在园中往来踱步或坐在老式的木质长椅上伴着芬馥的野花香喝点什么。他是一个具有一切美好品质的人。用他自己的话说，这里是他一生中最伟大最成功之处，经常带给他莫名的感动。

毗邻的一切生物仿佛也能感受到这里散发出的亲善、友好、静谧、欢欣的气氛。牛羊们会漫步到树林边古老的石栏下，张望着里面美好的景致，它们真的是在跟人们一起共享这份温馨。动物们面带微笑昭示着它们的心满意足和欢欣愉悦，或许这就是汤姆的心中所求吧，因为每当此时他都露出会心的微笑，表示理解它们的心满意足和欢欣愉悦。

水源的供给原本丰沛，水池的进水阀又总是开到最大，这让水流婉转而下，不仅在栏边驻足的牛羊能饮到甘甜的山泉，邻家的田园亦可受惠。

不久前汤姆因事不得不离开大约一年的光景，这段时间他把房子租给了另外一个男人，新租客是位非常“实际”的人，他决不做任何无法给他带来直接利益的事。连接莲花池与蓄水池之间的阀门被关闭了，土地再也得不到泉水的滋润和灌溉；汤姆立起的“这里的莲花欢迎你”的标语也被移走；池边再也见不到嬉戏的顽童和欣慰的游人。总之这里发生了天翻地覆的变化，再不复往昔林木欣欣向荣、泉水涓涓而流的样子。

池里的花朵因失去了赖以生存的水源而日渐凋零，只有伏在池底烂泥上枯萎的花茎还在向人们诉说着往日的热闹。原本在清澈的池水中悠然而动的鱼早已化为枯骨，走近池边便能闻到它们发出的腥臭。岸边没有了绽放的鲜花，鸟儿不再停留于此，蜜蜂们已移居他处，园中亦不见蜿蜒的流水，栏外成群的牛羊再也饮不到甘甜的清泉。

那时的莲花池与汤姆悉心照料的莲花池有天壤之别。而细究之下，造成这一切差别的原因却十分微不足道，仅仅是因为后者关闭了引水的阀门，阻止了来自山腰的水流。这个貌似简单的举动，招断了一切生物的生命之源。它不仅毁掉了生机盎然的莲花池，还间接破坏了周遭的环境，剥夺了周遭邻居们与动物们的幸福。

看了上面的故事，你是否对生命的真谛有了新的感悟？在这个莲花池的故事中，汤姆那种博爱的胸怀就是宇宙间最真、最美的东西。

不同的人生境界，造成了花园不同的面貌。生活又何尝不是如此，你拥有一颗包容万物的心就会收获一个美丽、仿若世外桃源的花园；而若是一味地狭隘、自私，你就只能得到一个破败、荒芜的花园。

拥有一颗包容的心，让你的心灵花园四季芬芳。

宽容比怨恨更具威慑力

美国作家马克·吐温说："一只脚踏在紫罗兰的花瓣上，它却把香味留在了那脚跟上，这就是宽容。"

有这样一个故事。格林夫妇带着两个儿子在意大利旅游，不幸遭劫匪袭击。七岁的长子尼古拉死于劫匪的枪，在医生证实尼古拉的大脑确实已经死亡的十个小时内，孩子的父亲做出了决定，同意将儿子的器官捐出。四小时后，尼古拉的心脏移植给了一个患先天性心肌畸形的十四岁孩子；一对肾分别使两个患先天性肾功能不全的孩子有了活下去的希望；一个十九岁的濒危少女，获得了尼古拉的肝；尼古拉的眼角膜使两个意大利人重见光明。就连尼古拉的胰腺，也被提取出来，用于治疗糖尿病。

当记者问格林夫妇是否怨恨这个国家时，格林先生说："我不恨这个国家，不恨意大利人。我只是希望凶手知道他们做了些什么。"说着，他嘴角的一丝苦笑掩不住内心的悲痛。而他的妻子玛格丽特庄重、坚定、安详的面容，和他们四岁幼子脸上小大人般的表情，尤其令意大利人的灵魂震撼！他们失去了自己的亲人，但事件发生后他们所表现出来的宽容与大度，令全体意大利人深感羞愧。

宽容比怨恨更有威慑力。一个人拥有了宽容，那他就具有了无上的福分，因为在对别人释怀的同时，也善待了自己；一个人拥有了宽容，那他就拥有了崇高的境界，一种精神上的成熟、心灵上的丰盈。而拥有怨恨，就只能在怨恨别人的同时，也让自己不舒坦，作茧自缚，画地为牢。

春秋时期，楚庄王依靠名将养由基一次平定叛乱后大宴群臣，宠姬嫔妃也统统出席助兴。席间丝竹声响，轻歌曼舞，美酒佳肴，觥筹交错，直到黄昏仍未尽兴。楚王乃命点烛夜宴，还特别叫最宠爱的两位美人许姬和麦姬轮流向文臣武将们敬酒。

忽然一阵疾风吹过，筵席上的蜡烛都熄灭了。这时一位官员斗胆拉住了许姬的手，拉扯中，许姬撕断衣袖得以挣脱，并且扯下了那人帽子上的缨带。许姬回到楚庄王面前告状，让楚王点亮蜡烛后查看众人的帽缨，以便找出刚才无礼之人。

楚庄王听完，却传令不要点燃蜡烛，而是大声说："寡人今日设宴，与诸位务要尽欢而散。现请诸位都去掉帽缨，以便更加尽兴饮酒。"

听楚庄王这样说，大家都把帽缨取下，这才点上蜡烛，君臣尽兴而散。

席散回宫，许姬怪楚庄王不给她出气，楚庄王说："此次君臣宴饮，旨在狂欢尽兴，融洽君臣关系。酒后失态乃人之常情，若要究其责任，加以责罚，岂不大煞风景？"

许姬这才明白楚庄王的用意。

这就是历史上著名的"绝缨宴"。

七年后，楚庄王伐郑。一名战将主动率领部下先行开路。这员战将所到之处拼力死战，大败敌军，直杀到郑国国都之前。

战后楚庄王论功行赏，才知其名叫唐狡。他表示不要赏赐，坦承七年前宴会上无礼之人就是自己，今日此举全为报七年前不究之恩。

宽容也是一种幸福，我们饶恕别人，不但给了别人机会，也取得了别人的信任和尊敬，同时也给自己换来了生机。

被人们称为一代枭雄的曹操也有一颗懂得宽容的心。曹操攻破了冀州城，手下从袁绍的宫中搜出了朝中一些大臣昔日与袁绍暗中来往的书信，那些大臣心惊胆战，曹操却一脸无事的样子，命令烧掉所有信件，永不再提此事。

宽容是一种境界、一种美德，它能使复杂的事情变简单，使人生跃上新的台阶。

学会宽容别人，就是学会善待自己。怨恨只能让我们的心灵生活在黑暗之中；而宽容，却能让我们的心灵获得自由，获得解放。

及时原谅别人的错误

相传古代有位老禅师，一日晚在禅院里散步，看见院墙边有一张椅子，他立即明白了有位出家人违反寺规翻墙出去了。老禅师也不声张，静静地走到墙边，移开椅子，就地蹲下。不到半个时辰，果真听到墙外一阵响动。少顷，一位小和尚翻墙而入，黑暗中踩着老禅师的背脊跳进了院子。当他双脚着地时，才发觉刚才自己踏的不是椅子，而是自己的师父。小和尚顿时惊慌失措，张口结舌，只得站在原地，等待师父的责备和处罚。

出乎小和尚意料的是，师父并没有厉声责备他，只是以很平静的语调说："夜深天凉，快去多穿一件衣服。"

人非圣贤，孰能无过，犯了过错不要紧，关键是有一颗悔改的心。面对别人的错误，不要一味地指责，懂得及时原谅别人的错误，也是一种人生智慧。

同上文中的小和尚不同的是，曾经也有一个小和尚，极得方丈宠爱。方丈将毕生所学全数教授，希望他能成为出色的佛门弟子。没想到他在一夜之间动了凡心，偷偷下了山，五光十色的城市生活迷住了他的眼睛，从此花街柳巷，他只管放浪形骸。

二十年后的一个深夜，窗外月色如洗，澄明清澈地洒在他的掌心。他忽然忏悔了，披衣而起，快马加鞭赶往寺里请求师父原谅。方丈深深厌恶他的放荡，不愿承认他为弟子，说："你罪孽深重，必堕阿鼻地狱，要想佛祖饶恕，除非桌子上开花。"浪子失望地离开了。

第二天，方丈踏进佛堂时，看到佛桌上开满了大簇大簇的花朵。

方丈在瞬间大彻大悟，连忙下山寻找弟子，却为时已晚，心灰意冷的浪子重又堕入荒唐的生活，而佛桌上的那些花朵只开放了短短的一天。是夜，方丈圆寂，临终遗言："这世上，没有什么歧途不可以回头，没有什么错误不可以改正。"

真心向善的念头，是罕有的奇迹，好像佛桌上开出的花朵。而让奇迹陨灭的，不是错误，是一颗冰冷的、不肯原谅、不肯相信的心。

世界上如果没有宽容和信任，一切亲情、友情、爱情都将失去存在的基础，每个角落都是尔虞我诈的欺骗，社会将毫无温情可言。

在苏联的一所学校，校园的花房里开出了美丽的玫瑰花，每天都有很多同学前来观看，但没有人去采摘。

一天清晨，一个四岁的小朋友（就读于该校幼儿园）进入花房，摘下了一朵最大、最漂亮的玫瑰花。当她拿着花走出花房时，迎面走来了该校的校长。校长十分想知道小女孩为什么要摘花，便弯下腰亲切地问：

"孩子，你可以告诉我你摘下的花是送给谁的吗？"

"送给奶奶的。奶奶生了重病，我告诉她学校里有一朵很大的玫瑰，奶奶不信，我这就摘下来送给她看，希望她早点好起来，等奶奶看完之后我会把花送回来。"

听完孩子的回答，校长的心被触动了。他牵着小女孩的手，从花房里又摘下了两朵大玫瑰花，说道：

"这一朵是奖给你的，你是一个懂事的孩子；这一朵是送给你奶奶的，感谢她养育了你这样的好孩子。"

这位校长是谁呢？他就是伟大的教育家、万世景仰的育人楷模苏霍姆林斯基。

同苏霍姆林斯基一样，我国著名教育家陶行知先生也遇到过类似的事情。

陶行知先生当校长的时候，有一天看到一位男生用砖头砸同学，便将其制止并叫他到校长办公室去。当陶校长回到办公室时，男孩已经等在那里了。

陶行知掏出一颗糖给这位同学："这是奖励你的，因为你比我先到办公室。"接着他又掏出一颗糖，说："这也是给你的，我不让你打同学，你立即住手了，说明你尊重我。"

男孩将信将疑地接过第二颗糖，陶先生又说道："据我了解，你打同学是因为他欺负女生，说明你很有正义感，我再奖励你一颗糖。"

这时，男孩感动得哭了，说："校长，我错了，同学再不对，我也不能采取这种方式。"陶先生于是又掏出一颗糖："你已认错了，我再奖励你一块。我的糖发完了，我们的谈话也结束了。"

小女孩摘花不对，被苏霍姆林斯基发现后却没有在第一时间指责她，而是问清了缘由，从而保护了一颗懂得感恩的幼小的心；用砖头砸同学这种行为不对，若是其他老师或许会在第一时间对该男孩做出处罚了事，但陶行知却反其道而行之，不但不指责，反而奖励糖果，让这个孩子认识到自己的错误，并做出保证。可见，面对不同的错误，及时的原谅远比当时的指责更有效果，更能够挽救一颗心灵。

包容让幸福久远

生活中，幸福之门是永远向着善良、宽容大度的人开放的。无论是友情还是爱情都要用真诚去播种，用热情去浇灌，用包容去维系。

一位老妈妈在她五十周年金婚纪念日那天，向来宾道出了她保持婚姻幸福的秘诀。

她说："从我结婚那天起，我就准备列出丈夫的十条缺点。为了我们婚姻的幸福，我告诉自己当他把这十条缺点全部触犯，我们的婚姻才算走到尽头。"

有人问："那十条缺点到底是什么呢？"

她回答说："老实告诉你们吧，五十年来，我始终没有把这十条缺点具体地列出来。每当我丈夫做错了事，让我气得直跳脚的时候，我马上提醒自己：算他运气好吧，他犯的是我可以原谅的那十条错误当中的一个。"

这个故事告诉我们：在婚姻的漫漫旅程中，不会总是艳阳高照、鲜花盛开，也同样有夏暑冬寒、风霜雪雨。面对生活中的一些小矛盾，如果能像那位老妈妈一样，学会包容和忍让，你就会发现，幸福其实就在你身边。

学会包容，才不会一直盯着对方的缺点不放，才能让爱情、婚姻之路越走越宽广。

一对年轻的夫妻，刚结婚没多久。两个人都是大学生，工作也不错，但都是一般家庭出身，所以每月都要还大笔的房贷。结婚后，丈夫更用心工作了，常常工作到很晚，周末也会在家里加班。

新婚夫妇自然是恩爱的，但是妻子明显感觉到丈夫没有以前那么对自己上心了。果然，女人是一娶到家就掉价儿的。妻子这样对女友发牢骚。女友就劝她说，男人不像女人，要养家要有事业，他需要有自己的天地。妻子这么想，气也就消了，只是偶尔发发牢骚。

两个人第一次结婚纪念日过得很浪漫，好像又回到了大学校园里谈恋爱的时候。日子就这样慢慢地过着。丈夫越来越忙，除了加班，还有各种难以推脱的约会。但不管多晚，妻子还是在家等他回来。两个人彼此倾诉工作上的不顺心和同事之间的小隔阂，感觉轻松而温暖。

第二次结婚纪念日，两个人是分开过的，因为丈夫出差去了，妻子嘴上说理解，心里却并不好受。这次出差可以换成其他人，是丈夫为了表现而硬争取过来的。明知道是重要日子，为什么还要去抢着出差。这样的事情越来越多，妻子的生日、情人节，甚至春节回娘家，丈夫也缺席了。妻子跟丈夫理论当初的约定、誓言什么的，丈夫听得很不耐烦，说女人就是见识短，不懂得体贴。两个人越来越感觉到对方的“变化”。丈夫出门的时候没有道别，不再主动刷碗，不再在意她的衣着…丈夫感到妻子越来越挑剔，总是在小事上找碴……

在第三个结婚纪念日，两个人面对面地开始“谈判”了。妻子列出了丈夫的种种过失，长长的一个单子；出乎意料的是，丈夫也列了一个长长的单子，是关于妻子如何挑剔的。两个人交换来读，太长了，读着读着，两个人竟笑起来了。牙刷没有摆好，牙膏不是从下往上挤，拿她的母亲开玩笑，没有按照约定去会见她的女友，在她生病的时候去和朋友打球……在丈夫列的单子上，同样有这样的“小细节”：总是看无聊的肥皂剧，没有为他的母亲准备生日礼物，不让他吃辣的食物，总是挑剔他的发型，在他的朋友面前表现得太小气，总是动不动就发脾气，做饭总是做得太淡……而这些在结婚以前，都是彼此知道的。那么，到底是哪里出问题了呢？也许不该太过计较。

生活中，我们需要包容。有了它，我们就会摆脱平庸和空虚，甚至麻木。有了包容，就能让你远离对生活琐碎的不满；有了包容，我们才更容易发现生活中的闪光点；有了包容，才能让我们更好地与人相处；有了包容，我们才会有一颗海纳百川的心，才会以更豁达的态度来面对生活，以更乐观的态度来对待生活。

走出心灵的监狱

有个长发公主叫雷凡莎，她头上披着长长的金发，长得很美丽。

雷凡莎自幼便住在古堡的塔里，和她住在一起的老巫婆天天念叨雷凡莎长得很丑，她便信以为真，不敢出去见人，还将自己囚禁起来。

一天，一位年轻英俊的王子从塔下经过，被雷凡莎的美貌惊呆了，从这以后，他天天都到这里来，一饱眼福。

雷凡莎从王子的眼里认清了自己的美丽，同时也从王子的眼睛发现自己的自由和未来。

有一天，她终于放下头上长长的金发，让王子攀着长发爬上塔顶，把她从塔里解救出来。

囚禁雷凡莎的不是别人，而是自己，那个老巫婆是她心里迷失自我的魔鬼，她听信了魔鬼的话，以为自己长得很丑，不愿见人，就把自己囚禁在塔里。

其实，人在很多时候不就像这位长发公主吗？

人心很容易被种种烦恼和物欲所捆绑，就是因为自己心中的枷锁，我们凡事都要考虑别人怎么样，别人的想法深深套在自己心头，从而束缚了自己的手脚，使自己停滞不前；就是因为自己心中的枷锁，我们独特的创意被自己抹杀，认为自己无法成功。然而，开始向环境低头，甚至开始认命、怨天尤人。

学会用宽容的心看待世间不平事，才能让自己的心灵归于宁静，才能让自己好好享受属于自己的自在人生。

著名南非领导人曼德拉早年因为反对白人种族隔离的政策而入

狱，白人统治者把他关在荒凉的大西洋小岛罗本岛上二十七年。虽然当时的曼德拉还不是南非总统，但却年事已高，然而白人统治者依然像对待年轻犯人一样对他进行残酷的虐待。

在罗本岛上，曼德拉被关在集中营里的一个“锌皮房”里。他有时白天打石头，将采石场的大石块碎成石料；有时干采石的活儿，每天早晨排队到采石场，然后被解开脚镣，在一个很大的石灰石场里，用尖镐和铁锹挖石灰石；不仅如此，在天冷的时候他甚至要下到冰冷的海水里捞海带，想象一下，让这样一个头发花白的老人干一些连常人都无法承受的活儿是一件多么残忍的事。而且因为曼德拉是要犯，光看管他的看守就有三个人。然而这三个人并不因为曼德拉的年龄而对他格外照顾，相反，他们对他并不友好，总是寻找各种理由虐待他。

然而，谁也没有想到，1991年在曼德拉的就职典礼上，他的一个举动震惊了全世界。

总统就职仪式开始后，曼德拉起身致辞，欢迎来宾。他依次介绍了来自世界各国的政要，然后他说，能接待这么多尊贵的客人，他深感荣幸，但他更高兴的是，当初在罗本岛监狱看守他的三名狱警也能到场。随即他邀请他们起身，并把他们介绍给大家。

曼德拉的博大胸襟和宽容精神，令那些残酷虐待了他二十七年的白人汗颜，也让所有到场的人肃然起敬。看着年迈的曼德拉缓缓站起，恭敬地向三个曾关押他的看守致敬，在场的所有来宾乃至整个世界，都静下来了。

几乎所有的人都不明白，曼德拉何以要感激那三位虐待他的守卫，直到曼德拉后来向他的朋友解释说，自己年轻时性子很急，脾气暴躁，正是狱中的生活使他学会了控制情绪，因此才活了下来。牢狱岁月给了他时间与激励，也使他学会了如何处理自己遭遇的痛苦。他说，感恩与宽容常常源自痛苦与磨难，必须通过极强的毅力来训练。

获释当天，他内心平静："当我迈过通往自由的监狱大门时，我已经清楚，自己若不能把悲痛与怨恨留在身后，那么我仍在狱中。"

有形的监狱不可怕，因为有形监狱的囚禁是有期限的，最可怕的是自己给自己设下的无形的监狱，只要自己想不开，走不出来，心中的那个监狱就可能困住你的一生，让你一生都不得安宁。所以，我们要用一颗包容的心来看待世间不平事，要有"宰相肚里能撑船"的气魄和胸襟，这样才能让我们站在一个更高的角度来看待生活赋予我们的磨难，从而更好的生活。

宽恕别人，也是让自己的心灵得到解放。唯有宽容，才能让你从那些伤害你的人身上夺回自己的力量。

宽容让彼此双赢

宽容是一种境界，是一种深度与才能的体现。有多大的胸怀，就有多高的境界，有多高的境界，就能干多大的事业，大凡成功者多是能容者，因为能宽容就能合谋共事，发展壮大。能宽容就能人缘路广，人心所向。

皮诺是一位卖砖的商人，由于另一位对手的恶性竞争而使他陷入困难之中。对方在他的经销区域内定期走访建筑师与承包商，告诉他们：皮诺的公司不可靠，他的砖不好，生意也面临即将停业的境地。

皮诺并不认为对手会严重伤害到他的生意，但是这件麻烦事使他心中生出无名之火。在一个星期天的早晨，皮诺听了一位牧师的讲道。主题是：要施恩给那些故意为难你的人。皮诺把每一个字都记下来。皮诺告诉牧师，就在上个星期五，他的竞争者使他失去了一份二十五万元的订单。但是，牧师却教他要以德报怨，化敌为友，而且举了很多例子来证明自己的理论。

当天下午，当皮诺在安排下周的日程表时，发现住在弗吉尼亚州的一位顾客，要为新盖一间办公大楼购买一批砖。可是他所指定的砖却不是皮诺他们公司所能制造供应的那种型号，而与皮诺的竞争对手出售的产品相似，同时皮诺也确信那位满嘴胡言的竞争者完全不知道有这个生意机会。

这使皮诺感到为难。如果遵从牧师的忠告，自己就应该告诉对手这项生意的机会，并且祝他好运。但是，如果按照自己的本意，他宁愿对手永远也得不到这笔生意。

皮诺内心挣扎了一段时间，牧师的忠告一直盘踞在他的心田。最后，也许是因为很想证实牧师是错的，皮诺拿起电话拨到竞争者的家里。

当时，皮诺很有礼貌地直接告诉那位对手，有关弗吉尼亚州那笔生意的机会。

有一阵子那位对手结结巴巴地说不出话来，但是很明显，他很感激皮诺的帮忙。皮诺又答应打电话给那位住在弗吉尼亚州的承包商，并且推荐由对手来承揽这笔订单。

后来，皮诺得到了非常惊人的结果，对手不但停止散布有关他的谎言，还把他无法处理的一些生意转给皮诺做。现在，除了他们之间的一些误会已经获得澄清以外，皮诺心里也比以前好受多了。

宽容的力量是惊人的，它可以把敌人变成朋友。减少一个敌人，我们会放下一袋仇恨的垃圾，减少一份敌对的阻力；增加一个朋友，我们就能收获一份友谊，得到更多帮助。而化敌为友，无疑是一种双重的利好。

战国时，梁国与楚国相接，两国在边界上各设界亭，亭卒们也都在各自的地界里种了西瓜。梁亭的亭卒勤劳，瓜秧长势极好，而楚亭的亭卒懒惰，瓜秧又瘦又弱，与对面瓜田的长势简直不能相比。楚亭的人觉得失了面子，有一天夜里偷跑过去把梁亭的瓜秧全给扯断了。

梁亭的人在次日面对满目狼藉的瓜田，气愤难平，连忙报告给边县的县令宋就，请求县令组织人力去扯楚亭的瓜秧。宋就说：“他们这样做真的太卑鄙了！不过，既然我们不愿他们扯我们的瓜秧，为什么我们要反过去扯他们的瓜秧呢？别人做得不对，我们再跟着学，那就太狭隘了。你们听我的话，从今天起，每天晚上去给他们的瓜秧浇水，让他们的瓜秧越长越好。而且，你们这样做，一定不可以让他们知道。”

梁亭的人听了宋就的话后，勉强答应了并照办。楚亭的人在不久后，发现自己的瓜秧长势一天好似一天。他们感到奇怪，便暗中观察，发现居然是梁亭的人在黑夜里悄悄为他们浇水。楚亭人羞愧难当，将此事报告楚国边县的县令。楚县令听后感到十分的惭愧又十分的敬佩，又把这件事报告了楚王。楚王听说后，也感于梁国人修睦边邻的诚心，特备重礼送梁王，既以示自责，亦以示酬谢。结果，这一对敌国成了友好的邻邦。

宽容是一种修养，更是一种美德。宽容不是胆小怕事，而是海纳百川的大度。能宽容就能得人心，就能长久共处。宽容可以使近者悦远者来，天下归心。所以说宽容也是一种仁爱的光、博爱的心，宽容别人就是宽容我们自己。

遗忘是最大的包容

人之一生，总会遇到许许多多的人，碰到许许多多的事，好的、坏的，而心灵像一个筛子，总要把痛苦的记忆抹去我们才能迎接更美的明天。

阿拉伯著名作家阿里，有一次与吉伯和马沙这两位朋友一同出外旅行。三个人行经一处山崖时，马沙失足滑落，眼看就要丧命，机灵的吉伯拼上老命拉住了他的衣襟，将他救起。为了永远记住这一恩德，马沙在附近的大石头上用力刻下了这样一行字："某年某月某日，吉伯救了马沙一命。"

于是三人继续前进，不几日来到一处河边。可能因为长途旅行的疲劳，吉伯跟马沙为了一件小事吵起来了，吉伯一气之下打了马沙一耳光。马沙被打得眼冒金星，然而他没有还手，却一口气跑到沙滩上，用很大的力气在沙滩上写下一行字："某年某月某日，吉伯打了马沙一记耳光，"

这以后，旅行很快结束了。回到家乡，阿里怀着好奇心问马沙："你为什么要把吉伯救你的事刻在石头上，而把打你耳光的事写在沙滩上?"

马沙平静地回答："我将永远感激并永远记住吉伯救过我的命，至于他打我的事，我想让它随着沙子的运动被忘记得一干二净。"

忘记是人的天性。一生中，我们要经历许多事情，要相识、相交许多人，会遗漏许多人。不过，对于智者来说，他们忘记的是别人的不足和过错，他们不会刻意去记恨一个人，而他们记住的却是别人的好和善，并时时让它们充盈着自己那颗感恩的心。这样，他们过的将是一种宽恕和大气的生活。

第二次世界大战期间，一支盟军部队在森林中与纳粹军队相遇，激战过后，两个盟军战士与大部队失去了联系，人们都以为他们牺牲了。

很多人知道，他们来自一个淳朴的小镇，他们是很要好的朋友。

与队伍失散后，他们在森林中艰难跋涉，互相鼓励、互相安慰。然而十多天过去了，他们却没有看到一个人影，找到部队的希望越来越渺茫。更让他们担心的是，由于战争的缘故，森林里所剩的动物寥寥无几，没有吃的，他们迟早会饿死。

好在天无绝人之路，就在他们奄奄一息之际，一头鹿闯进了他们的视线！他们把握住机会，猎杀了那头鹿。他们想，有了鹿肉，至少眼下不会饿死了。再说，有一头，就有两头、三头，他们迟早会走出森林。可是从此以后，他们却再也没有看到过任何动物。生命再次面临威胁。

只能寄希望于上帝了！稍微年轻一点的战士背上仅剩的鹿肉，再次试图寻找一点儿食物。不料，他们偏偏遇上了敌人！经过一番斗智斗勇，二人巧妙地逃脱了敌人的包围。可是，就在他们自以为已经安全时，只听一声枪响，背着鹿肉走在前面的年轻战士中了一枪——还好只是打在肩膀上。后面的战友惶恐地跑上前去，抱着倒在地上的战友流泪不止。他撕下自己的衬衣，勉强为战友包扎伤口。

夜深了，他们饥饿难耐，但是谁也没有动那仅剩的鹿肉。受伤的战士看着自己的肩膀，没受伤的战士则两眼发直地坐着，嘴里一直念叨着母亲。对于生命，他们已经不抱任何希望了，他们都以为自己的生命即将结束。那一夜，他们终生难忘。

也许是命不该绝吧，第二天早上，他们居然被自己的部队发现了！事情发展到此，的确令人欣喜，但是故事远没有结束：时隔三十年后，一个普通的老兵突然名声大噪，他就是那个受伤的战士——安德森。回忆当年时，安德森说：“我知道是谁开的那一枪，他就是我的老乡、战友。”

这实在太惊人了！人们迫不及待地追问，期待着安德森赶紧说下去。

“他去年去世了，否则我永远都不会说。如果我死在他前面，我会让这个故事烂在肚子里。”安德森平静地说，“当年在森林里，当他抱住我的时候，他的枪筒还在发热，我顿时明白了，他想独吞我身上背的鹿肉。但是当天晚上我就宽恕了他，因为我了解到他想活下来是为了照顾他的母亲。令人难过的是，他的母亲还没等到他回来就撒手去了。我和他一起祭奠了老人家。他跪下来，流着泪请求我原谅。我拥抱着他，不让他说下去。此后三十年，我装作根本不知道此事，也从不提及。战争太残酷了，如果没有纳粹，就不会有这样的悲剧。其实，我早就宽恕了他，我的心中没有仇恨，异常地平静。我没有失去什么，我们又做了三十年的朋友，比以前还要好。”

遗忘吧！遗忘仇恨，用一颗善良宽容的心来面对事物，你会发现每个人的笑容都和蔼可亲；遗忘悲伤，用一颗充满快乐充满激情的心来面对生活，你会发现这个世界灯火辉煌；遗忘后悔，用一颗充满阳光没有束缚的心点燃梦想的圣火，你会发现有一双坚强的翅膀正带着你飞向成功和希望。

忘记仇恨和不公，记住给予和幸福，把仇恨的空间留给爱，让我们的心灵永远清澈透明，让生命的里程碑永远记载感动和感恩，从此学会去爱别人，学会给别人机会，因为宽大的胸怀能让我们的路越走越宽。

○ 第七章 ○

用感恩的心生活

感恩是一种心态，感恩是一种回报，感恩是一种品质，感恩是一种情怀。学会感恩，才能体会到生活的多彩；学会感恩，才能体会到生命的责任；学会感恩，才能懂得人生道路上的那些爱。

仁爱在左，感恩在右。在路的两旁，我们随时播种随时开花。一路穿枝拂叶，即使走过荆棘，不觉痛苦，有泪可落，亦不觉悲凉。

美好的生活存在于感恩的眼里

佛经中有这样一个故事：有一天，佛陀外出云游，路上遇见一位诗人。诗人年轻，有才华，富有，英俊，而且拥有娇妻爱子，但他总觉得自己不幸福，逢人便抱怨上天对自己不公。

佛陀问他："你不快乐吗？我可以帮你吗？"

诗人回答："我只缺一样东西，你能给我吗？"

"可以。"佛陀说："无论你要什么，我都可以给你。"

"是吗？"诗人盯着佛陀，一字一顿、满脸怀疑地说："我要幸福！"

佛陀想了想，自言自语道："我明白了。"

说完，佛陀施展佛法，把诗人原先拥有的一切全部拿走——毁去他的容貌，夺走他的财产，拿走他的才华，还夺走了他的妻子和孩子的生命。做完之后，佛陀立即离去。

一月后，佛陀再次来到诗人身边。此时的诗人，已经饿得半死，躺在地上呻吟，看见佛陀后诗人立刻向佛陀忏悔了自己的错误。于是，佛陀再施佛法，把一切又还给了诗人，然后悄然离去。

半个月后，佛陀再次去看诗人。这一次，诗人搂着妻儿，不停地向佛陀道谢。因为，他已经体会到了什么是幸福。

感恩之情是滋润生命的营养素，它使我们的生活充满芳香和阳光。一个不懂感恩的人，即使家财万贯，他仍是个贫穷的人；懂得感恩，才是天下最富有的人。

生活中总是充满了无数的艰难险阻，有时甚至让人难以承受，但是一味的抱怨却不能改变什么。要知道美好的生活存在感恩的眼里。

2004年5月的一个晚上，在一万两千余名听众雷鸣般的掌声中，一位“半身人”用双掌撑地，一步步地走上了青岛天泰体育场的主席台。

这个半身人来自澳大利亚，名叫约翰·库缇斯，天生没有下肢，但是他却用双掌走遍了世界上一百九十多个国家和地区，被誉为“世界上最著名的残疾人演讲大师”。此外，他还是全大洋洲的残疾人网球赛的冠军，是游泳健将，甚至会用两只手开汽车。

“大家好！”打过招呼，库缇斯拿起桌子上的矿泉水瓶子，边比画边说：“从一出生我就是个悲剧，当时我只有矿泉水瓶这么大，两腿畸形，医生断言我活不过当天，可我活到了现在，三十五岁的我依然健在，而且经常在世界各地旅行……”

库缇斯一口气讲了半个小时，其间，观众们的掌声几乎就没停过。

最后，库缇斯突然举起手里的一件东西说：“我非常感谢青岛朋友的热情招待，我住的宾馆条件非常好，但有一样东西让我不知所措，服务生却每天都会把它放在我的床头。”说完，库缇斯把他说的东西扔向了听众席，原来是一双一次性拖鞋。

听众席一片肃静。

“如果你能穿拖鞋的话，你是幸运的，你是没资格抱怨的！不是每个人都能够穿拖鞋！”库缇斯大声说。听众席上立即爆发出一连串的喝彩声，紧接着是长久的掌声。

哲人说：“苦海即是天堂，天堂也即苦海。”想想真是如此，有时候我们明明生活在天堂，却总是觉得自己苦不堪言；而我们认为当中的苦海，却有很多人生活得不亦乐乎；其实，这一切都源自我们的心态是否平和，是否具有一颗感恩、包容的心。

感恩是一份美好感情，是一种健康心态，是一种良知，是一种动力。人有了感恩之情，生命就会得到滋润，并时时闪烁着纯净的光芒。

一个常怀感恩之心的人，一定是个幸福的人。感恩是爱的根源，也是快乐的必要条件。如果我们对生命中所拥有的一切能心存感激，便能体会到人生的快乐、人间的温暖以及人生的价值。拥有一颗感恩的心，才能更懂得珍惜生命，热爱生活，那么，即使遇上再大的困难，也能够绕过去。

用一颗感恩的心来看这个世界，世界就会是色彩斑斓、美丽灿烂的！用一颗感恩的心看世界，你会听到小鸟欢快地鸣唱，会感受到阳光洒在身上的温暖，会嗅到花儿吐露的缕缕芬芳，你会发现，美丽的世界就在感恩的眼里。

善待当下人、当下事

一个常怀感恩之心的人，一定是个幸福的人。在充满感恩的心里，一切都是美好的。看到明媚的阳光，你会感恩；享用一顿丰盛的午餐，你会感恩；收到朋友的祝福，你会感恩；受到父母的鼓励，你会感恩。

感恩是爱的根源，也是快乐的必要条件。如果我们对生命中所拥有的一切能心存感激，便能体会到人生的快乐、人间的温暖以及人生的价值。

美国西雅图有个很特殊的鱼市，很多顾客和游客都认为到那里买鱼是一种享受。原因就在于，那里的鱼贩们虽然整日被鱼腥包围，但他们总是面带笑容，而且他们工作时可以和马戏团演员媲美，他们个个身手不凡，就像合作无间的棒球队员，让冰冻的鱼像棒球一样，在空中飞来飞去，并且互相唱和："啊，五条带鱼飞到明尼苏达州去了。""明尼苏达州收到，请再来一批。"

这种工作气氛还影响了附近的居民，他们经常到这儿来和鱼贩用餐，感受他们的好心情。后来甚至有不少没办法提升工作士气的企业主管专程跑到这里来取经。

有一次，一位记者专程来采访他们，记者问道："你们在这种充满鱼腥味的地方做苦工，为什么心情还这么愉快？"

一个鱼贩回答："几年前，这个鱼市场也是一个没有生气的地方，大家整天抱怨。后来大家认为，与其每天抱怨沉重的工作，还不如改变工作的品质。于是我们不再抱怨生活本身，而是把卖鱼当成一种艺术。就这样，我们变得越来越快乐，这里成了鱼市场中的奇迹。”

“实际上，并不是生活亏待了我们，而是我们期望太高，以至忽略了生活本身。”另一位鱼贩补充道。

以一颗感恩的心来生活，你会发现在快乐和丰富自己的同时，也让这份快乐感染了周边的人。感恩的心随处都在，幸福自然也无所不在。

用一颗感恩的心看待当下事当下人，机遇也许就在身边。

李光宇在武汉的一家软件公司上班，一天，他忽然被告知失业了。对他来说这是个致命的打击——自从老婆待产在家，全家人的生活开销都由他一个人负责了。虽然找个新工作不是件难事，但金融危机的到来，无疑给他找工作加大了难度。而且薪资待遇也不会那么理想。

一连找了好多天，都没找到一份合适的工作：不是人家嫌他能力不行，就是他嫌人家给的工资不够高。几次碰壁之后，他几乎失去了信心。

终于，半个月之后的一天，他收到了一家公司的面试通知书。他揣着资料，满怀希望地赶到公司。但当他看到排成长队的应聘者去应聘仅有的两个职位时，他再次失去了信心。没有多久，他就被告知应聘失败了。

李光宇想，如果怨天尤人的话，只会让自己身陷泥潭，他开始尝试着改变心态去接受这样的事实，而且他相信，虽然应聘失败了，但他收获不小，因此有必要给公司写封信，以表感谢之情。

说干就干，他立即给这家公司的老总写了一封信，在信中他说：“贵公司花费人力、物力，为我提供了笔试、面试的机会。虽然未能如愿被录取，但通过应聘使我大长见识，获益匪浅。感谢你们为之付出的劳动，谢谢！”

李光宇的话很普通，但却深深地打动了该公司的老总，这是一封普通而与众不同的信，落聘的人毫无怨言，竟然还给公司写来感谢信。老总看了信后，若有所思，然后一言未发地将这封信锁进了抽屉。

转眼间，几个月过去了，有一天，李光宇忽然接到了该公司打来让他到公司上班的电话。原来，这家公司出现人员空缺，而老总一直记着李光宇。就这样，李光宇如愿以偿地进入了这家公司。

李光宇和其他没有被聘上的人没有什么区别。唯一的不同就是虽然他没有如愿进入该公司，但他仍然不忘公司为此付出的辛苦努力。事实上也就是李光宇感恩的话感动了公司的老总，也给他自己带来了机会。

怀揣一颗感恩的心，善待当下人、当下事。感谢父母，给予我们生命；感谢家人，给了我们亲情；感谢老师，给了我们知识；感谢朋友，给了我们友谊；感谢那些曾经出现在我们生命里的人，那些或遗忘、或欺骗、或伤害过我们的人，是他们磨炼了我们的心志，使我们变得更加坚韧，更加顽强，更为成熟！

感谢折磨你的人

飞蛾是挣脱了那层足以让它丧命的蛹才最终变成美丽的蝴蝶；珍珠是经历了那粒沙在贝壳里艰难的磨砺才得以如此璀璨。人生，也是因为经历了磨难才得以让生命更加顽强、坚韧，具有张力。

20世纪80年代初，年逾古稀的曹禺已经是功成名就的戏剧大家。有一次美国同行阿瑟·米勒应邀来曹禺家做客，午饭前的休息时间，曹禺小心翼翼地从书架中间取出一个装帧极为讲究的小册子，上面装裱着画家黄永玉写给他的一封信，曹禺逐字逐句地把信的内容念给阿瑟·米勒听，神情庄重而语气激动。信中这样写的："我不喜欢你新中国成立后的戏，一个也不喜欢，你的人不在戏里，你失去了伟大的通灵宝玉，你为势位所误，命题不巩固、不缜密，演绎分析不透彻，过去数不尽的精妙的休止符、节拍，冷热快慢的安排，那一箩一筐的隽语都消失了……"

事后，阿瑟·米勒撰文描述了他的迷茫："这封信对曹禺的批评，用字不多但却相当激烈，还夹杂着明显羞辱的味道，然而曹禺念信的时候却神情激动。我真不明白曹禺恭恭敬敬地把这封信裱在专册里，并且一脸虔诚地念给我听，他是怎么想的。"

阿瑟·米勒的茫然是理所当然的：毕竟，把别人羞辱自己的信件裱在专册里，这样的行为太过罕见，无法让人理解和接受。然而，曹老之所以这样做，正是因为他拥有无上的品格——感恩，才会"猝然临之而不惊，无故加之而不怒。"心怀感恩，才会对别人的羞辱泰然处之；心怀感恩，才会把人家的批评作为赏赐，作为自己进步的阶梯。

达·芬奇有一句话：“敌人的判断时常比朋友的判断更适当些，更有用些。”敌人看待问题，往往是吹毛求疵的，而朋友却是抱着欣赏的态度来看待问题的。而艺术，就需要这种吹毛求疵的精神来改正不足。所以，重视那些折磨你的人，他们的折磨往往能令你往前走得更远。

有两个年轻的大学生刚从学校毕业，进入同一家石油公司任职，随即两人被总公司分配到一个海上油田工作。

工作的第一天，工头便要求他们，在限定时间内登上几十米高的钻井架，并将一个包装好的漂亮盒子，送到最顶层的主管手中。

他们拿着盒子，迅速登上又高又窄的舷梯。当他们气喘吁吁地登上顶层后，只见主管在盒子上签了自己的名字，又让他们送回去给工头。

他们一接到命令，连忙又快速地跑下舷梯，并把盒子交给工头。

但是，没想到工头草草签完名字之后，又原封不动地交给他们，要求他们再送回去给顶层的主管。

两个年轻人看了看工头，有点丈二和尚摸不着头脑，却又不知道要如何发问，只得乖乖地跑上顶层。

然而，主管这回同样只在盒子上签名而已，便又要他们送回去。年轻人就这样来来回回，莫名其妙地上下跑了两次，心里隐约感到，这一切似乎是主管与工头故意刁难他们。

直到第三次，两个年轻人已经是全身汗湿，其中一个年轻人已经是满腔怒火，而另一个人看上去却气定神闲。

当他们将盒子送来给主管时，主管说：“把它打开。”

两个年轻人将盒子拆开，里头居然是一罐咖啡与一罐奶精，这会儿他们更可以确定，这是主管与工头联合起来欺负他们。

过一会儿，主管又接着对他们说：“去冲杯咖啡！”

那个早已是满腔怒火的年轻人再也忍不住了，用力把盒子摔到地面上，气愤地说："我不干了！"转身就走了。

而另一个年轻人平静地看了主管一眼后，拾起地上的咖啡，然后为主管冲出一杯口味香浓的咖啡，主管接过咖啡后也没说什么只是向这个年轻人微微笑了笑。

令年轻人意外的是，从那以后，主管仿佛对他格外关注，一些重要的项目都交给他去做。很快，年轻人凭借自己出色的业绩和主管的极力推荐，被总公司任命为部门经理——居然成了主管的上司并且拥有一份丰厚的薪水。

年轻人在接任后做出第一件事就去感谢主管，主管听完后微笑道："孩子，你知道刚开始这一切，其实是一种训练啊！那叫作承受极限的训练，因为我们每天都在海上作业，随时都可能会遇到危险，因此，工作人员都必须要有极强的承受力，才有法子完成海上的作业与任务。其实我并没有为你做什么，给你的折磨只是为了培养你今后胜任这份工作的能力。"年轻人得意地笑了，因为他成功了，而当初同他一起来的那个年轻人仍在四处寻找自己满意的工作。

人生的种种折磨都是一把双刃剑：可以令你失败，更可以催你成功。对于一个有志者来说，它就是人生的动力，促使你不断学习进取。当你本事练成了，它会给你带来理想的工作和丰厚的回报。这时，你回过头来就会发现，正是当初的折磨化为了进取的动力，才使你取得了成功，而此时你需要做的是去感谢折磨你的人。

人生唯有经历各种各样的折磨，才能增加生命的厚度。一次又一次与各种折磨握手，历经反反复复几个回合的较量，人生的阅历就在这个过程中日积月累、不断丰富。

感谢磨难助你成长

磨难不过是人类生活的一部分，只有勇敢地接受和面对它，才是真正成熟的表现。

阿基米德是世界上伟大的数学家之一，他就遇到过一件很棘手的事情：叙拉古城当时的统治者海厄罗王为了报答诸神的恩泽，决定建造一个华贵的神龛，内装一个纯金的金冠作为祭祀物。金匠如期完成任务，这时有人告密说金匠私吞了部分金子，企图用等重的银子掺入蒙混过关。愤怒但无法判断是否确有其事的国王请来了阿基米德做鉴定。

面对这个无法用常规数学方法解决的问题，阿基米德一时也想不出办法。但他并没有因为想不出办法而愁眉不展，牢骚抱怨，相反，他尝试着运用各种方法去解决这个难题。最终，阿基米德在用澡盆洗澡时突受启发，豁然开朗，利用浮力测出了金冠的真假，也让他成功地发现了浮力定律。

奥斯特洛夫斯基说："人的生命似洪水在奔腾，不遇岛屿和暗礁，难以激起美丽的浪花。"生命是一次次的蜕变过程。

小时候，爱迪生家里很穷，连书都买不起，更无法购买做实验用的器材。困难中，他想到了收集瓶罐，用它们来替代实验器材。一次，他在火车上做实验，不小心引起爆炸，列车长甩了他一记耳光，他的一只耳朵被打聋了。后来，他患上了严重的失聪症，只能勉强听到外界分贝较高的声响。然而，他却认为，与其被动地听毫无意义的声音，不如让自己处在一个"安静"的环境里，专心读书和思考。

生活上的困苦，身体上的缺陷，并没有使他对生活灰心。在发明电灯的过程中，他先后试验过一千六百多种不同的耐热材料，面对每一次的失败，他没有灰心，并乐观地认为自己至少知道哪些材料不合适。正是在一次次失败中，他才取得了一项又一项发明。

据统计，他的一生共留给这个世界1093项发明。

爱迪生的辉煌人生和挫折结下了不解之缘。若不是遇到了那些数不胜数的麻烦事儿，恐怕他也没有那些举世瞩目的发明。

一位智者说："世界上只有一件事比遇到折磨还要糟糕，那就是从来没有被挫折折磨过。"人生，跌倒了才知道疼；遇到磨难了，才知道成功的艰辛；受挫了，才会更加理解生活的含义。所以，感谢生活中的磨难，经历了磨难我们才学会反思，才会知道不断进步，不断强大。

在20世纪60年代初期，美国化妆品行业的"皇后"玛丽·凯把她一辈子积蓄下来的五千美元作为全部资本，创办了玛丽·凯化妆品公司。

为了支持母亲实现"狂热"的理想，两个儿子也"跳往助之"，辞去了较好的工作，加入母亲创办的公司中来，宁愿只拿二百五十美元的月薪。玛丽·凯知道，这是背水一战，是在进行一次人生中的大冒险，弄不好，不仅自己一辈子辛辛苦苦的积蓄将血本无归，而且还可能葬送两个儿子的美好前程。

在创建公司后的第一次展销会上，她隆重推出了一系列功效奇特的护肤品，按照原来的计划，这次活动会引起轰动，一举成功。可是，"人算不如天算"，整个展销会下来，她的公司只卖出去十五美元的护肤品。

在残酷的事实面前玛丽·凯不禁失声痛哭，而在哭过之后，她反复地问自己："玛丽·凯，你究竟错在哪里？"

经过认真的分析，她及时调整了自己的心态，坦然地接受了这一切。最后终于悟出了一点：在展销会上，她的公司从来没有主动请别人来订货，也没有向外发订单，而是希望女人们自己上门来买东西……难怪在展销会上落到如此的后果。

于是她从第一次失败中站了起来。在抓生活管理的同时，加强了销售队伍的建设……

后来，玛丽·凯化妆品公司发展到现在的五千人，并成为一个国际性的公司，拥有一支二十万人的推销队伍，年销售额超过三亿美元。已经步入晚年的玛丽·凯能创造如此的奇迹，并不是上天的怜悯，而是她面对挫折时，坦然地面对一切，悟出一个好的想法并着手开始自己的行动，最后获得了巨大的成功。

生活中我们要感谢苦难，正是因为苦难我们才能够更加清楚地看到前方的路，才能让我们在通往成功的道路上越挫越勇，才能在岁月的河流里绽放出辉煌的成就之花。学会感谢苦难，才能让我们在穿越苦难回过头来看走过的路时，觉得根植于苦难的不懈奋斗最有意义，才会品咂出用痛苦酿就的幸福。

用感恩的心透视生活

人需要常怀一颗感恩之心，这样才能穿透现实的迷雾，看到更广阔、美丽的新世界。

有一天，师父和徒弟开车到乡下去送货。乡下的路崎岖坎坷，有沙子和石头，一路上走得很慢。回来的时候，在石子路上，“砰”的一声响。后轮的一只轮胎爆了，车上有一只备用轮胎，可是他们忘了带千斤顶。

在不远处的路边有两间房子。师父指着前面的房子对徒弟说：“去，你去把千斤顶借来。”徒弟愣了一下，问师父：“你怎么知道那儿有千斤顶？”师父说：“你要想着那儿有。”徒弟说：“那要是没有呢？”师父说：“没有你也要想着那儿有。”徒弟说：“要是那儿有，但是他不借呢？”师父说：“你要想着他会借。”徒弟说：“要是他有，他不但不借，他甚至连门也不开呢？”师父说：“你要想着他会开门。”

师父教给徒弟许多话，徒弟将信将疑地去了。徒弟走到那两间房子前，敲门。门开了，开门的是一个中年男人。徒弟说：“又有事需要你帮忙了。”中年人看了看这个陌生的年轻人，说：“我不认识你啊，我肯定没帮过你，你怎么说又有事需要我帮忙呢？”徒弟说：“你家在路边，尽管你没帮过我．但你一定帮过不少其他人。所以，我来了，对你来说，是又有事需要你帮忙了。”

徒弟的话，有不少感激之意。对于这样的一个陌生人，中年人觉得自己没有不帮忙的道理。说实在的，中年人并没空儿，他正准备去办一件自己的事情，可是他听了徒弟的话，便放下自己要办的事，对徒弟说道：“说吧，你有什么事情需要我帮忙的?”徒弟这才说：“我的车子有一只轮胎爆了，我想，会有人向你借过千斤顶换轮胎，我也想借用一下。”

说实在的，这个不是搞汽车修理的中年人，他是没有千斤顶的，可他听了徒弟的话，就说：“好吧，我知道哪里有，我带你去。”中年人便骑上摩托车带着徒弟走了好远的路，到他的一个熟人那里借来了千斤顶。徒弟对这个中年人万分感激。

徒弟借来了千斤顶，他高兴地对师父说：“师父，一切都像你说的那样，你是怎样想到的?你怎么会这么神啊?”师父说：“很简单，不管他有还是没有，也不管我们能不能向他借到，但他是我们的希望，而对于希望，我们首先不是索要，而是要心存感激，感激他给我们带来希望。而承受了你的感激的人，是会给你带来希望的。”徒弟恍然大悟，并牢牢地记住了。

心存感激，你的世界就会芳香四溢，就会看见整个世界都在为你开路。

有一次，罗斯福家被盗，少了很多东西，一位朋友闻讯后，连忙写了一封信安慰他，劝他不必太在意。罗斯福给朋友写了封回信：“亲爱的朋友，谢谢你来信给我安慰，我现在很平安。感谢上帝，因为第一，贼偷去的是我的东西，而没有伤害我的生命；第二，贼只偷去我部分东西，而不是全部；第三，最值得庆幸的是，做贼的是他而不是我。”对任何一个人来说，被盗绝对是一件不幸的事，晦气又恼火，而罗斯福却找出了感恩的理由。

我们常常忽略周围一切细微的事物，其实生活的环境中皆隐藏着许多美妙的事物。如果你不感恩，只知一味地怨天尤人，那你最终可能一无所有，而如果你能感恩生活，生活就将赐予你无限灿烂的阳光！

拥有一颗感恩的心，你会发现生命中的一切都是那么美好；拥有一颗感恩的心，失去又何尝不是一种拥有。

只有过得幸福、快乐的人才会有恩可感。其实，一个人活得幸福不幸福，快乐不快乐，并不在于财富的多少、地位的高低，或成就的大小，而在于他用什么样的心态来看待自己和自己周围的世界。

感恩，让生命富足

生命是一条美丽而曲折的幽径，需要我们用心去感受它，用心去珍惜活着的感觉。感恩是爱的根源，也是快乐的源泉。如果我们对生命中所拥有的一切都能心存感激，我们便能体会到人生的快乐、人间的温暖以及人生的价值。

著名数学家华罗庚说："人家帮我，永志不忘；我帮人家，莫记心上。"感恩是爱的交流和传递，是爱的体现。如果一个人懂得感恩，他就会用爱将感恩付诸行动，体现到生活当中，而生活也会给他最美的回报。

一个瓜农经过几年的潜心研究，终于栽培出一种新型的西瓜，水分充足，入口香甜。第一年种植后，在市场上的销路非常好，瓜农也因此而发了财。

很多人得知这件事后纷纷慕名前来，希望得到栽培新型西瓜的方法，这个瓜农也毫不吝啬，把自己培育出来的种子无偿分给村子里所有种瓜的人，他告诉大家自己能培育出这么好的瓜种，离不开乡亲们平时有形无形的鼓励和帮助。于是有瓜农问他："如果大家都种这种西瓜，会不会导致新型西瓜不值钱呢？"

他信心十足地说："大家都种这种西瓜时，蜜蜂采蜜授粉时，就不会让新型西瓜的花粉被别的稍差的花粉所污染，这样一来，大家的西瓜只会更好。"

在他的带领下，全村的瓜农都种上了他栽培的这种西瓜。几年之后，他所在的村子就成了新型西瓜的生产基地，村里人生活得富足快乐。那个瓜农也借着几年的积蓄成立了果品公司，研究出了更多的种植技术。

感恩是一种情怀，一种责任、自尊，一种更崇高的精神境界，更是一种生活的智慧。生活中有太多的美好值得我们去感激。常怀感恩之心，我们的生活也会越来越美好。

在一家公司成立的最初几年，他们发生了一次财务困难，因此，在他们的业务代表之中便存在一种消极心态，于是公司的业务经理便召集业务代表，要他们说明存在的问题。

当公司的一位业务代表结束发言之前，这位业务经理就已经跳了起来，并挥手要他们别再说下去，并解释道："停止开会十五分钟，让我擦一擦鞋子，请你们仍然坐在座位上。"

令人惊讶的是，他真的派人去叫替工厂员工擦鞋的男孩过来，也不管其他人都注视他，就自顾自地和这位男孩聊起天来。

当他结束和男孩的谈话之后，便给了男孩一角硬币，并宣布这位男孩要对大家演讲。

"我不知道怎样演讲！"男孩惊异地说道。

"你知道的，"业务经理说，"而且你会说得比我刚才听到的那几场演讲还要好。我会帮助你。"

业务经理问他："你几岁？"男孩清脆地答道："十一岁。"

"你在这个工厂擦鞋有多久了？"男孩回答："六个月。"

"很好！你擦鞋能赚多少钱？"男孩感激地说道："擦一次五分钱，先生，但有的时候会得到一些小费，就像您给我的一样。"

"在你之前是谁在这里擦鞋？"男孩答道："是一位叫泰迪的男孩。"

"他几岁？"

"十七岁。"

"你知不知道他为什么离开？"

“我听说他觉得擦鞋无法维持生活。”

“你擦一次鞋赚五分钱，有办法维持生活吗？”

“可以的，先生。我每个星期五给我母亲十元，再存五元到银行，再留下两元作为零用钱。有的时候我赚得更多，我把这些多赚的钱，另外存起来准备买一辆脚踏车，但我的母亲并不知道这件事。”

“谢谢你。”业务经理说，“你做了一次很好的演讲。”

接着，这位业务经理转向他的业务代表们说道：“你们都听到这位男孩说的话了，现在让我告诉你们，他那些话的意思。”

“请各位注意，这位男孩现在做的工作，过去是由一位比他大六岁的男孩所做的，他们的工作内容相同，索取的费用相同，服务的对象也相同。”

“先前那位男孩放弃了这份工作，是因为他无法靠他所得的钱维持生活，但这位男孩，不但为他自己和他的梦想赚到了钱，同时还能赞助他的家人，他和先前那位男孩做的是相同的工作，但他却用一种不同的心态做着这份工作。”

“他具有感恩的心态，当他工作时，脸上带着微笑，因此大家都很喜欢他，都愿意照顾他的生意，而且每次擦完鞋后，都会给他小费，而原先那位男孩比较冷漠，情绪不稳定，而且当顾客给他五分钱时，也不会说声谢谢。因此，他的顾客不会再给他小费，也不会常找他来擦鞋，他当然也无法以此维生。这两者的差异就在于是否怀有一颗感恩的心，当你对人怀有一颗感恩的心时，你就能赢得别人的关爱与照顾。”

感恩，是人生中一笔巨大的财富。它不仅可以让荒地变成花园，也可以让贫穷的人变得富有。

感恩是一种处世哲学，是生活中的大智慧。人生在世，不可能一帆风顺，种种失败、无奈都需要我们勇敢地面对，豁达地处理。这时，是一味地埋怨生活，从此变得消沉、萎靡不振？还是对生活满怀感恩，跌倒了再爬起来？

英国作家萨克雷说："生活就是一面镜子，你笑，它也笑；你哭，它也哭。"感恩不纯粹是一种心理安慰，也不是对现实的逃避，更不是阿Q的精神胜利法。感恩，是一种歌唱生活的方式，它来自对生活的爱与希望。拥有一颗感恩的心，美好的世界就在你的眼前；拥有一颗感恩的心，处处都可以是天堂。

越努力越幸运

做最好的自己

高桂萍　编著

中国出版集团
中译出版社

图书在版编目（CIP）数据

越努力越幸运．做最好的自己／高桂萍编著．-- 北京：中译出版社，2019.6（2021.8 重印）
ISBN 978-7-5001-5992-6

Ⅰ．①越… Ⅱ．①高… Ⅲ．①成功心理—通俗读物 Ⅳ．① B848.4-49

中国版本图书馆 CIP 数据核字（2019）第 119452 号

越努力越幸运

做最好的自己

出版发行：中译出版社
地　　址：北京市西城区车公庄大街甲 4 号物华大厦 6 层
电　　话：（010）68359376　68359303　68359101
邮　　编：100044
传　　真：（010）68357870
电子邮箱：book@ctph.com.cn
总 策 划：张高里
责任编辑：刘全银
封面设计：青蓝工作室
印　　刷：北京一鑫印务有限责任公司
经　　销：新华书店
规　　格：880 毫米 ×1230 毫米　1/32
印　　张：30
字　　数：550 千字
版　　次：2019 年 6 月第 1 版
印　　次：2021 年 8 月第 3 次

ISBN 978-7-5001-5992-6　　定价：149.00 元（全 5 册）

前言

常言道："知人者智，自知者明。"在人生的漫漫征程上，如何成为自己，成就自己，继而做最好的自己，这些都是值得我们思考的问题。

做最好的自己，必须先了解自己，正视自己。有些人无法正视自身的现实处境，或者不甘心于自己的社会地位，或者不满足于自己的物质财富，或者不满意于自己的有限，如此等等，于是烦恼接踵而来。更可悲的是，有的人因此而自暴自弃，甘于沉沦，结果只能一直生活于悔恨之中。

强大自己的内心，对他人的所有，我们不必艳羡，因为那是属于他人的精彩；对他人的成功，我们不可能复制，因为我们未必具有他人的成功条件。我们可以做的是立足于自己的现状，努力进取，坚持不懈；我们应当做的是自己把握自己的命运，创造属于自己的一方天地。

在努力之后，你才能够一步一步接近人生的巅峰。生命之花的灿烂，少不了辛勤汗水的浇灌；人生之歌的嘹亮，离不开自始至终的努力奋斗。人生的所有努力来自我们对生命的热爱，对当下的执着，对未来的期待。

人生犹如一个竞技场，不到最后结果始终是个谜。你若想笑到最后，就必须不懈努力。无论是谁，放弃了努力，即使走过一生，仍会两手空空；只有坚持不懈，才会得到应有的回报。只要你真正努力了，无论结果如何，你都不必后悔。只要你不懈努力了，你所得到的一定不会让你后悔。

人生不如意事十之八九，繁华散尽后，也只有一片虚无。本书从古今中外浩如烟海的故事海洋中撷取若干浪花，启迪读者诸君以积极的心态面对人生，做最好的自己！

目　录

第一章

心有多大，世界就有多大

人生理想就是指引我们前进的明灯，没有理想的人生毫无意义。丧失理想，一个人必将碌碌无为。在理想的指引下，你的生活才会更加充实，更加精彩。拥有远大的理想，我们的人生才更有意义。心有多大，世界就有多大。

眼界决定未来

精彩故事

曾有三个瓦工，在炎炎烈日下同样辛苦地建造一堵墙。一个行人问他们："你们在干什么？"

"我在砌墙。"第一个瓦工答道。

"我干1小时活儿，挣5元工钱。"第二个瓦工答道。

行人又稍向前走了几步，来到第三个瓦工面前，提出同样的问题。第三个瓦工仰望着天空，以若有所思的表情凝视着远方，说："我正在修建一座大教堂。建造一座对本地区产生巨大精神影响的、能够与世长存的教堂。"

多年以后，起先的两个瓦工庸庸碌碌，无甚作为，还在砌墙，而第三个瓦工则成了一位享誉世界的建筑师。

贴心提醒

古人云："有志者事竟成。"所谓志，就是指一个人为自己确立的远大志向，确立的人生目标。人生目标，是生活的灯塔。目标对于人生，正像空气对于生命一样，没有空气，生命就不能够存在。

抱定理想，永不言弃

精彩故事

保罗·杰克逊是一位很有名气的眼科医生。尽管他还年轻，但这并不妨碍他成为美国佛罗里达州眼科界的权威。

有一次，他在接受记者采访时，谈及他成功的经历，有一句话很能给人以启示。他说："无论遇到怎样对你不利的事情，有一样东西你一定不可以丢弃，那就是——你的梦想。"

保罗·杰克逊还谈到自己学医的动机。那是在他童年时，他的父亲患上了严重的眼病，花了很多钱，寻访了许多医生，然而，父亲的眼睛还是没能够保住。从那时候起，保罗·杰克逊发誓要做最好的医生，帮助那些像他父亲一样的人，使他们可以重见光明。为此，他疏远了以前的玩伴，并且几乎不结交学友以外的朋友。目的当然只有一个：节省一切时间，为了心中的梦想努力学习。

还应提到的是，保罗·杰克逊一家并不富有。父亲失明后，家庭更是陷入了贫困。所以保罗·杰克逊高中毕业后，在工作和继续深造的十字路口犹豫不定。

这时，他的母亲，一位普通的家庭主妇使他下定了决心。她母亲说："不要让眼前的东西迷失了自己的眼睛。如果你已经选择了目标，就不要轻易放弃。一切的付出都是有回报的。"

因此，保罗·杰克逊放弃了唾手可得的工作机会，继续攻读学业。几年后，他终于成为美国医学界令人惊讶的后起之秀。

贴心提醒

生活中，我们也许会经常遇到梦想和现实相冲突的时候，是坚持梦想还是屈服于现实，总是使我们很难选择。这个时候，我们不妨想想保罗·杰克逊，细细体味他的经验之谈——坚持你的梦想，无论何时何地。

插秧要看前面

精彩故事

哲学家漫步于田野中，发现水田当中新插的秧苗竟排列得如此整齐，犹如用尺量过一样。他不禁好奇地问田中的老农，是如何办到的。

老农忙着插秧，头也不抬，要他自己插插看。于是，哲学家卷起裤管，喜滋滋地插完一排秧苗，结果竟是参差不齐，惨不忍睹。

哲学家再次请教老农。老农告诉他，在弯腰插秧时，眼光要盯住一样东西。

哲学家照做，不料这次插好的秧苗，竟成了一道弯曲的弧线。

老农问他："你是否盯住了一样东西？"

"是啊，我盯住了那边吃草的水牛，那可是一个大目标啊！"

"水牛边走边吃草，而你插的秧苗也跟着移动了，这个弧形就是这么来的！"

哲学家恍然大悟。这次，他选定了远处的一棵大树，插出来的秧苗果然非常的笔直。

老农并不比哲学家有智慧，但他懂得去比照目标前进。

贴心提醒

无论你现在在哪里，重要的是你将要向何处去。只有树立明确的目标，才有成功的可能。没有目标的航船，任何方向的风对他来说都是逆风。

重见光明的秘方

精彩故事

一老一小两个相依为命的盲人，每日里靠弹琴卖艺维持生活。

一天，老盲人终于支撑不住，病倒了。他自知不久将离开人世，便把小盲人叫到床头，紧紧拉着小盲人的手，吃力地说："孩子，我这里有个秘方，这个秘方可以使你重见光明。我把它藏在琴里面了，但你千万记住，你必须在弹断第一千根琴弦的时候才能把它取出来，否则，你是不会看见光明的。"

小盲人流着眼泪答应了师父的请求。老盲人含笑离去。

一天又一天，一年又一年，小盲人用心记着师父的遗嘱，不停地弹啊弹，将一根根弹断的琴弦收藏着，铭记在心。当他弹断第一千根琴弦的时候，当年那个弱不禁风的少年小盲人已到垂暮之年，变成一位饱经沧桑的老者。

他按捺不住内心的喜悦，双手颤抖着，慢慢地打开琴盒，取出秘方。然而，别人告诉他，那是一张白纸，上面什么都没有。当年百盲人竟笑了。

老盲人骗了小盲人？这位过去的小盲人，如今的老盲人，拿着一张什么都没写的白纸，为什么反倒笑了？

就在那一瞬间，这个盲人琴师明白了师父的用心。那是一张白纸，但却是一无字的秘方，一个难以窃取的秘方。只有他，从小到老弹断一千根琴弦后，才能了悟这无字秘方的真谛。

那秘方是希望之光，是在漫漫无边的黑暗与苦难煎熬中，师父为他点燃的一盏希望的灯。倘若没有它，他或许早就会被黑暗吞没，或许早已在苦难中倒下。就是因为有这么一盏希望之灯的支撑，他才坚持弹断了一千根琴弦。他渴望见到光明，并坚定不移地相信，只要永不放弃努力，黑暗过去就会是无限光明。

贴心提醒

任何事物都有其增长、发展的极限，当到达极限的时候，就会出现意想不到的结果。这结果是对发展过程的全面突破，其面貌是崭新的，与原有的设想和期盼不同。

最宝贵的财宝

精彩故事

亚历山大大帝远征波斯前，他将所有的财产分给了臣下。其中一位大臣皮尔底加斯非常惊奇，问道："陛下，您带什么启程呢？"

"希望，我只带这一种财宝。"亚历山大回答说。

听到这个回答，皮尔底加斯说："那么请让我们也来分享它吧。"于是，他谢绝了分配给他的财产。

亚历山大仅带希望启程，却带回来所要征服的全部。

贴心提醒

带着希望启程。在追求成功的旅途中，我们不仅会面对掌声和鲜花，还会经历挫折和泪水。如果在面临痛苦时，你仍能保持对未来的希望，那就意味着成功还有希望。

无心便无自由

精彩故事

根据史料记载，滑铁卢战役的失败是拿破仑一生最后的失败，但有人说其实不是这样——拿破仑的最后失败，是败在一颗棋子上。

拿破仑在滑铁卢战役失败之后，被判流放到圣赫勒拿岛监禁，终身不得离开。

拿破仑在岛上过着十分艰苦而无聊的生活。后来，拿破仑的一位密友通过秘密渠道赠给他一件珍贵的礼物——一副象牙和软玉制成的象棋。拿破仑对这些精致而珍贵的棋子爱不释手，一个人默默地下棋，排解被流放的孤独和寂寞。

这位有名的囚犯在岛上用那副象棋打发着时光，最终慢慢地死去。

拿破仑死后，那副象棋多次以高价转手拍卖。最后，这副象棋的所有者在一次偶然的机会中发现，其中一个棋子的底部可以打开。当那人打开后，发现里面竟密密麻麻地写着如何从这个岛上逃出的详细计划。在当时，这是一则轰动世界的大新闻。

可是，拿破仑没有在玩乐中领悟到这个奥秘和朋友的良苦用心，所以，他到死都没能逃出圣赫勒拿岛。这恐怕才是拿破仑一生最大的失败。

其实，拿破仑被流放之后，他所失去的不只是自由而已，还有他的野心与勇气。如果上述这个故事是真的，那么，拿破仑的确是败在自己手上。

怎么说呢？假设拿破仑始终维持他高峰时期的斗志，那么小小的圣赫勒拿岛又能奈他何？他绝不会呆坐着唉声叹气，满足于以下棋度日的生活，他必定会终其一生，竭尽所能地想办法与外界联络，思考逃脱的方法。

贴心提醒

人一旦失去目标，心志冷却了，即使有助成功的利器就在手边，他也会如同拿破仑一般视而不见。

勇士与婴儿

精彩故事

安第斯山脉有两个好战的部落，一个住在低地，另一个住在高山上。

有一天，住在高山上的部落入侵位于低地的部落，并带走该部落的一个婴儿作为战利品。低地部落的人不知道如何攀爬到山顶，即使如此，他们仍然决定派遣最厉害的勇士部队爬上高山，去带回这个婴儿。

勇士们试了各种方法，却只爬了几百尺高。正当他们决定放弃解救婴儿，收拾行李准备回去时，却看到婴儿的母亲正由高山上朝他们走来，而婴儿就缚在她的背上。

其中一位勇士走向前迎接她，说："我们都是部落里最强壮有力的勇士。连我们都爬不上去，你是如何办到的呢？"

她耸耸肩说："他不是你的小宝贝。"

贴心提醒

每个人的梦想就是自己的宝贝。没有人会比自己更重视和保护它，并为它奋斗。千万不要期待他人，你必须自己去追求。关键是你要有这样的宝贝，虽然听人说山那边的风景很美，你却没有想去欣赏的愿望，那你也就永远没有亲自领略它迷人之处的机会。

奔跑的男孩

精彩故事

在一次火灾中，一个小男孩被烧成重伤。虽然医院全力抢险使他脱离了生命危险，但他的下半身还是没有任何知觉。医生悄悄地告诉他的妈妈，这孩子以后只能靠轮椅度日了。

一天，天气十分晴朗，妈妈推着他到院子里呼吸新鲜空气，然后妈妈有事离开了。一股强烈的冲动自男孩的心底涌起：我一定要站起来！

他奋力推开轮椅，然后拖着无力的双腿，用双肘在草地上匍匐前进。一步一步地，他终于爬到了篱笆墙边。接着，他用尽全身力气，努力地抓住篱笆墙站了起来，并且试着拉住篱笆墙行走。未走几步，汗水从额头滚滚而下，他停下来喘口气，咬紧牙关又拖着双腿再次出发，直到篱笆墙的尽头。

男孩在内心深处给自己定下了一个目标，那就是：我一定要站起来。就这样，男孩每天都要抓紧篱笆墙练习走路。可一天天过去了，他的双腿仍然没有任何知觉。他不甘心困于轮椅的生活，他握紧拳头告诉自己，未来的日子里，一定要靠自己的双腿来行走。

终于，在一个清晨，当他再次拖着无力的双腿紧拉着篱笆行走时，一阵钻心的疼痛从下身传了过来。那一刻，他惊呆了。他一遍又一遍地走着，尽情地享受着别人避之唯恐不及的钻心般的痛楚。

从那以后，男孩的身体恢复得很快。先是能够慢慢地站起来，扶着篱笆走上几步。渐渐地，他便可以独立行走了。最后有一天，他竟然在院子里跑了起来。自此，他的生活与一般的男孩子再无两样。到他读大学的时候，他还被选进了田径队。

他就是葛林·康汉宁博士，他曾经跑出过全世界最好的成绩。

贴心提醒

很多时候，一些看似不可能的事情，只要我们始终相信，并且勇于探索、实践，我们的梦想就会变成现实。相信，你就能看见。寻找，你就能得到。

足球与猪蹄

精彩故事

在里约的一个贫民区里，有一个很喜欢足球的男孩。但是，由于家境清寒，这个男孩只能从垃圾箱中捡来椰子壳、汽水罐……学习踢足球的技巧。

有一天，男孩来到一个已经干涸的水塘中玩耍，在他的脚下，正要玩着一个大猪蹄。

这时，恰巧有个足球教练经过，发现男孩踢猪蹄的脚力很强。于是，他便好奇地问男孩为什么要踢这个猪蹄。

男孩瞪大了眼说："我在踢足球，不是踢猪蹄！"

教练一听完，笑了笑说："猪蹄不适合，我送你一个足球吧！"

男孩开心地拿到了足球，每天更卖力地练习，逐渐地，已经能够精准地把球踢进十公尺外的水桶中。

到了圣诞节的那天，男孩对妈妈说："妈妈，我们没有钱买圣诞礼物给那位送我足球的好心人，不如这样，今天晚上祈祷的时候，我们一起为他祝福吧！"

男孩与妈妈祷告完毕后，向妈妈要了一个铲子，便跑了出去。

只见男孩来到一个别墅的花圃中，努力挖出一个凹洞，就在他快要完成时，有个人走过来，问他在做什么。

男孩抬起红彤彤的脸，甩了甩脸上的汗珠，开心地说："教练，圣诞节我没有礼物送给您，只好帮您挖一个圣诞树坑。"

教练哈哈大笑地看着男孩，说："孩子，我今天得到了世界上最好的礼物，你明天到我的训练场吧！"

三年后，这个男孩在第六届世界杯足球赛上，一人独进 21 个球，为巴西捧回第一个金杯。

这位男孩正是今日世人熟知的足球巨星，球王贝利。

贝利练习足球时非常投入，不管脚下踢的东西是什么，他都坚持"足球"的精神，仅这一点就预示着他未来必定会成功。即使没有遇上这位足球教练，他也会是一位了不起的足球巨星。

贴心提醒

故事中的贝利，因为目标明确，让他有超强的毅力；因为知道感恩，使他在走向成功的路途上，遇到的贵人和机会比别人更多。球王贝利成名的故事，无疑告诉我们，当天时、地利与人和齐备的时候，只要投入充足的努力，勇敢地去追求，成功必定属于肯努力的人。

不及格的志愿

精彩故事

有一个马术师的孩子，从小就跟着父亲东奔西跑。在他的印象中，生活就是一个马厩接着一个马厩，一个农场接着一个农场。

初中时，老师要全班同学写作文，题目是《长大后的志愿》。那晚，他洋洋洒洒写了三十七页。

他写道："长大后，我将拥有自己的牧马农场，在农场中央建造一栋占地五千平方英尺的住宅。"

第二天，作业交上去，老师却给他打了个不及格。

“老师，为什么给我不及格？”他不解地问。

“你年纪小小的，却整天做不切实际的白日梦。你没钱没背景，怎么买牧马农场？怎么建五千平方英尺的住宅？如果你肯重写一次，写得实际点，我会考虑给你打高一些的分。”老师说。

男孩回家征求父亲的意见。父亲说：“儿子，我认为人不该放弃自己的梦想。”

儿子把这句话记在心里。二十年后，这个男孩有了几个牧马农场，而且建了几座占地五千平方英尺的住宅。

这个男孩就是美国著名马术师杰克·亚当斯。

贴心提醒

大凡成功人士，其最为重要的特质就是拥有梦想。梦想能给人希望和勇气。让我们为了梦想努力向前奋斗吧！

希望延长生命

精彩故事

有位医生素以医术高明享誉医学界，事业蒸蒸日上。但不幸的是，突然有一天，他被诊断患有癌症。这对他无异于当头一棒。

他一度情绪低落，但最终还是接受了这个事实，而且他的心态也为之改变，变得更宽容，更谦和，更懂得珍惜所拥有的一切。

在勤奋工作之余，他从没有放弃与病魔搏斗。就这样，他已平安过了好几个年头。有人惊讶于他的事迹，就问是什么神奇的力量在支撑着他。

这位医生笑盈盈地答道：“是希望！几乎每天早晨，我都给自己一个希望，希望我能多救治一个病人，希望我的笑容能温暖每个人。”

贴心提醒

每天给自己一个希望，我们将活得生机勃勃，激昂澎湃，哪里还有时间去叹息，去悲哀，将生命浪费在一些无聊的小事上？生命是有限的，但希望是无限的，只要我们不忘每天给自己一个希望，我们就一定能拥有一个丰富多彩的人生。

监狱长的劳斯莱斯

精彩故事

有三个人，分别是美国人、法国人、犹太人，即将被关进监狱三年，监狱长说可以答应他们每个人一个要求。

美国人爱抽雪茄，要了三箱雪茄。法国人最浪漫，要了一个美丽的女子相伴。而犹太人说，他要拥有一部与外界沟通的电话。

三年过后，第一个冲出来的是美国人。他嘴里、鼻孔里塞满了雪茄，大喊道：“给我火，给我火！”原来他忘了带火了。

接着出来的是法国人。只见他手里抱着一个小孩子，美丽女子手里牵着一个小孩子，肚子里还怀着第三个。法国人正愁眉苦脸地准备着如何让孩子们长大成人。

最后出来的是犹太人，他紧紧握住监狱长的手说：“感谢您让我拥有一部电话！这三年来，我每天与外界联系，我的生意不但没有停顿，反而增长了200%。为了表示感谢，我送您一辆劳斯莱斯！”

贴心提醒

什么样的选择决定什么样的生活，什么样的目标导致什么结果。我们今天的生活现状是由三年前我们的目标决定的，而今天我们的目标将决定我们三年后的生活。难怪有人说，目标永远是你将来生活的底片。

三千两百万次等于1秒

精彩故事

一只新组装好的小钟放在了两只旧钟当中。两只旧钟滴答滴答作响，一分一秒地走着。

其中一只旧钟对小钟说：“来吧，你也该工作了。可是，我有点担心，你走完三千两百万次后，恐怕便吃不消了。”

“天哪！三千两百万次，”小钟吃惊不已，“要我走完那么多次？办不到，办不到。”

另一只旧钟说：“别听它胡说八道。不用害怕，你只要每秒钟滴答摆一下就行了。”

“天下哪有这样简单的事？”小钟将信将疑，“如果这样，我就试试吧。”

小钟很轻松地每秒钟“滴答”摆一下。不知不觉中，一年过去了，它摆了三千两百万次。

贴心提醒

每个人都渴望梦想成真，成功似乎远在天边遥不可及。其实，我们有了清晰的目标后，只要想着今天我要做些什么，明天我该做些什么，然后努力去完成就是了。就像那只小钟一样，它每秒“滴答”摆一下，成功的喜悦就会慢慢浸润整个生命。

负责的调音师

精彩故事

一个人请调音师到家来给钢琴调一调音。这位调音师还真是个能手。他很仔细地锁紧了每一根琴弦，使它们都绷得恰到好处，并能发出正确的音符。

当调音师完成整个调音工作后，主人问："要付多少钱？"

调音师笑一笑，答道："还不急，等我下次来的时候再付吧！"

主人不解地问："下次？你这是什么意思？"

调音师说："明天我还会再来，然后一连四个星期每周来一次，再接下来每三个月来一次，共来四次。"

他的话弄得主人一头雾水，主人不由得问道："你说什么？钢琴不是已经调好音了吗？难道还有问题？"

调音师清了清喉咙说道："我是调好音了，可是那只是暂时的，如果要琴弦能保持在正确的音符上，就必须继续'调整'，所以我得再来个几次，直到这些琴弦能始终维持在适当的绷紧程度。"

贴心提醒

如果我们希望目标能维持长久直至实现，那我们就得在行动中不断调整、校准自己的努力方向。目标达成的过程，其实就像钢琴调音的过程，要不断校准——调试——再校准——再调试。

第二个春天的富翁

精彩故事

有两个渔民分别叫阿呆和阿土。他们老实巴交，却都梦想着成为大富翁。

有一天，阿呆做了一个梦，梦见对岸岛上寺里种有49棵朱槿，其中开红花的那一株下埋有一坛黄金。阿呆满心欢喜地驾船去了对岸的小岛。岛上寺里果然种有49棵朱槿。

此时已是秋天，阿呆便住了下来，等候春天花开时节到来。肃杀的隆冬一过，朱槿花一一盛开了，但都是清一色的淡黄。阿呆没有找到开红花的那一株。

庙里的僧人也告诉他从未见过哪棵朱槿开红花。于是，阿呆便垂头丧气地驾船回到了村庄。

后来，阿土知道了这件事，就用几文钱向阿呆买下了这个梦。阿土也去了那座寺。又是秋天，阿土也住下来等候花开。

第二年春天，朱槿花凌空怒放，寺里一片灿烂。奇迹就在那时出现了：果然有一棵朱槿盛开出美艳绝伦的红花。阿土激动地在树下挖出了一坛黄金。后来，阿土成了村庄里最富有的人。

阿呆与富翁的梦想只隔了一个冬天。他没能把梦带入第二个花开灿烂的春天，而那些足可令他一世激动的红花就在第二个春天盛开了！

贴心提醒

那朵绝艳的朱槿花几度在你我的心灵深处摇曳。然而，我们总是习惯于守候在第一个春天。面对第一个季节的荒芜，我们往往轻率地将第二个春天弃之门外，将梦交还给梦。很多时候梦想需要我们不懈地追求，方能实现。

第二章

不期寄未来，把握当下

人生不如意事十之八九，经历困苦磨难在所难免。有些人习惯于精神胜利法，将希望寄托未来。而身处当下，一个人所能做的就是正视自己的现状，认真过好每一天。如若不然，此时的“当下”也终将不可避免地成为未来的悔恨之因。

小鬼的建议

精彩故事

有一个故事，说世界上的人们生活在一片祥和的氛围之中，人人行善，所以升天堂的人越来越多，下地狱的人越来越少。

这对于人们来说然是大好事，但对于掌管地狱的阎罗王来说就不是什么好现象了。为了应对这种现象，阎罗王紧急召集群鬼，商讨如何引诱人下地狱。

群鬼各抒己见。

牛头提议说：“我告诉人类，‘丢弃良心吧！根本就没有天堂！’”阎王考虑一会儿，摇摇头。

马面提议说：“我告诉人类，‘为所欲为吧！根本就没有地狱！’”阎王想了想，还是摇摇头。

过了一会儿，旁边一个小鬼说：“我去对人类说，‘还有明天！’”阎王终于点了头。

如果你认为世上没有天堂，你就可以丢弃良心；如果你认为世上没有地狱，你可以为所欲为，但这都不足以把一个人彻底毁灭，而可以把一个人彻底毁灭的就是那句“还有明天”。

贴心提醒

今天的事情，今天办，绝不拖延到明天。“明日复明日，明日何其多。我生待明日，万事成蹉跎。”这可以作为我们把握现在的警言。

去看门的耶稣

精彩故事

在一座教堂里，有一尊耶稣被钉在十字架上的雕像，大小和真人差不多。因为有求必应，专程前来这里祈祷、膜拜的人特别多。

教堂看门人见十字架上的耶稣每天要应付这么多人，于心不忍，希望能分担耶稣的辛苦。于是，有一天祈祷时，他向耶稣表明了这份心愿。

意外地，他听到一个声音说："好啊！我下来为你看门，你上来钉在十字架上。但是，不论你看到什么、听到什么，都不可以说一句话。"

看门人觉得这个要求很简单，于是就和耶稣换了位置。

教堂里来来往往的人络绎不绝。他们的祈求，有合理的，有不合理的，千奇百怪，不一而足。看门人依照先前的约定，静默不语，聆听信众的心声。

有一天，来了一位富商。当富商祈祷完后，竟然忘记带走手边的钱袋。他看在眼里，真想叫这位富商回来，但是，他憋着不能说。

后来，来了一位穷人。他祈祷耶稣能帮助他渡过生活的难关。当要离去时，他发现先前那位富商留下的袋子，打开一看里面全是钱。穷人高兴得不得了，心说耶稣真好，有求必应。于是，他万分感谢地离去。十字架上伪装的耶稣看在眼里，想告诉他，这不是你的。但是，约定在先，他仍然憋着不能说。

再后来，来了一位打算出海远行的年轻人。他是来祈求耶稣降福他平安的。正当年轻人要离去时，富商冲进来，抓住年轻人的衣襟，要年轻人还钱。年轻人不明原因，两人吵了起来。

这个时候，十字架上伪装耶稣的看门人终于忍不住，开口讲明了事情原委，既然事情清楚了，富商便去找先前离开的那个穷人，而年轻人则匆匆离去，生怕搭不上船。

这时，化装成看门人的耶稣出现了，指着十字架上的人说："你下来吧！那个位置你没有资格待了。"

看门人不明白自己有什么不对的地方，辩解道："我把真相说出来，主持公道，难道不对吗？"

耶稣说："你主持公道？！那位富商并不缺钱，他那袋钱不过用来挥霍，可是对那穷人，却是可以挽回一家大小数口人性命。最可怜的是那位年轻人，如果富商一直缠下去，延误了他出海的时间，他还能保住一条命，而现在，他所搭乘的船正沉入海中。"

贴心提醒

在现实生活中，我们常自以为应该怎样才是最好的，但往往事与愿违，使我们的心理难以平衡。事实上，我们必须相信目前我们所拥有的，不论顺境、逆境，都是对我们最好的安排。人生的事，很难分出对错好坏，我们应认真地活在当下。

一个明天的棚子

精彩故事

一天晚上，天正下着大雨。猴子和癞蛤蟆坐在一棵大树底下，一起报怨这天气太冷了。

"咳！咳！"猴子咳嗽起来。

"呱——呱——呱——"癞蛤蟆也喊个不停。

它们被淋成了落汤鸡，冻得浑身发抖。这种日子多难过啊！它们想来想去，决定明天就去砍树，用树皮搭一个暖和的棚子。

第二天一早，红彤彤的太阳露出了笑脸，大地被晒得暖洋洋的。猴子在树顶上尽情地享受着阳光的温暖，癞蛤蟆也躺在树根附近晒太阳。

猴子从树上跳下来，对蛤蟆说："喂！我的朋友，你感觉怎么样？"

"好极了！"癞蛤蟆回答说。

"我们现在还要不要去搭棚子呢？"猴子问。

"你这是怎么啦？"癞蛤蟆被问得不耐烦了，"这件事明天再干也不迟。你瞧，现在我多暖和，多舒服呀！"

"当然啦，棚子可以明天再搭！"猴子也爽快地同意了。

它们为温暖的阳光整整高兴了一天。

傍晚，又下起雨来。

它们又一起坐在大树底下，报怨这天气太冷，空气太潮湿。

"咳！咳！"猴子又咳嗽起来。

"呱——呱——呱——"癞蛤蟆也冻得喊个不停。

他们再一次下了决心：明天一早就去砍树，搭一个暖和的棚子。

可是，第二天一早，火红的太阳又从东方升起，大地上洒满了金光。猴子高兴极了，赶紧爬到树顶上去享受太阳的温暖。癞蛤蟆也一动也不动地躺在地上晒太阳。

猴子又想起昨晚说过的话，可是，癞蛤蟆却说什么也不同意："干什么要浪费这么宝贵的时光，棚子留到明天再搭嘛！"

贴心提醒

千万不要把今天应做的事拖到明天去做。人的生命只有一次，而人生也不过是时间的积累。时间并不能像金钱一样让我们随意储存起来，以备不时之需。我们所能使用的只有被给予的那一瞬间，也就是今日和现在。对于我们每个人来讲，得以生存的只有现在，过去早已消失，而未来尚未来临。昨天，是一张作废的支票；明天，是尚未兑现的期票；只有今天，才是现金，是有流通价值之物。因此，你要好好珍惜现在的时光，千万不要将你今天应该做的事拖延到明天去做。

上帝与小男孩

精彩故事

曾经有个男孩，他喜欢动物、跑车与音乐；他喜欢爬树、游泳、踢球；他喜欢漂亮女孩子。他希望自己拥有这样的生活。

一天，男孩子对上帝说："我想了很久，我知道自己长大后需要什么。"

"你需要什么?"上帝问。

"我要住在一幢前面有门廊的大房子里，门前有尊维纳斯的雕像，并有一个带后门的花园。我要娶一个身材高挑而面容姣好的女子为妻，她的性情温和，长着一头黑黑的长发，有一双蓝色的眼睛，会弹吉他，有着清脆的嗓音。

"我要有三个会踢球的男孩，我们可以一起踢球。他们长大后，一个成为科学家，一个做政治要员，而最小的一个将是足球明星。

"我要成为登山、航海的冒险家，并在途中救助他人。我要有一辆黄色的兰博基尼跑车，而且永远不需要搭送别人。"

"听起来真是个美妙的梦想，"上帝说，"希望你的梦想能够实现。"

后来，有一天踢球时，男孩磕坏了膝盖。从此，他再也不能登山、爬树，更不用说去航海了。因此，他学了企业经营管理，而后经营医疗设备。

他娶了一位温柔美丽的女孩，长着黑黑的长发，但她却不高，眼睛也不是蓝色的，而是褐色的。她不会弹吉他，甚至不会唱歌，却做得一手好菜，画得一手好画儿。

因为要照顾生意，他住在市中心的高楼大厦里，从那儿可以看到蓝蓝的大海和闪烁的灯光。他的房屋门前没有维纳斯的雕像，但他却养着一只长毛狗。

他有三个女儿，天生侏儒的小女儿是最可爱的一个。三个女儿都非常爱她们的父亲。她们虽不能陪父亲踢球，但有时她们会一起去公园玩，而小女儿就坐在旁边的树下弹吉他，唱着动听的歌曲。

他过着富足、舒适的生活，但他却没有黄色兰博基尼。有时，他还要取送货物，甚至有些货物并不是他的。

一天早上醒来，他记起了多年前自己的梦想。“我很难过”，他对周围的人不停地诉说，抱怨他的梦想没有能实现。他越说越难过，简直认为现在的这一切都是上帝同他开的玩笑。对于妻子、朋友们的劝说，他一句也听不进去。

最后，他终于悲伤得病倒了，住进了医院。一天夜里，所有人都回了家，这时，他对上帝说：“你还记得我是个小男孩时，对你讲述过我的梦想吗？”

“那是个可爱的梦想。”上帝说。

“你为什么不让我实现我的梦想？”他问。

“你已经实现了，”上帝说，“只是我想让你惊喜一下，给了一些你没有想到的东西。”

“我想你该注意到我给你的东西：一位美丽温柔的妻子，一份好工作，一处舒适的住所，三个可爱的女儿——这是个最佳的组合。”

“是的，”他打断了上帝的话，“但我以为你会把我真正希望得到的东西给我。”

“我也以为你会把我真正希望得到的东西给我。”上帝说。

“你希望得到什么？”他问。他从来没想到上帝也会希望得到东西。

“我希望你能因为我给你的东西而快乐。”上帝说。

他在黑暗中静静地想了一夜。他决定要有一个新的梦想，他要让自己梦想的东西恰恰就是他已拥有的东西。

后来，他康复出院，幸福地住在公寓中，欣赏着孩子们悦耳的声音、妻子深褐色的眼睛以及精美的花鸟画。晚上，他注视着大海，心满意足地看着明明灭灭的万家灯火。

贴心提醒

我们每个人都拥有快乐，这个快乐就是现在。乐观的人会把这些看作是上帝的另一种恩赐，怀着感恩的心情去享受现在。悲观的人的眼睛始终盯着“未得到的”和“已失去的”，一味对未来存在幻想。

小羊的美食

精彩故事

有一只挑食的小羊，十分不满意农场主人给它的食物，总觉得农场主人亏待了它，它决定要自行找东西吃。

起初，小羊遇见两只鸡正愉快地吃着谷粒，但它上前尝了一口，马上就吐了出来：“好难吃！”

不久，小羊又看到一只猫正喝着牛奶，而一只狗则津津有味地啃着骨头，但那些食物一点都不好吃。小羊只闻了一下，就无法忍受那种怪味道了。

最可怕的是，小羊看到鸭子吃蚯蚓。对小羊而言，那真是恐怖残忍的一幕，于是，小羊赶紧逃走。在农场走了一大圈，所有动物吃的东西，小羊都觉得不合胃口，甚至还感到恶心。

小羊饥肠辘辘地回到羊圈，才发现那些为它所预备的草料，正是天底下最美味可口的食物，于是小羊三两口就把草料吃了个精光。

贴心提醒

别总以为美景必在远方，其实，我们身边的东西一样可以使我们富足快乐。很多时候，我们都把最美好的希望寄托在明天、后天，其实，今天才是最美好的。

富翁的美酒

精彩故事

有个富翁对自己窖藏的葡萄酒感到非常自豪。窖里保留着一坛只有他知道的、某种场合才能喝的陈酒。

一天，州府的总督登门拜访。富翁提醒自己："这坛酒不能仅仅为一个总督启封。"

又一天，地区主教来看他，他自忖道："不，不能开启那坛酒。他不懂这种酒的价值，酒香也飘不进他的鼻孔。"

后来，王子来访，和他同进晚餐，但他想："区区一个王子喝这种酒过于奢侈了。"

甚至在他儿子结婚那天，他还对自己说："不行，接待这种客人，不能拿出这坛酒。"

许多年后，富翁死了。

下葬那天，陈酒坛和其他酒坛一起被搬了出来，左邻右舍的农民把酒统统喝光了。谁也不知道这坛陈年老酒的久远历史。对他们来说，所有倒进酒杯的仅是酒而已。

贴心提醒

绝大多数的人都同时活在过去、现在以及未来这个时空交错的空间里，以至于无法明白自己到底该扮演什么角色。昨天已成过去，明天也只是一种期许，我们所拥有的只有今天。因此，我们必须学着一次只过一天，因为只有今天才是我们真正拥有的。

赢了自己赢了人生

精彩故事

一个叫炎圭的苦行僧从东海之滨起身，去西天取经。他每天与太阳一起动身，在太阳刚刚升起的时候，就行色匆匆地向西走，而且越走越快，似乎要赶上自己的影子，踩住自己的影子。

直到正午时分，他的身影终于被他赶上、踩在他的脚下，他才坐下来，坐在自己的身影上吃点东西喝口水。然后，他又开始与自己赛跑。他奔走的速度越来越快，一心一意地想抛下自己的身影。

直到日落西山，他身后的影子真的不见了，他才找个栖身之处，酣酣地睡上一觉。太阳再次升起时，他又动身起步开始新一天的征程，周而复始地与自己的影子赛跑。

据说，炎圭和尚是继玄奘之后又一个只身抵达西天印度的僧人。西天之行，玄奘用了整整十七年的时间，而炎圭仅用了三年的时间。

同自己进行赛跑，同自己的影子较量，听起来荒唐，其实是一种充满禅意的人生态度和志向，是走向成功的另一方式和途径。

贴心提醒

时光是构成人生的重要元素，百年人生无非也就三万多天。每个人的生命都是在倒计时，浪费一天的光阴，就是残害三万分之一的生命。如此看来，虚度光阴无异于慢性自杀。珍惜光阴的人，才不会亏待自己的生命，他们必将无怨无悔地度过每一天。

珍惜脚下的鹅卵石

精彩故事

一天晚上，一群游牧部落的牧民正在向上天祈福。忽然，他们被一束耀眼的光芒所笼罩，他们知道上帝就要出现了。因此，他们殷切地期盼、恭候着来自上苍的重要旨意。

“不用祈求未来，幸福一直就在你们身边。如果现在你们能多捡一些鹅卵石，把它们放在你们的马褡子里，那么，明天晚上，你们会非常快乐，但也会非常懊悔。”上帝说完就消失了。

牧民们感到非常失望，因为他们原本期盼上帝能够给他们带来无尽的财富和健康长寿，但没想到上帝却吩咐他们去做这件毫无意义的事。但是不管怎样，那毕竟是上帝的旨意，他们虽然有些不满，仍旧各自捡拾了一些鹅卵石，放在他们的马褡子里。

就这样，他们又走了一天。当夜幕降临，开始安营扎寨时，他们忽然发现，昨天放进马褡子里的每一颗鹅卵石竟然都变成了钻石。他们高兴极了，同时也懊悔极了，后悔没有捡拾更多的鹅卵石。

贴心提醒

因为祈求明天，我们常常对今天视而不见。工作中，有许多看似鹅卵石一样的东西被我们毫不经意地丢弃了，直到时过境迁，当我们发现它的珍贵时，留下来的只能是懊悔。如果想拥有钻石般的人生，我们就必须珍视现在，珍惜拥有，尽量多地收集自己生命中的鹅卵石。

钻石与高僧

精彩故事

很久以前，有一位富翁，虽然非常有钱，却常常自怜。他可怜自己空有钱财，却从来没有体会到全然的快乐。

他常常想："我有很多钱，可以买到许多东西，为什么却买不到快乐呢？如果有一天我突然死了，留下一大堆钱又有什么用呢？不如把所有的钱拿出来买快乐。如果能买到一次全然的快乐，我死也无憾了。"

于是，他变卖了大部分家产，换成一小袋钻石，放在一个特制的锦囊中。他想："如果有人能给我一次纯粹的全然的快乐，即使是一刹那，我也要把钻石送给他。"

他开始旅行，到处询问："哪里可以买到全然的快乐秘方？什么才是人间纯粹的快乐呢？"他的询问总是得不到令他满意的解答，因为人们的答案总是庸俗而相似的：

如果有很多的金钱，你就会快乐。

如果有很大的权势，你就会快乐。

拥有的越多，你就会越快乐。

他早就有了这些东西，却没有快乐。这使他更疑惑："难道这个世界上就没有全然的快乐吗？"

有一天，他听说在一个偏远的庙宇里有一位高僧，无所不知，无所不晓。于是，他找到了那位高僧。高僧正坐在一棵大树下闭目养神。

他问高僧："大师，人们都说你是无所不知的。请问在哪里可以买到全然的快乐呢？"

“你为什么要买全然的快乐秘方呢？”高僧问道。

他说：“因为我很有钱，可是很不快乐，这一生从未经历过全然的快乐。如果有人能让我体验一次，即使只是一刹那，我愿意把全部的财产送给他。”

高僧说：“我这里就有全然快乐的秘方，但是价格很昂贵，你准备了多少钱，可以让我看看吗？”

他把怀里装满钻石的锦囊拿给高僧，没有想到高僧连看也不看，一把抓住锦囊，跳起来，就跑掉了。他大吃一惊，过了一会儿才回过神来，大叫：“抢劫了！救命呀！”可是在偏僻的庙宇，根本没人听见，他只好死命地追赶那位高僧。

他跑了很远的路，跑得满头大汗、全身发热，也没有发现高僧的踪影。他绝望地跪倒在山崖边的大树下痛哭，没有想到费尽千辛万苦，花了几年的时间，不但没有买到快乐的秘方，钱财又被抢走了。

他哭得声嘶力竭，站起来的时候，突然发现被抢走的锦囊就挂在大树的枝丫上。他取下锦囊，发现钻石还在。一瞬间，一股难以言喻的、纯粹的、全然的快乐充满他的全身。

贴心提醒

快乐由心而生，心由事而定，事由人而做。全然的快乐是一种来自心灵的，让人永生陶醉其中的那种快乐。快乐就是珍惜自己已经拥有的东西。

总有落叶在明天

精彩故事

有个小和尚，每天早上负责清扫寺庙院子里的落叶。

清晨起床扫落叶实在是一件苦差事，尤其是在秋冬之际，每一次起风时，树叶总随风飞舞落下，到处都是。

每天早晨，小和尚都需要花费许多时间才能清扫完树叶，这让小和尚头疼不已。他一直想要找个好办法让自己轻松些。

有一天，这小和尚想出了一个好办法。第二天，他起了个大早，使劲地摇树，这样他就可以把今天跟明天的落叶一次扫干净了，一整天小和尚都非常开心。

第三天，小和尚到院子一看，不禁愣住了。院子里如往日一样，落叶满地。

贴心提醒

每一天都有每一天的人生功课要交，无论你今天怎么用力摇树，明天的落叶还是会飘下来。世事难料，更无法提前，唯有认真地生活在当下，过好现在的每一分钟，才是最踏实的人生态度。如果明天有烦恼，可以明天来解决。今天就是今天，活好了就划算。

一天不可无所获

精彩故事

伊庵权禅师是一位刻苦修炼、严于律己的高僧。他惜时如金、每日三省，每到傍晚时分总是感怀时光、泪流满面。新来的弟子不了解情况，就关切地问他为什么哭泣。他忧伤而惭愧地说：“今天我又混混沌沌、碌碌无为地度过了，不知明天能不能有所长进、有所作为？”

无独有偶，鲁南青山寺的一位禅师，早年就给自己规定：每天诵读经文三百句、背诵古诗四句、书写古体诗四句，书写的时候要用毛笔写正楷，以便练习书法，陶冶情操；另外，在清晨和晚上各练习半小时的拳脚，上下石阶二百阶，风雨无阻、从不懈怠……既注重心灵营养、又不误身体的锻炼。

这位禅师活到八十多岁的时候，仍然耳不聋，眼不花，鹤发童颜、红光满面。谈到人生世事、诗歌经文，他挥笔写下笔势清圆、笔画遒美的两行字：有文有武伴百年，无怨无悔每一天。

贴心提醒

用全身心的爱来拥抱今天，不断拼搏迎接挑战，让梦想变成现实，铸就瞬间的永恒。只有这样，我们才能让时间创造出更多的奇迹。

金鸟与银鸟

精彩故事

有一个樵夫，每天上山砍柴，日复一日，过着平凡的日子。

有一天，樵夫跟往常一样上山砍柴，在路上捡到一只受伤的银鸟。银鸟全身包裹着闪闪发光的银色羽毛。

樵夫欣喜地说："啊！我一辈子从来没有看过这么漂亮的鸟！"

于是，樵夫把银鸟带回家，用心地替银鸟疗伤。

银鸟在疗伤的日子里，每天唱歌给樵夫听，樵夫过着快乐的日子。

后来，邻人看到樵夫的银鸟，告诉樵夫他看到过金鸟，金鸟比银鸟漂亮千倍，而且，歌也唱得比银鸟更好听。樵夫想着，原来还有金鸟啊！从此樵夫每天只想着金鸟，也不再仔细聆听银鸟清脆的歌声，日子越来越不快乐。

有一天，樵夫坐在门外，望着金黄的夕阳，想着金鸟到底有多美？此时，银鸟的伤已康复，准备离去。

银鸟飞到樵夫的身旁，最后一次唱歌给樵夫听。

樵夫听完，只是很感慨地说：“你的歌声虽然好听，但是比不上金鸟；你的羽毛虽然很漂亮，但是也比不上金鸟。”

银鸟唱完歌，在樵夫身旁绕了三圈后告别，向金黄的夕阳飞去。

樵夫望着银鸟，突然发现银鸟在夕阳的照射下，变成了美丽的金鸟。他梦寐以求的金鸟，就在那里。只是，金鸟已经飞走了，飞得远远的，再也不会回来了。

贴心提醒

在这个世界上，什么是最重要的？它既不是你已然失去的，也不是你没有得到的，而是你当下拥有的。生活中我们常常在不知不觉之中成了樵夫，自己却不知道。

光阴就像斑斓的猛虎

精彩故事

烈日炎炎的午后，一个小沙弥耐不住酷暑和烦闷，偷偷跑出念经的禅房，躲到一棵大树的阴凉里午睡。正在酣睡的时候，他被师傅叫醒了。他迷迷怔怔地爬起来，睡眼惺忪地看着师傅，吞吞吐吐地说：“这……这里，树影斑驳……凉风习习，多……多么好的地方和……和光景啊！”

“我看着不好，”师傅说，“这种地方和光景太可怕了！”

“有什么可……可怕的？”小沙弥讷讷地问。

“太可怕了，”师傅语气冷森森地说，“我分明看到了斑斓的虎皮！”

“虎……虎皮？”小沙弥紧张起来，战战兢兢地问师傅，“哪……哪有虎皮？”

“你仔细瞧瞧，”师傅指着斑驳的树影，绘声绘色地说，“这光影不像虎皮吗？光阴就像斑斓的猛虎啊！”

回禅房的路上，师傅又语重心长地对小沙弥说：“夏热冬冷，春困秋乏，就好比猛虎的四只利爪，每时每刻都在剥夺着人们的意志和恒心，稍不留神就会葬身‘虎腹’啊！”

小沙弥终于幡然醒悟。

贴心提醒

光阴猛于虎，它一口口地吞噬着每个人的生命。珍惜时光，就是珍惜自己的生命。我们必须把握这短暂的一生，努力奋斗，创造辉煌。这样，到我们老了的时候，回顾自己的一生，我们就可以问心无愧地说：“我已经无遗憾了。”

幸福与心境

精彩故事

一个富人和一个穷人谈论什么是幸福。

穷人说：“幸福就是此时。”

富人望着穷人的茅舍、破旧的衣着，轻蔑地说：“这怎么能叫幸福呢？我的幸福可是百间豪宅、千名奴仆啊。”

后来有一天，一场大火把富人的百间豪宅烧得片瓦不留，千名奴仆各奔东西。一夜之间，富人沦为乞丐。

酷热的盛夏，汗流浃背的乞丐路过穷人的茅舍，想讨口水喝。

穷人端来一大碗清凉的水，问乞丐：“你现在认为什么是幸福？”

乞丐眼巴巴地说：“幸福就是此时你手中的这碗水。”

贴心提醒

幸福就是此时，只有将一个个此时串起来，才有一生一世的幸福。珍惜当下吧，你手中的一杯水，一顿粗茶淡饭，一份并不体面的工作都是幸福。

两条路两种人生

精彩故事

有一座山，高耸入云，飞鸟难越，没有人知道它有多高。山前山后有两条路可供攀登，前山大路石阶铺就，笔直坦荡；后山小路荆棘丛生，蜿蜒曲折。

一天，有父子三人来到山脚下。父亲举手遮阳，眺望峰顶，声如洪钟地说："你俩比赛爬上这山。上山有两条路，大路平而近，小路险而远。选择哪条路，你们自己决定。"

哥俩思忖再三，各自凭着自己的选择，踏上征程。

一段时间之后，一个西装革履的身影出现在峰顶，哥哥走来了。他面色潮红，略显发福，头发油光可鉴。他骄傲地掸了一下笔挺的衣襟，走向充满期待的父亲，说："我赢了，我赢了！这一路真是春风得意。在坦荡的大路上，我只需向前，向前！舒缓的坡度让我走得从容，平整的石阶使我心旷神怡。这里没有岔道儿让我伤神，没有突出的山石绊脚。我的心灵没有欺骗我，是英明的选择助我胜利。实践证明：在平坦和崎岖间，只有傻瓜才会放弃平坦，选择崎岖。聪明的选择使我有了多么得意的旅程。我获得了胜利，我理当获得胜利！"

父亲慈祥地看着他："你选择得的确聪明，一路走得也十分风光，我的好儿子……"

这之后不知过了多久，又一个身影出现了。他步伐稳健，全身充满着生命的活力。尽管他瘦削，衣衫褴褛，但双目炯炯有神，透着聪慧与睿智。

弟弟微笑着走向父亲和哥哥，从从容容地讲起路上的故事：“哦，这是多么有意义的一次旅程！感谢您，父亲，感谢您给我选择的机会。一路上陡峭的山崖阻挡着我攀爬的脚步，丛生荆棘刺破了我裸露的臂膊，疲惫的身心增添着孤独的酸楚。但我坚持住了，终于我学会了灵活与选择，学会了机敏与勇敢，学会了独立与坚忍。

路边美丽景色，使我放慢脚步享受自然的馈赠。在山脚下，我看见山花烂漫，彩蝶翩翩，于是我与山花同歌，伴彩蝶共舞。在山腰，我看见绿草如茵，华木如盖，清澈的小溪静静流淌在林间，朝圣的百鸟尽情放歌于林梢。我拥抱自然的和弦，追逐欢快的节奏。这往往是我最快乐的时光。

可更多的时候是阴冷浓雾的环抱，荆棘的阻隔。放眼望去，黄叶连天，衰草满路，但我在黄叶林中看到丰硕的果实，从衰草丛中悟出新生的希望。我感觉自己在成熟，一寸寸地成熟。再往上，是没有一点生机的寒风和石砾。我曾想放弃，但曾经的艰辛温暖着我，启迪着我，给我力量，给我信心，使我忘掉比艰险更艰险的死寂，抛掉比痛苦更痛苦的迷茫！

“我最终到达了这里！一路上，我阅尽山间春色，也饱尝征途冷暖，为此，我感谢您，父亲，感谢您给我选择的权利，我从自己心灵的选择中懂得了很多很多。”

哥哥眼中露出不解，但旋即消失。他不无轻蔑地说：“可是你输了！”

“是的，”父亲遗憾地说，“孩子，你输掉了比赛……”

弟弟极目远方，脸上露出平和的微笑：“但，我赢得了人生！”

事实正如弟弟说的那样。多年以后，哥哥平平庸庸，而弟弟则事业有成。

贴心提醒

在每个人的人生中，都会面临许多比赛。很多时候，比赛的结果并不重要，重要的是比赛的过程。在过程中，才能学到本领，才能悟出一些道理。输掉了比赛并不重要，重要的是要赢得人生。

与过去告别

精彩故事

第二次世界大战期间，一位名叫伊丽莎白·康黎的女士在庆祝盟军北非获胜的那一天，收到了国际部的一份电报，她的侄儿，她最爱的一个人死在了战场上。她无法接受这个事实，她决定放弃工作，远离家乡，把自己永远藏在孤独和眼泪之中。

在清理东西，准备辞职的时候，她忽然发现了一封早年的信，那是她侄儿在她母亲去世时写给她的。信上这样写道：

“我知道你会撑过去的。我永远不会忘记你曾教导我：不论在哪里，都要勇敢地面对生活。我永远记着你的微笑，像男子汉那样，能够承受一切的微笑。”

她把这封信读了一遍又一遍，似乎他就在她身边，一双炽热的眼睛望着她：你为什么不照你教导我的去做。

康黎打消了辞职的念头，一再对自己说：我应该把悲痛藏在微笑下面，继续生活，因为事情已经是这样了，我没有能力改变它，但我有能力继续生活下去。

贴心提醒

事情是这样的，就不会那样。人生是一张单程车票，藏在痛苦泥潭里不能自拔，只会与快乐无缘。告别痛苦的手得由你自己来挥动。享受今天盛开的玫瑰的捷径只有一条：坚决与过去告别。

第三章

人生的取舍，莫在彷徨中错失

人生并非只有一条路，“条条大路通罗马”，我们内心都在追寻最近的那一条。人生坎坷，歧路丛生。选择路径时只是一念之间，最后的结果却是天差地别。抱定信念，坚定决心，走好自己选择的人生之路。

活下去就是成功

精彩故事

怀特是个不同寻常的人。他的心情总是很好，而且对事物总是有正面的看法。

好朋友比尔问他近况如何时，他会说："我快乐无比。每天早上，我一醒来就对自己说，怀特，你今天有两种选择，你可以选择心情愉快，也可以选择心情不好。我选择心情愉快。每次有坏事发生时，我可以选择成为一个受害者，也可以选择从中学些东西。我选择从中学些东西。每次有人跑到我面前诉苦或抱怨，我可以选择接受他们的抱怨，也可以选择指出事情的正面。我选择后者。"

几年后，怀特出事了：有一天早上，他忘记了关后门，三个持枪的强盗闯了进来。强盗因为紧张而受了惊吓，对他开了枪。幸运的是，怀特被及时发现并送进了急诊室。经过 18 个小时的抢救和几个星期的精心照料，怀特出院了，只是仍有小部分弹片留在他的体内。

事情发生后半年，比尔见到了怀特，问他近况如何。他答道："我快乐无比。想不想看看我的伤疤？"比尔屈身去看了他的伤疤，又问他面对强盗时，他想些什么。

"第一件在我脑海中浮现的事是，我应该关后门，"怀特答道，"当我躺在地上时，我对自己说有两个选择：一是死，一是活。我选择了活。"

"你不害怕吗？有没有失去知觉？"比尔问道。

怀特继续说："医护人员都很好。他们不断告诉我，我会好的。

但当他们把我推进急诊室后，我看到他们脸上的表情。从他们的眼中，我读到了：他是个死人。我知道我需要采取一些行动了。”

“你采取了什么行动？”比尔赶紧问。

“有个身强力壮的护士大声问我问题，她问我有没有对什么东西过敏。我马上答，有的。这时，所有的医生、护士都停下来等着我说下去。我深深地吸了一口气，然后大声吼道：‘子弹！’在一片大笑声中，我又说道：‘我选择活下来，请把我当活人来医，而不是死人。’”

怀特活了下来，一方面要感谢医术高明的医生，另一方面得感谢他那积极乐观的生活态度。

贴心提醒

生活充满了选择，怀特总是积极地选择正面，我们有什么理由去选择反面呢？我们总会遇到很多挫折和伤害，如果我们采取了正确的态度去看待，一切困难都可以迎刃而解。

鱼不够吃吗

精彩故事

四位朋友一起外出游玩，不小心在大草原上迷了路。为了走出草原，他们决定每两人一组分别朝着相反的方向走，然后由首先走出草原的那组带着救援队一直按原路返回，这样就可以找到另外一组了。约好之后，这两组便按计划上路了。

当这两组朋友都已经筋疲力尽，眼看就要穷途末路时，神仙降临了。于是，这两组人中都有一个人得了一篓鱼，一个人得了一根鱼竿。

第一组的两个人拿到这两样东西之后，生怕对方跟自己抢，便分道扬镳了。得到鱼的人赶紧找个地方生火烤鱼吃，得到鱼竿的人赶紧找池塘钓鱼去，要知道，他们都已经两三天没有吃过东西了。就这样，有鱼的人天天吃着免费的鱼，有鱼竿的人则天天拼命寻找着池塘。可是当鱼吃完时，得到鱼的人还没有看到草原的尽头。而有鱼竿的人快饿死时，还没有找到池塘。

第二组的两个人没有各奔东西，而是一起用那篓鱼维持着生命，又一起寻找着池塘。等到鱼快吃完时，第一个池塘终于被他们发现了，于是，他们又有了一篓新的鱼。靠着这种方式，他们最后终于活着走出了大草原。

当第二组按照约定带领救援队寻找到第一组的两个人时，却发现他们都已经死了，一个死在了空空的鱼篓旁，一个死在了崭新的鱼竿旁。

贴心提醒

与人合作不仅重要而且必要。单个人的力量总是有限的，团队的力量却是无限的。学会与人合作，取人之长，补己之短，我们才能取得所需，获得生存空间。

河与时间差

精彩故事

有一条河，河面虽宽，河水却不深。中等身高的成年人从河里过去的话，最深处的水面也漫不过胸部。

深秋的一天，天气已经很冷了。一位老人来到河边，在呼呼的西北风里把自己的衣服脱掉，然后用双手举着打算过河去。

“老爷子，你往上游走，十里处有桥。”我急忙喊他道。

“我知道。”老人回头应了一声，就踏进了已经冰凉刺骨的河水里。

“或者往下游走也成，八里处有渡。”我不甘心，依然提醒着他。

“我也知道。”老人又说。这次，他连头也没回，河水已经漫到了他的腰部，他瘦长枯干的躯干在清澈的河水里分外醒目。

这时，一位年轻人来到了河边。他看了看河，也脱了衣服打算过去。可是刚走几步，他就皱着眉头又跑回了岸上，显然，河水太凉了，他受不了。

“这附近有桥或者渡没有？”年轻人问我。

“上游十里有桥，下游八里有渡。”我回答。

年轻人“哦”了一声便向下游走去。

他的身影刚刚消失，又有一位要过河的年轻人来了。他像前面那位一样，先打量了一会儿河面，然后转过头来问我：“这附近有桥或者渡没有？”

“上游十里有桥，下游八里有渡。”我答。

“哦，我晕船，还是往上走十里过桥吧。”年轻人咕哝着，便向上游走去。

我知道，虽然这三个过河的人到来的时间差不太多，但当后两位年轻人到了河对岸时，前面那位老人早已经走了他们要走的路。这个“早”字，不仅仅是因为老人年龄大，还因为他拒绝“绕道”。

这些年轻人，在绕道十次、百次、千次之后，也会变得和老人一样发须皆白，但是他们到达目的地的时间，却要比老人晚很多，虽然他们走过的总路程并不见得比老人少多少。

贴心提醒

选择“绕路而行”有时确实能解决困难，但生命是有限的，无限拓展其宽度，结果必然是缩短其长度。如果你习惯了“绕道”，在绕不过去时你就会理所当然地停滞不前。

谁是傻瓜

精彩故事

一天，小镇上来了一位乞丐，谁都没想到，这位呆头呆脑的流浪者竟然能够在镇上“驻扎”下来，成为“常住”人员。

这是怎么回事呢？他安身立命的收入从何而来呢？原来，一切都是缘于他的“大智若愚”——镇上的居民看他傻乎乎的，便常常把他当成傻瓜戏耍，想尽办法开他的玩笑和捉弄他。大家最常用的方法就是：在地上放一个5角的和一个1元的硬币，让他来挑选，看着他急急去拿那个5角的，大家都讥笑他的愚蠢。

这样的事情，乞丐每天都能遇上好几次，最多的一回，他一天经历了二十来次。也就是说，光靠这一项，他每月就能有100多块钱的收入。乞丐对生活的要求又不高，他不但能够吃饱喝足，日久天长，他还有了一点点节余。

终于有一天，一位有爱心的妇女再也看不下去人们对乞丐的嘲笑了，她偷偷地对乞丐说：“难道你真的分不清1元和5角吗？那我来告诉你吧，是1元的大。以后啊，你拿那个1元的，他们就不会再笑你傻了。”

“我才不呢。”乞丐固执道。

“为什么不啊，可怜的人？”妇女大惑不解地问。

不想乞丐狡黠地眨了眨眼睛说道：“因为我要以此为生啊。如果我拿那个1元的话，以后谁还会再跟我玩这种游戏呢？我这不等于自断财路吗？”

妇女大吃一惊，顿时哑口无言。

贴心提醒

当人自以为聪明而嘲笑他人的愚蠢时，其实正暴露了其自身的愚昧无知。选择以谦卑柔和的态度与人相处，才是真正智者的所为。

集中营的幻想

精彩故事

维克托·弗兰克尔是一位精神病学的博士。他曾经在纳粹集中营中被关押了很多日子，饱受凌辱。弗兰克尔曾经绝望过，这里只有屠杀和血腥，没有人性、没有尊严。那些持枪的人，都是野兽。他们可以不眨眼地屠杀一位母亲、儿童或者老人。

他时刻生活在恐惧中，这种对死的恐惧让他感到一种巨大的精神压力。集中营里，每天都有人因此而发疯。弗兰克尔知道，如果自己不控制好自己的精神，也难以逃脱精神失常的厄运。

有一次，弗兰克尔随着长长的队伍到集中营的工地上去劳动。一路上，他产生一种幻觉，晚上能不能活着回来？是否能吃上晚餐？他的鞋带断了，能不能找到一根新的？这些幻觉让他感到厌倦和不安。

于是，他强迫自己不去想那些倒霉的事，而是刻意幻想自己是在前去演讲的路上。他来到了一间宽敞明亮的教室中，他精神饱满地在发表演讲。他的脸上慢慢浮现出了笑容。弗兰克尔知道，这是久违的笑容。当他知道自己还会笑的时候，他就知道，他不会死在集中营里，他会活着走出去。

当从集中营中被释放出来时，弗兰克尔显得精神很好。他的朋友不相信，一个人可以在魔窟里保持年轻。

这就是乐观的力量。

贴心提醒

有时候，一个人的乐观可以击败许多厄运。因为对于人的生命而言，要存活，只要一箪食、一钵水足矣。但要活得精彩，就需要有乐观的心胸、百折不挠的意志和化解痛苦的智慧。所以，你要选择对自己有利的乐观的精神，否则，你的精神就垮了，没有人救得了你。

意志的自由

精彩故事

30岁前，我是一位健康活泼、喜欢跳舞的女性，常常在周末请我的邻居和朋友们来我家跳舞。看到大家兴高采烈的样子，我感觉既幸福又满足。可是30岁时，这一切都被毁掉了。

我至今记得那个痛苦的早晨，起床时我发现自己怎么也动不了。诊断结果说我的脊椎中生了一个瘤，而且无论切除与否，从今以后我都不能再站起来了。得知我再不能恢复以前的样子，再不能教我可爱的女儿跳舞，我真是伤心极了。

有好长一段时间，我都躺在病床上反复问自己这种日子还值不值得过。但是某天，我忽然被一个念头击中了：我至少还有选择的自由啊！这个念头顿时扫光了我的沮丧，让我欢喜不已，当时我便告诉自己，我要选择坚持与乐观。

后来，我创办了当地第一家残疾人辅导社，还做过一家电台残疾人栏目的主持人，也曾到各大监狱给那些四肢健全的小伙子们讲授人生，并和他们成了好朋友。

某天，女儿突然问起我当年是怎么熬过来的，我微笑着指指自己的脑袋："用我的自由意志啊。自由有很多种，我只不过是失去了身体自由这一种而已。”

贴心提醒

无论处境多么艰难，只要还活着，我们就有选择的自由，或快乐或痛苦，或坚持或放弃，或生存或死亡，都掌握在我们自己的手里。更重要的是，我们还拥有更改原来选择的自由。

胖狐狸与瘦狐狸

精彩故事

觅食的狐狸被一阵果香吸引了。顺着香味，它寻找到了源头——一片旺盛的葡萄园。时值初秋葡萄成熟的季节，架上溜圆晶亮的果实把狐狸馋得垂涎欲滴。

于是，狐狸围着篱笆转起来，它希望能够寻找到一个入口。结果，它还真发现了一个小洞。可是那洞实在太小了，狐狸肥硕的身体根本钻不进去。怎么办？狐狸眼珠转转，想出了一个办法：饿自己几天，让身体瘦下来。

在篱笆墙外绝食七天之后，狐狸的身体已经变得非常苗条了，再稍稍一使劲儿，它一下子就钻到了篱笆墙里面。这下好了，架上诱人的葡萄全都是它的了。

美美地享受了半个月之后，架上的葡萄基本上已经全被狐狸吃光了。这时，心满意足的它打算打道回府。可是再次靠近那个洞口时，它才发现，自己胖起来的身体又无法成功钻过那个小洞了。所以没办法，狐狸只好再次绝食七天，把自己饿瘦，然后才钻出了篱笆墙。

结果，钻洞而入的狐狸和钻洞而出的狐狸几乎一模一样。

看到这里，有人也许会嘲笑狐狸的愚蠢，但是，我对它的做法却抱有几分敬意。其实，人或者其他任何一种生命，最初和最末的状态都是差不多的。而如何对待中间阶段，便是生命含义的唯一答案——伟大的人，会选择创造；聪明的人，会选择享受；愚蠢的人，会选择逃避。

贴心提醒

花开之后是凋谢，人生最终是死亡。任何生命，包括人在内，都是在经历一个由生到死的生命的过程。只不过，如何看待途中的风景，决定权在你。

生命的抉择

精彩故事

1976年时，迈克·莱恩还是一名探险队员。就是在那一年里，他随着英国探险队成功登上了珠穆朗玛峰。可是在下山时，他们却遇到了极其危险的狂风大雪，而且很长时间之后，大雪还没有停下来的迹象。

见此情景，迈克一行非常着急，因为他们的食品已经不多，如果停下来扎营休息，一定无法撑到下山。而一旦不能补充足够的热量，在那样严寒的天气里，他们必死无疑。可是继续前行又几乎不可能，因为大雪早已经覆盖了大部分路标，过多的弯路会让身背沉重增氧设备的队员们体力消耗过大，还是会有生命危险。

怎么办？正当整个探险队陷入迷茫时，迈克·莱恩率先丢弃了所有的随身装备，提议只留下食品，轻装前行。“不行！”其他队员几乎异口同声地反对道。要知道那时他们离山下至少还有10天的时间，如果丢下增氧设备的话，中途休息时，身体很可能会因为缺氧而被冻坏。

但是，迈克·莱恩却坚持让大家这样做。他说："看样子，这暴风雪十天半月都不会停，再拖延下去，所有的路标就都会被埋住了。那样的话，我们即使不被饿死，也会迷失方向，陷入更可怕的绝境。倘若徒手前行，我们就可以提高下山的速度，保有最大的生还希望。"

最终，队友们听从了他的建议，开始不分昼夜地加速前行。8天后，他们安全到达了山下，虽然几乎都被冻伤，却没有一个人失掉性命。诚如迈克·莱恩所料，一直到那时，恶劣的天气还没有好转。

后来，当国家军事博物馆的工作人员请求迈克·莱恩赠送博物馆一件与登上珠穆朗玛峰有关的物品时，他奉上了这份既奇特又珍贵的礼物——10个脚趾、5个右手指尖——它们都是在下山过程中，因为冻坏而被截掉的。但是，这恰恰证明了他当年选择的正确性，否则，军事博物馆里要收藏的，恐怕是他的尸体了。

贴心提醒

选择的同时，必然需要放弃。正确地放弃，选择才可能成功。这其中最关键的，就是要认清事物的主要矛盾，抓住对自己更有价值的东西。

假项链与真项链

精彩故事

五岁生日时，妞妞得到了一串假的珍珠项链。她对这串项链爱不释手，无论穿什么衣服都会把它戴在脖子上，晚上睡觉还要把它放在枕边。一直到六岁生日来临时，她对这条项链的爱依然有增无减。

"妈妈，你今天会送什么礼物给我？"妞妞问妈妈。

妈妈弯下腰，用额头抵住她可爱的小脸："宝贝儿，妈妈当然要送你一件很漂亮的礼物，但是你得拿你那串珍珠项链来交换。"

听到这里，妞妞的大眼睛里一下子噙满了泪水："不可以的，妈妈，你知道我很爱它。我用别的来交换好吗?"

"不可以。"妈妈的语气很温柔但也很坚定。

"我可以把我的小白象送给你，它一直是我非常喜欢的一件玩具。我还可以把那条美丽的公主裙送给你……"妞妞很着急地说着。

"不可以，妈妈就要你的项链。"妈妈摇着头重复道。

妞妞不作声了，晶莹的泪珠从她的脸上一颗一颗地滚落了下来。沉默了许久之后，妞妞终于慢慢地从脖子上摘下了那条珍贵的项链，双手呈给妈妈。

"宝贝儿，这是妈妈送给你的礼物。"妈妈的声音有些哽咽。

妞妞缓缓地抬起头，她模糊的泪眼中出现了一只精美的盒子，里面是一条闪着柔和光泽、美丽绝伦的珍珠项链，是真的。

原来，妈妈一直在等着女儿放弃那串假的项链，才肯把真的给她。

贴心提醒

放弃假的珍宝，才能得到真的珍宝。如果让没有真正价值的东西占住我们的世界，有真正价值的珍宝便不会到来，忍痛割爱，往往能让人得到更多。

坏孩子的大奖

精彩故事

迈克是个调皮捣蛋的孩子，他烦透了单调乏味的读书生活。因为成绩不好，老师的责罚与同学的奚落更是家常便饭。母亲因此伤透了心，不得不把“望子成龙”变成了“望洋兴叹”，认为自己的孩子再也没有什么前途可言了。

迈克虽然学习不好，却有一手绝活，随便什么木头、石块，到了他的手里摆弄几下，就会变成一个玲珑可爱的小玩意儿。看着儿子每天“不务正业”，母亲让他退了学，找了家工厂去打工。在打工时，迈克依然是个雕塑爱好者，常常为了雕刻一个小东西而忙到凌晨两三点钟，在第二天的工作中哈欠连天。可怜的母亲因此常常泪水涟涟，她实在是太忧虑儿子的将来了。

可是出人意料的是，原本“不务正业”的迈克后来竟然成了轰动一时的雕塑大师，因为他在市政府组织的某场雕塑大赛中获得了特等奖。为了表示对这位雕塑天才的尊重，市政府还特意将他的作品放大，安置在市政大楼前的广场上。

面对这一结果，失望了 20 多年的母亲瞠目结舌。

贴心提醒

你最喜欢做什么，能做什么，只有你自己最清楚。按照内心的真实意愿去选择人生道路，你才可能做成最棒的自己。

铁锅的好心

精彩故事

铁锅建议砂锅与它结伴旅行。砂锅委婉地说，最好还是待在炉火旁，对它来讲，哪怕稍有点磕碰或不小心，就将粉身碎骨，变成碎片一堆。

“我不能和你比，”砂锅说，“你比我硬朗，没有什么能使你受损。”

“我可以保护你，”铁锅说，“假如有什么硬东西要碰撞你，我会将你们隔开，使你安然无恙。”

最终，砂锅被铁锅说服了，就与铁锅结伴上了路。两个三条腿的家伙一瘸一拐地在路上行走，稍有磕碰，两口锅就撞在了一起。砂锅难受死了，走了不到百步，还没来得及抱怨，就已被它的保护者撞成了一堆碎片。

贴心提醒

择友要选择和自己趣味相投的人，否则将会落得像砂锅一样的下场。有人说，择友不慎等于自杀，选择朋友除了要与自己趣味相投外，还要记住："勿交恶友，不与贱人为伍；须交善友，应与上士为伍。"

不吃小鱼的大鱼

精彩故事

一位生物学家和一位心理学家在一起讨论"信心和勇气"这个话题。生物学家做了一个实验给心理学家看。

他给一个很大的鱼缸放上水，然后用一块干净的玻璃板把鱼缸隔成了两半，一半放上一条已经饿了好几天的食肉大鱼，另一半则放上大鱼最爱吃的数条小鱼。

刚开始，饥肠辘辘的大鱼两眼放光，拼命冲击着小鱼所在的区域，可是一次又一次的碰壁之后，它的速度和冲击力都明显地减弱了。一刻钟之后，撞得鼻青脸肿的大鱼停止了攻击，失望地伏在缸底呼呼喘气。

这时，生物学家轻轻地抽掉了那块玻璃板，让小鱼可以自由自在地游到大鱼嘴边去。结果，对于近在咫尺的美食，食肉大鱼居然无动于衷，只敢看不敢吃！很显然，是多次的失败经历把大鱼吓住了。

“在动物界，大鱼吃小鱼本是天经地义的，当然也是轻而易举的。可是，这条大鱼却害怕起自己的手下败将来，这不得不说是它的悲哀啊！”生物学家叹惜道。

“再相信自己一次，你就可以吃到美味了！”心理学家对着麻木的食肉大鱼说道，尔后又转过身来，“看来，哪怕失败999次，我们也必须第1000次地站起来，因为很可能，这一次就是捅破窗户纸的时候。”

“由此可见，因为一次两次的失败便放弃努力，有时会留下很多遗憾！”生物学家总结说，“我们应该记住这句话：无论何时，都要再尝试一次。”

贴心提醒

因为害怕失败的痛苦，所以我们选择放弃或者不再尝试。可是，不再尝试也是一种选择，放弃不等于选择了一种更大的痛苦吗？

导致20年恩怨的一美元

精彩故事

一个小镇商人有一对双胞胎儿子。这对兄弟长大后，就留在父亲的店里帮忙，直到父亲去世，兄弟俩共同接手经营这家商店。

生活一切都很顺利。直到有一天，一美元丢失后，兄弟俩的关系才开始发生改变。哥哥将一美元放到收银机里，并与顾客外出办事。当他回到店里后，发现收银机里的钱不见了。

他问弟弟：“你有没有看到收银机里的钱？”

弟弟回答：“我没有看到。”

但哥哥对此事一直耿耿于怀，咄咄逼人地追问，不愿罢休。

哥哥说：“钱不会长了腿跑掉的，你一定看到了那一元钱。”哥哥的语气中隐约带有强烈的质疑意味，弟弟心中的怨恨油然而生。

不久，手足之情就出现了严重的隔阂。开始，双方不愿交谈，后来，决定不在一起居住，在商店中间砌起一道墙，从此分居而处。

二十年过去了，敌意和痛苦与日俱增，这样的气氛也感染了双方的家庭和整个社区。

后来，有一天，有位开着带外地车牌车的男子，在哥哥店门口停下来。他走进店里问道：“你在这个店里工作多久了？”哥哥回答说他一辈子都在这个店里工作。

这位客人说：“我必须告诉你一件往事，二十年前，我还是个不务正业的流浪汉，一天流浪到这里，已经好几天没吃东西了，我偷偷地从这家店的后门溜进来，并且将收银机里的一美元偷走了。虽然时过境迁，但我对这件事一直无法忘怀。一块钱虽然是个小数目，但我深受良心的谴责，我必须回到这里请求你的原谅。”

当说完原委后，这位客人很惊讶地发现店主已经热泪盈眶，语带哽咽地请求他：“你能否也到隔壁将故事再说一遍呢？”在这个陌生男子到隔壁说完故事以后，他惊愕地发现两个面貌相像的中年男子，在商店门口痛哭失声，相拥而泣。

贴心提醒

猜疑是人生大害，它可以平地生出隔阂，让至亲成仇敌。人生切忌虚耗在无端的猜疑中。放弃生活中无端的猜疑，让家庭中的温暖永远存在。

坏孩子的两条路

精彩故事

在美国，有一个黑人青年，他在一个环境很差的贫民窟里长大。

他的童年缺乏教育和指导，跟别的坏孩子学会了逃学、破坏财物和吸毒。他刚满12岁就因盗窃一家商店被逮捕；15岁时因为企图撬开办公室里的保险箱，再次被逮捕；后来，又因为参与对附近一家酒吧的武装打劫，他作为成年犯第三次被送入监狱。

一天，监狱里一个年老的无期徒刑犯看到他在打垒球，便对他说："你是有能力的，你有机会做些你自己的事，不要自暴自弃。"

年轻人反复思索老囚犯的这席话。虽然他还在监狱里，但他突然意识到他具有一个囚犯能拥有的最大自由：他能够选择出狱之后干什么，他能够选择不再成为恶棍；他能够选择重新做人，当一个垒球手。5年后，这个年轻人成了明星赛中底特律老虎队的队员。底特律垒球队当时的领队马丁在友谊比赛时访问过监狱，由于他的努力使年轻人假释出狱。不到一年，年轻人就成了垒球队的主力队员。

贴心提醒

自由是我们人人都有的，它存在于自由选择的绝对权利之中，我们所有的人都有这种权利。虽然你失败了，但你拥有自由，拥有选择的自由，这已经是失败给予你的最大恩赐了。

要命的银子

精彩故事

据说，在古代，永州的人们都很会游泳。

有一年夏天，大雨一直不停地下着，一场百年不遇的洪涝灾害到来了，永州人不得不纷纷外逃。有五六个人还算幸运，不知从哪里找来了一只小木船，他们轮换着，拼命地摇橹，希望快点逃出这死亡的深渊。

但是突然，一个大浪扑来，小船一下子被打翻了，几个人都落水了。他们赶紧扑腾着往岸上游去，可是其中有一位使出全部的力气，也没能游出多远，他的头在水里一沉一浮的，眼看就要不行了。

同伴们回过头来着急地问道："平日数你游得好，今天你这是怎么了？"

这人一边挣扎一边回答道："我怕到了外地没法生活，所以就在腰上缠了五百两银子。可是，银子太重了，坠得我快要游不动了，你们快来帮帮我吧。"

同伴们听了这话，生气地大喊道："都什么时候了，你还在意那点银子！快点解下来扔掉啊，保命重要！"

但是，这个人却怎么也舍不得扔掉银子。结果，同伴们都游上岸了，他还在水里挣扎着，最后终于被淹死了。

看着他在巨浪中消失，同伴们叹息道："唉，别怪我们不救你，是你自己不分轻重，不救你自己啊。"

贴心提醒

得失总是相随的。合理地选择放弃，也就等于合理地选择得到。不分轻重地抓住一切，最后只会失去更多，甚至让所得再无意义。

只要半价的油漆匠

精彩故事

凯蒂刚刚买了新房子，兴奋地与丈夫商量好墙壁的涂料颜色后，就去找油漆匠了。虽然丈夫曾是个优秀的装修师，但是很不幸，他的双眼在一场车祸后失明了。

油漆匠找来后，丈夫一边和他聊天，一边帮着做点力所能及的事。比如搅拌时，应油漆匠的要求帮忙去扶一扶颜料桶。不过，这多少有些奇怪，因为这根本不需要太大的力气，一只手搅拌，另一只手扶住桶就足够了。

七天之后，粉刷工作完成了，淡绿色的墙壁看上去相当漂亮，凯蒂非常满意。但是收费时，油漆匠只收了原定价格的一半。

“怎么会这样?”凯蒂奇怪地问他，想一想又忽然明白了什么似的说道：“谢谢，我们不需要您的特殊照顾。”

油漆匠答道：“我并不是为了表示怜悯，而是为了表示感谢。在和你丈夫一起工作的这几天，我过得非常快乐。我想，这段日子会改变我今后的人生，因为他的乐观让我意识到，我的境况并不是最坏的。少算的那部分钱，就当作是我对他表示的谢意吧。”

说完这些，油漆匠便拎着颜料桶走了。粗心的凯蒂这才发现，这位油漆匠只有一只手。

贴心提醒

我们无法选择人生，却能选择面对人生的态度；我们无法改变事实，却能改变面对事实的心情。所以，无论境况如何，我们都能快乐，只要我们选择快乐。

天神与魔鬼

精彩故事

画家大卫想画一幅关于耶稣的画，却苦于找不到一位纯真圣洁的人做模特。某天，他忽然在修道院里看到一位虔诚的修道士。

“太棒了，就是你了!”大卫兴奋地喊道。显然，修道士清澈如水的双眼给了他灵感。

自从画了这幅画后，大卫一炮走红，成了家喻户晓的著名画家。为了表示对修道士的谢意，大卫给了他很大一笔钱。

三年后，偶然有人建议大卫道：“你画了耶稣，还应该再画一幅魔鬼撒旦才是。”大卫一听有理，立刻答应了下来，但问题是去哪里找一位与撒旦形象相符的模特。

跑了许多地方之后，大卫最终来到了当地监狱。在那里，他终于找到了他心目中的撒旦。没想到当他把自己的请求告诉对方时，那位脏兮兮的囚犯竟然“嘤嘤”地哭起来。

“你难道不认识我了吗，大卫？”囚犯问道。

“你是？”大卫疑惑地望着囚犯。

“我就是三年前你画耶稣时的模特修道士啊！”囚犯说道。这个回答让大卫大吃一惊。

“自从有了钱以后，我就再也不能像原来那样虔心修道了，”囚犯回忆道，“每天，我都会躲开众人的眼睛，偷偷地跑出去花天酒地。把钱花光后，我的欲望却还像魔鬼一样疯狂滋长，没办法，我只好去偷、去抢、去骗……就是因为这个，三个月前，我被抓到了这里。让我最难过的是：你以前画的圣人是我，现在要画的魔鬼居然还是我！”

贴心提醒

人性中既有善的一面，也有恶的一面。修身养性是圣洁品性的使者；放纵堕落是魔鬼撒旦的催生剂。而成为哪种人，全在你一念之间。

放弃哪个人

精彩故事

这是一道非常著名的测试题，它曾经影响了许多人的一生。

在一个暴风骤雨的晚上，你开着一辆车经过一个车站，看到有三个人正在等公共汽车。其一是位快要病死急等救治的老人，非常可怜；其二是位医生，他曾经救过你的命，是你的大恩人，你做梦都想报答他；其三是个女人（男人），她（他）正是你做梦都想娶

（嫁）的那个人，一旦错过也许就不会再遇上了。但不巧的是，你的车子太小了，除了司机之外只能再搭乘一个人，这时候，你会如何选择呢？

从理论上来讲，每一种选择都能讲得通：没有什么比生命更重要，老人就快要死了，所以应该先救他。但是大千世界，有谁不是最终只能把死当成终点站呢？这样一想，你决定先让那个医生上车，因为他曾经救过你，而眼下正是一个最好的报答机会。可是你又在想：错过这一次，在将来你还可以寻找很多机会去报答他，但那个女人（男人），一旦错过了，就很可能永远再遇不到像她（他）这样令自己动心的人了。毕竟这是关系自己一辈子幸福的大事，比其他一切分量都更重一些，所以你又决定带走她（他）。

果然，人们对这个问题的答案五花八门，而且都有充分的理由。最终，有一个最佳答案获得人们的普遍认同：给医生车钥匙，让他带老人去医院，而自己则留下来陪梦中情人一起等公交车。这样既顾全了道义，又报答了医生（把车送给了他），还保证了自己一生的幸福。

这个结果显然是令所有人满意的，但却几乎从未有人一开始就这样想过。因为当事情落到自己头上时，有谁想过要放弃手中已经拥有的优势（车钥匙）呢？

贴心提醒

得失总相随，要想寻找到最佳的平衡点，放弃是前提。很多时候，你之所以不能得到更多，是因为你不愿主动放弃某些优势。

左脚鞋与右脚鞋

精彩故事

有一个优柔寡断的小女孩。10岁那年，她拿着妈妈给的压岁钱去一家制鞋店定制新鞋。

“你想做方头的还是圆头的?”老板问她。

“这个，我也不知道。”小女孩犹豫着答道。

“你觉得哪一种好看?”为了帮她做决定，老板把圆头鞋和方头鞋各拿了一只来，摆在柜台上供她参考。

小女孩看了圆头鞋半天，又拿起方头鞋来琢磨了一会儿。

“哎呀，我还是不知道。这样吧，你让我先考虑几天，我想清楚了再回来告诉你。”小女孩说。老板答应了。

几天后，鞋店老板在大街上遇到了小女孩，又问起鞋子的事，结果小女孩依然拿不定主意。忽然，老板大声说：“哦，我知道你需要什么样的鞋子了，放心，我一定做出你想要的样子来!”

一个星期后，老板通知小女孩前来取鞋。当小女孩打开鞋盒时，她惊讶地发现盒里的两只鞋居然一个方头、一个圆头。

“怎么会这样呢?你为什么要这么做?”小女孩既委屈又生气地质问老板。

“你不能怪我，孩子，”老板温和却坚决地说，“我等了好几天，你都拿不定主意，所以我只好替你作决定了。这两只鞋就算是你花钱买的一个教训吧。记住：以后不要让别人来替你做决定，否则你很可能会后悔莫及!”

贴心提醒

自己的事情要自己决定。如果你犹豫不决，就等于把决定权拱手让给了别人。而一旦别人做出不符合你意愿的决定，后悔的只会是你。

◎ 第四章 ◎

愚蠢源于偏见，明智源于洞悉

世界上没有谁甘心于堕落。人们只是被愚蠢蒙蔽了双眼，浑浑噩噩地过着自己的生活，犹如行尸走肉一样，没有自己的价值。你愿意成为这样的人吗？如果不愿意，那么你就要让自己清醒过来，从偏见中走出来，这样内心便会充满光明。

审视内心无偏见

精彩故事

一个小沙弥刚刚来到寺院，老方丈慧光法师就从山下的花市买来一枝鲜花送给他。

小沙弥不知这是何意，就怯生生地去请教慧光法师："您送给我的这枝花，有什么讲究或寓意吗？"

"当然有讲究了，"慧光法师莞尔一笑说，"花朵是草木的智慧啊。"

小沙弥还是不明就里，抱着虚心好学的态度，又问："草木也有智慧吗？""当然有了，"慧光法师笑着说，"草木的智慧就是它们的花朵，以及花朵散发的馨香……"

小沙弥更是一头雾水，左思右想之后，小声嘟囔道："没想到法师这么有雅兴，真是妙语如诗啊！"

慧光法师脸上的笑容马上凝固了，静静地说："你没有想到的还有很多，好好保养好这枝花，回房参悟吧。"

小沙弥满怀疑惑地把这枝花带回自己的房间。三天之后，那枝脱离了枝干、根系和泥土的鲜花终于枯萎凋零了，可是，小沙弥还是没想明白法师送花的奥秘所在。他只好硬着头皮再去向慧光法师讨教。

没等小沙弥说话，法师就开门见山地问："你知道那枝花为什么那么鲜艳吗？"

"因为土肥苗壮、风调雨顺吧。"小沙弥反应灵敏地说。

慧光法师微微颔首，又接着问："那枝鲜花呢？"

"它枯萎了，"小沙弥难为情地说，"其实，我对待它挺负责的，回去就把它插在了清水瓶里……”

“既然这样，它怎么会枯萎得这么快呢?”法师打断了小沙弥的话说。“还，还不是因为它被人剪下来，脱离了枝干和泥土嘛!”小沙弥理直气壮地说。“那你还有什么不明白的呢?”法师反问道，“难道说，你对一朵花的遭遇和凋零就没有些许的心灵触动?就没有一点儿思想火花?”

小沙弥终于领悟了：“人的智慧就好比花朵、心灵的花朵，心灵则是思想的火花的慧根……”

贴心提醒

只有开始认真地审视自己的内心，一个人才能成为一个真正智慧的人。当一个人开始了解那种具有约束力的因素，在心灵里，而不是外在环境，他就不再谴责当前的处境，他就会认真地思考，并在完整而有力的内心世界中逐渐成熟强大。

商人的底细

精彩故事

一位商人爱上了一位女明星，但是他又不太清楚女明星的背景。

他不希望因为自己爱上的人来路不明而影响到自己的事业前途，于是，雇了一个私家侦探去调查她的底细，但是他并未将自己的真实身份透露给这名私家侦探。

不久，私家侦探给他发来调查结果：“该女士洁身自好，身世清白，以往结交者皆良善之人，且无不良嗜好。唯一遗憾，就是近日不知何故，竟与一个声誉不佳的商界人士某某来往甚密。”

贴心提醒

经常对他人报以怀疑和不信任的态度，这样的想法往往并不是因别人引起，而是自己心中作祟。高尚的人拥有崇高的思想，卑鄙者的灵魂总是丑陋的。

慢走一步

精彩故事

父亲是一个棋迷。有一年，度假期间闲来无事，父亲便要我陪他下棋。

我们俩摆好棋，父亲让我先走三步。可不到三分钟，三下五除二，我的兵将损失大半，棋盘上光秃秃的，只剩下老帅、仕和一车两卒在坚持奋战。我不肯罢休，可是已无回天之力，眼睁睁看着父亲“将军”，我输了。

我不服气，摆棋再下。几次交锋，基本上都是下到10分钟就败下阵来。我不禁有些泄气。父亲看看我，说：“你初学棋，输是正常的。但是你要知道输在什么地方。否则你就是再下上10年，也还是输。”

“我知道，输在棋艺上。我技术不如你，没有经验。”

“这只是次要因素，不是最重要的。”

“那最重要的是什么？”我不解地问。

“最重要的是你心态不对，你不珍惜你的棋子。”

“我怎么不珍惜了？每走一步，我都想半天。”我不服气地说。

“那是后来。开始你是这样吗？我给你算过，你三分之二的棋子是在前三分之一时间里失去的。这期间你走棋不假思索，拿起来就走，失了也不觉得可惜。因为你觉得棋子很多，失一两个不算什么。”

我看看父亲，不好意思地低下头。

“后三分之二的时间，你又犯了相反的错误：对棋子过于珍惜，每走一步，都思前想后，患得患失，一个棋也不想失，结果一个一个都失去了。”父亲停了停，把棋子重新在棋盘上摆好，抬起头看着我说，“这是一盘待下的棋，我问你：下棋的基本原则是什么？”

我想也没想，脱口而出：“赢呗。”

“那是目的，”父亲不满意地扫了我一眼，“下棋最基本的原则是得、失。有得必有失，有失才有得。每走一步，你心里都要非常清楚，为了赢得什么，你愿意失去什么，这样才可能赢。可惜，大部分人都像你这样，开始不考虑失，只想到得。等到后来失的多了，又过于谨慎，束手束脚，所以才屡下屡败。其实不仅是下棋，人生也是如此呀。”

贴心提醒

人生就像一盘待下的棋。有的人，棋盘刚刚摆好，还没开场；有的人，棋已经下了一半，得失参半；而有的人，棋已经接近尾声，尘埃落定。

美德是大智慧

精彩故事

由于出生于一个农民家庭，自幼家境贫寒，郑裕彤在15岁时就中断学业，到香港“周大福珠宝行”当学徒。临行前，母亲叮嘱他：干活勤快，遵守规矩，多动手，少动口。郑裕彤牢记母亲的教诲，忠诚敬业，做事勤快，主动负责。他处处留意，向老板和同事学习做生意的经验，还利用业余时间去观察别的商店如何做生意。

有一次，他去一家珠宝店观察人家做生意的方法，不料回来时遇上堵车，迟到了。周老板问他何故迟到，他便据实相告。老板不相信一个小学徒竟如此敬业，就问：“你说说，你看出了什么名堂？"

郑裕彤不慌不忙地说："我看人家做生意，比我们要精明。客人只要一进店，伙计们总是笑脸相迎，有问必答。无论生意大小，一概客客气气；就是只看不买，也笑迎笑送。我觉得，这种待客的礼貌周到是最值得我们学习的。还有，店铺的门面也一定要装饰得像模像样，与贵重的珠宝相配。我看人家把钻石放在紫色的丝绒布上，光亮动人，让人看起来格外动心……"

郑裕彤侃侃而谈，周老板暗暗动心。他预感此子必成大器，有意培养他。郑裕彤成年后，周老板还将女儿嫁给他，后来干脆将生意全交给他打理。郑裕彤不是无义之人，他暗下决心，一定要把生意做好，报答岳父的知遇之恩。

在他的苦心经营下，"周大福珠宝行"发展成为香港最大的珠宝公司。在这种情况下，如果他把珠宝行改成自己的名字，完全有道理。他却沿用岳父的名字，以表感恩之心。后来，郑裕彤又投资房地产业，成为香港地产大亨之一。

有人问郑裕彤如何取得如此成就。他说出了自己的秘诀：守信用，重诺言，做事勤恳，处事谨慎，饮水思源，不应见利忘义。

贴心提醒

任何事业的成就，无不以美德为基础，这是智慧中的智慧。很多人没钱、没背景、没学历，就是靠美德做资源。

适合自己的钥匙

精彩故事

有一位父亲，在很小的时候就失去了父母，成了一名孤儿，孤苦伶仃，一无所有，流浪街头，受尽人间的磨难。最后，他终于创下了一份不菲的家业，而他自己也已到了人生暮年，该考虑辞世后的安排了。

他膝下有两子，都风华正茂，一样的聪明，一样的踏实能干。几乎所有的人，包括他自己，都认为应该把财产一分为二，平分给两个儿子。但在最后一刻，他改变了主意。

他把两个儿子叫到床前，从枕头底下拿出一把钥匙，抬起头看着他们，缓慢而清楚地说："我一生所赚得的财富，都锁在这把钥匙能打开的箱子里。可是现在，我只能把这把钥匙传给你们兄弟中的一人。"

兄弟俩惊讶地看着父亲，几乎异口同声地问："为什么？这太残忍了！"

"是，这是有些残忍，"父亲停顿了一下，加重语气说，"但也是一种善良。现在，你们自己选择吧。选择这把钥匙的人，必须承担起家庭的责任，按照我的意愿和方式，去经营和管理这些财富。拒绝这把钥匙的人，不必承担任何责任，生命完全属于你自己，你可以按照自己的意愿和方式，去赚取我箱子以外的财富。"

兄弟俩听完，内心开始斗争。接过这把钥匙，可以保证一生没有苦难，没有风险，但也因此而被束缚，失去自由。拒绝它？毕竟箱子里的财富是有限的，外面的世界更精彩，但是那样的人生充满不测，前途未卜，万一……

父亲早已猜出兄弟俩的心思，他微微一笑，说："不错，每种选择都不完美。有快乐，也有痛苦，但这就是人生。你不可能把快乐集中，把痛苦消散。最重要的是你要了解自己，你想要什么，要过程，还是结局。"

兄弟俩豁然开朗。哥哥说：我要这把钥匙。弟弟说：我要出去闯荡。二人权衡利弊，最终各取所需。这样的结局，与父亲先前的预料不谋而合。

20年后，兄弟俩经历、境遇迥然不同。哥哥生活舒适安逸，把家业管理得井井有条，性格也变得越来越温和儒雅，特别是随着时间的流逝，他的人生已经到了暮年，他与去世的父亲越来越像，只是少了些锐利和坚韧。

弟弟生活艰辛动荡，几经起伏受尽磨难，性格也变得刚毅果断，与20年前相比相差很大。最苦最难的时候，弟弟也曾后悔过，怨恨过，但是已经选择了，没有退路，只能一往无前、坚定不移地往前走。经历了人生的起伏跌宕，弟弟最终也创下了一份属于自己的事业。这个时候，他才真正理解了父亲，并深深地感谢父亲。

贴心提醒

在人生之路上，我们有很多不同的选择，每一种选择都带有快乐和痛苦。当然，快乐是我们追求的，但我们却不能忽视痛苦，因为有时痛苦更能激人奋进，让人的生命释放光彩。

孤独比失去自由更可怕

精彩故事

一只可爱的画眉被主人关在笼子里，上帝于是对画眉说：“跟我到天堂去生活吧。”

“我现在生活得很好啊，为什么要去天堂呢？”画眉说道。

上帝反问道：“那你有自由吗？”

画眉沉默了。

画眉跟着上帝来到了天堂，上帝把它安排在翡翠宫里住下，自己便去忙其他的事情了。

过了很长一段时间，上帝突然想起了画眉，便去翡翠宫看它。他问画眉：“我亲爱的孩子，你现在过得还好吗？”

画眉哀叹一声，说：“房子很漂亮，大得我飞都飞不到边。可是，我一个人孤零零地生活在这大房子里，与住在笼子里又有什么区别呢?”

贴心提醒

与失去自由相比，孤独更加可怕。对我们来说，寂寞才是真正的牢笼。

让人迷失的蝴蝶

精彩故事

18世纪后半叶，欧洲探险家来到澳大利亚，发现了这块广袤千里、丰饶富足的“新大陆”。随后，白人殖民者蜂拥而至，为抢占土地、建立殖民地展开了激烈的角逐。

1802年，英国派遣弗林达斯船长率双桅帆船驶向澳大利亚。与此同时，法国的拿破仑也命令阿梅兰船长驾驶三桅帆船鼓帆前往。

经过一番航海较量，驾驶先进三桅快船的法国人捷足先登，抵达并抢占了澳大利亚的维多利亚州，将该地命名为“拿破仑领地”。在洋洋得意之时，好奇的法国人发现：当地有一种珍奇的蝴蝶。为了捕捉这种色彩斑斓的珍蝶，他们竟然忘记了肩负的重要使命，全体出动，一直纵深追到澳大利亚的腹地。

正当法国人追捕珍蝶的时候，英国人驾驶着双桅船也匆匆赶到了。英国人看到了法国人停泊在那里的三桅帆船，顿时感到万分的沮丧。在万般无奈之中，他们突然惊喜地发现：先期到达的法国人消失的无影无踪了。机不可失，时不再来。于是，弗林斯达船长立即命令手下安营扎寨、抢占地盘……

当法国人兴高采烈地携带珍蝶返回时，这块面积相当于英国大小的土地，已经被英国人牢牢地掌握在手中，留给法国人的只是无尽的懊丧与遗憾。

贴心提醒

在世界上，到处都有类似珍蝶的诱惑，到处都有超过珍蝶的诱惑。诱惑力越强，危害性也越大。不能战胜诱惑，就不能战胜自己；不能战胜自己，就不能战胜对手。

咖啡泼出来的壁画

精彩故事

几个朋友在一个咖啡馆聊天。谈得兴起，其中一个人大发高论，手舞足蹈，没注意到旁边经过的服务员，一下子打翻了服务员手中的盘子，满杯咖啡全溅在了白色的墙壁上。店主见到粉墙被咖啡玷污了一大片，坚持要这一桌的客人赔偿损失。

正在他们僵持不下时，邻桌一位年老的客人把店主叫到一旁，跟他说了几句什么，然后走回自己的位置旁，从旅行包里拿出画笔和颜料盒后，走向那面粘着咖啡渍的墙……

没费多会儿工夫，污渍变成了一幅画：一匹深色的骏马安详地在草地上吃着草，不远处躺着一位美轮美奂的女子。

大家纷纷拍手鼓掌，对画家的手笔赞不绝口。这幅壁画为整个咖啡馆添色不少，老板也很高兴，闭口不提赔偿的事了。

贴心提醒

墙上的污渍可以变为一幅美图，人生的瑕玷又如何遮掩呢？不要因为一步错了，就自甘沉沦，收回你的脚步，阳光会让你的瑕玷也显得光彩夺目。

哲学也误人

精彩故事

一位漂亮的女子诚恳地向一位哲学家求婚。

哲学家有些心动，但是他嘴里却说："这太突然了，让我先考虑考虑！"

女子悻悻地离去。哲学家依旧沉浸在自己的研究中，时间很快就过去了。

两年后，哲学家又想起了那个女子，决定娶她为妻。

当他来到那个女子的家里时，女子的母亲告诉哲学家，她的女儿已经出嫁了。

哲学家十分难过，从此不再研习哲学。

贴心提醒

犹豫不决的人到最后总是会错失一切。同样的机会只有一次，你若不能把握住，再去寻它时，剩下的只有后悔。

一千斤猪肉

精彩故事

从前，有个国王听信小人的谗言，误认为一位贤臣叛国。国王把贤臣捉来，割开他的背脊，并取下二斤肉。

不久，有人证明贤臣并没有叛国。国王知道了，十分后悔，就送了一千斤猪肉给贤臣，作为补偿。

那位贤臣因背脊伤痛，上朝时痛苦地呻吟。国王听见了他的呻吟声，就问他说："我取你二斤的肉，已经还你一千斤的肉，难道你不满足吗？为何叫个不停呢？"

贤臣十分无奈地回答："大王，假如砍下你的头，纵使还给你一千个头，仍然不免一死。如今我虽然得到了一千斤的猪肉，仍然免不了痛苦啊！"

贴心提醒

给他人造成的伤害，再多的弥补也是无济于事的。最好的弥补是在做任何事情前，谨慎小心，尽量不要对别人造成伤害。

法师的高香

精彩故事

修行多年的心吾和尚就要到一座新修的寺庙里做住持了。临行前，他向海帆方丈求教："佛海无涯，何日是归期？人生有限，哪天能成佛？"

海帆方丈答道："香火不断，水漫灵山亦通明，天天是归期；风雨飘摇，一炷高香常相伴，即刻便成佛。"

心吾和尚到了新修的寺庙后，便把敬佛上香作为头等大事来抓。他的禅房和卧室里，高香长明，及时续接，片刻都不曾断过香火。即使外出化缘，他也手持高香，从不间断，风雨无阻。

可是，三年五载过后，心吾和尚感到自己的道行并无长进，就又返回往日的故庙，想再次向海帆法师求教。可是，当他手持高香刚刚踏进海帆法师的禅房，海帆法师就端坐圆寂了。一滴清泪悄悄从心吾和尚的眼角滑落，正好滴落在他手拿的香火上。哧啦一声，他手里的香火湮灭了。

出于敬重和无奈，心吾和尚又在自己的心底为海帆法师点上另一炷更加旺盛的高香。而且，他马上联想到海帆法师曾经说过的话，意识到只有心中虔诚的香火才能够“水漫灵山亦通明，一炷高香常相伴”。他终于开悟了。

心吾手里的香虽然灭了，但心头的香火没有灭。对恩师的敬仰丝毫没有因为香火的熄灭而减弱。心吾本以为燃香能悟道修行，能感动神佛。其实，佛就在心中。心中有则有，心中无则无，熄灭的是香，而并没有泯灭思念、感恩与理性之火。所以，形式应为内容服务，心中无善、心中无良、心中无师，尽管终日燃香，也不能点燃心灵之火。

贴心提醒

其实，无论佛教还是其他的事情，心中的挚爱、虔诚和持守，才是最真实和长久的。外在的形式并不是十分重要的，甚至是一种缺乏心灵底蕴的虚设和矫饰。香不是燃在手里的，善也不是说在口里的，而是植根于心中，重在落实于行动。

富翁喝不到的甘泉

精彩故事

山脚下有一眼山泉，泉水潺潺地从泉眼里冒出来，汇成一条小溪流向田野。

一个樵夫挑着一担柴火经过泉边，停了下来。他捧起泉水喝了个饱，他觉得再没有比这更甜的水了……放羊的牧童、耕地的农夫和进山打猎的猎人，他们也都这样认为，这泉水是天下最甘甜的水。

一个富翁听到这个消息后，立刻派人去打山泉水回来。仆人将盛在精美的水壶里的泉水，倒进琉璃杯中呈给躺在摇椅上的富翁。

富翁喝了一口，没什么感觉；又喝了一口，眉头皱了起来，把碗里剩下的泉水泼到地上，大声对仆人说："这是最甜的水吗？一点儿甜味也没有，还是去把蜂蜜糖浆给我拿来吧。"

贴心提醒

没有品尝过饥渴的滋味的人，不会体会到食物与水的甜美；没有经受过挫折与失败的人，不会体会到成功的欢欣与满足；未历经苦难的人，永远不会懂得生命的价值和意义。

岛上的耶稣

精彩故事

一个小岛上生活着的土人们信奉基督教，但是，他们不会像圣经上所要求的那样祷告。

一个满腹经纶的主教在一次旅行中来到了这个小岛上。当看到土人们不会祷告时，他就耐心地教他们一句一句地背诵主祷文。主教花了一整天的时间，总算使土人们能够背下主祷文了。

第二天早上，主教很高兴地离开这里。当船还没走多远的时候，主教看到那些土人们如同耶稣一样，自如地行走在水面上，气喘吁吁地来问主教："先生，很不好意思，我们又忘了主祷文了，您是不是再教我们一遍？"

目瞪口呆的主教看到这些土人，感到了自己的卑微，于是说："单纯的人们啊，就照你们原来的祷告文祷告吧！"

贴心提醒

每个人都有自己的行为习惯和处事方式。你想把自认为最好的习惯或方式灌输给别人，也许对别人来说，这些压根儿一点儿用也没有。

无用的旅行

精彩故事

有一对美国夫妇经常去世界各国旅游，他们的假期几乎都花在旅行上了。他们去过世界各地的名胜古迹和旅游胜地，连南极也去过。

又到了假期，夫妇俩想还有什么地方没去过呢？“对，离咱们很近的加拿大好像只去过一次，还是很早的时候了。”妻子说。于是他们决定驾车去加拿大旅行。

这天，一辆豪华轿车停在加拿大著名的风景区露易丝湖畔，一对满脸倦容的夫妇从车里出来，太太一边翻着地图一边望向四周。

“嗨，基尔，我们已游览过吉土坡和班芙了，”她跟丈夫说，“明天就要到露意丝湖了。”

旁边的一个当地人忍不住告诉他们说：“这里就是露意丝湖。”

“哦，我们已经到了露易丝湖！”说完，太太又抬眼向四周望去。

“走吧，我们还有好几个地方要去呢！”丈夫对妻子说道。

太太用铅笔在手中的地图上画了一下，跟她的丈夫回到车上，轿车扬尘而去。

“不知道他们又要往哪儿去。”那个当地人自言自语道。

贴心提醒

把旅行当作一种奔波，还不如在家里好好休息。生命的过程就好比一次旅行，不要只顾着匆忙地赶路，该停下休憩时，就要好好放松心情领略沿途的美景。

无烦恼的地方

精彩故事

一个神情抑郁的男子坐在咖啡厅角落里的一张桌子旁，一个人闷闷地喝着咖啡。在他不远处的另一张桌子旁，坐着一位老人，老人一直在关注着男子。

终于，老人走上前去，对男子说："您一定遇上了什么难题，如果您愿意告诉我的话，我希望我可以帮助您。"男子看了老人一眼，冷冷地说："你帮不了我，我的问题太多了。"老人掏出名片，递给他，接着说道："如果您相信我的话，我想带您去一个地方。"

男子没有拒绝，随老人坐车来到了郊外。下车后，老人指着一排排的墓碑说："你看见了吗？只有躺在这里的人，才是没有问题的。"

男子的眉头开始松了，他把他的难处向老人娓娓道来……

贴心提醒

人生是一个不断遇到问题，并不断解决问题的过程。没有问题的人生，是不存在的。只有解决问题，你才会快乐；只有解决问题，你才会幸福；只有解决问题，你才能学会生活。

批评与创意

精彩故事

在巴黎有两位享有盛名的画家。这两人不相往来，却又密切注意对方的一举一动。在心里，他们两人谁也不服对方。

两人时常在媒体上批评对方：“他最近的一部作品，布局一点不协调，简直就是涂鸦，”要不然就是“他的画要么苍白无力，要么乱七八糟，不知所云！”

一次，其中一位画家为了赶上一个国际大展，在工作室中夜以继日地连续画了三天三夜，除了绘画之外，什么都不闻不问，甚至连吃饭睡觉都在工作室里。

就在作品快要完成的时候，有一位朋友来看他，这时画家正在修饰作品中人物的表情。朋友刚要开口，还没说出半个字，画家忽然大叫出声：“我那个死对头，一定又会在这里鸡蛋里挑骨头的！”

朋友不解地问他：“你既然知道他会批评这个地方，为什么还要这么画呢？”画家微微一笑回答：“我就是故意为了让他批评才这么画的，如果他不再批评，我的创意也就没有了。”朋友这才告诉画家他原本要说的话：“可是，他昨天因一场意外的车祸去世了。”

画家手里的画笔一下子滑落到地上。

从此，这个画家再也没有独具创意的作品出现了。

贴心提醒

对手的存在让我们可以看清楚自己。生活中缺少了对手，就好比在大海上航行却失去了罗盘。

尽信书不如无书

精彩故事

古时候有一个名叫王寿的书生，在外地求学。他酷爱读书，乐此不疲。那时的书，是抄写在竹片上的，再用皮革串起来。王寿为了抄书，在自家房前房后种满了竹子。他每天的时间除了吃饭睡觉都用来借书、抄书、看书。

有一年，王寿的母亲去世了，他要到东周奔丧。他随身背了一些书，准备途中抽空看看。这些书很重，只走了几里地，他就累得喘不过气来。他只好坐在路口休息，并随手抽出一册书来读。

这时有个叫徐冯的隐士从此路过，见他背这么多书，就停下来跟他打招呼，并说："你读这么多书，有什么用？"

王寿是第一次听见有人否定读书，不禁愣住了。

徐冯笑笑说："人是要做事情的。做事，要依据不同的时间、不同的环境而有所不同。比如少年时、欢愉时，可以狂放一些；老年时、主持礼仪时，就应持重一些；国家太平时可以出来治事；国家动荡时最好退而隐居。所以，聪明的人做事情不是一成不变的。书是记载言论和思想的。言论和思想又由于人的勤奋思考而产生，所以人的智慧并不是以藏书多少来衡量的。你是聪明人，为什么不去勤于做事和勤于思考，却要背着这累人的东西到处走呢？"

王寿听了，如梦初醒，再三拜谢徐冯，还当场烧了自己所带的书，手舞足蹈地轻身去了东周。

这个王寿，幸亏有高人指点，使他大彻大悟，要不然一辈子就被这些"死人棺材"耽误了。

贴心提醒

我们往往以为，读书学习是连在一起的，其实，学习未必是读书，读书也未必是学习。无论是知识、经验，还是做人做事的理念，未必都从书本上来。只要能学到而且有用，无论是从哪里来，都是学习。

封赏仇人

精彩故事

刘邦得了天下之后大封功臣，已封了二十余人。其他有功的将领也都在争论谁的功劳大，因为得不到结论，所以没法继续封赏下去。

有一天，刘邦在洛阳南宫，从双层道远远望见将领们三五成群，在洛水沙滩上聚会。刘邦问张良："他们谈些什么？"

张良说："难道你不知道他们正在谋反？"

刘邦说："天下已经安定，为什么还要谋反？"

张良说："陛下原来不过是一介平民，靠他们的效忠，才取得天下。而今，您当了皇帝天子，封的全是您的亲戚和老友，杀的全是你的仇家。这些将领怕您都没有封赏，他们害怕日后您想起他们过去犯的错，会兴起杀机。所以，这些将领才聚在一起，密谋叛变。"刘邦大惊，忙问张良应该怎么办。

张良说："您生平最憎恨、最厌恶，而大家又都知道的是谁？"

刘邦说："雍齿，他跟我有旧怨，又不断欺负侮辱我，我早就想把他杀掉；只因他立下不少功劳，于心不忍。"

张良说："请立刻封赏雍齿，其他人的不安就会自然平息。"于是刘邦摆下筵席，封雍齿为什邡侯，然后下令催促宰相、皇帝监察官迅速评估各将领的功劳，用来作为分封的根据。筵席之后，将领们皆大欢喜。

张良是刘邦的智囊，趁着刘邦询问的机会，让刘邦检讨反省，改变心意。当领导的没有徇私，当下属的没有猜疑，国家才能安定。像张良这样的人，史学家司马光认为是最懂得规劝之法的人。

贴心提醒

规劝和被规劝的人，都必须有转识成智的功夫。他们在一念之间可能杀人，转念之间就可以安邦定国。

树的名字

精彩故事

早些年，晶晶一家从乡下搬到城里。新家是一幢二层小楼，楼下是一个大院子，院子里还长着前主人种下的蔬菜。从他们搬进来后，院子里的菜地就渐渐荒了。过了两年，不知什么时候原来长着菜的地方长出一棵小树来，大家都不知道是什么树。

一天，晶晶摘了一片树叶带到学校给生物老师看。老师看了看，说："这应该是李子树的树叶。"回到家里晶晶就告诉了父母，这是一棵李子树。

后来，爷爷从乡下来了。爷爷刚进门，晶晶就对他说："爷爷，你看我们这里有一棵李子树！"爷爷一看，"这哪是李子树，李子树我还没见过？"爷爷笑了笑说："这是一棵樱桃树，就快开花了！"

于是，晶晶一家都盼着樱桃树开花，开化之后就可以尝到樱桃了。终于树开花了，花谢后结了一些很小的果子，可是慢慢地没等长大就都掉光了。一直到前年，晶晶家拆迁时，一个工人喊道："这是谁家的核桃树啊，再不迁走就没了！"

"这不是一棵樱桃树吗？怎么会是核桃树呢？"晶晶问那个工人。

"樱桃树？你看那树叶底下不是结了一个核桃吗？"晶晶顺着工人手指的方向看过去，果真是有一个核桃挂在那里。

十几年过去了，晶晶一家一直把一棵核桃树当成樱桃树。如果它不结果的话，恐怕到现在她们还在等着吃樱桃呢！

贴心提醒

当感到人们对你的评价不公平时，你的辩解只是徒劳。如果希望人们看清自己，那就拿出自己的行动，用自己的成果来证明自己。

第五章

持之以恒，路将豁然开朗

生活中的失败，大多是半途而废造成的，或者是内心里面没有坚持下去的勇气，抑或是在抉择时出现彷徨。只有持之以恒地坚持下去，才能通向一片坦途。

不及格的是态度

精彩故事

卡罗斯·桑塔纳是一位世界级的吉他大师。他出生在墨西哥，17岁的时候随父母移居美国。由于英语太差，刚开始，桑塔纳在学校的功课是一团糟。

有一天，他的美术老师克努森把他叫到办公室，说："桑塔纳，我翻看了一下你来美国以后的各科成绩，除了'及格'就是'不及格'，真是太糟了。但是你的美术成绩却有很多'优'，我看得出你有绘画的天分，而且我还看得出你是个音乐天才。如果你想成为艺术家，那么我可以带你到旧金山的美术学院去参观，这样你就能知道你所面临的挑战了。"

几天以后，克努森便真的把全班同学都带到旧金山美术学院参观。在那里，桑塔纳亲眼看到了别人是如何作画的，深切地感到自己与他们的巨大差距。

克努森先生告诉他说："心不在焉、不求进取的人根本进不了这里。你应该拿出120%的努力，不管你做什么或想做什么都要这样。"

克努森的这句话对桑塔纳影响至深，并成为他的座右铭。2000年，桑塔纳以《超自然》专辑一举获得了8项格莱美音乐大奖。

贴心提醒

很多时候，一个人不能成功往往并不是因为天分不足，而是因为没有付出足够的努力。无论做什么事，要想成功，都必须找出差距，然后付出比别人多得多的努力来填补这一差距，只有这样才能赶上并超过别人。

没有鱼鳔的鲨鱼

精彩故事

很多年以前，有一个年轻人，因为家贫没有读多少书，就去了城里，想找一份工作。可是他发现城里很难生存，因为他没有文凭。

就在他决定要离开那座城市时，忽然想给当时很有名的银行家罗斯写一封信。他在信里抱怨了命运对他如何的不公："如果您能借一点钱给我，我会先去上学，然后再找一份好工作。"

信寄出去了，他便一直在旅馆里等。几天过去了，他花完了身上的最后一分钱，也将行李打好了包。就在这时，房东说有他一封信，是银行家罗斯写来的。可是，罗斯并没有对他的遭遇表示同情，而是在信里给他讲了一个故事。

在浩瀚的海洋里生活着很多鱼，那些鱼都有鱼鳔，但是唯独鲨鱼没有鱼鳔。没有鱼鳔的鲨鱼照理来说是不可能活下去的，因为它行动极为不便，很容易沉入水底。在海洋里只要一停下来就有可能丧生，所以，为了生存，鲨鱼只能不停地运动，不停地为生存而奋斗。很多年后，鲨鱼拥有了强健的体魄，成了同类中最凶猛的鱼。

最后，罗斯说，这个城市就像一个浩瀚的海洋，拥有文凭的人很多，但成为强者的人很少。你现在就是一条没有鱼鳔的鱼……

那天晚上，这个年轻人躺在床上久久不能入睡，一直在想着罗斯的信。突然，他改变了决定。第二天，他跟旅馆的老板说，只要能给一碗饭吃，他就可以留下来当服务生，连一分钱工资都不要。旅馆老板不相信世上有这么便宜的劳动力，很高兴地留下了他。

10年后，他拥有了令全美国羡慕的财富，并且娶了银行家罗斯的女儿。他就是石油大王哈特。

贴心提醒

在这个世界上，只有强者才能生存得更好。每个人总有自己不如意的地方，但这不能成为逃避成为强者的借口。只要放下姿态，不停地去奋斗，就一定能够成为生活的强者。

落伍的熟练工

精彩故事

在某个钟表厂，有一位工作非常卖力的工人，他的任务就是在生产线上给手表装配零件。这个工作，他一干就是10年，操作非常熟练，而且很少出差错。为此，他几乎获得了每年的优秀员工奖。

可是后来，企业新上了一套完全由电脑操作的自动化生产线，许多工作都改由机器来完成，结果他失去了工作。这位工人本来文化水平就不高，在这10年中又没有掌握其他技术，对于电脑更是一窍不通。一下子，他从优秀员工变成了多余的人。

在他离开工厂的时候，厂长先是对他多年的工作态度赞扬了一番，然后诚恳地对他说："其实，我在几年前就告诉你们未来要引进新设备的计划，目的就是想让你们有个思想准备，去学习一下新技术和新设备的操作方法。你看和你干同样工作的小胡，他不仅自学了电脑，还找来了新设备的说明书反复研究，现在他已经是车间主任了。我并不是没有给你准备的时间和机会，但你都放弃了。"

贴心提醒

物竞天择，适者生存。社会的发展、科技的更新使我们的工作和生活处在一种急速的变革之中，这种趋势是我们无法改变和逃避的。我们只能抓住各种机会，不断地充实和壮大自己，时刻准备着去适应新形势。

一年就画一只凤凰

精彩故事

一位画家以画水彩画著名。人们都称赞他画的花能散发香气，他画的鸟能开口鸣叫，意思就是说他能把东西画活。国王听了此事，便专程去拜访那位画家。

“请你为我画一只凤凰吧，此生我最想见的鸟就是凤凰了。”国王对他说。画家答应了国王，并告诉他一年后才能来取。

一年之后，国王如约登门。一进门，国王便问：“我的凤凰呢？你可为我画好了？”

“陛下请稍等一下，您的凤凰马上就可以画好，”画家边行礼边回答道，然后便不紧不慢地铺了画纸，润湿了画笔，当着国王的面挥笔如飞起来。不一会儿，一只美丽鲜艳、情态动人的凤凰出现了，国王连连叫好。可是，画家报出的价格却把国王着实吓了一跳。

“什么？500万？”国王睁大了眼睛，“就这么一小会儿工夫，而且看起来你毫不费力就画成了，竟要这么高的价钱，你真是太不可理喻了！”

“陛下请息怒，在您接受这个价格之前，我想请您先看看我的画室。”说完，画家便领着国王走进他的画室。国王看到，画室的每个角落里都堆着画纸，展开来看，原来每张纸上画的都是凤凰。

“我希望您觉得这个价格是公道的，因为这件看起来毫不费力的事，花费了我大量的时间与精力。为了在这一会儿工夫里给您画出这只凤凰，我已经准备了整整一年的时间！”画家说道。

贴心提醒

没有谁能够不劳而获，巨大的成功背后必然隐藏着辛勤的劳动。所以，在评价或是羡慕别人的成就之前，请先想想他为此付出的血汗与努力。

一磨六十年

精彩故事

他叫列文，初中毕业以后，来到了这个小镇，找了一份替镇政府看门的工作，从此一待便是60年。

这样一位普通到像小草一般的小人物，有什么本事让全世界的人记住他呢？原来，他是靠“磨镜片”出的名。那时候，他年轻力壮、精力旺盛，工作又相当清闲，所以不得不另外找点活计来打发多余的精力。

他选择了磨镜片，这个活儿又费时又费工，足够他打发时间了。他磨呀磨呀，一直磨了60年。他的锲而不舍使他的技术渐渐超过了专业磨镜师。他磨出的镜片，放大倍数远远超过了当时的时代。这么高的放大倍数能干什么呢？他无聊地把镜片贴到眼睛上：啊！他顿时倒吸了一口气——一个惊人的微生物世界出现了！

显微镜就这样发明了！所以，只有初中文化的他，被授予了高深莫测的巴黎科学院院士的头衔，并得到了英国女王的接见。

他就是大名鼎鼎的荷兰科学家万·列文·虎克，他用毕生的心血致力于每一个玻璃片的完美，直至在平淡无奇的完美里看到他的上帝。

感谢他，是他让全世界的科学家看到了更广阔的前景。

贴心提醒

勿以善小而不为，人生的每一件大事不都是由无数件小事组成的吗？如果能执着地把手上的每一件小事都做到完美无缺，上帝早晚会派成功使者光顾你的小屋。

在解药边上的病人

精彩故事

从前，有个生麻风病的病人，病了近40年，一直躺在路旁，等人把他送到有神奇力量的水池边。但是他躺在那儿近40年，仍然没有往水池迈进半步。

有一天，天神见了他，问道："先生，你要不要被医治，解除病痛？"

那麻风病人说："当然要！可是人心好险恶，他们只顾自己，绝不会帮我。"

天神听后，再问他说："你要不要被医治？"

"要，当然要啦！但是等我爬过去时，水都干涸了。"

天神听了那人的话后，有点生气，再问他一次："你到底要不要被医治？"

他说："要！"

天神回答说："好，那你现在就站起来自己走到那水池边去，不要老是找一些不能完成的理由为自己辩解。"

听了天神的话，那麻风病人深感羞愧。他立即站起身来，走向池水边去，用手心盛着神水喝了几口。刹那间，他那纠缠了近40年的麻风病竟然好了！

贴心提醒

当你跌倒时，不要等着别人来拉你，你先要自己站起来。不要为目前的处境寻找失败的借口，而应该立刻行动起来。很多时候，我们都能够依靠自己站起来。

老人捡海螺

精彩故事

一个老人和一个年轻人一起到海边捡海螺，因为海螺可以拿到市场上去卖。

由于腿脚麻利，眼神又好使，年轻人觉得自己拣到的海螺肯定既大又多。因此，他一直把眼睛盯在又大又好的海螺上。

半个小时过去了，年轻人始终走在老人前面，腰也没见弯下去几次，虽然他过的地方大大小小的海螺到处都是。而老人则正好相反，他一直落后，却频频弯腰，无论大海螺小海螺都如获至宝地捡起来。

结果一个小时不到，老人的口袋里就有了很多海螺，而年轻人的口袋却还像刚来时那样空荡荡的。

“小伙子，你难道没有看到这里有好多海螺吗？不要再挑剔了，否则你捡不了几个的。”老人对年轻人说。

年轻人却撇撇嘴回答：“我要的是又好又大的海螺，那样才能卖个好价钱。”

不知不觉中，太阳已经快落山了，可年轻人还是收获不多，因为他很少看到自己所希望的大海螺。而老人的袋子，则已经满满当当，几乎装不下了。

贴心提醒

“金字塔是用一块块的石头砌成的”，任何事物在发生质变之前都要有一个量的积累过程，所以，如果你不屑于一滴水，那你也就相当于放弃了整片海洋。

体味过程感受成功

精彩故事

有个人常常自嘲是“倒霉蛋”，因为从小到大，无论朝着哪个目标努力，他都没有成功过。过了几十年被失败陪伴的日子之后，他终于发自心底地感到了上天的不公，于是，他决定去问上帝到底怎样才能成功。

翻山越岭，他来到了一条大河边，见到了一位钓鱼的老者。他走过去问道：“老人家，你知道怎么样才能成功吗？我从来没有享受过成功的滋味，我非常想尝一尝。”

老者看了看他，便把手中的鱼竿交给了他。等他钓上一条鱼来时，老者对他说：“每天都能钓到鱼，你就成功了。”

他非常不满意老者给他的答案，于是接着往前走去。又走了一个月，过了几条河，他见到了一位正在树林里打猎的中年人。这个人又问猎人：“你能告诉我怎样才能成功吗？”

中年猎人摇了摇手中拎着的新鲜猎物说：“每天都能捕获野兽，这就是成功啊。”

依然不满意这个答案的他又向前走去，穿过森林，穿过沙漠，最后他终于见到了上帝。

“怎么样才能成功？”他忙不迭地问上帝。

“就像你这样。”上帝给了他一个非常出乎意料的答案。

“我这样?”他迷惑地反问道。

“是啊,”上帝慈爱地回答道,“我的孩子,这一路走来,你见识了无数人与物,无论胸怀、眼光、智慧都大有长进,这就是成功啊!如果仅仅把成功定义为一个结果,你就很难享受到成功的真正滋味,只有把过程化作成功的一部分,你才能时时刻刻享受到成功的滋味啊!”

贴心提醒

结果的成与败,只是一瞬间。如果仅享受结果,人生的快乐与价值将会大打折扣。只有把整个奋斗过程都享受一番,我们才能长久地生活在希望与满足中,而且过程本身就是成功的一个组成部分。

可以锻炼的“基因”

精彩故事

所谓天才,必然有着与众不同的特殊基因。这个观点,是为世界上绝大多数专门研究天才的科学家所认可的。可是最近,美国佛罗里达州州立大学的心理学教授阿里克森博士,却根据某个实验推翻了这一点。

实验是法国凯恩大学的佐瑞欧·马佐尔博士与其同事共同进行的,实验对象是一位名叫瑞格·盖姆的数学天才。瑞格·盖姆有着超常的计算能力,他能够在数秒内计算出一个10位数的5次根;在同样短的时间里,他还能够计算出一个2位数的9次方;而在被要求将一个整数除以另一个整数时,他能毫不迟疑地讲出精确至小数点后6位数的答案。

佐瑞欧·马佐尔博士的实验过程,就是在这位数学天才进行计算表演时,对他的大脑活动情况进行精密的检测。通过运用正电子放射层X线照相术，佐瑞欧·马佐尔发现：与常人相比，瑞格·盖姆在计算表演时的大脑活动部位多出了5个。由于可以使用这种额外的记忆区，所以他可以避免发生常人易犯的计算错误。

由此看来，所谓天才的“特殊基因”似乎的确是存在的，可是我要告诉你，现年26岁的瑞格·盖姆并非生来就具备这种超强的计算能力。20岁时，他还是一个与常人没什么两样儿的普通青年。20岁之后，他才接受了一位专家的训练：每天都进行4个小时的记忆练习。只不过短短的六年时间，原本与常人无异的他便成了人人惊叹的数学天才，这不正是“天才”非“天生”的最好证明吗？

除了上述实验之外，佐瑞欧·马佐尔博士与同事还对瑞格·盖姆进行了他所不熟悉领域的技能测试。结果证明，他根本没有任何不同于常人的表现。

看来，只要经过足够的训练和努力，任何人都可能拥有这种因为“长期工作记忆功能”而产生的天才表现。事实是这样吗？阿里克森博士通过对只能记住7位数字的普通人训练一年，证明了这一点：他们都可以记住长达80至100位的数字。

而匈牙利的拉兹罗·波尔加及其夫人，也用试验证实了这一点。当地的人们普遍认为女子不宜参加激烈的西洋棋比赛，而他们却把3个经过严格心理训练的女儿培训成了具有世界级水准的西洋棋大师。

“天才的能力不是天生的，”阿里克森教授总结说，“那种貌似天才表现的‘长期工作记忆功能’，是能够通过训练刻意培养的。”

贴心提醒

所谓天才的“基因”，就是天才们不同于常人的刻苦努力与全身心投入。做到这一点，平凡的我们也终会撞开天才的大门。

三十三个字母的银行

精彩故事

俄国著名诗人普希金很有钱，但是他一直保持着朴素的生活作风。看到他总是穿洗得发白或早已过时的衣装，大部分不了解的人都会认为他的财富不过是徒有虚名，而他也不过是个穷困潦倒的诗人而已。

这一天，衣着简朴的普希金在一家饭馆里吃饭。一位衣饰豪华的贵族子弟认出了他，便嬉皮笑脸地上前羞辱他道："亲爱的普希金先生，一看您的打扮，我就知道您的腰包里必然装满大额的钞票。"

普希金轻蔑地瞥了他一眼，不紧不慢地答道："当然，我要比你阔气一些。"

听了这话，那位纨绔子弟很神气地打开钱袋，亮出他厚厚的现金："这不过是些零钱而已，每个月我尊贵的父亲都会汇很大一笔钱给我！"

"所以，"普希金笑了笑，接着他的话说，"如果哪月你不小心提前花完了汇款，你就会闹饥荒，会挨饿对吗？而我不会，因为我有永久的进款。"

"什么？永久的进款？我记得你的父母不是……"纨绔子弟有点迷惑。

"我跟你不一样，我不是靠父母，我是靠那33个俄文字母。"普希金幽默地回答。

贴心提醒

贫穷和富有是有"真假"之分的，区分的标准就在于其财富的来源。一个寄生虫绝不可能成为真正的富翁，因为他总有一天会坐吃山空；而靠双手生活的人不会永远贫穷，因为辛勤地劳动和创造能使财富源源不断。

等在前面的借口

精彩故事

莱瑞·杜瑞松在第一次奉命前去某外地服役的时候，接到了连长指派给他的一个任务。这个任务包括七件事：去见一些人，请示上级一些事，去申请一种东西，其中包括地图和当时严重缺货的醋酸盐……

一经委派，杜瑞松立刻向连长保证，他会把七件事情都完成，虽然他还没有时间思索应该怎么去做。

果然，像连长所担心的那样，每件事情都不大顺利，其中最难办的就是醋酸盐的申请。为了兑现自己的承诺，杜瑞松滔滔不绝地向负责补给的中士说明理由，希望他能够从仅有的存货中拨出一点给自己。看中士就是不同意，杜瑞松就一直缠着他讲了下去，最后，不知道是从杜瑞松的讲述中得知了醋酸盐的重要性，还是实在被搞烦了，中士终于批准了他的请求。

当圆满完成任务的士兵杜瑞松前去连长办公室复命时，颇感意外的连长居然一句话也说不出来。因为在他的意识里，在如此短的时间内同时做完那七件事是不可能的。或者也可以说，即使不能完成任务，他也不会怪罪这位下属，时间问题倒是其次，关键是申请醋酸盐几乎是不可能的。要知道在此之前，已经有不计其数的申请者“惨败而归”了。

“你是怎么做到的？难道你就没想到不可能吗？”愣了半天之后，连长终于问道。

“不可能？怎么会不可能呢？这是你交给我的任务啊？而且我也已经向您保证了会完成。”杜瑞松回答道。

“我知道这件事很难办，所以早就准备好了听你的任何借口，不想……”

“借口？”不等连长说完，杜瑞松很惊讶地重复道，“我没有想过要找什么借口，我只想怎么把醋酸盐要来。”

“我知道了！”连长忽然明白了什么似的说，“正因为你没有想过找借口，你才办到了这件事！”

贴心提醒

不要把宝贵的时间和精力浪费在寻找合适的借口上。借口再好，也改变不了你“没有成功”的结局，而且一旦养成习惯，你就难免会一事无成。

名人的房子

精彩故事

伊尔·布拉格是美国历史上第一位荣获普利策新闻奖的黑人记者，堪称美利坚新闻史上的一大奇迹。据说，这位传奇人物的成长经历也很有传奇色彩。

童年时，布拉格家里很穷，父母都靠卖苦力为生，以至于年幼的布拉格认为，像他这样地位卑微的黑人是不可能有什么出息的，他只能子承父业，长大后和父亲一样做个水手。

为了打消儿子这种自暴自弃的错误观念，当布拉格 9 岁时，父亲带他去参观了伟大画家凡·高的故居。当看到那张破旧狭窄的小木床和那双龟裂的脏皮鞋时，布拉格很奇怪地问父亲：“爸爸，凡·高不是世界上最伟大的画家吗？那他应该是百万富翁才对呀？

有钱人怎么睡这样的床，穿这样的皮鞋呢？”父亲回答他说：“儿子，其实凡·高是一个连妻子都娶不上的穷人。”

不久之后，父亲又带着小布拉格去丹麦参观了安徒生的故居。和上次一样，小布拉格非常奇怪安徒生故居的墙壁上居然有斑驳的霉点，于是他问父亲：“安徒生不是生活在皇宫里吗？这所破房子怎么会是他的呢？”父亲扭头看着儿子，意味深长地说：“安徒生只是个鞋匠的儿子，他只能住在这样的破阁楼里。皇宫，只有在他的童话里才会出现。”

有了这两次参观伟大艺术家故居的经历以后，小布拉格那种“只有地位高和生活优越的人才能获得成功”的意念被彻底清除掉了，他的一生也由此得到了改变。

贴心提醒

人能否成功，不在于贫富，只在于自己是否努力奋斗。努力的结果，是把劣势转化成优势；懈怠的结果，是把优势转化成劣势。

死神远离努力的人

精彩故事

兰顿先生50岁时，他得了一种难以治愈的疾病——癌症。这名病人因为病情的影响，体重大幅下降，瘦得有点吓人，癌细胞的扩散使得他无法进食。

布恩医生告诉兰顿先生，自己将会全力为他诊治，帮助他对抗癌症，同时，每天会将治疗进度详细地告诉他，并清楚讲述医疗小组治疗的情形，及他体内对治疗的反应，使他对自己的病情有充分的了解，并希望他可以很好地配合治疗。其实，就连布恩医生自己也不相信癌症可以治愈，更何况兰顿先生这个重症病人。大家只好把希望寄托在上帝身上。

可是，结果却完全出乎布恩医生的意料，兰顿先生对布恩医生的嘱咐完全配合，使得治疗过程进行得十分顺利。布恩医生看到了希望，开始教兰顿先生运用想象力，想象他体内的白细胞大军如何与顽固的癌细胞对抗，并最后战胜癌细胞的情景。

结果，两个星期之后，医疗小组果然抑制了癌细胞，成功地战胜了癌症。对这个杰出的治疗成果，就连布恩医生也感到十分惊讶。

“祝贺你，兰顿先生。”布恩医生对他的康复表示祝贺。

“谢谢你，布恩医生，谢谢你对我的治疗，包括你对我说的那句话，”兰顿生接着说，“刚被确诊的时候，我感觉这个世界已经对我关闭。我只能躺在床上，等待死神的光临。但是我想起了许多的事情，我还有爱我的家人和朋友，我的小孙女才会喊我爷爷……所以我不能死，我要活着。”

“很高兴你能这么想，只有留恋这个世界，你才可以得到无穷的力量。”布恩医生说。

“是的，这个力量真是巨大啊！连死神都可以战胜。我一定会把这个秘诀告诉更多的人。”兰顿先生激动地说。

如此成功的疗效，来源于布恩医生运用的心理疗法。他说：“事实上，你可以运用心灵的力量，来决定你的生或死。甚至，如果你选择活下去，你还可以决定要什么样的生命品质。对于癌症病人来说，克服对疾病的恐惧很难，活着的愿望给了他生活着的希望，他需要不停地鼓励自己。最后，他成功了。”

贴心提醒

依靠顽强的意志，我们可以完成很多看起来不可能完成的事。强烈的希望就是一种顽强的意志，在这种顽强意志的作用下，我们不但可以克服许多难以想象的困难，甚至连死神都会退步。

扫掉心中的贫穷

精彩故事

汤姆的父亲去世的时候，他只有十岁。其他孩子还都在尽情玩耍的时候，汤姆却承担起了家庭的重担，他要和妈妈一起支撑这个家。他知道这不是一件简单的事，但他必须这样做，因为他是家里唯一的男子汉。

他从来不张口向母亲要任何东西，但是这一次，他需要一本字典，这样才能把那门课上好。但怎么向妈妈要这些钱呢？看到母亲整天省吃俭用为了这个家操劳，汤姆心里实在不是滋味。

躺在床上，他彻夜未眠，天快亮的时候才昏昏沉沉地睡去了。第二天醒来的时候，大雪盖住了所有的路，寒风吹得每个人都不想去扫雪。

汤姆可不这样想，他知道自己挣钱的机会到了。于是，他跑到邻居家，提出替他们清扫屋前的积雪，这个建议被邻居接受了。在他完成这项工作后，他得到了自己应得的报酬。

看来还有其他的人也愿意让人替他们扫雪，就这样汤姆换了一家又一家，整整一天他都在为别人家扫雪，最后他赚的钱足够买一本字典了，而且还有剩余。

当回到家的时候，他发现自己家门口的雪早已经被扫干净了。母亲做好了热乎乎的饭，正在家里等他回家呢。母亲知道他干什么去了，她用鼓励的眼神看着自己的孩子。她相信汤姆是最懂事的孩子，他将来一定会取得很大成就的。

在学校里，汤姆坐在自己的座位上，在所有的孩子中他是最开心的，因为他手里有一本用自己赚的钱买的字典。

长大后的汤姆成了一家大型公司的董事长。

贴心提醒

很多成功人士的家境原先都很贫穷，但正是由于贫穷的缘故迫使他们早早地学会了劳动——因为劳动可以改变贫穷。

小狮子与老马

精彩故事

看到身为森林之王的父亲老狮子如此威风凛凛地发号施令，下面众兽无一敢不服，小狮子心里真是热血沸腾。它心想：长大了我也一定要干出一番大事业来，就像父亲那样，受百兽的尊重和崇拜。

从此，小狮子便一门心思地考虑起如何才能做成大事，以至于妈妈或同伴让它帮点小忙时，它都会摇头拒绝："我生下来是干大事的，像这种小事我才不干呢，简直就是埋没我嘛！"久而久之，百兽背地里都讥笑起它来，还给它起了个外号叫"空想家"。

这天，小狮子闲来无事到山下去逛，遇到了一匹老马。老马见它无所事事，便忍不住教训了它几句。

没想到小狮子立刻反驳道："我不是不想干事，我只不过是想干大事罢了。我想出人头地，只有大事才能让我出人头地，不是吗？"

老马想了想，便把小狮子带回了家中，从抽屉里拿出一包花种，说："这是我们整座大山上最名贵的花。如果它开放，全山的野兽们都能被它的香气所迷醉，这可谓是惊天动地了吧？现在，你想个办法让它早点抽枝、长叶、开花吧。"

"这还不简单，把它埋入土中，浇上点水，它自然就会生根发芽，到春天就会开出美丽的花朵了。"小狮子得意地回答。

"可是，这样做岂不是首先'埋没'了它们吗？"老马笑着问道。

“不先埋下它们，它们怎么会发芽、开花呢？”

“哦，看来你早就知道出人头地的正确方法了啊，孩子。”老马乘机说道。

“啊，这……” 小狮子立刻涨红了脸。

贴心提醒

要想出头，必须先埋头。只有首先埋头做事，日后才可能有所作为。如果心浮气躁，急于出人头地，除了自寻烦恼和被人耻笑外，我们什么也得不到。

富翁一小时成画家

精彩故事

威尔福莱特·康是世界织布业的巨子之一。他腰缠万贯、家资无数，真可谓要什么有什么，但他却总感觉生活中缺了点什么东西似的，于是他想起了自己儿时的梦想。

威尔福莱特小时候曾经梦想着成为一名画家，但因种种原因，他已经数十年未拿过画笔了。现在去学画画还来得及吗？现在的自己还能有空闲时间吗？他犹豫着自问，但想来想去，最后他还是决定每天抽出一个小时来安心画画。

自从下定了这个决心，一向以毅力著称的威尔福莱特再次显露了他的特长——虽然很忙，可他还是每天都抽出一小时来画画并坚持了下来。多年以后，这位半路出家的学画者已经在绘画上得到了不菲的回报：他曾经多次举办个人画展，在油画方面成就更是突出。其实他以前从未接触过油画，一切都是从他下那个决心时开始的。

“每天抽出一个小时来画画” 对于一个大企业的负责人来说，要想真正做到这一点并不容易。你可知道，为了保证这一小时不受干扰，威尔福莱特每天早晨5点钟就得起床，一直画到吃早饭为止。他后来回忆说：现在想想，那也并不算苦，因为自从我决定每天都学一小时画之后，一到清晨那个时候，渴望就会把我唤醒，想睡也睡不着了。

再后来，为了方便画画，他干脆把顶楼改为了画室。

时间是公平的，更是“知恩图报”的，因为数年来威尔福莱特从未放弃过早晨那一小时，所以时间给了他惊人的回报——他的收入又多了一个来源。而他则把这一小时作画所得到的全部收入变成了奖学金，专门奖给那些搞艺术的优秀学生们。

贴心提醒

时间是公平的，每人每天都是24小时。而成功者总能挤出时间，失败者总在感叹没有时间。

第六章

命自己造，福自己求

世上的路千差万别，谁也说不清你选择的路到底是对是错。把握自己的命运，你自己才是命运的主人。所有的生命奇迹都只能由你的一双手来创造。坦途也好，坎坷也罢，遵循自己的内心。

自己拿好主意

精彩故事

美国著名女演员索尼亚·斯米茨的童年是在加拿大渥太华郊外的一个奶牛场里度过的。

当时，她在农场附近的一所小学里读书。有一天，她回家后很委屈地哭了，父亲就问为什么哭。

她断断续续地说："班里一个女生说我长得很丑，还说我跑步的姿势难看。"

父亲听后，只是微笑。忽然他说："我能摸得着咱家的天花板。"

正在哭泣的索尼亚听后觉得很惊奇，不知父亲想说什么，就反问："您说什么？"

父亲又重复了一遍："我能摸得着咱家的天花板。"

索尼亚忘记了哭泣，仰头看看天花板。将近 4 米高的天花板，父亲能摸得到？她怎么也不相信。

父亲笑笑，得意地说："不信吧？那你也别信那女孩的话，因为有些人说的并不是事实。"

索尼亚就这样明白了，不能太在意别人说什么，要自己拿好主意。

索尼亚在二十四五岁的时候，已是个颇有名气的演员了。有一次，她要去参加一个集会，但经纪人告诉她，因为天气不好，只有很少人参加这次集会，会场的气氛有些冷淡。经纪人的意思是，索尼亚刚出名，应该把时间花在一些大型的活动上，以增加自身的名气。

索尼亚坚持要参加这个集会，因为她在报刊上承诺过要去参加，"我一定要兑现诺言。"

结果，那次在雨中的集会，因为有了索尼亚的参加，广场上的人越来越多，她的名气和人气因此骤升。

后来，她又自己做主，离开加拿大去美国演戏，从而闻名全球。

贴心提醒

人生的道路坎坷崎岖。很多时候，我们都不能太在意别人说什么，而要自己拿好主意。当然，自己拿好主意，并不是一意孤行，而是有主见，相信自己。只有这样，我们才不会被别人所左右。

托马斯与女神

精彩故事

在美国的一个州有座很大的女神像，因年久失修，当地州政府决定将它推倒，只保留其他建筑。这座女神像历史悠久，许多人都很喜欢，常来参观、照相。推倒后，广场上留下了几百吨的废料：有碎渣、废钢筋、朽木块、烂水泥……既不能就地焚化，也不能挖坑深埋，只能装运到很远的垃圾场去。200 多吨废料，如果每辆车装 4 吨，就需 50 辆次，还要请装运工、清理工……至少得花 25000 美元。没有人为了 25000 美元的劳务费而愿意揽这份苦差事。

托马斯却独具慧眼，竟然在众人避之唯恐不及的情况下，大胆将差事揽在自己头上。因为在他看来，这些“废物”真正是无价之宝。他来到市政有关部门，说愿意承担这件苦差事。他说，政府不必花费 25000 美元，只需拿 20000 美元给他就行了。他可以完全按要求处理好这批垃圾。

合同当时就定下。托马斯还得到一个书面保证：不管他如何处理这批废物垃圾，政府都不能干涉，不能因为看到有什么成果而来插手。

托马斯请人将大块废料破成小块，进行分类：把废铜皮改铸成纪念币，把废铅废铝做成纪念尺，把水泥做成小石碑，把神像帽子弄成很好看的小块，标明这是神像的著名桂冠的某部分，把神像嘴唇的小块标明是她那可爱的嘴唇……每个小物件都被装在一个十分精美而又便宜的小盒子里。甚至朽木、泥土也用红绸垫上，装在玲珑的透明盒子里。

更为绝妙的是他雇了一批军人，将广场上这些废物围起来，引来了许多好奇的人围观。大家都盯着大木牌上写的字：

“过几天这里将有一件奇妙的事情发生。”

是什么奇妙事？谁也不知道。

有一天晚上，由于士兵松懈，有一个人悄悄溜进去偷制成的纪念品，被抓住了。这件事立即传开，于是报纸电台广播纷纷报道，大加渲染，立即就传遍了全美。托马斯神秘的举动引起了人们极大的好奇心。

这时，托马斯就开始推出他的计划。他在盒子上写了一句伤感的话：“美丽的女神已经去了，我只留下她这一块纪念物。我永远爱她。”

托马斯将这些纪念品出售，小的 1 美元一个，中等的 2.5 美元，大的 10 美元左右。卖得最贵的是女神的嘴唇、桂冠、眼睛、戒指等，150 美元一个，很快都被抢购一空。

托马斯的做法在全美形成了一股极其伤感的“女神像风潮”，他从一堆废弃物中净赚了 12.5 万美元。

贴心提醒

任何事物都有一定的利用价值，关键在于我们有没有一双慧眼。善于发现、善于创造机会的人，能从人人避之唯恐不及的垃圾和废墟中发现无限的商机。而另外一些人，守在机会身边，却根本看不到。

名模的标志

精彩故事

曾经有位名叫爱德华的模特经纪人，看中了一位身穿廉价T恤、不拘小节、不施脂粉的女生。这位女生来自美国伊利诺伊州一个蓝领家庭，唇边长了一颗大黑痣。她从没看过时装杂志，没化过妆，要与她谈论时尚话题，好比是牵牛上树。

每年夏天，她都跟随朋友一起，在德卡柏的玉米地里剥玉米，赚取来年的学费。爱德华偏偏看中了这个女生，要将这个带着乡土气息的女生介绍给模特公司。结果爱德华遭到一次次的拒绝。有的说她粗野，有的说她恶煞，理由纷纭杂沓，归根结底是那颗唇边的大黑痣闹的。

爱德华却下了决心，要把女生及黑痣捆绑着推销出去。他给女生做了一张合成照片，小心翼翼地把大黑痣隐藏在阴影里。然后拿着这张照片给客户看，客户果然满意，马上要见本人。人一来，客户就发现"货不对版"，客户当即指着女生的黑痣说："你给我把这颗痣拿下来。"

激光除痣其实很简单，无痛且省时。女生却说："去你的，我就是不拿。"爱德华有种奇怪的预感，他坚定不移地对女生说："你千万不要摘下这颗痣，将来你出名了，全世界就靠着这颗痣来识别你。"

果然这女生几年后红透时尚圈，日入数万美金，成为世界名模，她就是名模辛迪·克劳馥。她的长相被誉为"超凡入圣"，她的嘴唇边那颗大黑痣被视为性感和桀骜不驯的象征。

后来，媒体全都盛赞辛迪有前瞻性眼光。辛迪也在回顾从前的成名之路时，多次提到那位“保痣人士”爱德华。她说，如果自己当初摘了那颗痣，自己最多也就是一个通俗的美人，顶多拍几次廉价的广告，就淹没在繁花似锦的美女阵营里面了。那样，她可能就摆脱不了站在玉米地里剥玉米，与虫子、蜗牛为伍的命运了。

贴心提醒

世上没有绝对的美与丑，美与丑通常是可以互相转化的。但有一点可以肯定，就是最美的往往都来自本色、来自自然。所以，不要在乎别人挑剔的眼光，保留自己的本色，你就是最美的。

伊丽莎白后悔的一小时

精彩故事

石油大王洛克菲勒的女儿伊丽莎白，像她的父亲一样，也对商业具有浓厚兴趣，希望自己能在商场上有所作为。

在巴黎新产品博览会上，做了充分准备工作的伊丽莎白，对某项产品专卖权志在必得。她几乎成功了，但却因她的决定晚了一小时而最终失去了这次机会。

洛克菲勒听说这件事后感到很遗憾。造成伊丽莎白失利的原因在于，她原本在跑道内侧最有利的线路上跑着，占有绝对优势，但由于伊丽莎白的重要决定晚下了一步，使得她在最后冲刺的关键时刻与胜利失之交臂。

伊丽莎白在电话中懊恼地说：“爸爸，博览会的事您已经知道了吧？欧洲的这家公司竟然如此匆忙地指定了美国代理店，我实在没有料到。我以为可以花点时间，充分考虑之后再做出最后的决定。”

洛克菲勒在电话那边安慰女儿：“孩子，不管怎样，你已经尽力了。不过我只是想对你说，从事商业的人常见的缺点之一就是缺乏迅速、果断的判断力。如果放任缓慢的意志做决定，时间的浪费和低效率会给公司带来极大的损失。”

伊丽莎白从这次失败中得到了深刻的教训。

贴心提醒

不少人在做决定时总是瞻前顾后。反复推敲固然可以令我们避免一些做错事的机会，但犹豫不决也会令我们失去一些成功的机会。很多时候，优柔寡断常常使好事变坏，坚决果断才会将危机转为机会。

最有名的医生

精彩故事

有一次，魏文王问名医扁鹊说：“你们家兄弟三人，都精于医术，到底哪一位医术最好呢?”

扁鹊回答说：“大哥最好，二哥次之，我最差。”

魏文王再问：“那么，为什么你最出名呢?”

扁鹊答说：“我大哥治病，是治病于病情发作之前。由于一般人不知道他事先能铲除病因，所以他的名气无法传出去，只有我们家里的人才知道。我二哥治病，是治病于病情刚刚发作之时。一般人以为他只能治轻微的小病，所以他只在我们的村子里小有名气。而我扁鹊治病，是治病于病情严重之时。一般人看见的都是我在经脉上行针，在皮肤上敷药，甚至给人施以手术，所以他们以为我的医术最高明，因此名气响遍全国。”

魏文王连连点头称道：“你说得好极了。”’

贴心提醒

很多时候，人们往往等到情形无法控制才想到补救。因此，人们往往把事后控制看得很重，而有远见的人都懂得未雨绸缪的道理，知道事后控制不如事中控制，事中控制不如事前控制。

汽车之父的杯子

精彩故事

被美国人称为“汽车之父”的亨利·福特，在1913年率先采用流水线组装汽车，第一次实现了10秒钟组装一部汽车的神话。几年后，民用汽车的价格降低了一半，小轿车不再是富豪的专属。福特的思想对全世界的制造业也产生了极大的影响。今天，大到一架飞机，小到一包糖果，都可以在流水线上生产。

福特汽车公司初具规模后，有一次，福特在高层会议中建议改进现有的装配线，从而提高生产效率。这个提议遭到很多人反对：有人觉得改进装配线，既要投资购买机器，又得重新培训工人，风险太大了；另一部分人则认为公司的生产能力已经够强了，效益也很好，没必要花力气去提高效率。

听完大家的意见，福特举起桌上的玻璃杯问：“你们看到了什么?”

有人担忧地说：“半杯水被喝了，杯子空了一半。”

“别担心，”有人乐观地说，“杯子里还有一半水，渴了还有半杯水可喝。”

“和你们不同，我看到杯子容积是水的2倍，”福特说，“这里的水用个一半大小的杯子就能盛下。用一只大杯子做一只小杯子能做到的事，是对资源的浪费，是低效率。现在生产线上的员工们就像这个大杯子，有一半的潜力没发挥出来。我要做的是换个杯子，然后我们就可以用大杯子来盛更多、更好的东西了!”

贴心提醒

人生其实就是一个不断挖掘自身潜力和不断充实、提升自己的过程。如果你有很大的潜能，就不应终日不求进取、碌碌无为地苟且生活。

演说家价值几百万美元的老茧

精彩故事

著名激励大师的莱斯·布朗小时候可不算是个幸运儿，他一出生就遭父母遗弃，稍大一点又被列为“尚可接受教育的智障儿童”，他实在有太多太多的理由自暴自弃。然而，他在中学阶段遇到了“贵人”——一位爱他的老师。

老师告诉他：“不要因为人家说你怎样，你就以为自己真的怎样。”这句看似平常的话彻底改变了布朗的命运。

布朗决定加入演讲会，为每一个像他一样被“瞎了眼的命运女神”无情捉弄的不幸者呐喊，让每一颗怯懦的心都能生出进取的勇气，让每一个平凡的生命都能迸发出向上的力量。

布朗很有自知之明。他想，自己没有过人的资质，没有个人魅力，也没有经验，要获得演讲的机会，只有一天到晚给人打电话。有时，一天打一百多个电话，请求别人给他机会，让他去演讲。就这样，日久天长，布朗的左耳硬是被话筒磨出了茧子。

后来，布朗成了美国最受欢迎的励志演说家，他的演讲酬金每小时高达 2 万美元。一切都如期而至：掌声、鲜花、荣誉、金钱……

布朗笑了，他摸着左耳上的茧子不无得意地说：“这个老茧值几百万美元呢！”

贴心提醒

每个人身上都存在缺陷和不足。只有明确自身的缺陷和不足，并有针对性地去努力填补这些缺陷，才能不断壮大自我。虽然奋斗的过程困难重重，但冷漠的拒绝和失败的磨难经过时间的沉积、凝结之后，必能开出离聪明和成功最近的惊世之花。

第二十一位面试者

精彩故事

在16岁的辛普森即将迎来暑假的时候，他对爸爸说："爸爸，我不想整个夏天都向你伸手要钱，我要找个工作。"

辛普森在"事求人"广告中仔细寻找，找到了一个很适合他专长的工作。广告上说找工作的人要在第二天早上8点钟到达42街的一个地方。当他到达那里时已经有20个求职者排在前面，他是第21位。

怎样才能引起主试官的注意而赢得职位呢？辛普森想出了一个办法：他拿出一张纸，在上面写了一些东西，然后折得整整齐齐，走向秘书小姐，恭敬地对她说："小姐，请马上把这张纸条交给你的老板，这非常重要！"

秘书小姐是一名老手。如果她是个普通的职员，也许就会说："算了吧，小伙子，你回到队伍中去等吧。"但她没有这样做，她只觉得在这个小伙子身上散发出一种高级职员的气质。

"好啊，让我来看看这张纸条。"秘书小姐看了纸条后不禁微笑了起来，并立刻站起身走进老板的办公室。老板看了也大声笑了起来，因为纸条上写着："先生，我排在队伍的第21位，在您看到我之前，请不要做决定。"

最终，辛普森如愿以偿地得到了那份工作。

贴心提醒

由于某些原因，我们面对某些事情的胜算并不大，这时就要想办法争取机会。怎么做才能争取到这样的机会？一是要有勇气，二是要有技巧。

非常懦弱的大作家

精彩故事

在布拉格一个贫穷的犹太人家里，有个性格十分内向、懦弱的男孩，他没有一点男子气概，非常敏感多愁，老是觉得周围环境都在对他产生压迫和威胁。防范和避险的想法在他心中可谓根深蒂固，不可救药。

男孩的父亲竭力想把他培养成一个标准的男子汉，希望他具有风风火火、宁折不屈、刚毅勇敢的性格。

在父亲那粗暴、严厉且又很自负的斯巴达克式的培养下，他的性格不但没有变得刚烈勇敢，反而更加懦弱自卑，并从根本上丧失了自信心，致使生活中每一个细节、每一件小事，对他来说都是一场不大不小的灾难。他在困惑痛苦中长大，他整天都在察言观色。他常常独自躲在角落处悄悄咀嚼受到伤害的痛苦，小心翼翼地猜度着又会有什么样的伤害落到自己身上。看到他的那个样子，父亲觉得个儿子简直就没出息到了极点。

看来，懦弱、内向的他，确实是一场人生的悲剧，即使想要改变也改变不了。最终，他的父亲放弃了努力，不再抱任何希望。

然而，令人们始料未及的是，这个男孩后来成了 20 世纪上半叶奥地利最伟大的文学家，他就是卡夫卡。

卡夫卡为什么会成功呢？因为他找到了合适自己穿的鞋，他内向、懦弱、多愁善感的性格，正好适宜从事文学创作。在这个他为自己营造的艺术王国中，在这个精神家园里，他的懦弱、悲观、消极等弱点，反倒使他对世界、生活、人生、命运有了更尖锐、敏感、深刻的认识。他以自己在生活中受到的压抑、苦闷为题材，开创了文学史上一个全新的艺术流派——意识流。他在作品中，把荒诞的世界、扭曲的观念、变形的人格，解剖得淋漓尽致，从而给世界留下了《变形记》《城堡》《审判》等许多不朽的巨著。

贴心提醒

人的性格是与生俱来的，没法随意硬性逆转，就像我们的双脚，其大小是无法选择的。所以，千万别再抱怨你的双脚，更别刻意地去压抑它，做削足适履的傻事。

背诵马太福音的盖茨

精彩故事

戴尔·泰勒是美国西雅图一所著名教堂里德高望重的牧师。

一天，泰勒牧师向教会学校的一个班宣布：谁要是能背出《圣经·马太福音》中的第五章到第七章的全部内容，他就邀请他们去西雅图的“太空针”高塔餐厅参加免费聚餐会。

那是许多孩子做梦都想去的地方。但是，《圣经·马太福音》第五章到第七章有几万字的篇幅，而且不押韵，要背诵全文有相当大的难度。

有一个11岁的男孩，一天胸有成竹地坐到泰勒牧师面前，从头到尾，一字不漏地把原文背了下来，没出一点差错，而且到了最后竟成了声情并茂的朗诵。

泰勒牧师惊讶地张大了嘴巴，真正的圣经信徒能够背诵全文也是有的，但他毕竟只是一个孩子。牧师在惊叹他惊人记忆力的同时，不禁好奇地问："你是如何背下这么长的文字的？"这个男孩不假思索地回答道："我竭尽全力。"

16年后，这个男孩成了一家知名软件公司的老板，他的名字叫比尔·盖茨。

贴心提醒

在这个世界上，只要我们付出足够的努力，就没有什么是做不到的。努力的极限，就是竭尽全力。可以说，如果遇事都能竭尽全力，那么我们就能创造出无数的奇迹。

咬断自己后腿的狼

精彩故事

美国野生动物保护协会的成员丹尼斯，为了搜集狼的资料，走遍了大半个地球，见证了许多狼的故事。他在非洲草原就曾目睹了一个狼和鬣狗交战的场面，至今难以忘怀。

那是一个极度干旱的季节，在非洲草原，许多动物因为缺少水和食物而死去了。生活在这里的鬣狗和狼也面临同样的问题。

狼群外出捕猎统一由狼王指挥，而鬣狗却是一窝蜂地往前冲，鬣狗仗着数量众多，常常从猎豹和狮子的嘴里抢夺食物。由于狼和鬣狗都属犬科动物，所以能够相处在同一片区域，甚至共同捕猎。可是在食物短缺的季节里，狼和鬣狗也会发生冲突。

这次，为了争夺被狮子吃剩的一头野牛的残骸，一群狼和一群鬣狗发生了冲突。尽管鬣狗死伤惨重，但由于数量比狼多得多，很多狼也被鬣狗咬死了，最后，只剩下一只狼王与5只鬣狗对峙。

显然，狼王与鬣狗力量相差悬殊，何况狼王还在混战中被咬伤了一条后腿。那条拖拉在地上的后腿，是狼王无法摆脱的负担。面对步步紧逼的鬣狗，狼王突然回头一口咬断了自己的伤腿，然后向离自己最近的那只鬣狗猛扑过去，以迅雷不及掩耳之势咬断了它的喉咙。

其他 4 只鬣狗被狼王的举动吓呆了，都站在原地不敢向前。更加吃惊的莫过于躲在草丛里扛着摄像机的丹尼斯。终于，4 只鬣狗拖着疲惫的身体一步一摇地离开了怒目而视的狼王。狼王胜利了。

贴心提醒

很多东西常常拖我们的后腿，使我们瞻前顾后、患得患失，不能集中精力解决问题。有魄力的人往往会果断地舍弃这些东西。如果不懂得放弃，就无法获取更大的成功，甚至还会失去某些最根本的东西。

上帝的启示

精彩故事

上帝来到人间，遇到一个正在钻研人生问题的智者。上帝敲了敲门，走到智者的跟前说："我也为人生感到困惑，我们能一起探讨探讨吗？"

智者毕竟是智者，虽然没有猜到面前这个老者就是上帝，但也能猜到老者绝不是一般人。他正要问上帝您是谁，上帝说："我们只是探讨一些问题，完了我就走了，没有必要说一些其他的问题。"

智者说："我越是研究，就越是觉得人类是一个奇怪的动物。他们有时候非常善用理智，有时候却非常不理智，而且往往在大的方面迷失理智。"

上帝感慨地说："这个我也有同感。他们厌倦童年的美好时光，急着成熟，但长大了，又渴望返老还童；他们健康的时候，不知道珍惜健康，往往牺牲健康来换取财富，然后又拿财富来换取健康；他们对未来充满焦虑，但却往往忽略现在，结果既没有生活在现在，又没有生活在未来之中；他们活着的时候好像永远不会死去，但死去以后又好像从没活过，还说人生如梦……"

智者对上帝的论述感到非常的精辟，他说："研究人生的问题，很是耗费时间的。您怎么利用时间呢？"

"是吗？我的时间是永恒的。对了，我觉得人一旦对时间有了真正透彻的理解，也就真正弄懂了人生。因为时间包含着机遇，包含着规律，包含着人间的一切，比如新生的生命、尘封的历史、经验和智慧等人生至关重要的东西。"

智者静静地听上帝说着，然后，他要求上帝对人生提出自己的忠告。

上帝从衣袖中拿出一本厚厚的书，上边却只有这么几行字：

"人啊！你应该知道，你不可能取悦所有的人；最重要的不是去拥有什么东西，而是去做什么样的人和拥有什么样的朋友；富有并不在于拥有最多，而在于贪欲最少；在所爱的人身上造成深度创伤只要几秒钟，但是治疗它却要很长很长的时光；有人会深深地爱着你，但却不知道如何表达；金钱唯一不能买到的，却是最宝贵的，那便是幸福；宽恕别人和得到别人的宽恕还是不够，你也应当宽恕自己；你所爱的，往往是一朵玫瑰，并不需要把它的刺全都拔掉，你能做的最好的，就是不要被它的刺刺伤，自己也不要伤害到心爱的人。而你要记住的最重要的就是：很多事情错过了就没有了，错过了就会变的。"

智者看完了这些文字，激动地说："只有上帝，才能……"抬头一看，上帝已经走得没影没踪了，只是周围还飘着一个声音："对每个生命来说，最最重要的便是：只有自己才是自己的上帝。"

贴心提醒

面对人生，我们时常感到迷惑，时常会犯一些不该犯的错，当这些问题无法解决时，我们往往想到的不是自己，而是上帝。其实，对于每个生命来说，只有自己才是上帝，因为所有的事都是自己造成的，当然，自己也绝对有能力去解决这些问题。

祈祷不来的面包

精彩故事

小克莱门斯上学了。教书的霍尔太太是一位虔诚的基督徒，每次上课之前，她都要领着孩子们祈祷。

有一天，霍尔太太正在给孩子们讲解《圣经》。当讲到“祈祷，就会获得一切”的时候，小克莱门斯忍不住站了起来，问道：“如果我祈祷上帝呢？他会给我想要的东西吗？”“是的，孩子，只要你愿意虔诚地祈祷，你就会得到你想要的东西。”

小克莱门斯特别想得到一块很大很大的面包，因为他从来没有吃过那样诱人的面包。而他的同桌，一个金头发的小姑娘每天都会带着一块这么诱人的面包来到学校。她常常问小克莱门斯要不要尝一口，小克莱门斯每次都坚定地摇头，但他的心是痛苦的。

放学的时候，小克莱门斯对小姑娘说：“明天我也会有一块大面包。”回到家后，小克莱门斯关起门，无比虔诚地祈祷，他相信上帝已经看见了自己，上帝一定会被自己的诚心感动的！然而，第二天起床后，当他把手伸进书包的时候，除了一本破旧的课本之外，什么也没有发现。他决定每天晚上坚持祈祷，一定要等到面包降临。

一个月后，金头发的小姑娘笑着问小克莱门斯：“你的面包呢？”

小克莱门斯已经无法继续自己的祈祷了。他告诉小姑娘，上帝也许根本就没有看见自己虔诚的祈祷，因为，每天肯定有无数的孩子都在做着这样的祈祷，而上帝只有一个，他怎么会忙得过来？

小姑娘笑着说："原来祈祷的人都是为了一块面包，但一块面包用几个硬币就可以买到了。人们为什么要花费这么多的时间去祈祷，而不是去赚钱买面包呢？"

小克莱门斯决定不再祈祷。他相信小姑娘所说的正是自己想要知道的——只有通过实际的工作，才能获得自己想要的东西，而祈祷，永远只能让你停留在等待中。小克莱门斯对自己说："我不要再为一件卑微的小东西祈祷了。"他带着对生活的坚定信心走上了新的道路。

多年以后，小克莱门斯长大成人。当用笔名马克·吐温发表作品的时候，他已经是一名为了理想勇敢战斗的作家了。

贴心提醒

与其花费时间和精力在那些虚无缥缈的东西上，不如相信真实的自己，通过自己诚实的劳动去换取那些自己想要的东西。只有奋斗和努力才是真实的，只有自己付出汗水得来的东西才是有意义的。

贵夫人的衣服

精彩故事

出生于巴黎一个贫民家庭的乔利·贝朗，在13岁时便独自外出打工。由于年纪小，没有哪个工厂肯聘用他。流浪几年后，他找到一个贵族家庭，在他的苦苦哀求下，贵夫人让他在厨房里当了一名小杂工。

他每天的工作就是杀鸡、杀鱼、拖地、扫厕所，几乎包揽了全部脏活累活。他一天至少要干12个小时，而所得的工资连一只鸡都买不到，但他仍然感到非常满足。他总是省吃俭用地将辛苦赚来的钱攒起来，养活自己贫困的家。

就算这样，紧巴巴的日子也不长久。一天半夜，乔利被一阵急促的敲门声惊醒。原来贵夫人第二天一早要去赴一个约会，要乔利立即将她的衣服熨一下。因为实在太困了，他不小心将煤油灯打翻，灯里的油滴在了贵夫人的衣服上。

乔利吓坏了。他就是打一年工恐怕也赔不起那件昂贵的衣服。贵夫人坚决要求乔利赔偿——她要乔利给她白打一年工！乔利沮丧极了，但当他答应给贵夫人白打一年工后，他也得到了那件衣服。

其实那件衣服只是弄脏了一点而已，如果将它送给母亲穿，她一定会很高兴。但他不敢将这件事告诉母亲，她会很伤心的。于是，乔利将那件衣服挂在自己的窗前以警示自己别再犯错。

一天，他突然发现那件衣服被煤油浸过的地方不但没脏，反而将原有的污渍消除了。经过反复试验，乔利又在煤油里加了一些其他的化学原料，终于研制出了干洗剂。

一年后，乔利离开了贵夫人家，自己开了一间干洗店。世界上第一家干洗店就这样诞生了。乔利的生意一发而不可收。几年间，他便成了让世界瞩目的干洗大王。如今，干洗店遍布世界的每一个角落，人们在享受他发明的干洗剂的同时，也记住了他的名字——乔利·贝朗。

贴心提醒

人世间的许多事往往都不是那么绝对的。幸福中常常蕴含着某种可能会带来灾难的因素；而苦难中有时候却掩埋着希望和光明的种子。所以，只要我们能够把握住机会，一切皆有可能。

◎ 第七章 ◎

困难挫折是人生成长的良药

困难与挫折像疾风骤雨一样敲打着人们的内心，而我们在经历洗礼之后往往能见到彩虹。人生旅途上的磨难与痛苦都是成功的前缀，没有经受过困苦心灵，也难以享受成功的喜悦。当你回过头去回味那曾经的风雨时，你会发现正是因为它们，你才懂得了彩虹的珍贵。

历经风雨见彩虹

精彩故事

当年轻的潘兹从美国新泽西州东奥连治市的运货列车上走下时，他衣衫褴褛，像个无家可归的流浪者，但是他的心里却充满了王者的自信。

在从火车站往爱迪生研究所走的路上，他整个心全被一种强烈的愿望占据着：要和这个伟大的发明家共同发展事业。他决定把这个愿望作为他人生最伟大的目标。就这样，他叩开了爱迪生研究所的大门。

潘兹平平淡淡地度过了在爱迪生研究所的头五年。在别人眼里，也许他只不过是个小螺丝钉。但他从来没有忘记自己的人生目标——成为爱迪生的合伙人。潘兹为了达到这个目标，制定了周密细致的计划，把全部的精力、全部的才干、全部的努力都奉献出来，忘我地工作。

几年后，潘兹真的当上了爱迪生的合伙人了，能与爱迪生平起平坐，甚至在事业上平分秋色。毫无疑问，在这场人生棋局中，潘兹是个赢家，他把梦想变成了现实。

贴心提醒

经典老歌《真心英雄》里有这样一句歌词：“不经历风雨，怎么见彩虹，没有人能随随便便成功。”是的，只要怀揣梦想，不懈努力，我们总会迎来梦想成真的一天。

希望在灰烬中诞生

精彩故事

在第二次世界大战期间，有艘船被炮弹击中沉没，全船只有一个人活着漂到一座孤岛上，独自一人在岛上艰苦求生。

他天天站在岸边摇白旗，希望有人来救他，可是一直都没有结果。

有一天，他千辛万苦搭盖的茅屋，突然起火了，而且火势一发不可收拾，最终把他所有的家当都烧光了。

他伤心之余，便埋怨上帝说："我唯一的栖身之处，仅有的一点生活用品，都化为灰烬！上帝啊，你为何要把我逼上绝路？"

他正难过的要死的时候，孤岛边竟然驶来了一条小船，船员们把孤岛上的这个人给救了。这个人获救后问船员们是怎么知道孤岛上有人的。救他的人说："我们起先也不知道，但是看见岛上有火光，船长居然派我们来看看。"

获救的人内心极为震振，他起初的埋怨，变为大大的感激，因为上帝是借这把火救了他。

贴心提醒

世间的成败得失，并无一定标准的界限，而且它们之间还可以相互转化。因此，当你失去什么的时候，一定不要太忧伤，因为或许你已经因此得到了一些更好的东西。

两块石头的宿命

精彩故事

深山里有两块石头，第一块石头对第二块石头说："去经一经路途的艰险坎坷和世事的磕磕碰碰吧，能够搏一搏，不枉来此世一遭。"

"不，何苦呢!"第二块石头嗤之以鼻，"安坐高处一览众山小，周围花团锦簇，谁会那么愚蠢地在享乐和磨难之间选择后者？再说那路途的艰险磨难会让我粉身碎骨的!"

于是，第一块石头随山溪滚落而下，历尽了风雨和大自然的磨难，它依然义无反顾地在自己选定的路上奔波。第二块石头讥讽地笑了，它在高山上享受着安逸和幸福，享受着周围花草簇拥的畅意抒怀，享受着盘古开天辟地时留下的那些美好的景观。

许多年以后，饱经风霜历尽尘世千锤百炼的第一块石头已经成了世间的珍品、石艺的奇葩，被千万人赞美称颂，享尽了人间的富贵荣华。第二块石头知道后，有些悔不当初，它也想投入到世间接受风尘的洗礼，然后得到像第一块石头那样的成功和高贵，可是一想到要经历那么多的坎坷和磨难，甚至弄的自己疮痍满目、伤痕累累，它便又退缩了。

终于有一天，人们为了更好地珍存那石艺的奇葩，准备为它修建一座精美别致、气势雄伟的博物馆，建造材料全部用石头。于是，人们来到高山上，把第二块石头捣碎，给第一块石头盖起了房子。

贴心提醒

面对安逸的生活，有的人会陷进去，而有的人则不会。那些陷进去的人会变得越来越懒惰，而那些不甘陷进去的人才会做出一番成绩来。每个人来到这个世界上都不容易，只有经历一些磨难，才会有所建树，才不枉来此世上一回。

心里那只毛毛虫

精彩故事

有一位哲人曾经说过："只有经历过苦难磨砺的人生，才会光芒四射！"是的，苦难应该是人生用来考验我们的一份最辉煌的试卷，让我们勇敢而坦然地接受它吧！因为，命运在赐予我们苦难的同时，往往也把一把开启成功之门的钥匙，放到了我们的手中。

在一次聚会中，有位朋友出了道脑筋急转弯题："对岸鲜花盛开，四季如春，恍如天国，毛毛虫要去对岸生活，可是一条大河阻挡了去路，桥又在很远的地方，那么毛毛虫要怎样才能渡过大河呢？"

毛毛虫要怎样过大河，无非是长途跋涉，从桥上爬过去。可是朋友们的答案却是千奇百怪：

一位刚出校门的女孩说：游过去啰！

做编辑的朋友说：搭船过去！

一位从商的朋友说：躲在别人身上过去！

而那位律师朋友想了好久，肯定地说：从地图上爬过去！

答案还有很多，比如落在树叶上飘过去；花钱让人带过去；等河干后爬过去……

这只是一道脑筋急转弯而已，所以所有的方法都可以，只要能到彼岸就行。可是我最喜欢的答案是：变成蝴蝶飞过去。

天哪！这是一件多么美妙的事啊！

从一个小小的卵开始，毛毛虫经历多次的蜕皮，成长，然后成蛹。在某个风和日丽花香弥漫的日子，毛毛虫变成了美丽的蝴蝶，在众人敬慕的目光里，带着尊严与喜悦翩翩飞过大河，到达那鲜花盛开的彼岸。这才是真正聪明、真正值得敬佩的毛毛虫吧。

多了不起的毛毛虫啊！它不异想天开，不依附别人，不投机取巧。它聪明又勤奋，无惧秋雨冬雪、寒风酷热，在四季交替中克服一个个困难，带着自信安然成长并不断自我完善，直到变成美丽的蝴蝶，然后翩翩飞过大河，到达幸福彼岸。

贴心提醒

苦难赋予经历者一次成就伟大的机遇。在悬崖边，在绳索上，在极端的状态将人推向“向死而生”的哲思之中。在经历了对死的深思与考量之后，人们就会在厄运面前坦然许多，从容许多。。

翰林与汗淋

精彩故事

唐朝宰相裴休是一位虔诚的佛教徒，他的儿子裴文德，天资聪颖，博学多才，年纪轻轻就中了状元，被皇帝点为翰林。但裴休知道，儿子从小就在安逸的环境中长大，不知人生艰苦，年纪轻轻就飞黄腾达，难免根基不牢。因此他就把儿子送到寺院里修行参学，并要他先从最苦的水头和火头做起。

裴文德住在寺院里，天天挑水砍柴。他从小到大，哪儿干过这种苦活，几天下来，弄得身心疲惫、烦恼重重，只因父命难违，不得不强自隐忍，心里却不甘不愿，经常发些牢骚。

有一天。他好不容易把水缸挑满，累得浑身大汗，放下扁担，作了两句诗：“翰林担水汗淋腰。和尚吃了怎能消？”

寺里的住持无德禅师刚巧从此路过，听到裴文德的牢骚话，不禁微微一笑，也念了两句偈：“僧燃一炷香，能消万劫粮。”

裴文德听了不觉一惊。他诗中的“汗淋”与“翰林”谐音，颇具才思，但跟无德禅师偈语中显示的宏大气魄相比，犹如滚滚波涛中的一个小浪花，是那么微不足道。由此，他知道了自己的浅薄，从此收摄身心，安心劳作，勤修心性。

贴心提醒

只有聪明人才知道需要吃苦，只有傻瓜才以为清闲是福。人的才能需要在吃苦中磨炼，人的意志需要在吃苦中砥砺，人的情感需要在吃苦中成熟，人的阅历需要在吃苦中丰富，真正的快乐和幸福也只能从吃苦中收获。所以，聪明人不怕吃苦，主动吃苦，经常吃苦，直到修炼到以苦为乐。

不挑水的和尚

精彩故事

很久以前，在相邻两座山上都建有一座寺庙，庙里都住着一个和尚。两山之间有一条溪，两个和尚每天都会在同一时间下山去溪边挑水。久而久之，他们便成了好朋友。

时间飞逝，不知不觉，五年过去了。

有一天，左边这座山上的和尚没有下山挑水，右边那座山上的和尚心想他大概睡过头了，便不以为意。哪知第二天，左边这座山上的和尚，还是没有下山挑水；第三天也一样；过了十天，还是一样。直到过了一个月，右边那座山上的和尚终于按捺不住了。他心想：“我的朋友可能生病了，我要过去探望他，看看能帮上什么忙不！”于是他便爬上了左边这座山去探望他的老朋友。

当他看到这位老友时，不禁大吃一惊。因为他的老友正在庙前打太极拳，一点也不像病了一个月的人。

他好奇地问："你已经一个月没有下山挑水了，难道你可以不用喝水吗?"

左边这座山上的和尚说："来来来，我带你去看看。"于是，他带着右边那座山上的和尚走到庙的后院，指着一口井说，"这五年来，我每天做完功课后，都会抽空挖这口井。虽然我们现在年轻力壮，尚能自己挑水喝，倘若有一天我们都年迈走不动了，我们还能指望别人给我们挑水喝吗？所以，即使再忙，我也没有间断过我的挖井计划，能挖多少算多少。如今，终于让我挖好，我就不必再下山挑水了，以后我可以有更多的时间练习我喜欢的太极拳了。"

贴心提醒

我们不只是为了现在而活着，我们还要为将来做好长远打算，并积极行动起来。只有这样，我们才能有一个更美好的未来。

大松树与小草

精彩故事

有一棵小草，生长在一棵高耸的大松树下。

小草非常庆幸有大松树成为它的保护伞，为它遮风挡雨，每天可以高枕无忧。

有一天，突然来了一群伐木工人，把大松树锯倒了。

小草非常伤心，痛哭道："天啊！我所有的保护都失去了，狂风会把我吹倒，大雨会把我打倒!"

远处的另一棵树安慰它说："不要这么想，刚好相反，少了大树的阻挡，阳光会照耀你，甘霖会滋润你；你弱小的身躯将长得更茁壮，你新抽出的嫩叶将一一呈现在灿烂的日光下。人们就会看到你，并且称赞你说，这棵可爱的小草长得真美丽啊！”

贴心提醒

失去了一些本以为可以长久依靠的东西，自然会令人难过。但聪明的人总能从中发现隐藏着的无限祝福和机会。失去的时候，向前看，永远向前看，过了黑夜就是黎明。

最难过的坎儿在心里

精彩故事

一座寺院中住着一个小和尚。每天清晨，他要担水、洒水、扫地。做过早课后，他还要去寺后很远的市镇上购买寺中一天所需的日常用品。晚上，他还要诵读经书到深夜。

有一天，他发现，虽然别的小和尚偶尔也会被分派下山购物，但他们去的都是山前的市镇，路途平坦距离也近。于是，小和尚问方丈：“为什么别人都比我自在呢？没有人强迫他们干活读经，而我却总要干个不停？”方丈只是微笑不语。

第二天中午，当小和尚扛着一袋小米从后山走来时，方丈把他带到寺的前门。日已偏西，前面山路上出现了几个小和尚的身影，方丈问那几个小和尚：“我一大早让你们去买盐，路这么近，又这么平坦，怎么回来得这么晚呢？”

几个小和尚说：“方丈，我们说说笑笑，看看风景，就到这个时候了。十年了，每天都是这样的啊！”

方丈又问身旁侍立的小和尚：“寺后的市镇那么远，你又扛了那么重的东西，为什么回来得还要早些呢？”

小和尚说：“我每天在路上都想着早去早回，由于肩上的东西重，我才更小心地走路，所以反而走得稳，走得快。十年了，我已养成了习惯，心里只有目标，没有道路了！”

方丈闻言大笑，说：“道路平坦了，心反而不在目标上了。只有在坎坷的路上行走，才能磨炼一个人的心志啊！”小和尚终于有所领悟。

其实，人生需要一种精神，这就是自强不息。当我们以坚强的意志高歌向前，毁誉、逆境、失恋、悲剧，都无非是一坑一洼，过去了何尝不是趣事？

贴心提醒

人生的道路坎坎坷坷，或时运不济造成的，或心态问题造成的。前者谓之时运不佳，后者可谓之自寻烦恼，但不管什么都需要我们有坚强的意志。逆境能磨炼人的意志，顺境却往往会使人意志消沉、不思进取。所以，身处逆境的时候，我们没必要怨天尤人，因为总有一天我们会发现正是逆境让我们变得更坚强。

国王的好事

精彩故事

从前，有一位国王非常信任手下一位充满智慧的大臣。这位大臣的口头禅是：“这是件好事。”

有一天，国王在擦拭宝剑时，不小心将自己左手的小指头割断了，智慧大臣闻讯赶到皇宫。见到国王正在包扎鲜血淋漓的左手，智慧大臣的口头禅又来了：“这是件好事。”国王的伤口正疼得厉害，闻言顿时大怒，下令将大臣关进大牢。智慧大臣却仍然不紧不慢地说：“这是件好事。”

几个月后，国王到森林里狩猎。国王着迷于追逐一只羚羊，无意间竟然穿越了国界，进入了食人族的地盘。食人族将国王及随从的大臣全都抓了起来，见到国王服饰华丽，巫师便决定用国王来献祭。正要举行祭礼的时候，巫师突然发现国王左手少了一根小指头。根据食人族的规矩，肢体不健全的人是不能用来献给祖先的。酋长当下大怒，将国王逐了出去。而那些跟随的大臣，一个也没能活着回来。

九死一生的国王回到宫中，想起了智慧大臣的话，连忙下令将他从牢里释放出来。国王深觉在他割断小指头时，智慧大臣所说的话颇有道理，并为这几个月来智慧大臣所受的冤屈向他道歉。智慧大臣还是那句口头禅："这是件好事。"

国王说："你说我少了小指头是件好事，我相信。但是我关了你这么久，让你受了这么多苦，难道对你也是件好事？"智慧大臣笑着点点头："当然是件好事！如果我不是在牢里，一定会陪您去打猎，那么我今天就回不来了。"

贴心提醒

好事当中，有坏的因子，坏事当中，有好的契机。就像故事中的那位智慧大臣一样，不以物喜，不以己悲。无论遇到什么事情只要保持积极的心态，一切都会有转机。

泥像与铁环

精彩故事

有一座泥像立在路边，风吹落他日渐干裂的皮肤，雨又不停地让他"减肥"，小孩子路过的时候又总是踢他几脚，他苦不堪言。他多么想找个地方避避风雨，然而他无法动弹，也无法呼喊。他十分羡慕人类，觉得做一个活生生的人真好，可以无忧无虑、自由自在地到处闲游。他决定抓住一切机会，向人类呼救。

这天，一个长髯老者路过此地。泥像知道他道行高深，于是用他的神情向老者呼救。

“老人家，请让我变成个人吧！”泥像说。

老者看了看泥像，笑了笑，手臂一挥，泥像真的变成了一个活生生的青年。“你要想变成个人可以，但是你必须先跟我试走一下人生之路，假如你承受不了人生的痛苦，我马上可以把你变回去。”老者严肃地说。

于是，青年跟随老者来到一个悬崖边。

只见悬崖两岸遥遥相对，此岸为“生”，彼岸为“死”，中间有一条长长的铁索桥。这座铁索桥是由一个个大小不一的铁环串联而成的。

“现在，请你从此岸走向彼岸吧！”老者长袖一拂，已经将青年推上了铁索桥。

青年战战兢兢，踩着一个个大小不同的铁环的边缘前行。然而，一不小心，他就跌进了一个铁环之中。顿时他的两腿失去了支撑，胸口被铁环卡得紧紧的，几乎透不过气来。

“啊！救命啊！我要掉下去了，铁环快把我的肋骨弄断了，”青年大声向老者乞求。

“请君自救吧。在这条路上，能够救你的，只有你自己，”长髯老者在前方微笑着说。

青年扭动身躯，拼死挣扎，好不容易才从痛苦之环中解脱出来。“这是个什么铁环，为何卡得我如此痛苦？”青年愤然道。

“我是名利之环。”脚下的铁环答道。

青年继续朝前走。忽然，隐约间，一个绝色美女朝青年嫣然一笑，青年一走神，脚下一滑，又跌入一个环中，被铁环死死卡住。

“救……救命呀！好痛呀！”青年惊恐地再次呼救。

可是，四周一片寂静，没人回答他，更没人来救他。

这时，长髯老者再次在前方出现，微笑着缓缓道："在这条路上，没有人可以救你，只有你自己能救自己。"

青年拼尽全力，总算从这个环中挣扎了出来，然而他已累得精疲力竭，便坐在两个铁环间小憩。

"刚才这是个什么痛苦之环呢?"青年想。

"我是美色铁环。"脚下的铁环答道。

经过一阵休息，青年的体力恢复了，心中也充满幸福愉快的感觉。他为自己终于从铁环中挣扎出来而庆幸。

青年继续向前赶路。然而令他料想不到的是，他接着又掉进了贪欲的铁环、妒忌的铁环、仇恨的铁环……待他从这一个个痛苦之环中挣扎出来，青年已经没有力气再走下去了。抬头望望，前面还有漫长的一段路，他再也没有勇气走下去了。

"老人家！老人家！我不想再走人生之路了，你还是带我回到原来的地方吧。"青年呼喊着。

长髯老者又出现了，他手臂一挥，青年便又回到了路边。

"人生虽然有许多的痛苦，但也有战胜痛苦之后的欢乐和轻松，你难道真愿放弃人生吗?"长髯老者问道。

"人生之路痛苦太多，欢乐和愉快太短暂太少了，我决定放弃人生，还是去做我的泥像吧!"青年毫不犹豫。

长髯老者长袖一挥，青年又还原为一尊泥像。

贴心提醒

在人生的道路上，充满了艰难险阻和种种诱惑，稍有不慎，就会深陷其中。一个人在人生这条道路上，如果经受不住艰难和诱惑，迟早是要出局的。

戴尔的麻烦

精彩故事

1993年的1月，世界著名的戴尔公司总裁迈克尔·戴尔和日本索尼公司有关人员进行会晤。连续讨论了几天最新研发的显示屏、光盘以及CD—ROM等多媒体技术之后，戴尔已经疲惫不堪了。

在又一个让人焦头烂额的讨论会结束之后，就快撑不下去的戴尔拖着沉重的身体预备回酒店好好休息一下。这时，一位年轻的日本男子忽然挡住了戴尔的去路："戴尔先生，请稍等一下，我是能源系统部门的人，我想跟您谈一谈。请您晚走一会儿好吗？"

"能源系统？"戴尔重复着这几个字，想起了以前某人向他出售发电厂的事情。因为极度疲倦而有些恼怒的他险些一口回绝对方，但看到日本男子恳切的眼神时，他又微微地点了点头。

日本男子欣喜地拿出很厚的一沓图纸和表格，一张一张地翻开给他看，上面密密麻麻地写着一种刚研发成功的"锂电池"的功能。日本男子解释了好大一会儿，大脑已经处于混沌状态的戴尔才明白了他的目的——原来他是想推销这种"锂电池"给戴尔公司，供笔记本电脑使用。

戴尔以前曾经听人说起过，使用笔记本电脑的人，最大的期望就是拥有量大，带电时间长的电池，而根据索尼工程师的功能测试表，锂电池有超过4个小时的供电潜力。顿时，他意识到，这是一次大好的机会，于是他非常认真地与对方交谈起来。

后来，锂电池果然成了一种具有突破性的科技产品，而装有锂电池的戴尔笔记本电脑，也因为满足了市场要求而销量大增。

贴心提醒

良好的机遇从来不会以一种诱人的姿态出现，而是总带着烦人的面具出场。如果你拒绝麻烦，那成功很可能会被你一起拒绝掉。

暴风雨中继续安睡

精彩故事

农场主乔治在大西洋岸边新开了一片农场，本想招募几个可心的帮手，不想大家都因为大西洋风暴常起，庄稼牲畜不好管理而拒绝受雇。一筹莫展的乔治想了许久，决定在当地上登个招聘启事，以便在更广的范围内寻找雇工。一个星期后，一个矮个子的男人终于前来应聘了。

“你干活没问题吧？”看着对方既不高大也不怎么壮实的身体，乔治略带怀疑地问道。

“没问题的，你完全可以相信我。”对方以一种乔治不怎么喜欢的语调回答道，“告诉你吧，即使是飓风来了，我都照样能够安睡。”

乔治很不喜欢应征者得意张狂的样子，但由于新农场太需要帮手了，所以他不得不退一步考虑，把这个人留了下来。

半个月过去了，看这位工人每天都手脚勤快，把四处打理得井井有条，乔治渐渐放下了心。

第一个月即将结束时，乔治已经打算正式雇用这个人了，但同时心里又想，对方还应该再经历一次暴风雨的考验。不想这个念头刚冒出来，那天晚上大西洋里便狂风四起、酝酿着一场罕见的暴风骤雨了。

当看到飓风就要席卷农场，而那位长工依然无动于衷时，乔治急了。他怒气冲冲地踹开了雇工的门，冲他大吼道：“快起来！难道你听不到外面的风声吗？在它卷走一切之前快把东西都拴好！”

呼呼大睡的雇工被雇主这声怒吼惊醒了，他猛地坐起来，然后又忽地躺了下去，梦呓一般地说道：“先生，把声音放低点。我告诉过你的，即使是飓风之夜，我也照样能安睡！”随后，他又打起了呼噜。

乔治当时险些背过气去，但是情况危急，已经容不得再拖延了，所以他只好一个人跑了出去。当他强压怒火跑进牲畜棚时，眼前的情景让他愣住了：马和牛都在棚子里，每只都拴得好好的；羊全部进了羊圈，圈门处还严严实实地压了一大块油毡纸；另一间屋子里小山似的干草堆早就盖上了厚厚的防水布；每一道房门、每一扇窗户都已经用粗绳子绑得结结实实了。看样子，没有任何东西可能被大风吹走。

乔治愣过之后，哈哈大笑了起来：“加薪，一定要给他加薪！”他一边念叨着，一边往屋里走去。

贴心提醒

人生当中，各种暴风骤雨都可能出现，但如果你在心理、身体、知识等各方面都提前做好了准备的话，那就再没有什么东西可以令你忧虑了。

心里无残疾

精彩故事

鲍曼真是不幸极了，他出生时比正常的婴儿小很多，而且两腿畸形，根本无法站立。妇产医生当时就断言，这个孩子活不过半年。但是鲍曼不但活了下来，还活得快乐开朗。只不过，他站不起来，只能趴在滑板上走路。

很明显，像他这样的孩子是需要去残疾学校就读的。可是鲍曼的父亲偏偏不听这一套，他很固执地把鲍曼送入了普通学校。

确实，对鲍曼这种“不同寻常”的孩子来说，外面的世界是残酷的。他不能像正常人那样被亲人照顾，也无法和正常人一样自由活动，哪怕一件小事，他都要付出比别人多几倍的工夫来完成。但是，好在他是个坚强的孩子，他一直咬着牙坚持着，渡过了一个又一个难关。

大学毕业后，由于找工作处处碰壁，鲍曼便走上了文学创作之路。这样一来，他的故事便在当地迅速流传开了，各种机构、学校纷纷请他前去演讲。为了让听讲的人看到他，他不得不请人帮忙把他抱到讲桌上去。这时候，他总会努力直起尚能自由活动的上身，幽默一下：“你们看，虽然我趴着，却比坐着演讲的人还高。”而下面的听众，也总会因此而热泪盈眶。

贴心提醒

不管起点如何，只要精神不倒，生命高度不可限量。除了自己，没有任何人、任何苦难能够打倒一个人。只要你奋斗不息，你便能超越原本的生命高度。

砍不动的树节

精彩故事

虽然生在深山，长在深山，从小到大没有见过什么世面，但是在别人眼中，他却是最幸福的。因为是独生子，他一直被父母视为掌上明珠；因为学习非常好，他一直被老师看重，同学嫉妒。眼看着就要成为村里的第一个大学生，众乡亲们的又投来了羡慕眼光……

一切看起来都是那么完美。但是人这一生总会遇到些不如意的事。出乎众人意料之外的事终于发生了，次次考试名列第一的他高考却落榜了。他一下子从云端跌入了地狱……

看着整日萎靡不振的儿子，父亲一言不发地把他拉到村后的山上伐树。锯断一棵棵的大树之后，父亲便让他去清理那些枝枝杈杈，结果他手里的斧头陷在了一个木结处，好不容易才拔出来。

“爸爸，这个木结怎么这么硬，我的斧头刚才都卡住了。”他说。

“哦，因为那里受过伤。”父亲回答。

“哦？”他有点发愣。

“树受了伤，就会在受伤的地方结成木结，这木结往往要比其他地方坚硬许多。”父亲顿了一顿又说，“人也一样，多摔几跤才能变得坚强。”

父亲的这句话如同闪电一般一下照亮了他的心，他顿时愣住了，自言自语地说：“我不能被这个木结卡住前进的脚步。”

贴心提醒

苦难能让人更坚强。苦难从来都不会毫无意义，它或者毁灭人，或者成就人。至于你属于哪一类人，就看你能否抬脚挣脱苦难的限制。

◎ 第八章 ◎

思过能改，避免波折麻烦

人生之路不可能是一条笔直的坦途，总会有千曲百折的弯道。这就注定了那些只会一个劲儿向前冲的人不可能实现自己的目标。只有在人生之路上时常常反省，你才能不断修正自己的前进方向，顺利到达自己的目的地。

安心的手表

精彩故事

木屑纷飞的工棚里，一个木匠不小心把手表掉落在堆满木屑的地上。他一面大声抱怨自己倒霉，一面拨动着地上的木屑，想找出那只心爱的手表。

许多伙伴也提了灯，帮他一起寻找。可是大伙找了半天，仍然一无所获。等到中午这些人都去外面吃饭的时候，木匠的孩子悄悄地走进工棚里。没一会儿工夫，他居然把手表给找到了。

木匠又高兴又惊奇地问孩子："你怎么找到的?"

孩子回答说："我只是静静地坐在地上。一会儿，我就听到'滴答''滴答'的声音，这样我就知道手表在哪里了。"

贴心提醒

我们很多人在狂躁地追逐目标时，总会让烦乱的心绪扰乱了自己的心灵。想办法让自己安静下来，倾听内心的声音，在静谧和安详的氛围里，你会获得灵性的指引和无穷的力量。

牧师的墓碑

精彩故事

纳德·兰塞姆是法国最著名的牧师。无论在穷人还是富人心目中，他都享有很高的威望。在他 90 年的人生之旅中，他有 1 万多次亲自到临终者面前，聆听他们的忏悔。

在他的人生后期，纳德·兰塞姆想把他的60多本日记——其中记录的全是人们的临终忏悔——编辑成书。但因法国里昂大地震，这些手稿都毁于一旦。

纳德·兰塞姆去世后，他被安葬在圣保罗大教堂，他的墓碑上清楚地刻着他的手迹：假如时光可以倒流，世界上将有一半的人可以成为伟人。

纳德·兰塞姆没有将另一层意思说出来。人们如果能将对生命的反思提前50年、40年、30年，那么世界上会有一半的人可以有机会成为不一样的自己，甚至成为一个伟人。

贴心提醒

每个人都可以把对生命价值的反思提前几十年。做到了这点，便有50%的可能让自己成为一个更好的自己，甚至是一个了不起的人。

小和尚与香菇

精彩故事

一个小和尚从树林里采了许多香菇，他把它们摊开晒干了。

当他准备把香菇装进袋子时，老和尚走过来说："多装几个袋子，分别扎好，不要全放一个大袋里。"

小和尚很迷惑，但他还是按老和尚的吩咐装了香菇。

过了一段时间，小和尚拿出一包香菇做饭，放了野味的饭菜变的更加可口了，前来吃斋的人们纷纷称赞。

第一包很快就吃完了，小和尚又拿出第二包，但第二包香菇却长出了虫，不能再吃了。小和尚赶忙去向老和尚报告。

老和尚说："这一包坏了，还有其他几包，你都打开看看，它们是否也生了虫。"

小和尚连忙打开了其他几包，一看，笑了："它们都还是好的。"

老和尚说："你看，这就是我要你分包来装香菇的原因。如果把它们装在一起，我们现在连一包吃的也没有。为了防止外面的虫蚀，你用口袋将香菇扎紧了，却不知道香菇内部也是可以生虫的。"

贴心提醒

老和尚的话耐人寻味。害虫也会从里面生出来的。当我们事业失败时，我们总是抱怨这抱怨那，却从不想最根本的原因可能在于我们自己，以及我们心里的"虫"。

白纸与存钱罐

精彩故事

桌上有一只存钱罐和一张白纸。一天，存钱罐挺了挺装满硬币的肚子，装出一副大款的腔调说："哎呀，白纸先生，你一无所有，难道不感到空虚吗？瞧我，肚子里有了钱可实在多了。"

白纸说："我并不感到空虚，因为我的未来是会很充实的。"存钱罐听了后，露出一丝不屑的笑容。

一会儿，主人回来了。他很高兴，提起笔在白纸上写下了两行精美的字，然后裱成条幅挂在书房里。来往的客人见了这幅书法作品，无不啧啧称赞。

后来，这幅书法作品成了传世珍品，成了国家博物馆的永久收藏品。

再说那只存钱罐呢？它早就被书法家的孙子砸碎了，原因就是为了取出它肚子里的硬币。

贴心提醒

骄傲是灭亡的先导，自夸是垮台的开始。骄傲的人，结果总是在骄傲里毁灭了自己，一味孤芳自赏，自吹自擂，结果事事落空。

疤痕是一种勇气

精彩故事

罗伯特在战争中受了伤，他的一条腿有点残疾，而且疤痕累累。幸运的是，他仍然能够享受他最喜欢的运动——游泳。

在他出院不久后的一个星期天，他和他的太太去海滩度假。做过简单的冲浪运动以后，罗伯特先生在沙滩上享受日光浴。不久，他发现大家都在注视他。从前，他没有在意过自己满是伤痕的腿，但是现在他知道这条满是伤痕的腿很惹人注意。

第二个星期天，罗伯特太太提议再到海滩去度假，但是罗伯特拒绝了，说他不想去海滩而宁愿留在家里，他太太的想法却不一样。

“我知道你为什么不想去海边，罗伯特，”妻子说，“你开始对你腿上的疤痕产生错觉了。”

罗伯特说：“是的，我承认。”

妻子就说：“罗伯特，你腿上的疤痕是你勇气的徽章，你光荣地赢得了这些疤痕。不要想办法把它们隐藏起来，你要记住你是怎样得到它们的，而且要自豪地面对它们，现在走吧——我们一起去游泳。”

妻子的话，让罗伯特心里充满了喜悦，他就跟妻子一起又去了海边，太太那一番话，已经除掉了他心中的阴影，罗伯特的生活又有了更好的开端。

贴心提醒

正如自然界的色彩有冷色和暖色之分一样，人们的思维方式有“光明”与“黑暗”之分。“光明”的思维能激励我们自强不息，能激发我们的生命潜能。

滑稽的动物

精彩故事

在动物园里，大人指着笼子里的猴对小孩说：“这种动物叫猴子，是专门供咱们人类开心的。”

“何以见得呢？”小孩问。

“不信你瞧。”大人说着，从提包里摸出一颗花生，朝笼子里的大猴背后扔去。只见大猴急转身，用嘴接住，再用爪子从嘴里取出来，剥开吃掉，显得很滑稽。小孩笑起来。

大人也被大猴的举动逗得很开心，便来了兴致，又将一颗花生扔过去，还是扔向大猴身后的地方，大猴重演故技。大人觉得有趣，便不断地扔，大猴也不断地这样接，直到一大包花生全部扔完了，大人和小孩才恋恋不舍地离开。

路上，小孩问大人：“你为什么将花生扔到大猴的背后呢？”

大人得意地笑了，说：“猴子翻来覆去地来回折腾才有意思啊。”

小孩信服地说：“爸爸，你真行。”

大人又说：“猴子这种动物自以为挺聪明，其实被咱们耍了，它还不知道呢，真可悲。”

在动物园里，大猴指着笼子外面的人对小猴说：“这种动物叫人，是专门供咱们猴子开心的。”

“何以见得呢？”小猴问。

“不信等着瞧吧。”大猴说。这时，正好有个大人往笼子里扔花生，扔向大猴背后，大猴急转身，用嘴去接住，然后再用爪子从嘴里取出来，剥开吃掉，显得很滑稽。终于，那个大人的一大包花生全部扔给了猴子。

他们走后，小猴问大猴“你为什么用嘴去接扔进来的花生呢？”

大猴得意地笑了，说“如果我用爪子去接，他们还会继续扔吗？”

小猴信服地说：“妈妈，你真行。”

大猴又说：“人这种动物自以为挺聪明，其实被咱们耍了，他们还不知道呢，真可悲。”

贴心提醒

自以为聪明的人，自以为玩弄了别人，其实自己也在被别人玩弄。因为他们只在意一时之快，而从来不从另外的角度来思考和行动。

关不了的袋鼠

精彩故事

有一天，动物园管理员发现袋鼠从笼子里跑出来了。于是大家一起开会讨论袋鼠出逃的原因，最后大家一致认为是笼子的高度过低导致的。所以，他们决定将笼子的高度由原来的 10 米加高到 20 米。

结果，第二天他们发现袋鼠还是跑到外面来了，所以他们又决定再将高度加高到 30 米。没想到隔天居然又看到袋鼠全跑到外面了。管理员们大为紧张，决定一不做二不休，将笼子的高度加高到 100 米。

一天，长颈鹿和几只袋鼠们在闲聊：“你们看，这些人会不会再继续加高你们的笼子？”长颈鹿问。

“很难说，”袋鼠说，“如果他们再继续忘记关门的话！”

贴心提醒

很多时候，我们对于事物的认识，执着于一个方面，而没有从其他方面来考虑。所以，我们没有能够找到问题的真正原因。

聪明的珍珠鸟

精彩故事

有一次，猎人捕捉到一只能说70种语言的鸟。鸟说：“放了我，我将告诉你三条忠告。”

猎人同意了。

鸟告诉他：“第一条，对做过的事，不要懊悔。第二条，如果有人告诉你一件事，你自己认为是不可能的，就别去相信。第三条，当你爬不上去时，就别费力去爬。”猎人认为鸟很有智慧便把它放了。

鸟飞到一棵高高的树上，向猎人大声喊道：“你真愚蠢，你放了我，你不知道我嘴里还衔一颗价值连城、硕大无比的珍珠呢。正是它让我聪明绝顶。”

猎人很快忘记了鸟的忠告，想重新捕获这只鸟，于是他奋力地向树上爬去。当他爬到一半的时候，已经体力不支，但仍费力去爬，结果摔下来折断了腿。

贴心提醒

忠告是任何金钱买不到的人生智慧。聪明的人之所以聪明，是因为他们能听从忠告；糊涂的人之所以糊涂，原因之一是他们常将忠告当成耳旁风。

浴盆与王冠

精彩故事

古希腊时，阿基米德奉国王之命，鉴定工匠制作的金王冠是否掺有白银。他为此日思夜想，也没有想出好的办法。

有一天，他在家里洗澡。当他跳进浴盆时，有许多水一下子溢了出来。这使他一下子醒悟到：当容器里装满了水，再把物体再放进去时，那些溢出的水的体积和这个物体的体积是相等的。由此他联想到，比金子轻的白银如果要达到同样重量，它的体积必然超过金子。

于是，他想出了解决问题的办法。他把与原先国王交给工匠的相同重量的金子和那顶金王冠，分别放在注满水的容器中，然后比较它们排出的水的体积，就知道答案了。这也是物理学上著名的“阿基米德定律”的来源。

贴心提醒

在我们遇到难题不能立刻解决的时候，暂时放下，即使不去想它，潜意识还是在不断地对我们的知识结构进行整合、更新。当整合接近解决问题时，在某个点上，就会被突然触发。

承认错误的手提包

精彩故事

威廉在西尔公司当采购员时，曾经犯下了一个很大的错误。

该公司对采购业务有一项非常重要的规定：采购员不可以超支自己的采购配额！如果采购员的配额用完了，那么便不能采购新的商品，要等到配额拨下后才能进行采购。

在某次采购季节中，有一位日本厂商向威廉展示了一款很漂亮的手提包，威廉身为采购员，以他的专业眼光来看，认为这款手提包一定会成为流行商品。可是，这时威廉的配额已经用完了，他突然后悔起自己之前不应该冲动地把所有的配额用光，导致现在无法抓住这个大好机会。

威廉知道自己现在只有两种选择：一是放弃这笔交易，虽然这笔交易肯定会给公司带来极高的利润；二是向公司主管承认自己的错误，然后请求追加采购金额。

威廉决定选择第二种方法。他一进主管的办公室，就对主管坦承："很抱歉，我犯了个大错。"然后将事情从头到尾解释了一遍。

虽然主管对威廉花钱不眨眼的采购方式颇有微词，但还是被他的坦诚说服了，并且拨出需要的款项。

结果，手提包一上市果然受到消费者热烈的欢迎，成为公司的畅销商品。威廉因为这次明智的采购得到了一笔奖金，并且还从中获得了宝贵的经验。

贴心提醒

当你发现自己犯下错误时，补救远比掩饰来的重要。一旦犯了错，就要有承受责难的心理准备。如果因为害怕被责备而不愿意承认错误，那么结果就可能是失去更多的大好机会。

○ 第九章 ○

不懈坚持，笑容才会更加灿烂

人贵以专，学贵以诚。量的积累终将换来质的飞跃。很多时候，不是你的能力不够，而是坚持的还不够久。长期的坚持，不仅能让你收获成功，还会让你收获从容的心态。

十二个小球

精彩故事

一位从深圳回来的同学在深圳混得风生水起，他两年前加入了某知名 IT 企业，现在已是部门经理，月薪能抵我半年的工资。既然是高薪岗位，门槛自然不低，早就听说，这类企业的面试题目刁钻古怪。禁不住好奇，闲聊时，我向同学问起此事。见我很感兴趣，同学微微一笑："既然你有兴趣，那就考考你？"我说好，摩拳擦掌，跃跃欲试。他开始出题：

"有 12 个外观相同的小球，其中有 11 个是标准球，质量完全相等，还有一个是质量不标准的小球。假如给你一架天平，你能以最少的步骤找出那个不标准的小球吗？"

这是同学当初参加面试的原题，答题时间限定 30 分钟。为了降低难度，同学还特地提醒，这不是脑筋急转弯，说完便专心看电视去了，留下我在那搜肠刮肚、抓耳挠腮。半个小时转眼即过，把我憋得面红耳赤，别说答案，连个头绪都没理出来。自愧不如，我只好长叹一声，向同学求教。同学却给我鼓劲，先别急着放弃啊，反正现在也没什么事，你再想想，说不定就能答出来。我摇头说："不必浪费时间了，就我这个智商，恐怕这辈子都答不上来。"同学被逗得大笑，无奈，只好将答案和盘托出：

"第一步：首先把 12 个小球分成三组，然后将 1、2、3、4 号和 5、6、7、8 号分别放在天平两边，如果天平平衡，证明 1 到 8 号都是标准球，不标准球应该在 9 到 12 号之间。第二步：从 1 到 8 号之间随意取两个标准球，放在天平的一侧，再取 9 号和 10 号两个球放在天平的另一侧，如果天平平衡，证明不标准球应该在11号和12号之间。第三步：随意取一个标准球，放在天平的一侧，把11号球放在天平的另一侧，如果天平平衡，说明剩下的12号球不标准；反之，如果天平不平衡，证明11号就是不标准球。”

“当然，这只是方法之一，但无论哪种情况，只要从这个思路出发，都能以最少的步骤找出答案”，同学补充说。当下折服，我又问，能答出来的人恐怕不多吧？同学说，当时十个人参加面试，只有两个人答出来了，包括我。说到当时的情景，同学脸上有些得意，又生出些许感慨。

那次面试，安排在下午进行，老总亲自主持。题目就是上面那个，在规定的30分钟内，只有朋友和另外一个人答出来了。他们被当场录用，其他没通过的都打道回府了，唯独一个人还不肯走，说非要把题目做出来才走。直到天黑，老总要带他们两个新人出去吃晚饭，又劝那个人回去，可他依然赖着不走，求老总再给点时间，说只要答出来马上走人，他显然跟自己较上劲了。拿这种人没办法，老总只好让他留下继续做题，带着他们出去吃饭去了。两个多小时后，等他们吃完饭回来，那人还在冥思苦想，显然还没答出来。最后，公司要关门了，他才无可奈何地走了。

我忽然有点同情那个人，忍不住摇头叹息，如今找个工作真不容易。

同学忽然笑了，说：“人家干嘛要你同情啊！公司第二天就通知他来上班了，现在还和我坐对面呢。”

我愕然。人生犹如试题，试题却有千解。同学说，他虽然没有答出那道题，但是那种永不放弃的精神，正好也是老总想要的。

这也能算答案？我细想，应该算的，人生最彻底的失败就是放弃。

贴心提醒

有一则寓言说，一个人挖井，拼命挖了好几天也没见到水，绝望之下放弃了，最终渴死。后来人们发现，其实他只要再往下多挖一锹，就能见到水。很多时候，我们需要的就是再多坚持一下的韧劲。

第十万块石头

精彩故事

为了寻宝，一个人已经在河边找了很长的一段时间，整个人筋疲力尽，全身痛得几乎动弹不得。

他坐在河床的石头上，对他的伙伴说：“你看，我已捡了九万九千九百九十九块石头，却还没找到一块宝石，我实在不想捡了，也实在捡不动了。就算我命苦吧，好不容易下定决心干一件事，没想到又是劳而无获!”

他的伙伴开玩笑地回答：“那你最好再捡一块，凑足十万吧，反正多捡一块也累不死你，少捡一块也不能使你的累减轻一分。”

寻宝人疲累地闭上眼睛，随手在一堆石头中捡起一块石子，说：“好！这就是最后一块了。”

当他握着手中的石子时，他感觉到这石头比一般的重，于是，他睁眼一看，惊喜地大叫起来，因为他手中握着的正是一块价值连城的宝石。

贴心提醒

柏拉图曾经说过：“成功唯一的秘诀就是坚持到最后一分钟。”失败的次数越多，离成功的机会也就越近。成功往往是最后一分钟来访的客人。

就差五丝米的电话机

精彩故事

电话机是谁发明的？相信很多人会异口同声地说出美国发明家贝尔这个名字。然而，很多人不知道的是，在贝尔之前，还有一位发明家曾为研制电话机做出过不小的贡献，他就是莱斯。

莱斯研究过一种传声装置，能用电流传送音乐，可惜的是不能用来传送话音，无法使人们相互交谈。莱斯研究过的这种传声装备之所以不实用，除了其他原因外，一个至关重要的原因是这种装置的一颗螺丝钉少往里拧了二分之一圈——大约五丝米。

在莱斯研究的基础上，贝尔一方面采取了新措施，例如不使用交流电，改为使用直流电，从而解决了传送时间短促、讲话声音多变等问题。另一方面将莱斯装置里的那颗螺丝钉往里拧了二分之一圈。

莱斯的疏忽被贝尔发现并纠正了，奇迹也随之出现：不能通话的莱斯装置神话般地变成了实用的电话机。

失之毫厘，谬以千里。莱斯的装置只差了五丝米，就是这区区五丝米成了他和成功之间的距离。

贝尔的改进使莱斯目瞪口呆。莱斯最后感慨万千地说："我在离成功五丝米的地方灰心了，我将终生记住这个教训。"

贴心提醒

成功有时来得那么容易，让人羡慕让人眼红；成功有时却又是那么遥远，遥远得让人几乎绝望。坚持不懈实在是成功的一大法宝。

睡在床上的杰克

精彩故事

尽管也渴望成功，但因为太害怕失败，杰克从来都是个守规守矩的人。一天，他遇到了一位水手，两人攀谈起来。

杰克："你为什么要当水手呢？"

水手："因为我喜欢大海，我们家辈辈人都向往大海。"

杰克："哦？那你的祖辈也是水手？"

水手："是啊，我祖父就死在大海里。"

杰克："那你父亲呢？"

水手："我父亲也死在大海里。"

杰克："哦，那你可要小心点。你是独生子吗？"

水手："不，我还有一个哥哥，不过三年前他也死在大海里了。"

杰克："天哪，如果我是你，我将再也不会靠近大海一步！"

水手扭过头，看着杰克："你的祖父死在哪儿？"

杰克："床上。"

水手："你父亲呢？"

杰克："也是床上。"

水手："那么如果我是你，我将再也不会到床上去！"

说完，水手便转身走了，留下杰克愣在原地。

几年之后，杰克又和那位水手相遇了。

水手："嗨，伙计，你还好吗？"

杰克："我还是老样子。你呢？没遇上什么危险吧？"

水手："我遇上过很多次危险，但也因此积累了丰富的经验。现在，我已经是船长了。"

水手说完又走了，杰克又一次愣在了原地。

贴心提醒

害怕失败，就永远不能成功。世界上不存在万无一失的成功之路，要想成功，必须具备不怕失败的勇气和冒险精神，否则，你只能平凡。

只差一天

精彩故事

一对从农村来城里打工的姐妹，几经周折才被一家礼品公司招聘为业务员。她们没有固定的客户，也没有任何关系，每天只能提着沉重的钟表、影集、茶杯、台灯以及各种工艺品的样品，沿着城市的大街小巷去寻找买主。

一个多月过去了，她们跑断了腿，磨破了嘴，仍然到处碰壁，连一个钥匙链也没有推销出去。无数次的失望磨掉了妹妹最后的耐心，她向姐姐提出两个人一起辞职，重找出路。姐姐说，万事开头难，再坚持一阵，可能下一次就会有收获了。妹妹不顾姐姐的挽留，毅然离开了那家公司。

第二天，姐妹俩一同出门。妹妹按照招聘广告的指引到处找工作，姐姐依然提着样品四处寻找客户。那天晚上，两个人回到出租屋时却是两种心境：妹妹求职无功而返，姐姐却拿回来推销生涯的第一张订单。

一家姐姐四次登过门的公司要召开一个大型会议，向她订购二百五十套精美的工艺品作为送给与会代表的纪念品，总价值二十多万元。姐姐因此拿到两万元的提成，淘到了打工的第一桶金。从此，姐姐的业绩不断攀升，订单一个接一个而来。六年过去了，姐姐不仅拥有了汽车，还拥有一百多平方米的住房和自己的礼品公司。而妹妹却走马灯似地换着工作，连穿衣吃饭都要靠姐姐资助。

妹妹向姐姐请教成功的真谛。姐姐说：“其实，我成功的全部秘诀就在于我比你多努力了一次。”

贴心提醒

只相差一次努力，原本天赋相当机遇相同的姐妹俩，自此走上了迥然不同的人生之路。不只是这位姐姐，多少业绩辉煌的知名人士，最初的成功也都源于“多了一次努力”。

失败积累起来的总统

精彩故事

美国总统林肯，在任期间政绩辉煌，但他战胜人生灾难的成绩实际上比政绩更辉煌。

1809 年，林肯出生在一个一贫如洗的伐木工人家庭。

7 岁时，因为太穷，他全家被赶出了原居住地，小林肯从那时便承担起了抚养家庭的重任。

9 岁时，慈爱的母亲去世，林肯受到了巨大的精神打击。

22 岁时，第一次经商失败，生活陷入艰难。

23 岁时，竞选州议员落选。

同年，失业。

同年，争取进入法学院，失败。

24 岁时，再次经商失败，欠下巨额债务，16 年后才全部还清。

25 岁时，再次竞选州议员，终于赢了，这多多少少让他饱经沧桑的心得到了些许安慰。

26 岁时，订婚后正准备结婚，未婚妻却突然病故。

27 岁时，精神完全崩溃，卧床半年之久。

29 岁时，竞选州议员发言人失败。

31 岁时，争取成为选举人失败。

34 岁时，参加国会大选落选。

39 岁时，寻求国会议员连任失败。

40 岁时，争取自己所在州的土地局局长职位失败。

45 岁时，竞选美国参议员落选。

47 岁时，在共和党的全国代表大会上争取副总统职位提名，支持票数还不到 100 张。

49 岁时，再度竞选美国参议员落选。

51 岁时，当选美国总统。

在一生中，林肯都被忧郁症所折磨，并且，婚姻生活很不幸。

如果问林肯是如何走过这一路艰辛的，他会略表惊讶又很无所谓地回答你："这很奇怪吗？那些都只不过是滑一跤，又不是死去爬不起来。"

贴心提醒

成功就是爬起来的次数比跌倒的次数多一次。困苦磨难本身从来不是魔鬼，面对它时你所表现出的萎靡和屈服才是最大的灾难。如果每次跌倒之后都能爬起来，成功早晚会属于你。

苏格拉底的课堂

精彩故事

苏格拉底是古希腊著名的大哲学家和大教育家，他教学生的方法总是别出心裁。

开学第一天，他对学生们说："今天，我们只学一样东西，就是把胳膊尽量往前抬，然后再尽量往后甩。”他示范了一下，结果，所有学生都笑了。

“老师，这还用学吗?”一个学生打趣道。

“当然，”苏拉格底很严肃地说，“你不要觉得这是件很简单的事，其实它很困难的。”听到这话，学生们笑得更厉害了。

苏格拉底一点也不生气，他宣布说：“这堂课我就教大家好好学这个动作。学会以后，从今天开始，每天你们都要把它做100遍。”

10天之后，苏格拉底问：“谁还在坚持做那个甩手动作?”大约80%的学生举起了手。

20天之后，苏格拉底又问：“谁还在坚持做那个甩手动作?”大约50%的学生举起了手。

3个月之后，苏格拉底又问道：“那个最简单的甩手动作，有谁在坚持做?”这一次，只有一位学生举起了手。他，就是后来成为古希腊另一位大哲学家、大思想家的柏拉图。

贴心提醒

坚持是世界上最简单同时也是最困难的事情，因为人人都能做到的事，却未必人人都坚持做下去。只有那种即便一件简单事也能坚持做到底的人，才可能有所成就。

不甘平凡的安徒生

精彩故事

在安徒生很小的时候，他那当鞋匠的父亲就过世了，留下安徒生和母亲二人过着贫困的日子。一天，安徒生和一群小孩获邀到皇宫里去觐见王子，请求赏赐。他满怀希望地唱歌、朗诵剧本，希望他的表现能获得王子的赞赏。

等到表演完后，王子和蔼地问他："你有什么需要我帮助的吗？"

安徒生自信地说："我想写剧本，并在皇家剧院演出。"

王子把眼前这个有着小丑般大鼻子和一双忧郁眼神的笨拙男孩从头到脚看了一遍，对他说："背诵剧本是一回事，写剧本又是另外一回事，我劝你还是去学一项有用的手艺吧！"

但是，怀抱梦想的安徒生回家后不但没有去学糊口的手艺，反而打破了他的存钱罐，向妈妈道别，到哥本哈根去追寻他的梦想。他在哥本哈根流浪，敲过所有哥本哈根贵族家的门，没有人理会他，他从未想到退却。他一直写作史诗、爱情小说，但都未能引起人们的注意。他虽然伤心，但仍然坚持写了下去。

1825 年，安徒生随意写的几篇童话故事，出乎意料地引起了儿童少儿的争相阅读，许多小读者渴望着他的新作品发表。这一年，他三十岁。直至今日，《国王的新衣》《丑小鸭》等许多安徒生所写的童话故事，陪伴着世界上许多儿童健康地成长。

贴心提醒

聪明如你者，无论前进的路怎样艰难，不要害怕失败，因为失败所赐予你的力量是巨大的。失败过去之后，你完全可以借着它给你的力量重头再来。遭遇失败时，要相信：一件事结束正是另一件事的开始。

世俗偏见下的福音

精彩故事

在 10 世纪时，英国福音传播者怀特·菲尔德，在他追求事业成功的过程中，经历了许多舆论的非议和世俗的刁难，甚至有人威胁要杀掉他。

他的敌对者把他逐出教会，关闭他的教堂，甚至逼迫他离开所住的城镇，但他始终不渝地在沿途传道。

敌对者雇用一些人去嘲弄他，向他扔烂泥、臭鸡蛋、烂番茄和一些动物的死尸，并且不止一次地向他扔石头，把他砸得头破血流……

许多上层社会的人也对他大加鞭挞和嘲讽，但是，所有这一切均未能阻止怀特·菲尔德继续他的传道事业。因为，他深信他的事业是有益于大众的。最后，他终于取得了成功。

贴心提醒

要做生活中的强者，首先要做精神上的强者，做一个坚忍不拔、威武不屈的人。世间不存在人无法克服的艰难和困苦。在面临绝境无法摆脱，甚至精疲力竭时，你要再坚持一下，再奋力拼搏一下。要坚信你必将战胜困难，成为最终的赢家。

幸好未录用的优秀者

精彩故事

松下电器正在招收一批基层管理人员。经过笔试和面试双重考核后，几百位报名者只剩下了十位优胜者，其中一位叫作神田三郎的优秀青年给老板松下幸之助留下了深刻印象。神田三郎才华突出，口才一流，而且品貌俱佳，真可谓是十位优胜者中的优胜者。

第三天，当助手把录取名单送到松下幸之助的办公室时，松下意外地发现“神田三郎”竟然并没有在名单之内。

“为什么没有那个叫作神田三郎的小伙子呢？我看他很不错啊。”松下问助手。

助手一愣，立刻回到办公桌前去查。哦，原来是电脑出了故障，把录用者的名字跟分数排错了。按照老板的指示，助手马上给神田三郎下发了录用通知书。

不想一天、两天……一周时间过去了，神田三郎始终没有来报到。怎么回事？难道松下公司不符合他的要求吗？多少感觉有些不可思议的老板派助手亲自去请。

下午时分，助手回来了，带来了一个惊人的消息：由于未能被松下公司录用，踌躇满志的神田三郎经不起打击，已于一周以前跳楼自杀了。

听到这个消息，松下立刻陷入了沉思。为了缓和气氛，助手轻声说："真是可惜啊！如此才华出众的青年，我们竟然没有录用他。"

"不！"松下立刻否定道，"幸亏我们公司没有录用他！如此不坚强的人，我们能指望他干什么呢？"

贴心提醒

真正的强者不是屡战屡胜者，而是屡败屡战者。任何人的一生都难免遭受挫折打击。意志薄弱之人，非但干不成大事，还有可能成为别人的累赘。

穷人的一分钱

精彩故事

一个很穷的聪明人去给一个很愚蠢的富人打工。富人问这个聪明人每个月多少工钱。聪明人说第一天只要一分钱，第二天两分钱，第三天四分钱，第四天八分钱，依此类推，一个月结一次账。

富人一听高兴坏了：这家伙真是一个笨蛋，一个月才要这么一点点钱，于是马上就答应了。

这个故事其实是源于一个外国的古代故事：一个大臣发明了一

种玩具，于是向国王索要奖励。最后国王没有办法给这个大臣如此多的钱。

同样，这位愚蠢的富人也无法给那个聪明人如此多的钱：如果这个月是二十八天，就是一百三十万元；如果这个月是三十一天，就是一千零四十万元。

这无疑是一个天文数字。

贴心提醒

当一个事物到了成倍增长的时候，越是到最后，其威力越是令人瞠目结舌。换句话说，什么事情都是这样，最后三天是最令人惊心动魄的：无论是好事还是坏事都是这样！

失去土地的演说家

精彩故事

因为口吃，一个年轻人生性害臊羞怯。父亲死后给年轻人留下一块土地，希望他能过上富裕的生活，但当时希腊的法律规定，他必须在声明拥有土地权之前，先在公开的辩论中赢得所有权。很不幸，口吃加上害羞使他惨败，结果这个年轻人丧失了那块土地。

但是，年轻人没有被击倒，而是发愤努力战胜自己，结果他创造了人类空前未有的演讲高潮。历史忽略了那位取得他财产的人，但长久以来，整个欧洲都记得一个伟大的名字——德莫森。

贴心提醒

世界上没有一样东西可取代毅力，才干不可以，教育也不可以。世上充满了学无所用的人，只有坚持不懈的毅力和决心才是无往不胜的。

第十名选手

精彩故事

某中学三年一次的足球队员选拔赛就要开始了。场上的这几十名选手中最后只能有11人赢得这个资格。

跑步测试开始了3圈之后，有一个小男孩突然摔倒在地上，看样子是他的腿抽筋了。但是他揉了自己的腿10秒钟之后，他又爬起来去追前面的选手了。

5圈之后，刚摔倒的那个孩子又不行了，只见他捂着胃“哗哗”大吐起来。但是出人意料的是，吐完之后，他竟然一抹嘴又接着跑了。

10圈之后，这个虽然不太快但一直坚持的孩子已经进入了前20名。意外在这时又一次发生了。他扶着操场边的一棵大树口大口地大喘起来，看样子似乎快晕倒了。可是只几秒钟，他便又回到了跑道上继续向前跑。

最终，这位小男孩终于以第10名的成绩如愿入选足球队。

这么差的身体素质，何以会最后竞争成功了呢？要知道那些败下阵去的选手，几乎都比他的身体好得多。面对众人的疑惑，小男孩说：“因为我只有这一次机会，我的家族有一种遗传的腿病，到了十六七岁便会发作。如果这次我失败的话，我就没有下一次机会了。”

唉，说来直令人沮丧——原来那些身体健康的人之所以失败，竟然是因为他们知道自己还可以有下一次。

贴心提醒

做事投入是成功的前提，切断后路又是投入的前提。倘若事先存下“这次不行，下次再来”的心思，人就不可能全力以赴，失败的概率也便会随之增大。

金牌推销员的铁锤

精彩故事

一个金牌推销大师在结束推销生涯时召开了一个介绍经验的会议。这次会议吸引了保险界的5000余名精英参加。会上，人们最关心的问题当然就是：“您是如何成功的？您有什么秘诀？”面对人们如潮的问询声和期待的眼光，推销大师微笑着沉默不语。

这时候，几位大汉把一只很大的铁球搬到了台上。人们好奇地静了下来，期待着大师精彩的演讲。没想到，大师根本没有要说话的意思，只是拿起一个小铁锤开始敲击大铁球。一下，大铁球没有动。

5秒钟之后，他又敲了一下，还是没有动。再过5秒，他又敲了一下……当这种单调的击打动作重复了上百次时，台下的人们已经烦躁不堪了。接着，有人陆续离开了会场，一边走一边抱怨，花这么贵的门票来参加这种无聊的大会，简直就是浪费。

半小时以后，原来的五千余人只剩下了几百人，场内又恢复了当初的安静。响亮的敲击声还在继续着，一下、一下……突然，大铁球开始慢慢晃动了，而且越来越剧烈，任何人都无法让它再停下来。

大师这时清清嗓子说道：“耐心、重复，这就是我的秘诀。”台下顿时掌声雷动。

贴心提醒

成功就是耐心重复成功的行为。坚持不懈地重复这种有意义的行为，久而久之你就会养成成功的做事的习惯，这样，当成功到来时，你想挡也挡不住。

小男孩的墓志铭

精彩故事

第二次世界大战时期，英国小说家西雪尔·罗伯斯到郊外的一处墓地去拜祭一位英年早逝的朋友。拜祭完毕之后，罗伯斯正欲转身离开时，他忽然瞥见朋友墓碑旁边有一块新立的墓碑，上面有这样一句墓志铭：全世界的黑暗也不能使一支小蜡烛失去光辉！

立刻，罗伯斯感觉到了一种莫名的震撼，只见他迅速从衣兜里掏出纸笔，把这句话抄了下来。

“这到底是哪部书上的话呢？还是哪位名家的名言？”回到办公室之后，罗伯斯一边自言自语，一边翻阅着各种书籍。显然，他是想找出这句话的出处。可惜的是，找了许久，他依然未能找到。

第二天，罗伯斯又回到了墓地，他从墓地管理员那里得知：长眠于那个墓碑之下的是一名年仅10岁的小男孩。前几天，当德军空袭伦敦时，男孩不幸被炸弹炸死了。鉴于他生前的热情开朗、积极乐观，也为了表达自身奋斗不息、誓死保卫国家的志向，当地的人们为他立下了这块墓碑。

听完管理员的解释，罗伯斯再一次被深深地感动了。很快，一篇感人至深的文章便面世了。文章中所写的故事迅速流传开来，它犹如希望的火种一般，鼓舞着战火中的人们为胜利而战、为国家而战。

许多年后，还在读大学的布雷克于偶然之间读到了这篇文章，志向远大的他也立刻为之感动。于是大学毕业后，他放弃了几家企业的高薪聘请，毅然决定随同一个科技普及小组前往非洲扶贫。

当时，布雷克的这一决定遭到了家人的强烈反对。他的父母软硬兼施，想尽一切办法阻止儿子的远行。可是最终，布雷克还是以一句话坚定地拒绝了亲朋好友们的好意，他说：“如果黑暗笼罩了我，我绝不害怕，我会点亮自己的蜡烛。”

就这样，布雷克踏上了非洲扶贫之路，为第三世界的和平与发展添上了一笔壮丽的华彩。

贴心提醒

虽然纤弱，蜡烛也有它自己的光辉，全世界的黑暗也不能使它屈服。个人的力量虽渺小，但点亮心烛，我们就能驱走眼前的黑暗。如果我们时刻都能走好脚下的路，走好一生也就不再困难。

没有一只船不受伤

精彩故事

在西班牙的港口城市巴塞罗那，有一家大型造船厂，厂里有一间陈列室，是专门用来陈列该厂出产的船只模型的。由于造船历史悠久，该陈列室至今已经陈列了近10万只船舶模型。

据说，所有走进这间陈列室的人都会被它深深震撼，并从中得到深刻的启迪。这倒不是因为它的超大规模或者千姿百态的船舶模型，而是因为每一个模型上雕刻的文字——关于本船的航行历史。

比如，那艘命名为“西班牙公主号”的船上这样记录着：本船1884年下水，共计航海50年。在这50年间，它曾经138次遭遇冰川、116次触礁、27次被海上风暴扭断桅杆、21次因为故障抛锚搁浅、13次遭海盗抢劫、9次与其他船舶相撞，但是，它却一直没有沉没。

另外，在该陈列室最里面的墙上还有这样的文字记录：该厂成立几百年来，共出厂近 10 万只船舶。在这 10 万只船舶中，有 6000 只在大海中沉没，有 9000 只因受伤严重无法修复，有 6 万只遭遇过 20 次以上的灾难……最后的结论是：凡是下过水的，没有一只船不曾有过受伤的经历。

贴心提醒

在海上航行，没有不曾受伤的船；在世间行走，也不会有一帆风顺的人生。我们不管遭遇什么样的风雨和伤痛，都要坚强勇敢、百折不挠地走下去，这才是成功的秘诀。

木头脑袋开窍

精彩故事

读小学时，一个被同学们叫作斯帕奇（木头脑袋）的小男孩各门功课常常亮红灯。到了中学，他的物理成绩通常都是零分，是学校有史以来物理成绩最糟糕的学生。斯帕奇在拉丁语、代数以及英语等科目上的表现同样惨不忍睹。

在斯帕奇的整个成长期，他表现得相当笨嘴拙舌，社交场合从来就不见他的人影。当然这并不是说，其他人都不喜欢他或讨厌他。事实是，在人家眼里，他这个人压根儿就不存在。如果有哪位同学在校外主动向他问候一声，他会受宠若惊并感动不已。

斯帕奇真是个无可救药的失败者。每个认识他的人都知道这一点，他本人也清清楚楚，然而他对自己的表现似乎并不十分在乎。从小到大，他只在乎一件事情——画画。他深信自己拥有不凡的绘画才能，并为自己的作品深感自豪。

但是，除了他本人以外，他的那些涂鸦之作从来没有其他人看得上眼。上中学时，他向毕业年刊的编辑提交了几幅漫画，但最终一幅也没被采纳。尽管有多次被退稿的痛苦经历，斯帕奇从未对自己的绘画才能失去信心，他决心今后成为一名职业的漫画家。

到了中学毕业那年，斯帕奇向当时的沃尔特·迪士尼公司写了一封自荐信。该公司让他把自己的漫画作品寄来看看，同时规定了漫画的主题。于是，斯帕奇开始为自己的前途奋斗。他投入了巨大的精力与非常多的时间，以一丝不苟的态度完成了许多幅漫画。然而，漫画作品寄出后却如石沉大海，最终迪斯尼公司没有录用他——的绘画之路再一次遭遇了失败。

走投无路之际，斯帕奇尝试着用画笔来描绘自己平淡无奇的人生经历。他以漫画语言讲述了自己灰暗的童年，不争气的青少年时光——一个学业糟糕的不及格生、一个屡遭退稿的所谓艺术家、一个没人注意的失败者。

他的画也融入了自己多年来对绘画的执着追求和对生活的真实体验。连他自己都没想到，他所塑造的漫画角色一炮走红，连环漫画《花生》很快就风靡全世界。

从他的画笔下走出了一个名叫查理·布朗的小男孩，这也是一名失败者：他的风筝从来就没有飞起来过，他也从来没踢好过一场足球，他的朋友一向叫他“木头脑袋”。熟悉小男孩斯帕奇的人都知道，这正是漫画作者本人——日后成为大名鼎鼎的漫画家的查尔斯·舒尔茨——早年平庸生活的真实写照。

贴心提醒

人生许多努力不是一下子就可以看到成果的。我们需要有足够的耐心和坚忍。只要愿意付出坚持的代价，你终究会享受到成功的甘甜。

○ 第十章 ○

乐观与从容，通向优雅人生

不安于现状，却无力改变。你所要做的是拥有空杯心态，保持豁达的心境，积极进取，为将来能够获得的美好人生努力奋斗。优雅的生活，需要一份淡定与从容。如此才可能在将来无悔于自己的人生。

赚到的全是快乐

精彩故事

在一个小镇里有一对夫妻。男的在外面开了一家公司，生意红火。他没日没夜地忙碌，很少回家。儿子去很远的地方读书，几个月才回家一次。女人一个人在家里，终日无所事事，日子过得不快乐。

男人想让她快乐起来，就让女人去亲戚朋友家串串门，跟他们聊聊天，打打麻将。于是，女人去亲戚朋友邻居家里串门，聊天，打麻将，果然开心了一段时间，但话题聊完了，麻将打腻了，她又变得不开心了。

有一天，女人对男人说自己想开间花店。在女人看来，这里还没有人开，一定能赚钱。男人同意了，花店很快开张了。女人每天去花店做生意，她变得忙碌起来了。来买花的人很多，女人干得很开心。

可是过了几个月，男人算了一笔细账，发现女人根本不是经商的料。她经营的花店不但不赚钱，反倒赔进去不少。

一个朋友问他："你老婆的那间花店还开吗？"

他说："还开。"

"赚了多少？"

他笑了笑说："钱是一分没赚到，赚的全是快乐。"

贴心提醒

这个世界就是这样，并不是每个人都有钱，有钱的人也不一定都快乐。然而，有钱和快乐哪一个更重要？当然是"赚快乐"比

"赚钱"更重要。

相伴于快乐

精彩故事

接连遭遇了失恋、失业以及友情的背叛等诸多情感与心理打击后，小高对人生失去了信念。他常常感叹自己付出了那么多，为什么却收获了如此多的伤心与失望。

为了逃避熟人的眼光与他们无处不在的怜悯，他独自前往陌生的城市想寻找一个安身立命的地方。然而，求职十分困难，他心里不由暗暗地打了一个寒战。好在最后一刻，他找到了一份给医院打杂的工作。说来这份工作之所以能到手，还是因为当时"非典"流行，人们对医院这个地方避而远之才留下的空缺。

在这样的生活中，小高的心情哪里还有快乐可言？想想与他同龄的人都已经事业生活渐入正轨，而他却还独自流浪在外，凄凉之感就像冬天呼啸不止的寒风。

一位年轻的护士经常和他一同值班，她看出小高心情沉闷，就经常开导小高：生活中的不如意不要放在心中，要多想想美好的未来。她经常用她那好听的嗓音给他朗诵普希金的诗：假如生活欺骗了你，不要忧郁也不要愤慨，相信吧，快乐的日子就要到来。

看到小高有了笑意，她就像哲人似的对他说：在生活中，你笑对生活，就会得到欢乐的心情；你若惆怅着行走，就只能收获惆怅的心境。

有一天，那个年轻的小护士没有来，以后也一直都没有来。小高问医院其他的人，才知道这个小护士已经离开了这个世界。她患有白血病，一直没有找到合适的骨髓配型。直到生命的最后，她都坚持把微笑带给每一位病人。

小高想到自己所经历的痛苦，和她承受的一切相比是多么微不足道。小高一下子释然了。

此后，小高学着忘掉苦难和不幸，给心里装满快乐。即使不能完全丢掉的悲苦，他也会把它们压缩到最小的程度，让自己的心情与幸福和快乐接触得多一些。渐渐的，小高觉得日子变得明亮起来，未来的道路也在他的心中一天天变得明朗、清晰起来。

贴心提醒

每个人的生活中都会出现大大小小的挫折，无论是什么样的挫折，我们都应该以快乐的态度对待生活。这样，幸运女神就永远会在我们身边。背负不幸攀登，心中承受的就是苦难；带着快乐行走，你就会被快乐感染。

乞丐的财富

精彩故事

富人用怜悯的口气对穷人说："不用说，你的痛苦与烦恼一定比我多。"

"为什么？"穷人问。

富人说："我拥有那么多的财富，可我还是不知足，每天还在为挣更多的钱而苦恼不已呢！"

"你是说我会因为不能拥有财富而更加苦恼吗？"穷人问道。

"是。"富人说。

穷人开心地笑了，说："恰恰相反，听了你的话，我觉得我比你更富有，也更快乐了！"

"为什么？"富人问。

穷人说：“因为我内心非常充实快乐，这笔财富你能买到吗？”

贴心提醒

金钱不是万能的，你所有的财富买不到一天的时间。人活着不是只以赚钱为目的，应学会享受人生的美好。人生最大的一笔财富是你内心的快乐，而非是建立在富与穷的概念上。只有知足，才会常乐。

微笑不分境地

精彩故事

傍晚时分，忙碌了一天的高扬拖着疲惫不堪的身子，被疯狂的人群拥上了一辆几乎要饱和的车子。

拥挤的人群，闷热的车厢，再加上堵塞的交通，高扬几乎要窒息了，心情更是坏到了极点。忽然，他发现趴在前面一位中年妇女肩上的小女孩，正在用奇怪的眼光看着自己。高扬心想，她也许是被自己的表情吓坏了吧。

为了让她转移目光，高扬勉强地扬了扬嘴角，给了她一个敷衍的笑容。然而，使他大为震惊的是，她随后也给了高扬一个灿烂的笑容。更奇怪的是，当高扬与这个小女孩一次又一次地交换彼此微笑时，他已经完全忘了繁忙的工作、拥挤的人群以及那闷热的车厢了，只觉得仿佛有一种新鲜的血液正在不断地流入自己的体中，让他备感年轻与精神。

柯蓝曾经说：“长久的微笑能使人年轻。就是最短的微笑，也会使人增添勇气。”这大概就是微笑的力量吧！

虽然时隔多年，但是那个小女孩天使般的微笑仍时时浮现在高扬的眼前，不断提醒着他要对别人微笑，要对自己微笑。

贴心提醒

学会在陌生的环境里微笑，是一种自尊、自爱、自信地表示。在陌生的环境里学会微笑，你也就学会了怎样在陌生人之间架一座友谊之桥，掌握了一把开启陌生人心扉的金钥匙。

放空的水桶

精彩故事

两只水桶一同被吊在井口上。

其中一只对另一只说："你看起来似乎闷闷不乐，有什么不愉快的事吗？"

"唉，"另一只回答，"我常在想，这真是一场徒劳，好没意思。常常是这样，才重新装满，随即又空着下来。"

"啊，原来是这样，"第一只水桶说，"我倒不觉得如此。我一直是这样想：我们空空地来，装得满满地回去！"

贴心提醒

很多事情，站在不同的角度，便会有不同的看法。与其愁苦自怨，倒不如换个角度，转变一下心情。正面的思想带来积极的效果，负面的思想带来消极的效果，选择哪一种在于你自己。

微笑的感召力

精彩故事

某公司的人力资源主管为了招一个电脑工程师伤透了脑筋。最后他好不容易找到了一个非常好的人选——一位刚刚从名牌大学毕业的博士生。

几次交谈后，人力资源主管得道还有几家公司也希望他去，而且都比他们的公司大，比他们的公司有名。当博士表示愿意接受这份工作时，人力资源主管真的非常高兴，也非常意外。

博士上班后，人力资源主管问他："你到底为什么放弃那些更优厚的条件而选择我们公司啊？"

博士说："我想是因为其他公司经理看起来总是冷冰冰的，商业味很重，使我觉得好像求职应聘只是另一次生意上的往来而已。但您的声音和微笑都很真诚。我没觉得您是在面试我，我觉得您是在微笑着与我交谈呢。"

贴心提醒

微笑无须成本，却创造出许多价值。微笑能让人觉得你亲切可爱；微笑能使人觉得你从容不迫；微笑能化解压抑的气氛；微笑使生活变得轻松。微笑，是一生最重要的一份力量。

十二次的歉意

精彩故事

在飞机起飞前，一位乘客请求空姐给他倒一杯水吃药。空姐很有礼貌地说："先生，为了您的安全，请稍等片刻。等飞机进入平稳飞行后，我会立刻把水给您送过来，好吗？"

十五分钟后，飞机早已进入了平稳飞行状态。突然，乘客服务铃急促地响了起来，空姐猛然意识到：糟了，由于太忙，她忘记给那位乘客倒水了！当空姐来到客舱，看见按响服务铃的果然是刚才那位乘客。她小心翼翼地把水送到那位乘客跟前，面带微笑地说：

"先生，实在对不起，由于我的疏忽，延误了您吃药的时间，我感到非常抱歉。"

这位乘客抬起左手，指着手表说道："怎么回事，有你这样服务的吗?"空姐手里端着水，心里感到很委屈。但是，无论她怎么解释，这位挑剔的乘客都不肯原谅她的疏忽。

接下来的飞行途中，为了补偿自己的过失，每次去客舱给乘客服务时，空姐都会特意走到那位乘客面前，面带微笑地询问他是否需要水，或者别的什么帮助。然而，那位乘客余怒未消，摆出一副不合作的样子。

临到目的地前，那位乘客要求空姐把留言本给他送过去，很显然，他要投诉这名空姐。此时，空姐心里虽然很委屈，但是仍然不失职业风度，显得非常有礼貌，而且面带微笑地说："先生，请允许我再次向您表示真诚的歉意，无论你提出什么意见，我都将欣然接受您的批评!"

那位乘客脸色一紧，嘴巴准备说什么，可是却没有开口。他接过留言本，开始在本子上写了起来。当飞机安全降落，所有的乘客陆续离开后，空姐想："这下完了。"

没想到，等她打开留言本，却惊奇地发现，那位乘客在本子上写下的并不是投诉信，相反，是一封热情洋溢的表扬信。是什么使得那位挑剔的乘客最终放弃了投诉呢?

在信中，空姐读到这样一句话："在整个过程中，您表现出真诚的歉意，特别是您的十二次微笑，深深打动了我，使我最终决定将投诉信写成表扬信。您的服务质量很高。下次如果有机会，我还将乘坐这趟航班。"

贴心提醒

微笑可以挽救生命，微笑可以化解仇怨，微笑可以消除隔阂，可见，微笑的力量真的是举足轻重、不容忽视。只有微笑，才能使我们享受到生命底蕴的醇味，超越悲欢。

让自己学会微笑

精彩故事

在进入一家家具公司之前，她先后干过不少工作——承包过农田，搞过运输，倒卖过袜子，还卖过雪糕，但是都没有挣到钱。她是个离异的女人，没有年龄优势，长相不出众，学历也低。但她必须到外面去谋生，孩子还小，生活重担都压在了她一个人的身上。就在这种情况下，她应聘到这家由新加坡人投资的家具公司当工人。

最初同意留下她的是那位领班。领班是个复员军人，为人很正直。她很珍惜这份工作，除了完成本职工作外，还尽量多干些力所能及活儿。半年后，她被转为正式工人。

有一次，一个木材商因为木料验收问题和他们的老板发生了激烈争吵。在领班的推荐下，她介入了这件事，处理得很完美。她也由此得到了老板的赏识，并获得了三百元奖金。

这件事过去后，她很是高兴了一阵儿，但马上又被悲观的现实拉回到愁眉苦脸的状态中。需要补充的是，她在这家具公司工作了一年多时间，基本上就没有露过笑脸，而且，天天穿着那套老旧的工作服，即使是下了班也懒得脱下来，就更不要提打扮和化妆了。那段时间她的生活真是一团糟。

后来，领班荣升为公司经理助理。在大家的眼中，他留下的领班这个位置非她莫属了。但很意外，经理助理提议让另外一个人来顶替他的空缺。她有点疑惑地接受了这个结果。一天，经理助理把她叫去，对她说："你怎么每天都没有笑容呢？"

她说："就咱们眼前这些活儿还需要笑吗？"

经理助理显得严肃起来："还真让你说对了。依我看，干什么都需要笑。你要是会微笑，干同样的活儿，就能比别人省不少力气；相反，如果天天绷着脸，取得同样的成绩，你就要比别人多付出劳动，因为你的呆板损害了你的努力。我们之所以把领班这个位置安排给另外一个人，就是因为她比你乐观。"

贴心提醒

给生活一个真诚的微笑，即使身处在令你倍感疲惫枯燥的生活里，我们也要拥有一份洒脱和美丽。如果生活中我们都学会微笑，那么我们和朋友之间、同事之间相处得会更加融洽，生活也将会以另一种色彩呈现在我们的眼前。

学做一只鸟

精彩故事

在一个春光明媚的早晨，有一只漂亮的鸟儿站在树枝上歌唱，树林里到处充满了它甜美的歌声。

一只松鼠从树洞中探出头，大声喊道："闭上你的嘴，不要发出这种可怕的声音。"

鸟儿回答："你看，新鲜的空气，美好的景色，绿得发亮的树叶，灿烂的阳光，我的内心无比欢畅，我无法不歌唱。"

"是吗？"松鼠眼中充满迷惑，"这个世界美丽可爱吗？根本不可能。世界上的任何事情都是毫无意义的。我凭借多年的生活经验，很清楚这点。"

快活的鸟儿反驳说："松鼠先生，你到我这儿看看吧。看看太阳、看看森林，看看这美丽可爱的世界，呼吸一下新鲜空气，你就会有和我同样的感受！来吧，让我们的歌声响遍世界。"

贴心提醒

阴云与悲伤总与悲观为友，美好与快乐总与乐观相伴。既然生命中总是充满艰辛和苦难我们也要学会感受每一刻的清新空气，感受每一刻的温暖阳光，学会享受生命中的每一个美好的瞬间。

没有鞋还是没有脚

精彩故事

在讲到自己从不抱怨命苦时，著名诗人萨迪说起了他的一次遭遇。

一次，萨迪没有钱买鞋，只能赤脚到教堂去。进教堂前，他确实感到沮丧和不幸，而当他在礼拜堂里看到一位没有脚的人时，他才发觉自己并非这世界最不幸的人，从此不再生活中小的匮乏不如意伤神。

为此，萨迪写下了如下的诗句：

“在饱足人的眼中，烧鹅好比青草；在饥饿人的眼中，萝卜便是佳肴。”

“人们在沙漠中口渴难耐时所期望的，并非一袋钞票或珠宝，而是一瓢能解渴的凉水。人们在身无分文时所期望的，并非腰缠万贯，而是有米之炊。”

贴心提醒

在不知足时，想想世界上还有比你更艰难的人，你便会发现自己的生活其实没你从前以为的那么糟。一个人，无论在任何情况下都不应失去积极和豁达的心态。然后你要做的就是尽自己最大的努力去创造。

晴朗与阴霾

精彩故事

一位女士在珠宝店的柜台前挑选珠宝，她把装着几本书的包放在旁边。这时，一位男士也来到柜台前看珠宝，女士小心地把书包移开。男士却十分生气地瞪着女士，觉得受到了侮辱，然后便离开了珠宝店。

女士也很莫名其妙，自己又没把他当坏人，只是好意。女士也没了心思，出门开车回家。

在回去的路上，女士的车和一辆卡车同时抵达一个路口。女士以为卡车一定会仗着车大，抢先冲过去，下意识地减慢速度让行，没想到卡车先停了下来，司机却探出头来，微笑着示意女士先过去。

女士开车过了路口，满腔的不快一扫而光。

贴心提醒

不要让别人的坏情绪影响了自己的好心情。给别人一个微笑，会换来更多的微笑。

微笑的力量

精彩故事

1919 年，希尔顿把自己辛苦赚来的三千美元以及父亲留给他的一万两千美元全都投资出去，开始了他在饭店业的冒险生涯。

凭借着精准的眼光与良好的管理，希尔顿的资产很快就由一万五千美元奇迹般地增加到几千万美元。他欣喜地把这个好消息告诉了自己的母亲。

可是，母亲意味深长地对希尔顿说："我想，你钱多钱少对我来说，跟以前没有什么两样……你必须把握比几千万美元更值钱的东西：你除了对顾客诚实外，你还得想办法让在希尔顿饭店住过的人还想来住。你得想一种简单、容易，又不花钱且能行之久远的办法来吸引顾客。只有这样，你的饭店才有前途，也才能持续经营。"

母亲的话让希尔顿猛然醒悟，自己的饭店确实面临着这样的问题。那么如何才能用既简单、容易，又不花钱且能行之久远的办法来吸引顾客呢？

希尔顿想了又想，始终没有想到一个好办法。于是，他每天都到商店和饭店参观，以顾客的身份来感受一切。他终于得到了一个答案："微笑服务"。只有这种服务才能实实在在地吸引顾客。

从此之后，希尔顿就在饭店里引入了"微笑服务"的经营理念。他要求每一个员工不管多么辛苦，都要对顾客报以微笑，就连他自己都随时保持微笑的姿态。

在美国经济危机爆发的几年中，数不清的大饭店纷纷倒闭，最后仅剩下20%的旅馆，但是在这样残酷的环境中，希尔顿饭店的服务人员却依然保持着微笑。因此，经济危机引起的大萧条刚刚过去，希尔顿饭店就率先进入了黄金时代，并将触角延伸到世界各地。

贴心提醒

当你在黑夜里踽踽独行时，微笑会让你看到希望的曙光；当你在事业上遭遇挫折时，微笑会帮你重新扯起前进的风帆；当你在生活中被鸡毛蒜皮压得心烦意乱时，微笑会再度撑起一片艳阳天。微笑，是生活永恒的主题；微笑，是人生诚挚的伴侣。

心里留块花园

精彩故事

有一个成功的企业家长久以来都过着繁忙而又紧张的生活，每天都忙于生意与交际应酬。他每天都起得很早，有时甚至连早餐都来不及吃就得赶去开会。他常常连续几天忙得不可开交，到三更半夜还不能休息。然而，事情好像总也做不完，时间永远不够用。因此，他觉得日子过得很累。

有一天，他比平常起得更早，四周还很安静。他起身来到花园，看见花木的枝条有些杂乱，就拿起剪刀稍稍修整了一下，然后冲了一杯咖啡坐下来，静静地欣赏眼前的一切。这个早晨他过得神清气爽。一整天他都精神饱满，心情十分愉快，他发现这种感觉很好。

从此，每天他都抽出一些时间，到花园里放松自己，让自己忙里偷闲，体验那种心情放松的乐趣。

贴心提醒

生活的压力可能让你过得很累，适当抽一点时间放松心情，选择一种让自己愉快的方法，慰劳自己疲惫的身心。只有那些会适时休息的人，才能走的更远。

受潮的猎枪

精彩故事

有一位做土特产生意的少年，这一天刚刚从城里回收贷款回来，身上带着大笔的现金，骑着马赶路回家。

这几天的天气都很晴朗，不知怎的，在中途，忽然雷雨大作，将少年淋成了落汤鸡。他渐渐心生不满，心想一定是老天爷故意刁难他。

少年一边赶路一边避雨，走走停停，经过一处浓密的树林时，突然跳出了一个强盗，手中握着一把老式猎枪对准少年。

强盗威胁说："快把身上的钱全部交出来！否则我一枪毙了你。"

"我与你无冤无仇，请不要伤害我，请你不要开枪。"少年慌张地乞求着。

强盗威风凛凛地说："我是这座森林的老大，想经过这里的人都要留下过路费，看你是要留下命还是留下钱。"

这时，突然一声雷响，惊动了少年的马匹，马儿发出一阵嘶鸣。强盗想威吓少年，于是对空鸣枪，没想到枪竟然没响。

机不可失，少年连忙快马加鞭，逃离那片树林，最终摆脱了强盗的追击。

少年松了一口气，自嘲地说："唉！刚刚还抱怨老天爷下大雨故意刁难我。如果天气晴朗的话，强盗的弹药没有受潮的话，我一定难逃今天这场杀身之祸。"

贴心提醒

人生不如意事十之八九，若你的想法是积极乐观的，纵使不顺遂之事频频发生，亦能逢凶化吉。人只要不违背良心，踏实诚恳地活着总会有好运降临的。